普通高等教育农业部"十二五"规划教材
全国高等农林院校"十二五"规划教材

水产微生物学

第二版

肖克宇 陈昌福 主编

中国农业出版社
北　京

内 容 简 介

本书以微生物学的基本内容为基础,重点阐述了与水产养殖业和水产品保鲜、贮藏相关的微生物学知识。全书共分 14 章,包括绪论,细菌,其他原核微生物,真菌,病毒,微生物的控制,微生物的变异,微生物的分类,水生微生态学,免疫学基础,微生物与水产动物饲料,水产动物病原微生物,水产品与微生物及水产微生物学基础实验。

本书资料新颖,内容全面,重点突出,理论联系实际,反映了本学科的发展水平。本书可作为水产养殖专业、水族科学与技术专业及其他相关专业的教材,也可供相关科研院所、管理与生产单位从事科研、生产和管理工作的人员参考。

第二版编写人员

主　编　肖克宇　陈昌福
副主编（以姓氏笔画为序）
　　　　李月红　张庆华　赵　文
　　　　钟　蕾　高志鹏　常维山
　　　　雷晓凌
编　者（以姓氏笔画为序）
　　　　李月红（吉林农业大学）
　　　　肖克宇（湖南农业大学）
　　　　张庆华（上海海洋大学）
　　　　陈孝煊（华中农业大学）
　　　　陈昌福（华中农业大学）
　　　　赵　文（大连海洋大学）
　　　　钟　蕾（湖南农业大学）
　　　　柴家前（山东农业大学）
　　　　高志鹏（湖南农业大学）
　　　　常维山（山东农业大学）
　　　　雷晓凌（广东海洋大学）

第一版编写人员

主　编　肖克宇（湖南农业大学）
　　　　　陈昌福（华中农业大学）
参　编（以姓氏笔画为序）
　　　　　李月红（吉林农业大学）
　　　　　吴建农（上海水产大学）
　　　　　何艳林（湖南农业大学）
　　　　　赵　文（大连水产学院）
　　　　　常维山（山东农业大学）
　　　　　雷晓凌（湛江海洋大学）

第二版前言

《水产微生物学》第一版出版十几年来，已在教学、科研和生产实践中发挥了较好的作用，由于这一领域发展十分迅速，该书亟待更新。因此农业部将其列为普通高等教育农业部"十二五"规划教材，并进行再版修订。

本版教材在保留第一版篇章结构的基础上，其内容有较大变动。各章末增加了小结，思考题也有相应变化，特别是有些章节内容变化较大，如重要的病原微生物、水产品与微生物等，由于篇幅所限，不便逐一列举，仅就下述两点做一说明：

第一，本版教材中免疫学基础仍独占一章。虽然已有专门的《水产动物免疫学》教材，免疫学的内容可不编入本书，但考虑到目前的实际教学运行中，有些院校将水产动物免疫学课程作为选修课开设，这意味着没有选修水产动物免疫学课程的学生还需要利用本教材学习免疫学知识，加之有的院校至今仍没有单独开设水产动物免疫学课程，因此，本版教材中仍然保留免疫学的基本内容，而且还扼要增加了水产动物免疫主要特征的相关知识。我们认为，只有经过这样渐进性过渡，才能更有利于免疫学从本课程中完全独立出来。

第二，实验是水产微生物学课程的重要组成部分，但至今尚无用于实验教学的合适教材，各高校的实验多数是由教师自编教材用于教学，或选用不完全适用的其他微生物学实验指导书，这既不方便，也不太实用。本版教材为此新增一章"水产微生物学基础实验"（第十四章），目的在于解决实验教学中长期缺乏配套实验教材的问题。不过，微生物学实验技术很多，第十四章只选择了水产微生物学教学最常用的十余个实验。虽然本书仍保留免疫学基础内容，但免疫学所涉及的实验技术可能比微生物学实验更多，所以免疫学实验未编入第十四章。由于是初次尝试将实验编入理论教材，本版所选定实验的项目和数量是否妥当，还有待于通过教学活动予以验证，今后再版时补充完善。

本版教材的编写分工为：肖克宇编写第一章、第六章并补充部分其他章节；陈昌福编写第十章；李月红编写第二章；常维山编写第三章、第十一章；柴家前编写第七章、第八章；赵文编写第九章；钟蕾编写第四章、第十二章第三节；张庆华编写第五章、第十二章第四节；雷晓凌编写第十三章；陈孝煊编写第十二

第一节和第二节；高志鹏编写第十四章。

鉴于本书第一版部分编者因年龄或工作变动原因即将或已经退出教学第一线，故第二版编写人员在第一版基础上有所变动，吸收了一些新生力量参与修订，增设了几位副主编，旨在使本书内容与时俱进，也利于编写队伍后继有人。在此，我们向退出本版修订工作的第一版参编人员表示衷心感谢，特别是吴建农先生为培养新人主动让贤，但我们不会忘却他为本书第一版所做的贡献。第二版编写过程中，编者们得到了所在学校及其教务处、院、系的大力支持以及同行老师的帮助，并引用了同行的一些相关资料，在此一并致谢。

由于学科发展较快，编者水平有限，书中疏漏与不妥之处在所难免，敬请读者批评指正。

编 者

2016 年 12 月

第 一 版 前 言

水产微生物学是将微生物学和免疫学为主的理论和技术应用于水产养殖业而逐渐发展起来的一门学科。20世纪80年代，这一学科在我国尚处在起步阶段，高等院校水产养殖专业基本上没有专门教材，除上海水产大学等少数水产院校有自编教材外，多数院校采用综合性大学微生物专业的教材，有少数院校至今如此；进入90年代，随着微生物学的飞速发展和在水产业上的强力渗透，微生物学知识和技能在水产养殖学科的应用更加广泛和卓有成效，1993年陈奖励等主编出版了《水产微生物学》，被部分院校用作水产养殖专业的教材，并被很多人作为教学、科研和生产管理的重要参考书，该书对我国水产微生物学的发展产生了一定的推动作用。近10年来，这一领域无论是水产微生物的基础研究，水产动物疾病的病原、诊断、防治研究，还是利用微生物改善养殖水体水质，开发水产饲料，防止水产品腐败、变质，进行水产品精、深加工等方面都取得了长足进展，论文大量发表，成果层出不穷，进一步丰富了水产微生物学的内容。同时，高校水产养殖专业的师生也在急切盼望能反映21世纪水产微生物学学科现状和水平的教科书尽早问世，因此编写《水产微生物学》的时机已经成熟。

参加本书编写的人员分别来自全国7所高校，各自均有一定的教学、科研经验，编写任务基本上按特长分工，其中：肖克宇编写第一章、第三章、第六章并补充部分章节；陈昌福编写第十章；常维山编写第五章、第七章、第八章、第十一章、第十二章第四节；赵文编写第九章；吴建农编写第四章、第十二章第三节；李月红编写第二章、第十二章第一节；雷晓凌编写第十三章；何艳林编写第十二章第二节。编写前，编者们集体开会拟订了编写大纲，规定了编写内容和具体要求，初稿完成后经主编统稿，再次修改后经编委会集体审定。本书编写过程中得到了各位作者所在学校的有关老师、院、系和教务处的指导和支持。同时，书中我们引用了国内外大量文献资料，限于篇幅，未能全数列出，在此一并致谢。

由于编写时间紧迫，学识有限，加之学科进展之快，文献较多，不妥之处在所难免，敬请读者批评指正。

编 者
2004年8月

目 录

第二版前言
第一版前言

第一章 绪论 ... 1
第一节 微生物与微生物学概述 ... 1
一、微生物及其分类地位 ... 1
二、微生物的主要特性 ... 2
三、微生物的主要作用 ... 3
四、微生物学及其发展 ... 4
第二节 水产微生物学及其应用范围 ... 6
一、水产微生物学及其主要任务 ... 6
二、水产微生物学研究与应用的主要范围 ... 7
第三节 学习水产微生物学的基本要求 ... 12
本章小结 ... 13
思考题 ... 13

第二章 细菌 ... 14
第一节 细菌的形态与结构 ... 14
一、细菌的形态 ... 14
二、细菌的基本结构 ... 16
三、细菌的特殊结构 ... 24
第二节 细菌的生理 ... 31
一、细菌的理化性状 ... 31
二、细菌的营养与生长繁殖 ... 32
三、细菌的新陈代谢产物 ... 36
第三节 细菌的人工培养 ... 39
一、培养细菌的方法 ... 39
二、培养基 ... 39
三、细菌在培养基中的生长情况 ... 40
第四节 细菌分类鉴定的方法 ... 41
一、细菌的分类地位 ... 41
二、细菌的分类体系 ... 41

  三、分类鉴定方法 ·· 43
 第五节 细菌的致病性与传染 ·· 46
  一、细菌的致病性 ·· 46
  二、传染 ·· 54
  本章小结 ·· 56
  思考题 ·· 57

第三章 其他原核微生物 ··· 59

 第一节 放线菌 ·· 59
  一、放线菌的形态与结构 ··· 59
  二、放线菌的菌落特征 ··· 60
  三、放线菌的繁殖方式 ··· 60
  四、放线菌的生理 ·· 60
  五、放线菌的抵抗力 ·· 61
  六、放线菌在工农业生产中的意义 ·· 61
 第二节 黏细菌 ·· 61
  一、黏细菌的形态与结构 ··· 61
  二、黏细菌的菌落特征 ··· 62
  三、黏细菌的繁殖方式 ··· 62
 第三节 鞘细菌 ·· 62
  一、鞘细菌的形态与结构 ··· 63
  二、鞘细菌的营养及繁殖方式 ··· 63
  三、鞘细菌在工农业生产中的意义 ·· 64
 第四节 蛭弧菌 ·· 64
  一、蛭弧菌的形态与结构 ··· 64
  二、蛭弧菌的营养及繁殖方式 ··· 65
  三、蛭弧菌在工农业生产中的意义 ·· 65
 第五节 立克次氏体、衣原体、支原体、螺原体、螺旋体 ········· 66
  一、立克次氏体 ··· 66
  二、衣原体 ··· 67
  三、支原体 ··· 68
  四、螺原体 ··· 70
  五、螺旋体 ··· 71
  本章小结 ·· 72
  思考题 ·· 73

第四章 真菌 ·· 74

 第一节 酵母菌 ·· 74
  一、酵母菌的形态和结构 ··· 75

二、酵母菌的生殖方式和生活史 …………………………………………… 76
　　三、酵母菌的培养 …………………………………………………………… 77
　　四、酵母菌的形态观察 ……………………………………………………… 78
第二节　霉菌 …………………………………………………………………………… 78
　　一、霉菌的形态结构 ………………………………………………………… 79
　　二、霉菌的繁殖方式 ………………………………………………………… 80
　　三、霉菌的培养 ……………………………………………………………… 82
　　四、霉菌的形态观察 ………………………………………………………… 83
　　五、霉菌的代表种属 ………………………………………………………… 84
本章小结 ………………………………………………………………………………… 84
思考题 …………………………………………………………………………………… 85

第五章　病毒 …………………………………………………………………………… 86

第一节　病毒的基本性状 ……………………………………………………………… 87
　　一、病毒的性质 ……………………………………………………………… 87
　　二、病毒的增殖 ……………………………………………………………… 90
　　三、理化因子对病毒的作用 ………………………………………………… 94
第二节　病毒的感染与免疫 …………………………………………………………… 95
　　一、细胞对病毒感染的反应 ………………………………………………… 95
　　二、病毒的感染类型与传播 ………………………………………………… 98
　　三、抗病毒免疫 ……………………………………………………………… 99
第三节　病毒性感染的检测与防治 …………………………………………………… 100
　　一、病毒的分离培养 ………………………………………………………… 100
　　二、病毒的感染性测定 ……………………………………………………… 103
　　三、病毒的纯化与鉴定 ……………………………………………………… 104
　　四、免疫学诊断 ……………………………………………………………… 107
　　五、分子生物学诊断 ………………………………………………………… 108
　　六、全基因组测序技术 ……………………………………………………… 109
　　七、病毒感染的防治 ………………………………………………………… 109
第四节　噬菌体 ………………………………………………………………………… 110
　　一、生物学性状 ……………………………………………………………… 110
　　二、噬菌体与宿主菌的相互关系 …………………………………………… 111
　　三、噬菌体的应用 …………………………………………………………… 113
第五节　亚病毒 ………………………………………………………………………… 113
　　一、类病毒 …………………………………………………………………… 114
　　二、拟病毒 …………………………………………………………………… 114
　　三、朊病毒 …………………………………………………………………… 114
本章小结 ………………………………………………………………………………… 115
思考题 …………………………………………………………………………………… 115

第六章 微生物的控制 117

第一节 控制微生物的相关名词术语 117
一、促进微生物生长的名词术语 117
二、抑制或杀死微生物的名词术语 117

第二节 控制微生物的物理方法 118
一、温度 118
二、干燥 122
三、辐射 122
四、超声波 124
五、渗透压 125
六、过滤除菌 125

第三节 控制微生物的化学方法 127
一、化学药剂 127
二、化学治疗剂 129

第四节 控制微生物的生物学方法 131
一、抗生素 131
二、竞争性和拮抗性微生物 134
三、寄生性微生物 134
四、溶菌酶 134
五、抗体和疫苗 134
六、干扰素 134
七、吞食微生物的生物 135
八、茶多酚 135
九、壳聚糖 135
十、抗微生物的中草药 135

本章小结 137
思考题 139

第七章 微生物的变异 140

第一节 变异现象 140

第二节 变异机制 141
一、基因突变 142
二、基因转移与重组 143

第三节 基因工程 145
一、基因工程在微生物育种中的应用 145
二、基因工程原理和步骤 147

第四节 变异的实际意义 147
一、微生物变异与疾病诊疗 148

二、菌种筛选和诱变育种 148
　第五节　菌种保藏 149
　　一、传代培养保藏法 150
　　二、低温保种 151
　　三、冷冻干燥法 151
　　本章小结 152
　　思考题 153

第八章　微生物的分类 154

　第一节　微生物的分类地位和命名 154
　　一、微生物在生物分类系统中的地位 154
　　二、有细胞结构微生物的分类地位和命名 155
　　三、病毒的分类地位和命名 156
　第二节　微生物的分类方法 159
　　一、微生物分类的依据 159
　　二、微生物的分类方法 160
　　本章小结 163
　　思考题 164

第九章　水生微生态学 165

　第一节　水体中微生物的分布 165
　　一、内陆水体中微生物的分布 165
　　二、海洋中微生物的分布 171
　　三、沉积物中微生物的分布 173
　　四、水生生物体上微生物的分布 176
　第二节　环境因素对水生微生物的影响 180
　　一、物理因素 180
　　二、化学因素 185
　　三、生物因素 190
　第三节　水生微生物的主要作用 193
　　一、微生物与能量流 193
　　二、微生物与食物链 195
　　三、微生物与物质循环 196
　　四、微生物与水污染 206
　　本章小结 216
　　思考题 216

第十章　免疫学基础 218

　第一节　免疫学概述 218

一、免疫学的概念 ··· 218
　　二、免疫的类型 ··· 219
第二节　免疫系统 ·· 221
　　一、免疫器官 ··· 221
　　二、免疫细胞 ··· 227
第三节　抗原与抗体 ··· 234
　　一、抗原 ··· 234
　　二、抗体 ··· 239
第四节　非特异性免疫应答 ·· 244
　　一、皮肤和黏膜的保护性屏障 ··· 244
　　二、种的易感性 ··· 244
　　三、吞噬作用 ··· 245
　　四、正常体液中的抗微生物物质 ·· 245
第五节　特异性免疫应答 ··· 247
　　一、特异性免疫的概念 ··· 247
　　二、免疫应答的基本过程 ·· 247
　　三、细胞免疫 ··· 248
　　四、体液免疫 ··· 250
　　五、免疫应答的调节 ·· 256
第六节　免疫血清学技术 ··· 259
　　一、概述 ··· 259
　　二、凝聚性试验 ··· 261
　　三、标记抗体技术 ·· 267
　　四、有补体参与的试验 ··· 276
　　五、中和试验 ··· 278
第七节　免疫防治 ·· 280
　　一、鱼类免疫防治的主要方式 ··· 280
　　二、疫苗的主要种类 ·· 281
　　三、鱼类免疫接种的途径与程序 ·· 282
　　四、免疫刺激剂及其使用 ·· 283
本章小结 ·· 285
思考题 ··· 285

第十一章　微生物与水产动物饲料 ·· 286

第一节　单细胞蛋白饲料 ··· 286
第二节　发酵饲料 ·· 287
第三节　益生素中的微生物 ·· 288
　　一、乳酸菌制剂 ··· 288
　　二、芽孢杆菌制剂 ·· 289

三、真菌及活酵母类制剂 ……………………………………………………… 290
　　四、光合细菌 …………………………………………………………………… 291
　　五、益生素菌种的选择 ………………………………………………………… 291
　第四节　酶制剂 …………………………………………………………………… 292
　　一、酶制剂的用途 ……………………………………………………………… 292
　　二、饲用酶的主要种类和用途 ………………………………………………… 293
　本章小结 …………………………………………………………………………… 293
　思考题 ……………………………………………………………………………… 294

第十二章　水产动物病原微生物 …………………………………………………… 295
　第一节　病原细菌 ………………………………………………………………… 295
　　一、弧菌属 ……………………………………………………………………… 295
　　二、气单胞菌属 ………………………………………………………………… 304
　　三、链球菌属 …………………………………………………………………… 309
　　四、爱德华菌属 ………………………………………………………………… 312
　　五、耶尔森菌属 ………………………………………………………………… 315
　　六、假单胞菌属 ………………………………………………………………… 319
　　七、黄杆菌科 …………………………………………………………………… 322
　　八、其他病原细菌 ……………………………………………………………… 326
　第二节　其他原核病原微生物 …………………………………………………… 328
　　一、立克次氏体及类立克次氏体 ……………………………………………… 329
　　二、螺原体 ……………………………………………………………………… 334
　　三、衣原体 ……………………………………………………………………… 336
　第三节　病原真菌 ………………………………………………………………… 337
　　一、水霉属 ……………………………………………………………………… 338
　　二、绵霉属 ……………………………………………………………………… 341
　　三、丝囊霉属 …………………………………………………………………… 343
　　四、鳃霉属 ……………………………………………………………………… 344
　　五、镰刀菌属 …………………………………………………………………… 345
　　六、链壶菌属 …………………………………………………………………… 347
　　七、霍氏鱼醉菌 ………………………………………………………………… 348
　第四节　致病病毒 ………………………………………………………………… 350
　　一、异样疱疹病毒科 …………………………………………………………… 350
　　二、疱疹病毒科 ………………………………………………………………… 353
　　三、虹彩病毒科 ………………………………………………………………… 354
　　四、杆状病毒科 ………………………………………………………………… 356
　　五、弹状病毒科 ………………………………………………………………… 358
　　六、呼肠孤病毒科 ……………………………………………………………… 362
　　七、双RNA病毒科 ……………………………………………………………… 366

八、细小病毒科 369
　　九、野田村病毒科 370
　　十、双顺反子病毒科 371
　　十一、杆套病毒科 372
　　十二、线头病毒科 373
　　本章小结 374
　　思考题 375

第十三章　水产品与微生物 376

第一节　水产品中的微生物 376
　　一、水产品中的微生物 376
　　二、水产品中的微生物污染 377
　　三、水产品的微生物腐败 378
　　四、水产品中的微生物控制 382

第二节　水产品安全与微生物 383
　　一、弧菌 384
　　二、沙门氏菌 386
　　三、大肠杆菌 387
　　四、葡萄球菌 388
　　五、肉毒梭状芽孢杆菌 390
　　六、蜡状芽孢杆菌 391
　　七、产气荚膜梭菌 392
　　八、变形杆菌 392
　　九、单核细胞增生李斯特菌 393
　　十、结肠炎耶尔森菌 394
　　十一、志贺氏菌 395
　　十二、病毒 395

第三节　水产品的微生物检验 396
　　一、样品的采集与处理 396
　　二、菌落总数测定 398
　　三、大肠菌群、粪大肠菌群和大肠杆菌 400
　　四、副溶血性弧菌检验 406
　　五、沙门氏菌检验 409
　　六、葡萄球菌检验 412
　　本章小结 416
　　思考题 417

第十四章　水产微生物学基础实验 418

第一节　微生物实验规则与安全 418

第二节　微生物学一般实验技术 418
实验一　微生物学实验基本知识与准备 418
实验二　普通光学显微镜的使用和微生物形态观察 421
实验三　微生物大小的测定 423
实验四　培养基的制备、分装与灭菌 425
实验五　微生物的分离、纯化与培养 428
实验六　微生物的计数方法 431
实验七　细菌的涂片和染色技术 435
实验八　细菌芽孢、荚膜和鞭毛染色法 438
实验九　真菌形态观察和培养方法 440
实验十　化学和物理因素对微生物生长的影响 442
实验十一　微生物鉴定中的常规生理生化实验 444
实验十二　水体、饲料和水产品中活菌总数的检测 446
实验十三　水产动物病原菌的人工感染试验 448

第三节　水产动物常见细菌性和病毒性疾病的检测 449
实验一　嗜水气单胞菌的分离与鉴定 449
实验二　荧光假单胞菌的分离与鉴定 452
实验三　草鱼呼肠孤病毒的分离与鉴定 453

附录 455

附录1　菌种保藏原理与方法 455
一、现有菌种保藏方法 455
二、常用微生物保藏方法 457

附录2　常用培养基的配制 460

附录3　常用染色液与试剂的配制 463
一、常用染色液的配制 463
二、常用试剂的配制 465

参考文献 467

第一章 绪 论

第一节 微生物与微生物学概述

一、微生物及其分类地位

微生物（microorganism）是存在于自然界中的个体微小、结构简单、肉眼看不见，必须借助显微镜放大数百倍甚至数万倍才能观察清楚的一类微小生物的总称。其种类繁多，按结构、组成差异，可分成三大类。

1. 非细胞型微生物 这类微生物主要是病毒。其特点是个体极小、能通过细菌滤器，无典型细胞结构，只能在敏感宿主的活细胞内生长繁殖。

2. 原核细胞型微生物 这类微生物包括细菌、放线菌、支原体、立克次氏体、衣原体、螺旋体、蓝藻等。其细胞形态和结构明显，但细胞核无核膜或核仁，细胞器不很完善。

3. 真核细胞型微生物 这些微生物有真菌、原生动物等。

1676年荷兰商人安东尼·范·列文虎克（Antony van Leeuwenhook，1632—1723）用自制的显微镜观察到细菌和原生动物，从而揭示了一个过去无人知晓的微生物世界。后来研究表明，早在40亿年前微生物就出现在地球上。在生物系统发育史上，微生物是地球上最早的生命形式，比动植物和人类都要早得多。

微生物在生物界的地位因分类系统不同而有所差异。随着科学技术的不断发展，人类对生物认识呈现由浅到深、由简单到复杂、由低级到高级、由个体到分子水平的过程。从亚里士多德时代至19世纪中叶，生物学家将所有当时已知的生物归为植物界和动物界，即两界系统，微生物分别归属其中。1969年，惠特克（R. H. Whittaker）提出五界系统，该系统把生物分为动物界、植物界、原生生物界（包括原生动物、单细胞藻类、黏菌等）、真菌界（酵母菌和其他真菌）和原核生物界（细菌等）。我国学者王大耜（1977）在此基础上提出应增加一个病毒界的六界系统。由于病毒是非细胞生物，究竟是原始类型还是次生类型尚无定论，单独设立病毒界的观点难以被学术界接受。1977年，Woese等在研究了60多种不同细菌的16S rRNA序列后，发现了一群序列奇特的细菌——产甲烷细菌，命名为古细菌（Archaebacteria），后改名为古菌（Archaea）。古菌被认为是地球上的第三类生命形式（古菌域），细菌域、古菌域和真核生物域之间的序列相似性都低于60%，而域内的相似性高于70%，这三域生物共同构建了一个生命进化树。现在已知古菌是一群具有独特的基因结构的单细胞生物，通常生活在地球上极端的生境或生命出现初期的自然环境中，营自养或异养生活，具有特殊的生理功能，可生活在超高温、高酸碱度、高盐及无氧环境。具有独特的细胞结构，如细胞壁骨架为蛋白质或假胞壁酸，细胞膜含甘油醚键，代谢中的酶作用方式与细菌和真核生物都不同。1990年，R. C. Brussa将原核生物中古菌独立出来自成一界，提出了有细胞结构生物的六界分类系统，即古菌界、真细菌界、原生生物界、真菌界、植物界、动物界，微生物占居其中四界，由此可知微生物在生物体系中占重要地位。

二、微生物的主要特性

各类微生物的分类地位不同，生物学性状也互有差异，但一般有如下共性。

（一）个体微小，结构简单

微生物是个体最小的生物，其大小通常用微米（μm）或纳米（nm）表示，一般球菌的直径为 0.5~1.0 μm，多数病毒粒子的直径在 100 nm 上下，最小病毒的直径为 9~11 nm。

微生物的结构也较为简单，虽然部分真菌为多细胞，有营养器官和繁殖器官的分化，但绝大部分的微生物（细菌、放线菌和部分真菌）为单细胞构造，病毒则不具备细胞结构，类病毒仅是一个无蛋白质外壳的游离的 DNA 分子。因此，观察微生物的形态结构必须借助显微镜或电子显微镜。这也是微生物发现较晚的重要原因，由于微生物个体过小、结构简单，用显微镜鉴别形态相似的不同种类的微生物时，其作用十分有限。

由于生物体积越小，其表面积越大，因此，虽然微生物个体小、结构简单，却是生物界中比表面积最大的，它们具有不同于一切大型生物的特性，即具有一个巨大的营养物质吸收面、代谢废物的排泄面和环境信息的交换面。这是微生物具有其他特性的基础。

（二）种类繁多，分布广泛

人类发现微生物的时间较短，现已比较肯定的微生物约有 20 万种，其中包括原核微生物 3 500 种，病毒 4 000 种，真菌 9 万种，原生动物和藻类 10 万种。随着分离方法和研究技术的进步，一些未知种类还会不断发现。

微生物因个体小、重量轻，不仅可主动运动，而且可随水和空气的流动或物体移动而四处传播，无处不在。地球上除火山的中心区域外，从土壤圈、水圈、大气圈直至岩石圈都有微生物存在。在动物体内外、植物表面、高空、深海、冰川、海底淤泥、盐湖、沙漠、地层下、酸性矿水以及有氧或无氧的自然界极端环境中，都有与环境相适应微生物的存在。其中土壤环境较恒定，是微生物存在的第一大天然场所。由于水域面积大于陆地面积，水域是微生物生物量最多的场所。因此，种类繁多、广泛分布的微生物为人类提供了值得深入挖掘的菌种资源库，也为人类揭秘纷繁复杂的微观世界布置了一个不能放弃的任务。

（三）群居混杂，相生相克

在各个不同的自然环境中，往往同时有大量不同种类的微生物生长繁殖，构成该环境微生物群落或区系，它们与动物、植物共同组成一个生态系统中的生物群落。它们内部和彼此之间互相作用，或共生或协同，或竞争或拮抗或寄生，维持着生态平衡，该平衡依赖于环境，也作用于环境。这种错综复杂的关系及肉眼难于分辨等原因，给微生物的纯种分离、有益微生物的利用和有害微生物的控制都留下了巨大的研究空间。

（四）生长繁殖快，适应能力强

单细胞微生物的体积增长和多细胞微生物的细胞增数是微生物生长的标志，这一过程能在很短的时间内完成。个体代数的增加则是繁殖的结果。微生物的繁殖速度超过任何生物，一般细菌约每 20 min 可分裂 1 次（1代），按此速度计算，24 h 可繁殖 72 代，后代菌数约为 $4.7×10^{21}$ 个，总重量约 4 722 t，48 h 的总重量相当于 4 000 个地球的重量。然而，因为营养消耗、环境不断恶化，细菌的实际繁殖速度远远低于此理论速度。因此，在培养有益微生物时,如何提高繁殖率以尽可能缩小这两种速度的差距是值得追求的一个目标;在控制有害微生物时,应及时采取有效措施以防止其快速繁殖带来的损害。

微生物对环境有强大的适应能力,这是它们有许多灵活的代谢调控机制和诱导酶较多的缘故,当环境不良时,它们出现形态、生理、毒力等变异,如芽孢菌产生芽孢,黏细菌形成黏孢子,霉菌形成孢子,病原菌产生抗药性。长期适应时,有些微生物可在一些极端的环境中正常生活,如海洋深处的某些硫细菌能在250~300 ℃条件下生长繁殖;有些嗜盐菌可在32%的饱和盐水中生活;霉菌在静水压下,能耐受300个大气压(约合30 MPa)。微生物的非凡适应力是任何生物都无法比拟的,了解这一特性对于微生物的保种、改良、改造菌种和防治微生物引起的疾病等都有重要意义。

(五)生物遗传性状典型,实验技术体系成熟

微生物是生物界最小的个体,含有与高等动物、植物同样的基本遗传物质和蛋白质,多数为单倍体并具有多种原始遗传重组方式,人工条件下能大量培养,在很短时间内产生比动物、植物更容易辨认的遗传变异性状的表达。目前,人们在无菌操作、取样、分离纯化、分类鉴定、育种和分子生物学检测等方面形成了一套独特而完整的实验技术。因此,微生物已被广泛用作实验生物材料去研究生物化学、遗传学、生命起源、生物进化等基本问题和开发高技术生物产品。

三、微生物的主要作用

微生物在自然界及人类的生产、生活中有重要作用,主要表现在有益和有害两方面。

(一)有益作用

1. 推动自然界物质循环和能量流动 自然界的物质总是处在由无机物转化成有机物,再由有机物转化成无机物的往复循环中。其中高等绿色植物和少数自养型微生物通过光合作用,从太阳能获得能量,将无机物合成有机物质,太阳能也就转化成贮藏于植物和光能微生物体内的化学能,人、动物和异养微生物通过食物链的方式,将有机物转化成其他形式的有机物,并伴随能量逐级流动,形成能量金字塔,最后异养微生物又将所有动物、植物和生物的残体等有机物矿化分解成无机物,这一过程无限循环,生命由此也生生不息。如果没有微生物,物质循环必将中断,能量转化和流动也不能进行,一切生物将无法生存。

2. 净化环境,维持生态平衡 微生物无处不在,种类繁多,生理和代谢功能多样,能清除环境中几乎所有天然的和人工合成的化合物,是污染环境自净的主力军,在维持自然界生态平衡中具有重要作用。当今世界,由于人类活动所造成的环境污染日益加剧,大量污染物质进入大气、水体、土壤,其数量、浓度和维持时间已远远超过了环境自净能力,生态平衡受到严重破坏,治理污染已被全球共同关注。在人工消除污染的实际工作中,利用微生物净化污水、处理工农业废物,用生物农药、生物肥料代替化学农药、化肥等方面均收到显著效果。

3. 维护人和动物健康 人和动物的体表以及与外界相通的孔道中都有正常微生物群落,它们可抵御外来病原微生物的侵袭。消化道的正常菌群,有的可降解大分子的物质,利于机体吸收,有的可合成机体需要的物质,如维生素 B_1、维生素 B_2 和维生素 K 等多种营养物质,供机体利用。如果正常菌群受到破坏,人和动物就会发生某些疾病。

4. 制造加工食品和工农业产品 很多微生物本身含有人和动物所需的营养物质及酶系

列等活性物质，新陈代谢过程中产生大量有益产物，如维生素、抗生素、酒精等。因此微生物被广泛应用于食品、饲料、医药和发酵工业等各个领域，如酿酒，制酱，发酵酸奶，生产酱油、味精、单细胞蛋白饲料、酶制剂、抗生素、微生态制剂、微生物肥料、醋酸和丙酮等。

5. 用于生物科学研究和生物工程　微生物的行为模式、生态分布、细胞和超微结构、化学组成、新陈代谢、遗传变异等生命活动基本规律都是人类深入研究生命学科的极好突破口。以微生物作基因供体、载体、受体和以微生物学实验技术为基础的基因工程，在微生物育种和生物药物的开发中有旺盛的生命力，并在整个生物工程技术体系中发挥了重要作用。

（二）有害作用

1. 某些微生物能引起人和动植物疾病　由微生物引起人和动物、植物的疾病种类很多，这些疾病有一定的潜伏期和传染性，统称传染病，如人类的天花、麻疹、霍乱、结核病、脊髓灰质炎、病毒性肝炎和艾滋病等，畜禽的巴氏杆菌病、大肠杆菌病、沙门氏菌病、猪瘟、牛瘟、疯牛病、鸡新城疫等，人畜共患的炭疽、破伤风、口蹄疫等；水产动物的肠炎病、赤皮病、烂鳃病、草鱼出血病和牛蛙红腿病等，农作物的水稻白叶枯病、小麦赤霉病、大豆病毒病等。引起这些疾病的微生物称为病原微生物。

2. 毁坏工农业产品、农副产品和生活用品　微生物利用的营养物质广泛，分解能力强，对多种产品和物品有很强的破坏性。能使粮食、蔬菜、水果、畜禽产品和水产品等腐败变质，使衣物、饲料等发生霉变，甚至腐蚀金属和玻璃制品，给人类生产、生活等造成巨大损失。

四、微生物学及其发展

（一）微生物学及其分科

微生物学（microbiology）是在细胞、分子或群体水平上研究微生物的形态构造、生理代谢、遗传变异、生态分布、分类进化、生命活动基本规律以及微生物与人类、动植物和自然界的相互关系，并将其应用于农林牧渔业、工业、医药卫生、环境保护、生物工程等领域的科学。其根本任务是发掘、利用和改善有益微生物，控制、改造和消灭有害微生物，为人类造福。

微生物学是生物学科中最年轻的学科之一，人类发现微生物现象和应用微生物的时间虽然较早，但真正观察到微生物至今仅300余年，确证微生物与腐败、发酵和疾病等的关系也只有百余年，而真正形成独立的学科是在19世纪的后半期。然而，随着研究领域的扩展和其他相关学科知识与技术的渗透，微生物学的研究不断深入，微生物学是目前发展最快的学科之一，并形成了很多分支学科。着重研究微生物学基本问题的分支学科有：普通微生物学、微生物分类学、微生物生理学、微生物生物化学、微生物遗传学、微生物生态学、分子微生物学、实验微生物学等。着重研究某一种类微生物的分支学科有：细菌学、真菌学、支原体学、噬菌体学、病毒学、自养微生物学、厌氧微生物学、原生动物学、藻类学等。着重于各个应用领域的微生物学分支学科有：农业微生物学、工业微生物学、医学微生物学、药学微生物学、兽医微生物学、畜牧微生物学、动物微生物学、水产微生物学、食品微生物学、环境微生物学、海洋微生物学、石油微生物学、土壤微生物学等。各分支学科间相互联系、相互配合，共同促进整个微生物学不断向前发展。

(二) 微生物学的发展简史

人类对微生物的探索大约在距今 8 000 年以前就已开始,其进展随时间推移和科技发展逐渐加深,从认识微生物的知识层次来看,其发展过程可分为经验阶段、形态学阶段、生理学阶段、生物化学阶段和分子生物学阶段。从不同时间的研究进展来看,可分为如下几个时期。

1. 史前期(1676 年以前) 基本特征是:微生物尚未发现,微生物学尚未建立,而劳动人民在与自然界的斗争中积累了许多利用微生物的实际经验。我国在 3 000 年前就能利用微生物制造酱及食醋,2 500 年前就用霉豆饼敷贴治疗痈疮。明代隆庆年间(1567—1572),预防天花的人痘接种法已在我国广泛使用,并先后传至东南亚、欧洲等地。

2. 初创期(1676—1861) 基本特征是:显微镜的发明和微生物的发现。1676 年,列文虎克用自磨的镜片,成功制造了一架能放大 226 倍的原始显微镜,并陆续观察了污水、齿垢和粪便等标本,发现了许多肉眼看不见的微生物,并描述了它们的形态。显微镜的发明为微生物的发现和揭开微生物世界的奥秘提供了有力工具,具有划时代的意义,为微生物的存在提供了科学依据。

3. 奠基期(1861—1897) 主要特点是:建立了一套独特的微生物研究方法,将微生物与人类生产实践联系起来。

这一时期的主要代表人物有法国的巴斯德(L. Pasteur,1822—1895)和德国的柯赫(R. Koch,1843—1910),他们是微生物学的奠基人。

19 世纪中叶,巴斯德通过曲颈瓶试验推翻了当时盛行的传染病"自然发生说",认识到人类传染病、蚕病、酒变酸、有机物发酵等都是由微生物引起的。并创立了处理牛奶的巴氏消毒法,开创了微生物的生理学时代。

柯赫的贡献是建立了微生物实验方法,创用固体培养基,发明了倾皿法进行微生物纯培养,建立了细菌染色和悬滴培养法。柯赫在对炭疽芽孢杆菌的研究中提出了著名的柯赫法则,该法则对鉴定病原菌有重要指导作用,以后又相继发现了结核分枝杆菌和霍乱弧菌等一批严重传染病的病原体,使微生物学的研究从形态进入了功能水平。

继许多细菌被发现后,俄国学者伊凡诺夫斯基(Ivanovsky)在 1892 年发现了烟草花叶病毒。

4. 发展期(1897—1953) 主要特点是:微生物生理、代谢研究进一步开展,微生物进入生化水平研究的新时代,现代酶学、抗生素的研究取得实效。

1897 年,德国人用酵母菌无细胞滤液进行酒精发酵取得成功,建立了现代酶学。1929 年英国医生 A. Fleming 发现青霉素能抑制细菌生长。此后,科学家们开展了对抗生素的深入研究,开始从微生物中寻找抗生素类物质。1944 年,英国土壤微生物学家 Waksman 等找到了链霉素、氯霉素、四环素、金霉素等数百种抗生素,抗生素工业迅速发展起来。20 世纪 30 年代电子显微镜的发明,也为微生物学提供了重要的观察工具。

1941 年 G. Beadle 等分离并研究了脉孢菌的一系列生化突变型,将遗传学和生物化学紧密结合起来,不仅促进了微生物遗传学和微生物生理学的建立,而且促进了分子遗传学的形成,同时使基因和酶的关系得到阐明。

1944 年 O. Avery 等通过细菌转化实验,证明储存遗传信息的物质是脱氧核糖核酸(DNA),第一次确切地将 DNA 和基因的概念联系起来。

5. 成熟期（1953年至今） 主要特点是：随着遗传学、分子生物学、细胞生物学、生物化学、免疫学、物理学、生物物理学、化学等学科的发展，以及基因工程、细胞培养、电子显微镜、X射线晶体衍射、色谱、聚合酶链式反应（PCR）、单克隆抗体、生物芯片、生物质谱和转基因动物等技术的相继建立和应用，微生物学研究进入分子水平并向纵深发展，各分支学科更趋完善，微生物学获得了全面发展。

1953年，沃森（Watson）和克里克（Crick）提出DNA双螺旋结构模型，是生物学革命的里程碑。特别是20世纪60年代，微生物学、遗传学与生物化学的结合产生了分子生物学，使生命科学跃入了一个崭新的阶段。微生物学的各分支也相应地向纵深研究，取得一系列重大成果。例如，在微生物系统学研究方面，20世纪70年代以后，对各大类微生物进行分子生物学研究，1977年美国学者Woese利用16S rRNA基因序列分析技术发现了古菌，将其列为第三型生物。微生物生理学方面，研究生物大分子如何装配成各种细胞器，并与遗传学相结合研究代谢的基因表达和调控；20世纪80年代末，固氮酶合成及活性调节已有较大突破。微生物遗传学研究方面，建立了重组技术。微生物生态学研究拓宽了领域，进入宇宙空间去研究微生物赖以生存的微生态环境；医学微生物研究方面，发现了一些新的病原微生物，诸如人类免疫缺陷病毒（HIV）、轮状病毒、新型肝炎病毒（HCV、HDV、HEV）、人类疱疹病毒（HHV-6、HHV-7、HHV-8）、埃博拉病毒、西尼罗河病毒、SARS冠状病毒等。工业微生物方面，新的微生物资源不断被发现与开发，20世纪80年代开发的除虫菌素广谱、高效、低毒，可广泛用于杀灭家畜体内外多种寄生虫和防治植物虫害等。在方法、技术上，免疫学技术、新的理化分析技术和电子计算机的应用，使微生物学的研究能定性、定量和定位，并朝自动控制发展；基因工程和聚合酶链式反应技术的渗入，使人们能构建工程菌，或者从一种生物体分离编码某种蛋白质的所需基因，由载体引入大肠杆菌或酵母细胞并表达，可获得许多常规技术或天然来源无法得到的微生物产物。

随着微生物学的发展成绩斐然，许多科学巨匠涌现，其中有60余位科学家获得了诺贝尔奖。微生物学的发展促进了整个生命学科不断向前发展，虽然未来任务十分艰巨，但不可否认其具有巨大的发展潜力和拥有无比辉煌的未来。

第二节 水产微生物学及其应用范围

一、水产微生物学及其主要任务

水产微生物学（microbiology in aquaculture）是微生物学应用于水产养殖业后逐渐发展而成的一个分支学科，是在研究微生物学的一般理论知识和技术的基础上，进一步研究对水产养殖环境、水产动物饲料、水产动物疾病、水产品保鲜贮藏及加工等产生重要影响的微生物。其内容不仅涉及相关微生物的种类、形态特征、生理生化特性、分类鉴定，而且还涉及利用和控制这些微生物的原理与方法等，因此，水产微生物学是为水产养殖业服务的一门兼具基础性与应用性的科学。

水产微生物学的任务是充分发挥微生物在改善养殖环境、提高养殖对象的抗病力、防治水产动物疾病、防止水产品腐败变质等方面的作用，保障水产业持续健康地发展。

二、水产微生物学研究与应用的主要范围

(一) 在水产养殖环境方面的研究与应用

1. 微生物与水产养殖环境的关系 水是水生生物赖以生存的环境。世界上的水主要可分为海水和淡水,这两类水体都是水生动植物的栖息地,分布和存在着大量的微生物,尽管因海水、淡水的理化性质不同,微生物的种类和数量也不同,但微生物的生命活动都会直接或间接地作用于水生动物及其水环境。它们降解大分子有机物,推动水中物质循环和能量流动,产生的代谢产物可能有利于水生动物的生长,也可能对水生动物产生损害作用,尤其病原微生物的存在能使水生动物发生传染性疾病并可能大范围流行。在有着良好生态平衡的水体中,水生动植物得以正常生活。在人工养殖条件下,由于有投饵、施肥等人为因素参与,水体的生态平衡受到严重干扰,为维护其平衡,必须合理利用自然因素和采用各种科学方法保障水质不被破坏,其中就可利用微生物的作用,分解养殖生物的排泄物、残饵以及浮游植物残体等有机物,同时充分利用微生物链,在水质净化中通过氧化、还原、同化和异化作用把有机物转变为简单的化合物,从而保障水体的正常功能,维持养殖环境生态系统中养殖生物和水质间的平衡。

目前,对水体微生物进行研究的学科除水产微生物学外还有微生物生态学、海洋微生物学和环境微生物学等,但研究内容依据其目的任务不同各有侧重。

2. 研究的主要内容 水产微生物学在水环境领域的研究侧重于如下内容:海水或淡水、大水面或小水体、高产养殖水体或发病鱼池等不同水域中,不同水生生物体体内外微生物的来源、作用、种类、分布和变化规律;微生物在水体物质循环和流动中的作用与机制;微生物在水体自净和各类污水处理中实际应用的原理与方法等。

3. 应用的主要范围

(1) 改善水质。在水体的治污方面,微生物处理工业和生活用水的多种方法及改良方式,在水产养殖中已有较多有效应用。用微生态制剂治理养殖水体更是成为研究与应用的热点,如用一些有益微生物做成微生态制剂投放养殖水体,可减少水体内的氨氮、亚硝酸盐、硫化氢的含量,降低水体中化学需氧量(COD),净化水质,促进藻类繁殖生长,形成有益微生物菌群,抑制有害生物,为养殖动物改善了水体环境。用光合细菌、乳酸菌类、芽孢杆菌和硝化细菌等做成单一制剂或复合制剂,用微生物生产的凝聚剂、微肥等,已在水产上有一些应用并获得效果。目前,我国农业农村部批准了嗜酸乳杆菌微生物生态制剂、蜡样芽孢杆菌微生物生态制剂、枯草杆菌(只限于不产生耐抗生素的菌株)微生物生态制剂、粪链球菌微生物生态制剂、噬菌蛭弧菌微生物生态制剂、嗜酸乳杆菌+粪链球菌+枯草杆菌混合微生物生态制剂、脆弱拟杆菌+蜡样芽孢杆菌混合微生物生态制剂、酵母菌微生物生态制剂等的生产使用,并建立了国家标准,编入了我国兽药品种编号目录。

(2) 治理赤潮或水华。研究发现,在一定条件下,藻类及微生物可引发海水赤潮(淡水中称为水华),这种现象对其他水生生物危害很大。已知,赤潮或水华除了用理化方法进行防治以外,还可用微生物予以防治,据报道,中性柠檬酸菌、黏细菌、光合细菌、硝化细菌、玉垒菌组合等有良好的杀藻或抑藻效果。现已发现多种溶藻细菌、蓝藻嗜菌体和真菌,具有能裂解藻类营养细胞或破坏细胞的某一特定结构的功能。杀藻菌灭杀赤潮藻的主要的方式有:①直接灭杀,这主要是通过细菌溶解藻细胞,如黏细菌对蓝藻的溶解。日本分离的黏

细菌不但能杀死包括硅藻、甲藻和针胞藻在内的藻类,而且在贫营养水体中生长良好,可用来抑制赤潮藻的增殖。②微生物向环境中释放抑制藻类生长或杀灭藻类的物质,如褐藻的藻多酚对米氏凯伦藻、多环旋沟藻和古卡盾氏藻显示了强烈的杀灭效果。③自养型微生物与藻类竞争有限的营养物质。

(3) 监测水污染状况。有益微生物群在水体污染中也有较好的指示作用。在环境监测中,可以选用一些微生物作为指示物,以此来判断水体污染程度。大量实验证实,某一类微生物的数量与环境中相应化合物含量之间有一致性,故可用来作为某类或某种污染物的指示菌。已发现,氨化细菌及反硝化细菌的数量是有规律地出现,即只有在大量有机物排入河道时,这些细菌的数量才大为增加。磷细菌对磷超量的水体也有很好指示作用。一般情况下,如果其他条件相对稳定时,有益微生物数量越多,水质就越好,动物不易生病;反之就会暴发疾病。

(二) 在水产动物饲料方面的研究与应用

1. 微生物与饲料的关系 微生物与饲料的关系较为复杂。有的微生物体内含有丰富的营养物质,有较高的营养价值,经培养、生产,可成为单细胞蛋白饲料;有的可以产生各种酶,如水解酶、发酵酶和呼吸酶,这些酶有利于降解饲料中蛋白质、脂肪和较复杂的糖类,可促进水产动物对营养物质的消化吸收;有些微生物还能合成一些维生素,如 B 族维生素及维生素 K 等,供动物利用,而且很多微生物细胞还可以直接提供额外的核酸、蛋白质、各种矿物质,是供给动物能源的良好来源且很安全;有的能参与饲料的调制过程,增加饲料的适口性和营养价值,如青贮饲料中的乳酸菌和酶解纤维素的微生物;有的具有去除饲料中有毒物质和抗营养因子的作用。然而,有的可使饲料败坏霉变,降低饲料的营养价值,一些微生物自身或其产物还含有毒素,可引起动物中毒,如各种腐败性微生物和霉菌;有的能侵害饲料作物或使种子丧失发芽力,导致饲料减产。由此可见,微生物与饲料有着密切的关系。研究饲料微生物,有利于发挥有益微生物的作用,防止或抑制有害微生物的活动,提高饲料的营养价值,增加饲料的营养成分,提供优质饲料,为水产养殖业服务。

2. 研究的主要内容 对微生物在饲料领域研究的主要内容是:微生物饲料的分类与特点,有益微生物的菌种、作用及机理,主要生产工艺等。目前对饲料微生物的研究和应用十分活跃,并形成了微生态制剂和微生物添加剂产业,经若干年发展,有望形成微生物学的一门新分支学科,即饲料微生物学。

3. 应用的主要范围

(1) 改善原料适口性。用微生物发酵某些饲料原料可以改变植物性、动物性饲料的物理性状。微生物在生长、繁殖过程中,分泌一定量的胞外酶,产生维生素、醇、酯、酸等类物质,从而使原料的品质、适口性、风味得到很大改进,可显著提高在日粮中的使用比例。发酵后的饲料具有天然发酵香味,产生良好的诱食效果,刺激动物的食欲,促进消化液的分泌,提高消化酶的活性,促进营养成分的消化吸收。

(2) 降解抗营养因子和有毒成分。植物性原料一般都含有蛋白酶抑制因子、植物凝集素、单宁、非淀粉多糖、饲料抗原蛋白、胀气因子、植酸等多种抗营养因子和有毒成分,影响动物的消化吸收,并对动物机体产生毒害作用,用微生物发酵可以降解这些物质,消除其对动物的不利影响。菜籽饼、棉籽饼可通过微生物的发酵作用,对原料中毒素进行降解或转化,微生物菌体既可以将这些毒素作为营养成分进行吸收和利用,又可以分泌胞外酶作用于这些毒素，还可以产生次级代谢产物与毒素结合而解毒。研究表明，微生物代谢产物甘露聚糖可以有效地降解黄曲霉毒素 B_1 等，曲霉属、串珠霉属等菌株能有效地降低发酵棉籽饼中游离棉酚的含量。

（3）提高动物的消化利用率。饲料原料经过微生物的发酵处理，营养成分发生了一系列的变化，饲料中的淀粉、纤维素、蛋白质等复杂的大分子有机物在一定程度上降解为动物容易消化吸收的单糖、双糖、低聚糖和氨基酸等小分子物质，缩短了饲料在动物消化道内的转化时间，从而提高了饲料的消化吸收率，起到了对饲料深度加工的作用。同时，在饲料发酵过程中还产生和积累了大量的微生物细胞及有机酸、醇、醛、酯、维生素、抗生素、激素、微量元素、特殊糖类等有益代谢产物，提高了饲料的营养价值。

饼粕类和动物性饲料是蛋白质含量较高的饲料原料，但蛋白质品质较差，不能在动物体内得到较好利用。这些原料经过微生物发酵技术处理之后，饲料中可溶性蛋白质含量可提高25%左右，原料中的蛋白质转化为活性肽、寡肽等优质蛋白质，蛋白质的含量和品质都得到很大的改善，也有利于动物的消化吸收。有些原料中的木质素、纤维素等难以利用的糖类，经过细菌、丝状真菌等微生物的发酵处理，转化为可吸收利用的糖类，提高饲料的利用率和适口性。

（4）调节动物的微生态平衡。健康动物肠道内生长着多种微生物群落，各种群落之间相互依存、相互作用，维持动物肠道微生态系统的平衡，竞争性抑制有害菌在肠黏膜的附着和繁殖。对于微生物群落形成迟缓或有缺陷的动物来说，饲喂发酵后的饲料尤其重要，其有益作用更加明显。乳酸菌代谢产生的有机酸能够改善消化系统的内环境，降低肠道pH，抑制大肠杆菌和沙门氏菌等条件致病菌，为有益菌的繁殖提供条件，减少肠道疾病的发生。乳酸菌除了产生有机酸还能产生其他有益成分，乳酸链球菌可以产生抑制革兰氏阳性细菌的细菌素，嗜酸乳杆菌和保加利亚乳杆菌可以产生抑制革兰氏阴性病原菌生长的过氧化氢，乳酸杆菌可以产生阻止细菌毒素黏附和侵害的胞外糖苷酶。另外，肠道内的高酸度环境和有益微生物可以有效抑制吲哚、酚、硫化氢等有害产物在肠内的积累，从而减轻动物应激和亢奋。

（5）提高机体免疫力。发酵饲料中的有益微生物影响机体免疫系统的应答能力，是一种免疫调节因子，影响能力因菌体而不同，它可以非特异性地通过菌体本身或某些成分将宿主免疫细胞激活，增强吞噬细胞的免疫活力；还可以特异性地增强机体内B细胞产生抗体的能力，提高体液免疫和细胞免疫的应答效率，增强机体抗体水平和免疫力，促进机体抵御和杀灭侵入机体内的有害微生物，降低疾病的发生率。

（三）在水产动物疾病方面的研究与应用

1. 微生物与水产动物疾病的关系 有些微生物能引起水产动物很多传染性疾病，这些微生物称为病原微生物或病原体。这些病原体包括细菌、其他类型原核微生物、真菌和病毒。病原体侵入机体后，机体就是病原体生存的场所，机体就称为病原体的宿主，病原体在宿主中进行生长繁殖、释放毒性物质等，引起机体不同程度的病理变化，出现一系列症状，这一过程称为感染。同时，病原体入侵机体后，能激发机体免疫系统产生一系列免疫应答与之对抗，这称为免疫。感染和免疫是一对矛盾，其结局如何，根据病原体和宿主两方面力量强弱而定。如果宿主抵抗力强，可以根本不形成感染；即使形成了感染，病原体也多半会逐渐消亡，于是患病水产动物康复；如果宿主抵抗力弱，则感染扩散，宿主将会发病甚至死亡。在治疗这类疾病时，除了依靠宿主自身的防御力量，还应采用有效的抗病原体的药物和其他措施以对抗病原体，大多数疾病是可以治好的。机体在发病或死亡后，病原体可向体外排出，经水、饵料等传播媒介再传染其他易感动物，造成新的个体感染，使疾病在一定区域内蔓延，呈流行性发展。由此可知，病原微生物所致疾病的发生、发展与病原、宿主和环境有密切关系，这三者缺一不可。

2. 研究的主要内容 研究病原微生物的微生物学称为病原微生物学，水产病原微生物学研究的主要内容是：研究水产动物疾病有关的病原微生物的种类、形态结构、生物学特性、致病机理、机体的抗感染免疫、实验室诊断及特异性预防的技术和方法等。

3. 应用的主要范围

（1）分离和鉴定病原体。病原微生物种类繁多，要确诊疾病是否由某种病原体所引起，最基础工作就是要按这种病原的特性进行病原分离培养，如细菌、真菌等可应用培养基，病毒、立克次氏体、衣原体等则用敏感的组织细胞进行培养，然后再分离纯化获得纯种。分离到病原体才能进行病原的相关研究工作，如病原的分类鉴定、致病力测定、敏感药物的筛选、疫苗的研制等。

要确定分离的这种微生物是何种微生物，必须用相应的鉴定方法进行鉴定，鉴定方法很多，常用的方法是对细菌、真菌等微生物的形态、构造和生理生化特性进行检测，但这种方法检测周期较长，不能同时处理批量样本。为解决这一问题，各种自动化培养和鉴定系统不断产生，大大加快了检验速度。例如 Microscan Walk Away 全自动微生物分析仪，可同时做细菌鉴定和药敏试验，检验数百个或更多个菌种。随着科技水平发展，分子生物学检测技术日新月异，对病原微生物的鉴定已不再局限于对普通外部形态结构和生理生化特性的一般检验上，免疫血清学技术也广泛使用，目前，检测技术已深入分子水平、核酸水平。核酸分子杂交、基因芯片、聚合酶链式反应等都可用来鉴别病原微生物，基因检测技术逐渐成为病原体的常用检测技术。

（2）研究致病机制。病原微生物种类繁多，其引起水产动物发病机制也不相同，研究致病机制就必须了解各类病原微生物产生毒力的物质基础、主要特性及对机体产生的损害作用等，这对于正确把握和分析机体的患病进程和有效防治均具有实际意义。目前，有些水产动物的病原体的致病机制研究已进入分子和基因水平，但有些病原体致病因子及致病机理研究尚未展开。

（3）建立特异、灵敏、简便、快速的诊断方法。对水产动物病原微生物引起的疾病及时而正确地做出诊断，直接决定能否有效地制定和落实预防与控制措施，减少因疾病造成的损失。其诊断方法一般分为流行病学诊断、临床诊断、实验室诊断。实验室诊断采用的方法也很多，如病原学检查方法，即将病原分离后进行形态和生理、生化鉴定的方法，核酸分子杂交、基因芯片、聚合酶链式反应等技术也都是对病原进行鉴定的实验室诊断方法，这些方法都不同程度存在耗时较长、成本高、条件要求苛刻、技术复杂、基层不易进行等问题。由于病原微生物一般都具有抗原性，因此，采用免疫血清学方法可实现特异、灵敏、简便、快速诊断，该方法是通过已知的抗体或抗原来检测病原体的抗原或抗体，从而对疾病做出快速诊断。常用的免疫学诊断方法包括沉淀反应、凝集反应、免疫荧光抗体检测技术、免疫酶标技术等。这些技术的应用大大简化了鉴定步骤，提高了检测速度，敏感性和特异性很高，不仅可检测样本中病原体，也可检测机体中病原体的抗体成分，用其做成试剂盒可在养殖场直接应用于疾病的快速诊断、流行病学调查和检疫,此外,有的方法还可用于病原的血清型鉴定及其疫苗的免疫效果评价等,因此,免疫血清学方法极具应用价值。

(4) 研发疫苗。水产动物疫苗是用细菌、病毒等病原微生物制成的可使机体产生特异性免疫的生物制剂,是预防、控制传染病发生及流行的有力武器。凡是经常发生危害较大传染病的地方都应制备相应的疫苗。

(5) 选择、研发高效药物。疾病的病原体不同,对药物的敏感性也不同,即使是同一种病原因为来源或所处环境不同,它们对同一药物的敏感性也不一定相同。经常接触过某种药物的病原还会对这种药物产生抗药性,因此,对分离到的病原应及时采用合适的方法检测其对药物的敏感性,从中筛选敏感药物用于疾病治疗,以保障其疗效。研发新的抗微生物药物时,也应首先进行病原对药物的敏感性测定。

(四) 在水产品保鲜、贮藏及加工方面的研究与应用

1. 微生物与水产品保鲜、贮藏及加工领域的关系 微生物能使肉食品腐败变质,这种现象在水产品更容易发生,这是因为虽然健康水产动物的组织内部和血液中是无菌的,但在其体表的黏液、鳃以及消化道内都存在着微生物,当其被捕获致死后,不再具有抵抗微生物侵入的能力,腐败性的微生物可经体表、鳃、肠、创口等不同的途径侵入机体组织,在适宜条件下生长繁殖,加之鱼体自身含水量高,组织脆弱,在鱼体内酶的共同作用下,部分蛋白质分解成氨基酸和可溶性含氮物,这些都为腐败微生物的繁殖提供了有利条件,从而加速了腐败过程,因此,相比较其他肉类食品,水产品更容易腐败变质。

此外,当水产品中含有人类食源性疾病的微生物时,人们吃了这样的水产食品就会出现胃肠炎、腹泻、发热、呕吐、败血症等症状,食源性疾病已经成为我国头号食品安全问题,不仅严重危害人们的健康,也给国家造成重大经济损失。

微生物对肉类有发酵作用,在特定条件下有除去腥味、改变风味、增加营养等效果,可制成多种发酵制品,且利于肉类的贮藏。这是因为在微生物和环境因素的共同作用下,肉中的糖类、脂肪和蛋白质会发生降解,产生多种挥发性的有机化合物,如醇、醛、酮、羧酸、酯以及其他含硫和含卤素的化合物等。这些风味物质的种类和含量的不同最终决定了产品的感官风味特征,因此,微生物与加工发酵食品关系密切。

2. 研究的主要内容 水产微生物学在水产品方面的主要研究内容是:水产品中的微生物的种群、来源和污染的途径,水产品发生腐败变质的原因和控制方法,水产品的安全评价,以及可能引起人类疾病的微生物种类、来源及检测方法等。

3. 应用的主要范围

(1) 利用限制微生物生长繁殖的物理、化学和生物因素,防止水产品腐败变质。目前根据这一原理用于水产品保鲜的主要的技术有低温保鲜、化学保鲜、辐射保鲜、生物保鲜等方法。对此深入研究,以期发现、发明更加经济、安全有效的方法用于水产品的保鲜。

(2) 研究分析水产品中致病微生物种类、来源及其生命活动规律等,针对性地采用有效方法监控和防止致病微生物对水产品的污染。针对食源性致病微生物的产生的原因,目前我国主要是在鲜活水产品的生产、运输、加工及销售过程中从如何杜绝致病微生物的侵入方面着手,统一操作规范,进行有效管理,并初步建立了食源性致病微生物的快速检测技术和相关数据、微生物学危险性评价技术。今后针对易感染病原微生物方面应尽快建立一套从筛选、定量到确证的快速检测、安全监测、预警和控制的技术体系,保证水产食品的安全性,

减少食源性疾病的发生。

(3) 生产发酵水产食品。目前主要是利用盐渍防腐，并借助于机体自溶作用酶及微生物酶的分解作用，使水产品经一定时间的自然发酵，变为具有独特风味的酱、汁类制品；或使用曲、糠、酒糟类及其他调味料与食盐配合盐渍水产品，借助于食盐及醇类、有机酸类成分的抑菌作用增强贮藏性，并利用有益微生物的发酵作用，变为成熟的风味制品。如鱼酱油（鱼露）、蚝油、盐辛品、酱类制品、酒糟鱼等。

第三节 学习水产微生物学的基本要求

水产微生物学是水产养殖专业的一门重要的专业基础课，学好这门课程对深入学习鱼病学、水生生物学、鱼类增养殖学、鱼类营养与饲料、水产品加工学等课程极有帮助。同时，该课程也具有较强的专业性，不仅具有自身的理论体系和独特的实验技术，而且很多理论和技术可直接应用于改善水产养殖环境、提高水产动物产量和质量、加快水产业的发展。为了学好本课程，必须遵循如下基本要求。

1. 学好相关基础课 水产微生物学的很多理论和技术是建立在大量基础学科的基础上的，如微生物学、物理学、遗传学、有机化学、生物化学、水化学等。只有先学好这些知识，才能较轻松地深入学习本课程。此外，微生物学的一些分支学科，如海洋微生物学、环境微生物学、微生物生态学、畜牧微生物学、医学微生物学和食品微生物学等与本课程也有部分交叉性联系，很多理论、方法和成果均值得借鉴。

2. 掌握各类微生物的生物学特性 非细胞型、原核细胞型和真核细胞型微生物的形态、结构、生理、遗传、分布、功能、培养等特性互不相同，即使是同一类型微生物中不同种类的生物学性状也有一定区别，熟悉它们的这些特性和区别是全面了解水产微生物学基本理论所必需的，是知识的着生点，有助于更深刻理解不同类型微生物的相应的实验技术，并运用这些理论和技术分析及解决实际问题。

3. 熟悉微生物学的研究方法 微生物的研究方法是在人类长期探索和实践中形成的，是人类认识、利用和控制微生物的重要手段。因此，学习本课程时应积极主动参与实验实习全过程，通过实践，不仅可培养这方面的实际工作能力，而且可加深对理论知识的理解。学习本课程一般应了解或掌握如下主要研究方法：不同类型微生物的形态学检查方法，如制片、染色和显微技术；分离培养技术，如无菌技术、培养基制造、细胞培养、取样、接种、分离、纯化、需氧/厌氧培养技术、菌种保存方法等；计数技术，如麦氏比浊法、活菌计数法等；生理生化特性检测技术，如生长温度、耐热、耐盐、耐药、呼吸类型、主要酶类、糖醇发酵、代谢产物的测试方法；微生物结构、组成和核酸检测技术，如细胞壁化学组成、病毒囊膜及核酸类型确定、DNA 的 G+C 含量、DNA/DNA 同源性的测定等；致病性检测技术，如检样处理、细胞与动物接种、最小致死量（MLD）和半数致死量（LD_{50}）测定、致病因子分析等；微生物育种技术，如诱变、原生质体融合、基因工程等；免疫学技术，如抗原和抗体的制备、凝集、沉淀和抗体标记技术等。

4. 追踪文献信息，掌握学科发展动态 水产微生物学形成时间不长，起始于对水产动物疾病的病原及免疫学研究。1894 年，Emmerich 和 Weibel 分离鉴定了水产动物第一个病原菌——杀鲑气单胞菌，揭开了水产动物传染病病原研究序幕。1912 年，Plehn 首次报道了鱼类真菌病病原——鳃霉属。1953年，Rucker分离鉴定了传染性造血组织坏死病毒。1903年，Babes和Riegler发现丁鳗等能产生凝集抗体。然而这些都迟于医学微生物学和兽医微生物学的同类研究。在我国，鱼类病原研究是从王德铭（1956）分离鉴定赤皮病致病菌——荧光假单胞菌开始的，1962年，他最早开展了鱼类免疫研究——草鱼、青鱼肠炎菌苗研究。1979年，中国科学院水生生物研究所第一次分离了水产动物病毒——草鱼出血病病毒。1993年，我国可用作水产养殖本科教材的《水产微生物学》问世。2004年全国农林院校"十五"规划教材《水产微生物学》正式出版。10多年来，水产微生物学领域研究进展十分迅速，应用范围更加广阔，成果丰硕，很多新理论、新技术、新方法、新应用、新成果不断在相关杂志、著作、教材、文集上发表。师生在教学中应收集和掌握这些信息，及时跟进，使这方面的知识得到不断充实和完善，为发展本学科做出贡献。

本 章 小 结

微生物是一类低等生物，可分为非细胞型、原核细胞型、真核细胞型三大类型，在生物分类体系中占有重要地位，尽管各类型微生物形态、结构和生物学特性有所不同，但有许多共性，可产生有益作用和有害作用。微生物学的形成经历了从初创到成熟的发展过程，目前分支学科很多，其主要任务是发掘、利用和改善有益微生物，控制、改造和消灭有害微生物，为人类造福。水产微生物学形成历史不长，但发展迅速，始终围绕水产业中的主要环节展开研究与实践，体现在改善养殖环境、提高养殖对象的抗病力和健康水平、防治水产动物疾病、防止水产品腐败变质和加工水产食品等各个方面。学好这门课程必须先学好基础课，用比较的方法了解不同类型微生物的生物学特性，在认真学习理论课的同时积极参加实践环节教学活动，掌握好必要的实验技术，通过阅读本学科最新文献，及时补充最新知识。

思 考 题

1. 微生物有哪些类型？分类地位如何？
2. 微生物有哪些特性？了解这些特性有何实际意义？
3. 什么是微生物、微生物学和水产微生物学？
4. 微生物有什么作用？
5. 水产微生物学的主要研究内容及主要任务有哪些？
6. 水产微生物学的主要应用范围有哪些？分别有何作用？你认为其在水产学科上还可用于哪些方面？
7. 你认为应怎样才能更好地学习水产微生物学？

第二章 细 菌

第一节 细菌的形态与结构

细菌（bacterium）是原核生物界（Prokaryotae）中的一大类单细胞微生物，有广义和狭义两种范畴。广义上泛指真细菌界的各类原核细胞型微生物，包括狭义的细菌、放线菌、立克次氏体（rickettsia）、衣原体（chlamydia）、支原体（mycoplasma）、螺旋体（spirochaete）及放线菌（actinomyces）等。狭义的细菌是本章讨论的对象。它们的个体微小，形态与结构简单，具有细胞壁和原始核质，无核仁和核膜，除核糖体外无其他细胞器。

了解细菌的形态和结构对研究细菌的生理活动、致病性和免疫性，以及鉴别细菌、诊断疾病和防治细菌性感染等均有重要的理论和实际意义。

一、细菌的形态

（一）细菌的大小

细菌个体微小，要经染色后在光学显微镜下才能看见。表示细菌大小的单位通常是微米（μm）；各种细菌的大小和表示方法有一定的差别。球菌以直径表示，常为 $0.5\sim 2.0\ \mu m$。杆菌和螺旋状菌用长和宽表示，较大的杆菌长 $3\sim 8\ \mu m$，宽 $1\sim 1.25\ \mu m$；中等大的杆菌长 $2\sim 3\ \mu m$，宽 $0.5\sim 1.0\ \mu m$；小杆菌长 $0.7\sim 1.5\ \mu m$，宽 $0.2\sim 0.4\ \mu m$。螺旋状菌以其两端的直线距离作为长度，一般长 $2\sim 2.0\ \mu m$，宽 $0.4\sim 0.2\ \mu m$。细菌的大小介于动物细胞与病毒之间。

细菌的大小以生长在适宜的温度和培养基中的幼龄（指对数期）培养物为标准，各种细菌的大小是相对稳定的，可以作为鉴定它们的一个依据。同种细菌在不同的生长环境（如动物体内、外）和不同的培养条件下，其大小会有变化。在实际测量时，制片方法、染色方法和使用的显微镜不同也会有影响和差异，因此，测定和比较细菌的大小时，各种因素、条件、技术操作等均应一致。

（二）细菌的基本形态及变化

细菌的外形比较简单，有球状、杆状和螺旋状 3 种基本类型及某些其他形态（图 2-1）。

细菌的繁殖方式都是简单的裂殖，不同细菌裂殖后其菌体排列方式不同。有些细菌分裂后单个存在，有些细菌分裂后彼此仍有原浆带相连，形成一定的排列方式，在正常情况下，各种细菌的外形和排列方式是相对稳定而有特征性的，可以作为分类与鉴定的一种依据。

1. 球菌 多数球菌呈正球形，有的呈肾形、豆形等（图 2-2）。按其分裂方向及分裂后的排列情况，又可分为以下几种。

（1）双球菌。沿一个平面分裂，分裂后两两相连，其接触面有时呈扁平或凹入，菌体变成肾状、扁豆状或矛头状，例如肺炎球菌。

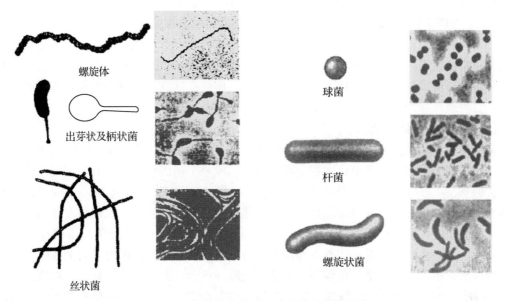

图 2-1 细菌的各种形态及电子显微镜照片
（据 Madigan 等）

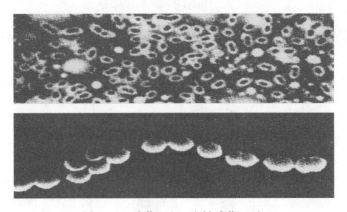

图 2-2 球菌（上）和链球菌（下）

（2）链球菌。沿一个平面分裂，分裂后三个以上菌体连成短链或长链，例如化脓链球菌。

（3）葡萄球菌。沿多个不规则的平面分裂，分裂后多个球菌不规则地堆在一起，似一串葡萄，例如金黄色葡萄球菌。

此外还有四联球菌和八叠球菌，分别成"田"字形及八球捆扎状。

2. 杆菌 杆菌一般呈正圆柱形，也有的近似卵圆形。菌体两端多为钝圆，少数是平截，如炭疽杆菌。杆菌的大小依种类不同而不同，大杆菌如柱状屈挠杆菌，长 3~10 μm；中等大杆菌如大肠杆菌，长 2~3 μm；小杆菌如流行性感冒杆菌，仅长 0.7~1.5 μm。此外，少数杆菌呈分支状，如海分枝杆菌；有的菌体一端膨大，呈棒槌状，如棒状杆菌；有的菌体很短，近似球杆状，如多杀性巴氏杆菌。杆菌的排列方式有 3 种，即单在、成双或成链。

3. 螺旋状菌 菌体呈弯曲或螺旋状的圆柱形，两端圆或尖突。又可分弧菌和螺菌两种，前者菌体长 2~3 μm，只有一个弯曲，呈弧形或逗点状，例如鳗弧菌。后者菌体较长，长 3~6 μm，有两个以上的弯曲，捻转呈螺旋状，例如鼠咬热螺菌。

细菌在适宜条件下培养，在对数繁殖期的菌形比较典型和一致。不良环境或老龄期，会出现和正常形状不一样的个体，称为衰老型或退化型（involution form）。重新处于正常的培养环境时，可恢复正常的形状。但也有些细菌，即使在适宜的环境中生长，其形状也很不一致，这种现象称为多形性（pleomorphism），如嗜血杆菌。

（三）细菌的群体形态

某个细菌在适合生长的固体培养基表面或内部，在适宜的条件中，经过一定时间培养，多数为 18~24 h，生长繁殖出巨大数量的菌体，形成一个肉眼可见的、有一定形态的独立群体，称为菌落（colony），又称克隆（clone）。若长出的菌落，连成一片，称为菌苔（lawn）。在细菌培养中，常将细菌做固体平板培养基表面划线接种，以获得单个菌落。

细菌的菌落可用肉眼观察到，也可在光学显微镜中观察。各种细菌的菌落在大小、色泽、质地、表面性状、边缘结构等方面均有各自的特征。菌落的特征与细菌个体的形态、结构的特征密切相关，例如金黄色葡萄球菌菌落较厚、黄色、圆形、边缘整齐；炭疽杆菌的菌落大而扁平，形状不规则，边缘多缺裂。在细菌学工作中，常通过固体培养基上的菌落，进行细菌的分离、纯化、计数及鉴定等。

二、细菌的基本结构

细菌细胞均具有细胞壁、细胞膜、细胞质、核质等基本结构（图 2-3）。

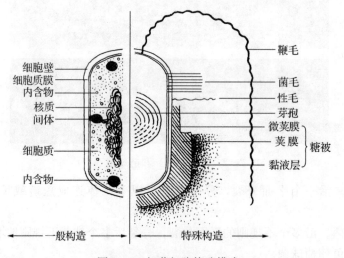

图 2-3 细菌细胞构造模式

（一）细胞壁

细胞壁（cell wall）在细菌细胞的外围，是一层坚韧而具有一定弹性的膜。通过染色、质壁分离（plasmolysis）或制成原生质体后再在光学显微镜下观察，可证实细胞壁的存在；用电子显微镜观察细菌超薄切片等方法，更可证实细胞壁的存在。细胞壁的主要功能有：①固定细胞外形和提高机械强度，从而使其免受渗透压等外力的损伤，例如，大肠杆菌的膨压可达 2.03×10^5 Pa（2 个大气压，相当于汽车内胎的压力）；②为细胞的生长、分裂和鞭毛运动所必需，失去了细胞壁的原生质体，也就丧失了这些重要功能；③阻拦酶蛋白和某些抗生素等大分子物质（相对分子质量大于800）进入细胞，保护细胞免受溶菌酶、消化酶和青霉素等有害物质的损伤；④赋予细菌具有特定的抗原性、致病性以及对抗生素和噬菌体的敏感性。

用革兰氏染色法（gram stain）可将细菌分为两大类，即革兰氏阳性细菌（gram positive bacteria，G^+）和革兰氏阴性细菌（gram negative bacteria，G^-）。两类细菌细胞壁的共有组分为肽聚糖，但各自有其特殊组分（图2-4、表2-1）。

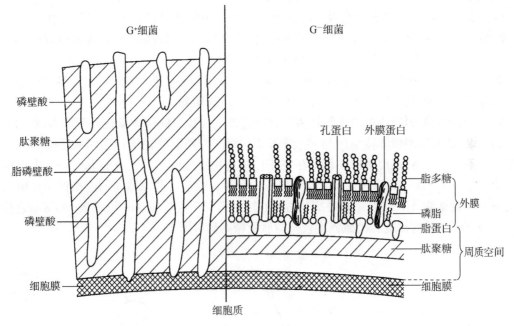

图2-4　G^+细菌与G^-细菌细胞壁构造的比较

表2-1　G^+细菌与G^-细菌细胞壁成分的比较

成分	占细胞壁干重的比例	
	G^+细菌	G^-细菌
肽聚糖	含量很高（一般为90%）	含量很低（5%～20%）
磷壁酸	含量较高（<30%）	0
脂质	一般无（<2%）	含量较高（约20%）
蛋白质	0或少量	含量较高

1. G^+细菌的细胞壁　G^+细菌细胞壁的特点是厚度大（20～80 nm，从几层至25层分子）和化学组分简单，一般含60%～90%肽聚糖和10%～30%磷壁酸。现分别叙述如下。

（1）肽聚糖（peptidoglycan）。肽聚糖又称黏肽（mucopeptide）、胞壁质（murein）或黏质复合物（mucocomplex），是细菌细胞壁中的特有成分。现以G^+细菌金黄色葡萄球菌（*Staphylococcus aureus*）的肽聚糖为例做一介绍。肽聚糖分子由肽和聚糖两部分组成，其中的肽包括四肽尾和肽桥两种，而聚糖则是由N-乙酰葡糖胺和N-乙酰胞壁酸两种单糖互相间隔连接成的长链。这种肽聚糖网格状分子交织成一个多层次（几层至25层分子）致密的网套覆盖在整个细胞上（图2-5）。

（2）磷壁酸（teichoic acid）。磷壁酸是结合在 G^+ 细菌细胞壁上的一种酸性多糖，主要成分为甘油磷酸或核糖醇磷酸。磷壁酸可分为两类，一类是与肽聚糖分子进行共价结合的，称为壁磷壁酸，其含量会随培养基成分而改变；另一类是跨越肽聚糖层并与细胞膜的脂质层共价结合，称为膜磷壁酸或脂磷壁酸。

磷壁酸的主要生理功能为：①通过分子上的大量负电荷浓缩细胞周围的 Mg^{2+}、Ca^{2+} 等两价阳离子，以提高细胞膜上一些合成酶的活力；②贮藏元素；③调节细胞内自溶素（autolysin）的活力，借以防止细胞因自溶而死亡；④作为噬菌体的特异性吸附受体；⑤赋予 G^+ 细菌特异的表面抗原，因而可用于菌种鉴定；⑥增强某些致病菌（如A族链球菌）对宿主细胞的粘连，避免被白细胞吞噬，并有抗补体作用。

2. G^- 细菌的细胞壁 G^- 细菌细胞壁的特点是厚度较 G^+ 细菌薄，层次较多，成分较复杂，肽聚糖层很薄（仅2~3 nm），故机械强度较 G^+ 细菌弱。

G^- 细菌肽聚糖的构造可以大肠杆菌为典型代表。其肽聚糖层埋藏在外膜脂多糖（LPS）层之内。G^- 细菌肽聚糖单体结构与 G^+ 细菌基本相同，差别仅在于：①四肽尾的第三个氨基酸分子不是L-Lys，而是被一种只存在于原核生物细胞壁上的特殊氨基酸——内消旋二氨基庚二酸（m-DAP）所代替；②没有特殊的肽桥，故前后两单体间的连接仅通过甲四肽尾的第四个氨基酸（D-Ala）的羧基与乙四肽尾的第三个氨基酸（m-DAP）的氨基直接相连，因而只形成较为稀疏、机械强度较差的肽聚糖网套（图2-6）。

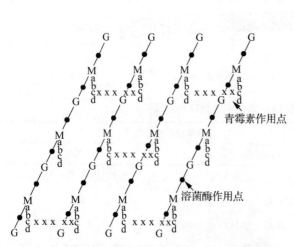

图2-5 金黄色葡萄球菌细胞壁的肽聚糖结构
M：N-乙酰胞壁酸 G：N-乙酰葡糖胺
• ：β-1,4糖苷键 a：L-丙氨酸 b：D-谷氨酸
c：L-赖氨酸 d：D-丙氨酸 x：甘氨酸

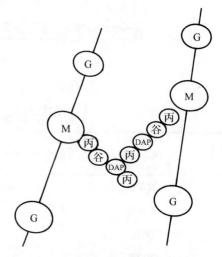

图2-6 大肠杆菌细胞壁的肽聚糖结构
M：N-乙酰胞壁酸 G：N-乙酰葡糖胺
DAP：二氨基庚二酸

（1）外膜（outer membrane，又称"外壁"）。外膜是 G^- 细菌细胞壁所特有的结构，它位于壁的最外层，化学成分为脂多糖、磷脂和若干种外膜蛋白。现分别介绍其中的脂多糖和外膜蛋白。①脂多糖（lipopolysaccharide，LPS），是位于 G^- 细菌细胞壁最外层的一层较厚

(8～10 nm)的类脂多糖类物质,由类脂 A、核心多糖(core polysaccharide)和 O-特异侧链(O-specific side chain,或称 O-多糖或 O-抗原)3 部分组成。外膜具有控制细胞的透性、提高 Mg^{2+} 浓度、决定细胞壁抗原多样性等作用,因而可用于传染病的诊断和病原的定位,其中的类脂 A 更是 G^- 病原菌致病物内毒素的物质基础。②外膜蛋白(outer membrane proteins),指嵌合在 LPS 和磷脂层外膜上的 20 余种蛋白,多数功能还不清楚。其中的脂蛋白具有使外膜层与内壁肽聚糖层紧密连接的功能。③另有一类中间有孔道、可控制相对分子质量大于 600 的物质(如抗生素等)进入外膜的三聚体跨膜蛋白,称为孔蛋白(porin),它是多种小分子成分进入细胞的通道,有特异性与非特异性两种途径。

脂多糖的主要功能是:①类脂 A 是 G^- 细菌致病物质——内毒素的物质基础;②脂多糖的负电荷较强,故与 G^+ 细菌的磷壁酸相似,也有吸附 Mg^{2+}、Ca^{2+} 等两价阳离子以提高其在细胞表面浓度的作用;③由于 LPS 的结构多变,因而 G^- 细菌细胞表面的抗原决定簇呈现多样性,例如沙门氏菌属就有 2 107 种(1983 年);④是许多噬菌体在细胞表面的吸附受体;⑤具有某种选择性吸收功能,如可透过水、气体和嘌呤、嘧啶、双糖、肽类和氨基酸等小分子营养物;但能阻拦溶菌酶、青霉素、去污剂和某些染料等大分子进入细胞。G^- 细菌因存在 LPS 外膜,故比 G^+ 细菌更能抵抗毒物和抗生素的毒害。例如,利福平虽可抑制 G^+ 和 G^- 细菌的 RNA 聚合酶,但因前者缺乏 LPS,故对利福平比后者敏感 1 000 倍。LPS 结构须借 Ca^{2+} 维持,经 EDTA 去除 Ca^{2+} 后,就可使 LPS 解体,从而暴露了内壁层的肽聚糖,这时,G^- 细菌就易被溶菌酶破坏。

(2)周质空间。在 G^- 细菌的细胞膜和外膜间的狭窄胶质空间,占细胞体积的 20%～40%,称为周质空间(periplasmic space)。该空间含有多种蛋白酶、核酸酶、解毒酶及特殊结合蛋白,在细菌获得营养、解除有害物质毒性等方面有重要作用。

革兰氏阳性细菌和革兰氏阴性细菌间由于细胞壁与其他构造的不同,就产生了形态、构造、化学组分、染色反应、生理功能和致病性等方面的差别,这些差别对微生物学的研究和实际应用都十分重要(表 2-2)。

表 2-2 革兰氏阳性细菌和革兰氏阴性菌某些特性的比较

比较项目	革兰氏阳性菌	革兰氏阴性菌
革兰氏染色反应	能阻留结晶紫而染成紫色	可经脱色而复染成红色
肽聚糖层	厚,层次多,可达 50 层	薄,一般 1～2 层
磷壁酸	多数含有	无
外膜	无	有
脂多糖(LPS)	无	有
类脂和脂蛋白含量	低(仅抗酸性细菌含类脂)	高
鞭毛结构	基体上着生两个环	基体上着生四个环
产毒素	以外毒素为主	以内毒素为主
对机械力的抗性	强	弱
细胞壁对溶菌酶的抗性	弱	强
对青霉素和磺胺	敏感	不敏感

项　　目	革兰氏阳性菌	革兰氏阴性菌
对链霉素、氯霉素、四环素	不敏感	敏感
碱性染料的抑菌作用	强	弱
对阴离子去污剂	敏感	不敏感
对叠氮化钠	敏感	不敏感
对干燥的抗性	强	弱
是否产芽孢	有的产	不产

3. 缺壁细菌（cell wall deficient bacteria） 虽然细胞壁是一切原核生物的最基本构造，但在自然界长期进化和在实验室菌种的自发突变中都会产生少数缺细胞壁的种类。此外，在实验室中，还可用人为方法通过抑制新生细胞壁的合成或对现成细胞壁进行酶解而获得人工缺壁细菌。缺壁细菌分类见图2-7。

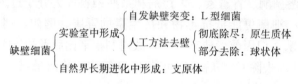

图2-7 缺壁细菌分类

（1）L型细菌（L-form of bacteria）。由英国李斯特（Lister）研究所的学者于1935年发现，故称L型细菌。当时发现一株杆状细菌 Streptobacillus moniliformis（念珠状链杆菌）发生自发突变，成为细胞膨大、对渗透敏感、在固体培养基上形成"油煎蛋"似的小菌落，经研究，它是一种细胞壁缺损细菌。后来发现，许多G^+或G^-细菌在实验室或宿主体内都可产生L型突变。严格地说，L型细菌应专指稳定的L型，即那些实验室或宿主体内通过自发突变而形成遗传性稳定的细胞壁缺损菌株。

青霉素和溶菌酶是细菌L型的常用诱导剂，青霉素通过竞争转肽酶的作用抑制五肽桥与四肽侧链之间的联结，使革兰氏阳性菌不能完成肽聚糖的合成。溶菌酶能裂解肽聚糖中的β-1,4-糖苷键，使细菌细胞壁的肽聚糖崩解。某些L型细菌对人仍有一定致病力，常发生于用青霉素、头孢菌素等抗菌药物治疗疾病过程中。L型细菌在动物中的致病问题也值得注意。

L型细菌的形态呈多形性，有球形、杆形和丝状等。其大小不一，革兰氏染色多呈阴性。其生长繁殖时的基本营养要求与原菌相似，但培养基中补充3%～5%NaCl、10%～20%蔗糖或7%聚乙烯吡咯烷酮（PVP）等，以提高渗透压。并需添加10%～20%的马血清。L型细菌生长繁殖较原菌缓慢，在软琼脂平板（含琼脂0.8%～1.0%）上，一般需培养27 d，长出中间较厚，四周较薄的荷包蛋样小菌落（图2-8）。在液体培养基中生长呈较疏松的絮状颗粒，沉于管底，上面的培养液澄清。

（2）原生质体（protoplast）。指在人为条件下，用溶菌酶除尽原有细胞壁或用青霉素抑制新生细胞壁合成后，所得到的仅有一层细胞膜包裹的圆球状渗透敏感细胞，它们只能用等渗或高渗培养液保存或维持生长。G^+细菌最易形成原生质体，这种原生质体除对相应的噬菌体缺乏敏感性（若在形成原生质体前已感染噬菌体的细胞仍可正常复制）、不能进行正常

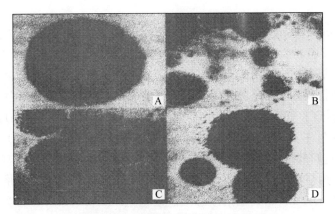

图 2-8 L 型细菌菌落类型（×40）
A. 原细菌型菌落 B. 荷包蛋样 L 型菌落 C. 颗粒型 L 型菌落 D. 丝状型 L 型菌落

的鞭毛运动和细胞不能分裂外，能保留着正常细胞所具有的其他正常功能。不同菌种或菌株的原生质体间易发生细胞融合，因而可用于杂交育种；另外，原生质体比正常细菌更易导入外源遗传物质，故有利于遗传学基本原理研究。

（3）球状体（sphaeroplast）。又称原生质球，指还残留了部分细胞壁（尤其是 G^- 细菌外膜层）的圆球形原生质体。

（4）支原体（mycoplasma）。支原体是在长期进化过程中形成的、适应自然生活条件的无细胞壁的原核生物，因为它的细胞膜中含有一般原核生物所没有的固醇，故即使缺乏细胞壁，其细胞膜仍有较高的机械强度。

4. 革兰氏染色的机制　通过一个多世纪的实践证明，由革兰（C. Gram）于 1884 年发明的革兰氏染色法是一种极其重要的鉴别染色法，它不仅可用于鉴别真细菌，也可鉴别古菌。20 世纪 60 年代初，萨顿（Salton）曾提出细胞壁在革兰氏染色中的关键作用。至 1983 年，彼弗里奇（T. Beveridge）等用铂代替革兰氏染色中媒染剂碘的作用，再用电子显微镜观察到结晶紫与铂复合物可被细胞壁阻留，这就进一步证明了革兰氏阳性和阴性菌主要由于其细胞壁化学成分的差异而引起物理特性（脱色能力）的不同，正是这一物理特性的不同才决定了染色反应的不同。其中细节为：通过结晶紫初染和碘液媒染后，在细胞膜内形成了不溶于水的结晶紫与碘的复合物。革兰氏阳性细菌由于其细胞壁较厚、肽聚糖网层次多和交联致密，故遇乙醇或丙酮做脱色处理时，因失水反而使网孔缩小，再加上它不含类脂，故乙醇处理不会溶出缝隙，因此能把结晶紫与碘复合物牢牢留在壁内，使其仍呈紫色。反之，革兰氏阴性细菌因其细胞壁薄、外膜层的类脂含量高、肽聚糖层薄和交联度差，在遇脱色剂后，以类脂为主的外膜迅速溶解，薄而松散的肽聚糖网不能阻挡结晶紫与碘复合物的溶出，因此，通过乙醇脱色后细胞退成无色。这时，再经沙黄等红色染料进行复染，就使革兰氏阴性菌呈现红色，而革兰氏阳性菌则仍保留紫色（实为紫加红色）了（图 2-9）。

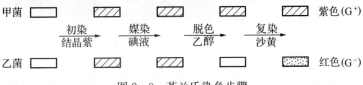

图 2-9　革兰氏染色步骤

(二) 细胞膜

细胞膜 (cell membrane) 或称胞质膜 (cytoplasmic membrane),位于细胞壁内侧,紧包着细胞质。厚约 7.5 nm,柔韧致密,富有弹性,占细胞干重的 10%～30%。细菌细胞膜的结构与真核细胞基本相同,由磷脂和多种蛋白质组成,但不含胆固醇。

在常温下,磷脂双分子层呈液态,其中嵌埋着许多具运输功能的蛋白质。有的分子内含有运输通道的整合蛋白 (integral protein) 或内嵌蛋白 (intrinsic protein),在磷脂双分子层的上面则"漂浮着"许多具有酶促作用的周边蛋白 (peripheral protein) 或膜外蛋白 (extrinsic protein)。它们都可在磷脂表层或内层做侧向移动,以执行其相应的生理功能。至今有关细胞质膜的结构与功能的解释,较多的学者仍倾向于 1972 年由辛格 (J. S. Singer) 和尼科尔森 (G. L. Nicolson) 所提出的液态镶嵌模型 (fluid mosaic model)。其要点为:①膜的主体是脂质双分子层;②脂质双分子层具有流动性;③整合蛋白因其表面呈疏水性,故可"溶"于脂质双分子层的疏水性内层中;④周边蛋白表面含有亲水基团,故可通过静电引力与脂质双分子层表面的极性头相连;⑤脂质分子间或脂质与蛋白质分子间无共价结合;⑥脂质双分子层犹如一"海洋",周边蛋白可在其上做"漂浮"运动,而整合蛋白则似"冰山"状沉浸在其中做横向移动。有关细胞质膜的模式构造可见图 2-10。

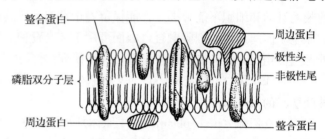

图 2-10 细胞质膜构造模式

细胞膜的生理功能为:①选择性地控制细胞内、外的营养物质和代谢产物的运送;②维持细胞内正常渗透压的屏障;③合成细胞壁和糖被的各种组分(肽聚糖、磷壁酸、LPS、荚膜多糖等)的重要基地;④膜上含有氧化磷酸化或光合磷酸化等能量代谢的酶系,是细胞的产能场所;⑤鞭毛基体的着生部位和鞭毛旋转的供能部位。

细菌细胞膜可形成一种特有的结构,称为间体或称为中介体 (mesosome),是部分细胞膜内陷、折叠、卷曲形成的囊状物,多见于革兰氏阳性细菌(图 2-11)。间体常位于菌体侧面或靠近中部,可有一个或多个。间体一端连在细胞膜上,另一端与核质相连,细胞分裂时间体也一分为二,各携一套核质进入子代细胞,有类似真核细胞纺锤丝的作用。间体的形成,有效地扩大了细胞膜面积,相应地增加了酶的含量和产能,其功能类似于真核细胞的线粒体,故也称为拟线粒体 (chondroid)。

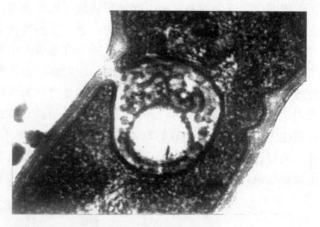

图 2-11 细菌的间体

(三) 细胞质

细胞质 (cytoplasm) 是细胞质膜包围的除核区外的一切半透明、胶状、颗粒状物质的总称。含水量约 80%。原核微生物的细胞质是不流动的,这一点与真核生物明显不同。细胞质的主要成分为核糖体(由 50S 大亚基和 30S 小亚基组成)、多种酶类和中间代谢物、质粒、各种营养物和大分子的单体等,少数细菌还有类囊体、羧酶体、气泡或伴孢晶体等。细胞质是细菌进行营养物代谢以及合成核酸和蛋白质的场所。

1. 核糖体(ribosome) 核糖体是细菌合成蛋白质的场所,游离存在于细胞质中,每个细菌体内可达数万个。细菌核糖体沉降系数为 70S,由 50S 和 30S 两个亚基组成,以大肠杆菌为例,其化学组成 66% 是 RNA(包括 23S、16S 和 5S rRNA),34% 为蛋白质。核糖体常与正在转录的 mRNA 相连呈"串珠"状,称为多聚核糖体(polysome),使转录和翻译耦联在一起。在生长活跃的细菌体内,几乎所有核糖体都以多聚核糖体的形式存在。

2. 质粒(plasmid) 质粒是染色体外的遗传物质,存在于细胞质中。为闭合环状的双链 DNA,带有遗传信息,控制细菌某些特定的遗传性状。质粒能独立自行复制,随细菌分裂转移到子代细胞中。质粒不是细菌生长所必不可少的,失去质粒的细菌仍能正常存活。质粒除决定该菌自身的某些性状外,还可通过接合或转导作用等将有关性状传递给另一细菌。质粒编码的细菌性状有菌毛、细菌素、毒素和耐药性的产生等。

3. 胞质颗粒 细菌细胞质中含有多种颗粒,大多为贮藏的营养物质,包括糖原、淀粉等多糖、脂类、磷酸盐等。胞质颗粒又称为内含物(inclusion),不是细菌的恒定结构,不同细菌有不同的胞质颗粒,同一细菌在不同环境或生长期也可不同。养料和能源充足时,胞质颗粒较多;短缺时,动用储备,颗粒减少甚至消失。胞质颗粒中有一种主要成分是 RNA 和多偏磷酸盐(polymetaphosphate)的颗粒,其嗜碱性强,当用营养亚甲蓝染色时着色较深呈紫色,称为异染颗粒(metachromatic granule)或迂回体(volutin)。其功能主要是储存磷酸盐和能量。某些细菌的异染颗粒非常明显,有助于细菌鉴定。

4. 磁小体 1975 年,由勃莱克摩(R. P. Blakemore)在一种称为折叠螺旋体(*Spirochaeta plicatilis*)的趋磁细菌中发现。目前所知的趋磁细菌主要为水生螺旋菌属(*Aquaspirillum*)和嗜胆球菌属(*Bilophococcus*)。这些细菌细胞中含有大小均匀、数目不等的磁小体(magnetosome),其成分为 Fe_3O_4,外有一层磷脂、蛋白质或糖蛋白膜包裹,是单磁畴晶体,无毒,大小均匀(20~100 nm),每个细胞内有 2~20 颗。形状为平截八面体、平行六面体或六棱柱体等。其功能是导向作用,即借鞭毛游向对该菌最有利的泥、水界面微氧环境处生活。目前认为趋磁菌有一定的实用前景,包括生产磁性定向药物或抗体,以及制造生物传感器等。

5. 羧酶体 羧酶体(carboxysome)又称羧化体,是存在于一些自养细菌细胞内的多角形或六角形内含物。其大小与噬菌体相仿,约 10 nm,内含 1,5-二磷酸核酮糖羧化酶,在自养细菌的二氧化碳固定中起着关键作用。在排硫硫杆菌(*Thiobacillus thioparus*)、那不勒斯硫杆菌(*T. neapolitanus*)、贝日阿托氏菌属(*Beggiatoa*)、硝化细菌和一些蓝藻中均可找到羧酶体。

6. 气泡 气泡(gas vocuoles)是在许多光合营养型、无鞭毛运动的水生细菌中存在的充满气体的泡囊状内含物,大小为(0.2~1.0)μm×75 nm,内由数排柱形小空泡组成,外有 2 nm 厚的蛋白质膜包裹,其功能是调节细胞相对密度以使细胞漂浮在最适水层中获取光能、氧气和营养物质。每个细胞含几个至几百个气泡。如鱼腥蓝藻属(*Anabaena*)、顶孢蓝藻属(*Gloeotrichia*)、盐杆菌属(*Halobacterium*)、暗网菌属(*Pelodictyon*)和红假单胞菌属（*Rhodopseudomonas*）的一些种中都有气泡。

（四）核质

细菌是原核细胞，不具成形的核。细菌的遗传物质称为核质（nuclear material）或拟核（nucleoid），集中于细胞质的某一区域，多在菌体中央，无核膜、核仁和有丝分裂器。因其功能与真核细胞的染色体相似，故习惯上也称为细菌的染色体（chromosome）。

细菌核质为单倍体，细胞分裂时可有完全相同的多拷贝。核质由单一闭合环状DNA分子反复回旋盘绕组成松散网状结构。在电子显微镜支持膜上直接用温和法裂菌观察，显示有类似于真核细胞染色质的串珠样结构。核质的化学组成除DNA外，还有少量的RNA（以与RNA聚合酶结合的形式存在）和组蛋白样的蛋白质（histone-like protein）。经RNA酶或酸将RNA水解，再经富尔根（Feulgen）法染色，光学显微镜下可看到着染的核质，形态多呈球形、棒状或哑铃状。大肠杆菌的核质相对分子质量约为3×10^9，伸展后长度可达1.1 mm，含4.7×10^6个碱基对，可以有3 000～5 000个基因。

细菌的染色体（核质）为一个共价闭合环状双链DNA分子，由两股方向相反的DNA链呈右手双螺旋结构。细菌染色体DNA的超螺旋依赖于一类拓扑异构酶（topoisomerase），其中所有细菌共有的一种酶为旋转酶（gyrase）。

细菌的染色体与真核细胞相比，有两个显著的不同：一是前者的DNA量要小得多，其序列的组织性也就简单得多；二是除了RNA基因通常是多拷贝，以便装备大量的核糖体满足细菌的迅速生长繁殖外，细菌绝大多数的蛋白质基因保持单拷贝形式，很少有重复序列。

三、细菌的特殊结构

（一）芽孢

某些细菌在其生长发育后期，在细胞内形成一个圆形或椭圆形、厚壁、含水量极低、抗逆性极强的休眠体，称为芽孢（endospore）。由于每一营养细胞内仅生成一个芽孢，故芽孢无繁殖功能。芽孢是整个生物界中抗逆性最强的生命体，在抗热、抗化学药物、抗辐射和抗静水压等方面更是首屈一指。一般细菌的营养细胞不能经受70 ℃以上的高温，可是它们的芽孢却有惊人的耐高温能力。例如，肉毒梭菌（*Clostridium botulinum*）的芽孢在100 ℃沸水中要经过5.0～9.5 h才被杀死，至121 ℃时，平均也要10 min才杀死；热解糖梭菌（*C. thermosaccharolyticum*）的营养细胞在50 ℃下经数分钟即可杀死，但它的一群芽孢却必须在132 ℃下经4.4 min才能杀死其中的90%。芽孢的抗紫外线能力一般是其营养细胞的2倍。巨大芽孢杆菌芽孢的抗辐射能力要比大肠杆菌的营养细胞强36倍。芽孢的休眠能力更是突出。在其休眠期间，检测不出任何代谢活力，因此称为隐生态（cryptobiosis）。一般的芽孢在普通的条件下可保持几年至几十年的生命力。文献中还有许多更突出的记载，如环状芽孢杆菌（*B. circulans*）的芽孢在植物标本上（英国）已保存200～300年；一种高温放线菌（*Thermoactinomyces* sp.）的芽孢在建筑材料中（美国）已保存2 000年；普通高温放线菌（*T. vulgaris*）的芽孢在湖底冻土中（美国）已保存7 500年；一种芽孢杆菌（*Bacillus* sp.）的芽孢在琥珀内蜜蜂肠道中（美国）已保存2 500万～4 000万年。

1. 产芽孢细菌的种类 能产芽孢的细菌属不多，最主要的是属于革兰氏阳性杆菌的两个属——好氧性的芽孢杆菌属（*Bacillus*）和厌氧性的梭菌属（*Clostridium*），球菌中只有芽孢八叠球菌属（*Sporosarcina*）产生芽孢，螺菌中的孢螺菌属（*Sporospirillum*）也产芽孢。此外，还发现少数其他杆菌可产生芽孢，如芽孢乳杆菌属（*Sporolactobacillus*）、脱硫肠状菌属（*Desulfotomaculum*）、考克斯氏体属（*Coxiella*）、鼠孢菌属（*Sporomusa*）和高温放线菌属（*Thermoactinomyces*）等。芽孢的有无、形态、大小和着生位置是细菌分类和鉴定中的重要指标。

2. 芽孢的构造 芽孢的构造主要包括孢外壁、芽孢衣、皮层和核心（图 2-12）。

皮层（cortex）在芽孢中占有很大体积（36%～60%），内含大量芽孢皮层特有的芽孢肽聚糖，其特点是呈纤维束状、交联度小、负电荷强、可被溶菌酶水解。此外，皮层中还含有占芽孢干重7%～10%的吡啶二羧酸钙盐（calcium dipicolinic acid, DPA-Ca），但不含磷壁酸。皮层的渗透压可高达 2.03×10^6 Pa（20 个大气压）左右，含水量约 70%，略低于营养细胞（约 80%），但比芽孢整体的平均含水量

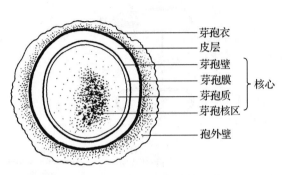

图 2-12 细菌芽孢构造模式

（40%左右）高出许多。芽孢的核心（core）又称芽孢原生质体，由芽孢壁、芽孢质膜、芽孢质和核区 4 部分组成，它的含水量很低（10%～25%），因而特别有利于抗热、抗化学药物（如过氧化氢），并可避免酶的失活。除芽孢壁中不含磷壁酸以及芽孢质中含 DPA-Ca 外，核心中的其他成分与一般细胞相似。

芽孢的细致构造和主要成分见图 2-13。

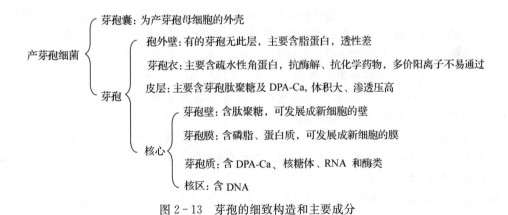

图 2-13 芽孢的细致构造和主要成分

3. 芽孢形成（sporulation, sporogenesis） 产芽孢的细菌当其细胞停止生长，即环境中缺乏营养及有害代谢物积累过多时，就开始形成芽孢。从形态上看，芽孢形成可分 7 个阶段（图 2-14）：①DNA 浓缩，束状染色质形成；②细胞膜内陷，细胞发生不对称分裂，其中小体积部分即为前芽孢（forespore）；③前芽孢的双层隔膜形成，这时芽孢的抗辐射性提高；④在上述两层隔膜间充填芽孢肽聚糖后，合成 DPA，累积钙离子，开始形成皮层，再经脱水，使折射率增高；⑤芽孢衣合成结束；⑥皮层合成完成，芽孢成熟，抗热性出现；⑦芽孢囊裂解，芽孢游离外出。

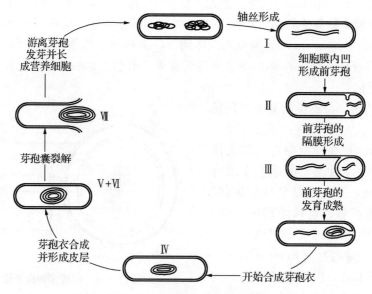

图 2-14 芽孢形成的 7 个阶段

在枯草芽孢杆菌中，芽孢形成过程约需 8 h，其中参与的基因约有 200 个。

4. 芽孢萌发（germination） 由休眠状态的芽孢变成营养状态细菌的过程，称为芽孢的萌发。萌发整个过程大约需要 90 min。热刺激（如 60 ℃ 1 h 或 85 ℃ 5 min）和 pH 降低均可活化芽孢使其萌发，L-丙氨酸、葡萄糖、肌苷和腺苷均为启动剂。芽孢壳经活化后，其富含二硫键的蛋白构型发生变化，引起渗透性改变，致使阳离子渗入，细胞膜脂质活性增强，并启动电子传递链。同时，随着水分渗入，芽孢特有成分吡啶二羧酸钙、皮质肽聚糖和芽孢壳物质等大量降解，使芽孢通透性加强，耐热、抗辐射等特性消失。由于代谢活性和呼吸增强，生物合成加速，依次合成 RNA、蛋白质、脂质，最后是 DNA。继而芽孢核心体积增大、皮质膨大变松、芽孢壳破裂，芽管长出并逐渐长大、发育成新的繁殖体细胞。

5. 芽孢的功能 细菌的芽孢对热力、干燥、辐射、化学消毒等理化因素均有强大的抵抗力。一般细菌繁殖体在 80 ℃ 水中迅速死亡，而有的细菌芽孢可耐 100 ℃ 沸水数小时。在草原的自然环境下，炭疽芽孢杆菌芽孢的传染性可保持 20~30 年。

细菌芽孢并不直接引起疾病，仅当发芽成为繁殖体后，才能迅速大量繁殖而致病。例如土壤中常有破伤风梭菌的芽孢，一旦外伤深部创口被泥土污染，进入伤口的芽孢在适宜条件下即可萌发成繁殖体再产毒致病。

被芽孢污染的用具、敷料、手术器械等，用一般方法不易将其杀死，杀死芽孢最可靠的方法是高压蒸汽灭菌。当进行消毒灭菌时，应以芽孢是否被杀死作为判断灭菌效果的指标。

细菌芽孢抵抗力强的原因，可能与下列因素有关：① 芽孢含水量少，约占繁殖体的 40%，蛋白质受热后不易变性；② 芽孢具有多层致密的厚膜，理化因素不易透入；③ 芽孢的核心和皮质中含有一种特有的化学组分吡啶二羧酸（dipicolinic acid，DPA），DPA 与钙结合生成的盐能提高芽孢中各种酶的热稳定性。芽孢形成过程中很快合成 DPA，同时也获得耐热性；芽孢发芽时，DPA 从芽孢内渗出，其耐热性也随之丧失。

（二）糖被

包被于某些细菌细胞壁外的一层厚度不定的胶状物质，称为糖被（glycocalyx）。糖被的有无、厚薄除与菌种的遗传性相关外，还与环境（尤其是营养）条件密切相关。糖被按其有无固定层次及厚薄程度又可细分为荚膜（capsule 或 macrocapsule，大荚膜）、微荚膜（microcapsule）、黏液层（slime layer）和菌胶团（zoogloea）（图 2-15）。

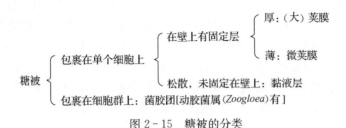

图 2-15 糖被的分类

糖被的主要成分是多糖、多肽或蛋白质，尤以多糖居多。少数细菌如黄色杆菌属（*Xanthobacter*）的菌种既具有 α-聚谷氨酰胺荚膜，又有含大量多糖的黏液层。这种黏液层无法通过离心沉淀，有时甚至将培养容器倒置时，呈凝胶状的培养基仍不会流出。糖被主要成分及其代表菌如图 2-16 所示。

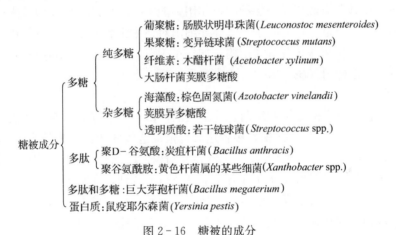

图 2-16 糖被的成分

某些细菌在其生活过程中可在细胞壁的外周产生一层包围整个菌体、边界清楚的黏液样物质，称为荚膜（capsule），荚膜厚度在 200 nm 以上，用理化方法去除菌体荚膜后并不影响细菌细胞的生命活动。荚膜的折光性弱，用普通染色方法不易着色，因此普通方法染色后的细菌，在光学显微镜下观察时，若见菌体周围有一层无色透明圈，即为荚膜。如果用荚膜染色法，可清楚地看到荚膜的存在（图 2-17）。

荚膜多糖为高度水合分子，含水量在 95% 以上，与菌细胞表面的磷脂或脂质 A 共价结合。多糖分子组成和构型的多样化使其结构极为复杂，成为血清学分型的基础。例如肺炎链球菌的荚膜，多糖物质的抗原至少可分成 85 个血清型。荚膜与同型抗血清结合发生反应后即逐渐增大，

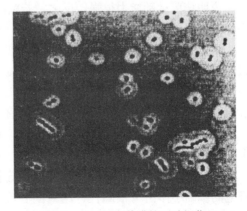

图 2-17 具有荚膜的不动杆菌

出现荚膜肿胀反应,可据此将细菌定型。

荚膜的形成需要能量,并与环境条件有密切关系。一般在动物体内、含有血清或糖的培养基中容易形成荚膜,在普通培养基上或连续传代则易消失。有荚膜的细菌在固体培养基上形成黏液(M)型或光滑(S)型菌落,失去荚膜后其菌落变为粗糙(R)型。

荚膜的功能为:①保护作用,其上大量极性基团可保护菌体免受干燥损伤;可防止噬菌体的吸附和裂解;一些动物致病菌的荚膜还可保护它们免受宿主白细胞的吞噬,例如,有荚膜的肺炎链球菌(*Streptococcus pneumoniae*)更易引起人的肺炎。②贮藏养料,以备营养缺乏时重新利用。③作为透性屏障或(和)离子交换系统,可保护细菌免受重金属离子的毒害。④表面附着作用,例如某些水生丝状细菌的鞘衣状荚膜有附着作用。⑤细菌间的信息识别作用,如根瘤菌属(*Rhizobium*)。⑥堆积代谢废物。

(三) S层

S层(surface-layer)是某些细菌的一种特殊的表层结构,它完整地包裹菌体,由单一的蛋白质亚单位组成,规则排列,呈类晶格结构。以嗜水气单胞菌为例,其S层覆盖了LPS,但菌毛可以从晶格的孔隙中伸出。S层是一种最简单的生物膜,其功能除作为分子筛和离子通道外,还具有类似荚膜的保护屏障作用,能抵抗噬菌体、蛭弧菌及蛋白酶。新近还发现气单胞菌等的S层是一种黏附素,可介导细菌对宿主细胞的黏附以及内化进入巨噬细胞等。许多致病菌或致病菌株具有S层结构,如气单胞菌、弯曲菌(*Campylobacter*)、拟杆菌(*Bacteroides*)、芽孢杆菌(*Bacillus*)、立克次氏体等。

(四) 鞭毛

许多细菌,包括所有的弧菌和螺菌,约半数的杆菌和个别球菌,在菌体上附有细长并呈波状弯曲的丝状物,少者仅1~2根,多者达数百根。这些丝状物称为鞭毛(flagellum),是细菌的运动器官(图2-18)。鞭毛长5~20 μm,直径12~30 nm,需用电子显微镜观察,或经特殊染色法使鞭毛增粗后才能在普通光学显微镜下看到。在暗视野中,对水浸片或悬滴标本中运动着的细菌,也可根据其运动方式判断它们是否具有鞭毛。在下述两种情况下,单凭肉眼观察也可初步推断某细菌是否存在着鞭毛:①在半固体(含0.3%~0.4%)琼脂直立柱中用穿刺法接种某一细菌,经培养后,若在穿刺线周围有呈混浊的扩散区,说明该菌具有运动能力,并可推测其长有鞭毛,反之,则无鞭毛;②根据某菌在平板培养基上的菌落外形也可推断它有无鞭毛,一般说,如果该菌长出的菌落形状大、薄且不规则,边缘极不圆整,说明该菌运动能力很强,反之,若菌落外形圆整、边缘光滑、厚度较大,则说明它是无鞭毛的细菌。

根据鞭毛的数量和部位,可将鞭毛菌分成4类(图2-19)。①单毛菌(monotrichate):只有一根鞭毛,位于菌体一端,如霍乱弧菌。②双毛菌(amphitrichate):菌体两端各有一根鞭毛,如空肠弯曲菌。③丛毛菌(lophotrichate):菌体一端或两端有一丛鞭毛,如铜绿假单胞菌。④周毛菌(peritrichate):菌体周身遍布许多鞭毛,如伤寒沙门氏菌。

1. 鞭毛的结构 鞭毛自细胞膜长出,游离于菌细胞外,由基础小体、钩状体和丝状体3个部分组成(图2-20)。

(1) 基础小体(basal body)。位于鞭毛根部,嵌在细胞壁和细胞膜中。革兰氏阴性菌鞭毛的基础小体由一根圆柱、两对同心环和输出装置组成。其中,一对是M(membrane)环和S(supramembrane)环,附着在细胞膜上;另一对是P(peptidoglycan)环和L(li-

popolysaccharide)环，附着在细胞壁的肽聚糖和外膜的脂多糖上。基础小体的基底部是鞭毛的输出装置，位于细胞膜内面的细胞质内。基底部圆柱体周围的发动器为鞭毛运动提供能量，近旁的开关决定鞭毛转动的方向。革兰氏阳性菌的细胞壁无外膜，其鞭毛只有M、S一对同心环。

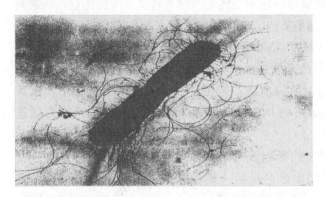
图2-18 破伤风梭菌的周身鞭毛（透射电镜×16 000）

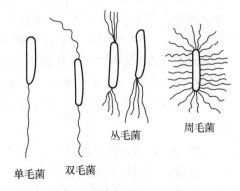
图2-19 细菌鞭毛的类型

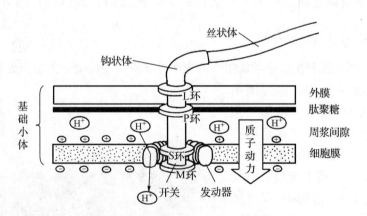
图2-20 大肠杆菌鞭毛根部结构模式

（2）钩状体（hook）。位于鞭毛伸出菌体之处，呈约90°的钩状弯曲。鞭毛由此转弯向外伸出，成为丝状体。

（3）丝状体（filament）。呈纤丝状，伸出菌体外，是由鞭毛蛋白（flagellin）紧密排列并缠绕而成的中空管状结构。丝状体的作用犹如船舶或飞机的螺旋桨推进器。鞭毛蛋白是一种弹力纤维蛋白，其氨基酸组成与骨骼肌中的肌动蛋白相似，可能与鞭毛的运动有关。

鞭毛是从尖端生长，在菌体内形成的鞭毛蛋白分子不断地添加到鞭毛的末端。若用机械方法去除鞭毛，新的鞭毛会很快合成，3~6 min内恢复动力。各菌种的鞭毛蛋白结构不同，具有高度的抗原性，称为鞭毛（H）抗原。

2. 鞭毛的功能 具有鞭毛的细菌在液体环境中能自由游动，速度较快，如单鞭毛的霍乱弧菌每秒移动可达55 μm，周毛菌移动较慢，每秒25~30 μm。细菌的运动有化学趋向性，常向营养物质处前进，而逃离有害物质。

有些细菌的鞭毛与致病性有关。例如霍乱弧菌、空肠弯曲菌等通过活泼的鞭毛运动穿透小肠黏膜表面覆盖的黏液层,使菌体黏附于肠黏膜上皮细胞,产生毒性物质导致病变的发生。

根据鞭毛菌的运动和鞭毛菌的抗原性,可用于鉴定细菌和进行细菌分类。

细菌是由鞭毛发动器跨膜质子梯度中储存的化学能转变为鞭毛转动所需的能量,周浆间隙中的质子(H^+)通过鞭毛发动器流入细胞质内。有少数细菌能利用钠离子梯度供给鞭毛转动的能量。在这个过程中,由跨膜质子梯度或钠离子梯度构成质子动力。鞭毛发动器能够顺时针或逆时针方向转动,从而决定细菌游动的方向。当发动器逆时针方向转动时,鞭毛的丝状体结合成一束拖在菌体后,推动细菌向前进;若发动器呈顺时针方向转动,束状丝状体松开,细菌停顿或向相反方向游动。平时细菌以这两种方式交替游动,称为随意移动。

细菌的运动具有方向性,受环境因素的影响极大。菌细胞膜上有众多的特异信号受体,能接受不同的理化和生物学刺激而做出相应反应。例如大肠杆菌细胞膜上的特异性糖结合受体,既能察觉化学趋化信号,又参与该物质的运输。如果遇到吸引性刺激时,细菌就会暂时性抑制发动器的顺时针方向转动,使菌体向吸引物移动;反之,遇到有害物质时,也会增强发动器的顺时针方向转动,细菌向背离有害物的方向运动以保存自己。

(五) 菌毛

许多革兰氏阴性菌和少数革兰氏阳性菌表面存在着一种比鞭毛更细、更短而直硬的丝状物,与细菌的运动有关,称为菌毛(pilus 或 fimbria)。菌毛是由菌毛蛋白(pilin)亚单位组成的呈螺旋状排列的圆柱体,新形成的菌毛蛋白分子插入菌毛的基底部。菌毛蛋白具有抗原性,其编码基因位于细菌的染色体或质粒上。菌毛在普通光学显微镜下看不到,必须用电子显微镜观察(图2-21)。

根据功能不同,菌毛可分为普通菌毛和性菌毛两类。

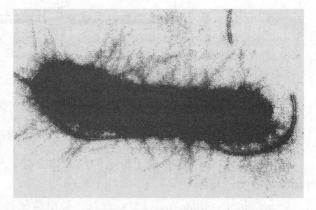

图2-21 大肠杆菌的普通菌毛和性菌毛(电镜×42 500)

1. 普通菌毛(ordinary pilus) 长0.2~2 μm,直径3~8 nm。遍布菌细胞的表面,每个细菌可达数百根。这类菌毛是细菌的黏附结构,能与宿主细胞表面的特异性受体结合,是细菌感染的第一步。因此,菌毛和细菌的致病性密切相关。菌毛的受体常为糖蛋白或糖脂,与菌毛结合的特异性决定了宿主感染的易感部位。

有菌毛的细菌一般以革兰氏阴性致病菌居多,借助菌毛可把它们牢固地黏附于宿主的呼吸道、消化道、泌尿生殖道等的黏膜上,进一步定植和致病,有的种类还可使同种细胞相互粘连而形成浮在液体表面上的菌醭等群体结构。

2. 性菌毛（sex pilus） 构造和成分与菌毛相同，仅见于少数革兰氏阴性菌。数量少，一个菌只有1~4根。比普通菌毛长而粗，中空呈管状。性菌毛由一种称为致育因子（fertility factor，F factor）的质粒编码，故性菌毛又称F菌毛。带有性菌毛的细菌称为F^+菌或雄性菌，无性菌毛者称为F^-菌或雌性菌。当F^+菌与F^-菌相遇时，F^+菌的性菌毛与F^-菌相应的性菌毛受体（如外膜蛋白A）结合，F^+菌体内的质粒或染色体DNA可通过中空的性菌毛进入F^-菌体内，这个过程称为接合（conjugation）。细菌的毒力、耐药性等性状可通过此方式传递。此外，性菌毛也是某些噬菌体吸附于菌细胞的受体。

第二节 细菌的生理

细菌生理学是细菌学中的基础理论部分。它的研究对象是细菌的组成成分、营养要求、能量代谢、生物合成和生长繁殖等一系列理论知识。对于细菌生理学的研究，不但可从理论上分析细菌生命活动的基本规律，而且对生产实践也有其重要意义。例如细菌的致病性和免疫机制、抗药性、人工培养、疫苗的制造、毒素与抗毒素的生产等方面，都与细菌生理学的研究有极密切的关系。

一、细菌的理化性状

（一）细菌的化学组成

细菌和其他生物细胞相似，含有多种化学成分，包括水、无机盐、蛋白质、糖类、脂质和核酸等。水分是菌细胞重要的组成部分，占细胞总重量的75%~90%。菌细胞去除水分后，主要为有机物，包括碳、氢、氮、氧、磷和硫等。还有少数的无机离子，如钾、钠、铁、镁、钙、氯等，用以构成菌细胞的各种成分及维持酶的活性和跨膜化学梯度。细菌尚含有一些原核细胞型微生物所特有的化学组成，如肽聚糖、胞壁酸、磷壁酸、D型氨基酸、吡啶二羧酸等。这些物质在真核细胞中还未发现。

（二）细菌的物理性状

1. 光学性质 细菌为半透明体。当光线照射至细菌，部分被吸收，部分被折射，故细菌悬液呈混浊状态。菌数越多浊度越大，使用比浊法或分光光度计可以粗略地估计细菌的数量。由于细菌具有这种光学性质，可用相差显微镜观察其形态和结构。

2. 表面积 细菌体积微小，相对表面积大，有利于同外界进行物质交换。葡萄球菌直径约1μm，则1 cm³体积的表面积可达60 000 cm²；直径为1 cm的生物体，每1 cm³体积的表面积仅6 cm²，两者相差1万倍。因此细菌的代谢旺盛，繁殖迅速。

3. 带电现象 细菌固体成分的50%~80%是蛋白质，蛋白质由兼性离子氨基酸组成。革兰氏阳性菌的等电点（pI）为2~3，革兰氏阴性菌的pI为4~5，故在近中性或弱碱性环境中，细菌均带负电荷，尤其前者所带负电荷更多。细菌的带电现象与细菌的染色反应、凝集反应、抑菌和杀菌作用等都有密切关系。

4. 半透性 细菌的细胞壁和细胞膜都有半透性，允许水及部分小分子物质通过，有利于吸收营养和排出代谢产物。

5. 渗透压　细菌体内含有高浓度的营养物质和无机盐，一般革兰氏阳性菌的渗透压高达 20~25 个大气压，革兰氏阴性菌为 5~6 个大气压。细菌所处一般环境相对低渗，因有坚韧细胞壁的保护不致崩裂。若处于比菌内渗透压更高的环境中，菌体内水分逸出，细胞质浓缩，细菌就不能生长繁殖。

二、细菌的营养与生长繁殖

（一）细菌的营养类型

各类细菌的酶系统不同，代谢活性各异，因而对营养物质的需要也不同。根据细菌所利用的能源和碳源不同，将细菌分为两大营养类型。

1. 自养菌（autotroph）　该类菌以简单的无机物为原料，如利用 CO_2、CO_3^{2-} 作为碳源，利用 N_2、NH_3、NO_2^-、NO_3^- 等作为氮源，合成菌体成分。这类细菌所需能量来自无机物的氧化，称为化能自养菌（chemotroph），或通过光合作用获得能量称为光能自养菌（phototroph）。

2. 异养菌（heterotroph）　该类菌必须以多种有机物为原料，如蛋白质、糖类等，才能合成菌体成分并获得能量。异养菌包括腐生菌（saprophyte）和寄生菌（parasite）。腐生菌以动植物尸体、腐败食物等作为营养物；寄生菌寄生于活体内，从宿主的有机物中获得营养。所有的病原菌都是异养菌，大部分属寄生菌。

（二）细菌的营养物质

对细菌进行人工培养时，必须供给其生长所必需的各种成分，一般包括水、碳源、氮源、无机盐和生长因子等。

1. 水　细菌所需营养物质必须先溶于水，营养物质的吸收与代谢均需有水才能进行。

2. 碳源　各种碳的无机或有机物都能被细菌吸收和利用，合成菌体组分和作为获得能量的主要来源。病原菌主要从糖类中获得碳。

3. 氮源　细菌对氮源的需要量仅次于碳源，其主要功能是作为菌体成分的原料。很多细菌可以利用有机氮化物，病原性微生物主要从氨基酸、蛋白胨等有机氮化物中获得氮。少数病原菌如克雷伯菌也可利用硝酸盐甚至氮气，但利用率较低。

4. 无机盐　细菌需要各种无机盐以提供细菌生长的各种元素，其需要浓度在 10^{-4}~10^{-3} mol/L 的元素为常用元素，其需要浓度在 10^{-8}~10^{-6} mol/L 的元素为微量元素。前者如磷、硫、钾、钠、镁、钙、铁等，后者如钴、锌、锰、铜、钼等。各类无机盐的功用如下：①构成有机化合物，成为菌体的成分；②作为酶的组成部分，维持酶的活性；③参与能量的储存和转运；④调节菌体内外的渗透压；⑤某些无机盐与细菌的生长繁殖和致病作用密切相关。

5. 生长因子　大部分细菌在用上述各种营养物质配合的培养基中，都能生长繁殖。但有些细菌仍不能生长，还必须加入一些其他物质。这些能促进细菌生长的物质，称为生长因子（growth factor）。细菌对生长因子要求的量很少，它既不是碳源和氮源，也不能作为能源使用。它在细菌代谢过程中，是一种不被分解的有机物，包括维生素、某些氨基酸、嘌呤、嘧啶等，主要起辅酶或辅基的作用。

(三) 营养物质进入细胞的方式

除原生动物可通过胞吞作用和胞饮作用摄取营养物质外，其他各大类有细胞的微生物都是通过细胞膜的渗透和选择吸收作用而从外界吸取营养物。细胞膜运送营养物质有4种方式，即单纯扩散、促进扩散、主动运送和基团移位，各自的特点如图2-22所示。

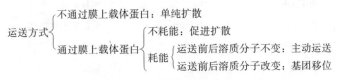

图2-22　细胞膜运送营养物质方式

1. 单纯扩散　单纯扩散 (simple diffusion) 属于被动运送 (passive transport)，指疏水性双分子层细胞膜 (包括孔蛋白在内) 在无载体蛋白参与下，单纯依靠物理扩散方式让许多小分子、非电离分子尤其是亲水性分子被动通过的一种物质运送方式。通过这种方式运送的物质种类不多，主要是氧气、二氧化碳、乙醇、甘油和某些氨基酸分子。由于单纯扩散对营养物质的运送缺乏选择能力和逆浓度梯度的"浓缩"能力，因此不是细胞获取营养物质的主要方式。

2. 促进扩散　促进扩散 (facilitated diffusion) 指溶质在运送过程中，必须借助存在于细胞膜上的底物特异载体蛋白 (carrier protein) 的协助，但不消耗能量的一类扩散性运送方式。载体蛋白有时称为渗透酶 (permease)、移位酶 (translocase) 或移位蛋白 (translocator protein)，一般通过诱导产生，它借助自身构象的变化，在不耗能的条件下可加速把膜外高浓度的溶质扩散到膜内，直至膜内外该溶质浓度相等为止。例如酿酒酵母对各种糖类、氨基酸和维生素的吸收，以及芽孢杆菌属和假单胞菌属等对甘油的吸收等。促进扩散是可逆的，它也可以把细胞内浓度较高的某些营养物运至细胞外。一般地说，促进扩散在真核细胞中要比原核细胞中更为普遍。

3. 主动运送　主动运送 (active transport) 指一类须提供能量 (包括ATP、质子动势或"离子泵"等) 并通过细胞膜上特异性载体蛋白构象的变化，而使膜外环境中低浓度的溶质运入膜内的一种运送方式。由于它可以逆浓度梯度运送营养物，所以对许多生存于低浓度营养环境中的贫养菌的生存极为重要。主动运送的例子很多，主要有无机离子、有机离子 (某些氨基酸、有机酸等) 和一些糖类 (乳糖、葡萄糖、麦芽糖、半乳糖、蜜二糖以及阿拉伯糖、核糖) 等。在大肠杆菌中，主动运送1分子乳糖约耗费0.5个ATP，而运送1分子麦芽糖则要耗费1.0～1.2个ATP。

4. 基团移位　基团移位 (group translocation) 指一类既需特异性载体蛋白的参与，又需耗能的一种物质运送方式，其特点是溶质在运送前后还会发生分子结构的变化，因此不同于一般的主动运送。基团移位广泛存在于原核生物中，尤其是一些兼性厌氧菌和专性厌氧菌，如沙门氏菌属、芽孢杆菌属、葡萄球菌属和梭菌属等。

基团移位主要用于运送各种糖类 (葡萄糖、果糖、甘露糖和N-乙酰葡糖胺等)、核苷酸、丁酸和腺嘌呤等物质。其运送机制在大肠杆菌中研究得较为清楚，主要靠磷酸转移酶系统即磷酸烯醇式丙酮酸-己糖磷酸转移酶系统进行。此系统由24种蛋白质组成。

这4种运输方式的特点如表2-3所示。

表 2-3 4种运送营养物质方式的比较

比较项目	单纯扩散	促进扩散	主动运送	基团移位
特异载体蛋白	无	有	有	有
运送速度	慢	快	快	快
溶质运送方向	由浓至稀	由浓至稀	由稀至浓	由稀至浓
平衡时内外浓度	内外相等	内外相等	内部浓度高得多	内部浓度高得多
运送分子	无特异性	特异性	特异性	特异性
能量消耗	不需要	不需要	需要	需要
运送前后溶质分子	不变	不变	不变	改变
载体饱和效应	无	有	有	有
与溶质类似物	无竞争性	有竞争性	有竞争性	有竞争性
运送抑制剂	无	有	有	有
运送对象举例	H_2O、CO_2、O_2、甘油、乙醇、少数氨基酸、盐类和代谢抑制剂	SO_4^{2-}、PO_4^{3-}、糖（真核生物）	氨基酸、乳糖等糖类，Na^+、Ca^{2+}等无机离子	葡萄糖、果糖、甘露糖、嘌呤、核苷酸和脂肪酸等

（四）影响细菌生长的环境因素

营养物质、能量和适宜的环境是细菌生长繁殖的必备条件。

1. 营养物质 充足的营养物质可以为细菌的新陈代谢及生长繁殖提供必要的原料和能量。

2. 氢离子浓度（pH） 每种细菌都有一可生长的 pH 范围，以及最适生长 pH 范围。大多数嗜中性细菌生长的 pH 范围是 6.0～8.0，嗜酸性细菌最适生长 pH 要低至 3.0，嗜碱性细菌最适生长 pH 可高达 10.5；多数病原菌最适 pH 为 7.2～7.6，在宿主体内极易生存；细菌依靠细胞膜上的质子转运系统调节菌体内的 pH，使其保持稳定，质子转运系统包括 ATP 驱使的质子泵及 Na^+/H^+ 和 K^+/H^+ 交换系统。

3. 温度 各类细菌对温度的要求不一。据此分为嗜冷菌（psychrophile），其生长范围 -5～30 ℃，最适生长温度为 10～20 ℃；嗜温菌（mesophile）生长范围 5～40 ℃，最适温度 10～40 ℃；嗜热菌（thermophile），生长范围 25～95 ℃，最适 50～60 ℃。病原菌在长期进化过程中适应人体环境，均为嗜温菌，最适生长温度为人的体温，即 37 ℃。当细菌突然暴露于高出适宜生长温度的环境时，可暂时合成热休克蛋白（heat-shock protein）。这种蛋白质对热有抵抗性，并可稳定菌体内热敏感的蛋白质。

4. 气体 根据细菌代谢对分子氧的需要与否，可以分为 5 类（图 2-23）。

（1）需氧型。环境中需要有氧气存在才能生长繁殖，大多数细菌都属于此类。在需氧菌中有

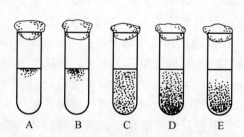

图 2-23 细菌的呼吸类型
A. 需氧型 B. 微需氧型 C. 兼性厌氧型
D. 厌氧型 E. 专性厌氧型

一些细菌对氧的要求特别严格，只能在有充分的氧气存在的条件下才能生长，这些细菌称为专性需氧菌，如鱼害黏球菌、柱状屈挠杆菌等。

（2）微需氧型。呼吸时需要低浓度的氧气，在振摇培养时，生长于离试管培养基表面下数毫米处。如假单胞菌属中的某些种。

（3）兼性厌氧型。在有氧和无氧的环境中都能生长的细菌称为兼性厌氧型细菌。如鳗弧菌、嗜水气单胞菌、迟缓爱德华菌等。

（4）厌氧型。对厌氧条件要求不十分苛刻，在振摇培养时，于培养基的中部也有不同程度的生长。如破伤风梭菌。

（5）专性厌氧型。只有在无氧条件下才能生长的细菌，称为专性厌氧菌。在振摇培养时，这类细菌生长于试管培养基的底部。这类细菌对于无氧环境的要求特别严格，有一点氧分子的存在就不能生长，如梭状芽孢杆菌等。

5. 渗透压　一般培养基的盐浓度和渗透压对大多数细菌是安全的，少数细菌如嗜盐菌需要在高浓度（3%）的 NaCl 环境中才能生长良好。

（五）细菌的生长繁殖

细菌的生长繁殖表现为细菌的组分和数量的增加。

1. 细菌个体的生长繁殖　细菌一般以简单的二分裂方式（binary fission）进行无性繁殖。在适宜条件下，多数细菌繁殖速度很快。细菌分裂数量倍增所需要的时间称为代时，多数细菌为 20~30 min。个别细菌繁殖速度较慢。

细菌分裂时菌细胞首先增大，染色体复制。革兰氏阳性菌的染色体与间体相连，当染色体复制时，间体一分为二，各向两端移动，分别将复制好的一条染色体拉向菌细胞的一侧。接着染色体中部的细胞膜向内陷入，形成横隔。同时细胞壁也向内生长，最后肽聚糖水解酶使细胞壁的肽聚糖的共价键断裂，分裂成为两个菌细胞。革兰氏阴性菌无间体，染色体直接连在细胞壁上。复制产生的新染色体则附着在邻近的一点上，在两点间形成的新细胞膜将各自的染色体分隔在两侧，最后细胞壁沿横隔内陷，整个细胞分裂成两个子代细胞。

2. 细菌群体的生长繁殖　细菌生长速度很快，一般细菌约 20 min 分裂一次。若按此速度计算，一个细胞经 7 h 可繁殖到约 200 万个，10 h 后可达 10 亿以上，细菌群体将庞大到难以想象的程度。但事实上由于细菌繁殖中营养物质的逐渐耗竭，有害代谢产物的逐渐积累，细菌不可能始终保持高速度的无限繁殖。经过一段时间后，细菌繁殖速度渐减，死亡菌数增多，活菌增长率随之下降并趋于停滞。

将一定数量的细菌接种于适宜的液体培养基中，连续定时取样检查活菌数，可发现其生长过程的规律性。以培养时间为横坐标，培养物中活菌数的对数为纵坐标，可绘制出一条生长曲线。根据生长曲线，细菌的群体生长繁殖可分为四期（图 2-24）。

（1）迟缓期（lag phase）。细菌进入新

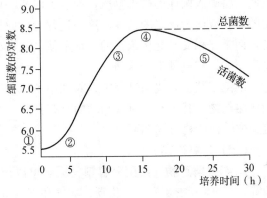

图 2-24　大肠杆菌的生长曲线
①~②迟缓期　②~③对数期
③~④稳定期　④~⑤衰亡期

环境后的短暂适应阶段。该期菌体增大，代谢活跃，为细菌的分裂繁殖积累充足的酶、辅酶和中间代谢产物；但分裂迟缓，繁殖极少。迟缓期长短不一，按菌种、接种菌的菌龄和菌量，以及营养物等不同而异，一般为1～4 h。

（2）对数期（logarithmic phase）。又称指数期（exponential phase）。细菌在该期生长迅速，活菌数以恒定的几何级数增长，生长曲线图上细菌数的对数呈直线上升，达到顶峰状态。此期细菌的形态、染色性、生理活性等都较典型，对外界环境因素的作用敏感。因此，研究细菌的生物学性状（形态染色、生化反应、药物敏感试验等）应选用该期的细菌。一般细菌对数期在培养后的8～18 h。

（3）稳定期（stationary phase）。由于培养基中营养物质消耗，有害代谢产物的积聚，该期细菌繁殖速度渐减，死亡数逐渐增加，细菌形态、染色性和生理性状常有改变。一些细菌的芽孢、外毒素和抗生素等代谢产物大多在稳定期产生。

（4）衰亡期（decline phase）。稳定期后细菌繁殖越来越慢，死亡数越来越多，并超过活菌数。该期细菌形态显著改变，出现衰退型或菌体自溶，难以辨认，生理代谢活动也趋于停滞。因此，陈旧培养的细菌难以鉴定。

细菌生长曲线只有在体外人工培养的条件下才能观察到。在自然界或人类、动物体内繁殖时，受多种环境因素和机体免疫因素等多方面影响，不可能出现在培养基中的那种典型的生长曲线。

细菌的生长曲线在研究工作和生产实践中都有指导意义。掌握细菌生长规律，可以人为地改变培养条件，调整细菌的生长繁殖阶段，更有效地利用对人类有益的细菌。例如在培养过程中，不断地更新培养液和对需氧菌进行通气，使细菌长时间处于生长旺盛的对数期，这种培养称为连续培养。

三、细菌的新陈代谢产物

细菌不能直接利用较复杂的大分子的多糖和蛋白质，而是通过胞外酶的作用把多糖水解成单糖，将蛋白质分解成氨基酸及其他简单物质供细菌吸收利用。上述物质被细菌吸收到菌体后，再按其本身的需要可直接被利用，或者还需进一步分解后而利用，这一过程称为分解代谢。将吸入菌体的简单物质，通过胞内酶的作用合成为新的糖类、蛋白质等，构成菌体细胞的成分或作为储藏的营养，这一过程为合成代谢，此分解代谢与合成代谢并不是截然分开的，而是互相交叉互相依存的。细菌就是通过细胞膜的渗透作用，进行菌体与环境中的营养物质交换，完成其生命活动。

细菌在其物质代谢过程中，除利用各种营养物质合成菌体和产生能量外，还可产生出多种代谢产物，其中有的对人和动物是有害的，有的可供鉴别细菌之用，有的可供药用，现将有关的代谢产物分述如下。

（一）分解产物

1. 糖分解产物 细菌分解糖类后，可以产生有机酸（主要为乳酸、醋酸、丙酮酸、酪酸等）、气体（主要为二氧化碳、氢气和沼气等）和醇类。

2. 蛋白分解产物 细菌应用各种蛋白酶分解蛋白质，其最后产物包括有机酸、胺类、靛基质、硫化氢、硫醇、二氧化碳和氢气等。

上述各种产物中，分解糖类产生的酸和气体以及分解蛋白质产生的硫化氢、靛基质等，因细菌种类而有区别。据此特点，可利用生物化学方法来鉴别细菌。常见的细菌生化反应试验如下。

(1) 氧化酶试验（oxidase test）。用于检测细菌是否有该酶存在。氧化酶又名细胞色素氧化酶或呼吸酶，在有分子氧或细胞色素 c 存在时，可氧化四甲基对苯二胺，出现紫色反应。假单胞菌属、气单胞菌属等为阳性。肠杆菌科为阴性。

(2) 过氧化氢酶试验（catalase test）。过氧化氢酶又名接触酶或触酶，滴加过氧化氢能被催化分解为水和氧。乳杆菌及许多厌氧菌为阴性。

(3) 氧化发酵（O/F）试验（oxidation-fermentation test）。不同细菌对不同糖的分解能力及代谢产物不同，有的能产酸并产气，有的则不能。而且这种分解能力因是否有氧的存在而异，在有氧条件下称为氧化，无氧条件下称为"发酵"。试验时往往将同一细菌接种相同的糖培养基一式两管，一管用液体石蜡等封口，进行"发酵"，另一管置有氧条件下，培养后观察产酸产气情况。O/F 试验一般多用葡萄糖进行。

目前"糖发酵"一词已泛指有氧及厌氧状况下细菌对糖的分解反应。

(4) VP 试验（VP test）。由 Voges 和 Proskauer 两学者创建，故得此名。大肠杆菌和产气肠杆菌均能发酵葡萄糖，产酸产气，两者不能区别。但产气杆菌能使丙酮酸脱羧，生成中性的乙酰甲基甲醇，后者在碱性溶液中被空气中分子氧氧化，生成的二乙酰与培养基中含胍基的化合物发生反应，生成红色化合物，为阳性。大肠杆菌不能生成乙酰甲基甲醇，故为阴性。

(5) 甲基红试验（methyl red test）。在 VP 试验中，产气杆菌分解葡萄糖，产生的 2 分子酸性的丙酮酸转变为 1 分子中性的乙酰甲基甲醇，故最终的酸类较少，培养液 pH＞5.4；以甲基红（MR）作指示剂时，溶液呈橘黄色，为阴性。大肠杆菌分解葡萄糖时，丙酮酸不转变为乙酰甲基甲醇，故培养液酸性较强，pH≤4.5，甲基红指示剂呈红色，则为阳性。

(6) 柠檬酸盐利用试验（citrate utilization test）。某些细菌（如产气肠杆菌）能利用柠檬酸盐作为唯一的碳源，能在除柠檬酸盐外不含其他碳源的培养基上生长。分解柠檬酸盐生成碳酸盐，并分解其中的铵盐生成氨，使培养基由酸性变为碱性，从而培养基中的指示剂溴麝香草酚蓝（BTB）由淡绿色转为深蓝色，为阳性。大肠杆菌不能利用柠檬酸盐为唯一碳源，在该培养基上不能生长，培养基颜色不改变，为阴性。

(7) 吲哚试验（indole test）。有些细菌如大肠杆菌、变形杆菌、霍乱弧菌等能分解培养基中的色氨酸生成吲哚。如在培养基中加入对二甲基氨基苯甲醛，则与吲哚结合生成红色的玫瑰吲哚，为阳性。

(8) 硫化氢试验（H_2S test）。有些细菌如变形杆菌等能分解胱氨酸、甲硫氨酸等含硫氨基酸，生成硫化氢。硫化氢遇铅或铁离子生成黑色的硫化物。

(9) 脲酶试验（urease test）。脲酶又名尿素酶。变形杆菌有脲酶，能分解培养基中的尿素生产氨，使培养基的碱性增加，可用酚红指示剂检出，为阳性。沙门氏菌无脲酶，培养基颜色不改变，则为阴性。

细菌的生化反应主要用途是鉴别细菌，对革兰氏染色反应和菌体及菌落形态相同或相似的细菌尤为必要。其中吲哚（I）、甲基红（M）、VP（Vi）、柠檬酸盐（C）利用 4 种试验常用于鉴定肠道杆菌，合称为 IMViC 试验。例如大肠杆菌对这 4 种试验的结果是＋＋－－，而产气肠杆菌则为－－＋＋。

(二) 合成产物

这里所指的合成产物，是指菌体成分以外的其他合成物质。

1. 毒素 病原性细菌可以合成各种有毒物质，称为毒素。毒素和细菌的致病作用有直接关系，它又分外毒素和内毒素两种。外毒素是蛋白质，内毒素则是糖、磷脂和蛋白质的复合物。

2. 酶 细菌除合成其新陈代谢所必需的酶以外，还合成以下几种酶，这些酶在代谢过程中的作用尚不明了，但和细菌的致病性有一定关系。

（1）卵磷脂酶。此酶能分解细胞壁的卵磷脂，使细胞坏死或红细胞溶解，产气荚膜梭菌和水肿梭菌等含有此酶。

（2）胶原酶。此酶分解肌纤维的网状组织，使肌纤维发生崩解。杀鲑气单胞菌等含此酶。

（3）透明质酸酶。此酶分解组织细胞间结合物质（结缔组织）的透明质酸，因而可增加组织渗透性，便于细菌和毒素的扩散。

（4）凝血浆酶。此酶能使人、兔及马的血浆凝固，葡萄球菌中的金黄色葡萄球菌含有此酶，但白色和柠檬色葡萄球菌则不含有此酶，人们通常将此酶视为葡萄球菌具有毒力的指标之一。

（5）溶纤维蛋白酶。使血清中的溶血浆素原活化，变为溶血浆素，因而使已经凝固的血浆或血块发生溶解。新分离的溶血性链球菌和葡萄球菌等含有此酶。

（6）溶血素。某些细菌产生一种能溶解动物红细胞的溶血毒素。溶血素也是一种酶类物质。如嗜水气单胞菌、杀鲑气单胞菌和鳗弧菌等均可产生溶血素。

另外，有的细菌还能合成明胶溶解酶和凝乳酶，出现明胶液化和牛乳凝固现象。这些现象往往可以作为鉴定细菌的参考。

3. 抗生素 许多细菌、放线菌、真菌可以合成抑制或杀灭其他种微生物或肿瘤细胞的物质，此类物质称为抗生素。例如青霉菌产生的青霉素、灰色链丝菌产生的链霉素、委内瑞拉链丝菌产生的氯霉素和金色链丝菌产生的金霉素等。

4. 维生素 某些种细菌和酵母有合成维生素的能力。一般认为大肠杆菌所合成的维生素是动物所需维生素的重要来源。

5. 热原质 许多细菌，特别是革兰氏阴性菌，能产生一种使人或动物发生发热反应的多糖物质，称为热原质。热原质很耐热，甚至高压蒸汽灭菌 15～20 min 也不能将它破坏，但可被活性炭吸附或石棉板滤除。因此普通蒸馏水若在蒸馏后保存不当，就可能含有热原质，若注射到动物体或人体内，能引起发热反应。在制造化学注射药液或生物制品时，需要保证没有热原质存在。

6. 色素 某些细菌在适宜的条件下能产生色素。其中有些溶于水，可使菌落及培养基着色。如杀鲑气单胞菌的褐色色素。有些不溶于水，但溶于酒精。故只能使菌落本身着色，例如葡萄球菌、八联球菌的色素。色素对于细菌的鉴别有一定价值，例如葡萄球菌产生的色素是其分型的依据之一。

第三节 细菌的人工培养

了解细菌的生理需要，掌握细菌生长繁殖的规律，可用人工方法提供细菌所需要的条件来培养细菌，以满足不同的需求。

一、培养细菌的方法

人工培养细菌，除需要提供充足的营养物质使细菌获得生长繁殖所需要的原料和能量外，还要有适宜的环境条件，如酸碱度、渗透压、温度和必要的气体等。

根据不同标本及不同培养目的，可选用不同的接种和培养方法。常用的有细菌的分离培养和纯培养两种方法。已接种标本或细菌的培养基置于合适的气体环境中，需氧菌和厌氧菌置于空气中即可，专性厌氧菌须在无游离氧的环境中培养。多数的细菌在代谢过程中需要CO_2，但分解糖类时产生的CO_2已足够其所需，且空气中还有微量CO_2，不必额外补充。只有少数菌如布鲁氏杆菌，初次分离培养时必须在5%～10% CO_2环境中才能生长。

病原菌的人工培养一般采用35～37 ℃，水产动物病原菌一般采用28 ℃，培养时间多数为18～24 h，但有时需根据菌种及培养目的做最佳选择，如细菌的药物敏感试验则应选用处于对数期的培养物。

二、培 养 基

培养基（culture medium）是用人工方法配制而成的，专供微生物生长繁殖用的混合营养物制品。培养基pH一般为7.2～7.6，少数的细菌按生长要求调整pH偏酸或偏碱。许多细菌在代谢过程中分解糖类产酸，故常在培养基中加入缓冲剂，以保持稳定的pH。培养基制成后必须经灭菌处理。

培养基按其营养组成和用途不同，分为以下几类。

1. 基础培养基 基础培养基（basic medium）含有多数细菌生长繁殖所需的基本营养成分。它是配制特殊培养基的基础，也可作为一般培养基用。如营养肉汤（nutrient broth）、营养琼脂（nutrient agar）、蛋白胨水等。

2. 增菌培养基 若了解某种细菌的特殊营养要求，可配制出适合这种细菌而不适合其他细菌生长的增菌培养基（enrichment medium）。包括通用增菌培养基和专用增菌培养基，前者为基础培养基中添加合适的生长因子或微量元素等，以促使某些特殊细菌生长繁殖，例如链球菌、多杀性巴氏杆菌等需在含血液或血清的培养基中生长。后者又称为选择性增菌培养基，即除固有的营养成分外，再添加特殊抑制剂，有利于目的菌的生长繁殖，如碱性蛋白胨水用于霍乱弧菌的增菌培养。

3. 选择培养基 在培养基中加入某种化学物质，使其抑制某些细菌生长，而有利于另一些细菌生长，从而将后者从混杂的标本中分离出来，这种培养基称为选择培养基（selective medium）。例如培养肠道致病菌的SS琼脂，其中的胆盐能抑制革兰氏阳性菌，柠檬酸钠和煌绿能抑制大肠杆菌，因而使致病的沙门氏菌和志贺氏菌容易分离出来。若在培养基中加入抗生素，也可起到选择作用。实际上有些选择培养基、增菌培养基之间的界限并不十分严格。

4. 鉴别培养基　用于培养和区分不同种类细菌的培养基称为鉴别培养基（differential medium）。利用各种细菌分解糖类和蛋白质的能力及其代谢产物不同，在培养基中加入特定的作用底物和指示剂，一般不加抑菌剂，观察细菌在其中生长后对底物的作用，从而鉴别细菌。如常用的糖发酵管、三糖铁培养基、伊红-亚甲蓝琼脂等。

5. 厌氧培养基　专供厌氧菌的分离、培养和鉴别用的培养基，称为厌氧培养基（anaerobic medium）。这种培养基营养成分丰富，含有特殊生长因子，氧化还原电势低，并加入亚甲蓝作为氧化还原指示剂。其中心、脑浸液和肝块、肉渣含有不饱和脂肪酸，能吸收培养基中的氧；硫代乙醇酸盐和半胱氨酸是较强的还原剂；维生素 K_1、氯化血红素可以促进某些类杆菌的生长。常用的有庖肉培养基（cooked meat medium）、硫乙醇酸盐肉汤等，并在液体培养基表面加入凡士林或液体石蜡以隔绝空气。

此外，还可根据对培养基成分了解的程度将其分为两大类：化学成分确定的培养基（defined medium），又称为合成培养基（synthetic medium）；化学成分不确定的培养基（undefined medium），又称天然（或复合）培养基（complex medium）。也可根据培养基的物理状态的不同分为液体、固体和半固体三大类。在液体培养基中加入 1.5%～2.5% 的琼脂粉，即凝固成固体培养基；琼脂粉含量在 0.3%～0.5% 时，则为半固体培养基。琼脂在培养基中起赋形剂作用，对病原菌不具营养意义。液体培养基可用于大量繁殖细菌，但必须接种纯种细菌；固体培养基常用于细菌的分离和纯化；半固体培养基用于观察细菌的动力和短期保存细菌。

三、细菌在培养基中的生长情况

（一）在液体培养基中生长情况

大多数细菌在液体培养基中生长繁殖后呈现均匀混浊的状态；少数链状的细菌呈沉淀生长；枯草芽孢杆菌、分枝杆菌等专性需氧菌呈表面生长，常形成菌膜。

（二）在固体培养基中生长情况

将标本或培养物划线接种在固体培养基的表面，因划线的分散作用，使许多原来混杂的细菌在固体培养基表面上散开，称为分离培养。一般经过 18～24 h 培养后，单个细菌分裂繁殖成一堆肉眼可见的细菌集团，称为菌落（colony）。挑取一个菌落，移种到另一培养基中，生长出来的细菌均为纯种，称为纯培养（pure culture）。这是鉴定细菌很重要的一步。各种细菌在固体培养基上形成的菌落，在大小、形状、颜色、气味、透明度、表面光滑或粗糙、湿润或干燥、边缘整齐与否，以及在血琼脂平板上的溶血情况等方面均有不同表现，这些有助于识别和鉴定细菌。此外，取一定量的液体标本或培养液均匀接种于琼脂平板上，可通过计数菌落，推算标本中的活菌数。这种菌落计数法常用于检测自来水、饮料、污水和样本的活菌含量。

细菌的菌落一般分为 3 种类型。

1. 光滑型菌落（smooth colony，S 型菌落）　新分离的细菌大多呈光滑型菌落，表面光滑、湿润、边缘整齐。

2. 粗糙型菌落（rough colony，R 型菌落）　菌落表面粗糙、干燥、呈皱纹或颗粒状，边缘大多不整齐。R 型细菌多由 S 型细菌变异失去菌体表面多糖或蛋白质形成。R 型细菌抗原不完整，毒力和抗吞噬能力都比 S 型菌弱。但也有少数细菌新分离的毒力株就是 R 型，如炭疽芽孢杆菌等。

3. 黏液型菌落（mucoid colony，M 型菌落） 黏稠、有光泽，似水珠样。多见于有厚荚膜或丰富黏液层的细菌。

（三）在半固体培养基中生长情况

半固体培养基黏度低，有鞭毛的细菌在其中仍可自由游动，沿穿刺线呈羽毛状或云雾状混浊生长。无鞭毛细菌只能沿穿刺线呈明显的线状生长。

第四节 细菌分类鉴定的方法

一、细菌的分类地位

生物界的分类系统历经三界、四界、五界甚至六界等过程，现国际学术界普遍认可的是三域学说。三个域指的是细菌域（Bacteria，以前称为"真细菌域"，Eubacteria）、古菌域（Archaea）和真核生物域（Eukarya）。三域学说最大特点是把原核生物分成两个明显区别的域，并与真核生物一起构成生命世界的三个域。细菌和古菌是性质有别的两大类。古菌是一个独特的系统进化类别，其成员产甲烷、极端耐盐、高度嗜热，其细胞壁组成与细菌不同。这些极端微生物被认为是生物进化过程中的早期产物，因此称其为古菌。

细菌作为另一个系统进化类别的原核生物，它还包括衣原体、立克次氏体、支原体、螺旋体、放线菌等，此外还涉及蓝藻、紫色光合细菌等。

细菌的分类层次分为界（域）、门、纲、目、科、属、种。虽与其他生物相同，但在细菌学中常用的是属和种。科及科以上的划分在细菌学不太完善，而且随着研究的深入，科、属的划分会发生变动。例如里氏杆菌（*Riemerella*）原属巴氏杆菌属，现已独立建属；弯曲菌（*Campylobacter*）原属弧菌科，现划出原来的科。

属（genus，复数 genera）是具有共性的若干种的组合，应与其他属有明显的差异。不同属之间的 16S rRNA 序列有较大的差异，差异应大于 5%～7%。

种（species）是微生物学分类的最基本单元，种可认为是一群性质相似的菌株，它与其他菌株群体有明显差异。种的概念比较抽象，根据表现特征，并不容易界定。专家建议，根据 16S rRNA 序列的异同，可作为定种的依据，凡是 16S rRNA 序列同源性大于 97% 的两株细菌，即可确定为同一种。有时尚需结合 DNA 杂交的结果综合考虑，DNA 杂交的同源性应大于 70%。

菌株（strain）是不同来源的某一种细菌的纯培养物。同一种细菌可有许多菌株，其主要性状应完全相同，其次要性状可稍有差异。菌株的名称没有一定的规定，通常用地名或动物名的缩写加编号作为菌株名。某些具有特殊性状的菌株用于细菌基因工程等研究的需要，这些菌株的名称已为同行熟知，如大肠杆菌 K12。具有某种细菌典型特征的菌株成为该菌的参考菌株（reference strain）或模式菌株（type strain）。

二、细菌的分类体系

目前公认的细菌分类体系是《伯杰系统细菌学手册》（Bergey's Manual of Systematic Bacteriology），由美国细菌学专家主编，共 4 卷。第一卷于 1984 年出版，记载了医学及工业上有重要性的革兰氏阴性细菌。第二卷 1986 年出版，记载了医学与工业上有重要性的革兰氏阳性细菌。第三、四卷1989年出版，前者收载了古菌和蓝藻，后者描述了放线菌。2001年开始发行第二版，共分5卷。内容以系统发生的框架为基础，参照了16S rDNA的序列。该书的姐妹篇是《伯杰细菌鉴定手册》（Bergey's Manual of Determinative Bacteriology），几乎是《伯杰系统细菌学手册》的缩编版，除了对细菌各属关键表观特征的描述外，属内各种的鉴定特征以表格的形式出现，用于细菌鉴定十分方便。

  伯杰手册虽然采纳了种系发生的分子生物学内容，但主要依据经典的分类手段，未能充分体现分子序列研究对细菌分类的影响。Balows等编著的《原核生物》（The Prokaryotes）第三版（2000）可弥补伯杰手册的不足，该书有7卷7 000余页，得到微生物学界的高度重视。

  《国际系统与演化微生物学杂志》（International Journal of Systematic and Evolutionary Microbiology，IJSEM），原名《国际系统细菌学杂志》（International Journal of Systematic Bacteriology，IJSB），是世界公认的细菌分类命名的权威英文期刊，由国际微生物学会联合会（International Union of Microbiological Societies）于1901年创刊出版。任何分离鉴定的新细菌的有关论文应在该杂志发表，如果在其他杂志发表，必须提交论文副本给该杂志公布，两年后无异议，所提出的新细菌名称方才生效。

  与动物、植物不同，微生物的新种鉴定必须依据活的典型菌株，而不能依据死的标本，模式菌株通常冷冻或冻干保存，并送交有关机构保藏。国际公认的菌种保藏权威机构是美国典型培养物保藏中心（ATCC）以及德国微生物及细胞保藏中心（DSM）等（表2-4）。我国的菌种保存机构在逐步发展和完善之中。

表2-4 国际著名的菌种保藏机构

缩写	全名	所在地
ATCC	American Type Culture Collection	Rockville，美国
CBS	Centralbureauvoor Schimmelcultures	Barrn，荷兰
CCM	Czechoslovak Collection of Microorganisms	J. E. Purkyne大学，捷克
CCUG	Culture Collection，University of Gothenburg	Gothenburg，瑞典
CDDA	Canadian Department of Agriculture	Ottawa，加拿大
CIP	Collection of Bacteria strains of Institute Pasture	Paris，法国
CMI	Commonwealth Mycological Institute	Kew，英国
DSMZ	Deutsche Sammlung von Mikroorganismen und Zellkulturen	Braunschweig，德国
FAT	Faculty of Agriculture，Tokyo University	Tokyo，日本
IAM	Institute of Applied Microbiology	东京大学，日本
LMD	Culture Collection of Laboratory of Microbiology	Delft，荷兰
NCIMB	National Collection of Industrial，Food and Marine Bacterial	Aberdeen，英国
NCTC	National Collection of Type Cultures	London，英国
NRRL	Northern Regional Research Laboratory	Peoria，美国

三、分类鉴定方法

细菌等微生物的分类和鉴定虽有不同的目的,但在工作中使用的方法和技术却关系密切,不能截然分开。

通常可把微生物的分类鉴定方法分成5个不同水平:①细胞的形态和习性水平,例如用经典的研究方法,观察微生物的形态特征、运动性、酶反应、营养要求、生长条件、代谢特性、致病性、抗原性和生态学特性等;②细胞组分化学水平,包括细胞壁、脂质、醌类和光合色素等成分的分析,所用的技术除常规技术外,还使用红外光谱、气相色谱、高效液相色谱(HPLC)和质谱分析等新技术;③蛋白质水平,包括氨基酸序列分析、凝胶电泳和各种免疫标记技术等;④核酸水平,包括G+C碱基含量的测定,核酸分子杂交、16S或18S rRNA寡核苷酸序列分析,重要基因序列分析和全基因组测序等;⑤数学统计学或计算生物学水平。

在微生物分类学发展的早期,主要的分类、鉴定指标尚局限于利用常规方法从上述的第一个水平鉴定微生物,这可称为经典的分类鉴定方法;从20世纪60年代起,后4个水平的分类鉴定理论和方法开始发展,特别是化学分类学(chemotaxonomy)和数值分类学(numerical taxonomy)等现代分类鉴定方法的发展,不但为探索微生物的自然分类打下了坚实的基础,也为微生物的精确鉴定开创了一个新的局面。

(一)分类鉴定中的经典方法

菌种鉴定工作是任何微生物学实验室经常会遇到的一项基础性工作。不论鉴定哪一类微生物,其工作步骤都离不开以下3项:①获得该微生物的纯培养物;②测定一系列必要的鉴定指标;③查找权威的菌种鉴定手册。

1. 经典的鉴定指标 在对各种细胞型微生物进行鉴定工作中,经典的表型指标很多,这些指标是微生物鉴定中最常用、最方便和最重要的数据,也是任何现代化的分类方法的基本依据(图2-25)。

```
            ┌ 个体:细胞形态、大小、排列、运动性、特殊构造、细胞内含物和染色反应等形态
            │ 群体:菌落形态,在半固体或液体培养基中的生长状态
            │           ┌ 营养要求:能源、碳源、氮源、生长因子等
            │ 生理、生化反应 ┤ 酶:产酶种类和反应特性等
经典鉴定指标 ┤           │ 代谢产物:种类、产量、颜色和显色反应等
            │           └ 对药物的敏感性
            │ 生态特性:生长温度,与氧、pH、渗透压的关系,宿主种类,与宿主关系等
            │ 生活史、有性生殖情况
            │ 血清学反应
            │ 对噬菌体的敏感性
            └ 其他
```

图2-25 经典鉴定指标

2. 细菌的微量、简便、快速或自动化鉴定技术 应用常规的方法,对某一未知纯培养物进行鉴定,不仅工作量巨大,而且对技术熟练度的要求也很高。由此出现了多种简便、快速、微量或是自动化的鉴定技术,它们不但有利于普及菌种鉴定技术,而且大大提高了工作效率。国内外都有系列化、标准化和商品化的鉴定系统出售。较有代表性的有鉴定各种细菌

的 API 细菌数值鉴定系统、Enterotube 系统、Biolog 全自动和手动细菌鉴定系统。近年来，一些设计思路新颖、方法巧妙、既灵敏又快速的鉴定方法陆续问世，如生物芯片法、免疫传感器法、激光散射仪法。

（二）分类鉴定中的现代方法

1. 通过核酸分析鉴定微生物遗传型　DNA 是除少数 RNA 病毒以外的一切微生物的遗传信息载体。每一种微生物均有其自己特有的、稳定的基因组成分和结构，不同种微生物间基因组序列的差异程度代表着它们之间亲缘关系的远近、疏密。因此，测定每种微生物 DNA 的若干代表性数据，对微生物的分类和鉴定工作至关重要。

（1）DNA 中 G+C 碱基含量。除 RNA 病毒以外，各种生物都具有遗传物质 DNA，其 DNA 的鸟嘌呤（G）和胞嘧啶（C）所占的比例是恒定的。微生物也一样，亲缘关系密切、表型高度相似的微生物往往有相似的 G+C 碱基含量。但是 G+C 碱基含量只反映 DNA 中碱基所占的百分数，并不表明序列，因此不同种的细菌，也可能有相近的 G+C 碱基含量。但是，可以肯定的是，G+C 碱基含量不同的细菌决不会属于同一种（图 2-26）。一般认为，此项差异超过 5% 时，就不可能属于同一种；相差超过 10% 时，则可为不同的属。DNA 中 G+C 碱基含量的测定可用化学或物理方法，不同方法所得结果有差异，多用物理方法如解链法。

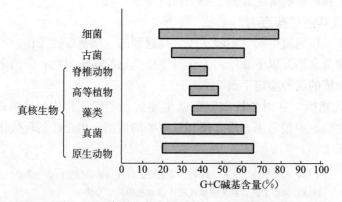

图 2-26　各种生物 DNA 中的 G+C 碱基含量

（2）核酸分子杂交（DNA-DNA hybridization）。其原理是将待检菌的 DNA 变性，其双链解为单链，而后与标记的参考菌株的单链 DNA 或 rRNA 杂交，形成杂交 DNA-DNA 或 DNA-rRNA。两种细菌 DNA 中共同的核苷酸序列越多，杂交的互补区越多，两者的同源性就越高，亲缘关系就越近。DNA-DNA 的同源性通常以百分数表示，它是通过 DNA-DNA 杂交测定整个基因组中 DNA 碱基序列相似度的平均值。一般认为，DNA-DNA 杂交同源性超过 60% 的菌株可以是同种，同源性在 70% 以上者是同一亚种，而同源性在 20%~60% 则为同一属。

由于核糖体 RNA（rRNA）基因具有高度保守性，因此 DNA-rRNA 杂交的同源性比 DNA-DNA 杂交的同源性更能表示两者亲缘关系。但由于该技术操作复杂，未被广泛应用，测定 rRNA 序列更为实用。

（3）16S rRNA 寡核苷酸编目（16S rRNA oligonucleotide catalog）。其原理是分析比较细菌菌株的 16S rRNA 寡核苷酸序列，据此确定其分类地位。之所以选择 16S rRNA，是因为 rRNA 的一级结构高度保守，但又含有可变区段，可做"大同小异"的比较。此外，与 23S rRNA 及 5S rRNA 比较，16S rRNA 的分子质量大小适中，因此被选定为公认的分类指标。目前许多细菌的分类地位都是用这一方法做出的。

该方法过去比较复杂，首先要获得 16S rRNA 的寡核苷酸指纹图谱，然后分片段测序，按长度编成分类目录，再用计算机与对应的 16S rRNA 序列比较，计算相似系数（sab 值），确定其分类地位。近年来 PCR 技术的应用使其大为化简，方法是用根据保守区设计的引物，通过 PCR 扩增 16S rRNA 的基因片段，测定其序列，最后用计算机与已知菌的 16S rRNA 序列比较，根据同源性判定其分类地位（图 2-27）。

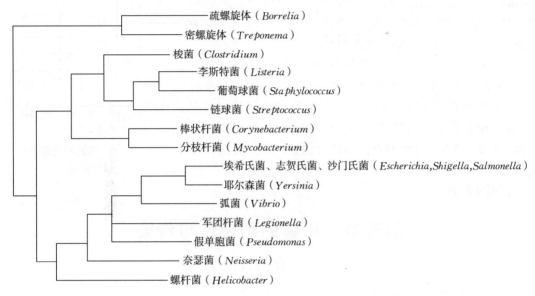

图 2-27 根据 16S rRNA 寡核苷酸编目对部分常见病菌分类

（4）细菌全基因组序列测定。在研究微生物的进化方面，由于细菌间，甚至原核生物间，存在广泛的水平基因转移，所以单个基因的进化并不等于物种的进化。全基因组测序是掌握全部遗传信息的最佳途径，目前技术已经相当成熟。随着美国能源部 1994 年启动微生物基因组计划以来，2000 年后，基因组测序技术日趋完善，细菌全基因组测序项目以平均每年近 50% 比例的增长。截至 2010 年 11 月，全世界已发布了 1 748 个细菌基因组序列、103 个古菌基因组序列和 61 个真菌基因组序列。

2. 细胞化学成分作为鉴定指标

（1）细胞壁的化学成分。原核生物细胞壁成分的分析，对菌种鉴定有一定的作用，例如，根据不同细菌和放线菌的肽聚糖分子中肽尾第三位氨基酸的种类、肽桥的结构以及与邻近肽尾交联的位置，就可把它们分成 5 类：①第三位氨基酸为内消旋二氨基庚二酸（m-DAP）、与第四位氨基酸肽尾交联，如诺卡氏菌属和乳杆菌属中的某些种；②第三位为赖氨酸，与第四位氨基酸肽尾交联，如链球菌属、葡萄球菌属和双歧杆菌属中的某些种；③第三位为 L-DAP，与第四位氨基酸肽尾交联，如链霉菌属中的某些种；④第三位为鸟氨酸，与第四位氨基酸肽尾交联，如双歧杆菌属和乳酸杆菌属中的某些种；⑤第三位氨基酸的种类不固定，肽桥由一个含两个氨基的碱性氨基酸组成，它位于甲链第二位的谷氨酸与乙链第四位的丙氨酸的羧基之间，如节杆菌属和棒杆菌属中的某些种。

(2) 磷酸类脂成分的分析。位于细菌、放线菌细胞膜上的磷酸类脂成分，在不同属中有所不同，可用于鉴别属的指标。

(3) 气相色谱技术用于微生物鉴定。气相色谱技术（gas chromatography，GC）可分析微生物细胞和代谢产物中的脂肪酸与醇类等成分，对厌氧菌等的鉴定十分有用。

3. 数值分类法（numerical taxonomy） 原理是根据数值分析，借助电子计算机，将拟分类的细菌按其性状相似程度归类定位。此法的原则是各种性状"等重要"以及用"多菌株"比较，克服了传统的双歧检索条目分类法的缺点，1956年以来得到越来越广泛的应用，已不仅限于细菌分类，也用于病毒在内的其他微生物。

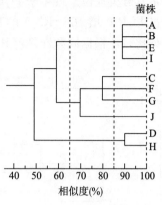

图2-28 10株细菌相似关系树状图谱

在进行数值分类时，需要选择分类单位（菌株或种、属），然后将性状编码，按公式计算出相似度，再进行系统聚类，画出相似度矩阵（S矩阵），最后转绘成树状谱（图2-28）。计数相似度的公式为：$S=NS/(NS+ND)$，其中S为相似度，NS为相似性状，ND为相异性状。此法应用时所选性状必须要多，越多正确性越高，至少要达到100个，否则易误判。

第五节 细菌的致病性与传染

一、细菌的致病性

（一）病原菌

能使一定的机体产生损害的细菌称为病原菌。病原菌的绝大多数是寄生性细菌，它们从生活的机体（寄生）获得营养，在宿主体内生长繁殖，并以特有的毒害作用侵害宿主。有些致病菌一旦进入机体，就能引起机体致病，如鲁克耶氏菌；有些致病菌进入机体后，并不表现出致病性，只有在一定的条件下，如机体抵抗力下降时，才表现出致病性，这部分细菌称为条件性病原菌，如嗜水气单胞菌。

（二）病原菌的致病性

一定种类的病原菌在一定的条件下，能在宿主体内引起感染的能力称为致病性（pathogenicity）。致病性又称致病力或病原性。病原菌的致病性是细菌种的特性，例如炭疽杆菌引起炭疽病，沙门氏菌引起沙门氏菌病等，而不引起其他疾病。在同一细菌种内，不同品系、株，其致病性的大小也有所不同。就同一株而言，在不同的条件下，其致病性的大小也有所不同。病原菌致病力的强弱程度称为毒力（virulent），毒力是菌株的特征。

著名的柯赫法则（Koch's postulates）是确定某种细菌是否具有致病性的主要依据，其要点是：第一，特殊的病原菌应在同一疾病中多见，在健康者中不存在；第二，此病原菌能被分离培养而得到纯种；第三，用此纯培养物接种易感动物，能导致同样病症；第四，自实验感染的动物体内能重新获得该病原菌的纯培养。

柯赫法则在确定细胞致病性方面具有重要意义，特别是鉴定一种新的病原体时非常重要。但是，它也具有一定的局限性，近年来随着分子生物学的发展，"基因水平的柯赫法则"（Koch's postulates for genes）应运而生。主要有以下几点：第一，应在致病菌株中检出某些基因或其产物，而无毒力菌株中无。第二，如有毒力菌株的某个基因被损坏，则菌株的毒力应减弱或消除；或者将此基因克隆到无毒株内，后者成为有毒力菌株。第三，将细菌接种动物时，这个基因应在感染的过程中表达。第四，在接种动物检测到这个基因产物的抗体，或产生免疫保护。该法则也适用于细菌以外的微生物，如病毒。

（三）构成毒力的因素

构成细菌毒力的物质为毒力因子（virulent factor），主要有侵袭力和毒素，此外有些毒力因子尚不明确。近年来的研究发现，细菌的许多重要毒力因子的分泌与细菌的分泌系统有关。

1. 侵袭力（invasiveness） 病原菌在机体内定植，突破机体的防御屏障，发生内化作用，繁殖和扩散，这种能力称为侵袭力。

（1）定植（colonization）。细菌感染的第一步就是在体内定植（或称定居），实现定植的前提是细菌要黏附在宿主消化道、呼吸道、生殖道、尿道及眼结膜等处，以免被肠蠕动、黏液分泌、呼吸道纤毛运动等作用清除。

凡具有黏附作用的细菌结构成分，统称为黏附素（adhesin），通常是细菌表面的一些大分子结构成分，主要是革兰氏阴性菌的菌毛，其次是非菌毛黏附素，如某些外膜蛋白（OMP）以及革兰氏阳性菌的脂磷壁酸（LTA）等。

细胞或组织表面与黏附素相互作用的成分称为受体（receptor）。多为细胞表面糖蛋白，其中的糖残基往往是黏附素直接结合部位，如大肠杆菌1型菌毛结合D-甘露糖。部分黏附素受体为蛋白质，最有代表性的是细胞外基质（extracellular matrix，ECM），ECM的成员有1型和4型胶原蛋白（collagen）、层黏连蛋白（laminin）、纤连蛋白（fibronectin）等。

（2）干扰或逃避宿主的防御机制。病原菌黏附于细胞或组织表面后，必须克服机体局部的防御机制，特别是要干扰或逃避局部的吞噬作用及分泌抗体介导的免疫作用，才能建立感染。

① 抗吞噬作用。包括以下几个方面：第一，不与吞噬细胞接触，如通过外毒素破坏细胞骨架以抑制吞噬细胞的作用，如链球菌溶血素等。第二，抑制吞噬细胞的摄取，如荚膜、菌毛和链球菌的M蛋白。第三，在吞噬细胞内生存，如金黄色葡萄球菌产生大量的过氧化氢酶，能中和吞噬细胞中的氧自由基。第四，杀死或损伤吞噬细胞，细菌通过分泌外毒素或蛋白酶来破坏吞噬细胞的细胞膜，或诱导细胞凋亡，或直接杀死吞噬细胞。

② 抗体液免疫机制。细菌逃避体液免疫主要通过以下几种途径：第一，抗原伪装或抗原变异，前者主要是在细菌表面结合机体组织成分，如金黄色葡萄球菌通过细胞结合性凝固酶结合血纤维蛋白。第二，分泌蛋白酶降解免疫球蛋白，如嗜血杆菌等可分泌IgA蛋白酶，破坏黏膜表面的IgA。第三，通过LPS、OMP、荚膜及S层等的作用，逃避补体，抑制抗体产生。

（3）内化作用（internalization）。指某些细菌黏附于细胞表面之后，能进入吞噬细胞或非吞噬细胞内部的过程。内化作用对细菌的意义在于，细菌通过这种移位作用进入深层组织，或进入血循环，细菌借以从感染的原发病灶扩散至全身或较远的靶器官。宿主细胞为进入其内的细菌提供了一个增殖的小环境和庇护所，使细菌逃避宿主免疫机制的杀灭。

（4）在体内增殖。细菌在宿主体内增殖是感染的核心问题，增殖速度对致病性极其重要,如果增殖较快,细菌在感染之初就能克服机体防御机制,易在体内生存。反之,若增殖较慢,则易被机体清除。

(5) 在体内扩散。细菌分泌的胞外蛋白酶(extracellular proteinase)具有多种致病作用,例如激活外毒素、灭活血清中的补体等,有的蛋白酶本身就是外毒素。胞外蛋白酶最主要的作用是作用于组织基质或细胞膜、造成它们的损伤,增加其通透性,有利于细菌在体内的扩散。常见的胞外蛋白酶有透明质酸酶、胶原纤维酶、卵磷脂酶、溶纤维蛋白酶(链激酶)、凝血酶等(表2-5),透明质酸酶能够溶解组织中的透明质酸,从而增加组织的通透性;胶原纤维酶能溶解肌肉中胶原纤维,使肌肉崩溶、坏死;卵磷脂酶能分解细胞内的卵磷脂,使组织细胞发生破裂、死亡;血浆凝固酶加速血浆凝固,使病原菌不受体内吞噬细胞和抗体的作用。

表2-5 一些具有扩散力的病原菌及其产物

细菌	产生的毒性酶或代谢产物	破坏作用
产气荚膜杆菌	卵磷脂酶	破坏细胞质中卵磷脂
嗜水气单胞菌	溶血素	破坏红细胞
金黄色葡萄球菌	凝固酶	凝固血浆
杀鲑气单胞菌	胶原酶	破坏胶原组织
金黄色葡萄球菌	脂酶	分解脂肪
A型链球菌	脱氧核糖核酸酶	破坏DNA
杀鲑气单胞菌	杀白细胞素	杀死白细胞
溶血性链球菌	透明质酸酶	破坏透明质酸

2. 毒素 毒素是构成细菌毒力的重要因素之一。它是细菌在生活过程中产生的一种物质。根据毒素的性质和产生的方式不同,可将毒素分为内毒素和外毒素两种。

(1) 外毒素(exotoxin)。外毒素是细菌在生命活动过程中合成并释放至周围环境中的一种毒素。如肉毒梭菌毒素、破伤风毒素等。外毒素是一种蛋白质,相对分子质量为27万~30万。

多数外毒素不耐热,一般在60~80℃经10~80 min即可失去毒性,但也有少数例外,如葡萄球菌肠毒素及大肠杆菌热稳定肠毒素能耐100℃达30 min。

外毒素与酶都是蛋白质,许多性质相似,如易被热、酸及蛋白水解酶灭活,具有很高的生物活性,并具有特异性。实际上许多外毒素本身具有酶的催化作用,如大肠杆菌热敏肠毒素、霍乱毒素、肉毒梭菌毒素、破伤风毒素等。

外毒素具有良好的免疫原性,可刺激机体产生特异性的抗体,这种抗体称为抗毒素(antitoxin),可用于紧急治疗和预防。外毒素在0.4%甲醛溶液作用下,经过一段时间可以脱毒,但仍保留一部分抗原性,称为类毒素(toxoid)。类毒素注入机体后,仍可刺激机体产生抗毒素,可作为疫苗进行免疫接种。

外毒素具有良好的抗原性,可以刺激机体产生相应的效价很高的中和抗体。外毒素的毒性很大,如肉毒梭菌毒素,其毒性比氰化钾大1万倍。1 mg肉毒梭菌毒素可杀死2 000万只小鼠,对人的最小致死量约为0.1 mg;1 mg破伤风毒素可杀死100万只小鼠。外毒素的毒性具有高度的特异性。不同细菌产生的外毒素,对机体的组织器官有一定的选择作用,引起特征性的病症。如破伤风毒素主要毒害脊髓前角的运动神经细胞,从而不能阻断兴奋的传导,使伸肌和屈肌的协调功能失控,导致骨骼肌的强直痉挛;肉毒梭菌毒素能阻断胆碱能神经末梢传递介质——乙酰胆碱的释放,使运动神经末梢麻痹,出现眼肌、膈肌和吞咽肌等肌肉的麻痹。

大多数外毒素由 A、B 两种亚单位组成,有多种合成和排列形式(图 2-29)。A 亚单位为毒素的活性中心,称为活性亚单位,决定毒素的毒性效应。B 亚单位称为结合单位,能使毒素分子特异性地结合在宿主易感组织的细胞膜受体上,并协助 A 亚单位穿过细胞膜。A、B 亚单位单独存在均无毒性,A 亚单位必须在 B 亚单位的协助下,结合至受体释放到细胞内,才能发挥毒性作用,因此毒素结构的完整性是其致病的必备条件。B 亚单位可单独与细胞膜受体结合,并阻断完整毒素的结合。其还可刺激机体产生相应的抗体,从而阻断完整毒素与细胞结合,可作为良好的亚单位疫苗。

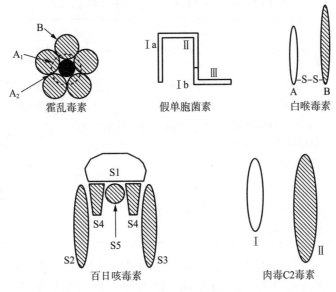

图 2-29 外毒素结构模式

根据其性质,外毒素分为 A-B 型毒素、攻膜毒素以及超抗原毒素三类。

① A-B 型毒素。具有典型的 A-B 两个亚单位,多数外毒素均属此类。例如霍乱毒素、志贺毒素、破伤风毒素等。

② 攻膜毒素。又名穿孔毒素,无典型的 A-B 单位,其作用机制是在宿主细胞膜形成小孔,造成胞内液流失而使细胞被破坏。一些溶血毒素及磷酸酯酶属于此类,金黄色葡萄球菌的 α 毒素是其代表。

攻膜毒素具有特殊的分子结构,即 9 个串联的氨基酸(Leu/Ile/Phe-X-Gly-Gly/X-X-Gly-Asn/Asp-Asp-X)重复出现,又称为重复子毒素(repeats in toxin, RTX),例如猪胸膜肺炎放线杆菌(*Actinobacillus pleuropneumonniae*)及大肠杆菌的溶血素。RTX 是钙依赖的热不稳定毒素。

③ 超抗原毒素。缺乏典型的 A-B 亚单位结构,与 T 细胞结合,释放细胞因子。金黄色葡萄球菌的毒素休克综合征毒素 1(TSST-1)属于此类。

（2）内毒素（endotoxin）。内毒素特指革兰氏阴性菌外膜中的脂多糖（LPS）成分，细菌在死亡后破裂或用人工方法裂解菌体后才被释放。革兰氏阳性菌细胞壁中的脂磷壁酸（LTA）具有LPS的绝大多数活性，但无致热功能。螺旋体、衣原体、立克次氏体也含有LPS。LPS由O特异多糖侧链、非特异核心多糖和类脂A 3个部分组成。具有毒性的部分是类脂A，它将LPS固定在革兰氏阴性菌的外膜上。类脂A高度保守，肠杆菌科细菌的类脂A结构完全一样，因此所有革兰氏阴性菌内毒素的毒性作用都大致相同，引致发热、血循环中白细胞骤减、弥散性血管内凝血、休克等，严重时也可致死。

内毒素耐热，加热100℃经1 h仍不被破坏，必须加热至160℃经2～4 h，或用强酸、强碱或强氧化剂煮沸30 min才失活。不能被甲醛脱毒成类毒素。内毒素的抗原性较弱，将内毒素注入机体可产生针对其中多糖抗原的相应抗体，但此抗体并无中和内毒素毒性的作用（表2-6）。

表2-6 细菌外毒素和内毒素的基本特性比较

特　　性	外　毒　素	内　毒　素
化学性质	蛋白质	脂多糖
产生	由某些革兰氏阳性菌或阴性菌分泌	由革兰氏阴性菌体裂解产生
耐热	通常不耐热	极为耐热
毒性作用	特异性，为细胞毒素、肠毒素或神经毒素，对特定的细胞或组织发挥特定作用	全身性，致发热、腹泻、呕吐
毒性程度	高，往往致死	弱，很少致死
致热性	对宿主不致热	常致宿主发热
免疫原性	强，刺激机体产生中和抗体（抗毒素）	较弱，免疫应答不足以中和毒性
能否产生类毒素	能，用甲醛处理	不能

与哺乳动物相比，鱼类对内毒素（LPS）具有较强的抵抗力。例如杀鲑气单胞菌内毒素引起试验小鼠的半数致死量为21.6 mg/kg，而对银大麻哈鱼则为714 mg/kg以上。以300 mg/kg的大肠杆菌内毒素接种虹鳟，不引起任何临床症状。接种内毒素后可引起鱼体内的皮质激素和C反应蛋白浓度升高。鱼对内毒素的抵抗力可能与鱼生活在水环境有关。此外，内毒素是许多革兰氏阴性病原菌的免疫保护性抗原，还有利于疫苗的制备。

3. Ⅲ型分泌系统（Type Ⅲ secretion system） 细菌分泌系统的发现是近年来对细菌致病机制研究的重要进展，其中的Ⅲ型分泌系统与动植物的许多革兰氏阴性病原菌的毒力因子的分泌有关。在病原菌与宿主细胞接触后，这一系统得以启动，具有接触介导的特征。启动后细菌分泌与毒力有关的多种蛋白质，与相应的伴侣蛋白结合，从细菌的细胞质直接进入宿主细胞质，发挥毒性作用。

已确定具有Ⅲ型分泌系统的细菌有沙门氏菌、志贺氏菌、耶尔森菌、大肠杆菌、哈夫尼菌、衣原体、铜绿假单胞菌等。以肠致病性大肠杆菌（EPEC）为例，将置于37℃的处于对数生长期的EPEC与宿主细胞接触后，Ⅲ型分泌系统大量分泌蛋白质并进入宿主细胞。EPEC的4型菌毛（BFP）对激活此分泌系统起关键作用，BFP缺失突变株此种激活作用减弱。Ⅲ型分泌系统的这种接触激活作用可被氯霉素抑制。

除Ⅲ型分泌系统之外，革兰氏阴性菌尚有Ⅰ型、Ⅱ型与Ⅳ型分泌系统。Ⅰ型可将细菌分泌物蛋白质直接从细胞质送达细胞表面，如大肠杆菌的溶血素。Ⅱ型则是细菌将蛋白质分泌到周质间隙，经切割加工，然后通过微孔蛋白穿越外膜分泌到胞外。大肠杆菌的BFP就是通过Ⅱ型分泌系统产生的。Ⅲ型与Ⅰ型虽都是一步性分泌，且不被加工，但不同点在于，Ⅲ型需较多蛋白质参与，比Ⅰ型复杂。Ⅳ型是一种自主运输系统，其分泌的蛋白质需切割加工，而后形成一个孔道使自身穿过外膜。如淋球菌的IgA蛋白酶。革兰氏阳性菌的毒力因子分泌相对简单，一个信号片段就足以完成分泌过程。

Ⅲ型分泌系统通常由30~40 kb大小的基因组编码，以毒力岛的形式存在于细菌的大质粒或染色体中。

4. 毒力岛（pathogenicity island，PAI） 是20世纪90年代提出的一个新概念。PAI是指病原菌的某个或某些毒力基因群，分子结构与功能有别于细菌染色体，但位于细菌染色体之内，因此称为"岛"。PAI虽然是染色体的DNA片段，但两端往往具有重复序列与插入元件，其G+C碱基比例及密码使用与细菌染色体有明显差异，长度多为30~40 kb，也有达100 kb者。PAI编码的产物多为分泌性蛋白或细胞表面蛋白。一种病原菌可以有一个以上的毒力岛。毒力岛的生物学意义尚不清楚，推测其与细菌的毒力变异有关。毒力岛的结构特点决定它可在细菌的不同菌株甚至不同菌种之间进行DNA重组。有人指出，在环境中存在着致病菌株与非致病菌株，后者通过基因重组从前者获得了毒力岛，从而具备了致病性，而不是通过自身固有基因的修饰导致的毒力变异。目前一些新致病菌的出现有可能归咎于此。

PAI含有一些潜在的"可移动"成分，如IS序列、整合酶、转座酶以及质粒复制起始位点等。此外还含有编码细菌毒力的基因簇，编码的基因产物多为分泌性蛋白和细胞表面蛋白，如溶血素、菌毛、血红素结合因子；一些PAI编码细菌的分泌系统（如Ⅲ型分泌系统）、信号传导系统和调节系统。

通过细菌基因组学研究发现，致病菌基因组中还有大量结构组成特征与PAI类似的基因结构，但其功能广泛，如与分泌有关的分泌岛、与抗生素耐药性有关的抗性岛、与生理代谢有关的代谢岛、与细菌共生有关的共生岛等，现将它们与毒力岛一起合称为基因组岛（genomic island，GI）。

寻找、鉴定PAI基因最常用的分子生物学方法有：笔迹标识法（signature tagging）、差减杂交法（subtractive hybridization）、特征性差异分析法（representational difference analysis）、mRNA差异展示法（differential display of mRNA）、比较基因组作图法（comparative genome mapping）、接合介导的DNA插入取代标记法（conjugation-mediated direted tagged internal DNA replacement）、黏粒克隆测序法（cosmid cloning combined with sample sequence）和毒力岛探查法（island probing）等。

（四）细菌毒力的控制

细菌的毒力是细菌所特有的一种生物学性状，在自然条件下，不仅不同菌株的毒力有所不同，而且同一菌株的毒力也不是固定不变的。例如从痊愈动物或流行末期的患病动物中分离出来的细菌，其毒力较弱。而从重症患畜或流行初期的大多数患畜中分离出来的细菌，其毒力一般都较强。新从野外分离出来的细菌，其毒力较强，通过人工培养多次继代保存之后，其毒力逐渐减弱。人们从实践中观察到这些现象，并经过反复研究，找到了人为增强、减弱或固定细菌毒力的方法。这是一项既有理论意义又有实践意义的工作。

1. 增强细菌毒力的方法　主要是提供细菌最适宜的生活条件。

（1）通过易感动物。通过在自然条件下就易感该细菌的动物当然很好，但这在实际工作中很不方便，而且对于有些细菌也没有必要。因为许多细菌可以通过实验动物增强其毒力，例如，丹毒杆菌可以通过鸽子增强其毒力，链球菌可以通过小鼠增强其毒力等。这是目前广泛采用增强毒力的一种方法。

（2）与其他细菌协同作用。如产气荚膜梭菌与八叠球菌共同培养后，其毒力可以增强。

2. 减弱细菌毒力的方法　主要是给该细菌不适宜的生活条件，使其逐渐减弱对原寄主的毒力。利用物理的、化学的和生物的因素均可达到这一目的。

（1）长期在人工培养基上继代培养。病原细菌在长期的人工培养基上反复继代以后，其毒力一般都会明显减弱，只是有些细菌减弱得快，有些细菌减弱得慢。

（2）高于最适温度下进行培养。巴斯德曾将炭疽杆菌于43.5 ℃的温度下培养一定时间后，其毒力明显减弱，从而成为有名的巴斯德炭疽疫苗。

（3）含有特殊化学物质的培养基中进行培养。卡介苗就是将牛分枝杆菌长期培养于含有甘油、胆汁的马铃薯培养基上而获得的防治结核病的疫苗。

（4）通过接种不易感动物。许多疫苗都通过将病原菌接种不易感动物而获得的。

（5）在特殊气体条件下培养。如无荚膜炭疽芽孢杆菌苗是半强毒菌株在含50%动物血清的培养基上，50% CO_2 的条件下选育的。

（6）通过基因工程的方法。去除毒力基因或用点突变的方法使毒力基因失活，可获得无毒菌株或弱毒菌株。但对多基因调控的毒力因子较难奏效。

3. 固定细菌毒力的方法　采用低温真空干燥法保存细菌是目前固定细菌毒力的最好的方法。

（五）细菌毒力的测定

在疫苗与免疫血清的效能检验、药物的疗效判断时都需要先将细菌的毒力进行测定。测定微生物毒力的大小采用递减剂量的材料（活细菌或毒素）来感染易感动物。每次试验时，都必须注意到实验动物的性别、年龄和体重，实验材料的剂量、感染途径以及其他因素。因为这些因素都直接影响到毒力测定的结果，其中感染途径与动物体重尤为重要，需要特别加以限定。经常用来表示细菌毒力大小的方法有最小致死（感染）量和半数致死（感染）量。

1. 最小致死量（MLD）　能使特定的动物于感染后一定的时间内发生死亡的最小细菌剂量或毒素剂量。这种测定方法较为简便，不过，可能由于实验动物的个体差异而产生不准确的结果。

2. 半数致死量（LD_{50}）　是在一定的时间内能使半数实验动物于感染后发生死亡所用的活细菌量或毒素量。试验时，要选择大小、体重与年龄一致的动物，将动物分为若干组，每组的动物数相等，然后以同量的材料感染一组动物。各组动物所用的材料量均有一定的差数，对各组动物的死亡数加以记录，然后应用数学统计的方法计算出半数致死量。半数致死量由于加入了统计方法，所以较为准确。

（六）细菌毒力因子表达的调控

在细菌与宿主的相互作用中，细菌通过感应宿主信号（如温度、pH、渗透压等）快速调节基因的表达，以适应宿主内环境并存活。为了适应宿主微环境的变化，细菌的代谢还涉及一些基因调节子（如非编码小 RNA）和信号系统（如密度感应系统和二元信号转导系统）等的调控。

1. 环境因素 许多细菌的毒力因子受环境因素调节，仅在某些特定的条件下才能表达，对细菌毒力有调节作用的环境条件包括温度、铁离子及钙离子浓度、渗透压、pH、氧含量等（表 2-7）。

表 2-7 某些细菌毒力因子的调节系统

（据 Ryan）

细菌名称	调节基因	环境刺激因素	调节的产物
大肠杆菌（E. coli）	drdX	温度	P 菌毛
	fur	铁离子浓度	类志贺毒素、铁载体
霍乱弧菌（Vibrio cholerae）	toxR	温度、渗透压、pH、氨基酸	霍乱毒素、菌毛、OMP
耶尔森菌（Yersinia）	lcr loci	温度、钙	OMP
	virF	温度	黏附、侵袭
鼠伤寒沙门氏菌（Salmonella typhimurium）	pag	pH	毒力、在吞噬细胞内存活
金黄色葡萄球菌（Staphylococcus aureus）	agr	pH	α、β 溶血素，A 蛋白，毒素休克综合征毒素 1

(1) 温度。温度是许多细菌重要的调节信号，特别是对那些自然生存环境的温度低于宿主体温的细菌，如嗜水气单胞菌的毒素、菌毛等在 25 ℃ 左右表达量最高。耶尔森菌的侵袭在室温条件下表达量最高，而 YadA 及 Ail 蛋白则必须在 37 ℃ 条件下方能表达。志贺氏菌在 30 ℃ 培养时不能侵袭宿主细胞，只有在 37 ℃ 条件下才内化而致腹泻。

(2) 铁。铁不仅是细菌必需的生长因子，而且对细菌毒力因子的表达也起调节作用，它不仅可诱导铁载体、铁载体受体及其他铁结合蛋白受体等与铁代谢有关成分的表达，而且还对某些细菌毒素有调节作用，如类志贺毒素（Sltl）、铜绿假单胞菌外毒素 A、菌毛（大肠杆菌）、鞭毛（霍乱弧菌）、蛋白酶（铜绿假单胞菌碱性蛋白酶、弹性蛋白酶）等。

(3) 钙。Yops 是耶尔森菌的一系列外膜蛋白，与其黏附及内化作用密切相关，是重要的毒力因子。钙对耶尔森菌 Yops 的表达有调节作用，在无钙、37 ℃ 培养时，耶尔森菌生长停滞，但产生大量的 Yops。

(4) 渗透压。渗透压对霍乱弧菌的毒力及菌毛的表达有调节作用，在宿主组织相近的生理范围内表达量最高。此外，铜绿假单胞菌某些菌株的荚膜也受渗透压的调节。

2. 非编码小 RNA 非编码小 RNA（small non-coding RNA，sRNA）是一大类不编码蛋白质的 RNA 分子，存在于所有生物体中。细菌 sRNA 长度一般小于 500 nt。sRNA 作为一种新的调控因子，可与 mRNA 结合，导致后者降解；或者与蛋白质结合，影响蛋白质的生物学功能。

已在多种病原菌中发现与致病调控相关的 sRNA，如大肠杆菌、沙门氏菌、霍乱弧菌、金黄色葡萄球菌、产单核细胞李斯特菌和铜绿假单胞菌等。这些 sRNA 通过调节毒力相关基因的表达，从而调控病原菌对宿主细胞的黏附、侵袭，以及在巨噬细胞中的存活和毒力蛋白分泌。与细菌致病性调控相关的 sRNA 最典型的例子是金黄色葡萄球菌的 RNA Ⅲ，它本身含有溶血素的基因，同时又作为 sRNA 抑制该菌早期毒力因子凝固酶编码基因 coa 的翻译起始，降低细菌的毒力。此外，sRNA 在某些细菌的群体感应中也发挥着重要的调节作用，例如大肠杆菌、沙门氏菌和假结核耶尔森菌的两种 sRNA 分子 CsrB 和 CsrC，可调控群体感应和生物被膜的形成。

3. 二元信号转导系统 最简单的二元信号转导系统（two component signal transduction systems，TCSTS）由感受器即组氨酸激酶（histidine kinase，HK）和反应调节子（response regulator，RR）组成。HK 感受到外界环境信号后，使 RR 磷酸化，将外界信号传递到胞内。整个双组分信号通路由信号输入、HK 自身磷酸化、RR 磷酸化及信号输出等环节构成。

TCSTS 在病原菌的信号转导中起着极为重要的作用，包括病原菌对宿主的识别和侵袭，病原菌对环境的代谢性适应、对渗透压改变的生理应答、趋化性等。研究比较清楚的是大肠杆菌的 EnvZ-OmpR 系统，该系统通过调节大肠杆菌外膜上主要孔道蛋白 OmpF 和 OmpC 的基因表达，影响两者在外膜上的数量，最终影响到跨膜物质运输，从而调控细胞对渗透胁迫的适应过程。金黄色葡萄球菌的 ArlS/ArlR 二元系统，能够调控 α 毒素、β 溶血素、脂酶和凝固酶等多种毒力因子的表达。

二、传　　染

（一）传染的概念

传染是病原微生物在一定的条件下侵入易感动物机体，并与其相互作用，使机体呈现出一种病理生理学的过程。也可以说，传染是病原微生物侵入动物机体之后，病原微生物在其体内生长繁殖，所表现出各种现象的总和。它是微生物与机体之间相互作用的一种复杂的病理过程。

感染在一般情况下是传染的同义词，但确切地说，感染是机体传染的第一步，即病原微生物侵入易感动物机体。是否能引起传染，则必须看机体的抵抗力和病原微生物的毒力如何，如机体抵抗力强，则不引起传染或只引起轻度或局部的传染，反之则引起较为严重的传染。

传染是一个动态过程，它是在历史进化的长河中，病原微生物与机体相互作用形成的一种亲缘关系，即形成某种病原微生物对某特定的机体的易感性。从横向来看，传染必须是病原微生物从感染动物中的某一个体传染给另一个体，并使后者也出现同样的病症。

（二）引起传染的必要条件

动物能否发生传染，病原微生物的入侵是首要条件，但这不是绝对的，还必须有其他条件配合，才能引起传染。

1. 病原微生物 病原微生物是引起一切传染过程的首要因素，没有病原微生物就没有传染，一种传染是由一定的病原微生物所引起的。就病原而言，引起传染必须具备下列 3 个条件。

（1）具有一定的毒力。即要有一定的致病性，无致病性的微生物则不能引起传染。

(2) 具有适当的入侵门户。病原微生物侵入动物机体的途径与传染的发生有着密切的关系，例如，荧光假单胞菌是经过皮肤伤口感染而引起传染，口服一般不能引起发病。爱德华菌是通过胃肠引起致死性传染。病原微生物的入侵门户对传染的发展也有很大的影响，如鳗弧菌经过胃肠道感染时，首先引起肠炎，然后引起败血症，而经皮肤伤口感染，则常发生皮肤坏死和溃疡。病原微生物侵入门户的特殊性，在某种程度上是一种历史适应的表现。有许多病原微生物，它们的入侵门户不是一个，而是多个。了解病原微生物的入侵门户，对于预防传染的发生是很重要的。

(3) 病原微生物的数量。病原微生物引起传染的能力固然取决于病原微生物的毒力和入侵门户，但也不可忽视病原微生物的数量。即使病原微生物的毒力很强，入侵门户得当，但如数量过少，也往往不能引起传染；毒力弱一些，如数量多，也可引起传染。

2. 易感动物 不同动物对同一病原微生物的感受性通常不一样，有易感的，有不易感的。就易感动物而言，不同的机体状态对传染的发生发展都有着极其重要的影响。关于动物机体对传染的抵抗力，许多是涉及动物的免疫性问题，将在免疫学中去讨论。

3. 外界环境条件的影响 从有机体与外界环境条件是一个统一体的原则来看，外界环境条件在传染过程中的作用有3个方面：一是影响动物机体的保护机能状态；二是影响病原微生物的生命力与毒力；三是影响病原微生物接触与侵入动物体的可能性和程度。外界环境条件主要包括自然环境条件、饲养管理以及社会制度等方面。

(三) 传染的类型

病原菌从一个宿主传到另一个宿主的特性，称为传染性。而传染是病原体侵入机体，突破机体的防御的机构，在一部位生长繁殖，并引起不同程度的病理过程。机体免疫力强者，则能阻止病原菌的入侵或将其消灭，使传染不能成立，或称为不易感性。如机体抵抗力弱，则病原菌在机体内生长繁殖，造成损害。根据其损害程度，有的可引起明显的临床症状，甚至造成死亡，此时称为传染病。传染病又有急性、亚急性和慢性之分。有些则不表现出临床症状，称为隐性传染或亚临床传染。应当注意，传染与传染病并不是一回事，传染的范畴要比传染病广泛得多。

传染大多数先由局部开始，进而侵犯全身，重者侵入血流或淋巴流，遍及全身，造成严重危害。传染的结局或者是由机体的免疫力将病原菌杀死，或者是病原菌战胜机体的免疫力，造成疾病，甚至引起死亡。根据动物发生的临床表现，可将传染分为4种类型。

1. 明显传染 明显传染又称为临床感染或传染病。如侵入机体的病原菌毒力强、数量多，而机体的抵抗力又弱时，则病原菌可在机体内生长繁殖，产生毒素物质，致使机体不能维持其体内环境的相对稳定，便表现出明显的临床症状，称为明显传染。根据明显传染的发生范围又可分下面几种。

(1) 局部传染。是病原微生物侵入机体后，在一定的部位定居下来，生长繁殖，产生毒素产物，引起局部损害的传染过程。机体发生局部传染时，往往由于入侵的病原菌毒力不大，数量不多，而机体的免疫力又较强，可将入侵的病原微生物限制在局部，阻止它们的扩散蔓延，并将其清除消灭，从而维持机体的正常生理状态。

(2) 全身传染。机体与病原菌相互作用，由于病原菌的毒力强大，而机体的免疫力又较弱，不能将病原微生物局限于局部，以致向周围扩散，经淋巴或直接进入血流，散布到全身，引起全身传染。在病原菌向全身扩散传染的过程中，可能出现下列几种情况：

① 菌血症。病原菌侵入机体，突破机体防御屏障，进入血流，但由于机体的抵抗力较强，致使病原菌不能在血液中停留，而转移到其他位置，这种状态被称为菌血症。见于一些细菌性传染病的初期。

② 败血症。在菌血症的同时，由于机体抵抗力较弱，致使侵入的病原菌在血液中大量繁殖，流及全身，造成全身性的损害状态，称为败血症。其主要表现为体温升高、白细胞总数急剧增加，全身皮肤、黏膜及各实质脏器出血等。如弧菌病。

③ 毒血症。是病原菌侵入机体后，在局部生长繁殖，产生毒素，进入血流，引起机体受到损害，此称为毒血症，如破伤风。

④ 脓毒败血症。化脓性细菌在引起败血症的同时，又引起脓灶的全身转移，所以称为脓毒败血症。

2. 隐性传染 又称为无症状感染。当侵入机体的病原菌的毒力不强或数量不多，而机体的免疫力又较强时，则病原菌可迅速被消灭；如不能完全被消灭，则在机体的一定部位生长繁殖，对机体造成一定的损害。但由于机体能维护其体内环境的相对稳定，因而在临床上表现不出明显的症状，所以称为隐性传染。机体可以通过隐性传染而获得对该病的一定的免疫力，以防止同种病原的再传染。如流行性乙型脑炎、结核等都可以通过这种方式而获得免疫力。

3. 带菌现象 有些病原菌虽然侵入了动物机体，但不引起传染，只呈现出无害的寄生状态，或者动物发病痊愈后一定时间，病原菌尚未完全被消灭或排出，这两种状态统称为带菌现象。带菌现象在传染病的防治上具有重要意义。因为带菌动物不断地向外排出病原菌或通过媒介向外传播，而动物本身又无临床症状，这是最易被人们所忽视的，因而在传染上可能造成更大的危害。另外，传染病封锁期的制定也有赖于带菌现象，即在最后一头动物痊愈后或被处理后多久可解除封锁，就取决于最后一头痊愈动物的带菌时间。

4. 不传染 是机体对该种病原菌不易感，或是具有顽强的抵抗力，或者是病原菌的毒力低、数量少、侵入途径不当，在这些情况下，病原菌即使侵入机体，也不能生长繁殖，反而被机体迅速消灭，因而动物不发生传染。

本 章 小 结

细菌形态构造简单，外形基本上为球状、杆状、螺旋状三类。大多数细菌都具有一般构造，包括细胞壁、细胞膜、细胞质、核区和内含物等。少数种类具有特殊构造，包括鞭毛、糖被（荚膜等）、芽孢、菌毛和性菌毛等。各种细菌经革兰氏染色，区分为革兰氏阴性菌和革兰氏阳性菌。它们除染色特征有明显区别外，更重要的还表现在形态、构造、生理、生态、致病性等一系列特征上的差别。细菌可因进化、突变或人为的药物处理等原因而失去细胞壁，从而形成支原体、L型细菌、原生质、球状体等缺壁细菌。

细菌在营养水平上需要碳源、氮源、生长因子、无机盐和水。营养物质具体运送方式有4种，包括不耗能、不能逆浓度梯度的单纯扩散和促进扩散，以及耗能、可以逆浓度梯度的主动运送和基团移位。

培养基按其营养组成和用途不同，可分为基础培养基、增菌培养基、选择培养基、鉴别培养基、厌氧培养基。按培养基物理状态不同分为固体、液体和半固体培养基。

细菌在液体培养基中的生长规律可用典型生长曲线来表示,分为迟缓期、对数期、稳定期、衰亡期4个时期。影响细菌生长繁殖的外界因素除营养外,主要有温度、pH、氧气和渗透压。细菌的物质代谢产物有分解产物和合成产物。分解产物包括糖分解产物和蛋白质分解产物。合成产物包括毒素、酶、抗生素、维生素、热原质、色素。

通常可把细菌的分类鉴定方法分成两类,一类是细菌分类鉴定中的经典方法,以细菌表型特征为主要指标的方法,包括描述细菌的形态和其他生物学特征。这类方法多数被改造成快速、商品化的实用方法,或达到智能化、自动化鉴定。另一类是现代的、定量的,和以微生物遗传型为主要指标的分子生物学方法:①通过核酸分析鉴定微生物遗传型方法,包括G+C碱基比例的测定,核酸分子杂交,16S rRNA 序列分析、全基因组测序等;②细胞化学成分作为鉴定指标;③数值分类法。

细菌是否有致病性,经典的依据是柯赫法则,近年来提出的基因水平柯赫法则对此标准做了补充和完善。细菌的致病性一般取决于毒力因子,包括侵袭力、毒素、毒力因子的分泌系统。侵袭力导致病原菌在机体内定植、突破机体的防御屏障、内化作用、繁殖与扩散。毒素有内毒素和外毒素之分,外毒素是具有特异性毒性作用的蛋白质,典型结构为A-B亚单位的聚体。内毒素为LPS的类脂A,具有耐热作用等。致病性一般通过测定LD_{50}来定量。细菌的毒力可用人工的方法增强或减弱,并受到环境因子、非编码小RNA、二元信号转导系统等调节。

思 考 题

1. 绘出细菌的基本结构和特殊结构图。
2. 比较革兰氏阳性菌和阴性菌的细胞壁的结构及化学组成的差异。
3. 什么是原生质体、球状体、细菌L型?细菌L型的常用诱导剂及诱导原理是什么?
4. 试述主要的细菌生化反应的原理及用途。
5. 什么是革兰氏染色?有何意义?其染色机制如何?
6. 简述荚膜、微荚膜的概念以及它们的功用。
7. S层是什么样的结构?
8. 简述鞭毛的结构和功用。
9. 简述菌毛的本质、分类及功能。
10. 简述芽孢的结构、功能及对外界环境抵抗力强的原因。
11. 简述细菌生长的各个时期的特点。
12. 培养基有哪些种类?
13. 什么是柯赫法则?如何从分子水平解释柯赫法则?
14. 简述致病菌侵入宿主细胞的主要过程。
15. 什么是细菌外毒素?其基本特性及组成如何?
16. 什么是类毒素?有何用途?
17. 简述内毒素的来源、组成、致病意义及检测方法。
18. 比较外毒素与内毒素的主要异同点。
19. 举例说明细菌毒力因子重要的分泌系统的主要特点。

20. 环境因子如何影响细菌毒力因子的调节？举例说明。
21. 什么是非编码小 RNA？举例说明其对细菌毒力的调控作用。
22. 什么是二元信号转导系统？其在病原菌信号传递上有何作用？
23. 细菌的鉴定有哪些方法？举例说明。
24. 简述世界公认的细菌分类体系。
25. 国际知名的细菌保藏机构有哪些？
26. 简述细菌鉴定的经典程序。

第三章 其他原核微生物

第一节 放线菌

放线菌（actinomycetes）是一大群介于丝状真菌与细菌之间的原核生物。因其生长呈辐射状而得名。放线菌广泛分布于自然界，尤多见于土壤中。在医药、农业和工业上广泛应用的抗生素，大部分是放线菌的发酵产品。

关于放线菌的分类，由于各国分类学家观点不同，科的标准和科内分属的依据也各异，长期难以统一，故国际放线菌分类委员会取消了科的分类等级。在放线菌目下依菌丝体断裂与否及孢子着生方式将放线菌目中近60个属分成若干"群"。《伯杰系统细菌学手册》（1984年版）将其分列在第二分卷和第四分卷内。种的鉴定较为复杂，一般按其形态、培养、生理和生化等特征的综合指标来确定。目前中国放线菌工作者是以形态、培养特征为主，生理生化为辅的原则来定种。国际上已经描述和发表的放线菌已达2000多种。

一、放线菌的形态与结构

放线菌的菌体为单细胞，内部构造与细菌相似，没有被核膜包绕的细胞核。最简单的放线菌为杆状，或有原始菌丝，似分枝杆菌；大部分放线菌由分支发达的菌丝组成，菌丝直径约为1 μm，仅为霉菌菌丝的1/10（图3-1）。细胞壁含有原核生物所特有的胞壁酸和二氨基庚二酸，没有几丁质或纤维素。革兰氏染色阳性，极少为阴性。抗酸染色大多数呈阳性反应。

放线菌与细菌的最大区别在于放线菌能够形成菌丝和孢子。孢子为真菌和放线菌的繁殖器官，菌丝为由孢子萌发并逐渐延长而成的丝状物。根据菌丝的形态和功能的不同，菌丝可分为营养菌丝、气生菌丝和孢子丝3种。

图3-1 放线菌模式图

1. 营养菌丝（基内菌丝） 伸入培养基内的菌丝称为营养菌丝，也称初级菌丝体或一级菌丝体。主要功能是吸收营养物质。营养菌丝一般无隔膜，直径0.2~0.8 μm，长度一般为100~600 μm，有些菌种可产生黄、橙、红、紫、蓝、绿、褐、灰、黑等水溶性或脂溶性色素，它是鉴定菌种的重要依据之一。

2. 气生菌丝 营养菌丝发育到一定时期，长出培养基外并伸向空间的菌丝为气生菌丝，又称二级菌丝体。它叠生于营养菌丝之上，颜色较深，比营养菌丝粗，直径1.0~1.4 μm，长度差异悬殊，直形或弯曲而分支，有些菌种产生色素。

3. 孢子丝 气生菌丝生长发育到一定阶段，一部分菌丝分化成可形成孢子的菌丝称为孢子丝。孢子丝着生方式有互生、丛生和轮生3种，形状有直形、波曲、螺旋等。孢子丝长到一定阶段分化产生孢子，孢子可呈白、黄、绿、淡紫、粉红、蓝、褐、灰等颜色，形态可呈球形、椭圆形、杆状、瓜子形等，单个、成双或成串状排列。有的光滑，有的有小疣刺或毛状物，有些孢子带有鞭毛。孢子丝在气生菌丝上的排列方式和形状是鉴别菌种的重要依据。

二、放线菌的菌落特征

放线菌的菌落由菌丝组成。菌落特征因不同的菌丝类型而异，一般可分为两类。一类是由产生大量分支气生菌丝的菌种所形成的菌落，这类菌丝生长缓慢，在气生菌丝尚未分化成孢子丝以前的幼龄菌落，光滑如发状缠结，此时菌落与细菌菌落相似，但当孢子丝产生大量孢子并布满整个菌落表面后，形成絮状、粉状或颗粒状的典型的放线菌菌落（图3-2）；营养菌丝长在培养基内，故菌落与培养基结合较紧，不易挑起或挑起后不易破碎。由于菌丝和孢子常具有各种色素，可使菌落表面和背面呈现不同颜色，水溶性色素还可扩散使培养基着色。另一类菌落由不产生大量菌丝体的种类形成，其黏着力差，结构呈粉质状，用针挑起则粉碎，如诺卡氏放线菌便形成此类菌落。

图3-2 放线菌菌落

将放线菌放液体培养基内静置培养，能在瓶壁液面处形成斑状或膜状菌落，或沉降于瓶底而不使培养基混浊；振荡培养时，常形成由短菌丝体所构成的球状颗粒。

三、放线菌的繁殖方式

放线菌主要通过形成无性孢子方式进行繁殖，此外也可借菌丝体断裂片段繁殖，此方式常见于液体培养基中。无性孢子形成的方式主要有以下几种。

1. 凝聚分裂形成凝聚孢子 多数放线菌按此种方式形成孢子。其过程是当孢子丝生长到一定阶段，从顶端向基部，细胞质分段围绕核物质，逐渐凝聚成一串大小相似的小段，然后各小段收缩，并产生新的孢子壁，形成圆形或椭圆形的孢子。孢子成熟后，孢子丝壁破裂，释放出孢子。

2. 横隔分裂形成横隔孢子 诺卡氏菌等是按此方式形成孢子。其过程是孢子丝长到一定阶段，其中产生很多横隔膜，然后在横隔膜处断裂形成孢子，一般呈杆状或圆柱形，大小相似。

3. 孢囊孢子 有些放线菌在菌丝上形成孢子囊，孢子囊内形成孢囊孢子，孢子囊成熟后破裂，释放出大量的孢囊孢子。游动放线菌属和链孢囊菌属等以此方式形成孢子。

成熟的放线菌孢子在适宜条件下，膨大而伸出一根至数根芽管，由此长成新菌丝。

四、放线菌的生理

放线菌绝大多数为需氧菌，少数为厌氧菌，生长最适温度为30~32℃，绝大多数放线菌适于在中性偏碱的 pH 环境中生长。

放线菌可广泛利用各种糖类及碳氢化合物为碳源及能源，利用有机氮、无机氮作为氮源。发酵糖类产酸不产气，发酵葡萄糖的终产物有醋酸、甲酸、乳酸和琥珀酸，但无丙酸。不形成靛基质，脲酶试验阴性，过氧化氢酶试验阴性或阳性。许多种类能产生抗生素、维生素及各种酶类，以产抗生素著称，据统计已发现的抗生素 85% 来自放线菌。放线菌产生的抗生素虽多达数千种，但应用于医学临床和农业生物防治的仅数十种，如链霉素、土霉素、金霉素、卡那霉素、争光霉素、春雷霉素、灭瘟素等。它们在人类保健和动植物病害的防治等方面正在发挥越来越大的作用。某些放线菌对人畜及植物有致病性，如导致人畜的放线菌病和马铃薯疮痂病等。

五、放线菌的抵抗力

放线菌对干燥、高热和寒冷的抵抗力均很弱，80 ℃加热 5 min 即可被杀死。一般消毒药均可将其杀死，如 0.1% 升汞可在 5 min 内将其杀死，但对石炭酸的抵抗力较强。放线菌对青霉素、链霉素、四环素、头孢霉素、林可霉素等抗生素，以及锥黄素、碘和磺胺类药物等敏感，但由于药物不易渗透到脓灶中，因此常不易达到杀菌目的。

六、放线菌在工农业生产中的意义

除极少数放线菌为致病菌外，大多数放线菌是无害或是有益的。除部分放线菌可用于生产抗生素外。放线菌分解的物质容易被有益微生物或藻类吸收，创造出其他有益微生物增殖的生存环境，因此被广泛用于生产微生态制剂。放线菌和光合细菌混合制成的微生态制剂，具有改善水质的净菌作用，长期使用能使水质达到良性循环。放线菌中的弗兰克氏菌属能与非豆科植物共生结瘤固氮，在绿化、植树造林、改良土壤、改善生态环境上有重要作用。

本属对动物具有病原性的种有牛放线菌（*A. bovis*）、化脓放线菌（*A. pygenes*）和以色列放线菌（*A. israelii*）等，但对水产动物的致病性尚无报道。

第二节 黏细菌

黏细菌（myxobacteria）是一类菌体呈杆状、柔软易弯曲、能在固体表面滑行的原核微生物。黏球菌属在《伯杰细菌鉴定手册》第八版（1974）中归属于"滑动细菌"部分的黏细菌目黏球菌科。

黏细菌是最高等的原核生物类群，具有复杂的多细胞行为和形态发生，在细胞分化、发育和生物进化研究中占有重要地位，因其多数能形成子实体，故又名子实黏细菌。

黏球菌是专性需氧菌，有两个生理亚群，即溶细菌生物亚群和溶纤维生物亚群。大多数属于溶细菌亚群，靠摄食活的或死的细菌和其他微生物而生长。

此属细菌为化能异养菌。可溶解细菌，能水解蛋白质、核酸和各种脂肪酸，能在以混合氨基酸作为碳源、氮源和能源的人工培养基上生长，不能利用糖类。40 ℃以上不生长。

一、黏细菌的形态与结构

黏细菌有一定的生活史，其过程可分为 2 个阶段，即营养细胞阶段和休眠细胞阶段。

黏球菌的营养细胞为杆状，大小为（0.4～0.7）μm×（2.0～10.0）μm，柔软，除缺乏坚硬的细胞壁外，其余均类似于细菌，革兰氏染色阴性，无鞭毛，菌体形态有的为两端钝而粗的杆状细胞，有的为细长的丝状体或梭状细胞，也有的为圆形、椭圆形（图3-3）。DNA的G+C含量因种类不同而异，黏细菌目高达67%～71%，而纤维黏细菌目含量为35%～50%。

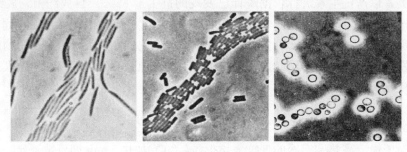

图3-3 黏细菌菌体形态

二、黏细菌的菌落特征

在固体基质上，形成低平而扩散的菌落，由向前推进的许多细胞小群组成不规则的边缘。迁移的细胞下面形成很黏的黏液层，将菌体黏着在基质上。在适宜条件下，菌落内的营养细胞进行多点团聚，随后，这些细胞团聚体分化形成子实体（图3-4）。

三、黏细菌的繁殖方式

营养细胞以二分裂方式繁殖。当环境中营养不足时，发育到一定阶段的营养细胞可以借趋化反应，彼此向对方移动，在一定的位置聚积成各种形状的堆团，形成肉眼可见的子实体。子实体随菌种不同而有区别，有的子实体具有红、黄等鲜艳色彩，有的仅仅是一团松散的黏液和黏孢子形成的球状物，有的子实体则是由具有一定形状的孢子囊柄和子实体壁构成的复杂形体。因此，子实体的形状、体积和颜色可作为区分黏细菌的指标。子实体中含有由营养细胞转化而来的休眠细胞，称为黏孢子。单个子实体中可能含有10^9个或更多个的黏孢子，黏孢子的形状和营养细胞相似，只是较短较粗，呈圆形或椭圆形，其直径最大可达2.3 μm。有些黏孢子折光性强，并包有荚膜，有时称为微孢囊或小孢子囊。黏孢子在适宜的环境条件下又转化成营养体，每个黏孢子产生一个杆状营养体。

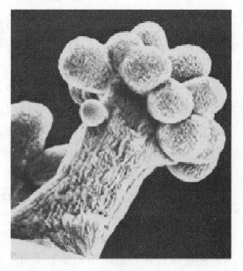

图3-4 黏细菌子实体形态

第三节 鞘 细 菌

鞘细菌（sheathed bacteria）是指许多细胞呈丝状排列而被包围在同一鞘内的细菌。这些细菌栖居在淡水和海洋环境中,其中主要分布在污染河流、滤水池、活性污泥等含有机质丰富的流动淡水中,因而在活性污泥法处理污水中有重要作用。

鞘是由细胞分泌物质而形成的,初期薄而透明,随之加厚。鞘的组分为蛋白质、多糖和类脂等复杂有机化合物。球衣菌属的衣鞘由蛋白质、多糖、脂类复合物组成,有的还有锰和铁的沉积物,犹如革兰氏阴性细菌的荚膜。不过它形成的是紧贴在杆菌链外围的线形结构,故称鞘细菌或鞘膜细菌。用1%结晶紫染色,在光学显微镜下,菌体呈紫色,鞘呈淡紫色。而 *Haliscomenobacter* 属的鞘必须借助电子显微镜才能看见。鞘形成的初期较薄,随之加厚,这是细菌分泌的有机化合物沉积并掺入组成中所致。由于氢氧化铁或氧化锰的沉积,鞘随着菌龄的增加而变硬。鞘的形成具有生态学和营养学的重要意义。它能防御原生动物和某些细菌的攻击,例如未形成鞘的游离细胞可被原生动物捕食,水中蛭弧菌的分泌物也可将其消解;同时,一般鞘上有固着器,可附着于固形物上,当水中营养不足时,鞘可随水流动而富集营养。

因为鞘细菌是不同类群的细菌,其系统发育还不很清楚,所以对于它们的分类地位还有待商榷。以伯杰分类系统为例,第七版(1957年)曾把鞘细菌归至裂殖菌纲鞘细菌目。第八版(1974年)没有从纲至种的分类系统,而着重于对鞘细菌属、种的描述和比较,并将鞘细菌归在原核生物界细菌的第三部分。目前,第九版(1994年)把鞘细菌归在第十四群,包括7个属。由球衣菌属、纤发菌属、软发菌属、利斯克菌属、栅发菌属、泉发菌属和细枝发菌属组成,属是这一类群的最高分类单位。球衣菌属可作为其代表属。

一、鞘细菌的形态与结构

单个鞘细菌为杆状,两端钝圆,大小为 $(1\sim 2)~\mu m\times(3\sim 8)~\mu m$。革兰氏染色阴性。偏端丛生鞭毛,每丛通常8~10根,粗约 $0.2~\mu m$,长达 $80\sim 90~\mu m$,能活跃运动。细胞中DNA的G+C含量为60%~70%,是已知革兰氏阴性细菌中含量最高者。这些细菌个体在鞘内往往呈链状排列成一行,有时2行或3行(图3-5)。鞘内细胞以裂殖方式繁殖。由于新产生的细胞往往被推向菌丝顶端,并不断合成新的衣鞘材料,因而衣鞘总是在丝状体末端形成。虽然细菌个体与鞘接触较紧密,但它仍能移出鞘外,间或可见空鞘或鞘中空位。游离出鞘的单个细菌在固着后便开始生长,形成新的带鞘菌丝体。

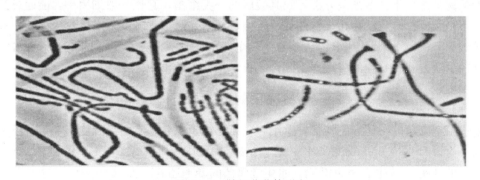

图3-5 鞘细菌菌体形态

二、鞘细菌的营养及繁殖方式

鞘细菌专性好氧,以适应流水中的生活。能以葡萄糖、半乳糖、麦芽糖、甘露糖和乳酸钠等很多简单的有机化物作为碳源和能源,若环境中有还原性铁、锰化合物时,鞘上常裹上一层氢氧化铁和氧化锰的沉积物,鞘细菌可以从这些金属氧化物中获得能量。鞘细菌能以各种氨基酸和某些无机氮化物作为氮源,但不能利用铵态氮和硝态氮。大多数鞘细菌生长需要维生素 B_{12},这对水生微生物常常是必需的营养物质。鞘细菌能在葡萄糖、蛋白胨浓度很低的培养基上生长,要求中性 pH,温度 28~30 ℃,经 3 d 培养便可形成菌落。菌落扁平、昏暗、白色绒毛状,边缘极不规则,有很多卷曲的丝状体长出,很像霉菌尚未产生孢子时的菌落,但较湿润,不粗糙。该类细菌的分离纯化较为困难。一是由于鞘细菌鞘外具有黏液,黏附大量的伴生菌;二是由于鞘细菌各属间生活环境相似,且营养需求相近,所以很难对它们进行分离鉴定。

三、鞘细菌在工农业生产中的意义

氧化铁锰鞘细菌是一类具有催化铁、锰氧化能力的丝状菌。铁、锰氧化微生物在全球和区域元素循环中扮演着主要的角色,因而常被认为是地质元素循环的推动力。由于该类细菌不仅在环境保护特别是污水处理和城市饮用水净化中起着重要作用,而且可形成含有微量元素的铁、锰沉积物,对于回收贵重金属和有毒金属也有重要的意义,因而对于该类细菌的研究备受人们重视。氧化铁锰鞘细菌的应用:①除铁除锰。含铁含锰过高的水给饮用及工业带来严重的问题,水中铁、锰的去除一直是给水排水工程的重要研究课题。利用鞘细菌除铁除锰可通过自然或人工途径将氧化铁、锰鞘细菌固定在沙子表面,填装成滤柱、罐、池,将水过滤以达到除铁、除锰的目的。②生产生物可降解塑料。聚 β-羟基丁酸(PHB)是细菌细胞内积累的一种能为微生物的酶所降解的高分子聚合物,具有生物降解速度快、共聚物弹性高等特点。鞘细菌细胞中含有大量的 PHB 颗粒,多的可达菌体质量的 40% 左右。③污水处理。鞘细菌是活性污泥中的主要菌群,对于污水中的有机物和毒物有很强的降解作用,活性污泥中常见的鞘细菌有浮游球衣菌、纤发菌等。

第四节 蛭 弧 菌

蛭弧菌是寄生于其他细菌并能导致其裂解的一类细菌,它比一般细菌小,能通过细菌滤器,但不是病毒。它广泛存在于自然界、土壤、河水、沿海水域及下水道污水中,一般土壤中含菌数 10^3~10^5 个/g,污水中含菌数 10^4 个/mL,但不存在于干净的井水、泉水中。因其特殊的生活方式和广泛的应用而受到许多科学工作者的重视。

一、蛭弧菌的形态与结构

蛭弧菌有细菌的一切形态特征,单细胞,弧形或逗点状,有时呈螺旋状。革兰氏染色阴性。大小为(0.3~0.6)μm×(0.8~1.2)μm,一般端生单鞭毛,有的在另一端生有一束纤毛。水生蛭弧菌的鞭毛还具有鞘膜,它是细胞壁的延伸物,并包围着鞭毛,使得它比其他细菌的鞭毛粗 3~4 倍,这是一个很显著的特点(图 3-6)。细胞中蛋白质含量较高,占干重的 60%~70%。DNA 含量为 5%,G+C 含量为 42%~51%。有人认为,蛭弧菌 DNA 的

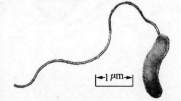

图 3-6 蛭弧菌电子显微镜下形态

80%来源于宿主细胞的DNA。

二、蛭弧菌的营养及繁殖方式

蛭弧菌生活方式多样，有寄生型和兼性寄生型，极少数营腐生生活。寄生型必须在特异的生活宿主细胞或在有宿主细胞提取物的培养基中得到营养或生长因子时才能生长繁殖。其生长要求pH为6.0～8.5；温度23～37℃，低于12℃，高于42℃均不生长；能稳定分解蛋白质，一般不利用糖类，而以肽、氨基酸作为碳源和能源，液化明胶，严格好氧，在人工培养基上产生黄色素和细胞色素a、细胞色素b、细胞色素c；还能产生各种酶类，其中的肽聚糖酶、蛋白酶等与其侵入宿主细胞有关。非寄生型蛭弧菌营腐生或兼性腐生生活，可在蛋白胨和酵母提取物培养基上生长繁殖。

蛭弧菌的生活史有两个阶段。既有自由生活、能运动、不进行增殖的形式，又有在特定宿主细菌的周质空间内进行生长繁殖的形式。这两种形式交替进行。

蛭弧菌与宿主细胞之间有一定的特异性，但有的特异性较差，能侵入多种细菌。被蛭弧菌侵入的细菌均遭受毁灭性裂解，现已发现，在某些人畜病原菌、藻类和农业致病真菌的细胞中存在有溶菌作用的蛭弧菌，这对于控制农业及人畜病原微生物无疑是有价值的。

蛭弧菌侵入宿主细菌的方式十分独特，首先它以很高的速度（每秒高达100个细胞长度）猛烈碰撞宿主细胞，无鞭毛端直接附着于宿主细胞壁上，然后，菌体以100 r/s以上的转速产生一种机械"钻孔"效应，加上菌体入侵时的收缩而进入宿主细胞的周质空间（细胞壁与细胞膜的间隙）。从"钻孔"到进入只需几秒钟便可完成。蛭弧菌侵入周质空间的同时失去鞭毛，称为"蛭弧体"。"蛭弧体"比原来增长几倍，然后匀称地分裂，形成许多带鞭毛的子代细胞。随着细胞的增殖和某些酶的产生，宿主细胞壁进一步瓦解，子代蛭弧菌便释放出来。完成这一生活周期约需4 h。子代细胞遇到敏感宿主又可重新侵染，开始下一个循环。由于蛭弧菌寄生于细菌细胞的周质空间，因而具有生态学优势，首先它可以确保其营养需要，此外，周质空间被一个稳定而坚硬的细胞壁所包围，这为蛭弧菌提供了一个保护性环境。业已发现，有些蛭弧菌除侵入周质空间外，在某种情况下还可进入宿主细胞质中，立即生长繁殖。不过，这一结果有待进一步证实。

为获得有用的蛭弧菌，常需借用细菌病毒研究中所使用的方法进行分离。方法是将蛭弧菌与敏感菌混合制在琼脂平板中，在适宜条件下培养2～3 d，平板上会出现类似噬菌体产生的噬菌斑，并逐渐扩大，宿主细胞完全被溶解后形成透明区。从透明区中就可分离到蛭弧菌。利用类似方法，还可计算出蛭弧菌噬菌体的数目。同时可追踪增殖过程、寄生潜伏时间、新产生蛭弧菌的数量及其活性等。如需从土壤中分离蛭弧菌，应将少量样品先制成悬浮液，经滤膜过滤，以截留大的细菌，让小的蛭弧菌通过，取滤液进行分离。

虽然蛭弧菌可使一些细菌裂解，但它本身也同样受到蛭弧菌噬菌体的威胁。蛭弧菌噬菌体对寄生或非寄生的蛭弧菌具有裂解作用，具有严格专一性，只对一定的菌株起作用。

三、蛭弧菌在工农业生产中的意义

蛭弧菌的种种特性，使它在理论和实践上都具有重要的应用价值。人们研究"细菌—蛭弧菌—蛭弧菌噬菌体"这个的寄生系统，对它们之间的相互作用、结果和机制进行深入的了解，以便充分利用其为人类服务。蛭弧菌的溶菌作用，很可能使其成为生物防治有害细菌的一种有力武器。首先，它可用于净化水体和清除工、农、医等方面的有害细菌。有人将水生蛭弧菌与引起水稻白叶枯病的黄杆菌混合一起，加入农田灌溉水中，由于蛭弧菌以黄杆菌为"食料"，使水中该致病菌大为减少。在医学上，有人用蛭弧菌有效地防治了由弗氏志贺氏菌引起的角质结膜炎和肠道炎疾病。已知有的蛭弧菌对伤寒杆菌、副伤寒杆菌、痢疾杆菌等人畜致病菌的裂解作用很强。此外，由于蛭弧菌大量存在于污水中，对大肠杆菌和沙门氏菌属的细菌均有广泛的寄生性，因而有人以蛭弧菌作为水域污染程度的一项最终指标（一般是以大肠杆菌菌数为指标）。在畜牧兽医领域，用预防和治疗大肠杆菌、沙门氏菌感染以及改良养殖环境的蛭弧菌制剂已形成商品。在水产上也有人对蛭弧菌用于嗜水气单胞菌的控制做了些研究。

第五节 立克次氏体、衣原体、支原体、螺原体、螺旋体

一、立克次氏体

立克次氏体（rickettsia）是一类营严格活细胞内寄生的原核细胞型微生物。最初于1907年从洛杉矶患者身上发现。为纪念首先发现这种微生物，并在研究人的斑点伤寒时不幸感染牺牲的美国青年医生立克次（Howard Taylor Ricketts）而命名。立克次氏体大多是人畜共患病原体，它们以节肢动物（虱、蚤、蜱、螨等）为传播媒介，使人和某些动物感染。在许多情况，它们是无害的微生物。在患病的虾、贝类体内发现了此类微生物，认为其与这些动物发病有关。

1. 分类 立克次氏体属于立克次氏体目，该目下含立克次氏体科和巴尔通体科，前者包括立克次氏体属、柯克斯体属、埃里希属，后者只包括巴尔通体属。

2. 形态结构 立克次氏体为多形性微生物，在不同发育阶段及不同寄主体内可出现不同形态，如小杆状、球状或双球菌状，大小为$(0.3\sim0.5)$ nm$\times(0.3\sim2.0)$ nm（图3-7）。除贝氏柯克斯体外，均不能通过细菌滤器。在电子显微镜下观察可见有一层薄细胞壁，厚7~10 nm，细胞膜厚6~8 nm，不产生芽孢，不运动，具有相似于细菌的细胞结构，含有细胞壁、含蛋白质、多糖、脂类及RNA和DNA两种核酸。细胞壁中有胞壁酸、二氨基庚二酸和氨基酸，还含有葡萄糖酸。革兰氏染色阴性，吉姆萨染色呈紫色或蓝色，马基维罗氏法染色呈红色。

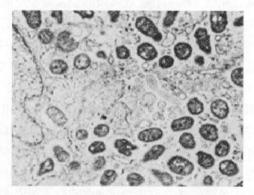

图3-7 立克次氏体形态（电子显微镜）

3. 生长繁殖 二分裂繁殖。除罗沙利马体外，均只能在活的真核细胞内生长。因而在人工培养时，通常在敏感的豚鼠、兔、小鼠、大鼠以及猴体内培养，也可进行鸡胚接种和细

胞培养，这一特性又与病毒相同。

4. 抵抗力 立克次氏体对理化因素的抵抗力与细菌繁殖体相仿，除贝氏柯克斯体外，一般 56 ℃经 30 min 死亡。对低温及干燥的抗性较强。在干虱粪中能保持传染性半年左右。在 0.5% 石炭酸或来苏儿中，经 5 min 即被灭活。对四环素、氯霉素、土霉素、红霉素和金霉素敏感，磺胺类药物不能抑制其生长，反而有促进繁殖的作用。

5. 抗原性 在细胞壁中存在群及种特异性抗原，可利用补体结合反应进行群、种的分类。碱性可溶性和耐热的多糖抗原是立克次氏体及变形杆菌属某些种的共同抗原，利用这一特性建立了一种交叉凝集反应（外斐氏反应，W-Felix reaction）检测人和动物血清中的相应抗体。

6. 病原性 立克次氏体以节肢动物作为媒介，能在其肠壁上皮细胞、唾液腺、生殖器等特定细胞内增殖，一般不引起节肢动物死亡，但感染普氏立克次氏体的虱子会发生死亡。立克次氏体可引起一些人畜共患病，如人的斑点伤寒及猪和牛的附红细胞体病即由立克次氏体致病。

二、衣原体

衣原体（chlamydias）是能通过细菌滤器，在宿主细胞内生长繁殖并具有特殊生活周期的原核微生物。由于它具有与立克次氏体的某些相似性，在分类学上，衣原体目归类于立克次氏体类群中。立克次氏体类群中，在宿主细胞内呈球状或杆状的列为立克次氏体目，在细胞内形成包涵体的列为衣原体目。衣原体广泛寄生于人类、哺乳动物及鸟类，仅少数致病。与立克次氏体不同，衣原体的传播不需以节肢动物为媒介。

1. 分类 根据衣原体所引起疾病的性质、抗原性和对抗生素的敏感性差异，将其分为两属。其一为沙眼衣原体属，包括沙眼衣原体、性病淋巴肉芽肿衣原体及小鼠肺炎衣原体；另一为鹦鹉热衣原体属，包括人和脊椎动物鹦鹉热、鸟疫及多种动物衣原体。两属的主要区别在于，前者能形成有致密的并含有糖原的包涵体，能被碘着色，对磺胺药物敏感；而后者只含疏松的无糖原的包涵体，对磺胺药物不敏感。

2. 形态结构 衣原体呈球形或椭圆形，直径 0.2~0.3 μm，革兰氏染色阴性，不易着色，用吉姆萨染色法可染成淡蓝色或紫色，用马基维罗氏法染色则呈红色，在光学显微镜下刚刚可见。其细胞结构也与细菌相似，细胞壁内含有胞壁酸、二氨基庚二酸；核酸有 DNA 和 RNA 两类；70S 核糖体也由 30S 和 50S 两个亚基组成。

3. 生长繁殖 以二分裂方式进行繁殖。衣原体在宿主细胞内生长繁殖，具有独特的生活周期，即存在原体和始体两种形态。原体细小，呈圆形颗粒状，直径约 300 nm，在电子显微镜下，原体中央有致密的类核结构，有高度感染性。当原体吸附于易感细胞表面，经胞饮作用进入细胞后，原体逐渐增大成为始体。始体比原体大，直径 800~1 200 nm，圆形，吉姆萨染色呈蓝色。在电子显微镜下无致密类核结构，而呈纤细的网状，外周围绕一层致密的颗粒状物质，并有两层囊膜包围（图 3-8）。始体无感染性，但能在吞噬泡中以二分裂方式反复繁殖，直至形成大量新的衣原体，积聚于细胞质内，形成各种形状的包涵体，吉姆萨染色呈深紫色。当宿主细胞破裂时释放，重新感染新的易感细胞，开始新的发育周期。每个发育周期需 24~48 h。原体和始体的性状比较如表 3-1 所示。

表 3-1 原体和始体的性状比较

性 状	原 体	网 状 体
大小（直径，μm）	0.2～0.4	0.5
细胞壁	+	−
代谢活性	−	++
胞外稳定性	+	−
感染性	+	−
繁殖能力	−	+
RNA∶DNA	1	3～4
毒性	+	−

绝大多数衣原体可在 6～8 日龄鸡胚或鸭胚卵黄囊中生长繁殖，并可在卵黄囊膜中找到包涵体及原体和始体颗粒。此外，衣原体也可接种小鼠的原代或传代细胞进行培养。

4. 抵抗力 衣原体对热敏感，56～60 ℃仅能存活 5～10 min。在 −70 ℃可保存数年。0.1%甲醛、0.5%石炭酸可将其迅速杀死，75%乙醇 0.5 min 即可使其死亡。四环素、氯霉素、红霉素、青霉素等可抑制其生长，常用于治疗。

5. 病原性 节肢动物不是其宿主，不依赖节肢动物作传播媒介。沙眼衣原体的自然宿主主要是人和鼠，解脲衣原体、沙眼衣原体、人型衣原体也是引起人类性病的病原体。鹦鹉热衣原体的自然宿主主要是禽类和哺乳动物，也感染人。

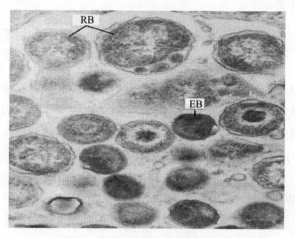

图3-8 衣原体形态
（RB：始体；EB：原体）

三、支原体

支原体（mycoplasma）是一类无细胞壁，能在体外营独立生活的最小的单细胞原核微生物。支原体又称类菌质体，它首先在患胸膜肺炎的病牛中被发现。在分类学上因其无细胞壁而归属于柔膜体纲的支原体目。

支原体在自然界中分布广泛，人类、家畜、家禽、植物甚至土壤、污水中都有发现。支原体大多为腐生菌或无害的共生菌，极少数是动植物的病原菌。其中主要是引起动物疾病，如蕈状支原体引起牛、羊胸膜肺炎，鸡败血支原体引起家禽慢性呼吸道病，猪肺炎支原体引起猪地方流行性肺炎（气喘病），无乳支原体引起牛、羊无乳症等。由于支原体可通过卵黄膜，进入卵黄造成垂直传播，因此防治种鸡感染，尤为重要。支原体对人的致病性较弱，唯一肯定能致人疾病的是肺炎支原体，可引起支原体肺炎。水稻、玉米、紫苑的黄枯病也与支原体感染有关,但至今未见支原体引起鱼类疾病的报道。此外,由于支原体可通过除菌滤器,常常造成传代细胞污染,给细胞培养及病毒实验带来困难。为预防此种污染,常需在组织培养中事先加入新霉素或卡那霉素以抑制支原体生长。

1. 分类 目前已知的支原体有80余种,因其没有细胞壁故归属于柔膜体纲(Mollicute)的支原体目(Mycoplamatales)。下分3个科:①支原体科(Mycoplasmaceae),生长时需要从外界环境中摄取胆固醇。②无胆甾原体科(Acholeplasmataceae),生长时不需要外源性胆固醇。③螺原体科(Spiroplasmataceae),需要胆固醇,其特点是生长至一定阶段呈螺形。在支原体科中又分支原体(*Mycoplasma*)和脲原体(*Ureaplasma*)2个属。支原体属现在知道有64个种,而脲原体属仅2个种。按照增殖时对胆固醇或其他固醇的需要、菌体形态及分解尿素等特性进行分类的情况如表3-2所示。

表3-2 几种主要支原体特性

Ⅰ. 兼性厌氧或微氧	
A. 要求固醇	
1. 对数生长期间菌体呈螺旋状	螺原体属(*Spiroplasma*)
2. 非螺旋状	
a. 脲酶阳性	脲原体属(*Ureaplasma*)
b. 脲酶阴性	支原体属(*Mycoplasma*)
B. 不要求固醇	无胆甾原体属(*Acholeplasma*)
Ⅱ. 专性厌氧	
A. 要求固醇	厌氧原体属(*Anaeroplasma*)
B. 不要求固醇	星状原体属(*Asteroleplasma*)

2. 形态结构 支原体突出的结构特征是不具细胞壁,因而常呈多形性。基本形状为球形和丝状,尚有环形、星形、螺旋形等不规则形态(图3-9)。丝状形态的支原体常高度分支,形成丝状真菌样形体。支原体个体小,最小的球形颗粒直径约0.1 μm,一般为0.20~0.25 μm,能通过细菌滤器。革兰氏染色阴性,常不易着色,吉姆萨染色呈淡紫色。支原体的细胞膜由3层组成,内、外层为蛋白质和糖类,中层为磷脂和胆固醇。胞质内含有大量的核糖体,具有DNA和RNA两种类核酸。

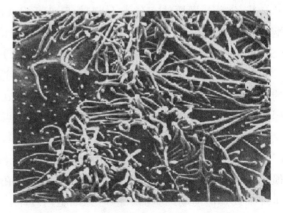

图3-9 支原体形态(扫描电子显微镜)

3. 生长繁殖 大多数支原体的繁殖方式为二分裂方式,有些可以出芽方式或从球状体长出丝状体,丝状体破裂成球状而进行生长循环。支原体可在人工培养基上生长,但营养要求较高，需在含 10%～20% 人或动物血清、腹水、牛心浸汁、酵母浸汁以及胆固醇培养基上才能生长。腐生株营养要求较低，在一般培养基上就可培养。多数支原体在有氧或无氧条件下均能生长，少数为专性厌氧。个别菌株初次分离时要求 5% CO_2 和 95% N_2 的气体环境。最适 pH 为 7.6～8.0，低于 7.0 则死亡。培养温度在 30 ℃ 左右，寄生型的以 37 ℃ 生长较好。支原体生长缓慢，最快的 1～2 d，缓慢株却需要 3 个月才能形成微小菌落。菌落直径一般为 0.1～1.0 mm，最小的仅 10～12 μm。典型菌落像"油煎荷包蛋"模样，中央较厚，颜色较深，边缘较薄而且透明，颜色较浅，这是因为中央菌体向培养基里生长的结果，用低倍光学显微镜或解剖镜才能看见。在液体培养基中生长后呈轻度混浊，有的以颗粒状沉于管底或黏于管壁。很多支原体可在鸡胚绒毛尿囊膜上或细胞培养物中生长。

4. 抵抗力 支原体对热及干燥抵抗力弱，45 ℃时，30 min 可被杀灭，对重金属、石炭酸、来苏儿等化学消毒剂、表面活性剂、脂溶剂敏感。对醋酸铊、结晶紫等的抵抗力比细菌大。在分离培养时，培养基中加入少量醋酸铊、结晶紫等可抑制杂菌生长。由于支原体无细胞壁，因而对青霉素等抑制细胞壁合成的抗生素不敏感。红霉素、四环素、卡那霉素、链霉素、氯霉素等有杀伤支原体的作用。

5. 致病性 许多支原体可使人、畜和禽发生疾病，如丝状支原体引起牛、羊传染性胸膜肺炎，猪肺炎支原体引起猪地方流行性肺炎，鸡败血支原体引起鸡慢性呼吸道病。

6. 抗原性 应用牛肺疫兔化苗及绵羊适应苗已有效地控制牛肺疫在中国的流行，猪地方性肺炎疫苗也有较好的效果，鸡慢性呼吸道病疫苗已在广泛试用。

一般认为支原体感染所引起的炎症是一种类似迟发型皮肤超敏反应，参与的白细胞主要是淋巴细胞。支原体引起呼吸道疾病，与支原体侵入呼吸道上皮纤毛有密切关系。尽管有免疫应答，但初次感染后支原体仍能长期存留于机体。

综上所述，立克次氏体、衣原体和支原体三者的性质，均介于细菌与病毒之间。

四、螺原体

螺原体（*Spiroplasma*）是一类基本形态为螺旋形的无细胞壁的原核微生物。

1. 分类 螺原体在分类上归属于细菌域（Bacteria）、厚壁菌门（Firmicutes）、柔膜菌纲（Mollicutes）、虫原体目（Entomoplasmatale）、螺原体科（Spiroplasmataceae）、螺原体属（*Spiroplasma*）。

2. 形态结构 螺原体无细胞壁结构，能够透过孔径 0.22 μm 的滤膜，是目前所发现的最小最简单的生命形式之一，其特殊的螺旋形态和独特的运动方式已成为当前研究热点。

螺原体菌体是多形的，对数生长期螺原体具有典型的螺旋形态（图 3-10），但在其他时期也会呈现多种形态，例如梨形、含顶端结构的瓶形、不同长度的细丝状等。不存在鞭毛、外周原生质纤维或其他运动细胞器，但可见细胞内纤维。

螺旋形丝状体具有动力，在液体培养基中能以旋转、波动和屈伸的方式运动。运动时可见弯曲且抽搐地运动，时常表现明显的螺旋运动。一般光学显微镜不容易观察到，暗视野显微镜和相

图 3-10 罗氏沼虾血淋巴中的螺原体
（Liang et al, 2011）

差显微镜检测是观察螺原体形态及运动最常用的方法。在暗视野显微镜下可以看到明亮的螺旋形态的丝状螺原体,且做快速翻滚式运动,在1 000倍的相差显微镜下观察,可以看到许多小而弱的亮点并拖着一条细细的丝状尾巴,呈螺旋状的丝状体。Joshua W. Shaevitz 等发现螺原体利用缩短身体长度来传播扭结对从而产生推进力,身体螺旋形态的连续性变化产生动力使得螺原体可定向移动。

3. 生长繁殖 螺原体兼性厌氧,有机化能营养型,生长的温度范围为20～41 ℃,可在R2 或 M1D 培养基中生长繁殖,也有报道指出可使用鸡胚或细胞培养螺原体。在固体培养基中可形成菌落,菌落很小,直径0.1～1.0 mm,成煎蛋形或颗粒状菌落。菌落时常表现扩散型,反映了在快速生长期细胞的运动。菌落类型明显取决于琼脂浓度。在固体培养基上菌落通过无动力的变异形成,或通过在不充分的培养基上生长,菌落直径可达 200 μm 或更小且明显隆起。有动力的菌落,快速生长的螺原体是扩散的,在病灶处靠近菌落发育的开始部位常带有再次发育的卫星菌落。在液体培养基中,产生轻微到严重的混浊。具有葡萄糖的磷酸烯醇丙酮酸磷酸转移酶系统。还原烟酰胺腺嘌呤二核苷酸,氧化酶活性仅位于细胞质中。不能从乙酸盐合成脂肪酸,分解葡萄糖产酸,存在其他糖类可变化的发酵反应;多数菌株水解精氨酸,不能水解尿素、熊果苷及七叶苷,不能液化凝固的马血清。对豚鼠红细胞的吸附是可变的。生长需要胆固醇(或其他固醇)。优势生长需要培养基中含有支原体肉汤基础物、血清和其他补充物,但适应生长在少量的复合培养基中,一些菌株需要确定成分的培养基。该菌可从虱、昆虫血淋巴及肠道、维管束植物汁液及以汁液为食的昆虫、花及其他植物的表面分离获得。模式种对柑橘属(葡萄柚和柑橘)具有病原性。

4. 抵抗力 因螺原体无细胞壁,对每毫升含 10 000 IU 的青霉素具有抗性,对红霉素和四环素敏感,在平板试验中对 1.5% 的毛地黄皂苷敏感。

5. 致病性 螺原体和宿主关系主要可分为共生、互生或致病 3 种。在昆虫宿主体内,螺原体通常接触中肠上皮细胞,对宿主并没有明显的不利作用。螺原体作为共生体主要存在于节肢动物体内,例如蜱、瓢虫、蝴蝶、蛾类、蝇类。螺原体可作为病原体侵染植物和动物。螺原体可导致蜜蜂爬蜂病和"五月病"、柑橘僵化病、玉米矮缩病等,对各种啮齿动物(鼠、小鼠、仓鼠及兔)具有病原性。在水产养殖上,可引起河蟹颤抖病,对克氏原螯虾、罗氏沼虾、凡纳滨对虾、日本沼虾等水生甲壳动物也有致病性。

6. 抗原性 螺原体有抗原性,能制备相应抗血清。利用血清学分型方法,可将螺原体分为 34 个血清组(包括 15 个血清亚组)。

五、螺 旋 体

螺旋体(Spirochaeta)是一类菌体柔曲,靠轴丝收缩而运动的单细胞原核生物。螺旋体在自然界及动物体内广泛存在,种类很多,有腐生和寄生两大类型。腐生型常存于污泥、垃圾、海水和淡水中。寄生型寄生于人、畜和软体动物。很多种类的螺旋体能引起人畜疾病,但尚无引起鱼类疾病的报道。

1. 分类 根据螺旋体的生态环境、致病性、形态以及生理学特征,可将螺旋体分为 5 属,即疏螺旋体属(包柔氏螺旋体属)、密螺旋体属、钩端螺旋体属(细螺旋体属)、脊螺旋体属和螺旋体属,前 3 属能引起人或畜的疾病,后 2 属是非致病的。各属主要特征见

表 3-3。

表 3-3 螺旋体各属主要特征比较

属名	大小 (μm×μm)	一般特征	轴丝数	DNA中G+C 碱基含量 (%)	生存环境	疾病
疏螺旋体属	(3~15)× (0.2~0.5)	厌氧,5~7个螺圈,螺距近1μm	不清楚	46	人类、其他动物、节肢动物中寄生	回归热
密螺旋体属	(5~15)× (0.1~0.5)	厌氧,螺距达0.5μm	2~15	38~41	人或其他动物中共生或寄生	梅毒
细螺旋体属	(6~20)× 0.1	需氧,螺旋紧密,末端弯曲或成钩	2	35~39	自由生活或寄生于人、其他动物	细螺旋体病
脊螺旋体属	(3~150)× (0.5~3.0)	3~10个螺旋圈,用相差显微镜可见轴索	>100	—	软体动物消化道	不致病
螺旋体属	(5~500)× (0.20~0.75)	厌氧或兼性需氧,螺旋紧密或松散	2~40	40~56	水生、自由生活	不致病

2. 形态结构 菌体柔软细长呈螺旋状或波状,运动活泼。螺旋体具有细菌细胞的基本结构,无鞭毛,革兰氏染色阴性,但不易着色,常用吉姆萨染色法、瑞特(Wright)染色法或镀银法染色。用暗视野显微镜观察活的新鲜标本,可看到运动活泼的螺旋体。螺旋体细胞由圆柱形菌体、轴索和外膜构成。圆柱形菌体是细胞的主要部分,由核区和细胞质构成原质柱,外面包围类似细菌的细胞膜和细胞壁,细胞壁内含脂多糖和胞壁酸,但不如细菌胞壁坚韧;轴索由轴丝组成,位于细胞壁与细胞膜之间,轴丝多少与螺旋体型别有关,一般每个细胞有2~100条,其超微结构与化学组成类似于细菌鞭毛,可能对螺旋体的运动起作用。运动方式有3种,即沿螺旋的长轴迅速旋转、细胞做动摇不定的屈曲和沿螺旋或蛇行样的路径向前运动。螺旋体的形态因螺旋直径的大小、螺旋数及规则程度不同而有差异。

3. 生长繁殖 螺旋体与细菌一样以二等分裂方式繁殖。细螺旋体营养要求简单,能人工培养,但大多数螺旋体因生长条件苛刻,难于在人工培养基上培养。

4. 致病性 螺旋体可引起人和动物的疾病,如人的性病和猪的痢疾。但未见引起水产动物疾病的报道。

本 章 小 结

本章叙述了除细菌以外的几种原核微生物。其中,放线菌、螺旋体、黏细菌结构比细菌结构复杂,支原体、螺原体、衣原体、立克次氏体比细菌结构简单。从自然界分布范围来讲,除放线菌外,其他几种微生物比较少见。在水产动物病害防治上,衣原体、支原体、螺原体的一些种类可引起某些甲壳类水产动物的疾病。

思 考 题

1. 简述放线菌、黏细菌、蛭弧菌的分类地位。
2. 简述放线菌、黏细菌、蛭弧菌的生物学特性。
3. 试从细胞形态、营养类型、生理特性和系统发育关系等方面，比较细菌、螺旋体、支原体、螺原体、衣原体、立克次氏体的异同。

第四章 真　　菌

　　真菌（fungus）是具有细胞壁和真正的细胞核、无叶绿素、不能进行光合作用、化能有机营养、能产生孢子、进行有性和无性繁殖、不运动（游动孢子例外）的一类真核微生物。除少数为单细胞外，多数为多细胞的菌丝体。

　　真菌种类多，数量大，包括1万个以上属，超过10万个种。从形态上分，有酵母菌、霉菌和产生从子实体的大型真菌（蕈菌）三类。在系统分类学中，真菌门分为鞭毛菌亚门、接合菌亚门、子囊菌亚门、担子菌亚门和半知菌亚门。真菌在自然界广泛分布，有的生活在水域，有的生活在陆地；有的生长在热带，有的生长在寒带；有的全年都能生长，有的只在某个季节才生长出来；有的寄生于其他生物，有的与其他生物共生，也有的只能生长在其他生物的腐败残骸上。每种真菌对养料、温度、湿度、酸碱度、氧、光线等都有特殊的要求。

　　水生真菌（aquatic fungi，water molds）是指生活在水体中并能完成生活史的真菌。广义的水生真菌包括淡水真菌、海水真菌和污水真菌；狭义的水生真菌仅指淡水真菌。由于长期适应水这个特殊生态环境，它们形成能在水中游动的游动孢子、游动配子、游动合子，以及便于漂浮和栖息的丝状孢子、四枝孢子、星状孢子等。在全球水体面临被污染的今天，不管是鉴别污水还是处理污水，或是在探讨真菌的起源和演化中，水生真菌的研究都非常重要。

　　水生真菌在江河、小溪中均有栖息。鼻盘菌属、水盘菌属常生长在清凉河水中的枝条上；半知菌生长在河底的烂叶上，从流水旋涡的泡沫内和浮渣上可搜集到它们的分生孢子。湖泊、池塘等长年积水的静态水域，由于机械损害小，岸边富含氧气和有机物，比流动性的水体有利于鞭毛菌的生长；淹没在水中的枝条有利于单毛菌、节水霉、芽枝菌和类腐霉等属的生长；在水中香蒲的枯秆、灯芯草上，常有多种子囊菌和半知菌；在掉落湖边或浸没于湖中的薹草、芦苇等的叶子和秆上常有半知菌，特别是腔孢类的半知菌；在沉没湖底变黑的叶子上，大多是具卷旋孢子的半知菌；在水底污泥中，常有壶菌和半知菌。水中的基物、水层的深浅，以及水的清浊、光线、温度、氧、酸碱度、水域的海拔高度等，都对水生真菌的分布产生影响。

　　水生真菌的发生因季节而变化，又因地区而有所不同，如在日本的沼湖中，水霉、水绵霉、网囊霉和丝囊霉从秋天到早春均有活动；在北京颐和园的昆明湖里，绵霉和水霉基本上是长年生活，但丝囊霉和网囊霉在4~11月经常出现，而在1~3月则未发现。

　　水生真菌的活动是多方面的，很多种类能参与淀粉、纤维素、木质素等大分子物质的分解，可推动自然界的物质循环，与人类的生产生活关系密切，有的可用于化工、医药、轻工、食品、饲料等方面生产和废物处理等，有的能引起人和动植物的疾病，给人类健康和生产带来很大的危害。本书主要介绍与水产业相关的酵母菌和霉菌。

第一节　酵　母　菌

　　酵母菌（yeast）是一类单细胞的真核微生物。这类微生物已知的有1 000多种。它们主要分布在含糖较高的偏酸性环境中,果实表面、菜园和果园的土壤存在较多,空气和一般土壤中分布较少,油田和炼油厂附近的土层中往往生长着能利用烃类的酵母菌。

酵母菌菌体较大,细胞内含有丰富的蛋白质、氨基酸和维生素,在酿造、食品、医药、石油工业和饲料工业等方面有着广泛用途,如球拟酵母(*Torulopsis glabrata*)、白色假丝酵母(*Candida albicans*,旧称白色念珠菌)、类酵母的阿氏囊霉属(*Scutellospora*)、短梗霉属(*Aureobasidiu*)在石油脱蜡和降低石油凝固点方面有重要作用,酿酒酵母(*Saccharomycos serevicae*)、假丝酵母(*Candida*)、红酵母(*Rhodotorula*)等是良好的单细胞蛋白(single-cell protein,简称SCP)生产菌,假丝酵母和黏红酵母在处理炼油厂含油含酚废水中起积极作用,酵母菌还可用于监测重金属。当然,酵母菌也有有害作用,腐生型酵母菌能使食品、纺织品和其他原料腐败变质,鲁氏酵母(*Zygosaccharomyces rouxii*)、蜂蜜酵母(*Saccharomyces mellis*)可使果酱、蜂蜜败坏。有的酵母菌还能引起人和动植物病害,如白色假丝酵母可造成人皮肤、黏膜、消化道系统的疾病,新型隐球酵母还引起人的慢性脑膜炎和肺炎等。

一、酵母菌的形态和结构

(一)酵母菌的形态和大小

大多数酵母菌为单细胞,一般呈球形、卵圆形、腊肠形、椭圆形、柠檬形或藕节形等,有些酵母菌的形状特殊,呈瓶形、三角形和弯曲形等。大小为(1~5)μm×(5~30)μm,最长可达100 μm。酵母菌无鞭毛,不能游动。各种酵母菌因种属不同而有其一定的大小和形态,但也随菌龄和环境条件而异。即使在纯培养中,各个细胞的形状、大小也有差别。有些酵母菌如热带假丝酵母在无性繁殖过程中子细胞与母细胞连接成链状,相连面积极狭小,菌链呈藕节状,称为假菌丝(图4-1)。真菌丝的细胞相连横截面与细胞横截面一致,菌链呈竹节状。

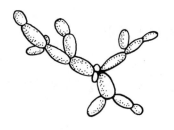
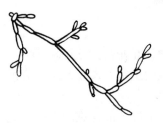

图4-1 酵母菌的假菌丝

(二)酵母菌的细胞结构

酵母菌具有典型的真核细胞结构,有细胞壁、细胞膜、细胞核、细胞质、线粒体、微体、液泡、内质网、类脂颗粒和异染粒等(图4-2)。

酵母菌细胞壁的厚度为25~70 nm,重量约占细胞干重的25%,主要成分为葡聚糖、甘露聚糖、蛋白质和几丁质,另有少量脂质。它们在细胞壁自外至内的分布顺序是甘露聚糖、蛋白质、葡聚糖。葡聚糖是维持细胞壁强度的主要物质。蛋白质含量一般仅为甘露聚糖的1/10,它们除少数为结构蛋白外,多数是起催化作用的酶,如葡聚糖酶、甘露聚糖酶、蔗糖酶、碱性磷酸酶和脂酶等。几丁质的含量较低,仅在酵母菌形成芽体时合成分布在芽痕周围。不同种、属酵母菌的细胞壁成分差异很大,如点滴酵母(*Saccharomyces guttulatus*)和荚膜内孢霉(*Endomyces capsulata*)以葡聚糖为主,只含少量甘露聚糖,而一些裂殖酵母(*Schizosaccharomyces* spp.)只含葡聚糖,不含甘露聚糖,取代甘露聚糖的是含量较多的几丁质。用玛瑙螺的胃液制成的蜗牛消化酶,内含纤维素酶、甘露聚糖酶、葡聚糖酶、几丁质酶和脂酶等30余种酶类,对酵母菌的细胞壁有良好的水解作用,可用于制备其原生质体。有些酵母(如隐球酵母菌属)的细胞壁外还有一层类似细菌荚膜的多糖物质。酵母菌的细胞膜的结构和功能与原核生物基本相似,主要成分是蛋白质、类脂和少量多糖,不同是其类脂中含有固醇,原核生物中仅支原体含有。酵母菌的细胞核具有核膜、核仁和染色体,核膜上存在着大量直径为40~

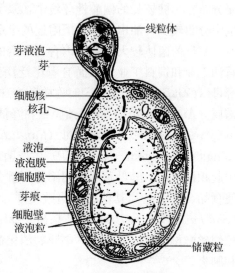

图4-2 酵母菌的细胞结构

70 nm的核孔,是细胞核与细胞质间进行物质交流的选择性信道。酵母菌的细胞核是其遗传信息的主要贮存库,如酿酒酵母基因组共有17条染色体,6 500个基因。线粒体呈球状或杆状,位于核膜和中心体的表面,是进行氧化磷酸化的场所,是产能和贮能的中心。中心体附在核膜上。中心染色质附着在中心体上,有一部分附着在核膜上。核糖体为80S,常形成多核糖体。微体是单层膜包裹的球形细胞器,主要功能可能是参与甲醇和烷烃的氧化。液泡常靠近细胞壁,其数目和体积随细胞年龄或退化程度而递增,成熟的酵母菌细胞中有一个大型的液泡,内含糖原、多磷酸盐贮藏物和核糖核酸酶、酯酶、蛋白酶等多种水解酶类,不仅有贮存营养物和维持细胞渗透压的作用,还有溶酶体的功能,它可以把蛋白酶等水解酶与细胞质隔离,防止细胞损伤。

二、酵母菌的生殖方式和生活史

(一)酵母菌的生殖方式

酵母菌的生殖方式分无性繁殖和有性繁殖两大类。无性繁殖包括芽殖、裂殖、芽裂。有性繁殖方式为子囊孢子。

芽殖是酵母菌最常见的繁殖方式。酿酒酵母(*Saccharomyces serevicae*)在营养较好和适宜的条件下生长时,母细胞上长出一个称为芽体的突起,随后细胞核分裂成两个核,一个留在母细胞内,一个与其他细胞物质一起进入芽体,芽体逐步长大,最后在芽体与母细胞之间形成横隔壁,并与母细胞分离,产生一个新的母细胞,此时原来的母细胞表面留下一个圆形突起,称为芽痕,扫描电镜观察可见到有的母细胞上有多达23个以上的芽痕(图4-3)。

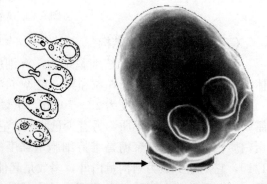

图4-3 酵母菌的芽殖过程(左)和芽痕(右)

根据酵母菌每次芽殖的部位与数量不同,分为单级、双极和多极芽殖。单极芽殖(monopolar budding)即酵母菌在细胞的一端形成一个芽,双极芽殖(bipolar budding)是酵母菌在细胞的两极可各形成一个芽,多极芽殖(multilateral budding)则是能在细胞的多个位点上产生多个芽。

裂殖是当细胞长到一定大小后,核分裂,接着形成隔膜,经断裂产生新的子细胞。如裂殖酵母和内孢霉酵母与细菌一样进行裂殖。

芽裂是母细胞总在一端出芽,并在芽基处形成隔膜,子细胞呈瓶状。这种方式很少。

子囊孢子是在营养状况不好时,一些可进行有性生殖的酵母会形成孢子(一般来说是4个),在条件适合时再萌发。如掷孢酵母(*Sporobolomyces*)产生掷孢子,孢子被弹射出而得以繁殖。

(二)酵母菌的生活史

各种酵母的生活史可分为3种类型:单双倍体型、单倍体型、双倍体型。

单双倍体型以啤酒酵母为代表,其特点是单倍体营养细胞和双倍体营养细胞均可进行芽殖。营养体既可以单倍体形式,也可以双倍体形式存在;在特定条件下进行有性生殖。单倍体和双倍体两个阶段同等重要,形成世代交替(图4-4)。

单倍体型以八孢裂殖酵母为代表,其特点是营养细胞是单倍体;无性繁殖以裂殖方式进行;双倍体细胞不能独立生活,因为双倍体阶段短,一经生成立即减数分裂。

双倍体型以路德类酵母为代表,其特点是营养体为双倍体,不断进行芽殖,双倍体营养阶段长,单倍体的子囊孢子在子囊内发生接合。单倍体阶段仅以子囊孢子形式存在,故不能独立生活。

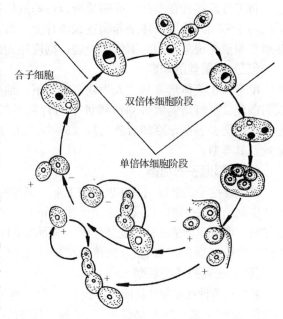

图4-4 酿酒酵母的生活史

三、酵母菌的培养

(一)酵母菌的培养条件

酵母菌的营养类型属化能异养型,很多有机物可作为碳源和氮源,实验室常用马铃薯、麦芽汁、玉米粉、豆芽汁、葡萄糖、蔗糖、酵母膏等制成的培养基培养酵母菌,其中最好的碳源是单糖和双糖,含量应在10%以下,超过30%则不能生长,不能直接利用淀粉。最好的氮源是蛋白胨、酵母膏、尿素,氨盐和硝酸盐等无机氮也可利用。酵母菌绝大多数为中温型生物,在低于水的冰点或者高于47℃的温度下,酵母细胞一般不能生长,最适生长温度一般在20~30℃。酵母菌的呼吸类型大多为兼性厌氧型,有氧时生长迅速,少氧或无氧时产生酒精,对酒精的耐受浓度为3%~6%,酿酒酵母菌的耐受浓度达24%。酵母菌能在pH为3.0~7.5的范围内生长,最适pH为4.5~5.0。像细菌一样,酵母菌必须有水才能存活,但酵母菌需要的水分比细菌少，某些酵母菌能在水分极少的环境中生长，如蜂蜜和果酱，这表明它们对渗透压有相当高的耐受性。

(二) 酵母菌的培养特征

酵母菌在固体培养基表面能形成菌落，菌落较大且厚，表面光滑、湿润，有黏性，用接种环易挑起。其颜色常为乳白色或红色（如黏红酵母）。培养时间过久，菌落转为干燥，出现皱褶。

酵母菌在液体培养基中的培养特征因菌种不同而有差别，有的在液面上形成菌膜（或称菌醭），有的在培养基中均匀生长，有的在底部形成沉淀，发酵型的酵母菌产生二氧化碳气体而使培养基表面充满泡沫。

四、酵母菌的形态观察

(一) 细胞形态观察

将酵母菌接种在麦芽汁或葡萄糖蛋白胨液体培养液中（或两者的固体斜面），25～28 ℃下培养 1～3 d。挑取液体培养物置载玻片上，盖上盖玻片，用高倍镜观察细胞形状、大小及芽殖或裂殖等现象。如为固体培养物，则应用无菌水做成水浸片后再行观察。

(二) 假菌丝的观察

酵母菌在液体培养基或人为缺氧条件下，细胞本身可延长，向一端出芽再继续延长，形成假菌丝。可将培养菌种划线接种于马铃薯平板培养基上，盖上灭菌盖玻片（75%酒精浸泡、火焰烧去酒精，冷却后盖上），25～28 ℃培养 3～5 d，用低倍镜观察划线两旁是否有假菌丝及其类型。

(三) 掷孢子的观察

产生掷孢子的酵母菌有在玻璃壁上形成镜像的特性，它们的细胞上先形成小梗，再由小梗上产生孢子，在一定时候通过泌滴作用（drop-excretion）随小梗上分泌的液滴而射出。在测定镜像时，可将酵母菌接种于麦芽汁固体斜面或平板，25～28 ℃下倒置培养 3～7 d，观察斜面相对的管壁或皿盖上是否形成和菌落形状相同的镜像，并用显微镜观察掷孢子的形状和大小。

(四) 子囊孢子的观察

将酵母菌种在麦芽汁斜面上传代 2～3 代，再将培养物接种至 Gorodkowa 或 Kleyn 培养基或马铃薯块斜面，25～28 ℃培养 3～5 d，按常规方法涂片、干燥固定，用细菌芽孢染色法染色，观察子囊孢子的形状、大小、子囊内孢子数。2～3 周后，如不生孢子则改用石膏块培养基。

(五) 酵母菌死活细胞的鉴别

在载玻片上加 0.1%亚甲蓝液 1 滴，取少量酵母菌与染液混匀，盖上盖玻片后镜检。亚甲蓝是一种无毒性的染料，它的氧化型呈蓝色，还原型呈无色。用亚甲蓝对酵母菌的活细胞进行染色时，由于细胞的新陈代谢作用，细胞内具有较强的还原能力，能使亚甲蓝由蓝色的氧化型变为无色的还原型。因此，具有还原能力的酵母活细胞是无色的，而死细胞或代谢作用微弱的衰老细胞则呈蓝色或淡蓝色，借此即可对酵母菌的死细胞和活细胞进行鉴别。实验中应防止染液浓度过大和作用时间过长。

第二节 霉 菌

霉菌（mold）不是分类学上的名词，而是丝状真菌的通俗名称。在分类上属于真菌门的各个亚门。霉菌分布极广，土壤、水域、空气和动植物体内外都有其存在。在自然界，霉菌作为分解者，将淀粉、纤维素、半纤维素和木质素等复杂的大分子物质分解，从而保证了生态系统中物质得以不断循环。许多有益种类已被广泛应用，是人类实践活动中最早利用和认识的一类微生物。如用霉菌制酱、酿酒，生产有机酸（柠檬酸、葡萄糖酸、延胡索酸等）、酶制剂（淀粉酶、蛋白酶、纤维素酶等）、抗生素（青霉素、头孢霉素、灰黄霉素等）、维生素（核黄素等）、生物碱（麦角碱等）、多糖（真菌多糖）和植物生长激素（赤霉素）等。有些霉菌还可处理含氮废水；镰刀霉分解无机氰化物的能力强，废水中氰化物的去除率达90％以上。霉菌也有很多有害作用，能使农产品霉变，纤维制品腐烂，橡胶老化、脆裂，造成漏气、漏水、漏电。霉菌还能使人和动植物发生疾病，产生100多种真菌毒素，对人畜造成损害；黄曲霉毒素有很强的致癌作用；很多霉菌引起人和动物的浅部病变（如人的各种癣病、水产动物肤霉病等）和深部感染（如人的肺曲霉菌病和毛霉菌病等）；植物的很多病害也是霉菌引起的，如水稻稻瘟病、小麦麦锈病等。

一、霉菌的形态结构

霉菌由分支或不分支的菌丝（hypha）构成，菌丝呈管状，幼龄菌丝一般无色透明，老龄菌丝常带有一定颜色，宽度为 3～10 μm，长度可无限延伸，在低倍镜下菌丝清晰可见，用高倍镜可看见其内部结构。许多菌丝交织在一起，称为菌丝体（mucelium）。霉菌的菌丝分为无隔菌丝和有隔菌丝两种类型。低等真菌菌丝中无隔膜，整个菌丝是一个单细胞，内含多个细胞核，如水霉、毛霉、绵霉和根霉等为这种菌丝。高等真菌的菌丝有隔膜，隔膜将菌丝隔成多细胞，每个细胞内有1至多个核。隔膜上有的无孔，为封闭式。有的1个孔或多个孔，能让相邻两细胞内的物质相互沟通（图4-5）。青霉、木霉、镰刀霉、白地霉和曲霉等霉菌为有隔菌丝。

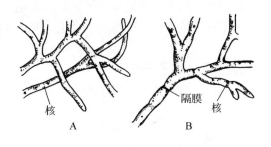

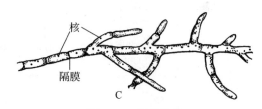

图4-5 霉菌菌丝

A. 无隔多核菌丝　B. 有隔单核菌丝　C. 有隔多核菌丝

霉菌菌丝在生理功能上有一定程度的分化，伸入基质内的菌丝称为营养菌丝或基内菌丝，有吸收营养和排除废物的功能，伸出基质外的菌丝称为气生菌丝，有一部分气生菌丝能形成生殖细胞或生殖细胞的保护组织，或者其他组织，又称为繁殖菌丝。有的菌丝产生色素，呈现不同颜色，有的色素可分泌到细胞外。

霉菌的菌丝细胞是真核细胞，均由细胞壁、细胞膜、细胞质、细胞核、线粒体、核糖体、内质网及各种内含物组成。细胞壁的主要化学成分是多糖，其次还有一定量的蛋白质和脂类。多糖的性质和量因霉菌种类而有差别，水生霉菌等低等霉菌含有的多糖为纤维素或几丁质，高等霉菌的细胞壁无纤维素，主要是由几丁质组成。霉菌的细胞膜含的固醇不同于其他真核细胞，动物细胞膜含有胆固醇，而霉菌的为麦角固醇，两性霉素、制霉素可与麦角固醇结合，与胆固醇的亲和力低，故可用于治疗真菌病。霉菌的细胞壁与细胞膜之间还有形如囊状或球形的边体（lomasome），是细胞膜衍生的膜聚集物，又称质膜外泡，其他生物细胞中尚未发现边体，可能与分泌有关。多数霉菌有液泡，常靠近细胞壁，形状不规则，液泡来自高尔基体，泡内有细胞质，膜上有溶酶体。液泡大小、数目与菌龄有关，老龄菌有明显液泡。霉菌的细胞核有核仁和核膜，核内染色体存在，多数霉菌是单倍体，也有双倍体和多倍体的。

霉菌还可形成一些特殊的结构和组织，如菌索、菌核和吸器等，并有一定的功能。菌索（rhizomorph，funiculus）是由大量菌丝平行聚集并高度分化成的根状特殊组织，功能为促进菌体蔓延和抵御不良环境。通常可在腐朽的树皮下和地下发现。菌核（sclerotium）是由菌丝紧密连接交织而成的休眠体，内层是疏松组织，外层是拟薄壁组织，表皮细胞壁厚、色深、较坚硬，其功能主要是抵御不良环境。吸器（haustorium）是某些寄生性真菌从自菌丝上产生的旁支，侵入寄主细胞内形成指状、球状或丛枝状的结构，用以吸收寄主细胞中的养料。

二、霉菌的繁殖方式

霉菌的繁殖方式有营养繁殖、无性繁殖和有性繁殖 3 种。

（一）营养繁殖

由菌丝中间个别细胞膨大形成的休眠孢子，其原生质浓缩，细胞壁加厚，可抵抗高温与干燥等不良环境条件。待环境条件适宜时，萌发成菌丝体，如毛霉属中的总状毛霉（*Mucor recemosus*）。

（二）无性孢子繁殖

无性孢子繁殖主要形成 4 种类型无性孢子（图 4-6）。

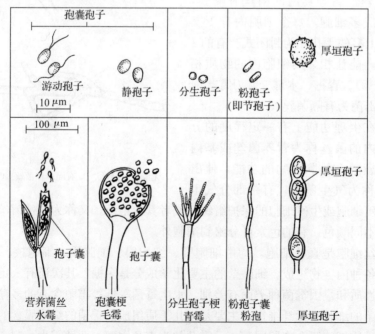

图 4-6 霉菌的各种无性孢子

1. 节孢子（arthrospore） 菌丝长到一定阶段，形成很多横隔，然后横隔处断裂，产生很多短杆状的孢子，称为节孢子或粉孢子。如白地霉（*Geotrichum candidum*）可形成粉孢子。

2. 孢囊孢子（sproangiospore） 气生菌丝顶端膨大，下方生隔与菌丝隔断，形成孢子囊。孢子囊逐渐长大，囊中形成很多核，每个核包以原生质并产生孢子囊壁，即成孢囊孢子，这种孢子为内生孢子。原来膨大的细胞壁就成为孢囊壁。带有孢子囊的梗称为孢囊梗。孢囊梗伸入到孢子囊中的部分称为囊轴。孢囊孢子成熟后，从破裂的孢子囊散出，或从孢子囊上管或孔口溢出。孢囊孢子有 2 根鞭毛的称为游动孢子，无鞭毛的称为不动孢子。水霉（*Saprolegniasis*）、毛霉（*Mucor* spp.）和根霉（*Rhizopus*）能产生此种孢子。

3. 分生孢子（conidium） 菌丝顶端或分生孢子梗顶端细胞分割或缢缩而形成单个或成簇的孢子，这种孢子称为分生孢子。青霉（*Penicillium*）、曲霉（*Aspergi-llus*）、木霉（*Trichoderma*）和交链孢霉（*Alternaria*）等靠分生孢子繁殖。

4. 厚垣孢子（chlamydospore） 某些霉菌种类在菌丝中间或顶端发生局部细胞质浓缩和细胞壁加厚，最后形成一些厚壁的休眠孢子，称为厚垣孢子。如毛霉属中的总状毛霉（*Mucor racemosus*）。

（三）有性孢子繁殖

霉菌的有性繁殖可分为质配、核配和减数分裂 3 个阶段。霉菌的有性繁殖不如无性繁殖普遍，在一般培养基上不常出现。有的霉菌两条营养菌丝就直接结合。多数霉菌则由配子囊（菌丝形成的性细胞）或配子（配子囊产生）相互交配，形成有性孢子。其类型有 3 种（图 4-7）。

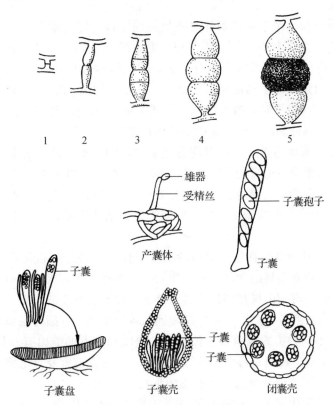

图 4-7 霉菌的有性孢子
（上图为接合孢子形成过程，中、下图为子囊孢子）

1. 卵孢子（oospore） 由两个大小不同的配子囊结合发育而成。小型配子囊称为雄器，大型配子囊称为藏卵器。藏卵器中的原生质与雄器配合之前，收缩成一个或数个原生质团，称为卵球。当雄器与藏卵器配合时，雄器中的细胞质和细胞核通过受精管而进入藏卵器，与卵球配合，此后卵球生出外壁即成为卵孢子。

2. 接合孢子（zygospore） 由菌丝生出的形态相同或略有不同的配子囊接合而成。首先，两个相邻的菌丝相遇，各自向对方生出极短的侧枝，称为原配子囊。原配子囊接触后，顶端各自膨大并形成横隔，即为配子囊。配子囊下面的部分称为配囊柄。相接触的两个配子囊之间的横隔消失，其细胞质与细胞核互相配合，同时外部形成厚壁，即为接合孢子。

3. 子囊孢子（ascospore） 先是同一菌丝或相邻的两菌丝上两个大小和形状不同的性细胞互相接触并缠绕，接着两个性细胞经过受精作用后形成分支的菌丝，称为造囊丝。造囊丝经过减数分裂，产生子囊。每个子囊产生2~8个子囊孢子。在子囊和子囊孢子发育过程中，原来的雄器和藏卵器下面的细胞生出许多菌丝，并有规律地将产囊丝包围，形成子囊果。子囊果有3种类型，即：完全封闭型，称为闭囊壳；有孔，称为子囊壳；呈盘状，称为子囊盘。子囊孢子的形状、大小、颜色、纹饰等有很大差别，是子囊菌的分类依据。

三、霉菌的培养

（一）霉菌生长繁殖的条件

总体来讲，霉菌的生长受霉菌种类和环境因素两方面影响，环境因素中温度、湿度、营养和光照比较关键。

1. 水分 霉菌生长繁殖主要的条件之一是必须保持一定的水分，一般来说，米麦类水分在14%以下，大豆类在11%以下，干菜和干果品在30%以下，微生物是较难生长的。食品中真正能被微生物利用的那部分水分占总水分的比值称为水分活度（wateractivity，缩写为A_w），A_w越接近于1，微生物最易生长繁殖。食品中的A_w为0.98时。微生物最易生长繁殖，当A_w降为0.93以下时，微生物繁殖受到抑制，但霉菌仍能生长，当A_w在0.7以下时，则霉菌的繁殖受到抑制，可以阻止产毒的霉菌繁殖。

2. 温度 温度对霉菌的繁殖及产毒均有重要的影响，不同种类的霉菌其最适温度是不一样的，大多数霉菌繁殖最适宜的温度为25~30℃，在0℃以下或30℃以上，不能产毒或产毒力减弱。如黄曲霉的最低繁殖温度范围是6~8℃，最高繁殖温度是44~46℃，最适生长温度37℃左右。但产毒温度则不一样，略低于生长最适温度，如黄曲霉的最适产毒温度为28~32℃。

3. 食品基质 与其他微生物生长繁殖的条件一样，不同的食品基质霉菌生长的情况是不同的，一般而言，营养丰富的食品其霉菌生长的可能性就大，天然基质比人工培养基产毒为好。实验证实，同一霉菌菌株在同样培养条件下，以富含糖类的小麦、米为基质，比以油料为基质的黄曲霉毒素产毒量高。另外，缓慢通风较快速风干霉菌容易繁殖产毒。

4. 霉菌种类 不同种类的霉菌其生长繁殖的速度和产毒的能力有差异，霉菌毒素中毒性最强者有黄曲霉毒素、赭曲霉毒素、黄绿青霉素、红色青霉素及青霉酸。

5. 光照 较强的阳光或紫外线会抑制霉菌生长。

6. 其他条件 霉菌生长pH范围1.5~8.5，最适pH范围为4.5~5.5。多数霉菌是需氧菌，培养时需要充足的氧气。

（二）霉菌的培养特征

霉菌在固体培养基上能形成菌落，第一天内生长较慢，此后生长很快，菌落比其他微生物的大，呈圆形、绒毛状、絮状或蜘蛛网状，很快可蔓延至整个平板，营养菌丝伸入培养基内，使菌落不易挑起，有的霉菌菌落有局限性。菌落最初往往是浅色或白色，当长出各种颜色的孢子后，菌落便随种类不同相应地呈现黄、绿、青、黑、橙等各种颜色。由于菌龄不同，菌落中心比周边的色彩深。有的霉菌可产生水溶性和非水溶性（脂溶性）色素，特别是气生菌丝比营养菌丝的色彩深，因而使菌落正、反面呈现不同颜色。但是各种霉菌在一定的培养基上形成的菌落形状、大小、颜色等特征是稳定的，因此，菌落特征是鉴定霉菌的重要依据之一。

霉菌在液体培养基中往往生长在液面，培养基不呈现混浊。

四、霉菌的形态观察

（一）点植培养法

观察霉菌的菌落形态往往采用点植培养法，用接种针蘸取斜面少许孢子在无菌的察氏培养基中央穿刺接种（倒置培养皿穿刺接种），30 ℃下培养 7～10 d，形成巨大菌落培养物。

（二）直接制片法

本法是将固体培养物制成水浸片进行观察。简便易行，可观察霉菌的基本形态或测量大小。方法是在载玻片上加一滴乳酸石炭酸棉蓝染液，用解剖针或接种钩取少量带孢子的菌丝置于染液中，将菌丝体摊开，勿使成团，盖上盖玻片，分别用低倍和高倍镜观察菌丝构造和孢子类型。观察根霉时，注意观察其菌丝有无横隔、假根、孢子囊柄、孢子囊、囊轴、囊托、孢子囊孢子及厚垣孢子。观察毛霉时，注意观察其菌丝有无横隔、孢子囊柄、囊轴、孢子囊孢子及厚垣孢子。观察曲霉时，注意观察其菌丝有无横隔、足细胞、分生孢子梗、顶囊、小梗（形状、层数及着生情况）、分生孢子。观察青霉时，注意观察其菌丝有无横隔、分生孢子梗、帚状枝（小梗的轮数及对称性）、分生孢子。观察红曲霉时，注意观察其菌丝有无横隔、分生孢子着生情况、闭囊壳、子囊孢子。

（三）玻璃纸透析培养观察法

玻璃纸可允许营养物质透过，最好用透析袋纸，也可收集商品包装用的玻璃纸，加水煮沸，再用冷开水冲洗，变硬的不能用，只有软的可用。将合格的剪成适当大小，浸湿后夹于报纸中高压灭菌，用无菌镊子夹取此纸贴附于平板培养基表面，再用接种环蘸取少许孢子，轻轻抖落于纸上，将平板置 28～30 ℃下培养 3～5 d。剪取小块长有菌丝和孢子的纸片平贴于载玻片上，滴加 1～2 滴乳酸石炭酸棉蓝液，加盖盖玻片后用显微镜观察。此法可观察到菌丝、孢子及其他构造。

（四）载玻片培养观察法

在平皿皿底铺一张圆形滤纸片，再放一 U 形玻棒，其上放上一洁净载玻片和两块盖玻片，盖上皿盖，包扎后高压灭菌、干燥。取已灭菌的马铃薯琼脂培养基或察氏培养基 67 mL 注入另一灭菌平皿中成一薄层，凝固后用解剖刀切两块如盖玻片大小的琼脂块，分别置于 U 形玻棒上的载玻片适当位置，并接种少量孢子，再加盖灭菌盖玻片，皿底滤纸上加 20% 甘油，盖上皿盖，置 28 ℃下培养，待长出菌丝后用显微镜观察。该法可观察霉菌生长全过程及完整的霉菌形态结构。

五、霉菌的代表种属

霉菌种类繁多，形态、性状和功能多样。常见代表种类的主要性状如表 4-1 所示。

表 4-1 常见的代表性霉菌

代表属	归属门类	细胞类型	孢子类型	作　　用
毛霉属 (Muocor)	接合菌亚门	单细胞	孢囊孢子 接合孢子	制腐乳、豆豉 引起果蔬、淀粉类食品霉腐
根霉属 (Rhizopus)	接合菌亚门	单细胞	孢囊孢子 接合孢子	酿酒 引起果蔬类等食品霉腐
绵霉属 (Achlya)	鞭毛菌亚门	单细胞	孢囊孢子 卵孢子	某些种类引起水产动物肤霉病或水稻绵腐病
水霉属 (Saprolegnia)	鞭毛菌亚门	单细胞	孢囊孢子 卵孢子	引起水产动物肤霉病
脉孢霉属 (Neurospora)	子囊菌亚门	多细胞	分生孢子 子囊孢子	蛋白质、维生素多，制草曲饲料 某些种类引起食物霉腐
青霉属 (Penicillum)	半知菌亚门	多细胞	分生孢子	引起食品、果蔬、皮革、光学仪器霉腐
曲霉属 (Aspergillus)	半知菌亚门	多细胞	分生孢子 子囊孢子	制酱、酒、醋、霉制剂 引起果蔬、谷物霉腐，黄曲霉致癌
木霉属 (Trichoderma)	半知菌亚门	多细胞	分生孢子	分解纤维素、木质素 危害蘑菇
镰刀霉属 (Fusarium)	半知菌亚门	多细胞	分生孢子	除去废水中 90% 以上氰化物，某些种类为植物病原和鱼虾鳃病病原

本 章 小 结

水生真菌主要有鞭毛菌、接合菌、子囊菌和半知菌等。与水产业相关的主要是酵母菌和霉菌。

酵母菌（yeast）是一类单细胞的真核微生物，菌体较大，一般呈球形、卵圆形，有些形状特殊呈瓶形、三角形等，无鞭毛，不能游动。酵母菌具有典型的真核细胞结构，有细胞壁、细胞膜、细胞核、细胞质、线粒体、微体、液泡、内质网、类脂颗粒和异染粒等。酵母菌的生殖方式分无性繁殖和有性繁殖两大类。无性繁殖包括芽殖、裂殖、芽裂。有性繁殖方式为子囊孢子。各种酵母的生活史可分为单倍体型、双倍体型、单双倍体型。酵母菌的营养类型属化能异养型，很多有机物可作为碳源和氮源。在固体培养基表面能形成菌落，菌落较大且厚。

霉菌（mold）是由分支或不分支的菌丝构成，有无隔菌丝和有隔菌丝两种类型，菌丝呈管状，交织成菌丝体。霉菌的菌丝细胞是真核细胞，均由细胞壁、细胞膜、细胞质、细胞核、线粒体、核糖体、内质网及各种内含物组成。霉菌还可形成一些特殊的结构和组织，如菌索、菌核和吸器等。霉菌的繁殖方式有营养繁殖、无性繁殖和有性繁殖3种。霉菌的生长受霉菌种类和环境因素两方面影响，环境因素中温度、湿度、营养和光照比较关键。霉菌在固体培养基上能形成菌落，在液体培养基中，往往生长在液面，培养基不呈现混浊。霉菌的形态观察方法有点植培养法、直接制片法、玻璃纸透析培养观察法、载玻片培养观察法等。霉菌种类繁多，形态、性状和功能多样。常见代表种类有毛霉属、根霉属、绵霉属、水霉属、脉孢霉属、青霉属、曲霉属、木霉属、镰刀霉属等。

思 考 题

1. 酵母菌、霉菌和细菌在形态结构上主要有哪些异同？
2. 举例说明酵母菌和霉菌的主要繁殖方式有哪些。
3. 比较酵母菌、霉菌与细菌的形态检查方法有哪些不同，并分析其原因。
4. 酵母菌和霉菌各有何主要作用？试述如何利用这些作用服务于水产养殖业。
5. 利用现有知识试述酵母菌或霉菌的菌种应如何进行初步鉴定。

第五章 病　毒

病毒（virus）一词原被用来表示生物来源的毒素，目前指一类具有超显微结构、非细胞形态、专性活细胞内寄生的微生物。

1892 年及 1898 年，Ivanovski 与 Beijerinck 分别独立研究了烟草花叶病的病原后，证实其病原体为一种能通过细菌滤器的"传染性活性液体"或称"病毒"，从而揭开了病毒学（virology）的历史。随后，人们陆续发现各种植物病毒、动物病毒、微生物病毒及亚病毒，并对病毒粒子（virion）进行了电子显微镜观察和化学分析。自 20 世纪 50 年代始，又展开了病毒的分子生物学研究，使人类对病毒本质及其与宿主间的相互作用的认识得以不断深入。

病毒具有以下特点：形体极其微小，一般可通过细菌滤器，需用电子显微镜观察其大小与形态；不具细胞结构，又称分子生物；其主要成分为核酸和蛋白质，每一种病毒仅含一种核酸（DNA 或 RNA）；既无产能酶系，也无蛋白质合成系统，在宿主的活细胞内营专性寄生，依靠宿主细胞，通过核酸复制和核酸蛋白装配的形式进行增殖；在离体条件下，能以无生命的化学大分子状态存在，并保持其感染性；对一般抗生素不敏感，但对干扰素敏感。

在细胞外环境中病毒以形态成熟的颗粒形式，即病毒粒子存在。病毒粒子具有一定的大小、形态、化学组成和理化性质，甚至可以结晶纯化，一般不表现任何生命特征，但是病毒粒子具有感染性，即具有在一定条件下进入宿主细胞的能力。一旦病毒进入细胞，病毒粒子便解体，释放出的病毒基因组具有繁殖性，能利用宿主细胞的大分子合成装置进行复制表达，从而导致病毒增殖并表现出遗传、变异等生命特征。病毒与其他单细胞生物的区别见表 5-1。

表 5-1　单细胞微生物与病毒性质比较

性　质	细　菌	立克次氏体	支原体	衣原体	病　毒
直径大于 300 nm	+	+	±	±	−
在无生命培养基生长	+	−	+	−	−
双分裂	+	+	+	+	−
同时含有 DNA 和 RNA	+	+	+	+	−
核酸感染性	−	−	−	−	+①
核糖体	+	+	+	+	−
代谢	+	+	+	+	−
对抗生素的敏感性	+	+	+	+	−②
对干扰素的敏感性	−	−	−	+	+

注：①DNA 病毒和 RNA 病毒中的一部分；②利福平可抑制痘病毒复制。

由于病毒营专性活细胞内寄生，因此，它几乎可以感染所有的细胞生物。病毒的宿主范围是病毒能感染并在其中复制的宿主种类和组织细胞种类之和。但对某一种病毒而言，感染又具特异性，即它仅能感染一定种类的微生物、植物或动物。故根据宿主范围，通常可以将病毒分为噬菌体（phage）、植物病毒（plant virus）和动物病毒（animal virus）。动物病毒包括原生动物病毒（protozoal virus）、无脊椎动物病毒（invertebrate virus）和脊椎动物病毒（vertebrate virus）。

第一节　病毒的基本性状

一、病毒的性质

（一）病毒的大小和形态

病毒粒子极其微小，测其大小的单位通常用纳米（nanometer，nm）表示。已知痘类病毒个体最大，一般大小（长×宽×厚）为（220～450）nm×（140～260）nm×（140～260）nm，如中华鳖痘病毒大小（长×宽×厚）为（300～450）nm×（70～260）nm×（70～260）nm，如经适当染色后可在光学显微镜下观察；而疱疹病毒、虹彩病毒和副黏病毒等其大小为150～300 nm；弹状病毒，大小为（105～130）nm×（60～70）nm；冠状病毒、腺病毒和逆转录病毒等其大小为80～120 nm；小型病毒如杯状病毒、野田村病毒和小RNA病毒等其大小为20～30 nm。最小的细小病毒（*Parvoviridae*）能引起鱼虾类的肝胰腺及淋巴样组织坏死，直径大小约20 nm。

病毒粒子的形态多样（图5-1），其中以球形或近似球形的最为多见。植物病毒、昆虫病毒和某些水生动物病毒（如虾类）多呈杆状，但人和动物的某些病毒也呈丝状，如初分离时的流感病毒；弹状病毒为一端圆钝的杆状，形似子弹头而得名，如狂犬病病毒；砖形为痘类病毒所特有的形态；蝌蚪形为噬菌体的典型形态。

研究病毒大小与形态的方法有：①电子显微镜法，可直接观察病毒的形态并测量其大小。②超滤膜过滤法，用不同孔径的滤膜过滤病毒悬液，以是否通过滤膜来估计病毒大小。③超速离心法，根据病毒沉降速度不同，可用超速离心法测得病毒的沉降系数（S），借以计算病毒的大小。④电离辐射与X线衍射法，主要用于研究病毒结构的亚单位等。

（二）病毒的结构

病毒的结构，可分为存在于所有病毒中的基本结构和仅为某些病毒所特有的辅助结构（图5-2）。

1. 基本结构　指病毒的核心（core）和衣壳（capsid），两者构成核衣壳（nucleocapsid），有些病毒的核衣壳就是病毒粒子，又称为裸病毒。

（1）核心。病毒的核心是病毒粒子的中心结构，其内部充满一种类型的核酸，即DNA或RNA，构成病毒的基因组，为病毒的感染、增殖、遗传和变异提供信息。病毒核酸可分单链DNA（ssDNA）、双链DNA（dsDNA）、单链RNA（ssRNA）、双链RNA（dsRNA）等，各类核酸又有线状和环状之分。病毒核酸还有意义（sense）或极性（polarity），或正、负链的区别：将DNA双链与mRNA的碱基序列相比，与mRNA序列一致的那条称为正链（＋），与mRNA互补的那条称为负链（－）。对于分节段的病毒核酸，可存在双意（ambisense），即部分正链，部分负链。根据病毒核酸感染的结果，即将从病毒粒子或病毒感染

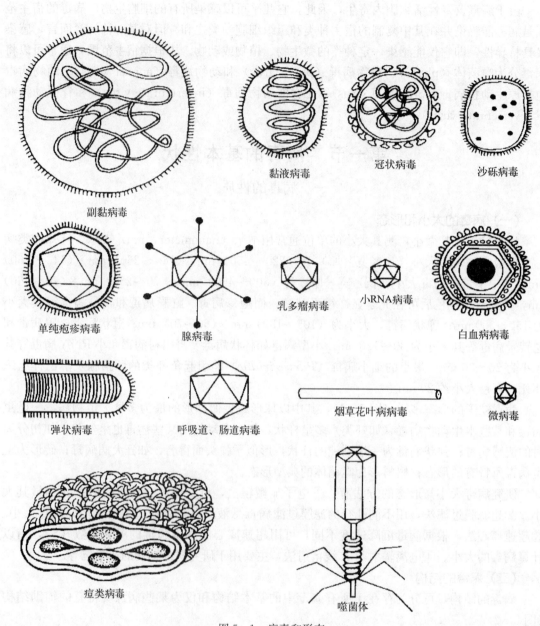

图 5-1 病毒和形态

细胞中抽提分离的病毒核酸实验性地导入细胞，若能启动病毒复制循环，产生子代病毒粒子，则称此种病毒核酸为感染性核酸（infectious nucleic acid），否则为非感染性核酸。此外，核心中尚有少数功能蛋白，主要指某些病毒在早期复制时所需的核酸聚合酶、转录酶和逆转酶等。

（2）衣壳。病毒的衣壳是包围在病毒核酸外面的一层蛋白质，由一定数量的形态学亚单位——壳粒（capsomere）聚合而成，而每一个壳粒可由一个或多个多肽组成。由于病毒核酸的螺旋构形不同，外被衣壳的壳粒数目与排列也不同，病毒结构形成了 3 种对称型，可作为病毒鉴定和分类的依据。

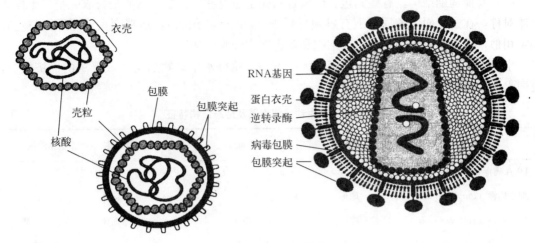

图 5-2 病毒的结构

① 螺旋对称型（helical symmetry）：病毒核酸呈盘旋状，壳粒沿核酸走向呈螺旋对称排列，见于黏病毒（myxovirus）、弹状病毒（rhabdovirus）及杆状病毒（baculovirus）等。

② 二十面体立体对称型（icosahedral cubic symmetry）：病毒核酸浓集在一起形成球形，外被衣壳的壳粒聚成20个等边三角形的面，彼此相连形成二十面体，具有12个顶角和30条棱边。在棱边、三角形面和顶角上皆有对称排列的壳粒。不同病毒的壳粒数目不同。大多数球状病毒呈这种对称，包括大多数 DNA 病毒、逆转录病毒（retrovirus）及 RNA 病毒（picornavirus）。

③ 复合对称型（complex symmetry）：是既有螺旋对称又有立体对称的病毒，如呈砖形的痘类病毒和呈蝌蚪形的噬菌体，结构较为复杂。少数病毒呈此对称型。

衣壳包绕着核酸，具有保护核酸免受核酸酶及其他理化因素破坏的功能，而且表面具有能与宿主细胞受体特异结合的结构；另外，衣壳蛋白具有良好的抗原性，病毒侵入机体后能诱发产生特异性抗体及细胞免疫等，这些免疫应答不仅有免疫防御作用，而且有的还能引起免疫病理损害，参与病毒的致病机制。

2. 辅助结构 某些病毒除核酸与衣壳等基本结构外，尚有包膜或衣壳外面的结构，统称辅助结构。

（1）包膜（envelope）。某些病毒在细胞内成熟过程中以出芽方式穿过核膜和（或）胞质膜、空泡膜等释放至细胞外时，获得包围在衣壳外的宿主细胞成分，此病毒称为包膜病毒（enveloped virus），无囊膜的病毒称为裸露病毒（naked virus）。病毒包膜并非正常细胞膜成分，此时包膜上已嵌入病毒编码的糖蛋白，具有病毒的特异性。包膜赋予病毒一定的特性。有些包膜表面有钉状突起，称为包膜粒子（peplomere）或刺突（spike），构成病毒表面抗原，与病毒的分型、致病性和免疫性等有关。如流感病毒包膜上有血凝素和神经氨酸酶等刺突，是甲型流感病毒划分亚型的主要依据。血凝素对呼吸道上皮细胞和红细胞有特殊的亲和力，神经氨酸酶破坏易感细胞表面的受体，利于病毒的释放。病毒包膜与宿主细胞膜具一定同源性，彼此易于亲和及融合，有辅助病毒的感染作用。因包膜系脂质，对脂溶剂（如乙醚、氯仿和胆汁等）敏感，易被溶解破坏，可作为鉴定病毒（耐乙醚、耐酸试验）的一个指标。由于胃酸、胆汁的灭活作用，包膜病毒一般不能经消化道感染。

(2) 其他辅助结构。有些无包膜的病毒衣壳上也有些突出物，如腺病毒衣壳呈二十面体立体对称，在二十面体各顶角上有触须样纤维（anlennal fiber），前端膨大呈球形，与包膜刺突相似，也具有凝集某些动物红细胞和毒害宿主细胞的作用。

水生动物病毒及其宿主多样，形态大小不一，感染水生动物后常造成严重的经济损失，我国水生动物病毒病的研究概况见表5-2。

表5-2 水生动物病毒属及形态结构特征

种　类	形态	直径（nm）	包膜	对称性	宿主动物
DNA 病毒					
细小病毒（*Parvoviridae*）	球形	约 20	－	二十面体	鱼、虾
疱疹病毒（*Herpesviridae*）	球形	50～200	＋	二十面体	鱼、蛙、鳖
虹彩病毒（*Iridoviridae*）	球形	120～300	－	二十面体	鱼、虾、蛙、鳖
杆状病毒（*Baculoviridae*）	杆状	（30～35）×（250～300）	＋，－	螺旋	鱼、虾
腺病毒（*Adenoviridae*）	球形	70～90	－	二十面体	鱼、蛙、鳖
痘病毒（*Poxviridae*）	砖形或椭圆形	（300～450）×（70～260）	＋	螺旋	鳖
RNA 病毒					
正黏病毒（*Orthomyxoviridae*）	球形或多形	80～120	＋	螺旋	鱼
副黏病毒（*Paramyxoviridae*）	球形或多形	100～300	＋	螺旋	鱼、鳖
冠状病毒（*Coronaviridae*）	球形	80～160	＋	螺旋	鱼
逆转录病毒（*Retroviridae*）	球形	100～120	＋	二十面体	鱼、鳖
呼肠孤病毒（*Reoviridae*）	球形	70～80	－	二十面体	鱼、虾、鳖
双 RNA 病毒（*Birnaviridae*）	球形	50～80	－	二十面体	鱼
弹状病毒（*Rhabdoviridae*）	子弹形	70×180	＋	螺旋	鱼、虾、鳖
杯状病毒（*Caliciviridae*）	球形	30～38	－	二十面体	鱼、虾、鳖
野田村病毒（*Nodaviridae*）	球形	约 30	－	二十面体	鱼
小 RNA 病毒（*Picornaviridae*）	球形	20～30	－	二十面体	鱼、虾
披膜病毒（*Togaviridae*）	球形	40～70	＋	二十面体	蛙、虾

二、病毒的增殖

病毒不具独立进行代谢的能力，其增殖（multiplication）必须在宿主活细胞内进行。病毒以特殊的自我复制（self replication）方式进行增殖，即以病毒核酸为模板，在聚合酶等必要因素作用下，复制子代病毒核酸；另一方面以病毒核酸为模板转录 mRNA，利用细胞核蛋白体翻译子代病毒蛋白，然后组装完整的病毒颗粒，释放于细胞外。这一过程一般可分为吸附、穿入、脱壳、生物合成、组装与成熟、释放等阶段，又称为复制周期（replicative cycle）（图 5-3）。

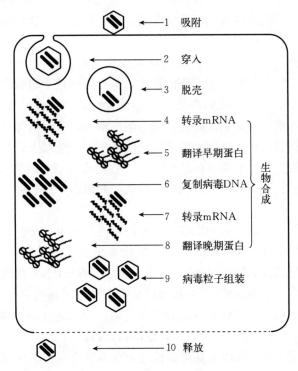

图 5-3 病毒的复制周期示意

（一）病毒感染的起始

病毒颗粒吸附于细胞表面，并以不同方式进入细胞，脱去衣壳释放其基因组的过程即为病毒感染的起始。

1. 吸附（attachment 或 absorption） 是病毒表面蛋白（也称吸附蛋白）与细胞表面特定的病毒受体结合的过程，是病毒感染细胞的第一步。对于无包膜病毒，该表面蛋白往往是衣壳的组成成分；而对于有包膜的病毒，该表面蛋白多为包膜糖蛋白，如流感病毒血凝素糖蛋白。病毒受体是细胞表面的功能性物质，为细胞正常生长代谢所必需，多为糖蛋白，如乙酰胆碱为狂犬病病毒的受体。不同种系的细胞具有不同病毒的细胞受体，病毒受体的细胞种系特异性决定了病毒的宿主范围和病毒的细胞嗜性。由于病毒的吸附是病毒表面的吸附位点（attachment site）与宿主细胞膜上相应受体的特异不可逆结合，故能影响吸附蛋白和细胞受体活性的因素，如基因的突变、蛋白质酶、抗体等，以及包括温度、pH、离子浓度在内的环境因素均可影响病毒的吸附反应，进而影响病毒的感染性。病毒吸附细胞的过程，一般可在几分钟至几十分钟内完成。

2. 穿入（penetration） 指病毒吸附在宿主细胞膜上，通过几种方式使核衣壳进入细胞内的过程，又称侵入。穿入方式随病毒的特征不同而异，无包膜病毒与细胞表面受体结合后，细胞膜折叠内陷，将病毒包裹其中，形成类似吞噬泡的结构使病毒原封不动的穿入胞质内，此过程称为病毒胞饮（viropexis）。有些无包膜病毒吸附于宿主细胞膜时，衣壳蛋白的某些多肽成分已发生改变，可直接穿过细胞膜，这种方式称为转位，但较少见。有包膜的病毒，靠吸附部位的酶作用及包膜和细胞膜的同源性等，发生包膜与细胞膜的融合（fusion），使病毒核衣壳进入胞质内。流感病毒的穿入方式较特殊，先经病毒胞饮进入细胞后，在酸性溶酶体酶作用下使血凝素蛋白活化，使病毒包膜与溶酶体膜融合而将核衣壳排入细胞质内。噬菌体吸附于细菌后，可能由细菌表面的酶类帮助噬菌体脱壳，使噬菌体核酸直接进入细菌胞质内。

3. 脱壳（uncoating） 指穿入胞质中的核衣壳脱去衣壳蛋白，使基因组核酸裸露的过程。多数病毒的脱壳靠细胞溶酶体中溶酶的作用，这些特异性水解病毒衣壳蛋白的酶称为脱壳酶（uncoating enzyme）。脱壳是病毒能否复制的关键，病毒核酸如不暴露出来则无法发挥指令作用，病毒就不能进行复制。脱壳必须有酶的参与，有时病毒自身带有脱壳酶，如痘病毒的脱壳分为两步进行，首先靠细胞溶酶体酶的作用脱去外层衣壳蛋白，然后再经病毒编码产生一种脱壳酶，脱去内层衣壳而释放核酸；少数病毒（如呼肠病毒）并不能完全脱壳，因自身没有脱内层衣壳的脱壳酶，故只脱去外层衣壳而以整个核心进行核酸转录和复制。

（二）生物合成

病毒基因组一经脱壳释放，就利用宿主细胞提供的低分子物质合成大量病毒核酸和结构蛋白，此过程称为生物合成（biosymthesis）。包括 3 个重复的过程，即病毒特异性 mRNA 的转录、病毒核酸的复制及 mRNA 翻译成病毒多肽。病毒 mRNA 翻译病毒多肽，是基于宿主细胞的蛋白合成装置，早期 mRNA 可翻译成早期蛋白，包括病毒复制所必需的复制酶和一些抑制蛋白，抑制蛋白可封闭宿主细胞的正常代谢，使细胞代谢转向有利于病毒的复制。晚期 mRNA 主要是翻译成病毒衣壳蛋白及其他结构蛋白。

生物合成期用血清学方法和电子显微镜检查，在细胞内均查不到病毒颗粒，故称隐蔽期（eclipse），不同病毒的隐蔽期长短不同，如脊髓灰质炎病毒为 3~4 h，疱疹病毒 3~5 h，披盖病毒 5~7 h，正黏病毒 7~8 h，副黏病毒 11~12 h，腺病毒 16~17 h。隐蔽期是在病毒基因控制下进行核酸复制及病毒蛋白的合成。

生物合成中的关键产物是病毒 mRNA，根据病毒基因组转录 mRNA 及合成蛋白质的过程，将病毒分为三大类型。

1. DNA 病毒 除痘类病毒外，双股 DNA 病毒都在细胞核内复制 DNA，在胞质内合成病毒蛋白。如疱疹病毒是在核内利用宿主细胞的依赖 DNA 的 RNA 聚合酶转录早期 mRNA，然后在细胞质的核糖体上翻译早期蛋白，即病毒编码的依赖 DNA 的 DNA 聚合酶和脱氧胸腺嘧啶激酶等，用以复制子代病毒 DNA。亲代 DNA 在解链酶的作用下解链成正链 DNA 和负链 DNA 两个单股，在 DNA 聚合酶作用下以半保留形式复制出两条互补链，使成为新的子代双股 DNA（±DNA）。早期 mRNA 的转录靠细胞提供少量聚合酶，而晚期基因的转录则需要早期基因的产物，这些产物包括修饰宿主细胞依赖 DNA 的 RNA 聚合酶的分子及抑制因子等。宿主的聚合酶经修饰后能识别晚期基因的启动子，并能转录晚期基因；抑制因子则可直接或间接切断所有晚期基因的表达。如 EB 病毒在人 B 细胞内，当早期基因表达后所有晚期基因是关闭的，这种关系决定 EB 病毒在 B 细胞内呈非增殖性感染（non-productive infection），并使细胞获得了部分外源性基因的某些表达，成为能维持长期生长和分裂的 B 细胞。

痘类病毒属 DNA 病毒，但它的 DNA 复制及衣壳蛋白的合成等均在胞质内进行。

单股 DNA 病毒是以亲代 DNA 为模板，在 DNA 聚合酶的作用下复制互补的 cDNA，亲代单股与互补股组成双股 DNA，称为复制中间型（replicative intermediate，RI）或复制型（replicative form，RF），然后以 RF 中的互补股 DNA 为模板，转录出完整的子代 DNA，再由亲代 DNA 为模板转录 mRNA，再翻译成子代病毒的衣壳蛋白。

2. RNA 病毒　除逆转录病毒以外的绝大多数 RNA 病毒都是在细胞质内合成病毒的全部成分。病毒所需的依赖 RNA 的 RNA 聚合酶必须靠病毒基因编码，因宿主细胞不具备此酶。

（1）单正股 RNA 病毒。病毒 RNA 和 mRNA 可互换应用，如小 RNA 病毒和脑炎病毒等。此类病毒的特点是不含 RNA 聚合酶，病毒 RNA 可直接附于宿主细胞核糖体上翻译出早期蛋白，即依赖 RNA 的 DNA 聚合酶，在此酶催化下转录出与亲代 RNA 互补的负股 RNA，从而形成双股（±）RNA，即复制中间型。然后以互补的负股 RNA 为模板转录大量正股 RNA，这些单正股 RNA 可作为病毒 mRNA 去翻译衣壳蛋白和其他结构蛋白，也可直接作为子代病毒的基因组。

（2）单负股 RNA 病毒。多数有包膜的 RNA 病毒属于此类型，如正黏病毒等。单负股 RNA 不能用作 mRNA，起始步骤是靠衣壳上含有的依赖 RNA 的 RNA 聚合酶去催化病毒（一）RNA 转录出（+）RNA，一旦出现（+）RNA，合成期则可按上述正单股 RNA 病毒的复制方式进行。即正股 RNA 可作为病毒 mRNA 翻译结构蛋白和酶蛋白，也可以正股 RNA 为模板转录出大量负股 RNA 作为子代病毒的基因组。

（3）双股 RNA 病毒。如呼肠孤病毒的双股（±）RNA 是分节段的，每节段的（一）RNA 基因组可在病毒含有的依赖 RNA 的 RNA 聚合酶作用下转录出 mRNA，因此 mRNA 也是分节段的。双股 RNA 病毒仅由其中负股（一）RNA 复制出正股（+）RNA，此正股再复制出新负股，因而子代双股 RNA 全部是新合成的 RNA。转录的正股 RNA 作为 mRNA 先翻译出更多的 RNA 聚合酶、调控酶和构成核蛋白的蛋白亚单位。新翻译的病毒蛋白与正股 RNA 形成正股核糖蛋白（+）RNP，新复制的负股 RNA 也形成（一）RNP，最后形成双股（±）RNP，其外层包以衣壳蛋白成为双股 RNA 病毒。

3. 逆转录病毒　是指含有依赖 RNA 的 DNA 聚合酶（逆转录）的 RNA 病毒，与上述的 3 种 RNA 病毒不同，其基因组包括正单股 RNA 的双聚体。由基因编码的一种逆转录酶能转录病毒 RNA 成为互补的负股 DNA，形成 RNA：DNA 杂交中间体，中间体可将亲代正股 RNA 降解去除，并以负股 DNA 为模板复制双股 DNA，此 DNA 可整合于宿主细胞核 DNA 上，整合于染色体的病毒 DNA 称为前病毒（provirus），非整合的称为游离型 DNA（episomal DNA）。前病毒或游离 DNA 可在宿主提供的依赖 DNA 的 RNA 聚合酶作用下转录出病毒 mRNA，其中有些 mRNA 可直接作为子代病毒的基因组，有些需重新转录子代 RNA，同时 mRNA 也可翻译出子代病毒蛋白。

（三）装配与释放

子代病毒的核酸与蛋白质合成后，DNA 病毒除痘类病毒外，均为细胞核内组装（assembly），RNA 病毒与痘类病毒则在胞质内组装。当衣壳蛋白达到一定浓度时，将聚合成衣壳并包装大小适合的核酸而形成核衣壳。但由于核酸复制与蛋白质合成速度不同步，有时会出现组装混乱，如出现空心的衣壳，或少数衣壳中出现了宿主的基因片段，称为假病毒（pseudovirion）。无胞膜病毒组装成核衣壳即为成熟的病毒体；有胞膜病毒一般是在细胞核内或细胞质内组装核衣壳，然后以出芽形式释放时再包上核膜或细胞质膜后才为成熟病毒。

成熟病毒向细胞外释放（release）有下列两种方式。

1. 破胞释放　　无包膜病毒的释放通过细胞破裂完成。当一个病毒感染细胞时,经复制周期可增殖数百至数千个子代病毒,最后宿主细胞破裂而将病毒全部释放至胞外。

2. 芽生释放　　有包膜病毒在细胞内装配核衣壳的同时,宿主细胞膜上也会出现病毒基因编码的特异产物,即以宿主细胞膜为基质加上病毒的抗原成分,这些部位便是核衣壳出芽的位置。出芽时,核衣壳外包上一层来自细胞膜的成分。若核衣壳的装配是在细胞核内进行,出芽时先包上一层核膜成分,而后又包上一层细胞膜成分,此病毒的包膜将由内外两层膜构成,其上均带有病毒编码的特异蛋白,构成包膜上的结构蛋白。子代病毒以出芽方式从感染细胞释放到细胞外,细胞一般并不死亡,仍可照常分裂繁殖。

病毒完成一个复制周期的时间与病毒种类有关,一般在 10 h 左右,如小 RNA 病毒 6～8 h,腺病毒约 25 h,正黏病毒 15～30 h,疱疹病毒 15～72 h。了解病毒的复制周期,对理解病毒的致病性、抗病毒治疗的研究和预防措施的建立等都是极为重要的。

(四) 其他现象

病毒感染细胞后,除产生正常的子代病毒外,还会出现诸如顿挫、缺损、干扰等现象。

顿挫感染(abortive infection):指病毒进入宿主细胞后,不能产生有感染性的子代病毒粒子的现象。

缺损病毒:这里主要指干扰缺损颗粒(defective interfering particle,DI 颗粒)。DI 颗粒是病毒复制时产生的一类亚基因组的缺失突变体,必须依赖与其同源的完全病毒才能完成复制循环。同时,由于 DI 颗粒基因组较其完全病毒小、复制更迅速,在与其完全病毒共感染时更易占优势,从而干扰其复制。

干扰现象:指两种不同的病毒或两株性质不同的同种病毒,同时或先后感染同一细胞或机体时,所发生的一种病毒抑制另一种病毒增殖的现象。主要是由于产生干扰素(interferon,IFN)的缘故。

三、理化因子对病毒的作用

在细胞外环境中的病毒粒子,时刻受到理化因子的作用。对于同一病毒来说,不同强度的理化因子的作用,可分别有助于保持病毒的活性、获得病毒的突变体以及灭活病毒。不同的病毒因其结构和组成的不同,对理化因子的作用可呈敏感或有抗性,故可用来作为病毒鉴定时的一个重要依据。

1. 温度　　病毒耐冷不耐热,大多数病毒于 55～60 ℃在几分钟到十几分钟内便被灭活,而在 0 ℃以下可保持稳定,特别是在干冰温度(-70 ℃)和液氮温度(-196 ℃)下能长期保持感染性。一般,病毒在不同温度下的感染半衰期分别是:60 ℃以秒计,37 ℃以分计,20 ℃以小时计,4 ℃以天计,-70 ℃以月计,-196 ℃以年计。热对病毒的灭活作用主要是使病毒表面蛋白质变性。环境中有蛋白质及钙、镁等二价阳离子存在时,常可提高病毒的热稳定性。实验室欲长期保存病毒,一般采用以下方法:①快速低温冷冻。在病毒悬液中加入灭活的正常动物血清或其他蛋白保护剂(如二甲基亚砜),迅速冷冻后置-70 ℃或-196 ℃保存。②真空冷冻干燥。将病毒悬液与 5～10 倍的保护剂(灭活的正常动物血清、饱和蔗糖液、脱脂牛乳等)混合,分装于安瓿后立即置于已预冷(-30 ℃至-40 ℃)的乙醇中,冰冻 1～2 h,真空干燥后保存于普通冰箱。

2. pH　大多数病毒在 pH 为 6~8 的环境中能保持稳定，在 pH 5 以下或 pH 9 以上环境中会迅速灭活。各种病毒能保持感染性的最适 pH 不同，如肠道病毒（enterovirus）在 pH 为 2.2 的环境中，24 h 内仍有感染性。实践中，常用酸、碱溶液作消毒剂。

3. 辐射　电离辐射的 X 射线和 γ 射线、非电离辐射的紫外线等都可破坏病毒核酸的分子结构，具有灭活作用。

4. 染料的光动力作用　染料的光动力作用是指某些病毒在可见光存在的条件下，经中性红、亚甲蓝、台盼蓝和甲苯胺蓝等染料处理能迅速失去感染性的现象。

5. 化学因子　大多数病毒在 50% 甘油盐水中保存较久，常用于保存送检病毒材料。有包膜的病毒均对脂溶剂敏感。一般来说，乙醚对病毒包膜的破坏作用最大，氯仿其次，丙酮再次之。SDS、脱氧胆酸钠等阴离子去污剂，非离子去污剂，尿素等蛋白质变性剂均对病毒蛋白质或包膜结构有破坏作用。而甲醛几乎可用于对所有病毒的灭活，更是广泛用于灭活疫苗的制备。

第二节　病毒的感染与免疫

病毒的感染是指感染性的病毒通过黏膜（包括呼吸道、消化道、眼、泌尿道等黏膜表面）或破损皮肤（如昆虫或寄生虫叮咬、外伤及动物咬伤等）等途径侵入宿主机体，在局部或全身的易感细胞内复制增殖，造成机体不同程度的病理过程。但感染并不等于传染，后者是指病原体进入机体后，引起机体产生疾病的现象。病毒的增殖和生理活动均与宿主细胞有密切联系，是病毒与宿主两方面互相作用的结果，直接关系到疾病的发生和发展。

一、细胞对病毒感染的反应

细胞对病毒感染的反应大致有：①发生细胞病变，抑制蛋白质、RNA 和 DNA 合成，引起细胞死亡；②无明显变化，病毒虽在细胞内繁殖，但宿主细胞仍继续分裂繁殖，此为稳定状态的非杀细胞性感染；③整合感染，引起细胞转化；④调节细胞凋亡。

细胞对病毒的易感性取决于病毒的吸附及向细胞内释放核酸。病毒吸附蛋白以及靶细胞上的特异病毒受体则起着重要作用（表 5-3）。

表 5-3　病毒的宿主细胞受体

病　毒	受　体
脊髓灰质炎病毒	免疫球蛋白超家族成员，一种完整的膜蛋白
鼻病毒	细胞间黏附分子 1
狂犬病病毒	乙酰胆碱受体
甲型流感病毒	唾液酸
人免疫缺陷病毒（HIV）	CD_4
EB 病毒	淋巴细胞及人咽上皮细胞上的 CR_2（补体 C_{3d} 受体）
牛痘病毒	表皮生长因子受体
乙型肝炎病毒	肝细胞 IgA 受体

近年来发现细胞抗病毒的 RNA 干扰现象,最早于 1990 年由 Jorgensan 等在植物中发现,此后在线虫、真菌、鱼类和哺乳动物均有发现,被认为是真核生物中普遍存在的抗病毒感染的一种调控机制。

(一)杀细胞感染

病毒在细胞内增殖造成细胞基本形态、细胞排列方式发生改变或形成包涵体,甚至引起细胞死亡,该病变效应称为(致)细胞病变效应(cytopathic effect,CPE),简称细胞病变。这种使感染细胞发生明显病理变化,最终导致细胞死亡的病毒感染称为杀细胞感染,多见于无包膜病毒,如腺病毒、肠病毒等。

1. 细胞病变 病毒在体外细胞培养中可以引起细胞病变,大多数细胞培养能看到的细胞反应在机体内也同样存在。病毒核酸编码的早期蛋白和病毒颗粒的大量聚积,特别是病毒衣壳蛋白对细胞的毒性,可能是引起细胞病变的主要原因。感染细胞可发生显著的肿胀,细胞膜通透性也随之发生改变,细胞本身溶酶体酶活化,溶酶体膜的通透性增加,酶逸出而导致细胞溶解。一些病毒在细胞培养中发生的细胞病变如表 5-4 所示,可帮助实验室对病毒进行鉴定。如病毒性出血败血症病毒(viral hemorrhagic septicemia virus,VHSV)接种黑头软口鲦尾柄(fathead minnow,FHM)细胞后出现细胞变圆、折光性强、最终溶解的典型 CPE 特征。

表 5-4 常见病毒引起的细胞病变

病毒	培养细胞	细胞病变
腺病毒	HeLa 细胞、人胚肾	细胞肿胀变圆、聚集成团呈葡萄串状
脊髓灰质炎病毒	猴肾细胞	细胞变圆、坏死
流感病毒	猴肾细胞	缓慢变圆
副流感病毒	猴肾细胞	细胞膜融合、合胞体形成
单纯疱疹病毒	HeLa 细胞	细胞变圆、形成融合细胞
风疹病毒	人羊膜细胞	缓慢增大、变圆
ECHO 病毒	猴肾细胞	变圆、堆积
流行性乙型脑炎病毒	地鼠肾	细胞变圆、颗粒增多
巨细胞病毒	人成纤维细胞	巨细胞性细胞、核肿大
鲤春病毒血症病毒	黑头软口鲦尾柄细胞	细胞变圆、坏死脱落
病毒性出血败血症病毒	黑头软口鲦尾柄细胞	细胞变圆、折光性强,最终溶解

2. 包涵体形成 病毒感染宿主细胞后,细胞的细胞核或细胞质内由病毒颗粒或未装配的病毒成分组成的,在光学显微镜下可见到的团块,称为包涵体(inclusion body)。根据病毒种类不同,其形成包涵体大小、形状、数目、存在部位(细胞核内、细胞质内)及染色性(嗜酸性或嗜碱性)也各异(表 5-5)。因此,包涵体在病毒的实验诊断中具有一定的意义。包涵体成分对宿主细胞的结构和功能均有破坏作用,最终可导致细胞死亡。

感染正黏病毒的大西洋鲑肾组织内单个红细胞的胞质中有球形的病毒包涵体,可作为病毒鉴定的依据。

表5-5 某些病毒的包涵体特性

部 位	染 色 性	病 毒
细胞核	嗜碱性①	腺病毒
	嗜酸性	单纯疱疹病毒、乳多空病毒
细胞质	嗜酸性	副黏病毒、呼肠孤病毒、狂犬病病毒、痘病毒(披膜病毒)②
细胞核及细胞质	嗜酸性	麻疹病毒、巨细胞病毒(正黏病毒)②

注:①偶尔为嗜酸性;②括号内病毒在许多细胞中不产生明显包涵体。

3. 细胞融合 如将高浓度的或紫外线照射的副黏病毒接种于细胞,能迅速引起培养细胞的融合(或红细胞溶解)。某些病毒感染人体可导致感染细胞与邻近没有感染细胞的融合,形成多核巨细胞的合胞体,并借此促成病毒的扩散。麻疹病毒、副流感病毒、疱疹病毒、呼吸道合胞病毒和HIV等感染宿主细胞后,能使细胞膜融合,形成多核巨细胞病变。

(二)稳定状态感染

多见于自宿主细胞膜以及出芽方式增殖的RNA病毒。病毒可不断从感染细胞释放,但细胞的新陈代谢和分裂不受影响,也不改变溶酶体膜的通透性,因而不会使细胞溶解死亡。有时受染细胞尚可增殖,甚至还可再受其他病毒的感染。但是,这些稳定状态感染的病毒常在增殖过程中引起宿主细胞膜组分的改变,使细胞出现新的自身抗原,诱发自身免疫应答,也可造成宿主细胞的损害和破坏。在正黏病毒、副黏病毒等感染细胞膜上的新抗原成分为血凝素,能吸附脊椎动物的红细胞,可用于病毒的检测。

(三)整合感染

有些病毒(如腺病毒、单纯疱疹病毒、巨细胞病毒、人乳头瘤病毒等)DNA和人类T细胞白血病病毒经逆转录产生的DNA整合在宿主细胞染色体上,可通过其编码蛋白引起细胞转化,发生细胞形态学变化,丧失其接触抑制的特性,导致细胞增生,并在细胞膜上出现新的(病毒特异的)肿瘤移植抗原。整合感染病毒可引起部分细胞转化,产生肿瘤细胞,如鲤疱疹病和淋巴囊肿病感染后形成的病变。虽然病毒的致肿瘤性与肿瘤常有密切关系,但病毒的转化能力并不等于一定能致肿瘤。这些病毒在恶性变化过程中起激发始动作用,其致肿瘤尚需其他多种因素的参与,特别是原癌基因激活、抗癌基因的突变失活,以及整合感染病毒的DNA片段编码蛋白与抗癌蛋白结合后所致抗癌蛋白失活、降解等有重要的作用。

(四)细胞凋亡

细胞凋亡以细胞质收缩、核染色体裂解和凋亡小体形成为特征。病毒感染细胞后,通过其自身基因的表达或激活宿主细胞凋亡相关基因而启动或抑制细胞凋亡,以维持细胞增殖和死亡之间的必要平衡。其影响不仅与病毒感染的发病有关,而且也是肿瘤形成的一个重要因素。许多病毒感染不只是转化细胞，而且还阻止细胞的凋亡，延长了细胞的半寿期，增加基因突变的机会。

二、病毒的感染类型与传播

(一) 构成机体病毒感染的因素

相对于细胞水平的病毒感染，机体的病毒感染是一个复杂且变化着的生物学和病理学过程，其表现形式和结果取决于病毒、机体和环境条件三者的综合作用。

1. 病毒 病毒的致病性和毒力直接影响病毒感染的表现与结果。致病性是特定的病毒种引起感染过程的潜在能力，是病毒种的特征。毒力则是特定的病毒株致病性的强弱，是病毒株的特征。同一种病毒的不同毒株间的致病性可能存在着较大的差异。一般来说，病毒的毒力越强，引起机体感染的所需的病毒剂量越低；机体对病毒的抵抗力越强，引起感染所需的病毒剂量越高。

2. 机体 病毒入侵机体后，其在细胞内的活性、在体内的传播与结局，不仅取决于病毒的性质，同时也取决于机体的防御结构和防御功能状态。对病毒感染的免疫和抵抗是完整机体的一种生理功能，以保护机体免受感染或严重感染。除此，机体的年龄、生理状态、营养状况等都影响着机体的病毒感染过程。

3. 环境条件 机体生存所处的地理环境、气候条件中可能存在的各种理化因子，以及人的生活方式、动物的饲养管理方式和植物的栽培方式等因子也影响着病毒的感染过程。

(二) 感染类型

病毒的感染同细菌感染一样，可根据不同的形式进行分类（见第二章）。在感染性疾病中，依据感染症状的明显程度可分为显性感染和隐性感染；依据病原体传播特点可分为传染性和非传染性；依据病原体来源分为外源性和内源性感染；依据感染过程、症状和病理变化发生的主要部位，可分为局部感染和系统感染；依据病毒在体内存留时间的长短及其与宿主相互作用的方式可分为急性感染和持续性感染。无论何种感染均可表现为若干类型。

(三) 病毒侵入途径及其在体内的传播

1. 侵入途径 病毒必须首先吸附和感染机体表面的易感细胞才能引起疾病。这些表面屏障即鳃、皮肤和呼吸道、消化道、泌尿生殖道黏膜或眼结膜。习惯上人的病毒依病毒侵入途径分类为呼吸道病毒（包括正黏病毒科、副黏病毒科、疱疹病毒科、小核糖核酸病毒科等侵犯呼吸道的病毒）和肠道病毒（小核糖核酸科）等；还有一大群由吸血节肢动物为媒介，通过叮咬吸血，在脊椎动物间传播的虫媒病毒（披膜病毒科、布尼安病毒科）。有些病毒侵入局部引起症状，有些则无症状，而传播至其他器官造成损害才表现症状。病毒的靶器官及所致的疾病，往往与病毒的分类学地位无关。如流感病毒和腺病毒在分类上不相关（前者为RNA病毒，后者为DNA病毒），但临床上非常相似；而副流感、腮腺炎、麻疹病毒虽均属副黏病毒科，却产生完全不同的临床综合征。

病毒通过空气、食物、水、昆虫、寄生虫等媒介经呼吸道、消化道、泌尿生殖道、皮肤等途径在人群或水生动物中不同个体间传播的，称为水平传播（horizontal transmission），如大多数的水生动物病毒病和人的有些病毒（如麻疹病毒、风疹病毒、疱疹病毒、巨细胞病毒、乙型肝炎病毒、HIV病毒）大多可经此种方式传播。病毒经胎盘或产道或水产动物的精、卵直接由亲代至子代的传播，称为垂直传播（vertical transmission）。

2. 体内传播

（1）上皮表面传播。许多病毒在上皮细胞内生长，于上皮局部散布，并直接播散到外界。如流感、副流感、冠状、鼻病毒等引起的感染，可能破坏上皮细胞，产生炎症反应，但病毒不感染其他细胞，没有或极少侵入上皮下组织。这可能由于它们的受体局限在上皮细胞表面。

（2）侵入上皮下组织。由于炎症或上皮细胞损伤，破坏了上皮细胞层有过滤作用的基底膜，病毒得以穿入上皮下组织。有些病毒进入淋巴毛细管，并很快进入区域淋巴结，被巨噬细胞吞噬。某些病毒（如麻疹、疱疹、腺病毒和HIV等）可在巨噬细胞内增殖，并被其携带散布全身。

（3）通过血流进入全身。许多病毒在淋巴结内被滤出及灭活，有些病毒（麻疹、脊髓灰质炎、腺病毒）从淋巴结中滤出后仍具有复制能力而不被消灭。病毒由机体上皮表面经淋巴管或淋巴结进入血流，或者直接进入上皮下血管，游离于血浆或在血液组成成分内，分别被带至全身，通常无任何症状和体征。血中病毒量很少，称其为原发性病毒血症。由于靶器官如脑、肝、肺或肌肉受到侵犯，病毒在内增殖后，大量病毒再次进入血流，形成继发性病毒血症，可发生新的组织感染。例如麻疹病毒，由呼吸道侵入体内在局部小量增殖，入血至淋巴组织和单核吞噬细胞系统内繁殖，发生继发性病毒血症，皮肤、黏膜受染，引起皮疹和黏膜疹；有时病毒还侵入中枢神经系统。

3. 其他途径 孕妇感染风疹、巨细胞病毒后，病毒可越过胎盘屏障感染胎儿，引起流产或胎儿畸形。脊髓灰质炎、柯萨奇、ECHO、腮腺炎、流行性乙型脑炎病毒等可通过血脑屏障侵入脑组织内增殖，引起脑实质及脑膜病变。有些病毒（如狂犬病病毒、单纯疱疹病毒）可从周围神经纤维传播到中枢神经系统。

三、抗病毒免疫

机体的抗病毒免疫包括非特异性免疫和特异性免疫。对病毒感染的基本防御能力与抗菌抵抗力相似，但巨噬细胞、自然杀伤（NK）细胞、干扰素和补体具有较为特殊的作用。巨噬细胞可吞饮病毒，在抗病毒血症中的保护作用较为显著，能阻止病毒在体内扩散。激活后的巨噬细胞更明显增强这种作用。NK细胞能杀死许多病毒感染的靶细胞，其作用虽无病毒特异性，但对病毒感染细胞具有一定的识别作用，可能与病毒诱发干扰素的调节与协同而增强NK细胞的活性有关。

干扰素（interferon，IFN）是一组非特异抑制病毒生长的蛋白质，由病毒感染细胞合成或其他非病毒因子（如细胞内毒素）、人工合成的聚肌胞（poly I∶C）等诱生，分α（来源于白细胞）、β（由成纤维细胞产生）和γ（T细胞产物）3种类型。它们抗原性不同，理化性质亦有差异。目前采用重组DNA技术，已获得克隆化的均一性α-IFN、β-IFN、γ-IFN。干扰素的抗病毒作用并非直接对病毒的灭活，而是作用于未感染的细胞，使这些细胞处于抑制状态的抗病毒蛋白（AVP）基因去抑制而表达AVP以发挥抗病毒作用。抗病毒蛋白包括蛋白激酶和2-磷酸二酯酶等，可抑制病毒蛋白质的生物合成，也可影响病毒的组装和释放，从而使病毒不能增殖。受染细胞在病毒复制的同时即合成或释放干扰素，早于特异性免疫的产生，并能很快渗入邻近细胞诱发抗病毒蛋白，限制病毒的扩散。

抗病毒特异性免疫（见第十章）包括体液免疫和细胞免疫两方面。病毒为严格细胞内寄生微生物，以细胞免疫为主，但体液免疫作用于体液中存在的病毒，使其丧失感染力，在抗病毒免疫中也占重要地位。IgG 和 IgM 在血流中直接中和病毒。这种能中和病毒的抗体（中和抗体）与病毒结合，使病毒丧失其对宿主细胞的吸附和穿入作用。病毒与抗体形成的复合物易被巨噬细胞吞噬、降解。补体也参与中和反应并增强中和作用。有包膜的病毒表面抗原与中和抗体结合后，可激活补体，导致病毒溶解。IgA 抗体也可中和病毒的感染性，分泌性 IgA 能在黏膜局部阻止病毒入侵，对再感染有保护作用。细胞免疫主要起清除病毒感染、促使疾病痊愈的重要作用。除 NK 细胞和抗体介导的杀伤细胞效应外，特异的细胞毒 T 细胞（CTL）发挥重要作用。CTL 必须与靶细胞接触才发生杀伤，其效应受 MHC 分子的限制，即 CTL 除了识别病毒抗原外，还需识别细胞膜上 MHC 抗原才能杀伤靶细胞。

第三节 病毒性感染的检测与防治

病毒感染十分常见，70%～80%的人传染病系由病毒感染引起。迄今已证实 500 多种病毒对人有致病性，其中不少病毒危害极大。对鱼类危害的病毒也达 70 余种。因此，病毒学检验对病毒性疾病的诊断、防治及流行病学调查等具有十分重要的意义。病毒感染的检查主要依靠经典的方法和近年来发展起来的分子生物学等方法，主要包括病毒分离纯化，测定、鉴定以及全基因组测序等。

一、病毒的分离培养

分离病毒首先要采集到含有足够的活病毒标本，经处理后，接种到敏感的宿主、鸡胚（水生动物病毒不用）或组织培养细胞，使其生长繁殖，再加以检查以确定可疑病毒的存在。

（一）标本采集、运送及处理

1. 标本采集 要从病理材料中，成功地分离出病毒，很大程度上取决于标本的恰当采样和处理。为了保证标本质量，应注意以下问题。

（1）采样的时间。标本采集尽可能在发病的初期，越早越好。一般这个时期标本含病毒量多，病毒的检出率高。疾病后期体内产生免疫力（如抗体），病毒量减少或消失。

（2）采集标本的容器。应收集于无菌容器中。

（3）标本选择。根据症状及流行病学资料进行，临诊上初步诊断为何种病毒感染，对于决定采集何种标本和选择最敏感的试验系统很重要。一般应从感染的部位采取。

2. 标本的运送和处理 大多数病毒抵抗力较弱，在室温中很容易灭活。因此，对于分离培养病毒的标本要快速送到实验室，并立即处理和接种。否则必须冷藏。如耽误时间仅数小时，可在 4 ℃冷藏。对于需要较长时间冻存的标本，最好置于－80 ℃。对于在冻融过程中易失去感染性的标本，冻存时加入适当的保护剂如甘油或二甲基亚砜（dimethyl sulfoxide，DMSO）等。如长途运送的标本，需置于装有干冰的可靠的密封容器内。为避免细菌污染，一般标本中应加入抗生素除菌。为使细胞内病毒充分释放，还常经研磨等方法处理以破碎细胞。

3. 检样接种与感染表现　根据待分离病毒的宿主范围与组织嗜性，同时考虑操作简单、易培养、所产生的感染结果易判定等要求，将处理好的标本以适当途径接种于合适宿主、鸡胚（水生动物病毒不用）或培养细胞。噬菌体标本可接种于生长在培养液或营养琼脂平板中的细菌培养物，其存在则表现为细菌培养液变清亮或菌苔上形成噬菌斑（plaque）。动物病毒标本可接种于实验动物和各种细胞培养。接种于细胞培养的标本主要以细胞病变作为病毒感染的指标。大多数动物病毒感染敏感细胞培养都能产生致细胞病变效应（CPE），表现为细胞聚集成团、肿大、圆缩、脱落、形成多核细胞、出现包涵体及细胞裂解等。控制接种比例并染色，病毒可在培养的单层细胞上形成肉眼可见的局部病损区，称为空斑。植物病毒接种在敏感的植物叶片上，则可产生坏死斑或枯斑。

经第一次接种未出现上述表现时，都需要进行重复接种，即盲传（blind passage）。若盲传3次后仍无表现，便可否定标本中有病毒存在。

（二）培养方法

制作好的标本接种哪一种组织、细胞和动物，以及选择哪一种途径接种动物，主要取决于宿主细胞对病毒的敏感性和病毒的嗜性。病毒分离培养的方法和鉴定，各实验室可有所不同。它与各专门的实验室的物质设备等条件有关。其中，细胞培养是大多数实验室诊断病毒最常用的方法。

1. 组织培养　将人或动物离体活组织或分散的活细胞，模拟体内的生理条件在试管或培养瓶内加以培养，使其生存和生长，称为组织培养。广义上的组织培养技术包括器官培养、组织块培养、单层细胞培养等。目前一般所指的组织培养多指单层细胞培养。器官培养不是常规技术，但因其保持原来结构与功能，可用于分离某些有高度器官特异性的病毒。例如用单层细胞难以分离出冠状病毒，而用正常小块器官培养则容易分离出。组织块培养现已很少用。

细胞培养根据细胞的来源、染色体特性及传代次数，主要分为3种类型。

（1）原代和次代细胞培养。采用机械和胰蛋白酶等处理离体的新鲜组织器官，制成分散的单个细胞悬液，加入营养液（生长液）后，分装于培养管（瓶）中培养。活细胞将贴壁并开始生长繁殖，当与邻近细胞接触时，生长繁殖即停止（即接触性抑制），数天后形成单层细胞，称为原代细胞培养。将原代细胞培养物用胰蛋白酶或EDTA等轻微消化后，再洗下分装至含新鲜培养液的培养管中继续培养，即为次代培养。

（2）二倍体细胞株。原代细胞经过多次传代仍能保持二倍体特性，称为二倍体细胞株，广泛地用于病毒分离和疫苗生产。但这种细胞有一定寿命（一般只能传40～50代），可在早期传代时制备成冷冻细胞，取出复苏后可传10代左右而不明显改变对病毒的敏感性。

（3）传代细胞系。这是能在体外无限期传代的细胞系，来源于肿瘤细胞或细胞株传代过程中变异的细胞系。这类细胞染色体和增殖特征均类似于恶性肿瘤细胞，可以有选择地用来分离和鉴定病毒及其他研究，但有部分病毒不能在此类细胞内生长。由于接种动物有引起肿瘤的潜在危险，也不能用于疫苗生产。常用的传代细胞系有人子宫颈癌细胞（HeLa）、传代地鼠肾（baby hamster kidney cells line, BHK_{21}）细胞、传代非洲绿猴肾细胞（Vero）、鲤上皮瘤细胞（epithelioma papulosum cyprini cell line, EPC）以及虹鳟性腺细胞（rainbow trout gonad cell line, RTG）等。

组织培养对很多病毒敏感，数百种对人致病的病毒都先后被分离出来。不同病毒的复制，需要不同的宿主细胞。现仍没有一个细胞系对所有感染的病毒都敏感。因此，恰当地选择细胞以分离标本中的病毒是非常重要的。至今用于水生动物病毒分离的细胞株已达数十种（表5-6）。

表5-6 常用的鱼类细胞株

细胞株	来源	适温（℃）	易感病毒
AS	大西洋鲑心、肝、肾、脾	20	IHNV, IPNV
BB	云斑鮰尾柄	25~30	CCV, IPNV
BF-2	铜吻鳞鳃太阳鱼尾柄	25	HINV, IPNV
CAR	金鱼鳍	25	IPNV
CCO	斑点叉尾鮰性腺	25	CRV
CF	草鱼鳍条细胞	26~28	GCHV
CHSE-114	大鳞大麻哈鱼胚	21	IHNV, IPNV
CHSE-214	大鳞大麻哈鱼胚	21	IHNV, IPNV, VHSV
CIK	草鱼肾细胞	26~28	GCHV
CO	草鱼性腺细胞	26~28	GCHV
EO	日本鳗鲡性腺	32~36	EVEV, EVAV, EVEX
EPC	鲤上皮瘤	15~30	SVCV, PFRV, IHNV
FHM	黑头软口鲦尾柄	34	VHSV, SVCV, IPNV
GE-4	食蚊鱼全胚	22	IPNV, IHNV
PG	白斑狗鱼性腺	20	IPNV, PFRV, SVCV, VHSV
RF	虹鳟性腺	20	IPNV, SVCV, VHSV
RTG-2	虹鳟性腺	20	HINV, IPNV, VHSV
RSBF	真鲷稚鱼	20	IPNV
SBV	真鲈肾	20	IPNV, IHNV
SE	大麻哈鱼胚	15~20	IPNV, IHNV
SSE-5	红大麻哈鱼胚	20	IHNV
STE-137	虹鳟胚	21	IHNV, IPNV
YNK	大麻哈鱼胚	18~23	IHNV
ZC-7901	草鱼吻端细胞	26~28	GCHV
ZF4	斑马鱼胚胎成纤维细胞	22~28	ISKNV, TFV, SHRV
ZFL	斑马鱼肝细胞	28	IPNV, SHRV, SVCV

注：IHNV为传染性造血组织坏死病毒，IPNV为传染性胰腺坏死病病毒，CCV为斑点叉尾鮰病毒，CRV为斑点叉尾鮰呼肠孤病毒，GCHV为草鱼出血病病毒，VHSV为病毒性出血性败血症病毒，EVEV为欧洲鳗鲡病毒，EVAV为美洲鳗鲡病毒，EVEX为欧洲鳗鲡病毒X（或鳗鲡弹状病毒），SVCV为鲤春病毒血症病毒，PFRV为狗鱼幼鱼弹状病毒，FRV为鱼类弹状病毒，ISKNV为传染性脾肾坏死病毒，TFV为虎纹蛙病毒，SHRV为黑鱼棒状病毒。

细胞培养的方式主要有静置和转管培养。静置培养细胞贴附在瓶壁上生长，最后长成单层细胞。转管培养是贴壁细胞不始终浸泡于培养液中，有利于细胞呼吸和物质交换，促进病毒复制，增加病毒数量，多用于疫苗生产。

2. 动物接种 医学和兽医学实验室常用于分离病毒的实验动物是新生小鼠或乳鼠。如分离各种脑炎病毒、单疱疹病毒、登革热病毒等，可选用新生小鼠；肠道病毒中的柯萨奇病毒，最好选用鼠龄在24~48 h的乳鼠。根据病毒种类不同，除选择敏感动物，还需合适的接种部位（鼻内、皮下、脑内、腹腔内及静脉等）。例如嗜神经病毒（流行性乙脑炎病毒）可接种于小鼠脑内，柯萨奇病毒可接种于小鼠腹或脑内。接种后每日观察和记录动物发病情况。如动物死亡，则取病变组织，剪碎、研磨制成悬液后继续传代与鉴定。猴、家兔、豚鼠等也常用于病毒分离。黑猩猩和绒猴等灵长类动物常用作建立动物模型。在分离水生动物病毒时采用的实验动物主要是敏感的本动物，如某种鱼类或蛙、甲鱼等动物。接种途径有注射、浸浴、口服、涂抹等。此外还应根据病毒的最适增殖温度控制水温，范围在 15～36 ℃，通常为 20～28 ℃。

二、病毒的感染性测定

对病毒进行定量的分析，确定在所研究系统中病毒的含量或浓度，即为病毒的测定。包括理化测定和感染性测定两种。前者可用电子显微镜和血细胞凝集试验等测得颗粒数目，后者则指能引起宿主或宿主细胞一定特异性反应的病毒最小剂量，即病毒的感染单位，而待测病毒样品悬液所含的病毒数量，通常就以单位体积（mL）悬液中的感染单位的数目来表示，称为病毒的感染效价。

允许病毒在其中增殖的动物、植物、微生物称为病毒的宿主（host）。利用宿主对病毒侵染易感的特点，可将其作为指示生物，对水生病毒进行初步检测，这种方法称为生物测定（biometrics）。如蓝对虾感染病毒后，症状很明显，所以在对待检虾进行检测时，可将其组织投喂给蓝对虾，或将待检虾组织的匀浆液注射到蓝对虾体内，观察蓝对虾的反应。如果待检虾确实携带病毒，则可传染给指示生物——蓝对虾，使其在投喂或注射病样后 2～3 周出现相应的病症。据此可判断待检虾是否被病毒感染。

有一些鱼类也可用于鱼类病毒和其他水生动物病毒的检测。如一种称为稀有鮈鲫（*Gobiocyprzs rarus*）的小型鲤科鱼，为我国所特有，自然分布于四川汉源等地。从 1990 年开始，中国科学院水生生物研究所以它作为新的实验动物，先后对其分布、生活、习性、分类地位、胚胎发育、摄食生长、近交系培育等多方面进行了研究，使其具备标准实验动物性能。稀有鮈鲫对草鱼出血病病毒（grass carp hemorrhagic virus, GCHV）很敏感，用感染了病毒的草鱼组织匀浆液注射或浸泡稀有鮈鲫 1～2 周，这种小鱼就会产生出血症。如果用 GCHV 人工感染 1～6 月龄的稀有鮈鲫，在水温 22～32 ℃时能导致稀有鮈鲫出现出血病症状；在水温 28 ℃时，病毒感染的潜伏期为 5 d，发病高峰期在感染后第 6～8 天，鱼出现病症后 1 d 就会死亡。因此，可用稀有鮈鲫作为草鱼出血病病毒的指示动物。

（一）噬斑计数

用于噬菌体的感染性测定，一般采用将经系列稀释的噬菌体悬液，与高浓度的细菌悬液以及半固体营养琼脂均匀混合后，倾注在已铺有较高浓度营养琼脂的平板上，成为上层，经孵育后，即在细菌菌苔上出现分散的单个噬斑。统计噬斑数目可计算出噬菌体的效价。

（二）蚀斑测定

将适当浓度的病毒悬液加入单层细胞中，于病毒吸附于细胞上后，再覆盖一层琼脂，经孵育后，病毒在细胞内复制，产生局限性病灶，以活性染料进行染色，可测蚀斑数。

有些病毒虽不能引起细胞损伤、死亡，但能引起受染细胞与相邻的未受染细胞融合，形成合胞体，在显微镜下检查合胞体蚀斑数目，可测定病毒的效价。而能在单层细胞培养中产生增生性病灶的肿瘤病毒，则可根据病灶的数目进行定量，也称转化测定。

有些有包膜的动物病毒,虽不产生明显的致细胞病变效应,但它们在受染细胞内复制时所合成的具有血细胞凝集活性的表面蛋白,可插入受染细胞的质膜中,使受染细胞获得吸附红细胞的能力。因此可利用血细胞吸附蚀斑来进行相应病毒的感染性测定。

(三) 坏死斑测定

以能破碎植物细胞壁的粉末状物质和植物病毒的混合物摩擦植物叶片,则产生坏死斑的数目可用来测定植物病毒样品的效价。

(四) 终点法

对于那些不能用蚀斑法或坏死斑法测定的动植物病毒,可用终点法定量。

终点法的方法是:将病毒系列稀释,取等体积的各个稀释度的病毒悬液分别接种许多同样的试验单元(如某实验动物、植物、鸡胚、细胞培养等),经过一段时间孵育,依据实验动物、植物或鸡胚的患病或死亡,细胞出现病变,病毒繁殖所产生子代病毒的体外识别(如血细胞凝集试验、免疫学反应检查)等,计算试验单元群体中的半数个体出现某一感染反应所需的病毒剂量来确定病毒样品的效价,也称半数效应剂量。如半数致死剂量(LD_{50})、半数感染剂量(ID_{50})、半数组织培养感染剂量($TCID_{50}$)。

半数效应剂量是以使50%的试验单元出现感染反应的病毒稀释液的稀释度倒数的对数值表示。用Reed和Muench最初描述的方法计算半数效应剂量(LD_{50}、ID_{50}、$TCID_{50}$)。表5-7记录了某次试验数据,将这些数据应用公式5-1计算出LD_{50}。

表5-7 实验记录数据

病毒稀释度	接种动物数	死亡数	存活数	累积值			
				总死亡数	总存活数	死亡率	
						比例	比值(%)
10^{-1}	6	6	0	17	0	17/17	100
10^{-2}	6	6	0	11	0	11/11	100
10^{-3}	6	4	2	5	2	5/7	71
10^{-4}	6	1	5	1	7	1/8	13
10^{-5}	6	0	6	0	13	0/13	0

LD_{50}计算公式为:

$$LD_{50} = 50\%感染率的高临界稀释度倒数的对数 + 距离比 \times 稀释系数的对数$$

(5-1)

其中:距离比 $= \dfrac{50\%的高临界感染率 - 50\%}{50\%的高临界感染率 - 50\%的低临界感染率} = \dfrac{71\% - 50\%}{71\% - 13\%} = 0.36$

因此,$LD_{50} = \lg(1/10^{-3}) + 0.36 \times \lg 10 = 3.36$,即取一定量的病毒样品以$10^{-3.36}$稀释度悬液接种供试验的动物群体,可致50%的实验动物死亡。

三、病毒的纯化与鉴定

自细胞培养、鸡胚或动物中新分离出能稳定传代的病原,并确证无细菌、支原体等污染,就可以认为已分离到病毒。但究竟是哪一种病毒,必须进行纯化、鉴定。

(一) 纯化

将病毒感染的宿主机体组织、体液、分泌物,或病毒感染的细胞经破碎后的抽提物等起始材料中除去非病毒成分的过程称为病毒的纯化。鉴于病毒的性质,病毒纯化的标准须遵循纯化的病毒制备物应保持感染性和具有均一性这两个原则。前者可通过病毒的感染性测定进行定量分析,后者可用如下方法检查。

1. 电子显微镜观察 纯化的病毒制备物在电子显微镜下表现为大小、形态均一的颗粒。

2. 超速离心 纯化的病毒制备物在超速离心时,所有颗粒的沉降速率和密度应表现一致,只出现一条沉降带。

3. 电泳 纯化的病毒制备物中的颗粒大小及表面电荷应当均一,在一定强度的电场中只形成一条电泳带。

4. 免疫学方法 纯化的病毒制备物应有特异性的抗原表现,用免疫学方法检测不含有非病毒的抗原成分。

不同的病毒有不同的纯化方法,即使同一种病毒,在不同的宿主系统中纯化的方法也可能有别。但无论哪种提纯方法,都是依据病毒的理化性质。首先,病毒体的外表面的主要化学组成是蛋白质,鉴于病毒的高蛋白含量,故可利用蛋白质提纯的方法纯化病毒;其次,病毒体具有一定的大小、形状和密度,一般可在 $40\,000\,g \sim 100\,000\,g$ 的离心场中,$1 \sim 2\,h$ 沉降。由于病毒制备物必须考虑保持其感染性,所以提纯时要特别注意严格控制温度、pH 及各种试剂。用于病毒纯化的起始材料要选用无其他病毒或毒株的污染、含有大量的病毒体、少含杂质并易于处理的适宜材料。而提纯方法要综合考虑所分离纯化病毒的性质、起始材料的特点、纯化病毒进行研究工作的目的以及实验室条件等具体情况,通过大量的预备性试验,再来选择适宜的纯化方法。为了得到最好的纯化效果,保持病毒的感染性,必须建立灵敏的病毒鉴定和测定方法,并在纯化过程的始终,对病毒进行定性和定量的检测。

(二) 鉴定

根据症状、流行病学特点、标本来源、易感动物范围、细胞病变特征及生物学特性、理化性质等,可初步确定病毒属于何科或何属。

1. 动物感染范围及潜伏期 根据症状、流行病毒的感染范围,可以初步推断是哪种病毒。动物发病的潜伏期,在初步鉴定上也很重要。如草鱼出血病毒的感染对象主要是草鱼,仅只草鱼发病且症状典型,应采用草鱼种作接种动物或接种草鱼的细胞株。该病的潜伏期一般是 $4 \sim 7\,d$,若接种草鱼于 $2\,d$ 内死亡,应怀疑为细菌感染或针刺创伤所致。

2. 细胞培养的表现 病毒在细胞内增殖后,可以引起不同的结果。有的细胞完全被破坏,有的只有轻微的病变或无可见的变化。各种细胞病变往往随病毒种类和所用细胞类型的不同而异。这些变化在一定条件下比较恒定。常见的细胞形态学变化归纳为 6 种类型:①细胞圆缩、分散、不聚集、全部细胞受破坏,如肠道病毒。②细胞肿大、颗粒增多、病毒细胞聚集成葡萄状,如腺病毒。③细胞融合形成多核巨细胞,如副黏病毒、疱疹病毒。④轻微病变,如正黏病毒、狂犬病病毒。⑤胞质中有空泡形成,如 SV_{40} 病毒。⑥有些病毒能使细胞形成嗜酸性或嗜碱性包涵体,位于细胞质或核内,一至数个不等。根据病变特点,可做出初步判断,以缩小鉴定范围。

3. 红细胞吸附 有些病毒在组织培养细胞内可以繁殖,不产生细胞病变,但红细胞吸附现象,如副流感病毒。该现象的产生,是由于病毒在细胞膜成熟释放时,将其血凝素插入细胞膜,使受染细胞能吸附红细胞,作为病毒的增殖指标。该现象可被相应的病毒特异性抗体抑制,称为红细胞吸附抑制试验,可以用来鉴定病毒。

4. 干扰现象 一种病毒感染细胞后，可以干扰以后进入的病毒增殖。利用此现象鉴定不引起形态学变化的病毒。例如某些型别的鼻病毒能干扰以后进入的副流感病毒的增殖，从而阻抑后者的红细胞（血）吸附作用。

5. 血凝性质 许多病毒能吸附于人或一定的哺乳动物和禽类红细胞的表面产生血凝现象。病毒发生血凝反应一般要求一定的pH和温度，这些性质对病毒鉴定有重要意义。血凝现象还可被相应血凝素抗体抑制，即为血凝抑制试验，具有型别鉴定意义。部分病毒的血凝特性如表5-8所示。

表5-8 病毒凝集红细胞的特性

病毒	红细胞	反应条件
正黏病毒	鸡、人、豚鼠	4～37 ℃，最适22 ℃
副黏病毒	鸡、豚鼠、人或猴	4～37 ℃
痘病毒	30%～50%的鸡呈阳性	22～37 ℃，最适37 ℃
披膜病毒	鹅、鸡、母绵羊	一定的pH和温度
黄病毒	鸡、人	4 ℃或37 ℃，pH为6.4～7.0
腺病毒	大鼠、猴	39 ℃
呼肠孤病毒	豚鼠	4 ℃、20 ℃、37 ℃
布氏病毒	鹅	37 ℃
弹状病毒	鹅	4 ℃
冠状病毒	鸡、大鼠、小鼠	4 ℃
呼肠孤病毒	人、牛	4 ℃
小RNA病毒	人	4 ℃、25 ℃
细小病毒	豚鼠、猪、1日龄雏鸡	4 ℃
杯状病毒（兔出血症病毒）	人	4～37 ℃

6. 理化性质

（1）核酸类型测定。可用几种方法测定，最普通的方法，如5-氟脱氧尿苷具有抑制DNA病毒增殖而不影响RNA病毒增殖的能力。例如在细胞培养（特别是传代细胞）中含有该化合物时，能完全抑制由单纯疱疹病毒（DNA）引起的细胞病变，而对肠道病毒（RNA病毒）引起的细胞病则无影响。

（2）大小和形态。可用电子显微镜测定病毒的大小和形态，或用超微过滤法估计病毒颗粒的大小。

（3）乙醚敏感试验。可测知病毒外周是否含有类脂的包膜。无包膜的病毒对乙醚处理有抵抗。如加入乙醚于未稀释的病毒悬液中做病毒感染性丧失试验，有包膜病毒能被脂溶剂破坏，病毒感染的效价明显改变，对乙醚敏感，则认为被测病毒有包膜。也可用氯仿或脱氧胆酸钠代替乙醚以同样方法测定病毒类脂成分。

（4）耐酸试验。肠道病毒和鼻病毒皆为小RNA病毒，但肠道病毒对酸有抵抗，而鼻病毒对酸敏感（在pH为3.0下，后者病毒感染效价降低2～4个对数），可以加以区别。

在初步鉴定的基础上,对已分离出阳性结果需选择适当的血清学方法和分子生物学方法对病毒分离株做最后鉴定。

四、免疫学诊断

近年来,随着分子生物学和免疫学技术的发展,出现了一些能直接检测病毒早期感染的诊断方法,但一些传统的病毒血清学诊断方法仍具有较高的应用价值,特别是对于尚无法分离培养和增殖缓慢的病毒所致感染的诊断甚为有用。即便是易于培养的一些病毒感染,血清学方法仍具有鉴定病毒的重要意义。血清学诊断方法很多,此处主要简述常用的有补体结合试验、中和试验、血凝抑制试验、免疫荧光试验、免疫组化试验、酶联免疫吸附试验,详细内容见第十章。

(一) 补体结合试验

补体结合试验是应用抗原和抗体特异性结合后能激活补体的原理而设计的试验方法。试验中有 5 个成分,包括 2 个抗原-抗体系统和补体。这 2 个系统是病毒特异性抗原-抗体系统和绵羊红细胞-溶血素系统。后者为试验中的鉴别系统。试验中,当病毒抗原与抗体相对应时形成抗原抗体复合物,所加入的定量补体被结合。溶血系统因无补体而不发生溶血,表现阳性结果。当试验中病毒抗原与抗体不相对应时,加入的定量补体便与溶血系统结合而发生溶血,表现阴性结果。本试验只要变换抑制病毒抗原就能测定许多具有临床意义的相应抗体,即补体结合抗体。该抗体出现早,消失快,可用于早期诊断。该试验需要仔细滴定所有反应成分并使其标准化,步骤比较烦琐。但它不需要在活细胞中进行,比以下所述中和试验简单,得出结果相对较快,并能用已知抗体鉴定分离的病毒及其型别。因此,仍是实验室常用的方法。

(二) 中和试验

中和试验是病毒在细胞培养中或在活体内被特异性抗体中和,使病毒失去感染性的一种试验。可用来检查患病后或人工免疫后,机体血清中抗体增长情况,也可用来鉴定病毒。这一试验表现出质和量的关系,即中和一定量病毒的感染力必须有一定量的特异性抗体。一般是用不同稀释度的血清和定量病毒(100 $TCID_{50}$)混合,放置一定时间,然后接种细胞管。每天观察细胞病变,阳性结果判断是以能保护半数细胞管中的细胞不为100 $TCID_{50}$病毒所攻击的血清稀释度作为终点效价。该试验也可用鸡胚和易感动物进行,方法基本同上。但以细胞培养中和试验为最敏感和准确,而且较活体经济方便,常被认为是标准的血清学方法。中和抗体是 IgG,出现时间较补体结合性抗体晚,特异性高,维持时间长,因此流行病学调查常用此法。

(三) 血凝抑制试验

前面提到的病毒血凝现象。这种现象能被特异性抗体所抑制,称为血凝抑制试验。其原理是相应的抗体与病毒结合后,阻抑了病毒表面的血凝素与红细胞结合的能力,试验方法简便、快捷、特异性高,常用于有血凝特性病毒感染的诊断和病毒亚型鉴定及抗原变异的监测。

(四) 间接免疫荧光检测

应用免疫荧光技术,不但能检测病毒抗原,而且还能检测病毒特异性抗体。方法有直接法和间接法等。临床血清学诊断常用间接法。其主要步骤是将患者血清与玻片载体上相应病毒抗原结合，再加荧光素标记的抗抗体（抗人 IgG 或抗人 IgA 或 IgM），然后用荧光显微镜观察。

（五）免疫组化试验

免疫组化，又称免疫组织化学（immunohistochemistry，IHC）是用标记的特异性抗体或抗原与组织内抗原或抗体特异性结合，通过化学反应使标记的显色剂（荧光素、酶、金属离子、同位素）显色来确定组织细胞内抗原或抗体，对其进行定位、定性及定量研究的一种技术。该技术需要制作组织切片，并在此基础上进行抗原抗体反应，操作过程复杂，在检测临床中应用不广泛。但能完整地保持组织的形态，准确、灵敏地确定病毒在哪些组织存在及其在组织中的位置，显示病毒感染过程的病理变化。如利用免疫组化方法从固定的组织切片中可检测 IHNV，并了解该病毒的进入途径以及致病过程。又如，采用该方法检测美国青蛙组织时发现，存在于组织外周被膜区的美国青蛙虹彩病毒（RGV）感染也能检测到，说明免疫组化方法比组织病理观察能更早地确认病毒感染。在检测 VHSV 时发现，免疫组化不及细胞培养方法敏感，但是该方法能在检测病毒存在的同时，显示组织形态的改变。

（六）酶联免疫吸附测定

酶联免疫吸附测定（ELISA）在病毒血清学诊断中是常用的技术。常用辣根过氧化物酶（HRP）及碱性磷酸酶（AP）标记第二抗体（抗抗体），进行间接测定，或酶标记抗体，进行夹心法测定。我国对草鱼出血病的诊断也应用了此方法。

五、分子生物学诊断

近年来，随着现代科学技术的不断发展，特别是分子生物学技术的不断发展，对病毒的诊断已不再局限于对其外部形态结构和生理特性等检测水平上，而是从分子水平和基因水平进行诊断。分子生物学诊断方法，包括 PCR 技术、核酸杂交技术、基因芯片技术、实时荧光定量 PCR 技术、限制性酶酶切检测技术等。

（一）聚合酶链式反应

聚合酶链式反应（polymerase chain reaction，PCR）技术是通过体外酶促合成特异性 DNA 片段的方法。它是分子生物学技术中发展并普及最快、应用最广的新技术之一。基于 PCR 技术的分子生物学方法是通过扩增特异性 DNA 片段来检测病毒。它在 DNA 聚合酶的作用下，经过变性、退火、延伸等基本步骤，经过多次循环，最后获得目的基因片段，经凝胶电泳可检测目的片段的大小。将扩增的片段克隆后可直接进行 DNA 测序，把测序结果与已知病毒序列比对，即可得出结论。如果是 RNA，则需要先逆转录，再进行上述操作。

（二）核酸杂交技术

核酸杂交（nucleic acid hybridization）是利用特异性标记的 DNA 或 RNA 作为指示探针，使其与病毒核酸中互补的靶核苷酸序列进行杂交，以准确检测核酸样品中的特定基因序列，从而确定宿主是否携带有某种病毒；或者直接在取样组织切片上进行原位杂交，确定病毒在组织、细胞内外的分布，进而对病毒的感染途径进行分析。

（三）基因芯片

基因芯片（DNA microarray chip）是一类新型分子生物学技术，为研究细胞中病毒感染的基因表达谱提供了重要的新手段,近年来也开始应用于病毒的检测和病毒感染的诊断中。基因芯片的测序原理是杂交测序方法,即通过与一组已知序列的核酸探针杂交进行核酸序列测定的方法,在一块基片表面固定了序列已知的八核苷酸的探针。当溶液中带有荧光标记的核酸序列 TATGCAATCTAG 与基因芯片上对应位置的核酸探针产生互补匹配时,通过确定荧光强度最强的探针位置,获得一组序列完全互补的探针序列。据此可重组出靶核酸的序列。基因芯片的测序原理是杂交测序方法,即通过与一组已知序列的核酸探针杂交进行核酸序列测定的方法,在一块基片表面(如尼龙膜、玻璃片以及塑料等)固定了序列已知的八核苷酸的探针。当溶液中带有荧光标记的核酸序列 TATGCAATCTAG,与基因芯片上对应位置的核酸探针产生互补匹配时,通过确定荧光强度最强的探针位置,获得一组序列完全互补的探针序列。据此可重组出靶核酸的序列。

(四)实时荧光定量 PCR 技术

实时荧光定量 PCR 技术(real-time PCR)具有灵敏度高、特异性好、准确性高、定量、操作简单、自动化程度高、速度快、高通量、安全以及防污染等优势,已广泛用于水生动物病毒病的定量检测中。如检测对虾桃拉综合征病毒(Taura syndrome virus,TSV)、白斑综合征病毒(white spot syndrome virus,WSSV)、黄头病毒(yellow head virus,YHV)、传染性皮下和造血器官坏死病毒(infectious hypodermal and haematopoietic necrosis virus,IHHNV);鲤春病毒血症病毒(spring viremia of carp virus,SVCV)、传染性造血器官坏死病毒(infectious hematopoietic necrosis virus,IHNV)和病毒性出血性败血症病毒(viral hemorrhagic septicemia virus,VHSV);以及牡蛎的诺瓦克病毒(Norwalk virus,NV)和疱疹病毒-1 型(ostreid herpesvirus 1,OsHV-1)。real-time PCR 检测灵敏度比常规 PCR 高 $10^2 \sim 10^4$ 倍,能快速检测水生动物体内病毒并准确对其进行定量,在病原体的快速诊断及定量检测过程中将发挥重要的作用,且可以对水生动物的病毒感染状况及亚临床状态进行评估,为水生动物病毒病早期预防和控制提供有力的科学依据。

六、全基因组测序技术

随着高通量测序技术的快速发展,目前可以非常快速便宜地进行病毒全基因组的测序,获得全面的基因组信息。目前已经完成的第一个水生动物 DNA 和 RNA 病毒分别是属于 α-疱疹病毒亚科的乌龟疱疹病毒 3 型和欧鲇 RNA 病毒(European sheatfish ranavirus,ESV)。迄今已有 11 株水生动物疱疹病毒全基因组进行了测序,其中 9 株是鱼蛙疱疹病毒科的成员,2 株是贝类疱疹病毒科的成员。斑点叉尾鮰疱疹病毒 IcHV-1 是鮰疱疹病毒属的代表种,是首个已知全基因组顺序的鱼类疱疹病毒。这些疱疹病毒全基因组的大小从最小的斑点叉尾鮰疱疹病毒 IcHV-1 的 134.2 kb 到最大的锦鲤疱疹病毒 KHV-J 的 295.2 kb,其潜在的基因数从最少的 77 个到最多的 163 个,变化很大。海龟疱疹病毒(ChHV5)是一种与海龟纤维乳头状瘤密切相关的病毒,它的基因组顺序最近也被测定,并发现其基因组与典型的 α-疱疹病毒基因组有很大程度的共线性。

七、病毒感染的防治

(一)病毒感染的特异性防治

病毒感染的特异性防治包括人工主动免疫和人工被动免疫。人工主动免疫通过给机体注射各类疫苗，刺激机体免疫系统产生特异性抗病毒免疫力，是预防病毒性传染性疾病的重要手段。常用的病毒疫苗包括灭活疫苗（inactivated vaccine）、活疫苗（living vaccine）、亚单位疫苗（subunit vaccine）、基因工程疫苗（gene engineering vaccine）等。人工被动免疫指通过给机体输注含有特异性抗体的免疫血清、纯化的免疫球蛋白、细胞因子或活化的免疫细胞等免疫制品，使机体获得特异性免疫力，主要用于病毒感染的紧急预防和已获感染的治疗。常用的细胞免疫制剂有干扰素（interferon，IFN）、白细胞介素（interleukin，IL）等。

（二）病毒感染的治疗

抗病毒的药物主要有：①抗病毒化学治疗药物，包括核苷酸类药物（如利巴韦林、阿昔洛韦、拉米夫定、齐多夫定等）、蛋白酶抑制剂、金刚烷胺、甲酸磷霉素。②生物和免疫治疗药物，包括干扰素和干扰素诱生剂。③基因治疗药物，包括反义寡核苷酸、干扰RNA、核酶等。④中草药，包括大青叶、板蓝根、金银花、大黄、黄芩、鱼腥草、穿心莲等。

第四节 噬菌体

噬菌体（bacteriophage，或phage）是指以细菌、支原体、螺旋体、放线菌和真菌等为宿主，侵袭其中并能引起宿主裂解的病毒。从1915年Twort首次发现葡萄球菌噬菌体以来，人们陆续发现许多噬菌体，其分布极广，几乎凡有细菌存在的场所，都可能找到相应的噬菌体。噬菌体具有严格的宿主特异性，由于其与细菌的关系较动物病毒与宿主的关系简单，因此至今仍借用噬菌体的模型和理论，以及噬菌体的研究技术与手段，来研究生物复制和探索生命现象的本质，尤其在分子生物学、基因工程的研究和应用中，噬菌体已成为重要的工具。

一、生物学性状

（一）形态结构

噬菌体的体积微小，需用电子显微镜观察。有蝌蚪状、微球状和细杆状等3种外形，大多数噬菌体呈蝌蚪状。由二十面体的头部及管状的尾部组成。头部大小为80~100 nm，尾部短者为10~40 nm，长者为100~200 nm。头部衣壳排列为立体对称，中心为核酸，多为双股DNA，也有单股DNA、双股RNA和单股RNA。尾部髓鞘的壳粒呈螺旋对称，尾部与头部相接，中空的尾髓与头部相通并开口于尾板底部，尾板上有短直的尾刺与细长的尾丝，其末端结构能与细菌表面的受体（如性菌毛、革兰氏阴性菌外膜蛋白等）结合。有尾噬菌体的核酸为双股DNA；无尾噬菌体呈微球状，核酸为单股DNA或单股RNA；少数噬菌体为细杆状，核酸为单股DNA。

噬菌体的尾部是感染细菌的吸附器，具有识别细菌表面特异受体的功能，这种特异性是极为严格的，故可用噬菌体进行细菌的鉴定与分型。根据噬菌体的形态与结构，Bradley将噬菌体分为6个基本形态群（表5-9）。其中A群是长尾噬菌体，尾鞘收缩使尾髓远端露出，有利于头部的DNA注入菌体内；B群为长尾噬菌体，尾长大于头部的长径，但不具有能收缩的尾鞘；C群为短尾噬菌体，尾的长度远远短于头部长径，有的极短，甚至难以辨认；D群呈微球状，而且在二十面体形成的12个顶端上有球状的壳微粒，并附有钉状刺突，可吸附于细菌表面特异受体；E 群也是微球状，但顶端无球形结构，可吸附于特异细菌的性菌毛侧面；F 群为细杆状噬菌体，不分头尾，以细杆状顶端吸附于细菌性菌毛顶端而完成感染。

表 5-9　噬菌体基本形态群的特征

群	形态	头部	尾部	核酸类型	噬菌体举例
A	蝌蚪状	二十面体	长尾、有尾鞘	dsDNA	大肠杆菌 T_2、T_4、T_6，枯草杆菌 SP50、PBS1
B	蝌蚪状	二十面体	长尾、有尾鞘	dsDNA	大肠杆菌 T_1、T_5，白喉杆菌噬菌体
C	蝌蚪状	二十面体	短尾、有尾鞘	dsDNA	大肠杆菌 T_3、T_7，枯草杆菌 ϕ29、Nf
D	微球状	二十面体	无尾	ssDNA	大肠杆菌噬菌体 ϕx174、ϕR、S13
E	微球状	二十面体顶端，有球状壳微粒	无尾	ssRNA	大肠杆菌 f2、MS2、M12、Qβ、fr
F	细杆状	不分头尾		ssDNA	大肠杆菌 f1、fd、M13，铜绿假单胞菌 pf1、pf2

（二）化学组成

噬菌体主要是由核酸和蛋白质组成。蛋白质构成噬菌体的头部衣壳及尾部，头部衣壳包裹噬菌体的核酸。大多数噬菌体的 DNA 是由腺嘌呤（A）、鸟嘌呤（G）、胸腺嘧啶（T）和胞嘧啶（C）组成，符合 Watson-Crick 所规定的 A＝T、C＝G 的当量关系。但有些噬菌体的碱基与上述不同，如大肠杆菌 T 偶数噬菌体 DNA 中由羟甲基胞嘧啶代替胞嘧啶，有些枯草芽孢杆菌噬菌体的 DNA 中，由羟甲基尿嘧啶或尿嘧啶取代胸腺嘧啶。这些 DNA 替代部位的生物学功能尚不清楚，但对这些噬菌体 DNA 复制的研究提供了方便条件，因为宿主菌的 DNA 中不含这些碱基，以此作为天然标记很容易区别出噬菌体或宿主菌的 DNA。

（三）抵抗力

噬菌体对理化因素的抵抗力比一般细菌的繁殖体强，加热 70～80 ℃经 30 min 仍不失活（多数细菌于 60 ℃ 30 min 则被杀死）。噬菌体在低温下能长期存活，经反复冻融并不减弱其裂解能力。大多数噬菌体能抵抗乙醚、氯仿和乙醇。消毒剂需作用较长时间才能使其失活，如在 0.5％升汞、0.5％苯酚中经 3～7 d 不丧失活性。但对紫外线和 X 射线较敏感，一般经紫外线照射 10～15 min，即变为无活性的噬菌体，此特点与一般动物病毒不同。

二、噬菌体与宿主菌的相互关系

噬菌体感染细菌后产生两种后果，一是噬菌体增殖并裂解细菌，建立溶菌周期；二是噬菌体在细菌内不增殖，其核酸整合于细菌染色体内，并可随细菌分裂而将噬菌体核酸传至子代细菌中，建立溶原状态。

（一）噬菌体的溶菌过程

噬菌体感染宿主菌后行大量增殖并最终裂解细菌，完成其溶菌周期。这种能使细菌裂解的噬菌体称为烈性噬菌体（virulent phage）。其溶菌过程大致分 3 个阶段进行，速度快，完成一次溶菌周期只需要 20～30 min。

1. 吸附阶段　噬菌体吸附于敏感细菌是具有高度特异性的，有尾噬菌体首先借助于尾刺和尾丝吸附于细菌细胞的特异受体部位，受体可分布在细胞壁的不同层内或细胞膜上，位于深层的受体可能是通过菌体表面孔隙与噬菌体结合;微球状噬菌体依赖其表面结构与细菌性菌毛侧面吸附;细杆状噬菌体以其顶端吸附于性菌毛的顶端。细菌的受体多由脂多糖或脂蛋白构成,一个细菌可吸附约 200 个噬菌体。

当噬菌体吸附于细菌后,由尾刺或吸附部的顶端分泌溶菌酶类物质,将细菌的细胞壁溶一小孔,使其尾髓或吸附顶插入,将衣壳中的核酸通过尾部管腔注入细菌体内,将蛋白质外壳留在菌细胞外。

2. 增殖阶段 噬菌体核酸注入细菌体内,以其遗传信息转录 mRNA,在菌体的核蛋白体上翻译成噬菌体的结构蛋白和功能蛋白等,同时以噬菌体核酸为模板进行自身核酸的复制,这些材料合成后,在细菌细胞质内按一定程序组装成完整成熟的噬菌体。

3. 释放阶段 噬菌体在宿主菌内复制达一定数量(20~1 000 个不等)时,细菌细胞突然被裂解。原因可能是大量增殖的噬菌体数在细菌体内产生的压力,也有可能是噬菌体合成酶类的溶解作用。通过细菌的裂解释放出大量成熟的噬菌体,完成烈性噬菌体的溶菌周期。

噬菌体裂解细菌的现象,在液体培养基中可使混浊的菌液变为澄清;在固体培养基中,在长满细菌的平皿表面可出现无菌的空白区域,称为噬斑(plaque)。不同噬菌体产生的噬斑,其大小、形状、透亮度等性状均不同,对噬菌体的鉴定有意义。每一个噬斑是由一个噬菌体增殖并裂解噬斑内的细菌后形成的,实验时噬菌体是经一定倍数稀释,通过噬斑计数,可测知一定容积中噬菌体的数量,称为噬斑形成单位数(plaque forming unit,pfu)。

(二)宿主菌的溶原状态

有些噬菌体感染敏感细菌后并不繁殖,而是以其基因组整合于细菌染色体 DNA 上,成为细菌染色体的一部分,并随着细菌基因组的复制而复制。当细菌分裂时,噬菌体基因组也能随之分配至两个子代细菌基因中,这种状态称为溶原状态(lysogeny)。感染细菌后引起溶原状态的噬菌体称为溶原性噬菌体(lysogenic phage)或称温和噬菌体(temperate phage)。整合在细菌染色体上的噬菌体核酸称为前噬菌体(prophage)。染色体上带有前噬菌体的细菌称为溶原性细菌(lysogenic bacterium)。

溶原性细菌具有以下特征:①能正常进行分裂繁殖,并将前噬菌体传至子代菌体中。②某些细菌转变为溶原状态后,由于染色体上获得了噬菌体的基因组,可改变细菌的某些生物学性状,如白喉棒状杆菌感染了 β-棒状杆菌噬菌体后能产生白喉毒素,溶血性链球菌感染噬菌体后能产生红疹毒素等。③溶原性细菌对其本身有关的噬菌体具有免疫性,溶原性细菌由于带有前噬菌体,其基因编码一种阻遏蛋白(repressor protein),可阻抑噬菌体大部分基因功能的表达,尽管噬菌体核酸进入细菌体内,但其核酸复制和结构蛋白的合成受到阻抑,噬菌体不能增殖,溶原性细菌受到这种免疫性保护,使细菌免遭烈性噬菌体的裂解,而且这种免疫保护是具有特异性的。④溶原性细菌可自发地产生溶菌状态,因少数细菌所携带的前噬菌体可从染色体上脱离,进行如同烈性噬菌体的复制增殖,转入溶菌周期。这种自发终止溶原状态的频率为 10^{-5}~10^{-2},许多理化因子可诱导大部分甚至几乎全部溶原性细菌转入溶菌周期,如用紫外线照射和丝裂霉素 C 诱导,可使近 90% 溶原性细菌释放出前噬菌体进行复制。因此,温和噬菌体既有溶原周期,又有溶菌周期,而烈性噬菌体只有裂解周期。

三、噬菌体的应用

(一) 噬菌体的分离与测定

凡有细菌存在的场所都可分离出噬菌体。先将欲分离的材料经过滤菌器过滤，在滤液中加入待分离噬菌体的相应幼龄细菌培养物，在合适的培养基中做适温孵育一段时间后，若出现溶菌现象说明检材中可能有相应的噬菌体。再将含有噬菌体的材料，用肉汤或生理盐水做连续的 10 倍稀释（10^{-1}、10^{-2}、10^{-3}、…10^{-10}），加入敏感菌液中一起孵育，经一段时间后观察溶菌结果。凡能引起溶菌的最高稀释度，即为噬菌体的效价。此测定也可在平板上进行，经培养后，根据形成噬斑数量和所加一定量检材的稀释度，计算出噬菌体的效价。

(二) 检测标本中的未知细菌

(1) 如上述，在某检材中分离出一种噬菌体，常提示该标本种有相应的细菌存在。

(2) 利用噬菌体效价增长试验检测标本中的相应细菌，如将标本与一定数量的已知噬菌体混合，孵育 6~8 h 后，进行噬菌体效价的测定。若噬菌体效价比混合培养前有明显增长，说明标本中有相应细菌存在，并致噬菌体数量明显增加，即使该标本的细菌培养阴性，也不能排除标本中确有相应菌存在。

(三) 细菌的鉴定与分型

由于噬菌体裂解细菌有种与型的特异性，故可用于细菌的鉴定与分型。如利用已知噬菌体鉴定未知的霍乱弧菌、耶尔森鼠疫杆菌、枯草芽孢杆菌等；也可用已知型的噬菌体对某细菌进行分型，如用金黄色葡萄球菌分型噬菌体将金黄色葡萄球菌分为 5 个噬菌体群，23 个噬菌体型；用伤寒沙门氏菌 Vi 标准型噬菌体，已发现含 Vi 抗原的伤寒沙门氏菌有 96 个噬菌体型。这种用噬菌体对细菌进行分型的方法，在流行病学调查上，特别在追查传染源和判定传播途径上有作用。

(四) 分子生物学的重要试验工具

噬菌体作为细菌的病毒，取材和培养方便，增殖迅速，数小时就可得到大量后代，其研究工作大大推动了分子生物学和遗传学的发展。同时，噬菌体在基因工程上可作为外源性基因的载体，以温和噬菌体最为常用。如大肠杆菌 $K_{12}\lambda$ 噬菌体，含有双股 DNA，与外源性基因重组后转入大肠杆菌，能在菌细胞内扩增外源性基因或表达外源性基因产物。目前用噬菌体作载体，不仅是遗传工程的重要研究手段，而且已用于基因工程抗体及某些生物活性制剂的生产实践。

(五) 控制病原体

曾有人用噬菌体来治疗绿脓杆菌感染和动物的沙门氏菌病。在水产上，美国、印度、日本、英国、以色列和苏联先后从不同的生境分离到裂解藻类的病毒（噬藻体），用于控制赤潮生物，并有大量应用实例。用噬菌体作为生物防治方法具有良好的发展前途。

第五节 亚病毒

亚病毒（subvirus）是病毒学的一个新分支，突破了原先以核衣壳为病毒体基本结构的传统认识。目前,将仅具有病毒核酸或仅有蛋白质的感染性活体,称为亚病毒。亚病毒属于非典型病毒,包括类病毒、拟病毒和朊病毒(感染性蛋白质)等。这类微生物在水生动物中尚未发现,但也应予以密切关注。

一、类病毒

1971 年 Diener 首次发现马铃薯纺锤形块茎病是由一种比病毒更为简单的感染因子引起,仅由单股共价闭合环形 RNA 分子组成,无蛋白质衣壳,称为类病毒(viroid)。类病毒的大小仅为最小病毒的 1/20 左右,相对分子质量为 $0.7 \times 10^5 \sim 1.2 \times 10^5$,含有 246~375 个核苷酸,由一系列短的双链区和不配对的单链区相间排列,其正、负股中均含合成蛋白质的起始密码 AUG。类病毒本身不具编码自身核酸复制的酶,该酶来自宿主细胞核内依赖 DNA 的 RNA 聚合酶,它指导类病毒的复制,并直接干扰宿主细胞的核酸代谢。目前已发现的类病毒达 20 种以上,依据是否含有中央保守区和核酶结构分为马铃薯纺锤形块茎类病毒科和鳄梨白斑类病毒科两科。类病毒主要使植物致病,如马铃薯、番茄、柑橘、椰子等经济作物的缩叶病、矮化病等。

二、拟病毒

拟病毒(virusoid)是引起苜蓿、绒毛烟等植物病害的一种亚病毒,实质是一类包裹在真病毒颗粒中的有缺陷的类病毒。拟病毒极其微小,仅有 300~400 个核苷酸。被拟病毒寄生的真病毒又称辅助病毒,而拟病毒则成了辅助病毒的"卫星"。拟病毒不能直接在宿主中复制,其复制必须依赖相应的、特异的辅助病毒的协助。同时拟病毒也可干扰辅助病毒的复制,改变其对宿主的病害症状。

拟病毒首次在绒毛烟斑驳病毒(velvet tobacco mottle virus,VTMoV)中分离到(1981 年)。VTMoV 是一种直径为 30 nm 的二十面体病毒,在其核心除含有大分子线状 ssRNA(RNA-1)外,还含有环状 ssRNA(RNA-2)及其线状形式 ssRNA(RNA-3),后两者即为拟病毒。只有当 RNA-1(辅助病毒)与 RNA-2 或 RNA-3(拟病毒)合在一起时才能感染宿主。除在植物病毒中陆续发现的如苜蓿暂时性条斑病毒(LTSV)、莨菪斑驳病毒(SNMV)、地下三叶草斑驳病毒(SCMoV)等之外,在动物病毒中也发现了拟病毒,如丁型肝炎病毒(HDV),其辅助病毒是乙型肝炎病毒(HBV)。

三、朊病毒

1982 年 Prusiner 证明羊瘙痒病是由一种相对分子质量为 3.0×10^4 的蛋白质引起,他称这类感染性蛋白质为蛋白侵染颗粒(prion),或称为朊病毒(virino)。研究表明,朊病毒是动物与人传染性海绵状脑病(TSE)的病原,其致病性是细胞正常蛋白经变构后而获得的。朊病毒蛋白(prion protein,PrP)相对分子质量为 27 000~35 000,是构成朊病毒的基本单位。PrP^c(可溶性)是相对分子质量为 33 000~35 000 的 PrP 前体蛋白,当其发生变构后成为引起羊瘙痒病的侵染性蛋白,称为 PrP^{sc}(不溶性)。PrP27~30 是指 PrP^c 在蛋白酶 K 的作用下水解成相对分子质量为 27 000~30 000 的淀粉样蛋白。单个 PrP 无感染性,由 3 个 PrP 构成侵染子单位则具有极强感染性,1 000 个 PrP 的多聚体在电子显微镜下成为直径

25 nm、长 100~200 nm 的杆状体。

朊病毒在动物中可引起羊瘙痒病、貂脑病、牛海绵状脑病、北海黑尾鹿消瘦病。朊病毒还可引起人的震颤病（Kuru disease）、克-雅氏病（Creutzfeldt-Jacob disease，CJD）、格斯特曼综合征（Gerstmann-Straussler-Scheinker syndrome，GSS）、致死性家族性不眠症（fetal familial insomnia，FFI）等，某些动物的朊病毒感染也可传染给人。另外，人类慢性退化性功能紊乱病，如老年性痴呆、多发性硬化症等可能与朊病毒有关。朊病毒感染的病变部位不伴有炎症反应和免疫反应，但均有脑组织的海绵状淀粉样变。

本 章 小 结

病毒个体微小，常用的测量单位为纳米（nm）。其结构简单，由核心和衣壳组成。病毒具有专性活细胞寄生的特性，以特殊的自我复制方式进行增殖，这一过程一般可分为吸附、穿入、脱壳、生物合成、组装与成熟、释放等阶段，又称为复制周期。在细胞外环境中的病毒粒子，时刻受到理化因子的作用，包括温度、pH、辐射、染料的光动力作用、化学因子等。现在的分类系统将已发现的病毒分为 dsDNA 病毒、ssDNA 病毒、DNA 和 RNA 逆转录病毒、dsRNA 病毒、负链 ssRNA 病毒、正链 ssRNA 病毒和亚病毒因子等七大类。

细胞对病毒感染的反应包括杀细胞感染、稳定状态感染、整合感染、细胞凋亡。病毒的传播主要包括水平传播和垂直传播。组织培养、鸡胚接种、动物接种是 3 种常用的病毒接种方式。病毒的感染性测定包括噬斑计数、蚀斑测定、坏死斑测定、终点法。常用的免疫学诊断方法有补体结合试验、中和试验、血凝抑制试验、间接免疫荧光检测、酶联免疫吸附测定等。病毒感染的特异性防治包括人工主动免疫和人工被动免疫。抗病毒的药物主要有：①抗病毒化学治疗药物；②生物和免疫治疗药物；③基因治疗药物；④中草药。

噬菌体是指以细菌、支原体、螺旋体、放线菌和真菌等为宿主，侵袭其中并能引起细菌等裂解的病毒。噬菌体的体积微小，大多数噬菌体呈蝌蚪状。由二十面体的头部及管状的尾部组成。噬菌体对理化因素的抵抗力比一般细菌的繁殖体强，是分子生物学的重要试验工具。亚病毒是病毒学的一个新分支，属于非典型病毒，包括类病毒、拟病毒和朊病毒（感染性蛋白质）等。

思 考 题

1. 什么是真病毒？什么是亚病毒？
2. 病毒区别于其他生物的特点是什么？
3. 病毒的一般大小如何？试画图表示病毒的典型构造。
4. 病毒颗粒有哪几种对称形式？
5. 病毒的复制周期包括哪几个阶段？各阶段的主要过程如何？
6. 怎样分离和鉴定病毒？

7. 细胞对病毒感染的反应主要有哪些？
8. 什么是干扰素？
9. 病毒的感染性测定主要有哪些方法？
10. 噬菌体是如何感染宿主细胞的？简述它与宿主细胞间的相互关系。
11. 亚病毒有哪几类？各自有何特点？

第六章 微生物的控制

微生物对人类和自然界能产生巨大作用，其作用有有利和有害之分，人类认识和研究微生物的主要目的在于采用各种技术与方法，挖掘、利用和促进微生物的有利作用，控制、改造和消除微生物的有害作用，对微生物的生命活动、新陈代谢进行人为控制，为人类造福。控制微生物的方法有物理、化学和生物学的方法，各类方法中又有多种多样的方法，它们的作用程度、机制、应用范围和目的意义等各有特点，人们可根据需要灵活运用各种方法。如培养酵母菌时需产生酒精，可减少氧气，如需获得大量菌体，可增加氧气；如果要消灭环境中的病原微生物，可采用有效的消毒剂进行空气、土地和水体消毒；如果要防止食品腐败，可对食品采用干燥、低温或高温灭菌等方法处理；如果要消灭人和动物体内病原菌，可口服或注射病原菌敏感的抗生素；如果要利用病原菌做成灭活疫苗，可加热或加灭活剂使其死亡；如果要做成弱毒疫苗，可将其在不适宜条件下反复培养使毒力减弱；如果要做成安全性强的活疫苗，可采用基因工程技术将病原菌的基因进行改造，构建基因工程疫苗。总之，控制微生物是人类不断追求的目标，涉及众多应用领域，意义重大，需要运用多学科理论和技术，并不断总结和完善。本章侧重于介绍有害微生物的控制。

第一节 控制微生物的相关名词术语

一、促进微生物生长的名词术语

1. 富集培养（enriched culture） 又称增殖培养。是指在培养基中加入欲分离菌所需的某些营养物和抑制其他微生物生长的抗菌物质，创造利于欲分离菌而不利于其他菌生长繁殖的条件，从而使分离菌快速增殖的培养方法。如果用于这种方法的培养基仅加入特别营养物而不加抗菌物时，称为加富培养基，也主要用于样品中细菌少，或营养要求比较苛刻的细菌的分离培养。相反，培养基中不另加特别营养物，而只加抗菌物时，则称为选择性培养基。

2. 连续培养（continuous culture） 又称开放培养。是指借用连续培养器（恒浊器或恒化器），在微生物生长繁殖处于指数期后期时，以一定速度连续加进新培养基，并搅拌均匀，同时以溢流方式使培养物不断流出，使培养菌长期保持在较好的环境条件下，维持指数期生长状态的培养方法。

3. 复壮（rejuvenation） 是指采用适合原种生长的良好培养条件，使发生衰退的菌种恢复原来性状的一种培养方法。如将毒力下降的病原菌接种敏感的动植物，再从病体中分离出的原接种菌，可以使其毒力增强，如此反复进行多次，能恢复其原有致病性。

二、抑制或杀死微生物的名词术语

1. 消毒（disinfection） 是指用化学或物理方法杀灭物体上病原微生物的方法。而对非病原微生物并不严格要求全部杀死。它是防止病原传播的重要措施。用于消毒的药物称为消毒剂。消毒方法在水产上广泛应用，如在给动物注射时，应对注射部皮肤先行消毒。鱼种下池时进行鱼体消毒。养殖过程中还有鱼池消毒、用具消毒等。

2. 灭菌（sterilization） 是指杀死物体上所有病原性或非病原性微生物，包括细菌的芽孢和霉菌的孢子的方法。灭菌后的物体内外均无活的微生物存在。它比消毒要求更高，常采用高温灭菌方法进行。微生物实验室所用的培养基和培养皿、试管、接种环等用具均需灭菌才能使用。用甲醛制备的死苗，称为灭活菌苗，其灭活过程实际上是一种化学灭菌方法。

3. 防腐（antisepsis） 是指利用某种理化因素防止或抑制微生物生长繁殖的方法。防腐也称抑菌。用于防腐的药物称为防腐剂。防腐除了采用防腐剂外，还有低温、缺氧、干燥、高渗、高酸度等措施。在水产中，饲料、水产品及其加工产品防止任何微生物进入人和动物机体或其他物品的方法均称为无菌法，其操作方法称无菌操作或无菌技术。分离病原、手术过程、微生物接种传代均须无菌操作。保存均须采用防腐措施。

4. 无菌（asepsis） 不含活菌的意思。

5. 抗菌作用（antibacterial action） 是抑制和杀死微生物作用的总称。

6. 抗菌谱（antibiogram） 是指抗菌药物的抗菌范围。如果某些抗菌药物只对某一种类微生物有效，对其他微生物无效，称为窄谱抗菌药物，如异烟肼。如果对多种微生物有抗菌作用，这样的药物称为广谱抗菌药物，如四环素。

7. 抗菌活性（antibacterial activity） 是指抗菌药物抑制或杀灭微生物的能力。一般可用体内（化学实验治疗）或体外两种方法来测定。能够抑制培养基内细菌生长的最低药物浓度称为最低抑菌浓度（MIC）；能够杀灭培养基内细菌的最低药物浓度称为最低杀菌浓度（MBC）。这两个数据对判定药物的抗菌效果和选择治疗药物都有重要意义。

8. 化疗（chemotherapy） 是指利用对病原体有毒性而对动物无毒性或毒性很低的化学药物或抗生素等药物，对生物体的深部感染进行治疗的一种方法。用于化疗的药物称为化学治疗剂。化疗可以有效抑制或消除宿主体的病原体，对宿主没有或基本没有损害。

9. 化疗指数（chemotherapeutic index） 是衡量化疗药物的价值指标，一般为动物半数致死量（LD_{50}）和治疗感染动物的半数有效剂量（ED_{50}）之比，或5％致死量（LD_5）与95％有效量（ED_{95}）的比。这一比例关系称为化疗指数。化疗指数越大，表明药物的毒性越小，疗效越大。化疗指数高者并不是绝对安全，如几乎无毒性的青霉素仍有引起过敏性休克的可能。

第二节 控制微生物的物理方法

微生物的生长繁殖受很多物理因素的影响，根据各种因素影响的原理和作用程度，可运用一些方法对微生物进行有目的调控。

一、温 度

（一）温度对微生物的影响

温度是微生物生存与繁殖的一个重要条件，不同微生物对温度的要求不同，据此可将微生物分为低温、中温和高温三大温度类型。低温型微生物（psychrophile）也称嗜冷微生物，有专性和兼性之分：前者只能在低温下生长，环境温度不能超过 20 ℃，一般分布在终年冰冻的两极地区；后者分布较广，主要存在于海洋、河流、湖泊及冷藏食品上，包括细菌、真菌等的一些种属，冷藏食品的变质常常是由它们引起的。低温型微生物之所以能在低温条件下生长，主要是它们的酶在低温下活性高，另外其细胞膜中不饱和脂肪酸含量高，使膜在低温下保持半流动状态和较高生理活性。中温型微生物（mesophile）适于在 25~40 ℃生长，自然界中多数微生物属于这种类型，它们广泛分布于土壤、水、空气和动植物体及其生活的各种环境。人和动物的病原微生物也属该类型，不过人和恒温动物的病原微生物为体温型，最适生长温度和人工培养温度为 37 ℃。水产动物等变温动物的病原微生物为室温型，最适温度为 18~28 ℃，人工培养温度为 28 ℃。高温型微生物（themophile）又分嗜热和极端嗜热两种类型，前者存在于堆肥和沼气发酵池等环境中，后者存在于温泉、大洋底火山喷口及高强度太阳辐射的土壤和岩石表面等处。嗜热微生物生物大分子蛋白质、核酸、类脂的热稳定结构、热稳定性因子和质粒携带与热抗性相关的遗传信息是它们能抗热的主要原因。嗜热微生物在高温发酵、污水处理中有很好的应用前景。上述各型微生物都有其最低、最高和最适生长温度。最低生长温度是指微生物生长的温度下限，微生物在此温度下生长速度非常缓慢。最高生长温度是微生物生长的温度上限，在此温度下，微生物也能缓慢生长。在超出上、下限温度，微生物即停止生长或死亡。最适生长温度是微生物生长的最适合温度，在这个温度下，微生物迅速生长，但该温度不一定是微生物代谢的最适温度。例如，青霉素产生菌产黄青霉（*Penicillium chrysogenum*）在 30 ℃时生长最快，而产生青霉素的最适温度则在 20~25 ℃，因此，生产青霉素时应采用各阶段变温培养的方法以提高产量。微生物的生长温度范围如表 6-1 所示。

表 6-1 微生物的生长温度类型

类型		生长温度范围（℃）			分布主要处所
		最低	最适	最高	
低温型	专性嗜冷	－12	5~15	15~20	两极地区
	兼性嗜冷	－50	10~20	25~30	海水及食品冷藏处
中温型	嗜室温	10~20	18~28	40~45	水生生物、植物及环境
	嗜体温	10~20	37	40	恒温动物病原微生物
高温型	嗜热	30	45~60	70	堆肥和沼气发酵地等
	极端嗜热	30	70~90	100 以上	温泉和海洋底火山口

各型微生物都有其适应的温度范围，在此温度范围以外，过低或过高的温度都会对微生物产生影响。当环境温度低于微生物生长的下限时，其酶活性降低，新陈代谢缓慢，甚至生命活动几乎停止，呈休眠状态，但仍维持生命。当温度回升到适宜范围，微生物又处于良好的营养环境下，可以恢复生长繁殖。因而低温有抑菌作用，被广泛用于保存食品、菌种和毒种。在－15 ℃以下，食品能保存一定时间，风味也基本不会改变。许多菌种在 4~10 ℃冰箱内保存可达数月，有的在－70~－50 ℃能生存更长时间，若采用冷冻真空干燥法保存，微生物的活力可维持数年之久，其毒力与抗原性等基本不变。但冷冻也能造成部分微生物死亡，这是因为低温使环境中水分形成冰晶，细胞内水分外溢，引起电解质浓缩和蛋白质变性。另外，菌体内的冰晶可破坏原生质的胶体状态和机械地损伤细胞膜，造成菌内物质外漏，致使微生物死亡。冰冻和融化交替作用，对微生物更具有破坏力，应用此种处理方法，

可以制备菌体裂解液，供研究菌体的化学组成、代谢和变异等。但迅速冷冻，原生质内水分形成一片均一的玻璃结晶，对微生物不造成损害。此法配合干燥法形成的冷冻真空干燥法，由于水分在高度真空下升华干燥，加上在细胞悬液中预先加有血清、脱脂牛乳或甘油等保护剂，对微生物更无损害。一般来说，低温和冰冻对微生物的影响程度取决于微生物本身的特性，例如，球菌比革兰氏阴性杆菌的抗冰冻能力强；红酵母的一个种在-34 ℃下仍能生长；荧光假单胞菌在-7～-1 ℃低温中 15 d，菌体死亡率达 98%；脑膜炎双球菌和流感嗜血杆菌在低温（不是超低温）保存比在室温中死亡更快。此外，冰冻对微生物的影响还与其所处条件有关，如基质的成分、浓度、pH 等。例如，微生物所处基质的酸度高、水分多，冰冻时会加速死亡，基质中有糖、盐、蛋白质、脂肪和胶体等物质存在时，对微生物都有一定的保护作用。

超过微生物生长的最高温度可引起其酶变性失活，代谢停滞，DNA 断裂，核糖体解体和蛋白质变性或凝固，导致微生物死亡。通常我们把能在 10 min 内杀死某种微生物的高温界限称为致死温度或热毙点（thermal death point）。而在某一温度下杀死细胞所需的最短时间称为致死时间或热毙时（thermal death time）。如大多数细菌、病毒、酵母菌和丝状真菌营养体的热毙点为 50～65 ℃，放线菌和真菌孢子的热毙点为 75～80 ℃，细菌芽孢的抗热力极强，能耐 100 ℃以上数分钟。高温对微生物的影响依菌的种类、菌龄及发育阶段、所处环境以及作用时间而异。一般说来，嗜热菌的抗热力强于嗜温菌和嗜冷菌，芽孢菌强于非芽孢菌，球菌强于非芽孢杆菌，革兰氏阳性菌强于革兰氏阴性杆菌，霉菌大于酵母菌，放线菌、霉菌和酵母菌的孢子强于其菌丝体，细菌的芽孢和霉菌的菌核抗热力特别强。同一菌种因菌龄和发育阶段不同，耐热性也有差别，同样条件下，老龄菌比幼龄菌和对数生长期细菌的抗热力强。菌数多比菌数少时抗热力强，这是因为菌体能分泌一些有保护作用的蛋白质，菌多分泌的保护性物质也多。此外，微生物的抗热力也受基质的影响，如水是良好的介质，可促进蛋白质凝固，微生物在干热环境中比湿热环境中的抗热力强。在加有糖类和某些盐类的溶液中，微生物细胞因脱水而对热的抵抗力增强，但钙盐、镁盐可使水活性增大，而使抗热力下降。基质中含有二氧化硫、亚硝酸、石炭酸等抗菌物质，可使微生物的抗热力降低。脂肪、蛋白质等有保护作用，可使其抗热力增强。中性条件下，微生物的抗热性大于碱性和酸性时的抗热性。温度越高，微生物的致死时间越短。

（二）低温控制微生物的方法

低温常用于保存水产品、各种肉类、蛋、奶等食品。菌（毒）种、疫苗、免疫血清及生物制品等也是采用低温方法保存。水产动物发病需要进行病料送检时，应将病料置低温条件下（常用冰瓶或保温盒内加冰块）运送。在冬季，水产动物的很多疾病不发生，这主要是病原生物被低温抑制的结果。水产动物的注射免疫接种、苗种下塘及运输一般选在低温季节进行，这主要是因为机体创伤后微生物不容易在低温条件生长繁殖，从而避免动物感染发病。

（三）高温消毒灭菌的方法

1. 干热灭菌

（1）焚烧灭菌法。本法是将灭菌物品直接用火焰烧灼的方法。灭菌彻底而迅速，但应用范围有限，常用于接种环、试管口、三角瓶口、镊子等耐烧物品以及污染纸张、实验动物尸体等废弃物的灭菌。涂布平板用的玻棒也可在蘸有乙醇后灼烧灭菌。

（2）热空气灭菌法。是将物品放在干燥箱中利用热空气灭菌的方法。又称干烤。在干热情况下，一般微生物在 100 ℃ 经 1.5 h 即被杀死，芽孢和孢子则需 140 ℃ 3 h 才能杀死，因此，灭菌时通常是将物品洗净、晾干后用报纸或锡箔纸包装好或放入铝盒内，再放入干燥箱内加温至 160～170 ℃ 恒温 1～2 h 即可。不要超过 180 ℃，否则棉花、纸张会烤焦甚至燃烧。灭菌前玻璃器皿未干或灭菌后未降温至 60 ℃ 以下就打开箱门，均可导致玻璃器皿炸裂。此法适应于玻璃器皿、注射器、针头、滑石粉、凡士林、液体石蜡等耐热物品的灭菌，培养基、橡胶制品、塑料制品不能用该法灭菌。本法的优点是可保持物品干燥。

2. 湿热灭菌 湿热灭菌利用热蒸汽或直接在水中加热对物体进行消毒或灭菌。在同一温度下，湿热灭菌的效果比干热的好，其原因是湿热条件下蛋白质更易变性和凝固；热蒸汽比热空气穿透力强，能迅速提高灭菌物品内部的温度；蒸汽有潜热存在，当每克水在 100 ℃ 时，由气态变为液态可放出 2.26 kJ 热量，因而潜热能提高灭菌物体的温度。应用湿热消毒灭菌的主要方法如下。

（1）煮沸法。在 100 ℃ 下煮沸 5 min，可杀死细菌的繁殖体，但不能杀死其芽孢，芽孢菌需煮沸 56 h 才死亡。在水中加入 1%～2% 碳酸钠，可提高沸点达 105 ℃，又可使溶液 pH 偏碱性，增强杀菌效力和防止金属器械生锈。本法简单易行，适用于饮水、动物实验时所用注射器和解剖用具的消毒。人用注射器和手术器械均采用高压蒸汽灭菌或干热灭菌。

（2）巴氏消毒法。这是巴斯德提出的低温消毒牛奶、酒类和酱油等不耐热物质的方法。因为这些物质在高温下容易破坏，而采用这种方法既能杀死病原菌，又能保持其营养风味不变。其方法有两种，一种是 63 ℃ 保持 30 min，因为分枝杆菌的致死温度为 62 ℃ 15 min；另一种称为高温快速法，只要将牛乳在 72 ℃ 下保持 15 s 即可。目前对大量牛乳、果汁、豆乳、茶、酒及矿泉水等饮料的消毒，常采用一定的装置升温到 135～150 ℃ 维持 2～8 s，就可杀死微生物，产品无需冷藏且可保持风味。这种方法称为超高温杀菌，自 20 世纪 80 年代以来在国内外广泛应用。

（3）常压蒸汽灭菌法。此法是用蒸笼或流通蒸汽灭菌器（阿诺氏流通蒸汽灭菌器）进行灭菌。一般是在 100 ℃ 加热 30 min。这种方法不破坏营养，但只能杀死繁殖体，不能杀死芽孢和孢子，较少应用。如果要对含硫培养基或含明胶、牛乳、糖类培养基灭菌，可采用间歇灭菌法，该法是将培养基放入灭菌器内，每天加热 100 ℃ 维持 30 min，每天一次，连续 3 d，每次加热后将物品置于室温或 20～30 ℃ 下保温过夜，使未被杀死的芽孢或孢子萌发成繁殖体，经 3 次如此处理后，可达灭菌目的。如果用土法生产微生物制品或制备食用菌种时，可将物品置于较大的蒸锅中，从蒸汽大量产生开始，加大火力保持充足蒸汽，持续加热 3～6 h，也可杀死全部繁殖体和绝大部分芽孢，达到灭菌目的。

（4）高压蒸汽灭菌法。本法是利用密闭的高压蒸汽灭菌锅进行增压升温的灭菌方法。水在常压下的沸点不超过 100 ℃，但高压灭菌锅内连续加热，蒸汽不能外溢，锅内压力逐渐增大，温度也随之升高，可以迅速杀死所有繁殖体和芽孢，因而是灭菌效果最好、实验室和生产中最常用的一种灭菌方法。本法适用于耐高热、耐潮湿的物品的灭菌，如一般培养基、生理盐水、注射液、橡胶手套、工作服、剖检器械和实验动物尸体等均用该方法灭菌。在加热过程中，当水沸腾后，应打开放气阀将冷空气彻底驱尽再关阀，然后继续升温至规定标准，否则由于空气的存在会影响温度升高，因为空气的膨胀压大于水蒸气的膨胀压，压力表表示的是两种压力之和，不是水蒸气的实际压力，此时的温度也低于排除空气时的实际温度。目前法定压力单位已不用磅/英寸^2（lb/in^2）或千克/厘米^2（kg/cm^2）表示，而是用 Pa 或 bar 表示，其换算关系为：

1 kg/cm² 相当于 98 066.5 Pa 或 0.980 665bar；1 lb/in² 相当于 6 894.76Pa。一般培养基等物品灭菌用 0.1 MPa（相当于 15 lb/in² 或 1.05 kg/cm² 或 121.3 ℃）经 15～30 min 可达到彻底灭菌的目的。但含糖培养基因易被高温破坏，可用 0.06 MPa（相当于 8 lb/in² 或 0.59 kg/cm² 或 112.6 ℃）灭菌 15 min。灭菌锅的压力、温度及与空气排除量的关系如表 6-2 所示。

表 6-2 灭菌锅空气排出量的温度及压力和温度的关系

压力数			全部空气排出时的温度（℃）	2/3 空气排出时的温度（℃）	1/2 空气排出时的温度（℃）	1/3 空气排出时的温度（℃）	不排空气的温度（℃）
MPa	kg/cm²	lb/in²					
0.03	0.35	5	108.8	100	94	90	72
0.07	0.70	10	155.6	109	105	100	90
0.10	1.05	15	121.3	115	112	109	100
0.14	1.40	20	126.2	121	118	115	109
0.17	1.75	25	130.1	126	124	121	115
0.21	2.10	30	134.6	130	128	126	121

二、干 燥

（一）干燥对微生物的影响

水分是微生物生命活动中的基本物质之一，具有溶剂和运输介质的作用，参与机体内水解、缩合、氧化与还原等反应在内的整个化学反应，并在维持蛋白质等大分子物质的稳定的天然状态上起着重要作用。在缺水环境中，会导致细胞脱水，代谢停止，进而引起细胞内蛋白质变性和盐类浓度增高而逐渐死亡。如果干燥的细胞未死亡，在不受热和其他外界因素干扰时，干燥细胞则处于休眠状态，当遇到适宜的环境条件便会复活。各种微生物对干燥的抵抗力是不一样的，淋球菌对干燥很敏感，葡萄球菌、链球菌、分枝杆菌和酵母菌有相当强的耐干燥力。细菌的芽孢和霉菌孢子的耐力更大，腐败梭菌和破伤风梭菌的芽孢在干燥状态下可存活几年或几十年。同一种类微生物对干燥的抵抗力因所处环境不同而有差异，在含蛋白质等营养物质的基质上，耐干燥力强，在真空或惰性气体中比有氧时更抗干燥，菌数多、干燥时温度低、干燥速度快，微生物对干燥的抵抗力则强，反之则抵抗力差。

（二）干燥控制微生物的实际应用

1. 物品的干燥保存 将饲料和水产品等肉类食品晒干、风干、烘干或用其他方法脱水，再密封防潮或置于低温干燥环境保存，可避免因微生物引起的霉变和腐败变质。

2. 菌种的干燥保存 产芽孢的细菌、产孢子的放线菌和霉菌常用干燥的沙土管保存。菌（毒）种常用冷冻真空干燥方法保存。

三、辐 射

辐射是能量以电磁波方式通过空间传播或传递一种物理现象。电磁波携带的能量与波长有关，波长越短，能量越高。辐射有两种，一种为非电离辐射，其光波长、能量弱，不引起物体的原子构造变化，如可见光、日光、紫外线、微波。另一种为电离辐射，其光波短、能量强，物体吸收后使原子核电离，如 α 射线、β 射线、γ 射线、X 射线、中子、质子等。不同的辐射对微生物的影响不同。但都必须被微生物吸收才能产生影响。

(一) 辐射对微生物的影响

1. 可见光 可见光的波长为 400~800 nm，它对微生物的影响是多方面的。首先可见光是光能自养和光能异养型微生物的唯一或主要能源，有些微生物虽不是光合生物，如闪光须霉 (*Phycomyces nitens*)，也表现一定的趋旋光性，其向光部位比背光部位生长更快、更好。蘑菇和灵芝等一些真菌在子实体和色素形成时也需要一定的散射光刺激。强烈的可见光对微生物有伤害作用，这是由于光氧化作用所致。当光线被细胞内的色素吸收后，在有氧时引起一些酶或其他敏感成分失去活性，例如细胞色素能由可见光诱发光氧化作用。有些微生物则具有特殊的成分，如类胡萝卜素一类的保护色素，以防止光氧化作用，它们分布在细胞质膜内，可以吸收光，以阻止光达到细细光敏感区域。所以，强烈可见光只有在有氧时对不含色素的细菌起伤害作用。

2. 日光和紫外线 强烈日光有杀菌作用，其中起杀菌作用的主要是紫外线。紫外线的波长范围是 136~400 nm，波长 200~300 nm 的紫外线对微生物有致死效应。实验室用的紫外线杀菌灯的波长为 253.7 nm，它是将水银置于石英玻璃灯管中，通电后水银化为气体，灯管放出紫外线。紫外线最强杀菌作用的波长为 265~266 nm，这是核酸的最大吸收波长。日光中极端致死性短波长的紫外线不能透过地球大气层，只有飘到极高处的微生物或被带到太空去的火箭外的微生物才会很快被这种紫外线杀死。通过大气层到达地球表面的紫外线波长为 287~390 nm，因此散射日光的杀菌力较弱。不同种类的微生物对紫外线的抵抗力不同，一般说来，革兰氏阴性菌比革兰氏阳性菌敏感，病毒和霉菌的抵抗力较强，芽孢比营养细胞的抵抗力强几倍。酵母菌在对数期的抵抗力最强，在长期缺氮的情况下，抵抗力最弱，此时若供酵母浸出液，可增强其对紫外线的抵抗力。日光和紫外线的杀菌作用受很多因素的影响，如将亚甲蓝、伊红、汞溴红、沙黄等染料加入培养基中，能增强可见光的杀菌作用，这一现象称为光感作用。光感作用对某些细菌、病毒和毒素有灭活作用，可使其毒性消失但抗原性不变。实验证明革兰氏阳性菌光感作用比革兰氏阴性菌敏感。亚甲蓝、伊红、汞溴红仅作用于革兰氏阳性菌，沙黄作用于革兰氏阴性菌。紫外线穿透力差，尘埃、有机物、玻璃等物质都可降低或阻挡对微生物的杀伤力。

紫外线对细胞的致死作用是由于细胞中的核酸、嘌呤、嘧啶及蛋白质对紫外线有很强的吸收能力，DNA 和 RNA 的吸收峰为 260 nm，蛋白质的吸收峰为 280 nm。紫外线能引起 DNA 链上两个相邻近的胸腺嘧啶分子产生二聚体，从而干扰了 DNA 的复制，轻则发生突变，重则导致死亡。此外，紫外线还可使空气中的氧气 (O_2) 变为臭氧 (O_3)，臭氧易分解，放出氧化能力强的新生态氧也有杀菌作用。经紫外线照射损伤的微生物细胞，在可见光照射一定时间后，其中一部分细胞又可恢复正常生长，这一现象称为光复活现象。光复活作用最有效的可见光的光波长为 510 nm。复活的原因是由于光使 DNA 中产生的二聚体恢复成正常状态。DNA 的修复还可在黑暗的条件下进行暗复活。因此，在紫外线杀菌剂量不够时，微生物没有被灭活。只有在某一剂量的紫外线对 DNA 的损伤力大大超过修复酶对损伤 DNA 的修复力时，才能真正导致微生物死亡。紫外线的杀菌力取决于其应用剂量，剂量大，杀菌力强。剂量是照射强度与照射时间的乘积。如果紫外灯的功率和照射距离不变，则照射时间就表示相对剂量。

3. 电离辐射 α 射线、β 射线、γ 射线和 X 射线均能使被照射的物质产生电离作用，它们的波长短，都是高能电磁波。射线波长范围为 0.10～0.01 nm，生物学上所用的 X 射线由 X 光机产生，主要用于疾病诊断。其他几种射线由钴、镭、氡等放射性元素产生，其辐射源为 ^{60}Co-γ 射线源或粒子加速器。电离辐射对微生物生命活动的影响表现为：低剂量照射有促进微生物生长的作用，或引起微生物发生变异；高剂量对微生物有致死作用。电离辐射的用途目前主要是诱变育种和对不耐热食品、药品塑料制品的消毒灭菌。电离辐射对微生物的致死作用主要在于能使被照射物中水分子发生电离，产生游离基，这些游离基能与细胞中的敏感蛋白分子作用使其失活，导致细胞损伤或死亡。培养基中氧浓度高，微生物易被破坏，如用惰性气体代替氧气，或在培养基中加入巯基化合物，可减轻辐射对细胞的损伤作用。蛋白质、醇、葡萄糖也有一定的保护作用。

4. 微波 微波是一种波长短而频率较高的电磁波，一般来说，从几百兆赫兹至几十万兆赫兹的无线电波都称为微波。微波源一般是由磁控管和调速管组成的特殊电子管。磁控管是一自激振荡器，能产生微波能，但输出功率小，如需较大功率时，就要用调速管。

微波灭菌主要是利用微波的加热作用完成的。当把灭菌的物品放在微波照射的交变电场中时，物品内部的分子随着电场的变化而相应地旋转振动起来，电场变化快，分子振动也跟着快，但是，由于分子间有相互作用力即摩擦力产生，因此产生热量，整个物品就热起来，起到了摩擦加热灭菌的作用。微波加热与介质性质密切相关，微波通过某种介质时，介质能吸收微波能量，其能量就能在该介质中转化为热能。很少吸收微波的介质称为良介质，这些物质用微波加热时，其热效应甚微，如石英、聚四氟乙烯等。能明显地吸收微波而产热的介质称为微波的吸收介质，如水是微波的强吸收介质。因此，灭菌时只有在有水存在的条件下，微生物才失去活性，干燥条件下，即使延长作用时间，微生物的活性不受微波影响。微波加热的特点是：所需时间短，脱水时间快，加热均匀。

（二）辐射控制微生物的实际应用

1. 微生物的培养 培养光合微生物时应置于有光环境下进行，以供给能量。培养非光能微生物时应置暗处。

2. 物品及环境的消毒灭菌 利用日光对物品进行消毒既方便又不花费成本，在日常生活和实际工作中经常应用，如晒衣、晒被、干池晒塘、晒用具等。利用紫外灯对无菌室、无菌箱、手术室等进行空气消毒和物体表面消毒，此外也可用于胶质离心管、塑料、玻璃纸及不耐热物体和不便于高温灭菌物体的灭菌。由于穿透力差，很少用于培养基的灭菌。γ射线等可用于粮食、果蔬、胶管、一次性注射器等不耐热物品的消毒灭菌，食物经此处理后可延长保存期，因设备投资大，未广泛应用。微波也可用于医药用品等物体的灭菌，还可用于某些物质的脱水。

3. 微生物的诱变 利用紫外线和辐射处理微生物细胞，可提高基因的随机突变频率，获得变异的优良菌株。用紫外线诱变前，先用紫外灯预热 20 min，使光波稳定，然后将 3～5 mL 细胞悬浮液置 6 cm 培养皿中，置于诱变箱内电磁搅拌器上，照射 3～5 min 进行表面杀菌。打开培养皿盖，开启电磁搅拌器，边照射边搅拌。处理一定时间后，在红光灯下，吸取一定量菌液经稀释后，取 0.2 mL 涂平板，或经暗箱培养一定时间后再涂平板。

四、超 声 波

人耳能听见的声波频率一般在 20 000 Hz 以下，这种声波对微生物没有影响。人听不见超过 20 000 Hz 的声波，因而称之为超声波。超声波有强烈的生物学作用，可裂解细菌。超过 200 000 Hz 的声波称为限外声波。超声波杀菌的主要机制是，超声波探头的高频率振动，引起探头周围水溶液的高频率振动，当探头和水溶液的振动不同步时能在溶液内产生空当（空穴），空穴内处于真空状态，只要悬液内的细菌接近或进入空穴区，细胞内外压力差可导致细菌裂解，超声波的这种作用的称为空穴作用。另外，超声波处理可使机械能变成热能，使细胞产生热变性，也是微生物死亡的一个原因。几乎所有微生物都能被超声波破坏，但灭菌效果与超声波的频率、处理时间及微生物的种类、大小、形状、数量等都有关系。一般来说，革兰氏阴性菌最敏感，杆菌比球菌敏感，体积大比体积小的敏感，病毒的抗性较强，细菌的芽孢一般不受影响。用超声波处理微生物往往有残存者，因此，这种方法在消毒灭菌方面无实用价值。

超声波主要用于裂解菌体和细胞，研究其细菌结构、化学组成、酶活性，也可应用超声波处理含病毒的组织悬液，使细胞破裂，利于提取病毒。

五、渗透压

纯水具有通过半透膜的渗透作用。当膜两边溶质浓度不同时，产生渗透压差，水分子从溶质浓度低的一边流向浓度高的一边。正常情况下，微生物细胞内溶质的浓度高于细胞外的浓度，水分能够进入细胞内，由于细胞壁的保护作用使得微生物细胞对渗透压的适应能力较一般细胞强。但所承受的压力不能超过一定的范围。当微生物接种在渗透压低的培养基里时，细胞吸水膨胀，在细胞壁的保护作用下一般不会影响正常生理作用。但如果将细菌置于低渗溶液（0.01% NaCl）或蒸馏水中，大量水分进入致使细胞过度膨胀，细胞质被压出，造成细菌死亡。如果培养基或溶液的渗透压过高，由于细胞脱水可造成微生物质壁分离、生长停止甚至死亡。大多数微生物能通过胞内积累某些能调整胞内渗透压的兼容溶质来适应培养基的渗透压的变化，这类兼容溶质被称为渗透压保护剂或渗透压调节剂或稳定剂。它们可以是某些阳离子如 K^+，氨基酸如谷氨酸、脯氨酸，氨基酸衍生物如甜菜碱（甘氨酸的衍生物），糖如海藻糖等也有这种保护或调节作用。有些微生物有耐受高渗环境的能力，甚至适宜在这种条件下生活，称为嗜盐或嗜渗菌，如一些海洋微生物，培养它们时要加入 3.5% NaCl。很多酵母菌和霉菌也有较强的耐高渗能力。极端嗜盐菌能在 15%~30% 盐浓度下生活。

应用渗透压调控微生物的方法主要用于保存肉类、水产品、蔬菜、水果等，常用10%~15%食盐或 50%~70%的糖来腌渍食品，使微生物不能生长，防止食品腐败。由于盐的分子质量小，其保存效果好于糖。此外，也有人将细菌置蒸馏水中，离心后取沉淀，如此几次反复处理，可使菌体和鞭毛膨胀，经此法获得的细菌更容易检查鞭毛。

六、过滤除菌

过滤除菌是利用细菌滤器机械地除去液体或空气中细菌的方法。该法是让液体或气体通过微孔滤板，将其中的微生物阻挡在外，达到移走微生物的目的，被除菌的物质成分一般不会发生变化，因而可用于不耐热物质的除菌。由于滤板或滤膜的孔径过小，液体不能自行滤出，无论采用何滤器都必须借助人工加压或抽滤装置（滤液瓶、抽滤瓶、厚壁胶管和真空泵）形成负压后液体才能流出。本法常用于不耐热物品如毒素、抗血清、病毒液、含维生素、氨基酸、糖类、酶类、抗生素等溶液的除菌。滤膜法还可适用于药品检样和水检样的细菌计数，杂质少的水体（如井水、自来水等）的细菌计数，可直接将过滤检样的滤膜无菌的一面平贴于适宜的培养基表面上，经培养后在膜上形成菌落即可计数，污染水则须在过滤前先进行适当稀释，再取滤膜同上培养计数。空气的过滤除菌主要用于超净工作台、无菌室和手术室，一般是在工作台内或墙壁的一侧安装高效微粒滤菌器，它是由醋酸纤维制成，借此除去空气中直径 $0.3\ \mu m$ 微粒的效率达 97.7%。经此过滤的流动空气是新鲜和无菌的。超净工作台的气流可阻止外界微生物进入操作箱内，气流一般有垂直和水平两种，微生物学实验室以垂直式为宜。在移液管和其他管口塞入棉花，在试管口和三角瓶口加塞棉塞也是一种过滤除菌，纵横交织的棉花纤维能截留空气中的灰尘和细菌，还能进行有限量气体交换。在微生物学试验中常用细菌滤器主要有如下几种。

（一）贝克菲（Berkefeld）滤器

该滤器用硅藻土加压制成。按滤孔大小有 V、N、W 三种类型。V 型可除去大部分细菌，N 型能除去所有细菌，W 型孔径最小，能阻止衣原体通过。该滤器因其带有静电荷，易造成某些成分丧失，现已很少应用。

（二）蔡氏（Seitz）滤器

滤板由石棉板制成，用于大量样品除菌。依滤孔大小分为 3 型，K 型滤孔最大，用于去除较大的颗粒和杂质，EK 型孔径较小，用于除菌，EK-S 型孔径更小，可阻止衣原体通过。一般是先用 K 型滤过澄清液体，后用 EK 型滤过除菌，以免堵塞滤板。所有滤板均须光面向下装在专用的金属筒中，包装灭菌后连接抽滤装置方可应用。用过的滤板不能重复利用。

（三）玻璃滤器（sintered glass filter）

该滤器系用均一的玻璃粉末烧结而成的多孔性滤板。国内产品有 G_1、G_2、G_3、G_4、G_5、G_6 等型，孔径为 $0.15\sim200\ \mu m$。通常用 G_1、G_4 型作初滤澄清用，G_5 型可部分除菌，G_6 型作过滤除菌用。新购置玻璃滤器先用清水洗净，待干后滤斗内装满硫酸-重铬酸钾清洗液，下接滤瓶，让其滴落至尽，随后加入 1 mol/L NaOH 液，也任其自然滴落。此后用蒸馏水充分冲洗，再装满蒸馏水，用抽滤装置抽滤，随时补加蒸馏水，约 6 次。最后加三馏水或去离子水抽滤，测定滤液的 pH 与加入的蒸馏水 pH 相同时，即可晾干、包装、灭菌备用。用过后的玻璃滤器应用含 1%～2%硝酸钠的相对密度为 1.84 的浓硫酸溶液抽洗数分钟，再用蒸馏水抽洗，然后用 1∶1 氨水溶液抽洗，以中和其酸性，最后用蒸馏水彻底抽洗。当滤器沾污较多蛋白质时，应在清洗前先置于 pH 为 8.5 的胰蛋白酶溶液中浸泡，在 37 ℃下消化 24 h，再行抽洗。

（四）膜滤器（membrane filter）

该滤器是用醋酸纤维酯和硝酸纤维酯的混合物制成的薄膜，又称微孔滤膜。上海新亚净化器械厂已生产孔径为 0.2、0.3、0.45、0.65、0.8、1.2 μm 等多种型号滤膜，其滤膜直径有 25～180 mm 多种规格。除菌过滤可用 $0.2\ \mu m$ 的滤膜。应用时应将滤膜安装在相同大小的金属过滤器中，然后进行抽滤。少量液体的除菌过滤，可用滤膜过滤器，该滤器是由上、下两个分别具有出口和入口连接装置的塑料盖盒组成，出口处可连接针头，入口处可连接针筒，使用时将滤膜装入两塑料盖盒之间，旋紧盖盒，当溶液注入滤器时，此滤器将微生物阻留在微孔滤膜上面，从而达到除菌的目的。膜滤器的最大优点是滤膜本身不带电荷，液体滤过后，有效成分丧失少，对于不耐热和会被辐射破坏的物质，过滤除菌就成了唯一可供选择的灭菌方法。

第三节　控制微生物的化学方法

调控微生物的化学方法主要是采用化学药物抑制或杀灭微生物。这类化学药物包括化学药剂和化学治疗剂。化学药剂可分为杀菌剂、消毒剂、防腐剂。杀菌剂是指能杀死一切微生物及其孢子的药物；消毒剂是指能迅速杀死病原微生物的药物；防腐剂是指能抑制微生物生长繁殖的药物。它们之间没有本质的区别，通常一种化学物质在高浓度下是杀菌剂，在低浓度下是防腐剂，但都只限于某些用具和环境有害微生物的控制，故此有人统称其为表面消毒剂。化学治疗剂则是一类能选择性地杀死或抑制人和动物体内病原微生物并可经口服或注射给药的特殊化学药品，主要用于人和动物疾病的预防或治疗。

一、化学药剂

（一）常用种类

抑制和杀死微生物的化学药剂很多，主要有如下种类。

1. 酚类　主要有石炭酸（苯酚）、来苏儿（煤酚皂）等。它们对细菌繁殖体有杀灭作用，后者比前者的作用大四倍。真菌孢子和大多数病毒对酚有抗性。故不能作为灭菌剂。酚类有特殊气味，对皮肤有刺激性。常用3％～5％的来苏儿作地面、家具和器皿的消毒剂，0.5％苯酚作为某些血清学试验的防腐剂。酚类消毒剂被卤化后能增强杀菌作用，如对氯苯酚等。苯酚常用作比较其他消毒剂药效的标准物质，即把被测消毒剂做一系列稀释，使其在一定的时间内杀死微生物（常用鼠伤寒沙门氏菌和金黄色葡萄球菌），与在同样条件下达到同样效果的酚的稀释度比较。用被测消毒剂的稀释度除以酚的稀释度，所得出的值称为酚系数。如某一消毒剂在150倍的杀菌效果与酚稀释90倍时效果相同，其酚系数为150/90＝1.6，则此消毒剂的效力比酚的高0.6倍。由于各种消毒剂的性质和抗菌机理不同，故酚系数仅有一定的参考价值。

2. 醇类　醇类是脱水剂、脂溶剂和蛋白质变性剂。主要包括甲醇、乙醇、丙醇和丁醇等。甲醇杀菌力差，毒性大，不宜作杀菌剂。乙醇是常用的消毒剂，用于皮肤和用具表面消毒。其杀菌力比甲醇强，但对芽孢和包膜病毒的效果差。乙醇的杀菌力受浓度影响，70％的乙醇杀菌力最强，超过此浓度至无水乙醇的效果差，因为高浓度时可使菌体迅速脱水，表面蛋白凝固，形成了保护膜，阻止了乙醇分子进入菌体，影响杀菌作用。丙醇以上醇类的杀菌力均比乙醇强，但不溶于水，不能作杀菌剂。

3. 酸类　酸类主要有乳酸、醋酸、硼酸、水杨酸、山梨酸、苯甲酸、柠檬酸、丙酸、富马酸等。它们都有一定的杀菌和杀真菌的作用，但作用较弱。乳酸和醋酸多用于室内熏蒸或喷雾，做空气消毒。硼酸无刺激性，3％～4％水溶液用于皮肤、黏膜伤口冲洗或口腔含漱。山梨酸和苯甲酸常用作加工食品和饮料的防腐剂。丙酸和富马酸类常用作饲料防霉剂。

4. 碱类　主要是生石灰和氢氧化钠。生石灰有一定的杀菌作用，常用于消毒地面，渔业中常用于清塘、消毒和调节水质。氢氧化钠对病毒、细菌及其芽孢都有很强的杀伤作用，但腐蚀性大,多用1‰~4‰溶液消毒用具和地面。

5. 醛类　主要是甲醛和戊二醛。其液体和气体均有强大的杀微生物作用。甲醛的腐蚀性和刺激性强,多用作房间的空气消毒和衣物、用具等物品的消毒,不能用作食物消毒。10%甲醛溶液可用作组织固定剂。0.3%~0.4%甲醛可杀菌、杀病毒,并可使细菌外毒素脱毒,但保持抗原性,是制备类毒素和疫苗的灭活剂。在水产养殖中常用低浓度甲醛防治细菌和真菌等引起的疾病。但美国等国已禁止使用。戊二醛毒性稍小,杀菌作用较强,但价格贵,主要用作电子显微镜观察的组织材料的固定剂。

6. 表面活性剂　凡能降低溶液界面的表面张力的药物,都称为表面活性剂。按亲水基的电离作用分为阳离子型、阴离子型和非离子型(中性型)。阳离子型有较强的杀菌作用,毒性小,但不能杀死分枝杆菌、细菌芽孢和亲脂性病毒,属低效消毒剂。这类消毒剂按其效力大小排序依次为洗必泰(氯己定)、度米芬和新洁尔灭。主要用于皮肤、手和某些器械的消毒,不能和阴离子型表面活性剂(如肥皂、合成洗涤剂)混用,否则因中和而失效。阳离子型表面活性剂,如ABS(丙烯四聚物型烷基苯磺酸盐),不可生物降解,国内外已禁止生产。阴离子型表面活性剂杀菌作用比阳离子型的弱,但离解后也带电荷,对阳性菌也有杀菌作用。这类药物有烷苯磺酸盐、十二烷基磺酸钠、磺基磷酸盐等,它们可被微生物降解。非离子型对细菌无毒性,有些反而利于细菌生长,如吐温80对分枝杆菌有刺激生长和使细菌分散的作用。

7. 卤化物　这类药物很多,按杀菌力由高到低顺序排列是:F、Cl、Br、I。其中以碘和氯最常用,它们对细菌、真菌、病毒及细菌芽孢均有较好的杀菌效果。漂白粉、氯气、次氯酸钙(漂粉精)、二氧化氯、氯胺T、二氯异氰尿酸钠、三氯异氰尿酸都是常用于饮用水和养殖水体的含氯消毒剂。它们都有强烈的氯气味,对纤维和金属的腐蚀性大,其作用机制均是产生次氯酸和游离原子氧而具有杀菌作用。除漂白粉外,性质均较稳定。常用的含碘消毒剂有游离碘、碘伏、碘仿和聚乙烯吡咯烷酮碘(PVP-I)等,PVP-I也常用于鱼卵和鱼体消毒。

8. 重金属盐类　包括汞、银、铜、锌、铋、铅等的化合物。所有的重金属盐对微生物和动物机体都有毒性,以汞、银、铜的毒性最强。升汞($HgCl_2$)、硫柳汞、硫酸铜、氯化铜、螯合铜是常用的重金属盐类。升汞有很强的杀菌和杀芽孢作用,仅用于地面和桌面消毒。硫柳汞主要用于某些血清和生物制品防腐。硫酸铜等铜制剂在水产上应用较多,除用于杀藻杀虫外,也有一定的杀菌和杀霉菌作用。

9. 氧化剂　这类药物有高锰酸钾、过氧化氢、过氧乙酸和臭氧等。它们的抗微生物作用较强,为高效消毒剂。在鱼病防治上均有应用。臭氧(O_3)是很强的氧化剂,有可能取代氯气用作饮水消毒,目前需解决的问题是成本过高和有效期短。

10. 染料　染料有碱性染料和阳性染料两大类。其中碱性染料如亚甲蓝(亚甲蓝、次甲基蓝)、龙胆紫、结晶紫、吖啶黄、利凡诺(雷夫奴尔)的抗菌作用较阳性染料强,对革兰氏阳性菌的作用比革兰氏阴性菌的更好。亚甲蓝、吖啶黄、利凡诺在水产动物疾病防治中已有应用。

(二)化学药剂的主要作用机制

1. 损伤细胞膜　表面活性剂、酚类、醇类、卤化物这些物质作用于菌体后,能使细胞膜结构紊乱并干扰其正常功能,导致胞内小分子物质溢出,影响细胞的物质和能量代谢。例如，醇类可损害细胞膜上脂类结构，破坏膜的完整性。表面活性剂可吸附在细胞表面，改变了细胞的稳定性和透性，使胞内物质溢出，引起微生物的生长停滞或死亡。

2. 引起菌体蛋白变性 酸、碱、醇类等有机溶剂可改变蛋白质的构型而扰乱多肽键的折叠方式，造成蛋白质变性。醛类能与蛋白质氨基酸中的多种基团共价结合而使其变性。表面活性剂、酚类也能使菌体蛋白变性。

3. 改变菌体蛋白与核酸功能 重金属盐类、氧化剂、染料、卤化物等都有这种功能。例如重金属盐类中的汞、银、砷等可溶性盐类能与细菌细胞内酶中的半胱氨酸的 SH 基结合形成硫醇盐而抑制酶活性；卤素和过氧化氢可将菌体酶的 SH 基氧化为 S—S 基，抑制了酶活性；碱性染料的阳离子基团能与细菌蛋白质氨基酸上的羧基或核酸上的磷酸基结合，呈现抗菌作用。

（三）影响化学药剂抗菌作用的主要因素

1. 化学药剂的抗微生物作用范围 不同药物的杀菌力是不同的，有的作用强，有的作用较弱。某些消毒剂只对某一部分微生物有抑制或杀灭作用，而对另一部分微生物时效力很差。例如甲醛、卤化物的效力强，能杀细菌、真菌、病毒和细菌的芽孢，而乙醇、酚类效力弱，没有杀芽孢作用。季铵盐类消毒剂对革兰氏阴性菌的杀菌效力差，革兰氏阳性菌则容易被其灭活。无机酸类杀菌力大小取决于在水中的离解度，氢离子浓度越高，杀菌力越大。因此在选择和应用消毒剂时必须予以考虑。

2. 化学药剂的浓度 一般认为，化学药剂浓度的越大，其抗菌作用越强。但也并非全部如此，70%酒精比无水酒精的抗菌强。不同的药物受浓度影响的程度不同，在配制药液时，要选择既有效又安全的杀菌或抑菌浓度。

3. 微生物的种类及其特性 细菌、病毒、真菌、细菌芽孢对化学药剂的敏感性是不同的，革兰氏阳性菌与革兰氏阴性菌的敏感性也不同，即使是同一细菌在生长期和静止期的敏感性也有差别。如一般消毒剂对阳性菌效果好。酚类、季铵盐类等不能杀死芽孢。甲醛、戊二醛、环氧乙烷、过氧乙酸有良好的杀真菌作用。碘、氯、戊二醛、甲醛、环氧乙烷、过氧乙酸等有强大的杀真菌作用。此外，微生物数量多的话也可降低杀菌作用。

4. 作用时间与其他环境条件 一般认为，化学药剂的浓度在一定范围内增大，在无不良因素影响时，温度增高，杀菌所需时间会缩短。重金属盐类的杀菌效力因温度增高 10 ℃而增加 25 倍。这是因为化学药剂的活性随温度升高而增强。环境中有机物增多，药物将会与有机物结合，其抗菌作用会大大下降，此时应提高药剂浓度和延长作用时间。含氯消毒剂、表面活性剂、过氧化物类受有机物影响大，环氧乙烷、戊二醛、碘制剂受有机物影响小。环境 pH 对化学药剂的抗菌作用也有影响，酚、次氯酸、苯甲酸、山梨酸和阴离子表面活性剂在酸性条件下杀菌作用增强，阳离子表面活性剂、戊二醛在碱性条件下作用增强。在养殖水体中，由于病原微生物和水产动物处于同一水体中，水温、水质复杂多变，在进行消毒时，应充分考虑各种影响因素，做到既安全又有效。

二、化学治疗剂

（一）磺胺类

磺胺类药是人工合成的氨苯磺胺衍生物。该类药物抗菌谱较广，对大多数革兰氏阳性菌和少数革兰氏阴性菌有抗菌作用，对放线菌、少数真菌、衣原体和原虫也有效，多数经口服易吸收，且性质稳定，便于储存和应用。自 1936 年问世以来，合成的磺胺类药物达万余种，曾有 20 余种广泛应用于疾病治疗。由于易产生抗药性，出现皮疹、溶血性贫血、粒细胞减少和肝肾损害等不良反应，现在实际应用的不多，大部分被抗生素和喹诺酮类药取代。目前常用种类主要有抗菌力较强的短效（药物半衰期小于 10 h）和中效类药物（10～24 h），长效类磺胺（大于 24 h）抗菌力弱，血药浓度低，易出现过敏反应，多数被淘汰，只有少数还在使用。短效磺胺有磺胺异噁唑（SIZ），中效磺胺有磺胺嘧啶（SD）、磺胺甲噁唑（新诺明，SMZ），长效磺胺有磺胺甲氧嘧啶等。在水产养殖中，常用磺胺类药物拌料投喂治疗细菌性疾病，剂量一般为 100～200 mg/kg（以鱼体重计）。

磺胺类是抑菌药，其机理在于这类药物与敏感细菌生长所必需的代谢物对氨基苯甲酸（PABA）具有类似的化学结构，从而通过竞争性抑制作用抑制细菌的生长繁殖。PABA 是某些微生物合成的叶酸的原料，由于磺胺类与 PABA 具有相似性，从而取代 PABA 与细菌的二氢叶酸合成酶相结合，细菌就无法利用 PABA 作为合成叶酸的原料，叶酸合成被阻断。而叶酸是合成氨基酸、核酸所必需的一种辅酶，细菌缺乏叶酸，其生长繁殖就受到抑制。由于人和动物可利用现成的叶酸，因此磺胺类并不干扰人和动物的细胞。磺胺类与磺胺增效剂如甲氧苄氨嘧啶合用，可产生协同作用而加强抗菌效果，使磺胺类的作用增强很多倍，抗菌作用和治疗范围都有所增加，对某些菌还可由抑菌转为杀菌。

（二）抗菌增效剂

抗菌增效剂为广谱抗菌剂，常用药物为三甲氧苄二氨嘧啶（甲氧苄氨嘧啶，trimethoprim，TMP）和二甲氧苄氨嘧啶（敌菌净，diaveridine，DVD），其抗菌谱与 SMZ 等磺胺类相似，而抗菌作用比 SMZ 强 20 倍，对多数革兰氏阳性菌和革兰氏阴性菌有效。单独应用，易使细菌产生耐药性。与磺胺类合用（配合比例一般为 1∶5），可使磺胺类抑菌作用增强数倍至数十倍，且可减少耐药性产生，故又称其为磺胺增效剂。其机制是合用能使细菌的叶酸代谢受到双重阻断，即磺胺类抑制二氢叶酸合成酶，二氢叶酸不能合成。而抗菌增效剂则抑制二氢叶酸还原酶，使二氢叶酸不能还原为四氢叶酸以致阻碍核糖核酸的合成，抑制细菌生长。抗菌增效剂还可增加四环素、青霉素、红霉素和庆大霉素的抗菌作用。水产养殖中已将该类药物单用或与其他抗菌药合用治疗疾病，口服剂量：TMP 为 510 mg/kg（以体重计），DVD 为 20～25 mg/kg（以体重计）。

（三）呋喃类

呋喃类药物是在呋喃环上引入不同基团而形成的一类化合物。主要种类有呋喃唑酮、呋喃妥因、呋喃西林、呋喃那斯等。本类药抗菌谱广，低浓度（5～10 μg/mL）能抑制一般革兰氏阳性菌和革兰氏阴性菌，20～50 μg/mL 浓度有杀菌作用，一般在酸性条件下抗菌活性增强。药物性质稳定，受有机物影响小，不易产生耐药性。但可引起溶血性贫血、多发性神经炎、眼部损害和急性肝坏死等，大多数呋喃类已被淘汰或禁止在食用动物使用。呋喃类药物的抗菌机理在于抑制了乙酰辅酶 A 而干扰了细菌糖代谢的早期阶段。

（四）喹诺酮类

喹诺酮类是人工合成的一类抗菌药。能抑制细菌 DNA 和 RNA 的合成，对革兰氏阳性菌和绝大多数革兰氏阴性菌有显著的抗菌作用。本类药物更新快，至今已开发多代产品，第一代产品为20世纪60年代开发，对革兰氏阳菌效果差，对中枢神经副作用大。主要有萘啶酸、噁喹酸、吡咯酸。第二代产品系于70年代开发，抗菌作用强于第一代，但对肝功能和胃肠有一定副作用，主要产品有新噁酸、噻喹酸、噁噻喹酸、吡喹酸、吡哌酸等。第三代产品为80年代开发，抗菌谱比第一、二代更广、抗菌活性更强，副作用也有下降，但对幼龄动物会引起骨软化。主要药物有诺氟沙星（氟哌酸）、培氟沙星（甲氟哌酸）、依诺沙星（氟啶酸）、氧氟沙星（氟嗪酸）、环丙沙星（丙氟哌酸）、氨氟沙星（氨氟哌酸）、多氟沙星（多氟哌酸）、氟甲喹、妥氟沙星等。萘啶酸、诺氟沙星、环丙沙星等在水产动物疾病防治中曾有一定应用，为防止耐药菌产生和对人类造成公共卫生问题，应慎用或不用。

（五）咪唑类抗真菌药

咪唑类（imidazoles）是合成的一类抗真菌药，如克霉唑、咪康唑、酮康唑和氟康唑。主要用于治疗真菌引起的人的深部感染，低浓度能抑真菌，高浓度有杀真菌作用。该类药物能选择性抑制真菌细胞色素P450依赖性的14α-去甲基酶，使14α-甲基固醇蓄积，细胞膜麦角固醇不能合成，使细胞膜通透性改变，导致胞内重要物质丢失而使真菌死亡。给药方法为口服或外用。但该类药有一定毒性，出现贫血、胃肠道反应和皮疹等。目前尚未用于水产动物疾病治疗。

值得注意的是，上述化学方法使用的各类药物，虽然都有一定的抗菌作用，但都存在不足之处，有的有腐蚀性，有的残留时间长，有的有毒副作用，随着人类对环境和食品卫生和安全问题的日益关注，这些药物在水产上的实际应用也在随时出现变化，有的已经或即将淘汰，有的将被更好的同类药物代替，新的低毒低残留或无毒无残留、毒副作用更小、高效抗微生物的药物会不断出现，因此应及时了解和掌握这些变化，才能更好地应用药物控制微生物。

第四节 控制微生物的生物学方法

生物因素对微生物的生命活动产生重要影响，如有些微生物能产生抗生素、细菌素等，动植物也能产生很多抗菌物质，它们具有抑菌或杀菌作用。此外，微生物与微生物、微生物与动植物之间存在寄生、拮抗等现象，应用这些物质和关系均可以对有害微生物进行有效控制。

一、抗 生 素

抗生素（antibiotic）是某些微生物合成或半合成的能抑制或杀死另外一些微生物的一类化合物。它主要来源于放线菌，少数来源于某些真菌和细菌等。有些抗生素还能抑制或杀死癌细胞。目前已发现了数千种抗生素，但大多数对人和动物有毒性，只有少部分可实际应于疾病治疗。抗生素的抗菌作用主要是通过抑制细胞壁合成、破坏细胞膜通透性、抑制蛋白质合成和干扰核酸合成等方式实现的。表6-3列出了人用抗生素的主要种类及其抗菌机制。其中有部分抗生素在水产动物疫病防治中也有应用，但在使用种类和用药方法上应严格控制，不能把人用的所有抗生素尤其是新型抗生素用于水产动物，更不能用全池泼洒等方式大规模用药，以避免产生耐药菌、产品污染和系列公共卫生问题。

表6-3 抗生素的抗菌谱和抗菌机制

分类		主要药物	特性	抗菌谱	作用机制
β-内酰胺类	天然青霉素	青霉素G	不耐酸和青霉素酶，口服吸收少	G^+菌	抑制细胞壁合成
		青霉素V	耐酸、不耐青霉素酶，口服吸收少	G^+菌	
	半合成青霉素	苯唑西林 氯唑西林 双氯西林 甲氧西林	耐酸、耐青霉素酶，可口服吸收	G^+菌	
		氨苄西林 阿莫西林 羧苄西林 替卡西林 美洛西林 哌拉西林	耐酸、不耐青霉素酶，可口服吸收	G^+菌、G^-菌	
	头孢菌素类	头孢唑林 头孢噻吩 头孢氨苄 头孢羟氨苄	第一代头孢菌素，耐酸，可口服吸收	G^+菌	
		头孢孟多 头孢西丁 头孢克洛 头孢呋辛 头孢尼西	第二代头孢菌素，可口服，过敏反应少		
		头孢噻肟 头孢唑肟 头孢曲松 头孢哌酮 头孢他啶	第三代头孢菌素，可口服，副反应少	G^+菌、G^-菌	
		头孢吡肟	第四代头孢菌素，抗菌作用较第三代强		
	碳青霉烯类	亚胺培南（亚胺硫霉素）	耐酶，广谱高效	G^+菌、G^-菌	
	单环β-内酰胺类	氨曲南	氨基糖苷类替代药，低毒	G^-菌、G^+菌	
	β-内酰胺酶抑制剂	克拉维酸 舒巴坦	抗菌活性低，与β-内酰胺类合用可增效，口服可吸收	G^-菌、G^+菌	
	氧头孢烯类	拉氧头孢	作用与头孢噻肟相似，易致出血	G^-菌、G^+菌	
多肽类		万古霉素去甲万古霉素	口服不吸收	G^+菌	

(续)

分类		主要药物	特性	抗菌谱	作用机制
大环内酯类	红霉素类	红霉素 克拉霉素 罗红霉素 阿奇霉素	口服可吸收	G⁺菌、G⁻菌、衣原体、支原体	
	其他大环内酯类	乙酰螺旋霉素 麦迪霉素 交沙霉素 吉他霉素	口服易吸收	同红霉素类	
林可霉素类		克林霉素	口服易吸收	G⁺菌	
氨基糖苷类		链霉素 庆大霉素 卡那霉素 妥布霉素 阿米卡星 西索米星 新霉素	水溶性好，口服吸收差，致听力下降或耳聋，发生率排序：新霉素＞卡那霉素＞阿米卡星＞西索米星＞庆大霉素＞妥布霉素＞链霉素	G⁻菌、部分G⁺菌	抑制蛋白质合成
四环素类		四环素 土霉素 强力霉素 二甲胺四环素	口服吸收不完全，能沉积于骨、牙	G⁺菌、G⁻菌、立克次氏体、衣原体、支原体、螺旋体	
氯霉素类		氯霉素 琥珀氯霉素	口服可吸收，抑制造血功能	G⁺菌、G⁻菌、立克次氏体	
抑制DNA合成的抗生素		溶肉瘤素新生霉素	溶于水，可致血细胞下降	抗肿瘤、G⁺菌	抑制核酸合成
多黏菌素		多黏菌素B 多黏菌素E	口服不吸收，肾毒性强	部分G⁻菌	
全身抗真菌药		两性霉素B	口服、肌内注射难吸收，出现贫血	广谱抗真菌	损伤细胞膜（通透性）
局部抗真菌药		制霉素	口服不吸收，毒性大于两性霉素B		

二、竞争性和拮抗性微生物

微生物生存在同一个环境中,可以通过对营养物质、氧气等的竞争使竞争弱的一方受到抑制,也可以产生某些代谢产物如酸类、细菌素等而抑制其他微生物。如在好氧生物处理中,溶解氧或营养成为菌胶团和丝状细菌的竞争对象,最终双方均受到抑制。乳酸菌产生乳酸使pH下降,抑制非耐酸菌生长。乳酸菌类和芽孢杆菌还可产生细菌素,细菌素对革兰氏阳性细菌都有抑制作用,如果与螯合剂结合,其作用可扩展到革兰氏阴性菌。嗜杀酵母产生的嗜杀毒素可杀死其他酵母。因此可以用这类微生物制成微生态制剂用于人和鱼类等动物的某些疾病防治,这一工作已取得了一定进展。

三、寄生性微生物

寄生性微生物种类很多,如噬菌体、蛭弧菌等。被寄生的微生物往往受损或死亡。因此,用这类寄生性微生物可制成生物防病剂或进行微生物种、型鉴别。我国多名学者已分离到裂解嗜水气单胞菌蛭弧菌,并在实验室条件下证实了裂解作用,效果确实而迅速。水产用噬菌蛭弧菌的菌种资源较为丰富,如宋志萍等和蔡俊鹏等分别从海水中分离到对九孔鲍苗致病菌具有广谱噬菌性的蛭弧菌和对非霍乱弧菌具有较强裂解能力的蛭弧菌,彭宗辉等从深圳湾海泥中成功分离了对弧菌具有广谱裂解性能的海洋蛭弧菌,储卫华等从对虾养殖水体中成功获得了一株对副溶血弧菌能够高效裂解的海洋蛭弧菌,曹海鹏等从异育银鲫肠道中分离了一株对水产动物常见致病菌具有广谱裂解活性的噬菌蛭弧菌。

四、溶菌酶

溶菌酶(lysozymum)产品是从鲜鸡蛋清中提取的一种能分解黏多糖的多肽酶,具有溶解细菌细胞壁和杀菌的作用,主要用于人的慢性鼻炎,急、慢性咽喉炎,口腔溃疡等疾病的治疗。在微生物学上主要用于去除细胞壁,制备原生质体。

五、抗体和疫苗

抗体是由人和动物浆细胞合成与分泌的一类抗微生物的球蛋白。含有抗体的血清为免疫血清或抗血清。抗体多用于血清学试验及人和珍贵动物的疾病防治。有人用抗血清治疗鳖细菌病已获得良好效果。用微生物制成的疫苗或类毒素进入机体后可刺激机体产生特异性抗体等抗病原微生物物质,具有预防传染性疾病的效果,用疫苗控制微生物引起的传染病已成为最为有效的手段,水产动物的疫苗正在不断的研制中,有些已商品化。

六、干 扰 素

干扰素是一类具有多种生物活性的糖蛋白,无抗原性,为广谱抗病毒药。主要抑制病毒蛋白合成、转录、装配和释放。此外还具有抗肿瘤和免疫调节作用,小剂量可增强免疫,大剂量则有抑制作用。目前医学上大量应用的多为基因重组技术生产的α干扰素,本品口服无效,必须注射给药。主要用于病毒性肝炎和恶性肿瘤等疾病治疗。已知草鱼等鱼类也能产生干扰素,我国对草鱼干扰素的特性和人α干扰素用于草鱼出血病的防治效果进行了初步研究。关于鱼类干扰素的特性,将在另章叙述。

七、吞食微生物的生物

吞食微生物的生物种类繁多，如水域中的假单胞菌等土著菌可捕食大肠杆菌等外来菌，泰氏游仆虫等原生动物可捕食细菌，轮虫、涡虫、水蚤、红虫等底栖后生动物均可捕食细菌，贝类和鲢、鳙等滤食性鱼类均能滤食微生物。这些吞食微生物的生物均可用于养殖水体微生物的控制。

八、茶 多 酚

茶多酚抑菌谱广，对革兰氏阳性菌、革兰氏阴性菌均有抑制作用。作为一种天然生物抑菌剂，其抑菌机制尚不完全明了，已知其中表儿茶素没食子酸酯和表没食子儿茶素没食子酸酯的抑菌活性最强，后者是通过影响金黄色葡萄球菌的细胞形态及细胞分裂而具有杀菌作用。茶多酚能够有效地抑制水产品脂质氧化和三甲胺、挥发性盐基氮等的生成，具有抑菌、除异味等功能。主要用于一些水产品的保鲜，将鲢浸于 2 mg/L 茶多酚溶液后冰温贮藏，可有效地抑制鱼中污染菌的生长，样品货架期延长至 35 d。但其实际应用中最大的难题就是其自身易被氧化而出现严重的褐变，影响产品感官品质。有人认为通过茶多酚和其他天然抑菌添加剂的复配技术研究，可以增强其抑菌和保鲜效果。

九、壳 聚 糖

壳聚糖是甲壳质经脱乙酰反应后的产品，化学名称为聚葡萄糖胺，有一定的抑菌作用，水产上多用于水产品保鲜。

制备壳聚糖的主要原料来源于水产加工厂废弃的虾壳和蟹壳，其主要成分有碳酸钙、蛋白质和甲壳素（20%左右）。由虾、蟹壳制备壳聚糖的过程实际上就是脱钙、去蛋白质、脱色和脱乙酸的过程。

壳聚糖分子带有的正电荷与病原微生物细胞表面的负电荷发生中和反应，使细胞壁发生修饰反应或改变细胞壁的屏障作用，造成微生物死亡。壳聚糖对于革兰氏阴性菌具有较强抑菌活性，是因其细胞表面的脂多糖含有更多负电荷，更易与壳聚糖分子的正电荷发生反应。鲜鱼表面涂抹壳聚糖，夏季保鲜期可达 5 d 以上。用 0.025% 壳聚糖溶液浸泡虾 10 min，可使样品中副溶血性弧菌数量降低 50% 以上。壳聚糖溶液+凝胶制成的涂抹包装材料，适合于鱼、虾类等水产品的预处理，可降低病原微生物数量，延长产品货架期，将壳聚糖与其他生物保鲜剂（如乳酸链球菌素、抗菌肽、溶菌酶等）的复合制剂应用也适用于水产品保鲜加工。

十、抗微生物的中草药

中草药是中药和草药的总称。我国是对中草药最早进行研究和应用的国家，历史悠久，形成了完整的理论与应用体系，创立了中医学、中药学、方剂学等。中草药具有化学合成药物无可比拟的优点，如多种医药效能、纯天然、毒副残留性少、无抗药性等，目前备受重视。在使用方法上，中医和中兽医上一般是将不同性能的多种中草药按主、辅、佐、使原则配合使用。水产上也应用较多，多采用药末或煮汁拌饵投喂或就地取新鲜中草药在养殖水体浸沤方法施药。现在已用大蒜素、杜仲粉等做鱼饲料添加剂，既可促生长，还有较好的抗菌作用。中草药混合或单用虽有较好抗微生物效果，但因成分复杂，抗菌机制多不明了，研究其有效成分和单体的作用是查明其有效性的基础，我国科学家屠呦呦1971年从黄花蒿中发现抗疟原虫的有效提取物，1972年分离出新型结构的抗疟有效成分青蒿素，1979年获国家发明奖二等奖，2011年9月，获得被誉为诺贝尔奖"风向标"的拉斯克奖，2015年10月，获诺贝尔生理学或医学奖。因此，她成为第一位获得诺贝尔科学奖项的中国本土科学家、第一位获得诺贝尔生理学或医学奖的华人科学家。

现代医学表明，很多中草药有抗微生物作用。表6-4列出了这些药物的主要性能和抗菌谱。

表6-4 主要中草药的抗微生物性能

药名	功能	成分	抗菌谱
十大功劳	清热解毒	生物碱	细菌、部分病毒和真菌
大黄	泻热毒、破积滞	蒽醌类	细菌、部分真菌和病毒
大叶桉	疏风解热、防腐止痒	桉油精、百里香酚	细菌、某些病毒
大蒜	健胃、驱虫、止痢	大蒜辣素	细菌、部分真菌
大青叶	清热凉血、解毒	靛苷、大青素	细菌
乌桕	有小毒、利尿解毒	酚基有机酸	细菌
地锦草	清热凉血止血、消肿	黄酮类、没食子酸	细菌
马齿苋	清热利湿、凉血解毒	左旋去甲肾上腺素、儿茶酚等	细菌
五倍子	止泻、止血	鞣质、没食子酸	细菌
鱼腥草	清热解毒、利水消肿	甲基正壬酮、月桂烯等	细菌
金银花	清热解毒	黄酮类、肌醇、皂苷	细菌
金樱子	解表消肿	鞣质、糖分、维生素C	细菌、某些病毒
四季青	清热解毒、活血止血	四季青素、鞣质、儿茶酸等	细菌
地榆	止血收敛	皂苷、鞣质	细菌和部分真菌
知母	抗菌和调节功能	皂苷、糖类、黏液质和烟酸	细菌和部分真菌
穿心莲	消肿止痛、清热解毒	穿心莲内酯、黄酮类	细菌、促进白细胞吞食细菌
厚朴	温中燥湿、益气健脾	含笑花醇、酚类、鞣质	细菌、部分真菌和病毒
儿茶	收敛止血	儿茶鞣酸、儿茶酚等	细菌和部分真菌
杠板归	清热解毒、消肿	靛苷、糖、鞣质、酚等	细菌
老鹳草	清热止泻	挥发油、有机酸、鞣质	细菌、某些病毒
小檗	清热解毒	生物碱	细菌、部分真菌和病毒
吴茱萸	温中散寒、下气开郁	生物碱、挥发油吴茱萸烯等	细菌、部分真菌
黄连	清热解毒	黄连素等多种生物碱、有机酸	细菌、部分病毒
黄柏	清热解毒	多种生物碱	细菌
黄芩	清热解毒、止血	黄酮、黄芩苷、汉黄芩素	细菌、部分病毒
凤尾草	清热解毒、止血杀虫	绵马素、三萜类、挥发油	细菌和病毒
接骨木	清热解毒	挥发油、酚类有机质、鞣质	细菌
辣蓼	解毒消肿	挥发油、黄酮、鞣质	G-菌

(续)

药　名	功　能	成　分	抗菌谱
牛蒡	清热解毒	牛蒡苷、脂肪酸、维生素 A、B 族维生素、维生素 C、菊糖	真菌、G$^+$菌
白头翁	清热解毒	白头翁素等	真菌、细菌
白鲜皮	清热解毒	白鲜碱、黄柏酮、白鲜内酯等	真菌
地肤子	清湿热	三萜皂苷、脂肪油、生物碱	真菌
百部	止咳定喘、杀虱灭虫	百部碱等生物碱	真菌、部分病毒
血竭	活血、止血	黄酮类、苯甲醛及酯类	真菌
苦参	清热杀虫	多种生物碱、黄酮类	真菌
青蒿	清热解毒	挥发油、蒿酮、酯类、醛类	真菌
茵陈	清热解毒	挥发油、有机酸、茵陈烯酮	某些病毒、细菌和真菌
蛇床子	杀虫、壮阳补肾	香豆精类	病毒、真菌
藁本	解表散寒、祛风胜湿	挥发油、内酯类、甲基丁香酚	真菌
漏芦	清热解毒	挥发油、生物碱	真菌、诺卡氏菌
七叶一枝花	清热解毒	甾体、皂苷、生物碱、氨基酸	病毒、真菌和螺旋体
板蓝根	清热解毒	靛苷	病毒、细菌和钩端螺旋体
苦地丁	清热解毒	多种生物碱、香豆精	某些病毒、细菌
虎杖	清热解毒、散瘀活血	蒽酯衍生物、蓼苷、草酸	病毒、细菌
佩兰	凉血止血	挥发油、香豆精	某些病毒
射干	清热解毒、活血化瘀	射干苷等多种苷类	某些病毒、真菌
柴胡	解表和里	皂苷、挥发油、脂肪酸	某些病毒
野菊花	清热解毒	挥发油、香豆精和多糖	多种病毒、细菌
菊花	清热解毒	挥发油、菊苷、腺嘌呤、胆碱等	某些病毒、细菌

本 章 小 结

本章主要叙述了用物理、化学和生物学 3 种方法控制微生物的原理及方法等内容，这些方法中，有的可保障或促进微生物的生长繁殖，有的可保存微生物，有的可抑制和杀灭微生物，从而可利用其消除有害微生物。一些名词术语与微生物的控制密切相关，如富集培养、连续培养、复壮、消毒、灭菌、防腐、无菌、抗菌作用、抗菌谱、抗菌活性、化疗、化疗指数。

控制微生物的物理方法主要有温度、干燥、辐射、超声波、渗透压、过滤除菌等方法。其控制的方法与原理有所差别。温度对微生物的影响主要有 3 种情况：适温利于微生物生长繁殖，用于人工培养；低温有抑菌作用，用于控制生长；高温有杀菌作用，用于消毒或灭菌。高温消毒灭菌的方法有焚烧灭菌法、热空气灭菌法、煮沸法、巴氏消毒法、常压蒸汽灭菌法、高压蒸汽灭菌法。干燥对微生物的生命活动产生重要影响，可导致细胞脱水，代谢停止甚至死亡，如果干燥的细胞未死亡，适宜条件下会复活，因此，干燥方法用于保存菌种和易腐易霉变的物品。辐射对微生物的影响主要是作用于蛋白质或干扰 DNA 的复制，发生突变或死亡。调控微生物的常用辐射方法有紫外线、微波、α 射线、β 射线、γ 射线。这些方法除用于杀菌外，还用于微生物的诱变育种。超声波有杀菌作用，可导致微生物细胞裂解，但病毒的抗性较强，细菌的芽孢一般不受影响，这种方法在消毒灭菌方面无实用价值，主要用于裂解菌体和细胞，研究其细菌结构、化学组成、酶活性，处理含病毒的组织悬液，提取病毒。渗透压对微生物产生的影响是：在低渗条件下，微生物细胞过度膨胀而死亡，在高渗条件下，可造成微生物质壁分离、生长停止甚至死亡。渗透压调控微生物的方法主要用于保存肉类、水产品、蔬菜、水果等。过滤除菌是利用细菌滤器机械地除去液体或空气中细菌的方法，常用的滤器有贝克菲滤器、蔡氏滤器、玻璃滤器、膜滤器。

采用化学药物控制微生物的方法为化学方法。化学药物有两类。第一类是化学药剂，包括酚类、醇类、酸类、碱类、醛类、表面活性剂、卤化物、重金属盐类、氧化剂和染料。这些药物的抗微生物的机制各不相同，或通过损伤细胞膜或引起菌体蛋白变性或改变菌体蛋白与核酸功能等途径来实现的。第二类药物是化学治疗剂：①磺胺类，磺胺类抑菌的机理是这类药物与敏感细菌所必需的代谢物对氨基苯甲酸（PABA）具有类似的化学结构，通过竞争性抑制作用抑制细菌的生长繁殖。②抗菌增效剂，抗菌增效剂的抗菌机制是能使细菌的叶酸代谢受到阻断，抑制了细菌的二氢叶酸还原酶，使二氢叶酸不能还原为四氢叶酸，阻碍核糖核酸的合成。③呋喃类，呋喃类药物的抗菌机理是抑制了乙酰辅酶 A 而干扰了细菌糖代谢的早期阶段。④喹诺酮类，喹诺酮类能抑制细菌 DNA 和 RNA 的合成，有显著的抗菌作用。⑤咪唑类抗真菌药，该类药物能选择性抑制真菌细胞色素 P450 依赖性的 14α-去甲基酶，使 14α-甲基固醇蓄积，细胞膜麦角固醇不能合成，细胞膜通透性改变，胞内重要物质丢失而使真菌死亡。

控制微生物的生物学方法有很多：①抗生素，种类多。抗生素的抗菌作用是通过抑制细胞壁合成、破坏细胞膜通透性、抑制蛋白质合成和干扰核酸合成等方式实现的。②竞争性和拮抗性微生物，其机制是生存在同一个环境中的微生物，可以通过对营养物质、氧气等的竞争使竞争弱的一方受到抑制，也可以产生某些代谢产物如酸类、细菌素等而抑制其他微生物。③寄生性微生物，种类很多，如噬菌体、蛭弧菌等。被寄生的微生物受损或死亡。④溶菌酶，能溶解细菌细胞壁而呈现杀菌的作用。⑤抗体和疫苗，抗体是由人和动物浆细胞合成和分泌的一类抗微生物的球蛋白。疫苗是用微生物制成的，能刺激机体产生特异性免疫，具有预防传染性疾病的效果。⑥干扰素，干扰素具有多种生物活性的糖蛋白，为广谱抗病毒药。⑦吞食微生物的生物，有假单胞菌、泰氏游仆虫轮虫、涡虫、水蚤、红虫、贝类、鲢、鳙等滤食性鱼类等。⑧茶多酚，有抑菌作用，用于水产品保鲜。⑨壳聚糖是甲壳质经脱乙酰反应后的产品，有一定的抑菌作用，多用于水产品保鲜。⑩抗微生物的中草药，中草药是中药和草药的总称，很多中草药有较好的抗微生物作用，用于防治疾病、水产品保鲜和贮藏等。

思 考 题

1. 举例说明消毒、防腐、灭菌、抗菌和化疗等名词的含义、应用实例和实际意义。
2. 控制微生物的物理方法及其原理有哪些？
3. 常用的细菌滤器有哪些？过滤除菌有何特点？
4. 各种高温消毒灭菌方法分别适应哪些物品的消毒灭菌？
5. 简述高压蒸汽灭菌的操作步骤及注意事项。
6. 比较物理、化学和生物学方法控制微生物的各自优缺点。
7. 化学药剂、化学治疗剂各有哪些主要种类？应用范围和作用机制如何？
8. 为什么水产养殖中应慎用或不用某些化学治疗剂和抗生素？如果既要控制水产动物病害，又要保护环境，你认为采用哪些对策为好？
9. 控制微生物的生物学方法有哪些？这些方法的控制原理如何？各有什么特点？

第七章 微生物的变异

生物的各种性状，均受相应基因控制。生物的性状通过亲代传给子代，称为遗传（heredity）。微生物的遗传保证了物种的稳定性。而子代与亲代之间以及子代与子代之间出现差异，则称为变异（variation）。变异产生了变种或新种，有利于物种的进化。

第一节 变异现象

微生物的变异现象一般通过表型变异被观察和发现，表型变异实质上仍受基因的调控。常见的变异现象有形态和结构、菌落形态、毒力、耐药性、代谢和抗原性等方面的变异。

1. 形态和结构的变异 引起微生物形态与结构变异的外界因素很多，如不适宜的温度、酸碱度、盐类、细菌的代谢产物、化学药物和免疫血清等。外形会变为多形性、衰老形，以及由杆状变为圆球形等；一些结构也会发生改变，有细胞壁的可以变为无细胞壁（L型），产荚膜的变为不产生荚膜，有鞭毛的变为无鞭毛而不能运动，有芽孢的失去形成芽孢的能力等。

2. 菌落变异 细菌在固体平板培养基上生长时，常常出现菌落形态的变化，可以表现为光滑型（smooth type，S型）和粗糙型（routh type，R型）之间的相互变异。S型菌落表现湿润，有光泽、菌落边缘整齐；R型菌落表面干燥，无光泽，菌落边缘不整齐。在一定条件下，菌落可从S型变为R型，也可从R型变为S型。随着细菌菌落形态的变化，其毒力和抗原性等也往往发生了改变（表7-1）。

表7-1 光滑型与粗糙型菌落细菌的特性

（据陆承平等）

性　状	光　滑　型	粗　糙　型
菌落性状	光滑、湿润、边缘整齐	粗糙、枯干、边缘不整齐
菌体形态	正常、一致	可异常而不一致
表面抗原	具有特异性表面多糖抗原	丢失特异性表面多糖抗原
毒力	强	弱
对噬菌体的敏感性	敏感	不敏感
生化反应	强	弱
在生理盐水中的悬浮性	均匀悬浮	自家凝集
在液体培养基中生长	均匀混浊	颗粒状生长，易于沉淀

(续)

性　状	光　滑　型	粗　糙　型
对血清杀菌作用的敏感性	不敏感	敏感
对吞噬作用的抵抗力	较强	较弱
荚膜细菌的荚膜形成	可形成	不形成

3. 毒力变异　在自然情况或人工诱变的条件下，病原微生物的毒力可以从强毒变为弱毒或无毒，也可以从无毒或弱毒变为强毒。一般是将病原微生物通过易感动物，其毒力增强；通过非易感动物或不利的物理、化学因素处理，其毒力减弱。例如应用理化方法培育出多种病原微生物的弱毒株，供作疫苗应用。相反，有的弱毒疫苗在水产类动物中传播时，其致病力往往可以由弱变强，逐渐升高，以致引起广泛流行。

4. 代谢变异　许多微生物在代谢过程中原来能合成某种营养成分的特性会变异失去这种能力，其生长需要提供该营养成分，故称此为营养缺陷型（auxotroph），它们的野生型亲本称为原养型（prototroph）。如生物素营养缺陷型，其培养基中需加入生物素才能生长；组氨酸营养缺陷型，其培养基中需加入组氨酸等才能生长。营养缺陷型的微生物也可以恢复这种能力。

5. 耐药性变异　原来对某种药物敏感的微生物，可以产生对该药物的耐药性。随着药物使用频率增加，常常发生耐药性微生物得以生存并大量增殖，造成严重后果。因此，在生产中一定要合理使用抗生素。

6. 抗原性变异　微生物含有的各种抗原成分，在环境条件的影响下，失去或增加某种抗原成分，或者抗原结构发生变化，从而导致其抗原性发生变异。

第二节　变异机制

微生物的变异可分为表型变异（phenotypic variation）与基因型变异（genotypic variation）。前者是指基因结构未发生改变，故称非遗传性变异；后者基因结构发生了改变，故称遗传性变异。表型变异是受环境因素影响，基因表达暂时改变，会波及同一环境中的全部个体，其变化是可逆的、非遗传的；基因型变异只影响少数个体，并能稳定地传给后代，基本不受外界因素的影响。遗传性变异一般包括基因突变、基因转移与重组两个方面（图 7-1）。

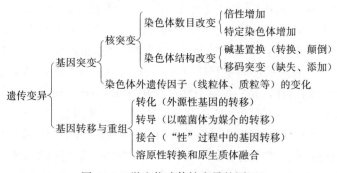

图 7-1　微生物遗传性变异的原理

一、基因突变

基因突变（gene mutation）是指遗传物质突然发生了可遗传的变化。多数突变都是由于基因本身微细结构的改变。在生物中突变既可能带来有利的变化，也能带来有害的变化。突变按其发生改变的范围的大小可分为点突变（point mutation）和染色体畸变（chromosomal aberration）。根据引起突变的原因可分为自发突变（spontaneous mutation）和诱发突变（induced mutation）。自发突变是在未经人工诱导的外界条件下自然发生的突变。发生自发突变的概率往往很低，为 $1/10^6 \sim 1/10^9$。人工诱变是在应用诱变因素的影响下而发生的突变，其突变率常高于自然突变。具有诱变效应的任何因素，都称为诱变剂（mutagen）。

1. 点突变 点突变是相应基因上的 DNA 链中一个或少数几个核苷酸对的改变，包括核苷酸对的置换（replacemen），进一步可分为转换（transition）和颠换（transversion）以及因缺失或插入一个碱基而造成的移码（frame shift）。点突变有可能带来这一多肽中的一个氨基酸的改变，也可能无任何变化，完全取决于所突变的密码子。在无义突变中，密码子变成终止密码子，合成不完全的多肽。缺失或插入，也包括移码突变带来 DNA 分子的明显变化，常常造成基因功能的完全丧失，或导致产生的蛋白质和酶不同。如亚硝酸、羟胺和各种烷化剂等可以直接引起碱基的置换；5-溴尿嘧啶、5-氨基尿嘧啶、8-氮尿嘧啶和6-氯嘌呤等可以通过活细胞的代谢活动，掺入 DNA 分子中而间接引起碱基置换；吖啶类染料能引起移码突变。

2. 染色体畸变 染色体畸变是指染色体的一大段发生了变化。一些涉及大片段突变的类型多来源于错误重组而使 DNA 分子重排，包括大片段的染色体 DNA 移到新的位置，称为易位（translocation），在真菌中会易位到不同的染色体上；也包括倒置（inversion），即特定的 DNA 片段方向发生了颠倒，但并不妨碍周围的 DNA；另外还包括染色体结构上的缺失（delection）、重复（duplication）和插入（insertion）。

DNA 序列通过非同源重组的方式，从染色体的某一部位转移到同一染色体上的另一位部位或其他染色体上的某一部位的现象，称为转座（transposition）。转座作用的发生主要依赖自身合成的特异性转座酶。凡具有转座作用的一段 DNA 序列，称为转座因子（transposable element，TE），又称为可移动基因（moveable gene）或跳跃基因（jumping gene）。转座因子包括插入序列（insertion sequence，IS）、转座子（transposon，Tn）及 Mu 噬菌体 3 类，新发现的基因盒-整合子系统也应归属其内。

IS 长度为 $40 \sim 1\ 400$ bp，分子质量较小，是最简单的转座因子类型，除带有与转座有关的基因外，不再有任何基因；它不仅发现于细菌染色体和质粒上，在某些噬菌体里也有。Tn 是一段双链 DNA，有 $2 \sim 3$ kb，比插入序列大，并带有一些其他基因；其中某些基因常常编码一种或几种抗生素抗性蛋白。IS 和 Tn 具有两个共同的特点：一是携带编码转座酶的基因；二是在其末端都有短的反向重复序列（inverted repeat，IR）。Mu 噬菌体是促变噬菌体（mutator phage）的简称，是一类具有转座作用（transposition）的温和噬菌体，可随机插入大肠杆菌 DNA 中，从而导致大肠杆菌基因组突变。基因盒-整合子系统是一种较小的运动性 DNA 分子，具有独特的结构，可捕获和整合外源 DNA，使其成为功能性基因的表达单位。转座作用的频率虽然只有 $1/10^7 \sim 1/10^5$，但它发生后可引发多种遗传效应，这种效应不仅在生物进化上有重要意义，常可致某些性能的改变，影响生物体的致病性和耐药性等。

二、基因转移与重组

两个来自不同基因组的遗传因子，组合成新的稳定基因组的过程，称为基因重组（gene recombination）或遗传重组（genetic recombination），简称重组。重组是遗传物质之间的物理交换。当两个遗传上有区别，序列上又极其相似的 DNA 分子结合进同一细胞时，便会发生同源重组（homologous recombination）。这种重组的过程在经典遗传学上称为"杂交"。

重组是一个重要的进化过程，细胞具有特异的机制以保证重组的发生。原核生物的基因重组的特点为：一是片段性，仅为一小段 DNA 序列参与重组；二是单向性，即从供体向受体单向转移；三是转移机制独特而多样，主要包括转化、转导、接合和原生质体融合等形式。在原核生物中，大多没有完全的有性生殖，它们的遗传重组作用只能在特定的条件下才能发生。在真核微生物中，主要有有性杂交、准性生殖、原生质体融合和转化等。微生物发生重组，往往会有较大的改变。因为基因是从供体转移到受体，而不是从母体转移到子细胞的垂直流动，所以称为侧向基因转移（lateral gene），也称为水平基因转移（horizontal gene flow）。

1. 转化（transformation） 受体菌直接摄取供体菌游离的 DNA，从而带来遗传性状改变的过程，称为转化。许多原核细菌可以自然转化，包括某些革兰氏阳性菌和阴性菌以及一些古菌。供体菌的 DNA 可以是人为地分离得到的（称为转化因子），也可以是天然存在的。一个细胞只能结合一个或少数几个片段。因此一次转化过程，受体菌只能获得供体菌全基因组的极少部分。

两个菌种间或菌株间能否发生转化，有赖于其进化中的亲缘关系。可以接受外源 DNA 分子并能实现转化的细胞，称为感受态细胞（competence cell）。感受态是生物的一种遗传特性。在大多数天然可转化的细菌中，感受态是可以调节的。细菌转化的发生还受多种因素的制约，包括 DNA 的浓度、纯度和构型，转化环境条件如温度、pH 和离子浓度等。感受态细菌培养物中还有分子质量为 5～10 ku 的小分子蛋白质，称为感受态因子（competence factor, CF）。CF 包括 3 种主要的成分，即膜相关 DNA 结合蛋白、细胞壁自溶素和几种核酸酶，可以诱导不处于感受态的细胞成为感受态。

转化发生过程，首先是供体的 DNA 片段吸附于感受态受体菌的细胞膜上，细胞上的 DNA 与一种特异的蛋白结合，形成可以抗御核酸酶作用的复合物，穿入受体菌细胞内，与其 DNA 发生整合，受体菌由于获得外源的 DNA 而改变遗传性状。有些真菌在制成原生质体后，也可实现转化。

2. 转导（transduction） 以噬菌体为媒介，将供体菌内特定的基因转移到受体菌内，通过交换与整合，使后者获得前者部分遗传性状的现象，称为转导。转导的方式有两种，一种为普遍性转导（generalized transduction），供体菌基因的任何 DNA 片段都可成为噬菌体中的一部分 DNA，当它感染受体菌时，则将供体菌的 DNA 带入受体菌内。毒性噬菌体和温和性噬菌体都能介导普遍性转导。另一种为局限转导（restricted transduction），仅由部分温和性噬菌体引起，将供体菌的少数特定基因携带到受体菌中，也称为特异性转导（specialized transduction）。在普遍性转导中，任何供体的染色体 DNA 片段都可以转移至受体细胞，但效率很低。而在局限性转导中，被转导的 DNA 片段仅仅是那些染色体上靠近溶原化位点的基因，这些基因由温和性噬菌体不准确切离而携带，可以达到相当高的效率。

温和噬菌体感染其宿主后，噬菌体基因与细菌基因整合，而使宿主获得新的遗传性状称为溶原性转换（lysogenic conversion），这种细菌称为溶原细菌。溶原性转换可使某些细菌发生毒力变异或抗原性变异。A 群链球菌产生红疹毒素，金黄色葡萄球菌产生 α 溶血素、δ 溶血素、肠毒素 A 等都是溶原性转换。当溶原性细菌失去前噬菌体，则有关性状也随之消失。

3. 接合（conjugation） 供体菌与受体菌直接接触后，将质粒 DNA 由供体菌转移给受体菌的过程称为接合。通过接合而获得新遗传性状的受体细胞，称为结合子（conjugant）。接合过程涉及含有特殊的可接合质粒的供体细胞，以及不含这一质粒的受体细胞。控制接合的基因都位于质粒的 tra 区域。tra 区域的许多基因与细胞的接合形成有关，大多数基因负责合成细菌外的一种表面结构，即性纤毛（sex pilus）。只有供体菌具有性纤毛。不同的可接合质粒，其 tra 区域可稍有差异，性纤毛也不完全相同。

能通过接合方式转移的质粒称为接合性质粒，主要包括 F 质粒和 R 质粒等。能进行接合的微生物主要是细菌和放线菌，决定 $E.\ coli$ 性别的是其中的 F 质粒。雄性菌 F^+ 有一段特定的 DNA，称为致育因子（也称受精因子，即 F^+ 因子），F 质粒编码相应的 F 性纤毛，使 F^+ 菌和 F^- 菌发生结合；F^+ 菌能将含致育因子的 DNA 通过性纤毛输给 F^- 菌，F^- 菌获得致育因子而变成 F^+ 菌，并具有所获得那段 DNA 的相应性状。供体 F^+ 菌中余下的 F 因子部分，能再复制 F^+ 菌，因此仍然保持 F^+ 特性；只有 F 因子完全消失时，F^+ 菌才变为 F^- 菌。F 因子 DNA 有时也可以整合到菌体的染色体 DNA 链中，这样在接合时，这种菌传递一小段染色体 DNA 到 F^- 菌内发生基因重组的频率就较原来的 F^+ 菌高出几百倍以上，故特称此种菌为高频重组菌株（high frequency recombinant，Hfr）。

接合性耐药质粒（R 质粒）通过接合方式，可以在同一种属细菌间或不同菌属间传递，因此，耐药性会迅速传播，使耐药菌株不断增加。这在革兰氏阴性菌中更为突出。

4. 原生质体融合（protoplast fusion） 选择具有优良性状的两个菌株细胞作为亲本，以人工方法去除其细胞壁，成为原生质体，使原生质体发生融合，形成带有双亲本菌株优良性状、遗传稳定的融合子（fusant），这种技术称为原生质体融合。原生质体融合是继转化、转导和接合之后一种更加有效的转移遗传物质的手段。能进行原生质体融合的生物种类极为广泛，不仅包括原核生物中的细菌和放线菌，而且还包括各种真核生物细胞，例如，属于真核类微生物的酵母菌、霉菌和蕈菌，以及各种高等植物细胞。各种动物和人体的细胞不存在阻碍原生质体进行融合的细胞壁，就较容易发生原生质体融合。

原生质体融合的主要操作步骤是：先选择两株有特殊价值并带有选择性遗传标记的细胞作为亲本菌株，置于等渗溶液中，用适当的脱壁酶处理，去除细胞壁；再将形成的原生质体（包括球状体）进行离心聚集，加入促融合剂聚乙二醇（polyethylene glycol，PEG），或借电脉冲等因素促进融合；然后用等渗溶液稀释，再涂在能促使它再生细胞壁和进行细胞分裂的基本培养基平板上，培养；待形成菌落后，再通过影印平板法，把它接种到各种选择性培养基平板上，检验它们是否为稳定的融合子；最后再测定其有关生物学性状或生产性能。

5. 有性杂交（sexual hybridization） 杂交是指在细胞水平上进行的一种遗传重组方式。有性杂交，一般指不同遗传型的两性细胞间发生的接合和随之进行的染色体重组，进而产生新遗传型后代的一种育种技术。凡能产生有性孢子的酵母菌、霉菌和蕈菌，原则上都可应用有性杂交方法进行育种。

从自然界分离到的，或在工业生产中应用的菌株，一般都是双倍体细胞。把不同生产性状的甲、乙两个亲本菌株（双倍体），分别接种到含醋酸钠或其他产孢子培养基上，使其产生子囊，经过减数分裂后，在每一子囊内会形成4个子囊孢子（单倍体）。用蒸馏水洗下子囊，用机械法（加硅藻土和液体石蜡后在匀浆管中研磨）或酶法（用蜗牛消化酶等处理）破坏子囊，再行离心，然后把获得的子囊孢子涂布平板，就可以得到由单倍体细胞组成的菌落。把来自不同亲本、不同性别的单倍体细胞，通过离心等方式使其密集地接触，就有更多的机会出现种种双倍体的有性杂交后代。在这些双倍体杂交子代中，通过筛选，可选到优良性状的杂种。

6. 准性生殖（parasexual reproduction） 准性生殖是一种类似于有性生殖，但比其更为原始的一种生殖方式。它可使同一生物的两个不同来源的体细胞，经融合后，不通过减数分裂而导致低频率的基因重组。准性生殖常见于某些真菌，尤其是半知菌中。

其主要过程为：菌丝联结（anastomosis）发生于一些形态上没有区别，但在遗传性上有差别的两个同种亲本的体细胞（单倍体）间；两个体细胞经联结后，使原有的两个单倍体核集中到同一个细胞中，形成双相异核体（heterocaryon）；在异核体中的双核偶尔可以发生核融合（nuclear fusion）或核配（caryogamy），产生双倍体杂合子核；体细胞交换（somatic crossing-over）即体细胞中染色体的交换，也称有丝分裂交换（mitotic crossing-over）。双倍体杂合子性状极不稳定，在其进行有丝分裂过程中，极少数核中的染色体会发生交换和单倍体化，从而形成了极个别具有新性状的单倍体杂合子。

第三节 基因工程

基因工程（gene engineering），又称遗传工程（genetic engineering），是指人们利用分子生物学的理论和技术，自觉设计、操纵、改造和重建细胞的基因组，从而使生物体的遗传性状发生定向变异，以最大限度地满足人类活动的需要。由于微生物多数是单细胞，且结构简单，是基因工程理想的表达载体。利用基因敲除（knock-out）技术进行基因功能分析，进而研究目的基因与表型性状间的关系，是研究人体、动物、植物和微生物等基因功能的一种非常有用的遗传操作方法。基因工程育种不但可以完全突破物种间的障碍，实现真正意义上的远缘杂交；而且这种远缘可跨越微生物之间的种属障碍，实现动物、植物、微生物之间的杂交。

一、基因工程在微生物育种中的应用

1. 生产药物 许多具有很强生理活性的物质，如胰岛素、红细胞生成素等。这些药物一直是通过从人血或胚胎中提取的，或从动物中提取类似物。这类药物由于原料来源有限，提取工艺复杂，获得率很低，所以价格昂贵，在临床上得不到普遍使用。利用基因工程方法，从人或动物中分离出有关基因；将其体外重组，再转入微生物细胞中，使微生物细胞获得表达这些外源基因的能力，从而获得工程菌；通过工程菌的发酵来生产这些药物，不仅可以实现大规模生产，而且大大降低了生产成本。

2. 提高菌种的生产能力 自20世纪80年代以来，利用基因工程提高菌种生产能力，已经在很多发酵领域获得成功。尤其在氨基酸发酵和工业用酶制剂等方面，取得了很大的进展。

抗生素为微生物的次级代谢产物，由于其合成的基因和机制比初级代谢产物要复杂得多，所以在基因工程方面的研究起步较晚。1989年美国礼莱公司首次报道，将带有头孢菌素C生物合成途径中编码关键酶基因的杂合质粒，成功地转化到其原菌株中，其中一株工程菌头孢菌素C的生产能力比原菌株提高15%。

3. 改进传统发酵工艺 传统发酵工艺生产微生物代谢产品往往需要耗费大量的动力。例如，在好氧微生物发酵过程中，为了满足其溶解氧的需求，需要提供大量的无菌空气和大功率搅拌等条件。已有报道，将与氧传递有关的血红蛋白基因克隆进青链霉菌，改造后的工程菌发酵时，抗生素效价对氧的敏感性大大降低。通气不足时，其目的产物放线红菌素的产量提高4倍。还有报道将血红蛋白基因克隆进头孢菌素C产生菌——顶头孢菌，使该菌种在摇瓶发酵时对氧的消耗量明显降低，且有效地增加了头孢菌素C的产量。

4. 提高菌种抗性 酵母是食品工业的重要菌种，在面包制造和啤酒生产等行业具有广泛用途。由于酵母是有活性的微生物菌体，其保存和运输必须在低温下进行。我国科技人员利用基因工程技术，成功地构建了活性干酵母和耐高温酵母，使酵母菌种可以在干燥条件下常温保存和运输，大大地降低了生产成本，提高了劳动生产率。

此外，利用微生物生长繁殖快、适应性强的特点，将来源不同的目的基因转入微生物细胞中，构建超级工程菌，用来处理工业废料和垃圾，消除环境污染和海面石油污染。利用工程菌分解工业原料或废料生产生物能等，也取得了许多令人振奋的进展。

5. 制备基因工程疫苗 应用基因工程方法制备疫苗是新发展起来的一种制备疫苗的方法，常见的几种基因工程疫苗有以下几种。

(1) 重组抗原疫苗（recombinant antigen vaccine）。利用DNA重组技术制备的只含保护性抗原的纯化疫苗。制备时，首先选定病原体编码有效免疫原的基因片段，将该基因片段引入细菌、酵母菌或能连续传代的哺乳动物细胞的基因组内，通过大量繁殖这些细菌或细胞，使目的基因的产物增多。最后从细胞培养物中收集、提取、纯化的抗原，即成重组抗原疫苗。该疫苗不含活的病原体和病毒核酸，安全有效，成本低廉。

(2) 重组载体疫苗（recombinant vector vaccine）。将编码病原体有效免疫原的基因插入载体（减毒的病毒或细菌疫苗株）基因组中，接种后，随疫苗株在体内的增殖，大量所需的抗原得以表达。如果将多种病原体的相关基因插入载体，则成为可表达多种保护性抗原的多价疫苗。例如，Noonan等（1995）将病毒IHNV（传染性造血组织坏死病毒）、VHSV（出血性败血症病毒）和IPNV（传染性胰脏坏死病毒）的抗原表位基因——G蛋白基因转入杀鲑气单胞菌A440中，通过活菌苗A440感染大麻哈鱼，该鱼可产生针对这几种杆状病毒的免疫。

(3) DNA疫苗（DNA vaccine）。用编码病原体有效免疫原的基因与细菌质粒构建的重组体，直接免疫机体，转染宿主细胞，使其表达保护性抗原，从而诱导机体产生特异性免疫的疫苗。这类疫苗可在体内持续表达，维持时间长，免疫效果好。Bouding等（1998）制备了IHNV、VHSV的DNA疫苗免疫成年虹鳟，达到预期效果。

(4) 转基因植物疫苗。将编码有效免疫原的基因导入可食用植物细胞的基因组中，免疫原即可在植物的可食部分稳定地表达和积累，人类或动物通过摄食后，达到免疫接种的目的。

二、基因工程原理和步骤

基因工程是用人为的方法将所需的某一供体生物的遗传物质DNA分子提取出来，在离体条件下进行"切割"，获得代表某一性状的目的基因，把该目的基因与作为载体的DNA分子连接起来，然后导入某一受体细胞中，让外来的目的基因在受体细胞中进行正常的复制和表达，从而获得目的产物。由于该受体细胞既包含了原有的一整套遗传信息，也含有外来基因的遗传信息，是一个"杂交体"，因此它是一个自然演化中原本不存在的全新的物种。

基因工程的主要过程包括以下几个步骤。

1. 基因分离　基因工程的第一个步骤，是采取适当方法技术将所需要的基因分离出来。

2. 基因与载体结合　分得的基因单独引入受体细胞是不能复制的，因此必须将它先与能复制的适当载体（主要是质粒，也有用某种噬菌体或其他病毒的）结合，造成重组DNA分子。

3. 重组DNA引入受体细胞　通常是通过转化的方法，将重组DNA引入能容纳这份外来DNA的受体细胞（大多用细菌）。

4. 筛选　由于转化率很低，因此需要采用适当的方法，从所用大量受体细胞中，将已被转化的细胞筛选出来。

5. 重组DNA的验证　验证重组DNA是否已进入所筛选出来的受体细胞，即受体细胞是否由于引入了重组DNA而改变了某些遗传性状。

就某一特定基因而言，其表达水平的高低是由操纵子起始端的启动子和末端的终止区控制的。启动区结构直接控制DNA聚合酶与核糖体结合的效率。通过对DNA序列的操纵，可以改变启动区的活性。首先鉴定出基因的启动区，然后通过点诱变或置换技术，将启动区进行改造，使启动子的启动效率大大加强，从而提高目的基因的表达量，达到提高菌株生产力的目的。

第四节　变异的实际意义

细菌由于具有繁殖迅速、培养容易、基因组简单等优越性，因而其遗传变异的研究进展迅速，成果丰硕。在理论方面，它不仅揭示了细菌本身许多遗传变异的规律，而且推动了整个分子遗传学的迅速发展。分子遗传学的许多重大成果，例如遗传物质基础的确定、决定遗传性状的中心法则的提出、三联体密码子的发现和遗传密码表的确定，以及基因工程的创建等，在很大程度上都是通过细菌遗传变异的研究而获得的。此外在微生物学领域内，对细菌遗传变异的研究也有助于其他有关问题的了解和发展，例如帮助了解微生物的起源和进化、微生物结构与功能的关系、原核生物性状表达的调节控制，以及推动微生物分类学的深入发展。

在实践方面，细菌遗传变异的研究对深入了解疾病的发生与发展，解决疾病的诊断与防治问题，选育制造疫苗的菌株，培养工农业生产上的高效能菌种，以及消除环境污染等，都具有重大的实用意义。

一、微生物变异与疾病诊疗

(一) 微生物变异与疾病诊断

某些微生物变异后，其表型改变很大，难以识别，但其基因型的改变不会很大。当今的微生物学诊断已不再局限于表型特征，而是在微生物的基因组水平进行检测，并已建立了多种检测技术，如 PCR、实时荧光定量 PCR、环介导等温扩增 (LAMP)、基因芯片检测等技术。PCR 方法提高了细菌的检验水平，特别适用于不易培养或生长缓慢的微生物。此外，还可以通过"组学" (-mics)，如基因组学 (genomics)、蛋白质组学 (proteomics)、糖组学 (glycomics)、转录组学 (transcriptomics) 等，研究细菌的遗传变异，寻找病原细菌新的诊断标记，用以制备新型诊断制剂。因为强大的计算机分析软件可以有助于鉴定开放阅读框、启动子序列、新序列与已知序列相比较、同源性查找、鉴定与已知开放阅读框 (open reading frame, ORF) 的序列和结构基本序列相似的 ORF 编码的蛋白。这种分析可使不经过传统的生物化学实验就能准确地测定待测的 ORF 在细胞中的可能功能，成为现实。

(二) 微生物变异与疾病防控

微生物基因组上的一些毒力及耐药相关基因等，与致病、耐药及免疫相关，寻找微生物的致病及耐药相关蛋白，以研制新的抗微生物药物。另外，在基因水平揭示微生物与环境相互作用的代谢途径、微生物的毒力因子以及病原微生物的分子致病机制，可进一步研制防控微生物感染的疫苗等。近年的研究发现，微生物毒力增强，甚至可跨宿主传播。分析微生物基因变异情况，可进行病原菌溯源，从而达到从源头控制疾病的目的。

二、菌种筛选和诱变育种

应用人工的方法，使微生物按照人为的要求发生变异，一般是应用筛选和诱变育种两种方法。从自然界采取所需菌种的样品或从突变菌株中分离、纯化测定得到菌种的过程称为菌种筛选。筛选出新菌种，再按目的进行人工定向变异称为诱变育种。

(一) 菌种筛选

菌种筛选就是从众多的自然突变菌株中筛选优良菌种。筛选新菌种具体措施如下。

1. 采样 从何处采样，要根据筛选的目的、微生物分布概况及菌种的主要特征、外界环境的关系等，进行综合具体的分析来决定。

2. 增殖培养 从自然变异菌株进行筛选。若菌种量不足时，就要进行这一步骤，增加菌种的数量。

3. 纯种分离 其目的主要是从含有混杂各种微生物的样品中，分离出我们所需要的微生物。分离纯种主要采取稀释平板法和平板划线法。以后者应用最为广泛，其优点是简单、快速。在平板上出现单个菌落后，取可疑菌落进行显微镜检查，证明为单一形状菌体时为止。

4. 性能测定 经过纯种分离得到需要的菌种，必须经过生产性能测定，确定适合生产要求，才能作为生产用菌种。

(二) 人工诱变

由于自然突变率很低，得到优良菌种较慢而少，所以应用人工诱变作为定向筛选，可以较快地得到优良生产菌种。当前，人工诱变主要利用物理学的（紫外线、电离辐射、同位素、高温、超声波等)、化学的(5-溴尿嘧啶、亚硝酸、烷化剂、吖啶类)或生物学的(异种动物或人工培养)以及其他诱变因素,如抗菌素、杀菌剂等方法来增加微生物突变的机会,并从中选择所需要的菌株。诱变育种大体分为以下几个阶段。

1. 出发菌株的选择 出发菌株应选对诱变剂敏感性强、变异幅度大的菌株,以便达到提高代谢产物或中间产物的量、改进质量或产生新的代谢产物的目的。

2. 细菌悬液的制备 一般采用生理状态一致的单细胞或单孢子进行诱变。使其均匀地接触诱变剂,并可减少分离现象发生。

3. 诱变剂及使用方法

(1) 诱变剂的选择。物理诱变剂、化学诱变剂和生物学因素作用于微生物后,必须起到有意义效果,如化学诱变剂甲基磺酸乙酯(EMS)应用于实验性微生物或工业性微生物,都能得到优越的效果。当处理棒状杆菌和枯草杆菌 18 h,其存活率为 1.0×10^{-5},突变率为 82.7%。物理诱变剂多使用 ^{60}Co 和紫外线,效果都比较好。

(2) 诱变剂的剂量。诱变剂量的选择与处理条件、菌种情况、诱变剂种类等有关。在工业微生物育种中,提高生产性能的称为正突变,主要出现在偏低剂量中;而使生产性能降低的称为负突变,主要出现在偏高的剂量中。所以使用诱变剂时,剂量要低。形态变异往往发生在使用偏高剂量时。

(3) 诱变菌株的处理方法。试验证明复合诱变比单一诱变效果好,如金色链霉菌变种的形态变异,应用乙烯亚胺加不同剂量的紫外线处理,比单用某种诱变剂效果更好。

4. 变异菌株的分离和筛选 经过使用诱变剂处理,使被试菌的遗传物质发生突变,突变菌株须经过复制,才能把变异的菌株性状表现出来。所以不能马上进行变异菌株的筛选,须经后培养或直接接到完全培养基中,其变异率才提高。

变异菌株在培养中是少数的,为了选出变异幅度大的菌株,就要进行单细胞菌落的性状测定。为了快速检出,一般要经过初选和复选两个阶段。初选一般是多选变异菌落,少做性状试验,以免发生漏筛的现象。经过初选,把大部分菌株淘汰,剩余的菌株就要多做性状试验,以选出优良的菌株。在筛选工作中须按设计目的,采取适当的方法进行筛选。

(三) 杂交育种

将两个不同菌株(品系)或不同种的遗传性状通过接合、转化、转导、原生质体融合、准性生殖、有性杂交等方法重新组合起来,或将一个菌株的遗传性状传递至另一个菌株,使后者获得前者的新性状。如应用面包酵母和酒精酵母杂交,其杂交种的酒精发酵力没有下降,反而使发酵麦芽糖的能力提高。这种杂交种不仅能用作酒精发酵,还可以供面包发酵用。杂交育种的对象不同,具体的方法和步骤也不完全一样。如进行有性孢子生殖的微生物的杂交育种,将两个菌株混合接种,孢子产生后,分离单孢子,使其长成单孢子菌株,便得到杂交的后代。而对不产生有性孢子的微生物,利用营养缺陷型菌株进行混合培养后长出的菌落,即是杂交后代。随着遗传学的发展和分子生物化学的进步,基因工程(遗传工程)已经广泛地应用于微生物的人工定向变异。

第五节 菌种保藏

菌种是一种重要和珍贵的生物资源,有效的菌种保藏(preservation)很重要。菌种保藏是指在广泛收集实验室和生产菌种、菌株的基础上，将它们妥善保藏，使其达到不死、不衰、不污染，以便于研究、交换和使用的目的。而狭义的菌种保藏的目的是防止菌种衰退（degeneration）、保持菌种生活能力和优良的生产性能，尽量减少、推迟负变异，防止死亡，并确保不污染杂菌。国际上许多发达国家，都设有相应的菌种保藏专门机构。如中国微生物菌种保藏管理委员会（CCCCM）、中国典型培养物保藏中心（CCTCC）、美国典型菌种保藏中心（ATCC）、荷兰霉菌中心保藏所（CBS）和英国国家典型菌种保藏所（NCTC）等。

衰退（degeneration）是指某物种由于自发突变，而使其原有一系列生物学性状发生量变或质变的现象。具体表现有：原有形态性状变得不典型；生长速度变慢，产生的孢子变少；代谢产物生产能力下降；致病菌对宿主侵染力的下降；对外界不良条件包括低温、高温或噬菌体侵染等抵抗能力的下降等。

对于发生衰退的菌种进行复壮，主要有3种方法。一是通过纯种分离，从衰退的群体中筛选出尚未退化的个体；二是通过接种易感的宿主体，从典型的病灶部位分离到恢复原始毒力的个体；三是淘汰已衰退的个体，如通过-30～-10 ℃的低温处理，使抗低温的个体存活下来。

菌种保藏的具体方法很多，原理却大同小异。首先，要挑选典型菌种的优良纯种，最好采用它们的休眠体（如分生孢子、芽孢等）；其次，要创造一个适合其长期休眠的环境条件，例如干燥、低温、缺氧、避光、缺乏营养以及添加保护剂或酸度调节剂等。下面介绍几种常用的菌种保藏方法。

一、传代培养保藏法

传代培养保藏方法是一种简单常用的方法，即采用斜面菌种培养，结合定期移植，直接在4 ℃下保藏的方法。不要求长期保藏的菌种，特别对不宜用冷冻干燥保藏的菌种，传代培养保藏是最好的方法。

影响菌种斜面保藏效果的因素有许多，主要是菌种保藏培养基和培养条件。保藏培养基的营养成分贫乏一些，氮源略多，而糖类少，以减少因培养基pH下降而对菌种性能的影响。在菌种传代过程中，交替使用营养贫乏和丰富的培养基，有利于保持菌种的优良特性。

经过移植、培养后的斜面，置于4 ℃冰箱保藏。每隔1～3个月移植一次，继续保藏。移植代数最好不超过34代。每次移植时，斜面数量可以多一些，以延长使用期。保藏斜面的试管塞可以改为橡胶塞，再用石蜡密封，避免斜面培养基水分蒸发。该法对细菌、霉菌、酵母保存5年后，存活率达75%以上。研究中发现，某些蕈菌如姬松茸的斜面菌丝体在4 ℃冰箱保藏易于死亡，一般于20 ℃才能保持其活性。

传代培养保藏法也有其不足之处。首先，在保藏期间，由于斜面含有营养和水分，菌种生长繁殖还没有完全停止，代谢活动尚可微弱进行，因此，还存在自发突变的可能。其次，移植代数比其他保藏方法要多，这样也易发生变异和引起退化。再次，斜面菌种在保藏期间培养基易于蒸发水分而收缩、干涸，使其浓度增高，渗透压加大，将引起菌种退化甚至死亡。

用液体石蜡保藏菌种是由法国的Lumiere于1914年创造的，也是工业微生物菌种保藏的常用方法。在斜面中加入液体石蜡，保存期间可以防止培养基水分蒸发并隔绝氧气，克服了斜面保藏的缺点。该法加液体石蜡后，置4 ℃低温保存，进一步降低代谢活动，推迟细胞退化，效果比一般斜面保藏好得多。通常菌种保存 2～3 年，甚至 5 年转代移植一次，几乎能够保持其原有活性。

自然界中不少微生物如产孢子的放线菌类、霉菌类和产芽孢的细菌类，因为产生的孢子或芽孢在干燥环境中抵抗力强，不易死亡。干燥能使这些微生物代谢活动水平降低但不会死亡，而处于休眠状态。因此，把菌种接种到一些适宜的载体上，人为创造一个干燥环境，就能达到菌种保藏的目的。作为干燥保藏的载体材料有细沙土、滤纸片、麦麸、硅胶等。把接有菌种的孢子或芽孢的载体置于低温下保藏，或抽真空密封保藏，效果很好。

二、低温保种

低温是菌种保藏中的另一重要条件。微生物生长的温度低限约为 -30 ℃，可是在水溶液中能进行酶促反应的温度低限则为 -140 ℃左右。在低温保藏中，细胞体积较大者比较小者对低温敏感，而无细胞壁者则比有细胞壁者敏感。其原因是低温会使细胞内的水分形成冰晶，从而引起细胞结构尤其是细胞膜的损伤。如果放到低温 -70 ℃下进行冷冻时，采取速冻的方法，可使产生的冰晶小，减少对细胞的损伤。当从低温下移出，并开始升温时，冰晶又会长大；快速升温可减少对细胞的损伤。在实践中，发现用极低的温度进行保藏时效果更为理想，如液氮温度（-195 ℃）比干冰温度（-70 ℃）好，-70 ℃又比 -20 ℃好，而 -20 ℃比 4 ℃好。

采用液氮低温保藏法时，把菌悬液或带菌丝的琼脂块经控制致冷速度，以每分钟下降 1 ℃的速度，从 0 ℃直降到 -35 ℃，然后保藏在 -196～-150 ℃液氮冷箱中。如果降温速度过快，由于细胞内自由水来不及渗出胞外，形成冰晶就会损伤细胞。据研究认为降温的速度控制在每分钟 1～10 ℃，细胞死亡率低；随着速度加快，死亡率则相应提高。该法适用于各种微生物菌种的保藏，甚至连藻类、原生动物、支原体等都用此法获得有效保藏，被世界公认为防止菌种退化的最有效方法。

液氮低温保藏的保护剂，一般是选择甘油、二甲基亚砜、糊精、血清蛋白、聚乙烯氮戊环、吐温 80 等，最常用的是甘油，因为它可以渗透到细胞内，并且进入和游离出细胞的速度比较慢，通过强烈的脱水作用而保护细胞；二甲基亚砜的作用和甘油相似；糊精、血清蛋白、聚乙烯氮戊环等则是通过和细胞表面结合而避免细胞膜被冰晶损伤。

三、冷冻干燥法

冷冻干燥法通常是低温与干燥、真空结合，具有良好保藏效果。用保护剂制备菌悬液，然后将含菌样本快速降至冰冻状态，减压抽真空，使冰升华成水蒸气排出，从而使含菌样本脱水干燥。在真空状态下，立即密封瓶口，隔绝空气，造成无氧的真空环境，然后置于低温下保存。冷冻干燥法是在干燥、缺氧、低温条件下保藏菌种，微生物代谢活动基本停止，处于休眠状态，不易发生变异，保藏时间长，一般 5～10 年。除一些不产孢子的丝状真菌不宜采用冷冻干燥法保藏外，大多数微生物都可以采用，特别适合不宜过多传代保藏的用于生产抗生素和生物制品菌种。

在冰冻和真空干燥过程中，保护剂中某些化学结构与细胞稳定地结合，取代了细胞表面束缚水的位置，可以避免冷冻干燥对细胞带来的损伤或死亡。

保藏的菌种过程中应注意如下事项：

（1）选择有效的保藏方法。

（2）创造良好的培养条件。为了防止菌种衰退（degeneration），在保藏期间，要为菌种创造最适宜的培养条件，如选择适合的培养基、严格控制温度、湿度和氧气等；采用新鲜培养的菌种、健壮的菌体和丰满的孢子，以便能抵抗保藏过程中的干燥、缺氧、冷冻的环境，以减少死亡。保藏菌种恢复培养时，要使用保藏以前所用的同一培养基，以维持优良性能的稳定性。

在各种保藏方法的操作过程中，都要进行严格的无菌操作，要定期做无菌检查。

（3）要注意保藏菌种的制备质量。如果采用冷冻干燥法时，虽然成品冷冻干燥机一次能冻干数百个安瓿，但不能一次就制备这么多数量，要分期分批进行。

（4）控制传代次数。这一点对斜面低温保藏的菌种尤为重要。因为该法保存时间短，移代是不可避免的，但要尽量做到科学、合理。一次移植的斜面数量多一些，减少自发突变，最大限度地防止退化细胞扩大繁殖，以维持菌种的优良特性。

本 章 小 结

在学习本章具体内容前，先应正确区分遗传型与表型及变异与饰变这两对不同的概念；微生物的变异现象一般通过表型变异被观察和发现，表型变异实质上受基因的调控。常见的变异现象有形态和结构变异、菌落形态变异、毒力变异、耐药性变异、代谢变异和抗原性变异等。

基因突变是遗传变异的基础，也是诱变育种的前提。其中以营养缺陷型和抗药性突变株为代表的选择性突变株，由于在菌种筛选中有着不可缺少的遗传标记功能，所以具有重要理论与实际应用。无论是自发还是诱发突变，均是由于生物基因组核酸中的碱基发生了变化。从分子水平上看，突变主要有碱基置换、移码突变和染色体畸变3类。具有基因重组功能的3类转座因子（IS、Tn和Mu噬菌体）是分子遗传学研究中的热点之一。各种诱变因素会破坏或损伤DNA的结构，正常的细胞对此具有一定的修复能力。

基因重组是比基因突变更高层次、更为复杂的变异方式，有关规律是重组育种或杂交育种的理论基础。原核生物基因重组的类型有转化、转导、接合和原生质体融合等多种，真核微生物则有有性杂交、准性杂交和原生质体融合等多种。在转化、转导和接合中，其DNA转移都是单向的，而在原生质体融合中，则两个细胞是对等的；从转移基因数量上看，转化与转导都只转移少数基因，接合既可转移少数基因也可转移多数基因，而原生质体融合则可转移多数基因；从基因转移时的媒介来看，转化是DNA分子直接转移，转导则须缺陷噬菌体（病毒）做媒介，接合须通过性菌毛的介入，而原生质体融合中DNA的转移则是通过两个原生质体表面直接接触并经融合后完成。

基因工程是建立在现代分子生物学理论和实验技术基础上，通过人工操纵DNA而实现的定向育种手段。微生物因其容易培养和代谢多样性等一系列优势，在基因工程方面具有不可取代的地位。

在微生物学实验室和生产、应用单位，保证菌种的优良性状长期不衰退是一项重要任务，遗传变异理论是指导菌种保藏、防止衰退和进行复壮的基础。在诸多的菌种保藏法中，当前认为效果最好的当属冷冻干燥保藏法和液氮保藏法。

思 考 题

1. 解释下列名词：遗传性、遗传型、表型、变异、突变率、转化、转导、接合、原生质体融合、突变、重组。
2. 原核生物与真核生物基因组有何不同？
3. 细菌变异的现象有哪些？
4. 细菌的基因转移重组的方式有哪些？
5. 微生物的变异有何实际意义？
6. 基因工程方法及其主要特点有哪些？
7. 菌种保藏的主要原理及其方法如何？
8. 菌种衰退的现象有哪些？使菌种复壮的方法有哪些？

第八章 微生物的分类

微生物的分类有两个目的，一是系统分类，即按照微生物的亲缘关系把它们分群归类，有秩序地排列成一个系统，给各部类群以一个科学的名称，并加以描述；二是为了实用，按照一定的分类系统编制检索表，采用适当的方法对未知微生物进行鉴定。

分类学的具体任务有 3 个，即分类（classification）、鉴定（identification）和命名（nomenclature）。具体地说，分类的任务是解决从个别到一般或从具体到抽象的问题，也即通过收集大量描述有关个体的文献资料，经过科学地归纳和理性地思考，整理成一个科学的分类系统。鉴定是一个从一般到特殊或从抽象到具体的过程，即通过详细观察和描述一个未知名称纯种微生物的各种性状特征，然后查找现成的分类系统，以达到对其知类、辨名的目的。命名的任务是为一个新发现的微生物确定一个新学名，也即当详细观察和描述某一具体菌种后，经过认真查找现有的权威性分类鉴定手册，发现这是一个以往从未记载过的新种，这时，就得按微生物的国际命名法规给予一个新的学名。

第一节 微生物的分类地位和命名

一、微生物在生物分类系统中的地位

由于科技不断发展，对生物的分类，曾出现了很多分类系统。1971 年，Margulis 提出五界系统（图 8-1）。

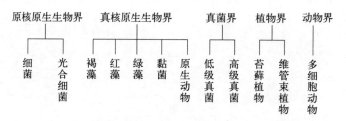

图 8-1 生物分类系统

五界生物都是细胞型的生物，然而还有非细胞型而赋有生物特性的实体，例如病毒。病毒含有遗传物质（核酸），赋有遗传变异性能杂交，并能复制，但不能独立地进行代谢活动。

我国学者提出无细胞结构的病毒应作为界。那么，微生物在六界中占有四界。

20 世纪 70 年代末，伍斯用寡核苷酸序列编目分析法，对 60 多株细菌的 16S rRNA 序列进行比较，提出了生命的第三种形式——古菌。1990 年，他构建了三域生物系统树学说，将生物分为古菌域（Archaea）、真细菌域（Eubacteria）和真核生物域（Eukarya）3 个域。他的这种观点在国际学术界普遍认可。

将整个生物界区分为不同等级的类群，这既是人类对生物界朴素的认识，也是生物学家

或生物分类学家们一贯遵守的分类形式。分类学家将种作为分类的基层单位,将近似的种归为一类,称其为属,再将相近似的属归为一类,称其为科,以此类推,形成更大的目、纲、门、界分类单位。

二、有细胞结构微生物的分类地位和命名

(一) 分类单位

同高等动植物一样,微生物的分类单位为界(kingdom)、门(phylum)、纲(class)、目(order)、科(family)、属(genus)、种(species),种以下有变种(variety)、型(forma；type)、品系(strain)等。

1. 种 在上述分类单位中,种是生物界客观存在的独立单位,也是生物分类中的基本单位。伯吉氏(Bergey)认为:凡是与典型培养菌密切相同的其他培养菌统一起来,区分成细菌的一个"种"。

种是指一大群表型特征高度相似,亲缘关系极其接近,与同属内的其他物种有着明显差异的一大群菌株。在自然界,种有相对的稳定性,但同种细菌的不同个体或产生的后代,总会出现一些变异,所以种是可变的。这种变异由量变到质变,就形成了一个新种。这种变异在没有发生质变时是种内变异,种内变异是种存在的表现形式,也是形成新种的前奏。这样,既有种内变异,又有种间区别,就给细菌的分类鉴定工作增加了许多困难。专家建议,根据16S rRNA序列的异同,可作为定种的依据,凡是16S rRNA序列同源性大于97%的两株细菌,即可确定为同一种。有时尚需结合DNA杂交的结果综合考虑,后者的同源性应大于70%。

2. 亚种 有时从自然界分离到的纯种,只有某一特征与典型种不同,其余特征与典型种记载的特征完全符合,而这种特征又是稳定的,把这种微生物称为典型种的亚种。如蜡样芽孢杆菌荧光变种,除产生黄绿色荧光色素这一特征不同于模式种外,其余特征均与模式种相同。变种是亚种的同义词,国际命名法规已不主张采用这一名词。

3. 型 曾作为菌株的同义词,现已废除。仅作为有些变异型的后缀,如血清型(serotype)、噬菌体型(phagetype)和细菌素型(bacteriocine-type)。

4. 菌株或品系 菌株或品系(strain)是指不同来源的某一种微生物的纯培养物。为了方便,菌株常用编号或字母表示。在微生物中,一个种只能用该种内的一个典型菌株(type strain)或参考菌株(reference strain)当作它的具体代表,故此典型菌株就成了该种的模式种(type species)或模式活标本。

5. 群 生物在进化过程中不断发生变异,这些变异逐渐使生物产生质的差别,最后形成新种。一个物种变成另一个物种,必然经过一系列过渡类型,因此,在两个不同微生物之间,常常出现一些介于两个菌种之间的类群。通常把这两种微生物和介于它们之间的微生物类型统称为群(group、series)。例如大肠杆菌和产气肠杆菌(*Enterobacter aerogenes*)两个菌种之间的区分是十分明显的,但自然界还存在着一些介于这两种细菌之间的中间类型,它们在亲缘关系上都比较相近,这样在分类学上就把大肠杆菌、产气肠杆菌以及介于它们之间的中间类型的细菌称为大肠菌群。

(二) 命名

细菌的命名依据国际细菌命名法规(The International Code of Nomenclature of Bacteria)的规定,学名用拉丁文,遵循"双名法"。所谓"双名法"就是每一种细菌的拉丁文名

称与动、植物名称一样，由属名和种名两部分构成，属名在前，种名在后；属名第一个字母必须大写，其余均应小写，即使种名是以人名或地名命名的，种名头一个字母也用小写。整个属名及种名在出版物中应排成斜体。为便于在国内交流，细菌的拉丁文名称一般都译为汉语，中文译名与拉丁名正好相反，种名在前，属名在后。出现在分类学文献中的细菌拉丁文学名，在属名和种名之后，往往还要加上首次定名人（加括号）、现名定名人和现名定名年份，这些均用正体排字。例如大肠杆菌的学名全名是：*Escherichia coli* (Migula 1895) Castellani et Chalmers 1919，指的是 Migula 于 1895 年命名此菌为 Bacillus，Castellani 及 Chalmers 于 1919 年改为现名。

只确定属名、未确定种名的某一株细菌，其拉丁文学名可在属名之后加 sp.（正体字）；如果同属未定种名的若干菌株，则用 spp. 取代 sp.，spp. 为 species 复数的简写。

如果是新种，在新种的拉丁文学名之后还要加上"sp. nov."，nov. 是 novel 的缩写，新的意思。例如 *Lawsonia intracellularis* gen. nov.，sp. nov.，译为：胞内劳森菌，新属新种。亚种用 ssp. 或 subsp.（正体字）表示，这是 subspecies 的缩写。

根据细菌命名法规的规定，有效的新的细菌名称应在国际系统细菌学杂志（IJSB）上发表；或者在公开发行的刊物上发表，并将发表的英文附本交 IJSB 审查合格，再在该杂志上定期公布，否则在其他杂志发表的不算合格发表，其名称也得不到国际上的承认；命名日期从公布之日算起。

三、病毒的分类地位和命名

1966 年，国际病毒命名委员会（ICNV）成立，1973 年更名为国际病毒分类委员会（International Committee on Taxonomy of Viruses，ICTV），作为国际公认的病毒分类与命名的权威机构，会议通过的分类的报告才能确定。有关病毒分类的论文及信息，在 ICTV 的官方期刊《Archives of Virology》发表。1990 年以前《Intervirology》是其官方期刊。迄今为止，ICTV 共出版 9 次分类报告。根据 2012 年 ICTV 发布的第九次分类报告，目前把已知病毒分为 87 个科、19 个亚科及 348 个属。脊椎动物病毒有 31 个科，无脊椎动物病毒有 7 个科，其余分别为植物病毒、细菌及古菌病毒（噬菌体）、真菌病毒、原生动物病毒和藻类病毒。科和属是病毒分类的最主要单位。

病毒的名称由 ICTV 认定。其命名与细菌不同，不再采用拉丁文双名法，而是采用英文或英语化的拉丁文，只用单名。第七次分类报告规定，凡被 ICTV 正式认定的病毒名，称其为学名，其名称用斜体书写，而一般通用名则用正体。另外，凡作为某科或某属暂定成员的病毒英文名称，均用正体而非斜体。目、科、亚科、属也用斜体表示，分别用拉丁文后缀"- *virales*""- *viridae*""- *virinae*""- *virus*"。

病毒的种是一个不确定的分类单位。1990 年 ICTV 将其定义为具有一定世代关系并占据一定生境（niche）的病毒群。也就是在具有科和属的特征的前提下，把某些次要特征大致但不完全相同的病毒归为同一种病毒。该定义既符合病毒的易变性，又符合病毒学者的工作传统。

病毒分类依据包括形态与结构、核酸与多肽、复制以及对理化因素的稳定性等诸多方面。随着分子生物学技术的发展，病毒基因组的特征对分类越来越显得重要，目前几乎所有重要动物病毒的毒株都已测定了全基因序列。一些重要病毒科及其主要特征见表 8-1。

表 8-1　一些重要病毒科及其主要特征

核酸类型	病毒科	壳体对称	包膜	病毒颗粒大小（nm）	宿主范围
dsDNA	痘病毒科（Poxviridae）	C	+	250×250×200	动物
	疱疹病毒科（Herpesviridae）	I	+	120～200	动物
	异样疱疹病毒科（Alloherpesviridae）	I	+		鱼及两栖类
	贝类疱疹病毒科（Malacoherpesviridae）	I	+		鲍类
	虹彩病毒科（Iridoviridae）	I	+	130～180	动物
	非洲猪瘟病毒科（Asfaviridae）	I	+	175～215	动物
	杆状病毒科（Baculoviridae）	H	+	40×300	动物
	腺病毒科（Adenoviridae）	I	−	60～90	动物
	乳头瘤病毒科（Papillomaviridae）	I	−	55	动物
	多瘤病毒科（Polyomaviridae）	I	−	40	动物
	肌尾噬菌体科（Myoviridae）	Bi	−	80×110，尾部110	细菌
	长尾噬菌体科（Siphoviridae）	Bi	−	60，尾部150×8	细菌
	线头病毒科（Nimaviridae）	H	+	(120～150)×(270～290)	虾类
	囊泡病毒科（Ascoviridae）				无脊椎动物
	杆状病毒科（Baculoviridae）				无脊椎动物
ssDNA	丝状噬菌体科（Inoviridae）	H	−	6×(900～1 900)	细菌
	细小病毒科（Parvoviridae）	I	−	20～25	动物（虾类）
	圆环病毒科（Circoviridae）	I	−	17～22	动物
	细环病毒科（Anelloviridae）	I	−	30	动物
	双粒病毒科（Geminiviridae）	I	−	每个颗粒为18×30	植物
	微噬菌体科（Microviridae）	I	−	25～35	细菌
逆转录DNA和RNA	嗜肝DNA病毒科（Hepadnaviridae）	C	+	42～48	动物
	花椰菜花叶病毒科（Caulimoviridae）	I	−	50	植物
	逆转录病毒科（Retroviridae）	I	+	100	动物
dsRNA	囊状噬菌体科（Cystoviridae）	I	+	100	细菌
	呼肠孤病毒科（Reoviridae）	I	−	70～80	动物、植物
	双RNA病毒科（Birnaviridae）	I	−	60	动物

(续)

核酸类型	病毒科	壳体对称	包膜	病毒颗粒大小（nm）	宿主范围
dsRNA	微双RNA病毒科（Picbirnaviridae）	I	—	33~37	动物
	单分病毒科（Totiviridae）	I	—	40	真菌、原生动物、虾类
	双分病毒科（Partitiviridae）	I	—		真菌、植物
ssRNA	披膜病毒科（Togaviridae）	I	+	70	动物
	黄病毒科（Flaviviridae）	I	+	43	动物
	杯状病毒科（Caliciviridae）	I	—	40	动物
	冠状病毒科（Coronaviridae）	H	+	80~220	动物
	星状病毒科（Astroviridae）	I	—	28~30	动物
	野田村病毒科（Nodaviridae）	I	—	37	鱼类、虾类
	动脉炎病毒科（Arteriviridae）	I	+	50~70	动物
	杆套病毒科（Roniviridae）	H	+	(40~60)×(150~200)	虾类
	微RNA病毒科（Picornaviridae）	I	—	22~30	动物
	双顺反子病毒科（Dicistroviridae）	I	—	32	无脊椎动物
	光滑噬菌体科（Leviviridae）	I	—	26~27	细菌
	雀麦花叶病毒科（Bromoviridae）	I	—	25	植物
	副黏病毒科（Paramyxoviridae）	H	+	125~300	动物
	弹状病毒科（Rhabdoviridae）	H	+	18（直径），(70~80)×(130~240)	动物、植物
	丝状病毒科（Filoviridae）	H	+	18（直径），80×1400	动物
	波纳病毒科（Bornaviridae）	I	+	90	动物
	正黏病毒科（Orthomyxoviridae）	H	+	80~120	动物
	布尼亚病毒科（Bunyaviridae）	H	+	80~120	动物
	沙粒病毒科（Arenaviridae）	H	+	100~130	动物

注：壳体对称一栏中，I为二十面体，H为螺旋，C为复杂，Bi为双对称。

中国对虾白斑病的白斑综合征病毒（WSSV），长期以来误称为杆状病毒，第七次报告将其定位为未定科的独立属，第八次报告则将其列为新建的线头病毒科（Nimaviridae）、白斑病毒属（Whispovirus）的代表种。黄头病毒（YHV）及桃拉综合征病毒（TSV）分别主要危害斑节对虾及南美白对虾等，曾推测前者为弹状病毒，后者为冠状病毒。第八次报告确定，YHV 则为新建的杆套病毒科（*Roniviridae*）的头甲病毒属（*Okavirus*）的成员。第九次报告确定，TSV 为双顺反子病毒科（*Dicistroviridae*）的急性麻痹病毒属（*Aparavirus*）的成员。2002 年在巴西发现的传染性肌坏死病毒（IMNV），感染南美白对虾，为单分病毒科（*Totiviridae*）的待定成员。

亚病毒（subvirus）是比病毒结构更为简单的微生物，其分类及有关介绍一般均附于病毒学之内。最重要的亚病毒有类病毒（viroid）及朊病毒（prion），前者只含核酸不含蛋白质，仅感染植物；后者只有传染性蛋白质而无核酸，对动物和人有致病性。

第二节 微生物的分类方法

一、微生物分类的依据

鉴定一个微生物是否与标准株属于同一科、属或种，在形态、构造上可利用的性状不多，不足以作为分类的充分根据，需要增加生理的、生化的和生态的功能性状、遗传特性以及免疫学特性等作为补充。

（一）形态特征

在一定培养条件下，细菌形状及大小、排列情况、能否运动、附属结构、有无鞭毛和鞭毛类型、有无芽孢和荚膜、芽孢的大小、着生的部位和形状、革兰氏染色及其他染色特征等。真菌和放线菌还要考察其菌丝体和有性繁殖情况。如繁殖器官的形状、构造，孢子的数目、形状、大小、颜色及表面特征，酵母菌还要考虑假菌丝形成情况等。

在一定培养条件下的群体形状，包括固体培养基上的群体形态，即菌落的外型、色泽、光泽、大小、状态、边缘、质地、移动性、气味等特征以及菌苔特征，液体培养基中的菌膜、菌环、沉淀、混浊度等特征。

（二）生理特征

生理特征包括利用哪些能源、氮源以及代谢途径和代谢产物的特点等。例如是否为光合细菌；如果是化能无机营养细菌，能够利用什么无机能源；如果是化能有机营养细菌，能够利用什么碳源，是否产酸、产气，氮源的特征是什么，能否利用 N_2 等。

（三）生态环境

在自然界中，能够生长、繁殖的培养条件，如培养基成分、温度、对 O_2 的反应等；生活环境中腐生还是寄生及生活史；分布及和其他生物的寄生和共生关系。

（四）血清学反应

用已知病毒或菌株的抗原制备的抗体，根据它是否与待鉴定的对象发生特异性的血清反应，鉴定未知病毒和菌株的种或型。

（五）遗传学特征

不同微生物的 DNA 分子和 RNA 分子的碱基组成与序列不同，如 DNA 分子中的 G+C 含量、核酸之间的同源性等，据此可以对其进行归类。

（六）红外吸收光谱

每种物质的化学结构都有特定的红外光谱，若两个样品的吸收光谱完全相同，可以初步认为它们是同一种物质。因此，可以利用红外光谱技术，测定微生物细胞的化学成分，对微生物进行分类。这种技术适于"属"的分类，而不适用于同一属内不同种或菌株之间的区分。这种方法的优点简便快速，用少量的样品（菌体或提取物等）可以得到满意的结果。

（七）其他

不同微生物细胞壁的结构和组成不同。如霉菌的细胞壁主要含有几丁质；而细菌的主要成分是黏肽。革兰氏阳性菌黏肽含量较高，达 $40\%\sim90\%$；革兰氏阴性菌黏肽含量仅为细胞壁干重的 $10\%\sim20\%$。此外，细胞壁的糖类、氨基酸等的组成和含量也有较大差异。

微生物的脂类分析已用于细菌的分类和鉴定。如棒状杆菌属、诺卡氏菌属、分枝杆菌等都存在特征性的分枝菌酸。

二、微生物的分类方法

（一）条目分类法

条目分类法也称为传统分类法。它是采用植物的系统发生分类法。根据微生物所表现出来的各种特征，按界、门、纲、目、科、族、属、种来进行归类。

用此方法对一个未知菌株进行分类或鉴定，往往需要测定上面所述的许多性状，然后和标准株的性状进行比较。按照分类系统的条目逐条对照，逐级查找，直到在分类系统中找到它的"座位"，即确定是它的命名。

比较两个菌株的几十个表型性状，如果完全相同，自然可以认为是同一个种；两个菌株在个别或少数性状上的差异能不能归纳为一个种，或者区别为两个种，这是分类和鉴定学中长期争论着的问题。如果我们把一个基因突变产生的一个表型差别作为分种的根据（也就是细分观点的极端化），那么，在实验室内，通过人工诱变，可以从一个种产生许多个种，这实际上也就从基本上否定了种这个科学概念的实验意义。另一方面，在表型性状上有多少差别，才能被认为是属于两个不同的种，同样也难以明确界定。

在实际工作中，对于细菌的分类鉴定，主要采取的是"约定俗成"的观念，即遵守已经发表的分类、鉴定工作；只有认为必须修订时，才提出修订意见。

条目分类的优点是简明清晰，易掌握，具有实用性。它的不足是在分类系统中，仅以部分菌株的少数性状作为分类依据，来决定各种细菌间的隶属关系，因而存在一定局限性和片面性。

（二）数值分类法

数值分类是以生物性状的比较相似性为依据的一种分类方法。此法也称聚类分类法或 Adonson 分类法。其原则是 18 世纪 Adonson 首先提出的，它采取两条基本原则，即一个种是许多相似性很高，但并不完全相同的菌株的聚类群，或称为聚群；一个属是或多或少的有相似性的种的聚类群。一个生物的各种被检验的性状都具有同等的分类价值。

聚类分类（数字分类）首先应用于细菌分类，当前其他的微生物和高等生物均在采用这个分类方法。为阐明微生物的系统发育和较正确地鉴定属与种，宜采用数字分类法。这个分类方法虽然比较复杂，但累积大量的工作后，能够逐渐阐明微生物的自然类群和演化的过程，在理论和实用方面都能起作用。在一些类群的细菌中，现行分类和聚类分类大体一致。当前的趋势是更多地应用聚类分类法，来修订现行的细菌分类。数字分类法随着对微生物的生理、化学组分、遗传物质、生态习性、血清关系等方面的知识扩大和深入，还将不断地增加供作分类的性状。

（三）遗传分类法

遗传分类法实际上属于分子分类法，根据微生物的种系关系（phylogenetic relationship），即基因特性，从而确定其分类地位。

1. DNA 中 G+C 含量测定　以系统发育为基础的微生物分类法，在科、属、种的水平上反映出微生物进化的亲缘性。在这个意义上，DNA 的 G（鸟嘌呤）+C（胞嘧啶）的物质的量百分比的测定，即测定四种碱基的比例，提供了很有价值的评价。

各种不同的生物种，其 DNA 中碱基对的排列顺序是不同的，亲缘关系越远的种，其碱基对的排列差别就越大。不同种的生物，其 DNA 的碱基对的数量和比例可能相同；但碱基对数量或比例不同的，肯定不是同一个生物种。DNA 碱基对的序列、数量和比例在细胞中是稳定的，不受菌龄和一般外界因素的影响。

基因组 DNA 中 G+C 碱基比例，可指示微生物的分类群及其亲缘关系远近。例如，担子菌的 G+C 碱基比例在 44%～59%，而藻类的在 37%～61%，说明藻类中的类群差异较大，即较庞杂。真细菌的 G+C 碱基比例在 24%～78%，跨度最大，指示真细菌是一个庞杂的类群。细菌属内各个种的 G+C 碱基比例大多差别不大，如 Mandel（1966）测定假单胞杆菌的 G+C 碱基比例，为 61.8%～69.5%。

根据 G+C 碱基比例测定的结果，将现行的同一种、属或科中百分比相差很大的部分剔除出去，能使现行的分类更接近于系统发育的分类体系。

对假单胞菌属中几个种的 G+C 碱基比例的测定值表明，同一属的不同种的碱基比例是接近的，同一种不同菌株的碱基比例是更为接近的，反映了它们之间的亲缘关系（表 8-2）。

表 8-2　同一种细菌中不同菌株 G+C 碱基比例的恒定性

假单胞菌属	考察的菌株数	DNA 中 G+C 碱基比例（%，平均值±偏差值）
绿脓杆菌	11	67.2±1.1
嗜酸假单胞菌	15	66.8±1.0
睾丸酮假单胞菌	9	61.8±1.0
洋葱假单胞菌	12	67.6±0.8
类鼻疽假单胞菌	6	69.6±0.7
恶臭假单胞菌	6	62.5±0.9

2. 核酸杂交测定法　DNA-DNA 的分子杂交法在细菌和病毒的分类鉴定中应用得比较多。其原理是，将待检微生物的 DNA 变性，其双链解为单链，而后与标记放射性元素的参考菌株或毒株的单链 DNA 或 rRNA 杂交，形成杂交的 DNA-DNA 或 DNA-rRNA。碱基序列相同或有一定程度相同的两个单链互补形成双链分子是随机的，因此可以用核酸杂交方法考察两菌株的 DNA 相互形成双链分子的程度（同源性），反映出它们亲缘关系的远近（表 8-3）。

表8-3 大肠杆菌与肠道细菌群中其他细菌的同源性

菌种名	同源性（%）	
	60 ℃下杂交	75 ℃下杂交
大肠杆菌/大肠杆菌	100	100
大肠杆菌/鲍氏志贺氏菌	80	85
大肠杆菌/鼠伤寒沙门氏菌	45	11
大肠杆菌/赫氏肠杆菌	21	4

3. 限制性片段多态性分析 限制性片段长度多态性（restriction fragment length polymorphism，RFLP）分析，其原理是用限制性内切酶，将细胞基因组 DNA 进行切割，然后在琼脂糖凝胶上电泳分离，以显示不同群基因组 DNA 的限制性片段长度多态性。大多数限制性内切酶可识别 4 个或 6 个具有回文结构的碱基序列，但是 RFLP 产生的指纹图谱十分复杂，从而造成了应用上的困难。人们改进，选用切割频率低的内切酶消化基因组 DNA，产生的大片段 DNA 难以在传统的琼脂糖凝胶上电泳分离，只能通过脉冲场凝胶电泳分离，目前此技术被认为是 DNA 指纹图谱中最有效的分型方法。

4. 扩增片段长度多态性分析 扩增片段长度多态性（amplified fragment length polymorphism，AFLP），其原理是通过 PCR 选择性地扩增整个基组 DNA 的内切酶片段，在分辨率高的聚丙烯酰胺凝胶上电泳，产生一组特异的 DNA 限制性片段的指纹图。此技术分为 3 步：①用两个切割频率不同的限制性内切酶，消化基因组 DNA，然后连接到含相同内切酶位点的寡核苷酸"连接器"上；②PCR 选择性地扩增一套限制性 DNA 片段；③聚丙烯酰胺凝胶电泳分析扩增片段的带谱。AFLP 不仅是个简单的指纹技术，而且可作为连接遗传图谱与物理谱间的桥梁。

5. 随机扩增 DNA 多态性分析 随机扩增 DNA 多态性分析（random amplified polymorphic DNA，RAPD），又称为随意引物 PCR（arbitrary primed PCR，AP-PCR），是一种 DNA 指纹多态性分析技术，其理论依据是不同的基因组中与随意引物匹配的碱基序列的位点和数目可能不同，因而用一组人为设计的核苷酸作为引物，通过 PCR 随机扩增可产生物种特异性的 DNA 带谱。因此 RAPD 技术可用于细菌种间、亚种间乃至株间的亲缘关系分析，以及未知菌株的快速鉴定和流行病学调查等。此外，RAPD 的 PCR 产物还可作为探针，与 Southern 杂交技术结合，用于基因组或菌落杂交，填补基因组的遗传图谱和物理图谱间的空缺。

6. 16S rRNA 序列分析 虽然蛋白质、RNA 和 DNA 等生物大分子都可以提供生物进化的信息，但最适合于揭示各类生物亲缘关系的是 rRNA，尤其是 16S rRNA。16S rRNA 是一把原核生物谱系分析的好的"分子尺"，这是因为：①rRNA 参与生物蛋白质的合成过程，其功能是任何生物都必不可少的，而且在生物进化的漫长历程中，其功能保持不变；②在 16S rRNA 分子中，既含有高度保守的序列区域，又有中度保守和高度变化的序列区域，因而它适用于进化距离不同的各类生物亲缘关系的判定；③16S rRNA 相对分子质量大小适中，便于序列分析；④16S rRNA 普遍存在于原核生物中。目前，许多细菌的分类地位都是用这一方法做出的（图 8-2）。

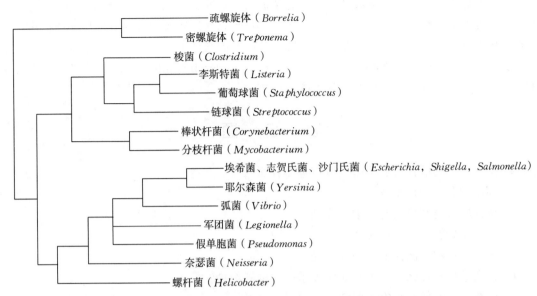

图 8-2 根据 16S rRNA 寡核苷酸序列分析对部分常见致病菌的分类

序列差异的数值构建的系统树称为分子系统树。分支的末端和分支的连接点称为结，代表生物类群，分支末端的结代表仍生存的种类。系统树可能有时间比例，或者用两个结之间的分支长度变化表示分子序列的差异数值。

在进行序列测定获得原始序列资料后，由计算机排序，使各分子的序列同源位点一一对应，根据各微生物分子序列的相似性或进化距离，构建系统树。其中常用最节省分析法或称简约法，其推断谱系的原则是：在所有可能的谱系关系中，涉及进化改变的序列特征数最少的谱系是最可信的，也是决定性的序列。这种分析方法是基于这样一种假定：进化变化的发生，往往沿着最短的途径，并且发生最少的变化。

本章小结

微生物分类担负着对各种微生物进行分类、鉴定和命名三项任务。微生物的种可用该种内的一个模式菌株作为代表。微生物的学名由属名和种名两个拉丁词组成，此即双名法；对某些亚种，还可用三名法表示。学名是国际学术界的正式名称，故每个学习微生物学的人，都应熟记一批重要微生物的学名。菌株是每一具体微生物纯种的遗传型标志，也很重要。

微生物在生物界级分类中有着重要的地位。几个世纪以来，人们对生命世界的认识是随着微生物学研究的进展而不断深化的。从两界学说历经三、四、五、六界学说，直到当今，在国际学术界普遍认可三域学说的提出，就可足以得到证明。今后，在更多的微生物全基因组序列被搞清楚后，生物界级分类学说一定还有新的重大发展。

代表着原核生物分类、鉴定最高国际学术水平的伯杰手册系列，自第一版（1923 年）至今，每版几乎都有根本性的变化，从"鉴定手册"改为"系统手册"，从每版 1 卷（小版本）发展到 4 卷或 5 卷（大版本）。在菌物界中，则以 Ainsworth 的分类系统最有影响。国际病毒分类委员会是国际公认的病毒分类与命名的权威机构。

在微生物的分类、鉴定领域中，以生物学表型为指标的传统方法，向微量化、简便化、快速化、集成化、智能化和商品化的方向发展；现代化的高新技术得到日益广泛的应用，其中各种核酸分析技术尤显重要。各类微生物全基因组的测序工作，成为整个生命科学领域中的前沿热点，由此产生的新学科——微生物信息学（microbial informatics）和功能基因组学（functional genomics）等正在形成与发展之中。

思 考 题

1. 微生物分类的任务有哪些？其依据是什么？
2. 细菌学名是如何组成的？
3. 病毒的分类和命名有何主要规则？
4. 微生物分类的方法有哪些？
5. 国际知名的细菌保藏机构有哪些？
6. 什么是种？什么是新种？如何表示一个种和新种？
7. 何谓菌株？什么为模式菌株？
8. 解释下列术语：品系、毒株、菌落、菌苔、斜面培养基、分离物、纯培养、菌种。

第九章　水生微生态学

地球上有生命活动的部分称为生物圈（biosphere）。生物圈是地球表面全部生物与其环境相互作用的统一体，实质上是宇宙中已知的一个较大尺度的生态系统。作为生物界的一部分，微生物与环境的关系极为密切。水生微生态学就是研究水生微生物与水体环境相互关系的科学。生物圈中含有大量由微生物发挥着重要作用的生态系统，海洋、河流、泉流、湖泊、水库、池塘是典型的水生生态系统。

生态系统是生物群落和生境的总和。地球上生命世界的存在，主要取决于生态系统中的能量流动（energy flow）、物质循环（biogeochemical cycle）和信息联系（informational linkage），三者影响到生物有机体的活动和生态系结构的复杂性。微生物在水生态系中的分布情况都有一定的规律，而且其分布、生长都受环境因子的影响。因此，研究水生微生物的生态，具有重大的理论和实践意义。

第一节　水体中微生物的分布

虽然几乎在所有水体中都有细菌和真菌等微生物发生，但是关于数量和种类的分布却存在很大差异。不同水体中微生物的种类和数量可能没有确切的对应关系。微生物是特定生物群落的组分，其成分和大小依次取决于各种理化条件。异养细菌和真菌仅在含有一定程度的有机质的环境中发育，以有机质作为营养，而且微生物之间及与其他生物（无色素藻类、原生动物和后生动物）之间还存在营养物质的竞争。就其本身而言，异养微生物是原生动物和滤食性动物的重要食物。虽然营养因子最为关键，但是与生物环境相关联的其他因子的影响也很大。例如，有利或抑制物的生产造成 pH 改变，以及氧气缺乏等。水体中诸如光、温度、压力、化学反应等理化因子也很重要。水体中微生物的分布总是所有生物和非生物因子相互作用的结果，既然如此，它总是处于不断地变化之中。然而，在通常情况下，支配作用一定归于一种因子或一小部分因子。这些可能随水的类型不同而不同，因此，在河流、湖泊和海洋中微生物的分布具有特征性差异。

总之，水体中微生物的分布有其规律性，了解其特点，可便于更好地利用水资源和水生生物资源。

一、内陆水体中微生物的分布

中国的内陆水域面积（270 000 km^2）约占全国总面积的 2.8%，相比较而言，远高于世界内陆水域面积占全球表面积的比例（0.5%）。地表径流量中国每年为 2.65×10^{12} m^3，占世界第六位，巨大的内陆水体拥有丰富多样的水生动植物类群，其中包含不少特有种和属。

内陆水体大多是淡水，淡水中的微生物主要来源于土壤、空气、污水、人和动植物排泄物以及动植物尸体等。特别是土壤中的微生物，常随土壤被雨水冲刷进入江河湖泊。因此，土壤中所有细菌、放线菌和真菌的大部分，在水体中几乎都能找到。然而，水体中的微生物种类和数量，一般要比土壤中的少得多。

微生物在淡水中的分布常受许多环境因子影响，其中最重要的一个因子是营养物质。此外还有温度、溶解氧等。一般的规律是，水体内有机质的含量高，则微生物的数量大；中温水体内的微生物数量比低温水体内的多；深水层内的好氧微生物较少，厌氧微生物较多，而表层水恰好与之相反，好氧微生物多于厌氧微生物。内陆水体中微生物的种类和数量，常随水体类型的不同而异。

在江河湖海等各种淡水与咸水水域中都生存着相应的微生物。由于不同水域中的有机物和无机物的种类与含量、光照度、温度、pH、碱度、渗透压、溶氧量和有毒物质的含量等差异很大，因而使各种水域中微生物种类和数量呈现明显的差异。水生微生物的区系可分以下几类。

(1) 清水型水生微生物。在洁净的湖泊和水库蓄水中，因有机物含量低，故微生物数量很少（$10\sim10^3$ CFU/mL）。典型的清水型微生物以化能自养微生物和光能自养微生物为主，如硫细菌、铁细菌和衣细菌等，以及含有光合色素的蓝藻、绿硫细菌和紫细菌等。也有部分腐生性细菌，如色杆菌属（*Chromobacterium*）、无色杆菌属（*Achromobacter*）和微球菌属（*Micrococcus*）的一些种就能在低含量营养物的清水中生长。霉菌中也有一些水生性种类，例如水霉属（*Saprolegnia*）和绵霉属（*Achlye*）的一些种可生长于腐烂的有机残体上。单细胞和丝状的藻类以及一些原生动物常在水面生长，它们的数量一般不大。

根据微生物尤其细菌对周围水生环境中营养物质浓度的要求，可把微生物分成以下几类。①寡营养细菌：指一些能在有机碳含量 $1\sim15$ mg/L 的培养基中生长的细菌。②兼性寡营养细菌：指一些在富营养培养基中经反复培养后也能适应并生长的贫营养细菌。③专性寡营养细菌：指不能在富营养培养基上生长的寡营养细菌。④富营养细菌：指一些能生长在营养物质浓度很高（有机碳含量 >1 g/L）的培养基中的细菌，它们在贫营养培养基中反复培养后即行死亡。由于淡水中溶解态和悬浮态有机碳的含量一般在 $1\sim26$ mg/L，故清水型的腐生微生物中很多都是一些贫营养细菌。某水样中贫营养细菌与总菌数（包括贫营养和富营养菌）的百分比，称为贫营养指数或 OI 值（oligotrophic index）。

(2) 腐败型水生微生物。上述清水型的微生物可认为是水体环境中"土生土长"的土居微生物或土著种（native species）。流经城市的河水、港口附近的海水、滞留的池水以及下水道的沟水中，由于流入了大量的人畜排泄物、生活污物和工业废水等，因此有机物的含量大增，同时也夹入了大量外来的腐生细菌，使腐败型水生微生物尤其是细菌和原生动物大量繁殖，每毫升污水的微生物含量达到 $10^7\sim10^8$ 个。其中数量最多的是无芽孢革兰氏阴性细菌，如变形杆菌、大肠杆菌、产气肠杆菌和产碱杆菌等，还有各种芽孢杆菌属、弧菌属和螺菌属等的一些种。原生动物有纤毛虫类、鞭毛虫类和根足虫类。这些微生物在污水环境中大量繁殖，逐渐把水中的有机物分解成简单的无机物，同时它们的数量随之减少，污水也就逐步净化变清。还有一类是随着人畜排泄物或污物而进入水体的动植物致病菌，通常因水体环境中的营养等条件不能满足其生长繁殖的要求，加上周围其他微生物的竞争和拮抗关系，一般难以长期生存，但由于水体的流动，也会造成病原菌的传播甚至疾病的流行。

(一) 泉水和河流中微生物的分布

1. 泉水 在泉水中仅有少量细菌，这是因为泉水中营养物质来源短缺的缘故。细菌总数在每毫升泉水几千到数十万个，而腐生菌数一般在十到几百个。由于营养物质含量低，所以较小型球菌和短杆菌经常占优势。大多数情况下，经荧光染色后用光学显微镜只能检出这些小型细菌。

在大多数泉水，尤其是在泉盆的边缘，有蓝藻的存在。它们可在水底和边缘形成很厚的覆盖膜。其种类组成既取决于温度，又取决于矿物质组成。

在温度超过50℃的温泉中，除了蓝藻之外，一般仅有细菌生长。因此，温泉是一种原核生物单独栖息的环境。有些温泉中还含有酵母菌。由于泉水中营养缺乏，所以泉水中酵母菌很少，几乎都属于隐球酵母属（Cryptococcus）。80℃温泉中也有酵母菌存在，主要是栖息于沉积物中，如假丝酵母属（Candida）、红酵母属（Rhodotorula）和隐球酵母属，这些属的菌株较多。

2. 河流 河流中微生物的种类和生物量变化很大。细菌总数少者为每毫升几百个，多者高达每毫升几千万至几亿个。受污染河流一般腐生菌较多，常见的细菌有变形杆菌、大肠杆菌、粪链球菌和生孢梭菌（Clostridium sporogenes）等各种芽孢杆菌；此外，还有弧菌和螺菌等。真菌以水生藻状菌为主，另外还有相当大数量的酵母菌。

在流动的水体中，水的上层只有单细胞藻类和细菌生长。在水流缓慢的浅水处，常有丝状藻类和丝状细菌及真菌生长。由于藻类可以积累有机质，形成有机质丰富的微环境，因而腐生菌和原生动物也随之大量繁殖。

有时，河流的清洁断面的细菌总数大于污染断面，这是该河段受毒物污染所致。河流中细菌种类和数量还受枯水期和丰水期的影响，一般丰水期多于枯水期，这是丰水期毒物得以稀释的缘故。生长在石面上的细菌在山溪中所起的作用要大于水中自由发生的细菌。在石面藻类的软泥中经常发现有石面细菌，显然，它们能广泛摄取光合作用的产物。

河流中微生物的数量和生物量随季节不同而变化。稍受污染的瑞典北部的翁厄兰河细菌总数和细菌生物量两项指标都显示出明显的夏季高峰。此外，在受污染相对较重的德国北部易北河口湾，其数据显示出明显的冬季最大值和夏季相对较低值。周年规律可被极端的水文状况破坏，特别是丰水期和枯水期。若考虑污水量，即使在这种情况下，仍能检测到细菌含量的季节变动。特别是对较小型河流而言，不规则的负载（如大雨冲刷土壤和森林落叶入河）或污水的暂时流入都破坏着周年变化规律。细菌的生物量对河流的生物学具有重要意义。在温带的冬季，若浮游植物量急降，细菌含量增大，以此为食的原生动物（纤毛虫和鞭毛虫）量也增大。

河流中的腐生菌数一般每毫升水含有几百至数万个。同样，受污染河段腐生菌数大于清洁河段；远离污染河段的下游腐生菌数逐渐减少，这是河流的自净作用的结果。另一方面，在污水负载较小的河流中，一般不会出现冬季细菌数最大而夏季细菌数最小的季节性变动。细菌总数和腐生菌数更多地依赖于河流本身产生的营养物质，特别是浮游植物产生的营养物质。因此，与清洁湖泊一样，受污染河流细菌数量的最大值不会发生于冬季，而在春、秋或夏初季节时有发生，即发生在最大生产量时期。在热带河流，光照和温度适宜，全年内生产量上的也无明显波动。因此，不会出现细菌数量上的季节变动。在游离水中只发现一部分细菌种群；其余的细菌在固体物质表面生活繁衍，通常生活在漂浮颗粒上。细菌一般栖息于较老的浮游植物种群，而不是年轻的种群。浮游动物体内和体表细菌分布较多。高等动物体内也有细菌的分布，随着高等动物逆水流方向的运动，细菌能被带到上游河段。

迄今为止，关于河水中真菌的数量和分布所知甚少。易北河各河段酵母菌的数量年平均值为38～111个/mL；夏季平均值为16～42个/mL；冬季平均值为46～70个/mL。有污水流入的河流区域，酵母菌的数量通常相当大。易北河断面内的最高值总是固定地出现于大汉堡河区，因为该处位于城市附近，污水排放较多。而在清洁河流，很难检测到酵母菌。

河水中含有丰富的高等真菌的孢子，特别是在有污水流入的区域数量众多。不过，它们大多来自于陆地。在未受污染的瑞典北部河流中，丝孢菌的分生孢子数在一年过程中变化于100～1 100个/L，最高值出现于3月和10月，最低值出现于7月和12月；而细菌总数呈现出明显的夏季最大值。低等真菌的种类组成和数量随有机质含量不同而异。在容纳污水河段，一些污水真菌可大量繁殖，发育成大型菌丝体漂浮物。

（二）湖泊、水库中微生物的分布

维护湖泊生态系统的健康是一个全球关注的热点问题。细菌不仅是湖泊系统食物网的重要组成部分，同时在控制和调节湖泊水质方面发挥着重要作用。目前，在湖泊水体中共发现21个典型的淡水细菌门类，其中变形菌门（Proteobacteria）、蓝藻门（Cyanobacteria）、拟杆菌门（Bacteroidetes）、放线菌门（Actinobacteria）和疣微菌门（Verrucomicrobia）是最主要的5个门类。

天然湖泊中，细菌总数范围为每毫升几十至几百万个。一般在清洁湖泊和水库中，有机物含量少，微生物也少，每毫升水中含有几十至几百个细菌，并以自养细菌为主，常见的种类有硫细菌、铁细菌和含有光合色素的绿细菌、紫色细菌以及蓝藻。此外，还有无色杆菌属、色杆菌属等腐生菌。在有机物较丰富的湖泊中，微生物较多。不同深度的水体中，微生物的种类有所不同。上层水中（从水面到水面下10 m处）氧含量高，主要有假单胞菌属、柄杆菌属、噬纤维菌属、浮游球衣菌（*Sphaerotilus natans*）等好氧细菌及真菌和藻类；在中层水中（水深20～30 m），主要有着色菌属（*Chromatium*）和绿菌属（*Chlorobium*）等光合细菌；在底层水中（30 m以下及湖底泥），主要有脱硫弧菌属（*Desulfovibrio*）、甲烷杆菌属（*Methanobacterium*）、甲烷球菌属（*Methanococcus*）等厌氧细菌及原生动物和一些鞘细菌。在富营养型水库中，细菌总数特别高（表9-1）。

表9-1 不同营养类型湖泊中的细菌总数

水 体	细菌总数（10^4 个/mL）
贫营养型湖泊	5～34
中营养型湖泊	45～140
富营养型湖泊	222～1 230
富营养型水库	100～5 790

与细菌总数相比,腐生菌的含量较低,在富营养湖中为每毫升几百至几十万个,而在贫营养型湖泊中此数经常低于 100 个。例如,武昌东湖的腐生菌数为 232~927 个/mL,而贫营养的贝加尔湖仅为 7 个/mL。中营养型湖泊中腐生菌数居于两者之间。

湖泊中细菌总数和腐生菌数存在着季节变化。在清洁湖泊中,春季和秋初或夏末时,浮游植物产生的营养物质量最多,因而细菌数最高。受污水污染的湖泊腐生菌数通常在冬季显著增大。武昌东湖水中腐生菌数,每年在春、秋两季出现两个高峰;少数情况下,夏季比秋季多,一般总是春季数量最大,冬季最少。一年四季中腐生菌数量的顺序是春＞秋＞夏＞冬。

新建成水库中的细菌数量,起初几年明显增加,之后则随即下降。

一些突发的自然事件对湖泊的微生物学状况具有强烈影响。如火山爆发地区的湖泊,火山爆发后,湖水中的细菌总数和腐生菌数均以成倍数量级速率增大,由于接纳了来自被破坏森林的有机质,原来贫营养型湖泊会短时期内转变为富营养型湖泊。

温带湖泊中细菌的垂直分布也呈现出很大的季节变动。在夏秋分层期间,水中特有的热分层和化学分层一旦形成,紧接着就是藻类和细菌种群的分层发育。不但这些成层带中细菌总数极其不同,而且其种类组成也各异。特别要注意的是富营养湖中带的区分,在湖下层,氧气完全消失,且有硫化氢产生。

在温跃层存在异养细菌的一个数量高峰,水底层异养细菌数量呈现第二个高峰。不过,它们由不同的细菌种群组成,在第一个高峰中,优势种为蛋白水解菌,在第二个高峰中,优势种则为甲烷产生菌和硫酸盐还原菌。温跃层仍然有光照,但往往含有 H_2S。紧贴在温跃层下方,有数目众多的光能自养菌(主要是绿菌科);而在无光层,无色素的硫细菌占优势。在湖泊的较深水层中,只要有氧存在,就有很多甲烷氧化菌,它们可消耗大量的氧。由于厌氧带向上延伸,甲烷氧化菌升至较高的水层。

根据 Gorlenko(1977)的资料,在富营养的盐湖中,光能自养菌的含量远远高于贫营养的淡水湖。

Oren(1983)发现死海的 10~25 m 深处有大量嗜盐菌属(*Halobacterium*)的原始细菌(极端嗜盐菌)生长繁殖,夏天时其数量达 1.9×10^8 个/mL,且造成该水体呈红色。在秋季,菌数下降,并稳定在 5×10^6 个/mL。

湖水中的微生物还存在水平分布,与陆地相毗连的水域,由于受地表径流以及人为因素的影响,有机物质含量丰富,有利于腐生菌的生长繁殖,微生物的数量较湖心水域多。

在没有明显温跃层的湖泊中,藻类繁殖旺盛的湖区,细菌含量也较高,湖底层有大量细菌生长繁殖。秋季和春季循环期,湖水涡动,造成细菌广泛分布。此时,可利用增氧,使厌氧硫细菌锐减。在较大的湖泊中,纵横剖面都呈现出细菌数量上的很大变动。流入湖泊中的溪流和河流水在一定程度上也影响细菌数量,不过,离岸越远,这种影响越小。大雨过后,细菌数量和真菌的孢子数急剧增加,尤其是小型湖泊。但这只是暂时的现象。

在无风的天气,水的表面薄膜内繁殖着特有的漂浮微生物群。除了一些藻类之外,这一群落主要由细菌组成。

蓝藻广泛分布于内陆湖泊中。在贫营养湖中,蓝藻在浮游植物中所占的比例一般很小。但随着富营养化的加剧,其数量增多。在富营养湖中,夏季经常发生蓝藻水华,并使水呈现明显的淡绿色。它们通常先聚集在水体的 1~2 m 的表层，然后扩散于整个湖上层。在有机质丰富的湖泊和池塘中，蓝藻常大量繁殖。富营养化的加剧也导致蓝藻种群的改变。如富营养化导致血红颤藻（O. rubescens）的大量发生。在这一过程中，所有其他浮游植物种类几乎都能发生。在过去几十年间，由于很多水体都发生了严重的富营养化，世界各地的湖泊中蓝藻水华出现得越来越普遍。蓝藻的种群经常存在显著的变动，因为水华几乎以与其形成一样快的速度被破碎和分解。因此，蓝藻起着重要作用。

关于低等真菌在湖泊中的分布，英国和波兰做过一些湖泊的研究。在温德米尔湖（Lake Windermere）边缘的表层水中的孢子数远远大于湖心孢子数。当大雨过后水位升高时，湖的沿岸水域中的孢子数也迅速增多。最常见的是水霉属（Saprolegnia），其次是绵菌属（Achyla）和丝囊霉属（Aphanomyces），网囊霉属（Dictyuchus）和细囊霉属（Leptolegnia）比较少见。波兰北部，严重污染的水体中酵母菌数是轻度污染水体的几十倍。并且酵母菌主要分布于富营养型湖泊中（Niewolak，1977）。

（三）池塘及其他水体中微生物的分布

池塘中细菌、真菌等微生物种类和数量一般与富营养型湖泊相近。池塘受人为因素影响很大。养鱼池施肥和投饵可以大幅度提高细菌种数、生物量与生产量。据 Родина（1957）的报道，未施肥的鱼池以杆菌为主，形态单调，另外还有部分球菌和少量的固氮细菌、铁细菌等；在施肥鱼池杆菌数量激增，形态多样化，球菌和杆菌的种类、数量都增多。一般来说，未施肥鱼池细菌总数为 $(2\sim6)\times10^5$ 个/mL，生物量为 2~6 mg/L；施肥鱼池细菌数达到 $(5\sim20)\times10^5$ 个/mL；生物量达到 5~25 mg/L。无锡地区池塘细菌总数在 $(73\sim235)\times10^4$ 个/mL，以施鸡粪的池塘为最高，施猪粪的池塘与之相近，而施牛粪的池塘和未施肥的对照池则低得多（郭贤桢，1984）。在组成上球菌占多数，杆菌和丝状菌则依次占少数。鱼的生命活动加快了水中的物质循环，因此养鱼可促进细菌的繁殖，如鲤的放养密度与腐生菌数呈正相关。

鱼池投饵对细菌种类组成的影响很大。饵料不能被鱼类完全利用，残饵则起到鱼池施肥的作用。饵料在投入后 10~20 d 内能被降解（Sugita，1989）。在降解的最初阶段，弧菌科、肠杆菌科和假单胞菌属细菌迅速增加。在第二阶段，梭菌属（Clostridium）细菌也成为优势种类。但当所有的饵料被分解和消耗殆尽后，除假单胞菌属以外的其他细菌，大都被不动杆菌属（Acinetobacter）和莫拉菌属（Moraxella）代替。由此可见，养鱼池中有机物降解期间，细菌相互间的连续更替存在一定的方向性。

在富营养水体中细菌繁殖极快，其世代间隔仅 1.8~57.5 h，日 P/B 值（细菌日生产量与其生物量的比值）在 0.22~0.65，能够补偿被摄食的损耗。因而，捕食者的存在反而对其数量起了调节作用。如鲢、鳙等滤食性鱼类的存在，可以起到调节细菌数量和改善水质的作用。仅放养草鱼和鲤的鱼池，细菌数量波动剧烈；而放养鲢的鱼池，细菌数量长期稳定在 $(18\sim25)\times10^5$ 个/mL。池塘细菌总数可高达几亿个/mL。

池塘中还含有大量的蓝藻，我国养鱼池中有一大类是以蓝藻占优势的池塘，称为蓝藻塘。池塘中最常见的蓝藻隶属于颤藻属、蓝纤维藻属、鱼腥藻属、微囊藻属、席藻属等。除蓝藻外，池塘中还分布有真菌和原生动物等其他微生物。

池塘中的微生物存在季节变动以及水平分布和垂直分布。鱼池浮游细菌生物量高峰出现于秋季，冬季最低。鱼池浮游细菌生物量变化的季节顺序是秋＞夏＞春＞冬。在有风天气，浮游细菌的水平分布明显,一般沿岸涨水处细菌增多;而上风处和沿岸消水处则相对较少。浮游细菌的垂直分布受季节影响,因为不同季节水温和浮游植物生物量不同,浮游细菌的分布逐渐由底层上升到表层,总的趋势是,春季底层多,夏季底层、中层多,秋季中层、表层多。

雨水中微生物较少,主要是空气中尘埃所带入的细菌、放线菌孢子和一些霉菌孢子。海洋的水蒸发后以雨水的形式落在陆地,一部分经土壤聚集成为地表径流(江、河、湖泊和水库),一部分渗入地下形成地下水。地下水因为经过深厚的土层过滤,几乎大部分微生物被阻留在土壤中。同时,深层土壤中又缺乏可以利用的有机物。地下淡水水系会因有机质和氧气的缺乏使其所含微生物的数量与种类都较少,常见的种类有无色杆菌属和黄杆菌属(*Flavobacterium*)。在含有大量铁离子的矿泉中,仅有披毛菌属(*Gallionella*)和纤发菌属(*Leptothrix*)的种类生长。

二、海洋中微生物的分布

海洋面积约占地球总面积的70%,平均深度3 800 m,海底平均压力38MPa,海水以下更是包含有物理化学性质迥异的多种地质结构,例如海洋沉积物、洋壳、热液口以及冷泉等。这些性质迥异的地质结构环境造就了丰富的生物多样性,构成了地球上最大的微生物生态系统。

海洋是地球上最大的水体。海水与淡水最大的差别在于其中的含盐量。含盐量越高,则渗透压越大,反之则越小。因此海洋微生物与淡水中的微生物在耐渗透压能力方面有很大的差别。此外,在深海中的微生物还能耐很高的静水压。例如,少数微生物可以在600个大气压下生长。如 *Micrococcus aquivivus*、*Bacillus boborokoiles* 和 *Vibrio phytoplanktis* 等。

多年来的研究表明,海洋初级生产力经过经典食物链进入高营养级的只是一部分,大多经过微食物环向上一营养级传递,Fuhrman认为平均有50%的光合作用固定的有机碳经过细菌作用通过微食物环。微食物环提出后,人们认识到海洋中数量巨大的异养细菌不仅是无机元素再生的分解者,也是海洋有机颗粒的重要生产者。而作为海洋食物链的有机组成部分,微食物环具有相对独立、生态功能独特和营养物质更新快等特点,在海洋生态系统的能量流动、物质循环以及维持海洋生物多样性等方面具有重要的生态作用。

微生物是海洋生物群落的一个重要组成部分,在海洋生态系的生源要素的生物地球化学循环中起着重要的作用。作为分解者和次级生产者,影响着生态系中POM的溶解与沉降、ODM的形成和消耗及无机营养盐的形成等生态过程;微生物中有些种类还是初级生产者,能通过光合自养、化能自养等营养方式生产有机物。微生物在海洋生态系统中起着重要的作用。

尽管海水中有机质的含量低,盐度较高,温度也较低,而且在深海处有很高的静水压等造成的特殊水环境,使在其中生长繁殖的微生物受到一定限制。但因海洋中有丰富的动植物资源,从海面到海底,从近陆到远洋都有微生物存在。同时,海水体积大,约占地球上总水量的99%。因此,海水内微生物的种类和数量都较多,远远超过陆地微生物的总量。

海水中常见的细菌主要有假单胞菌属、枝动菌属、弧菌属、螺菌属、梭菌属、变形菌属、硫细菌、硝化细菌和蓝藻的一些种类。常见的酵母菌有色串孢属和酵母菌属。此外，还有噬菌体、霉菌、藻类和原生动物等。一般霉菌比细菌少，主要是陆地中常见的种类。海洋中藻类繁多，原生动物数量极大。

由于大部分开阔海区缺乏营养物质，因此，这里的细菌区系中常以极小型细菌占优势。因此。进行细菌总数的测定很困难。只有采用荧光显微镜法，才可能得到可靠的菌值。

一般来说，表面区细菌总数最高，随着水深度增大，细菌总数减少。西班牙的西比斯卡亚附近海域的垂直剖面就是一例。此处的细菌总数从表面区的 804 300 个/mL 降至 1 000 m 水深处的 100 900 个/mL。细菌生物量表现出类似变化，从 14.21 $\mu g/L$ 降至 0.73 $\mu g/L$。然而，在 500～1 000 m 深处，细菌总数和细菌生物量偶尔也有再增加的情况，但增加的量相对很小。

不同的海水水体，其细菌含量不同。即使是同一水体，细菌的含量也存在明显的水平分布和垂直分布。深海海水中最主要的微生物类群是 α 变形菌和 γ 变形菌，以及海洋古菌群Ⅰ。深海沉积物中微生物含量与有机物含量和距离大陆板块的距离相关，以异养微生物为主。深海冷泉区富集了厌氧甲烷氧化古菌和硫酸盐还原菌；深海热液区的化学物质多样性和快速的动态变化导致微生物的高度多样性。洋壳主要由基性、超基性岩构成，含有丰富的矿物质，其中不乏参与铁、锰、硫等关键代谢反应的化能自养微生物。

在太平洋东南部的南极水域，细菌总数为 10 万～100 万个/mL。在深海，细菌的含量一般较低，细菌总数通常可能低于 10 万个/mL。然而，在太平洋加拉帕戈斯群岛附近的热火山口区，测得的细菌总数高达 $(5～10 000)×10^6$ 个/mL，其中主要的是化能自养的硫细菌，此外还有铁氧化菌、锰氧化菌和异养细菌。这些细菌都是火山口边缘大批贻贝、大型蠕虫和其他动物的营养来源。在北海和波罗的海，细菌总数一般每毫升在几十万和几百万。

腐生菌的水平分布和季节变化较大。一般来说，沿岸水域的腐生菌数总是高于开阔海区，并且随着离岸距离增大而迅速减少。除了严重污染的海港和海湾之外，在分解带通常也存在腐生菌高峰，因为此处有大量有机物质被分解。在北海和波罗的海，该分解带测得的腐生菌数每毫升在 10 000 至几十万之间；在其毗连区域，腐生菌数每毫升在 1 000 至几万个，而在离沿岸稍远距离处（几海里）则只有 100 至几千个。在大洋中腐生菌数较少，每毫升水中少于 100 个。

微生物的垂直分布，在生产性真光带中分布有大量细菌；这些细菌不是在水表层（忽略漂浮生物），而是在 10～50 m 深处。并且，细菌数量高峰通常略低于浮游植物数量高峰。在 200 m 以下深度，细菌数减少；1 000 m 深度下，腐生菌数几乎无变化。但是，在海底之上区域它们又立即增加。在垂直剖面上，腐生菌数与微生物总数密切相关，但是腐生菌所占的比例很小，仅占总菌数的 1/1 000。

微生物的垂直分布因海区不同而有所差异。在逐渐远离海岸情况下，微生物总数的特点是显著成层，在温跃层和较温跃层低些的水层中，微生物的密度比其他水层高得多。微生物的最大密度是在浮游植物数量最大的水层之下。随着远离陆地，在接近温跃层的水层中，由于外海中动植物的普遍减少，微生物的密度也相应减小，但是在这些水层中，微生物的密度仍然比氧气带的深层高得多。在温跃层和盐度急剧变化的水层，细菌数量较多，不同密度水团之间阻碍细菌和腐屑的沉积作用，而使细菌在此处积累，这同样会使营养条件趋于适宜，因此细菌在此处旺盛地繁殖。在较浅的沿岸水域，分层常被强风破坏，然后高速湍流造成相对单调的细菌垂直分布。当风平浪静时，原来的分层逐渐恢复起来。狂风偶尔会搅起沉积物，造成水中细菌含量暂时大量升高。潮汐在很大程度上影响着细菌的分布。对靠近库克斯港的易北河口和布龙斯比特尔的附近海水的研究表明，因为很强的潮流，细菌、浮游生物和腐屑的分布从表面到海底都相对地单一化。当潮流减弱时，特别是在低潮时，表层水中微生物数量沉积作用而减少，深水层中却显著增多；随着潮流的继续增强，细菌被搅起，湍流使细菌数量在整个水柱中均匀分布。北美的东海岸河口的潮汐区，混合过程引起营养物质浓集，在温暖季节往往导致细菌总数升高，使其远远高于邻近的湖沼和海区。海湾和海峡水中细菌含量受海流的影响也很大，这是风作用的缘故，在陆封海中尤为如此，因为此处潮汐的作用意义不大。

在基尔海峡和弗伦斯堡海峡中，水中细菌含量在短期内可以以十倍甚至百倍的幅度变化，这主要取决于气候条件。在平静天气，腐生菌数迅速上升，海峡中心尤为如此，这是污染加剧之故；而在有风暴的天气，微生物贫乏的波罗的海海水流入该海峡，导致腐生菌数大大降低。

在温带，海洋中细菌数存在季节变动。因此，西波罗的海的腐生菌数具有两个高峰，一个在春季（4—5月），另一个在秋季（10—11月）。然而，只有在浮游植物生产量高峰之后，且其大部分死亡时，才出现腐生菌数的高峰。在严重污染的海湾和海港，由于水的交换量很小，可观察到冬季高峰明显减小。

在对纵、横剖面的研究中，一些水样中偶尔测得极高的腐生菌数，而与季节无关，这些情况可能归因于食物的局部来源，例如植物或动物的尸体（表水层上的船只亦然）。在营养物质缺乏的这些区域，意外的食物来源可能是很多细菌大量繁殖的唯一机会。

腐生菌数较微生物总数的变动大。例如，从相对营养丰富的基尔海峡到较清洁的基尔湾中部，微生物总数减少1/2；而腐生菌数则减少到1/50。在自净试验中，即使加入少量的营养物质，微生物区系中腐生菌比例也会明显升高，之后又较迅速地下降。

轮廓清楚的漂浮细菌也能在海洋中发育，在150 μm 的表水层偶尔会发现很高的腐生菌数，泡沫溅向空气的水滴常含有大量细菌而落下。瑞典西海岸表层水脂肪膜中的腐生菌数为 $(7.4\sim13.0)\times10^5$ 个/mL，该值比深水中的大2~4个数量级。

在蓝藻中，聚球藻型的小型单细胞蓝藻分布广泛。其细胞呈棒状，大小为 $(0.6\sim0.8)$ $\mu m\times(0.9\sim1.5)$ μm，具有橙黄色荧光而易于与细菌相区别，且能分别计数。海洋中真菌的分布也很广泛。在北海和东北大西洋中藻状菌类高达2 000个/mL，近岸的密度高于开阔海区（1~12个/L）。海洋酵母菌大多数是来源于陆地的兼性海洋种类，因此，在有污水流入的沿岸海区酵母菌数量相对较高，随着远离海岸而迅速减少。开阔海区仍有一些耐盐酵母菌。沿岸水域每升水含有数千个酵母菌细胞，在严重污染的海区可能更高。

三、沉积物中微生物的分布

沉积物生境条件特殊，含有丰富的微生物资源。作为自然界物质循环的主要推动力，沉积物中的微生物在水—沉积物的物质循环中起重要作用，水质变化如污染和富营养化反过来会引起沉积物中微生物群落的改变。

沉积物中的微生物多样性对整个水体系统的状况有重要影响。一方面，微生物群落通过交互的代谢活动，影响沉积物 N、P 等营养元素的物质循环，这些物质能够通过生物体自身或者其他途径传递到水体，决定着水体的营养化状况，进而影响水质。另一方面，水质中的化学物质又可以通过自然沉降等途径传递到沉积物中，并作为营养物质提供给沉积物中的微生物，影响沉积物中微生物的种类和数量。所以沉积物中微生物多样性的研究能够帮助我们推测水体污染的状况和历史，提供对水体环境认识和治理的依据，这也是目前微生物分子生态理论研究的一个重要方面。

沉积物是集化学物质和微生物于一体的特殊生态环境。沉积物既是污染源，更是一个污染汇。作为污染源，主要体现在由于沉积物与上层水之间的交换作用，沉积物的污染能够再次成为水体污染的潜在来源，并通过水体扩散危及人类生存环境。而作为污染汇，据报道，目前全球河流、水库、湖泊、海洋沉积物污染严重，部分区域的沉积物中重金属如 Hg、Cd、Zn 等含量严重超标；而且随着工业化的高速发展，这种状况已不仅发生在发达国家，还扩展到许多发展中国家。因此，沉积物的研究越来越受到重视，它已不仅属于地质科学研究内容，更是环境科学研究的一个重要方面。

（一）内陆水体沉积物中微生物的分布

湖泥表层有机营养物质含量高，因此栖息了大量的微生物。湖泥中异养菌数量大大超过湖水中的数量。

沿岸带沉积物中的微生物状况一般不同于深底带。沿岸带沉积物中腐生菌数大大超过深底带。但有时深底带表层沉积物间质水中的蛋白质、糖类和氨基酸含量较高，使其细菌总数和微生物活性高于沿岸带。

每克湿泥中的腐生菌数一般为几万至几十万个。但在污染水体通常能达数百万。而在有污水流入水域，湖泥中腐生菌数更高。

在几厘米深处，底泥细菌含量随有机物含量减小而下降，随着深度的增加腐生菌数比细菌总数下降得快。在 1 m 深处的细菌数只不过是表层沉积物的一小部分，兼性厌氧菌和厌氧菌各半。

在大多数湖泊沉积物中，除了真细菌外还含有放线菌和真菌，两者的数量也随底泥深度增加而减少。真菌区系主要由藻状菌类和半知菌类构成，在近岸浅水区底泥中特别丰富。真菌在底泥中及其表面上生长。沉水叶和栖枝上经常附着藻状菌类的特征菌丛。

湖泊沉积物中的不同菌群存在季节变动（表 9-2），几乎都呈现冬季最小值。在 6—7 月，甲烷产生菌具有明显的数量高峰；而硫酸盐还原菌数量高峰则出现于 7 月。根据 Suzuki（1961）的材料，在日本的霞浦湖底泥真菌呈现夏季高峰，而冬季出现低谷，这与氧的含量相关。*Pythium* 终年出现，在冬季出现高峰。*Achlya flagellata*、*A. racemosa*、*Dictyuchus* sp.、*Aphanomyces* sp. 和水霉仅出现于循环期和冬季停滞期，这时底层水中仍含有氧。

表 9-2 Mektheb 湖（达吉斯坦，俄罗斯）沉积物中不同菌群的季节变动

月份	腐生菌 ($\times 10^3$ 个/g)	放线菌 ($\times 10^3$ 个/g)	巴氏梭菌 ($\times 10^3$ 个/g)	氢细菌 ($\times 10^3$ 个/g)	甲烷形成菌 ($\times 10^3$ 个/g)	硫酸盐还原菌 ($\times 10^3$ 个/g)
12 月至翌年 1 月	790	80	10	10	1	2
2	2 700	0	10	10	40	1

(续)

月份	腐生菌 ($\times 10^3$ 个/g)	放线菌 ($\times 10^3$ 个/g)	巴氏梭菌 ($\times 10^3$ 个/g)	氢细菌 ($\times 10^3$ 个/g)	甲烷形成菌 ($\times 10^3$ 个/g)	硫酸盐还原菌 ($\times 10^3$ 个/g)
3	4 800	300	10	10	240	10
4	3 100	0	100	1	140	1 300
5	1 800	100	10	10	15 000	100
6	4 800	300	10	10	15 000	1 200
7	3 800	0	10	100	2 000	5 000
8	5 400	0	100	10	8 000	1 500
9	2 700	0	10	100	13	1
11	80	0	1	1	10	0

(二) 海洋沉积物中微生物的分布

海洋沉积物中栖息着细菌和真菌。沉积物颗粒表面吸附有很多微生物，但确定其数量相当困难。此处的微生物对有机物矿化作用特别重要，并且也可能作为海底动物的食物。沉积物表层细菌总数取决于沉积物种类和水深，每立方厘米含量在几十万至几十亿个。在基尔湾中部的沙质沉积物中，$12 \sim 14$ m 水深处的细菌总数为 68.2 亿～230.0 亿个/cm³。其中 49%～64% 生长于沙粒上，36%～51% 在间隙水中自由生活。扫描电镜观察的结果表明，沙粒沟槽处微生物最多，这样可大大避免沙子运动所导致的机械影响，而暴露区域和沙粒边缘则不然。生活于物体表面的细菌在某种程度上具有很有效的吸附机制，例如扁平的细胞、胶鞘和纤毛等，它们能牢固地附着于沉积物基质之上。

海湾泥质沉积物最表层细菌数量和生物量都很大。其中，沿岸浅海水域的数量最大，越远离海岸其数量越低。粗沙质沉积物中细菌较淤泥中细菌要少。沉积物粒径和细菌含量有关（表9-3）。在经常搅动的沙质中有机质不能积累，因此腐生菌数特别低。随着水深增大，沉积物中腐生菌和低等真菌的数量减少。因为有机质在向海底沉降的过程中因时间较长已被分解，导致底部营养状况不良。在几厘米厚的沉积物表层，细菌和真菌数量总是最高，且大多数集中于其表面。在沉积物表面下 10 cm 处，细菌数量已降至沉积物表面的百分之几；在 100 cm 以下至数米处细菌总数和腐生菌数趋于恒定。

表 9-3 沉积物粒径与细菌含量的关系

沉积物	粒径（μm）	含水量（%）	细菌数（$\times 10^3$ 个/g）
沙	50～1 000	33	22
淤泥	5～50	56	78
黏土	1～5	82	890
胶体沉积物	<1	>98	1 510

尽管富含营养的沉积物中具有相当高的细菌数量，但是它在总生物量中的比例通常相对较小（表9-4）。

表 9-4　1 m³ 海洋淤泥沉积物（5 mm 表层）中各类生物的平均数量与生物量比较

生物类群	数量（个）	生物量（g）
大型底栖动物	2.8	3.75
小型底栖动物	2.3×10^2	3.30
微小底栖动物	1.46×10^5	1.15
原生动物	2.83×10^8	0.02
硅藻	5.9×10^{10}	0.06
细菌	3.55×10^{11}	0.07

海洋沉积物中还含有一定量的放线菌、低等真菌和酵母菌，其分布规律与细菌相似。

四、水生生物体上微生物的分布

在正常情况下，生活于水中的动植物组织内部是无菌的，但在体表和消化道内部定居着各种类型的微生物，其组成和数量常因所生活的环境而有所差异。它们与宿主的关系较为多样化，有些和陆地动物的正常菌群一样比较恒定，有些则是暂时性停留。在正常情况下，它们与宿主共生，从宿主食物或代谢产物中获取养料的同时，也能帮助宿主降解某些有机物质，或分泌维生素等供宿主利用。在某些异常情况下，如饲养管理不善、环境条件改变、鱼体抵抗力下降等，一些微生物可引起鱼的病害（鱼类多数病原菌都属于这种条件致病性微生物）。部分水生动物体表和消化道的细菌可引起水产品的腐败或人的食物中毒。因此，对水生动物正常微生物群的研究，在水生动物疾病的预防、水生动物的营养生理和饲养管理以及水产品的卫生学上均具有重要意义。

细菌具有附着于物体表面的特点，附着性几乎是海洋微生物的普遍特性。在海洋环境中，所有类型的表面，如岩石、植物、动物和装配式结构都可能被生物膜侵占。海洋微生物的胞外具有一层分泌的黏多糖，利于其固着于固体表面。有鞭毛的细菌种类还能借助于鞭毛及侧生鞭毛进行附着生活。附着细菌和自由生活状态的细菌相比，具有更大体积和较高的酶活性，很多研究表明附着细菌的数量约为总细菌数的 10%。

在各种动物、藻类和沿海植物的表面也能形成微生物膜，这些生物通过分泌或滤取有机化合物而提供了一个高营养的环境。海藻和海草表面有大量的细菌（高达 10^6 个/cm²），随物种、地理位置和气候条件不同而变化很大。此外，细菌可以在藻细胞内成为藻的内共生菌以及自由生长在藻际微环境中（phycosphere）。这些微生物同海藻之间具有很复杂的相互关系。

（一）水生动物体表上微生物的分布

鱼类和水生无脊椎动物等水生动物都可作为微生物的自然基底，但可以产生抗生物活性物质的其他动物体表没微生物栖息。

硬骨鱼类的体表常有细菌附着。对生活在太平洋的 19 种脊椎动物和 14 种无脊椎动物体表微生物的调查中发现，其上主要附着革兰氏阴性无芽孢杆菌，在所有动物体表上，假单胞菌属和节杆菌属的种类数量最多。与同一海区的脊椎动物相比，固着于无脊椎动物体表上的微球菌属和黄细菌属的比例稍大一些。太平洋热带区动物体表上的微球菌和肠细菌数比北太平洋区域中的动物的多，其生理生化特性也有差异。在热带，嗜温菌和蛋白分解菌占优势，而在较冷海区则是嗜冷菌和分解糖类的细菌占优势。脊椎动物体上的细菌，其生化活性比无脊椎动物的强。此外，很多鱼体上也有真菌附着。

很多低等动物体表上有细菌和真菌栖息，如淡水桡足类通常携带有很多细菌，其他甲壳动物和蠕虫也存在类似情况。一般来说，这对细菌的传播作用不大。许多海洋细菌，如弧菌能分泌甲壳质分解酶，这类细菌易在甲壳动物体表附着。养殖对虾的细菌性病害主要是弧菌病，可能与弧菌具有甲壳质分解酶，并易于附着在对虾的外壳表面有关，一旦对虾受到外伤或因甲壳质分解酶的作用，弧菌立即侵入对虾体内而引起疾病。

海洋附着细菌与大型无脊椎动物附着有着密切关系。大多数种类的海洋细菌有利于无脊椎动物幼虫的附着，并可作为幼虫的饵料。可见，海洋附着细菌的研究与水产养殖业的发展密切相关。

（二）鱼类消化道中的微生物

陆地哺乳动物消化道内栖居着大量的多种类型的微生物（一般有 100～400 个种群，每克内容物含 10^{11} 个活菌体），在其营养生理和防御感染方面起着重要作用。鱼类消化道较短，呈直线和发夹状，其结构和机能多未分化。摄饵后经 10～16 h，内容物全部排尽。这些情况不利于专性厌氧菌的繁殖，其微生物种群组成也易受水环境等因素的影响。鱼类生活的环境和鱼类消化道中存在着大量的微生物，在鱼类生长发育过程中，鱼类消化道逐渐形成了一个由好氧菌、碱性厌氧菌和绝对厌氧菌组成的动态正常菌群。正常情况下，鱼类消化道的各种微生物生长良好，占主导优势的有益微生物菌群能使消化道处于健康环境中，从而保证鱼类消化道的正常消化和吸收。但由于鱼类胃肠道的 pH 为 2～5，处于酸性环境，且富含胆汁，对水环境的许多微生物具有抑制作用，因此形成了与体表和水环境不同的微生物群落。肠道正常菌群在鱼类的生长发育过程中担当非常重要的作用，它既要参与营养物质的消化和吸收，同时又要担当机体的防御功能，维护机体的健康。鱼类的肠道微生物区系在鱼的健康方面扮演非常重要的角色。肠道的微生物区系的动态平衡是动物保持个体健康和发挥正常生产性能所必需的条件，调控鱼类消化道微生物区系对提高鱼类的生产性能和饲料利用率，减少病原菌在肠道内的定植具有重要意义。

一般淡水鱼类消化道中的微生物以嗜水气单胞菌、A 型拟杆菌、假单胞菌属和肠杆菌科的细菌占优势。此外，还有黄杆菌属、不动杆菌属、莫拉菌属、棒状杆菌属、链球菌属、微球菌属和 B 型拟杆菌，每克内容物含 10^7～10^8 个细菌。其具体组成因鱼的种类、发育阶段、饲养条件、温度等而有差异。几种淡水鱼类消化道的主要菌群见表 9-5。

表 9-5 鲤、草鱼、罗非鱼、香鱼消化道的主要菌落（log no./g）

组成菌种	鲤	草鱼	罗非鱼	香鱼
嗜水气单胞菌	8.23	7.71	6.02	5.64
类志贺氏邻单胞菌	—	—	6.76	—
弗氏柠檬酸菌	7.22	—	5.93	
假单胞菌	7.20	—	4.45	
微球菌	6.90	6.28	—	
A 型拟杆菌	7.78	7.00	8.60	
B 型拟杆菌	—	—	7.50	

海水鱼类消化道菌群则以弧菌属细菌为主,每克肠内容物含 $10^4 \sim 10^7$ 个。其次是假单胞菌属、莫拉菌属、不动杆菌属、拟杆菌科的细菌,其含量为 $10^2 \sim 10^6$ 个/g。此外,还有芽孢杆菌属、黄杆菌属、微球菌属、梭状芽孢杆菌属、棒状杆菌属、葡萄球菌属、着色球菌属的细菌。

降河鱼类和溯河鱼类在迁移期间,其消化道的微生物群落随水环境的改变而变化。降河鱼类在向海水迁移过程中,消化道优势细菌由陆型的气单胞菌逐渐转变为嗜盐性的假单胞菌,最后以嗜盐性的弧菌为主。而溯河鱼类消化道的优势菌群则由嗜盐性的弧菌和假单胞菌,逐渐被陆型的假单胞菌和气单胞菌代替。

鱼类消化道的兼性厌氧菌一般多于专性厌氧菌,但罗非鱼、六带刺蝶鱼等一些热带淡水鱼消化道的厌氧菌总数高于兼性厌氧菌(Tazi Sakata 等,1989)。在兼性厌氧菌中,肠杆菌科细菌常见的是弗氏柠檬酸菌。弧菌属中则以溶藻弧菌、弗氏弧菌和副溶血弧菌较为多见。溶藻弧菌在红鳍东方鲀肠道内容物中的含量为 $10^4 \sim 10^6$ 个/g。高桥(1984)从鲤消化道分离的气单胞菌中,有 50% 对鱼有致病性。

在鱼类消化道的专性厌氧菌,以含新霉素和胆酸的 NBGT-1/3S 培养基分离的 A 型和 B 型拟杆菌对卡那霉素、链霉素、庆大霉素等均具有耐药性。A 型拟杆菌菌体较为短粗,能分解葡萄糖、甘露醇、蔗糖、果糖等。分解葡萄糖时,产生乙酸。对竹桃霉素、红霉素等大环内酯类抗生素不敏感。B 型拟杆菌菌体细长,分解葡萄糖、甘露醇、乳糖、半乳糖。分解葡萄糖时产生乙酸和琥珀酸。对黏菌素、多黏菌素不敏感。在罗非鱼孵化后的第 20 天可检出 A 型拟杆菌。2~4 个月后,A 型拟杆菌成为罗非鱼成鱼消化道的主要菌群。在淡水鱼类初期成长阶段,以兼性厌氧菌为主,由于厌氧菌、兼性厌氧菌的大量繁殖,造成一定的厌氧状态,从而使 A 型拟杆菌得以定居,并逐渐成为淡水鱼类胃肠道的优势菌之一。

梭状芽孢杆菌属的细菌是陆地动物和底栖水生动物消化道常见的厌氧菌。梭状芽孢杆菌的芽孢在沉积物中或湖底层能存活较长时间,随鱼的摄食而进入胃肠道。鱼类消化道中常见的有生孢梭菌、双酶梭菌(*D. bifermentuns*)、产气荚膜梭菌和肉毒梭菌等。这些梭菌虽然不是肠道的优势菌种,但能在其中正常生长繁殖。其中有些梭菌能产生毒素,引起鱼、人和其他动物中毒;有的腐败性较强。因此,其在水产品卫生学上具有重要意义。E 型肉毒梭菌能在低温(3.3 ℃)下生长,经常从水环境和鱼类分离到,可引起鲑科鱼类(尤其是稚鱼)的肉毒素中毒症。发病鱼平衡失调,游动缓慢,最后死亡。从死亡鱼体的消化道和肉中可检测到肉毒毒素。健康鱼摄食中毒死亡的鱼后,E 型肉毒梭菌进入其消化道繁殖,经过 1~25 d 的潜伏期后引起发病死亡,如此循环往复。此病一般发生在水温较高的 8—11 月,水温在 10 ℃ 以下时发病减缓,5 ℃ 以下时停止发病。

(三)虾类消化道中的微生物

虾类消化道内生活着大量的细菌,它们成为虾体内不可或缺的重要组成部分,影响着机体的生长与健康。由于虾类大部分时间行底栖生活,属杂食性水生动物,因而其肠道菌落与底栖细菌和沉积物中的菌群有关。这些细菌主要来源于水体和食物中,常见的优势菌主要有发光杆菌属、弧菌属、气单胞菌属、假单胞菌属等。其中以假单胞菌属和弧菌科的细菌为主,常见的还有不动杆菌属、肠杆菌科、黄杆菌属、噬纤维菌属、莫拉菌属和发光杆菌属的细菌。消化道菌群既可以为宿主提供营养、辅助消化,又能够拮抗病原、影响宿主的健康。它们的组成与变化既与虾类自身的种类、发育时期以及健康状况等因素有关,也受到包括水环境的盐度、温度、氧气浓度、饵料和药物等因素的影响。Yasuda（1980）研究了对虾从孵化后的无节幼体到成体的发育过程中，其消化道和饲养用海水中菌群的变化。饲养对虾的海水在对虾孵化后第四天，也就是对虾的溞状幼体期，活菌总数达到高峰，随后急剧减少。而对虾消化道的细菌数变化也与其相同，这可能与对虾在溞状幼体期捕食细菌，而幼体后期则转为捕食大型微生物有关。溞状幼体期以捕食弧菌为主，达到成体期（孵化后 126 d）则转为以假单胞菌为主。天然繁殖对虾消化道的细菌种群与人工饲养的成体对虾相同。发育不良的成体对虾则以气单胞菌居多。

（四）藻体上微生物的分布

细菌和真菌至少可暂时或较长时间地定居在很多动植物体表上，并产生生长的表面层。浮游藻类体上常有细菌生长。但在休斯敦湖东部蓝藻或硅藻体上很少有细菌生长。而在波罗的海泡沫节球藻和水华束丝藻的螺旋化藻丝上却栖息着大量细菌，首先柄细菌栖息其上，而后形成球菌的小菌落，最后更多样化的种群开始生长，杆菌成为优势类群。长度为 $75\ \mu m$ 的藻丝上平均生长着 45 个细菌。自蓝藻形成水华后，这些表面生长细菌就成比例增加。

各种海藻上附着着特有的毛霉亮发菌（*Leucothrix mucor*）。该菌是一种嗜盐种类，其藻丝含有众多细胞，并形成丛生而滑动的生殖胞（gonidia）。在日本海海域，礁膜（*Monostroma nitidum*）和缘管浒苔（*Enteromorpha linza*）等绿藻体上的腐生菌数为 $10^3 \sim 10^6$ 个$/cm^2$，圆紫菜（*Porphyra suborbiculata*）等红藻为 $10^3 \sim 10^4$ 个$/cm^2$，而一种褐藻 *Eisenia bicyclis* 则为 $10 \sim 10^4$ 个$/cm^2$。绿藻和红藻体上的优势细菌是具有黄、橙色素的黄细菌属和噬纤维菌属的细菌，而褐藻体上的细菌则不然。缘管浒苔的胞外产物能促进这类细菌和假单胞菌的生长，弧菌的生长则受到抑制。

在藻类胶鞘上常发现有大量微生物，微生物以此黏液作为营养。藻胶被上常栖息着真菌。旺盛生长的藻类表面通常没有细菌生长，当形成浮游植物水华时，更找不到细菌。而当藻类种群处于停滞期或下降期时，细菌便成倍增加。类似的情况是，在底栖藻类新藻枝（即顶部）上没有细菌，而在该藻体较老的原植体藻枝上生长有细菌和真菌。离顶部越远，微生物数量越大。有时，一些水生植物体上形成的菌膜很厚，以致能被原生动物和轮虫摄食，并成为其主要的饵料。

附生细菌主要是从植物分泌物中吸收营养。例如海水大叶藻（*Zostera marina*）为其表面微生物区系提供了充足的光合作用产物。用 ^{14}C 标记的碳酸钾法测定的从植物到细菌的碳流约为 $0.3\ \mu g/(h \cdot cm^2)$（以 C 计），而细菌的最高生产量约为 $0.4\ \mu g/(h \cdot cm^2)$（以 C 计）。大叶藻叶片的分泌率占固定的总碳的 2%。

旺盛生长藻类（或藻体一部分）表面缺乏细菌，一定程度上归因于该植物释放的抑菌或杀菌物质，藻体表面的酸反应也可排斥细菌。如环境海水 pH 为 8 时，藻体表面的 pH 可下降为 5；来自弱碱性环境的细菌一进入酸性环境，就会立即离开藻体表面。

在海水物体表面附着是海洋细菌的重要生理特性之一。近十几年来，对海洋细菌附着机理研究取得了较大进展，端生鞭毛是细菌在水体或液体培养基中生活的运动器官，也是细菌在附着过程中，细菌与物体表面连接的桥梁，即端生鞭毛首先黏附在表面上，侧生鞭毛则是细菌接触表面之后诱导产生的，结果是使菌体牢固地附着。

硅藻能主动地抑制细菌在其表面附着，即硅藻表面没有细菌附着，细菌只附着在硅藻个体之间的间隙内；而多管藻及石莼表面有大量细菌附着。硅藻表面没有细菌附着的机理目前尚不十分清楚。

绿藻与附着细菌有互利关系。绿藻为细菌的生活提供有机营养物质，附着细菌分泌某些物质使绿藻的形态发生得以正常进行。如无菌条件下进行绿藻组织培养时，其形态发生畸形，而当接触到细菌后，又可恢复正常形态。

第二节 环境因素对水生微生物的影响

各种环境因素影响着水生微生物的生命特征。环境条件的改变，在一定限度内，可引起微生物群落的组成、大小、生长、繁殖、形态和生理等特征的改变。当环境条件的变化超过一定极限，则会导致微生物死亡。

水体中环境因素可分为物理因素（光照、温度、压力、混浊度等）、化学因素（pH、盐度、无机质、有机质、溶解气体等）和生物因素（竞争、捕食和寄生等）三大类。此外，还有人为因素。本节主要涉及各种物理、化学和生物因素对水生微生物的影响。研究环境因素与水生微生物之间的相互关系，有助于了解水体中微生物的分布与作用，也使人们有可能制订增进或抑制甚至完全破坏水生微生物生命活动的有效措施。

一、物理因素

（一）光

光是水体中一种重要的生态因子，这与陆地上一样。然而，光照度随透入水层的加深而迅速减弱。水体中的光照度取决于水的混浊度大小。在 10～100 m 的水层，光照度也受生物的影响。由于水中光照度随深度的增加而递减，因此水层中光合作用速率也随深度的增加而逐渐减弱，到了某一深度，光照度已减弱到使绿色植物同化和呼吸彼此抵消的程度，这时的光照度称为该种绿色植物的补偿点（compensation level），补偿点所存在的深度称为补偿深度。在补偿点时，植物光合作用所产生的氧量，仅能满足本身呼吸作用中的消耗，也即氧含量和二氧化碳含量保持稳定。补偿深度则是植物向深层分布的界线。绿色植物在补偿点之上的水层顺利生活，在补偿点的光照下植物尚能生存，但不能繁殖。实际上，如果忽略化能自养菌生产的有机物质，几乎所有的有机物质都是在补偿点之上水层中产生的。

就相对少数的光能营养菌（如绿细菌和紫硫细菌）而言，光提供能量，还原 CO_2。然而，因为它们是厌氧微生物，没有解离水的能力，不能利用水而必须利用 H_2S 或各种有机化合物作为供氢体。因此，这类细菌能在所有厌氧水体中生长，在此处仍具有足够的光照用于正向的同化平衡。在夏季分层期间，富营养湖中紫硫细菌和绿细菌大量生长繁殖，这种情况见于湖下层的上层区，即紧邻于温跃层下。这些细菌也常生长于含有 H_2S 的半咸水池塘水中及沉积物表面。如果光辐射很强的话，那么绿细菌和紫硫细菌占据的区域为稍深点的水层，因为其生命过程，特别是光合作用一般受强光抑制。大多数其他浮游生物种类也是这样，在夏季它们有其最适水深，不是在表层，而是在几米之下。

光能自养菌在极少量光照下就可旺盛生长。光合细菌对水产养殖水体的水质，如化学需氧量（COD）、氨氮（$NH_4^+ - N$）、溶解氧（DO）、pH 等指标，及对水生生物（如藻类植物和细菌的种群组成）有重要影响。鲤养殖水中投放一定量的光合细菌，能明显去除水中有机物和 $NH_4^+ - N$，增加 DO 的含量，稳定 pH。光合细菌对水中藻类也有明显影响，0.50%、

1%剂量组中藻类明显增加,其中硅藻在所有藻类中所占比例可达26%以上,绿藻所占比例达60%左右,而以蓝藻为主的杂藻则下降到10%左右。光合细菌对有害菌有一定的抑制作用,使得弧菌属、气单胞菌属等致病菌所占比例显著降低。紫硫细菌在50 lx下仍能发育,绿细菌在仅5 lx下也能繁殖。在分层湖泊中,最适的光照条件为500~3 000 lx。

某些蓝藻也能利用相当少量的光照进行同化作用。随着水深增大,光质改变,诱导出色素适应,而能较好地利用可见光进行光合作用。

较强的光照对无色素细菌具有破坏作用,这是光谱的紫外线和可见光作用的结果。波长在366~436 nm的蓝光能抑制维氏硝化杆菌(*Nitrobacter winogradskyi*)对亚硝酸盐的氧化作用。抑制的低限为200~300 lx。相反,红光则无任何抑制作用。脱氮微球菌(*Micrococcus denitrificans*)等异养细菌可被光灭活。欧洲亚硝化单胞菌(*Nitrosomonas europaea*)和维氏硝化杆菌细胞色素能被光破坏,最终导致细胞死亡。硝化杆菌在54 000 lx的光照下,4 h后被杀死;亚硝化单胞菌需24 h。在58 000 lx的光照度下,24 h后脱氮微球菌的静止细胞的脱氮作用显著减弱,减弱到无光照平行培养组的1/3。日光对细菌的氨基酸吸收具有抑制作用,太阳辐射增强会导致细菌的氨基酸吸收和存活率降低。

含有类胡萝卜素的有色素细菌对光有很强的耐受性,不受正常强度光的抑制。空气中主要含有具红、黄或橙色色素的微生物,如藤黄八叠球菌(*Sarcina lutea*)、橙黄色八叠球菌(*Sarcina aurantiaca*)和各种含色素的微球菌属的细菌。这些微生物对紫外线的抗性大于无色素细菌。水表层细菌生命的抑制性效应一般发生在强日光辐射处,尤其是漂浮生物易受影响。在混浊水体中,这种抑制作用仅限于水表至数厘米处;而在清澈湖泊和海区,可伸展到数米之下。表水层细菌数较低主要归因于强辐射通量的影响。

较浅的波斯湾腐生生物区系中含色素细菌的比例大于较深的阿曼湾,这也是光辐射作用之故。辐射通量与黄细菌数量之间存在明显的相关性。含橙色色素的微生物在太阳辐射最强时繁殖最旺盛,而含黄色色素的则在太阳辐射最弱时生长速度最快。日光对无色素的黄色或橙色黄细菌的纯培养影响很大,该细菌的死亡率随日光照射量增大而升高,且随色素沉着增强而减小。

光也能抑制某些水生真菌。蓝光、绿光的抑制作用大于光谱中的红光。例如,蓝光、绿光抑制水霉(*Saprolegnia ferax*)卵原细胞原基的形成,红光则仅起部分抑制作用。光对小芽枝菌属的霉菌(*Blastocladiella emersonii*和*B. britannica*)的生长和休眠孢子形成具有类似影响。在光照下培养*Rhizophlyctis rosea*,其所产生的色素大大多于在黑暗下的培养组;光也能减弱该真菌对葡萄糖的分解。但尚未发现光对其他各种低等真菌的抑制作用。

日光能抑制湖泊和海洋表水层内的无色素细菌与某些真菌,受抑制的水层深度取决于水中光辐射强度和混浊度。干旱地区的清澈水体中,日光的影响大于低光照的极混浊水体。但光效应能被诸如温度之类的其他因素所改变。光谱中的紫外光只能穿透很小一段距离(至多1 m);蓝光穿透力较强,但其强度在数米水层内迅速减弱,在较深水层光不可能对微生物产生影响。

(二)温度

温度是水体中极为重要的环境因素之一。所有微生物的生命过程都受温度的影响。细菌、蓝藻和真菌等微生物只能在一定的温度范围内生长,这个温度范围一般在-10~90 ℃。在此范围内,温度不仅影响生长率,在一定程度上也影响营养需要量、细胞内酶和化学组成,其中通过影响微生物膜的液晶结构、酶和蛋白质的合成和活性、RNA的结构和转录等,影响微生物的生命活动。具体表现在两个方面:一是随着微生物所处的环境温度的上升,细胞中生化反应速率加快而生长速度加快;二是随着温度的上升,细胞中对温度较敏感的组成物质(如蛋白质、核酸等)可能会受到不可逆转的破坏,从而对机体产生不利影响,如果温度更高,可致机体死亡。

各种微生物都有其生长繁殖的最低温度、最适温度、最高温度和致死温度,根据微生物的温度需要可将其分为低温型、中温型和高温型三大类,见第六章第二节。然而,区分这些类别的界限很模糊。在压力增加下、一些细菌甚至能在 100 ℃ 以上的温度时发育。当然,这也受诸如营养源、盐度、pH、代谢产物等其他因素的影响。

在温度常低于 5 ℃ 的绝大部分广阔的海洋和寒带的内陆水体中,嗜冷菌数量极其惊人。其最适温度一般在 10~15 ℃。通常它们的最高温度为 20 ℃ 或更低。有些菌株的最高生长温度为 13 ℃。嗜冷菌也能在温带水体中生长,25 ℃ 以上的温度通常是其致死温度。但一些嗜冷菌在 18~20 ℃ 的温度下只存活数小时。因此,很难分离到专性嗜冷菌。新近的研究表明,随着水深度的增加。温度相应地降低,嗜冷菌的比例明显增加。

嗜冷菌的繁殖速度较慢。如海洋弧菌(Vibrio marinus)的世代间隔在 15 ℃ 时为 80.7 min,3 ℃ 时则为 226 min。该弧菌的最适温度为 15~16 ℃,在 20 ℃ 时不能生长。在 30 ℃ 以上的温度下,迅速(1.5 h 后)死亡。

在温带的内陆水体和表层海水中,嗜冷菌很少,以中温型细菌和真菌占优势,但是在温带的海湾,当冬季水变冷时,中温型微生物比例下降,而低温型微生物数量相对增加。

水体中高温型微生物(也称嗜热微生物)并无多大意义。它们只能在温泉中积聚。这里的温度在 50 ℃ 以上,仅有少数几种细菌和蓝藻存在。例如,在温度为 65~93 ℃ 的热硫泉中,球形硫杆菌、酸热硫化叶菌(Sulfolobus acidocaldarius)仍能发育,其生活的最适温度为 75 ℃。

嗜冷微生物能在低温下生长,一方面,是由于嗜冷微生物的酶在低温下能更有效地起催化作用,而温度达 30~40 ℃ 时,酶很快失去活性;另一方面,嗜冷微生物的细胞膜含不饱和脂肪酸较高,能在低温下保持膜的半流动性,有利于微生物的生长。

中温型微生物(也称嗜温微生物)的最适生长温度为 20~40 ℃。此类微生物的生长速率高于嗜冷微生物,其最低生长温度为 10 ℃ 左右,低于 10 ℃ 便不能生长,蛋白质合成受阻,许多酶的功能受到抑制。当温度升高时,抑制可以解除,功能又可以恢复。所以可在低温下保存菌种。

嗜热微生物的酶比别的蛋白质具有更强的抗热性;它们产生多胺、热亚胺和高温精胺,可以稳定细胞中与蛋白质合成有关的结构和保护大分子免受高温的损害;嗜热菌的核酸也有保证热稳定性的结构,其鸟嘌呤(G)与胞嘧啶(C)的变化很大,tRNA 在特定的碱基对区含有较多的 G+C,可以提供较多的氢键和增加热稳定性,嗜热菌的细胞膜中含有较多的饱和脂肪酸和直链脂肪酸,使膜具有热稳定性,能在高温下调节膜的流动性而维持膜的功能,保证了嗜热微生物在高温下生长;嗜热菌的生长速率也较快,合成大分子迅速,可以及时弥补由于热所造成的大分子的破坏。

冷冻在一定程度上可引起细菌、蓝藻和真菌等死亡,但其致死原因并不完全清楚,一般人们认为这是在细胞内形成细冰晶的结果。这一过程在真菌特别明显,而在细菌却缺乏确实的证据。显微镜观察揭示其原因既不是冰晶,也不是细胞内的机制损害。而是绝大多数细菌中缺乏液泡。快速冷冻法解释了由于冷冻悬浮液的渗透压升高所致的冷冻致死。因此，当温度下降到结冰温度之下时，结冰水体细菌含量变化相当迅速的原因；-40 ℃以下几乎没有任何进一步死亡发生。快速升温与缓慢升温一样，都不会造成微生物数量的锐减。

单种微生物存活的温度范围变化很大，其幅度可在15 ℃甚至至50 ℃以上，即微生物能够存活的最低和最高温度的间距变化很大。在此温度范围内，生物的活性及生化反应一般随温度的升高而增强。在一定范围内温度每上升10 ℃，代谢作用的速度将增大2~3倍。温度对细菌世代间隔的影响也是这样（表9-6）。

表9-6 大肠杆菌在不同温度下的世代时间

温度（℃）	世代间隔（min）	温度（℃）	世代间隔（min）
10.0	860.0	35.0	22.0
15.0	120.0	40.0	17.5
20.0	90.0	45.0	20.0
25.0	40.0	47.5	77.0
30.0	29.0		

接近于最低或最高温度时会引起各种微生物形态的改变。如大肠杆菌在7 ℃时产生丝状细胞，黄精农杆菌（*Agrobacterium luteum*）在25 ℃时生长最快，在30 ℃时则呈现丝状生长。节杆菌属（*Arthrobacter*）具有温度依赖型生活周期，低于20 ℃时它处于革兰氏阴性的菌丝体阶段，在20~26 ℃时为革兰氏阳性的节孢子阶段，而在26 ℃以上则为革兰氏阳性棒状体阶段。

在最适条件下的纯培养中，温度对试管内细菌的生物学反应的影响较明显；在天然水体很难观察到这样的反应，由于天然水体中存在生命过程相互作用的各种各样的生物，因此输入的竞争因素并非总能允许特定种类表现其自己的温度效应特点。此外，不同的温度效应可能彼此相叠加。这在污水负载过多的水体中特别明显；温度上升导致活性增强，世代间隔缩短，但是毒性效应增强，自溶作用加剧。在特定水体中生活的微生物，在夏季高温时快速增殖；但是，与在污水中所观察到的很多细菌一样，夏季高温也引起其他微生物的快速死亡，如淡水或土壤微生物一进入半咸水或海水中就发生上述情况。冬季低温时，所有反应缓慢下来，因此这些细菌在不利环境中的存活时间延长。这就是有污水流入湖泊、河流和沿海水域时，冬季细菌总数高于夏季的缘故。但是，数目众多的其他微生物在夏季高温时旺盛繁殖。在污染严重水体中，冬季的细菌总数通常随水温下降而上升，而在清洁水体则下降。因此，温度对湖泊、河流和海洋微生物区系的影响，也与其他因素有关。

（三）压力

水深每增加10 m，水的静压力上升约1个大气压（1 atm＝101 325 Pa）。因此，在海洋和湖泊的深层存在特别高的压力。世界上约有90%的海洋深于1 000 m，因而具有10 MPa以上的静水压力，24.5%的海甚至超过50 MPa。深海中的高压是重要的生态因子之一，它严重影响着微生物的生命活动。在一定的压力下，可以引起微生物细胞黏度、弹性和细胞容积的改变，引起菌体蛋白质的变性。这是压力影响微生物生长繁殖和微生物致死的重要原因。

深水（甚至 10 000 m 深）中仍生活有很多细菌。不同的高压气体种类对微生物的影响作用也不同。高压下的气体，高浓度的氧气对微生物可致死，二氧化碳对微生物也有较大的伤害作用；高浓度的氢和氮气对微生物的影响较小。高压对微生物的作用还受到其所处环境中的其他因素的影响，例如 pH、温度等因素的影响。同时微生物对压力有相当强的抵抗力。菲律宾海沟底部沉积物中，每克湿重含 1 万～100 万个微生物。某些深海细菌的最适压力在 50 MPa 以上，它在常压下根本不能生长或生长不良，可称其为嗜压微生物。此外，这类微生物中也有一些能在大气压下良好生长的，称为耐压微生物。绝大多数土壤和淡水中的细菌在超过 20 MPa 的压力下不能生长。从海洋浅水区分离到的海洋细菌和低等真菌也是这样；因此，它们被称为恐压微生物（barophobic）。

深海嗜压菌通常也是嗜冷菌，在高压低温（3～5 ℃）时生长得最好，即它们对其栖息的环境条件具有很大的适应性。绝大多数嗜压菌的生长极其缓慢。很多嗜压菌在压力减到 1 atm 时仍能存活。然而，用通常的采样设备，不能保持一些对压力敏感的微生物的存活。

在极高压力下，一些对压力敏感的细菌表现出形态变化。黏质沙雷氏菌（*Serratia marcescens*）在一个大气压力下，呈能动的短棒状。在 60 MPa 下它只以极缓慢的速率生长，丧失其运动性，并产生长达 100 μm 的丝状体。芽孢杆菌属和弧菌属的细菌以及大肠杆菌都呈现类似变化。如果再放回到常压下继续培养，那么在几小时或几天之后，这些细胞的大小和形状就恢复如初。由此看来，高压能干扰繁殖的正常机制，此时细菌继续生长，但不能分裂。这种现象与 DNA 分子容量的改变相关联，高压干扰了 DNA 的复制，因此细胞分裂停止。在急剧增压下生物体中的 DNA 含量减小，其 RNA 含量增加，且蛋白质与核酸的相对比例保持不变。

嗜压的深海细菌即使在很高压力下也能合成 DNA，进而能在极深水层处正常繁殖。其中的运动性细菌只在高压时形成鞭毛，而在大气压力下则丧失其鞭毛。

静水压力对细菌和真菌的影响是多方面的，而且是变化的。发光细菌的发光就是一例。培养的发光杆菌属的一些种类（*Photobacterium fischeri*、*P. harveyi* 和 *P. phosphoreum*），在压力超过 50 MPa 时，几天内就死亡。在 5～50 MPa 的压力下，比最适温度高几摄氏度的温度可促进发光，而低于最适条件的温度则抑制发光。这对深海温泉区的微生物较为重要。

压力对细菌的酶系统具有较大影响。在 100 MPa 下大肠杆菌的琥珀酸脱氢酶完全不可逆地失活。在 100 MPa 下，脲酶活性减弱。除了海洋最深层的一些专性嗜压菌外，压力也影响细菌的硝酸盐还原作用。该作用随压力增大而减慢，其原因就是硝酸盐还原酶失活，从而降低了反应速度。它在 10 ℃时的失活率比在 40 ℃大。高压也能减弱其他代谢过程（如甲烷和氢的形成、硫酸盐还原和磷酸酶的活性）。在恐压的原核微生物中，蛋白质合成对静水压的升高特别敏感，这会导致相应的生长抑制。压力也影响细菌对氨基酸混合物的吸收和呼吸。

静水压对微生物生理生化反应的影响，决定了它们在水体中的分布，即它们只能生活于上层，或只能生活于深层，也或两者兼有。

（四）混浊度

水的混浊度也影响水生微生物的生活。混浊度是浮游物所致，它可定义为水中悬浮的活物质和死物质的总和，这些物质最终导致沉积物的形成。浮游物由 3 种成分组成，即起源于陆地和由陆地移入水体的矿物质细粒、由无机物和占优势的有机物构成的腐屑、浮游生物（在水中行浮游生活的小型动、植物）。由于矿质细粒和腐屑的区分较为困难，因此，有时这两种成分合称为水中非生物性悬浮物（tripton）。

各个水体的混浊度差异极大。在清洁溪流、贫营养湖和开阔海区，混浊度一般都很低，但在一些河口处却很高。温带的很多水体的混浊度存在明显的季节变动，非生物性悬浮物和浮游生物的比例也是如此。浮游物中有机质的比例也急剧变化，在泉水和某些河流中它只占有百分之几，但在一些湖泊和海区则几乎达100%。

浮游物作为很多微生物的基质起着重要作用。特别是腐屑颗粒上经常携带着大量的细菌和真菌等表面微生物群。有些腐屑是有机成分，可直接作为动物的食物，微生物也可移栖其中；有些是无机颗粒。无论是有机的还是矿质起源的悬浮颗粒，都能将存在于水中的很高稀释度的营养物质吸附到表面，而有利于微生物生长繁殖。这一过程越显著，周围水中的营养物质越匮乏。

近年来人们对微生物附着于固体基质的物理、化学因素有了一些了解。嗜水菌和恐水菌之间存在着不同的附着行为。在附着过程中表面活性分子明显地起作用。细胞被聚合物膜（如脂多糖）所包围，同时也免遭不利条件，尤其是化学条件的影响。因而，附着细菌的活性与水中自由生活的微生物不同。

通过对腐屑颗粒的吸收可将一些抑制剂和毒物变成无害。悬浮物对细菌的生长繁殖具有促进作用，除提供营养物质外，还能避免光的有害影响。不同河流的河口区富含腐屑的混浊带尤为如此。

混浊度较大的水域（如易北河口）透明度只有几厘米，只有紧贴水面的生物，才能得到一点点光照。这里悬浮物数量依潮汐而变动。落潮期间发生沉积作用，而高低潮水又将沉积物搅起。这些波动也影响细菌的垂直分布，且造成河流中混浊度和细菌含量之间的明显平行关系，且在温跃层处特别明显。但在较少变动的水体中，只要营养状况保持稳定，混浊度上的差异并非总是影响细菌数。当悬浮物中富含有机物质时，细菌的总数随混浊度增大而增加；但若悬浮物为无机颗粒时，混浊度的变化不影响细菌总数的变动。因此，比较混浊度测定值和微生物总数，可初步了解混浊度的物质组成情况。

生长在腐屑上的微生物占水中总的微生物区系的比例因水体而异。一般清澈水体中该比例较小，只占百分之几，而混浊水体中则很大，可达50%～94%。

混浊度也影响水体中微生物区系的组成。例如，污水池塘附着细菌的比例明显大于自由生活细菌。腐屑上几丁质分解菌也比浮游生物或游离水中的多，纤维素降解微生物亦然。相反，其他细菌则喜好游离水或生长在浮游藻类的黏质中。总之，混浊度因素的作用主要是通过对营养和光照状况的影响而间接发挥的。

二、化学因素

（一）氢离子浓度（pH）

微生物的生长和繁殖受其介质中氢离子浓度（即pH）的影响很大。天然水体中pH大多数在4～10，特殊情况可达到0.9～12.0。一般的情况是，海水的pH最稳定，而内陆水体的pH则变化幅度较大。pH对微生物生命活动的主要作用在于引起细胞膜电荷的变化，从而影响了微生物对营养物质的吸收；影响代谢过程中酶的活性；改变生长环境中营养物质的可给性以及有害物质的毒性。

微生物生长过程中机体内发生的绝大多数反应是酶促反应,每种微生物都有其最适 pH 和适应范围。在最适范围内酶活性最高,若其他条件适合,微生物的生长速率也最高。此外微生物生长还有一个最低和最高的 pH 范围,低于或高出这个范围,微生物的生长就被抑制,不同微生物生长的最适、最低、最高 pH 范围也不同。绝大多数细菌只能在 pH 为 4~9 的环境中生长。仅有极少数细菌在 pH 为 3 或更低时生长,例如氧化硫硫杆菌(*Thiobacillus thiooxydans*)和氧化亚铁硫杆菌(*T. ferrooxydans*)能耐受 pH 为 1 的作用。在 pH 为 1.6~3.0 的热硫泉中,也存在嗜热的酸热硫化叶菌。其 pH 范围在 0.9~5.8,最适 pH 在 2~3。绝大多数水生细菌的最适 pH 在 6.5~8.5。这与多数大型水体的 pH 范围相对应。如海水 pH 一般在 8.0~8.5,淡水水体 pH 多在 6~9。富营养湖或近海水表层由于出现浮游植物水华而 pH 变化很大,pH 在一定时候(如午后)可达 9 以上。

pH 也影响细菌和真菌的种群组成。在太平洋水域,除了耐碱菌在 pH 为 7.3~10.6 的环境中生长外,也有只在 pH 为 10.0~10.6 范围内发育的嗜碱菌。嗜酸真菌多于嗜酸菌,和土壤中一样,在酸性水体和沉积物的微生物区系中,真菌的比例较大;而在中性或微碱性介质中真菌的比例较小。大多数水生真菌能在相对较广的 pH 范围内生长。然而,淡水真菌在 pH 为 7.0 或以下较常见,而海洋真菌则喜好弱碱性介质,最适 pH 为 7.5~8.0。

明显偏离最适氢离子浓度,不仅导致微生物的生理变化,而且也经常产生形态变化。某些微生物细胞趋于退化型,通常呈越来越大的棒状,并呈现出不规则的隆起和分支。

绝大多数微生物细胞内的 pH 接近于中性,即微生物细胞具有保持内环境接近中性的能力。同一种微生物由于某介质中 pH 不同,可积累不同的代谢产物。因此,在发酵过程中,根据不同目的,常采用变动 pH 的方法提高生产效率。此外,还可利用微生物对 pH 的要求不同,采用适当的 pH 促进有益微生物的生长或控制杂菌的污染。

(二)氧化还原电位

水体和沉积物中的氧化还原电位也具有重要的生态意义。氧化还原电位(Eh)是一种物质给出电子的趋势。氧化还原电位越高,则其给出电子的趋势越小;氧化还原电位越低,则其越易给出电子。由于微生物要利用其环境中的各类物质给出电子时产生的能量才能生长,因此微生物所处环境的 Eh 值对微生物的生长有显著的影响。环境中 Eh 值与氧分压有关,也受 pH 的影响。pH 低时,氧化还原电位高;pH 高时,氧化还原电位低。氧化还原电位表示介质和氢电极之间的电位差,通常以毫伏(mV)为单位。在自然环境中,Eh 的上限是 +820 mV,这时环境中氧含量很高;其下限是 -420 mV,是富含 H_2 的环境。

水体和沉积物中的 Eh 往往变化很大。

氧化还原电位影响微生物细胞内许多酶类的活性,也影响细胞的呼吸作用。各种微生物所要求的 Eh 值不一样。限定生理类型的微生物一般只能在特定的 Eh 范围内生长,并有其最适的 Eh 值。好氧细菌比厌氧细菌需要更高的 Eh 值。一般来说,好氧微生物在 Eh 值 +100 mV 以上均可生长,以 Eh 值在 +300~+400 mV 为适。厌氧微生物只能在 Eh 值低于 +100 mV 下生长。兼性厌氧微生物在 +100 mV 以上时进行好氧呼吸,在 +100 mV 以下时则进行发酵。

微生物活动在不同程度上改变着氧化还原电位。细菌耗氧会导致 Eh 值降低。若有 H_2S

产生时，这种变化特别明显。相反，氧气增多会引起 Eh 值的上升。

（三）盐度

盐度的高低在较大程度上决定着水体中的生物群落。海水中 NaCl 含量相对很高，导致淡水生物和海洋生物出现发育的生理学差异。只有少数生物既能在淡水又能在海水中繁衍。正如盐度抑制绿色植物和动物那样，盐度也抑制细菌和真菌。因而，清洁湖泊和河流中的大多数微生物或多或少都是恐盐的，在自然条件下不能在盐度超过 10 的水体中生长。只有较少的种类是耐盐的，能在较高盐度下旺盛生长。多数的海洋细菌和真菌都是嗜盐的微生物，即它们需要一定量的盐用于其生长，因此，在淡水生境中不能正常发育。在开阔海区，嗜盐的海洋细菌占腐生菌数的 95%，而耐盐菌的比例仅占 5% 或更低。相同的水样在用淡水配制的培养基中生长的细菌数不到海水培养基中的 1%。在近海岸或污染海区的耐盐细菌比例较大，但一般不超过 20%。在北大西洋水深超过 1 000 m 以上的沉积物中，耐盐的芽孢杆菌属的细菌较多；这些细菌在淡水培养液中发育良好。

所有内陆水体中都存在或多或少的耐盐菌，其中城市污水和严重污染的河流与湖泊中居多。在污染水域也存嗜高渗细菌，它们适合于在高渗下生长。在半咸水和海水中也有一些嗜高渗细菌。

大多数嗜盐的细菌和真菌的最适盐度在 25~40。这一范围包含了海洋的天然含盐量，在开阔海区，平均盐度为 35。但半咸水水域，嗜盐生物的最适盐度一般为 5~20。

盐度在某种程度上偏离其最适度时，会导致细菌和真菌的世代时间延长，并出现形态学和生理学变化。如一些海洋细菌，在其最适盐度时呈棒状或逗号状，而在含盐量超过 50 时大大变长，最后形成丝状。采自阿拉伯海的发光细菌，在 30 的盐度时生长得最好，呈微曲的棒状，长 1~2 μm；但在盐度为 10 时呈球状，在盐度 75 时呈长达 100 μm 以上的丝状。正如压力上升一样，盐度的升高也干扰正常的繁殖机制，细胞仍能生长，但不能分裂。

盐度的生理效应是多方面的。发光细菌在盐度超过 50 的海水中就丧失发光本领。若进一步稀释，这种情况就不可逆转。最后导致细胞溶解。NaCl 对发光的这种影响应归因于荧光素酶含量的变化，在仅含 1% NaCl 的培养液中，发光细菌只含极少的荧光素酶，但是将其转移到 3% NaCl 的培养液中时，该酶则开始旺盛合成。微生物体内的许多代谢活动均与盐度有关，如有机酸和糖类的氧化、吲哚的产生需在一定盐度下进行；顺乌头酸酶和异柠檬酸脱氢酶等需要较高的渗透压；Na^+ 可促进三羧酸循环中间产物的氧化以及物质在细胞膜上的转运等。

很多海洋细菌在转入淡水中时发生溶解。降低盐度能破坏海洋假单胞菌细胞壁的黏肽层；这会使细胞壁变薄，使细胞内的渗透压过高而胀破残存的细胞壁层。少数细菌生长需要较高盐度。Larsen（1962）把它们细分为温和嗜盐生物（最适盐度 50~200）和极端嗜盐生物（最适盐度为 200~300），它在喷溅池和晒盐池等沿海水体与内陆盐湖中较多。

细菌的耐盐范围在其最适生长温度下最宽广，但是较高或较低温度使该范围不同程度地变窄。超过最适温度导致 NaCl 需要量增加，低于最适温度时则减少。

在低等真菌（藻状菌纲）中，海洋皮囊菌（*Dermocystidium marinum*）和嗜盐霉菌（*Haliphthoros milfordensis*）以及与水霉目近缘的脆壶菌科等是专性海洋微生物。它们的最适盐度为 20~35，生长至少需要 8‰ 的 NaCl。

此外，从海洋分离的水霉科中的两个种在盐度超过 10 时形成性器官，而在盐度低于 10

时仅产生动孢子。几种腐霉属的霉菌也能在较广的盐度范围内完全发育。

陆地或海洋起源的高等真菌（子囊菌纲和半知菌纲）能在比上面所提到的低等真菌宽得多的盐度范围内繁殖。陆地真菌的最适盐度与淡水或半咸水（盐度在 10 以上）真菌的相似，而从海区分离的真菌一般在含盐量较高时发育良好。

（四）无机物

除 NaCl 之外的其他无机物也影响水中微生物的生长繁殖。其中较为重要的是无机氮和磷化合物，在很多水体的生产带中，它们代表了植物生活的限制因素。在贫营养湖和营养缺乏的海区，几乎检测不到氨、亚硝酸盐、硝酸盐和磷酸盐，它们一旦被释放出来，就被浮游植物迅速利用。这种条件加剧了细菌和浮游植物之间对无机营养物质的竞争。但在大型湖泊和海洋的深层，异养微生物常造成硝酸盐和磷酸盐的富集。因此，当富含营养的深层水升至表层时，该表层区呈现很高的生产力，细菌和真菌大量繁殖。

不同盐类对微生物起不同作用，这主要取决于盐类的浓度和种类。一类是微生物生长必需的盐类，一类是对微生物有毒性的盐类，其不同浓度对微生物促进抑制作用也各自不同。在热带和亚热带海洋的真光层中，含氮和磷的化合物终年短缺，而在温带则存在明显的季节变动。氨和亚硝酸盐在给硝化细菌供能方面起重要作用，且硝酸盐结合的氧能被众多脱氮细菌利用，在厌氧条件下进行有机物质的氧化作用。微生物生活所必需的其他无机营养物质在多数水体中的含量都较充足，诸如铁和钴之类的微量元素，作为重要酶的组成成分，一般只需极少量。不过在藻类水华期间，可引起某些水体中这类物质短缺。

重金属也严重影响着水体中的生命活动，因为一些重金属对很多微生物有毒，即使在较低的含量时亦然，因为重金属离子易与蛋白质结合使其变性或沉淀、破坏细胞原生质，使微生物死亡。重金属铁或有机重金属复合物具有杀菌作用和对病毒的灭活作用。铜和汞经常通过工业污水与废水进入河流、湖泊及沿海水域，可完全破坏其天然的生物群落。这些金属的毒性效应是与酶的巯基结合之故。镍可使海洋节杆菌的细胞大小及其精细结构发生明显变化。在镍含量为 4×10^{-4} mol/L 时，节杆菌由 $2\ \mu m \times 4\ \mu m$ 大小的棒状变成球状，其直径扩大到 $10 \sim 15\ \mu m$，引起严重的细胞质溶解。此外细胞壁内层的黏肽消失。

氰化物偶尔也进入水体，毒害植物和动物。氰基能与铁结合，从而阻断了细胞色素氧化酶，因此它是一种强效呼吸毒物。

（五）有机物

水中溶解或悬浮的有机物作为异养微生物的食物特别重要。水中细菌和真菌种群的大小与组成，在很大程度上取决于有机物的含量及组成。然而，有机化合物还有其他方面的重要作用，如作为激活和抑制因子。此外，有机物也可以致死微生物，一般是通过使其细胞蛋白变性凝固，使微生物机能障碍死亡。

贫营养湖、清洁河流和宽阔海区的水体只含极少的有机物质。例如在开阔海区为 $0.3 \sim 2.0$ mg/L，约 10% 以颗粒形式存在。营养物质的这一含量是大多数细菌和真菌能够吸收利用的低限。在波罗的海，有机物含量的平均值为 $2.7 \sim 6.5$ mg/L。在污染的海湾和港口有机物含量较高，但一般总是低于 100 mg/L。大多数内陆水体也是这样。美国湖群的有机质含量为 $3 \sim 50$ mg/L。美国威斯康星州 500 多个湖泊的溶解有机质平均值为 15.2 mg/L，颗粒物质含量为 1.4 mg/L，两者比例为 11∶1。溶解有机质由糖类（83.7%）、粗蛋白质（15.6%）和脂类（0.7%）组成。此外，溶解有机质还含有游离氨基酸、酚、吲哚、尿素、维生素等。当然不同的水体中溶解有机质和颗粒有机质的比例、有机物组成各不相同。

在很多水体中,有机物是腐生细菌和真菌生长的限制因素。因此,水体中微生物数量与有机物含量之间通常存在正相关;有机物无论在哪里积累,哪里的细菌总数和腐生物数量都很高。然而,起决定作用的并不是有机物总量,而是其中易于同化的有机化合物部分,这些化合物有蛋白质及其组分、糖、淀粉、有机酸、脂肪等。营养不良的湖泊中有机物总量很大,但除其中可同化部分外,其余的对微生物数量并无作用。

(六) 溶解气体

在营养短缺的地方,很多细菌达不到其正常细胞大小,而产生球状的退化型。这时细胞继续分裂,但不再生长。

深海中大部分有机质不能被微生物降解,可同化部分很小,游离氨基酸浓度在纳摩尔/升的数量级。一般来说,贫营养介质中的细菌种群能广泛地利用不同有机物质作为营养,而富营养介质中的种群对有机物质的利用较专一。

有机物的组成强烈影响着特定的微生物种群。例如,在富含蛋白质流入的水体中蛋白质水解细菌占优势,而在含有大量纤维素水体中的优势种则是纤维素分解细菌和真菌。

水中的溶解气体主要有氧气、二氧化碳和氮气。此外,在特殊条件下也存在氢气、一氧化碳、硫化氢和烃等其他气体。其溶解度随温度的上升而减小,且淡水比海水稍大一些。

空气中的氧气、二氧化碳和氮气连续不断地进入水中,直至水表面达到饱和为止。此外,水中或沉积物中的生物化学过程也产生溶解气体。

1. 氧气 多数植物和动物的呼吸需要氧气。它们通过消耗氧造成很大程度的氧亏。另一方面,在真光层中绿色植物进行光合作用,放出的氧大于它们的消耗量。因此,该处水中氧气可暂时地过饱和。

绝大多数水生微生物都是兼性厌氧的。在海水环境中尤为如此。在无氧的湖下层和一些富营养湖的腐殖质淤泥中,绿菌属、脱硫弧菌属(*Desulphovibrio*)和梭菌属之类的专性厌氧菌起着重要作用。

虽然氧气对于专性需氧微生物是至关重要的,水体溶解氧的高低,会影响到好氧菌生长速率和氧化分解污染物的效率。以硝化细菌为例,每毫克氮经过整个硝化作用途径后,由氨转变为硝酸盐需要 4.57 mg 溶解氧来"清除"含氮物质释放的电子,所以保持较高的溶解氧对于硝化细菌是必要的,研究表明水中溶氧量至少大于 2 mg/L 是硝化细菌进行正常的硝化反应所必需的。但其在一定范围内的变化并不影响水中需氧菌的代谢活动。例如,在 30 ℃下,氧含量从饱和状态降至 1 mg/L 时,需氧的欧洲亚硝化单胞菌(*Nitrosomonas europaea*)硝化过程完全正常;维氏硝化杆菌(*Nitrobacter winogradskyi*)氧含量甚至可低至 2 mg/L,只有在氧气进一步减少时才使氧化作用率降低。海洋硝化球菌(*Nitrococcus oceanus*)把氨氧化成亚硝酸的氧,含量低限是 0.08 mg/L。专性需氧细菌的发育仅在氧压极低时受损。此外,一些微嗜氧微生物受较高含量氧的抑制。与富氧水体相比,氧气缺乏水体中较小的氧气波动就可导致重要种群的改变。

2. 分子态氮 溶于水中的分子态氮可被固氮细菌和蓝藻所利用。另外,细菌性硝酸盐还原过程中有分子氮释放于水中;但是该气体对水中微生物区系不会有任何影响。在海洋和淡水环境中,均存在能固氮的蓝藻,某些蓝藻能与其他微生物形成互利共生关系,如地衣;

一些固氮蓝藻能与植物建立互利共生关系，如满江红与鱼腥藻；此外，还有一些固氮蓝藻为自生固氮菌。

3. 二氧化碳　光能自养和化能自养生物需要二氧化碳，异养细菌和真菌也需要少量的二氧化碳。譬如一些细菌利用丙酮酸盐和二氧化碳合成苹果酸盐或二羧酸和三羧酸。水生植物生活取决于二氧化碳-碳酸盐系统，即溶解 CO_2、HCO_3^- 和 CO_3^{2-} 的平衡系统。这一系统依赖于 pH、大气中的二氧化碳分压和温度。二氧化碳-碳酸盐系统在原核生物活动中有其起源，并且在绿色植物发育之前存在很长时间。约 90% 的二氧化碳来源于细菌的活动。

4. 硫化氢　如果硫化氢不能挥发进入大气，在有氧条件下会被微生物氧化，或在厌氧条件下通过光合作用被氧化。在厌氧条件下，硫酸盐以及元素硫可以作为电子受体，而使有机物受到氧化。

硫化氢仅在无氧环境中稳定存在，并可通过微生物的活动在该处积累。由于它可与呼吸链末端的细胞色素氧化酶中的铁结合，因此，它是所有生物的呼吸毒物。硫化氢的出现总是伴随着种群的完全改变。除了少数耐 H_2S 生物外，所有高等生物和大多数微生物逐渐死亡，取而代之的是以 H_2S 作为能源的化能自养硫细菌或以 H_2S 作为供氢体的紫硫细菌、绿细菌等微生物。

5. 其他气体　在纤维素的厌氧分解过程中产生大量甲烷，导致甲烷假单胞菌（*Pseudomonas methanica*）等甲烷氧化细菌的富集。海洋中的瓣硫菌属（*Thioploca*）作为甲烷氧化菌也起着重要作用。各种假单胞菌和诺卡氏菌能分解其他气体烃。在湖泊气体和沼泽中还含有氢气。产氢单胞菌（*Hydrogenomonas*）能用分子氢作为能源。一氧化碳在细胞色素氧化酶水平上通过与游离氧竞争而抑制呼吸，但也存在耐一氧化碳生物，如羧化单胞菌（*Carboxydomonas*）能把一氧化碳氧化成二氧化碳，且在含一氧化碳环境中富集。

三、生物因素

水生微生物之间、水生微生物与其他水生生物之间存在复杂的相互关系。除营养竞争外，很多低等动物以细菌和真菌作为食物，一些寄生性微生物也可侵袭细菌和真菌，而影响水中微生物的区系。

（一）营养竞争

微生物群体中有协调作用也有竞争作用，一个群体的每一微生物细胞个体能相互提供所需的代谢产物和生长因子，相互促进生长；竞争包括对食物和空间的竞争及通过产生有毒物质进行竞争。代谢产物的累积可以起协同作用，有毒物质的累积可以起负反馈效应。

生物之间的营养竞争在每一生存环境中都起着重要作用，并且严重影响着微生物区系组成。竞争中的胜者往往是那些在特定条件下最快接近可用营养物且尽快吸收的生物。在营养物质充足，环境条件适宜时，多种生物都能正常生长繁殖。但微生物之间的生长速度不同，某些种类的繁殖较快，其产生许多代谢产物（如抗生素、酸类等），而抑制竞争者。大量代谢产物的积累也会影响产生者本身，最后取而代之的是耐受性较大或以之为食的生物。

以相同营养物为食的所有生物未必都是竞争者。如大肠杆菌和普通变形菌（*Proteus vulgaris*）共用乳糖—尿素培养基，前者分解乳糖，后者分解尿素，且每种的分解产物都为另一种生物补充营养物，因此，它们彼此互补。

在极端环境条件下，营养竞争起次要作用，在极端温度、盐度或 pH 的水体中仅少数生物能利用现存的营养物质。在此情形下，很多个体的纯培养均可发育。

在难于利用的物质中也存在类似作用，如木质素、纤维素、几丁质、烃、酚等只被少数生物所利用，不存在竞争关系。

(二) 不同微生物的相互作用

不同微生物之间在营养和生长方面经常是合作的。混合培养的发育比纯培养好得多就反复证实了这一点。

雷德克颤藻（Oscillatoria redekei）的无菌纯培养只具有很低的增殖率，相反，在含有细菌的培养中却明显增高。蓝藻和异养细菌的生长是同时进行的。在暗处培养时，颤藻的生长受到限制，细菌也不增殖。在正常生长条件下，颤藻释放的物质成为异养细菌的营养。实际上，这些营养物质是诸如蛋白质的含氮化合物和胺化合物。在无菌的颤藻培养液中，营养物质含量占 60% 以上，这与混合培养中异养细菌的氮含量相当。这些高含量的氮化合物对颤藻的生长具有抑制作用。

木质素或纤维素之类难分解物质的降解经常是各种微生物相互作用的结果。具有降解这类物质酶系统的特殊种类发育之后，其他微生物就能利用随后的中间产物。依此方式，特殊生物为后一类生物先创造了前提条件，通过这种活动避免了有害代谢产物的积累。不同微生物的这类合作称为后继共生，且在自然界普遍存在。

总之，不同微生物之间的相互作用主要体现在共生和拮抗两方面。共生（symbiosis）是指不同种类生物之间的联合关系，如好氧菌和厌氧菌之间的联合，好氧菌通过迅速消耗氧而使环境为无氧状态，从而使厌氧菌得以生长。另一些例子是微生物分泌出能分解多聚物的酶类，由于这些酶水解了多糖和蛋白质等营养物质，从而不仅向这些微生物自身提供了营养，也给其他微生物供应了养料。拮抗（antagonism）是指在不同微生物之间以及微生物和植物或动物之间的共生中，宿主或多或少地遭受着明显的损害的现象。例如，许多微生物产生的抗生素对细菌或其他病原微生物具有抑制作用。噬菌体能裂解相应的细菌。某些细菌产生的细菌素能杀死近缘关系的细菌。相互作用的基本类型有：中立生活、偏离作用、协同作用、互惠共生、寄生、捕食、偏害和竞争。

(三) 细菌和真菌的滤食者

水或沉积物中的很多动物都以微生物为食。有些动物几乎整个一生都以高蛋白质食物——细菌和真菌为食。这种情况主要见于微生物含量高的水体，如富营养湖、污水流入的河流和近海水域。在这些水体中，细菌和真菌成为细菌摄食者赖以生存的食物基础。而在贫营养的内陆水体和大部分开阔海区中，微生物很少，它们几乎无任何食物意义。在沉积物中，条件优于开阔水域，细菌和真菌可为底栖动物群提供相当部分的食物，如深海细菌形成底栖生物的主要食物源。

大多数原生动物可部分地摄食细菌。例如，泰氏游仆虫（Euplotes taylori）可以以纯培养的细菌饵料为食。随着富营养化的加剧，水体中的细菌总数和原生动物数量及生物量都随之增大。试验表明，细菌含量超过 100 万个/mL 时，海洋尾丝虫（Uronema marinum）才能增殖。以细菌为食料的翼状游仆虫（E. vannus）能转化 20% 的细菌生物量为纤毛虫生物量。

很多后生动物也食细菌和真菌，特别是滤食性动物如此。海绵能摄取并消化细菌。贻贝、牡蛎等贝类能以纯细菌饵料为食而生长。轮虫、枝角类、桡足类及一些滤食性鱼类等都可以摄食细菌、真菌和蓝藻。甚至植物中也有以细菌和真菌为食的，如 Labyrinthula 属的黏霉能利用奇特的网摄取活的细菌和酵母菌细胞。由此可见，滤食者对水体中的微生物区系具有重大影响，它可改变水生微生物的群落组成。

（四）噬菌体、细菌和真菌对微生物的侵袭

噬菌体是感染细菌、真菌、放线菌或螺旋体等微生物的病毒，专性细胞内寄生，具有严格的宿主特异性。噬菌体可以感染宿主菌并将其裂解；而宿主菌为了对抗噬菌体的感染，也发展出相应的防御机制，即噬菌体反抗（bacteriophage resistance）。噬菌体是迄今地球上数量最多的微生物，其数目是细菌的10倍，也可能是最多样化的微生物。噬菌体通过捕获细菌而维持着自然界中微生态的平衡，因此噬菌体和噬菌体的对抗机制其实是在调节微生物种群中起着重要作用。

各类水体中都存在有噬菌体。污水中的噬菌体较多，从中常可分离到大肠杆菌噬菌体和感染致病菌（如沙门氏菌和志贺氏菌）的噬菌体。开阔海区和贫营养水体中的噬菌体较少。不同水体都存在噬蓝藻体（Cyanophages），它们在富营养湖和池塘的蓝藻水华的消失中起作用。

如在以色列的一些养鱼池中，夏季蓝藻大量繁殖时，噬蓝藻体成数百倍增加。一些蓝藻（如铜绿微囊藻）的毒素形成可能与噬蓝藻体侵袭造成的细胞溶解有关。

水体中也存在食菌蛭弧菌（Bdellovibrio bacteriovorus），它是很小的呈逗号形生物，它用无鞭毛极附着于宿主细胞壁上，并侵入其中。感染的细胞变成球状，此寄生物在宿主内生长，并消化细胞内含物。细菌外膜被破坏后，蛭弧菌细胞便释放出来去感染新的宿主。此类寄生物常见于有污水流入的水体。食菌蛭弧菌有嗜盐型，它可减少污染的近岸海域中大肠菌群数量。细菌也感染真菌，尤其是在不适宜环境中。

此外，所有寄生性藻状菌类都侵袭其他水生真菌。一部分有高度的宿主特异性，只寄生于单个种或少数近缘种属；另一部分感染不同科的种类。如 Rozella 属中的真菌。一些藻状菌类甚至可侵袭其宿主内的寄生真菌，这种现象称为超寄生（hyperparasitism）。例如，Rozella marina 可感染寄生于红藻中的 Chytridium polysiphoniae 孢子囊。虽然藻状菌类中存在很多寄生于真菌的种属，但是它们很少大量繁殖。

（五）必需营养物和生长抑制物质

很多藻类不能合成维生素，有些细菌和真菌亦然。因此，它们必须从其他生物中获取。维生素的主要来源仍是藻类、细菌和真菌（特别是酵母菌）。最重要的维生素是硫胺素、维生素 B_{12} 和生物素，其次是核黄素、泛酸、烟酸和叶酸。4%的淡水蓝藻需要维生素，而需维生素的海洋蓝藻达50%。其他藻类也有类似情况。如金藻特别需要硫胺素，甲藻需要生物素，蓝藻、硅藻等最需要维生素 B_{12}，其次是硫胺素。某些细菌和藻类能在体内合成维生素，如假单胞菌属、气单胞菌属、弧菌属、芽孢杆菌属和微球菌属的特殊种类能合成维生素 B_{12}，它们通过代谢产物或死后溶解把维生素释放到水中。总之，细菌、藻类和酵母作为维生素生产者起着重要作用。

水体中也发现有不同的酶，它们同样来源于藻类和微生物。如富含浮游生物池塘水中有磷酸酶、糖酶和淀粉酶，这些酶由浮游生物产生，并随其尸体释放于水中。水体中还含有少量的纤维素酶，该酶在水体的纤维素分解中起作用。水中胞外酶活性与细菌数量和生产量密

切相关。即细菌总数、生物量和生产量大的水体，胞外酶活性也大（表9-7）。在真光层，酶几乎都是浮游植物分泌的，而无光层和沉积物中的酶是由细菌、真菌、原生动物和后生动物产生的。

表9-7 波罗的海西部不同水域胞外酶活性与细菌的关系

	基尔港	腓特烈港	拉博埃	基尔灯塔	基尔湾
α-D-葡萄糖苷酶 [$\mu g/(L \cdot h)$，以C计]	0.78	0.49	1.30	0.07	0.09
β-D-葡萄糖苷酶 [$\mu g/(L \cdot h)$，以C计]	0.52	0.58	0.28	0.08	0.18
氨基葡萄糖苷酶 [$\mu g/(L \cdot h)$，以C计]	0.83	0.64	0.49	0.14	0.08
磷酸酶 [$\mu g/(L \cdot h)$，以C计]	2.30	1.60	1.80	1.10	0.90
蛋白酶 [$\mu g/(L \cdot h)$，以C计]	5.80	4.60	3.60	1.60	2.50
细胞总数（$\times 10^6$个/mL）	2.60	2.48	1.11	1.05	1.03
细菌生物量（$\mu g/L$，以C计）	20.40	20.80	9.40	9.80	8.90
细菌生产量 [$\times 10^6/(mL \cdot d)$]	0.32	0.24	0.22	0.12	0.10

在内陆水体及海洋中已发现有各类抗生素。抗生素主要是由藻类产生的，并且在浮游植物水华出现时达到活性浓度。如小三毛金藻（*Prymnesium parvum*）的代谢产物中含有鱼毒素，可使鱼类和其他水生动物中毒死亡。小球藻（*Chlorella vulgaris*）能分泌小球藻素，能抑制大型蚤的滤食活动和生长发育。有些藻类能产生使革兰氏阳性细菌生长呼吸受到抑制的物质，如丙烯酸和多酚等。

细菌也可产生抗生素。例如，纤维弧菌属能产生导致蓝藻形态改变或细胞溶解的热稳定物质。蓝藻中有很多有毒种类。有毒蓝藻水华可造成鱼类死亡，如铜绿微囊藻、水华束丝藻和束毛藻属，蓝藻毒素是环状多肽和生物碱。

第三节 水生微生物的主要作用

微生物在水生态系中具有重要作用。水体中的能量流动、物质循环和自净作用都离不开微生物。了解水生微生物在这些方面的作用特点，可为人类更有效地利用水生微生物资源提供理论依据。

一、微生物与能量流

生态系统是生物群落和生境的总和。池塘、湖泊、河流、海湾、大洋都可看作一个生态系统。研究生态系统的主要目的就是了解相应的能量流，因为生态系统中几乎所有组分都是通过能量传递相联系的。任何一个生态系统所利用的能源，归根结底都是来自太阳能。在一个完整的生态系统（图9-1）中，能量流动始自太阳能。初级生产者借助于太阳辐射能把二氧化碳和水合成细胞物质（有机质），即把部分光能转化为化学能而固定下来。次级生产者直接或间接利用这些有机质，使能量通过食物链而流动。能量流动过程中，越来越多的化学能降解为热量而散失，余下的则以物质形式积累于生态系中。

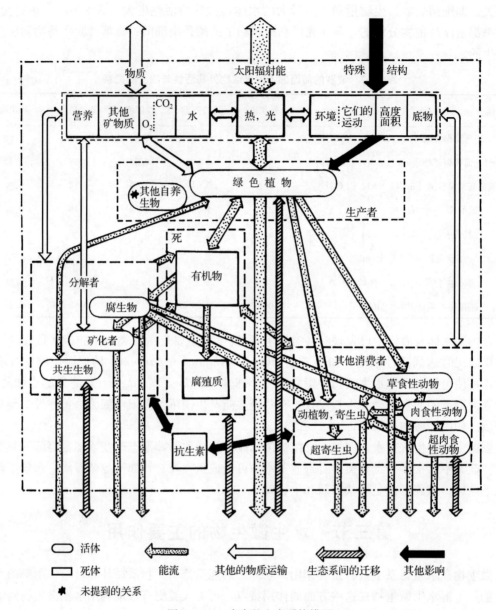

图 9-1 一个完整生态系统模型

然而，就目前所知，即使在最适宜的条件下，辐射入水中的太阳能仅有很少一部分被初级生产者转变为化学能。Odum（1957）在美国佛罗里达银泉（Silver Springs）发现每年水面可吸收太阳辐射能达 1.71×10^5 J/cm^2，而其中仅有 8.70×10^4 J/cm^2 由藻类光合作用所利用——即 5% 左右。在这 8.70×10^4 J 的能量中，5.01×10^4 J 通过呼吸而损失掉，因此净初级生产量只占 3.69×10^4 J。最后有 2.12×10^4 J/cm^2 的能量流落到死有机物形式的还原者中，这些能量大致有 90% 被呼吸消耗掉（图 9-1）。如果假定湖泊中第一位的还原者是细菌的话，那么绿色植物净产量的 1/2 均由细菌直接分解。在食物链的其他营养级能量比例较小，能量贮存的总量在连续的消费者营养级上依次显著地下降，其中一部分是由于呼吸作用消耗的结果，一部分是因为能量的 1/2 以上不能被消费者利用，而直接地传递给还原者（即分解者);还有小部分能量作为生态系统的能量输出而丢失。这一例子当然不能直接应用到其他生态系统,但是它指出了重要位点的能流途径,提出了种群大小比例的观点,明确了细菌的突出地位。在富营养型湖泊和海区,尽管细菌在能量传递上会起到较大的作用,但是真菌在此生态系内所起的作用肯定会大于如银泉那样的泉湖中的可能作用。细菌的巨大意义已被越来越多的生态研究结果所证实。

在现有资料中,关于水体能流的可靠数量化信息极少。对基尔湾(Kiel Bay)的大量研究得出的相对能流的简况是,水中约20%浮游植物产生的碳被转变为细菌碳,而60%以上浮游植物碳沉降到该浅海岸水域(平均水深为20 m)的水底,因为在春季水华出现时,这里不含任何食草性浮游动物。约15%的初级产量被沉积物中的细菌转化到生物量中。因此,在基尔湾内,很大一部分能量流通过细菌进入食物链。

如果有足够的浮游动物存在(例如在夏季出现水华期间),绝大部分的初级产量就直接进入浮游动物的食物链。总之,在这种情况下,细菌在能流中所起的作用可能较小。在温带,春季水华与夏季水华相比,对细菌活性具有不同的影响,并以不同的途径进行能量流动。

二、微生物与食物链

食物链(food chain)是生物群落中各种动植物和微生物彼此之间由于摄食关系所形成的一种链索关系。这种摄食关系,实质上是太阳能从一种生物传递到另一种生物的关系,也就是物质和能量通过食物链而流动。食物链之间有所交叉,紧密连接成复杂的食物网。

食物链在水生态系统内占有重要地位。食物链中的一个营养级向邻近的较高营养级转变过程中,有80%~95%固定于生物体内的化学能可能损失,鉴于鱼类高质饲料的大量短缺,所以不仅要知道食物链的终端营养级,而且也要保证最早的营养级生物的可能数量,这是极其重要的。因此,若养殖浮游生物食性的鱼类,用以代替捕食性鱼类,那么就可能获得高得多的蛋白质收获量。研究这方面的基本原理,是鱼类生物学研究所特别感兴趣的领域。揭示微生物在食物链中的作用意义重大。

在各种水体中,细菌和真菌在食物链中具有重要功能。它们吸收溶解有机物,有机物的大部分是由初级生产者(即浮游植物)释放入水中的。此外,在内陆和沿海水域,特别是河川,它们与含有大量动植物的陆地区域相邻,有机物很多不是来自初级生产者,而是来自周围陆地上的死叶片、动物粪便及其他有机物,水体本身含有的动植物尸体及动物粪便和排泄物都是水体有机物来源。这些有机体通常被细菌极其迅速地转化为颗粒物质(即有机碎屑),然后,被其他生物所消耗。这类有机物依此方式被引入食物链,否则低浓度的有机化合物就不能被利用。细菌和真菌可被多种不同的动物用作食物(图9-2),这些动物代表了食物链的不同的营养级。细菌和真菌作为初级消费者即草食性浮游动物的食物。而属于次级消费者

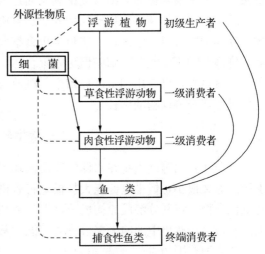

图9-2 开阔海区食物链中细菌的地位

的肉食性浮游动物，也摄取细菌和真菌作为其通常的食物，在某种意义上，用它们作其营养的补充物。随着动物个体的增大，这种补充物的重要性反而变得越来越小。结果对终端消费者来说作用甚微或几乎没有作用。

在海洋，细菌可利用10%～50%的初级生产者所固定的碳作为食物（Azam等，1983）。水中自由生活的细菌数量可能受异养鞭毛虫的控制，这类鞭毛虫和细菌，连同自养鞭毛虫都是大多数微型浮游动物的食物。这些生物大小为$10～80~\mu m$，与大多数浮游植物的个体大小相当，且是较大型浮游动物的食物。依此方式，浮游植物通过分泌和溶解释放出的一部分有机物，又重新返回到直流的食物期中。

当这类浮游植物占优势而不被浮游动物消耗掉或仅摄食很小的量时，细菌对碳化合物的转化就特别重要。例如，在夏季形成蓝藻水华的同时，其菌丝上有大量细菌着生，并旺盛繁殖。开始为球菌，随后有杆菌和其他细菌。在絮状物的表面水域也存在数目众多的异养鞭毛虫类、纤毛虫、轮虫和甲壳动物。蓝藻所固定的二氧化碳就由细菌而传入食物链。Caron等（1982）在Sargasso海的水华和根管藻（$Rhizosolenia$）浮膜处做了类似观察。这里，细菌和摄食细菌的原生动物也大量发生，其种群密度比水中的高10^4倍以上。

真菌在溪流和河川中具有重要作用，它参与秋季落叶后叶子在水中的降解，它们将这些叶子转化成腐屑，以便无脊椎动物更好地利用。真菌具有降解纤维素、木聚糖和果胶的能力。因此这些物质变得柔软，更易于动物吸收利用。真菌同样可作为动物（如毛翅目昆虫幼虫）的食物。虽然真菌的分解活性低于细菌，但是大量的陆地植物经此种途径进入水体食物链。

细菌和真菌在给浮游植物提供CO_2方面也具有一定意义。在藻类水华出现时，环境中二氧化碳成为藻类生长的限制因子，这时由细菌和真菌提供CO_2。

当考虑其营养来源时，异养细菌和真菌的特殊地位就变得一目了然。食物链的所有营养级中都有这两类微生物存在，因为所有生物都释放、分泌或排泄有机物质，这些有机物质又优先被细菌消耗。此外，在湖泊和沿海水域它们也能利用外源性物质。在河流湖泊，特别在人工湖泊（水库）中，外源性物质的比例有时大于这些水体内初级生产者同化作用所产生的物质，它们主要是被异养菌或真菌利用而进入食物链。

综上所述，细菌在水生动物营养上起着极其重要的作用。不仅原生动物、轮虫、甲壳动物、软体动物等摄食细菌，一些鱼类也食细菌。水中细菌多集聚成絮状、片状和块状等聚合体，许多动物不能吃单个细菌但可吃聚合体。可见细菌是一种营养丰富的食物，目前光合细菌已大量培养，已应用到水产养殖中，既改善水质，防治鱼病，又能作为饲料添加剂，很好地促进水产经济动物的生长。

三、微生物与物质循环

细菌和真菌等微生物在水体的物质循环中起着决定性的作用。它们参与有机物质的初级生产的意义很小，但是它们能大规模地将有机质矿化，在适宜条件下，它们能分解所有天然有机化合物，将其分解成原初成分，即二氧化碳、水及各种无机盐。它们的营养类型极多，生活性强，自然界中的绝大多数物质都能被某些微生物分解和利用，例如荧光假单胞菌能利用200多种有机物质。

微生物参与所有的物质循环，大部分元素和化合物都能被微生物作用。在一些物质的循环中，微生物是主要的成员，起主要作用；而一些过程唯有微生物才能进行，起独特作用；还有的过程是循环中的关键过程，微生物在其中起关键作用。

（一）物质循环的基本概念

生态系统的物质循环就是生物地球化学循环，即一切生物将所需的化学元素自非生命物质状态转变成有生命物质状态，然后再从有生命物质状态转变成非生命物质状态，如此循环，以致无穷。物质循环和能量流动是生态系统的功能单位。但两者具有本质上的差别。能量流经生态系统，沿食物链营养级向顶部方向流动，随着熵值的增加，以热的形式而损耗，因此能量流动又是单方向的，所以生态系统必须不断地从外界获取能量。物质流动则是循环往复的，各种有机质最终经过还原者分解可被生产者吸收的形式重返环境，进行再循环。

有机体生命过程中需要 30~40 种化学元素，按其作用及需要量可将其分为能量元素、常量元素和微量元素。其中每一种化学元素在生物地化循环中都有其特性，对生命系统具有特殊的作用。通常用"库（pools）"来表示物质循环中某些生物和非生物中化学元素的数量。例如磷在水体中的数量就是一个库，在浮游植物体中的含量又是一个库。化学元素在库与库之间的转移，并彼此连接起来就是物质流动，或称物质循环。一般来说，生物地球化学循环中的各种物质，在自然状况下应该是平衡的，即各库之间的输出量应等于输入量，如果物质循环受阻，平衡被打破，后果将不堪设想。

物质循环主要分为两种主要类型，即气体型循环与沉积型循环。前者如碳、氮的循环，其主要贮库是大气和海洋；后者如磷循环，其主要贮库是土壤、沉积物等。

（二）水中有机物质的生产量

水中有机物质的生产主要归因于蓝藻和真核藻类，即在显微镜下才能看到的小型浮游植物尤为重要。高等植物仅分布在沿岸区。

大多数细菌和所有真菌是异养生物，因此，它们不参与有机物质的生产。仅有很少的光能自养细菌和化能自养细菌能称为初级生产者，它们的产量相当小，只有在极其特殊条件下，光能自养细菌和化能自养细菌才能大量繁殖。这些细菌为专性厌氧菌或微需氧菌，在溶解氧丰富的水体不能生长。它们的繁殖，除了需要一定的厌氧条件外，还需要足够的光照和适宜的供氢体。如绿硫细菌和紫硫细菌需要硫化氢，而其他一些光合细菌需要有机酸或其他有机化合物，但这些条件难以满足。在某些水体，如富营养池塘或小型湖泊，以及海岸区的潟湖和水池，可能有光合细菌旺盛生长，并伴随大量有机物质的产生。

化能自养菌（表 9-8）在水中有机物质产量上似乎没有太大意义。如硝化细菌几乎遍布所有的需气水体，并且它们中的绝大多数都能进行硝化作用，合成有机物质。但其数量在几乎所有水体中都相当少，因而只能产生少量的有机物质。硫氧化菌，特别是硫杆菌属的种类，它们偶尔在分别含有氧气和 H_2S 的水体中积累，即在很受限制的环境中生长。自养铁细菌和锰细菌也只是区域性地繁殖；Starkey（1945）指出，铁细菌必需氧化 280 g 的亚铁才产生 1 g 细胞物质。在富营养湖，氧化氢气、一氧化碳或甲烷的细菌也作为初级生产者起到一定作用。

$$2H_2 + O_2 \rightarrow 2H_2O$$
$$2CO + O_2 \rightarrow 2CO_2$$
$$CH_4 + 2O_2 \rightarrow CO_2 + 2H_2O$$

表 9-8 水体主要化能细菌及其能量和氧气来源

细菌类别	H 供体	H 受体	自养性质 专性	自养性质 兼性
亚硝化单胞菌属 Nitrosomonas	NH_3	O_2		
亚硝化球菌属 Nitrosococcus	NH_3	O_2	+	
硝化杆菌属 Nitrobacter	NO_2^-	O_2	+	
硝化刺菌属 Nitrospina	NO_2^-	O_2	+	
硝化球菌属 Nitrococcus	NO_2^-	O_2	+	
硫杆菌属 Thiobacillus	H_2S、S、$S_2O_3^{2-}$	O_2	+	+
脱氮硫杆菌 T. deniterificans	H_2S、S、$S_2O_3^{2-}$	NO_2^-、NO_3^-、O_2	+	
白硫菌属 Beggiatoa	H_2S	O_2		+
丝硫菌属 Thiothrix	H_2S	O_2		
瓣硫菌属 Sulpholobus	S	O_2		
氧化亚铁杆菌 Ferrobacillus ferrooxydans	Fe^{2+}	O_2		
铁锈色披毛菌 Gallionella ferruginea	Fe^{2+}	O_2		
赭色纤毛菌 Leptothrix ochracea	Fe^{2+}、Mn^{2+}	O_2		
多孢子铁细菌 Crenothrix polyspora	Fe^{2+}、Mn^{2+}	O_2		
氢单胞菌属 Hydrogenomonas	H_2	O_2		
脱氮微球菌属 Micrococcus denitrifcans	H_2	O_2、NO_2^-、NO_3^-		+

然而,异养细菌和真菌的次级产量相当可观,有20%~60%的有机营养被用于微生物物质的生物合成,而40%~80%参与能量代谢。用细菌的世代数乘以存在于水体中的细菌生物量,可计算出细菌年碳生产量。水生细菌的世代时间不同,这取决于其种类、温度、营养物含量及其他因子,一般在20 min或几天之间。在转暖的富营养水体,世代时间可能平均为几小时;而在较冷的贫营养内陆水体和大部分的开阔海区,这一时间可能需要几天。若每毫升水含1 000个细菌、世代时间为24 h,那么年生产量为7.3 mg/m³(以C计)。

大量的有机物质,其中大部分可转变为细菌的生物量,在适宜的光照条件下,也被浅水水体的微型底栖植物或大型底栖植物利用。根据Meyer-Red等(1980)的资料,基尔湾沙质沉积物中微型底栖植物的初级产量为3.7 mg/(m²·h)(以C计),而细菌产量为1.8 mg/(m²·h)(以C计),细菌产量为前者的50%。根据Sorokin(1965)等资料,水体中异养CO_2的固定部分将构成6%左右的细菌生物量产量。在澳大利亚昆士兰Moreton湾海藻床的水和沉积物中,Moriarty和Pollard(1982)用[³H]胸腺嘧啶核苷参与细菌DNA比例测定法,测定了细菌产量的明显的日波动。早晨细胞生产率以5~10倍的速率增加,下午减小。然而,在夜间未观察到变化。细菌总产量估计为43 mg/(m²·d)(以C计)。

(三) 碳素循环

水中的碳素包括CO_2、碳酸盐和有机碳。地球大气圈的空气中约含有0.032%体积的CO_2,总计含有$2.3×10^{12}$ t。在海洋中,CO_2的含量约为空气中的50倍,且大部分以碳酸氢盐形式溶解于水中。水体与大气的气体交换量,每年约为10^{11} t。水中的有机碳化合物包括水生动植物的排泄物及其尸体,以及来自于陆地的多种形式的有机碳。水中的初级生产者

（光合细菌、蓝藻、藻类和水生植物）通过光合作用固定 CO_2，将其转化为有机碳化合物。经食物链而被水生动物利用。水生生物在新陈代谢过程中，分解一些有机碳化合物，产生 CO_2。水生生物的分泌物及其残体以及外来的有机碳化合物最终又经微生物分解，形成 CO_2，重新作为水生自养生物的碳源。在循环中，有一部分无机碳或有机碳由于外流和升入大气而又离开水生态系。这就是水生态系中发生的碳循环的主要过程（图 9-3）。

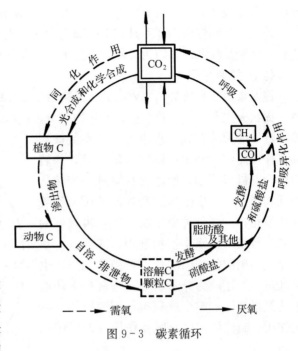

图 9-3 碳素循环

碳素是构成所有有机物质的基础，因此，碳素循环在水生态中具有重要作用。几乎所有生物都参与碳循环，而碳素循环的中心就是 CO_2，CO_2 的存在是地球上生命存在的先决条件，在完整的水生态系统中也是如此。这些需要碳循环正常运转来保证。哪里碳循环受阻，哪里就可能发生生态系统的混乱。

微生物在有机物的降解和再循环中起关键作用，这不仅由于自然界中存在大量的微生物，而且在于微生物具有非凡的降解能力。在好氧条件下，大生物和微生物具有分解简单有机营养物和某些天然多聚物的能力。碳循环受水中氧含量的影响很大。这一循环在有分子氧存在时迅速进行。当缺氧时，碳化合物的分解至少减慢。只要结合氧以亚硝酸盐、硝酸盐或硫酸盐形式仍然可被利用，碳循环就会通过硝酸盐和硫酸盐呼吸作用而趋于完成。大体上，这一过程也可能受细胞内呼吸影响，然而，伴随发酵过程，经常有中间产物积累，只有部分有机物质产物被分解成 CO_2。此外，微生物还能厌氧分解有机物。碳的某些转化可以在好氧条件下进行，而另外一些转化只能在厌氧条件下进行。例如，厌氧条件下可以产生甲烷，而烷烃的矿化作用则主要局限在有氧环境中进行。依此方式，除了其他化合物之外，还经常积累有机酸，在适宜条件下，使甲烷发酵。在这些过程中也产生少量的一氧化碳。如果氧气能够被利用，那么这些中间产物都能被氧化为 CO_2。

当然水体的碳循环也依赖于更多的因素，例如依赖于 pH 和现有的氮与磷化合物。每当存在不适条件，碳循环受到干扰时，中间产物就易于富集，它们能随沉积物而沉降。在地质时代的过程中，这些有机沉降物会占巨大比例，这样就形成了石油、天然气、褐煤和泥炭矿藏。

大多数天然有机化合物仅由碳、氢和氧 3 种元素构成。陆地上产生的有机物中这 3 种元素的数量比例大于水中形成物中的比例。然而，在形成腐殖质土壤中有大量氮的富集，因此这里的 C/N 比值由 40∶1 变成 10∶1。

绝大多数有机物质能在无氧培养基中进行发酵作用。在无氧条件下也有一系列物质是稳定的，并且不可能受到微生物的降解。例如，不含任何氧原子的碳氢化合物（烃）是真实存在的。较高级脂肪酸（五碳以上）、胆固醇、类胡萝卜素、卟啉和萜类同样也不能发酵。

总之，生物性碳循环不是完全依靠动物或植物的存在。仅有微生物存在，碳循环也照样进行，特别是海洋内，因为海洋含有的大量硅藻和鞭毛虫的光合作用超过陆地植物。

（四）氮素循环

氮是蛋白质和核酸的主要成分，是构成生物体的必要元素。水中的氮包括无机氮和有机氮。无机氮主要以氨、硝酸盐、氮化物和分子氮形式存在。有机氮主要以氨基酸、酰胺、嘌呤和嘧啶等形式存在。水中的分子态氮被有固氮作用的细菌和蓝藻固定成氨基氮，并转化成为有机氮化物，通过食物链进一步转化为动物蛋白。水生生物及其含氮的排泄物等有机氮化物，被各种微生物分解，再以氨的形式释放出来供水生植物利用，或被进一步氧化成为硝酸盐。硝酸盐可被植物利用，也可被进一步还原为分子态氮。这就是水环境中的氮素循环，整个过程包括固氮作用、氨化作用、硝化作用以及脱氮作用（即反硝化作用）（图9-4）。

1. 固氮作用 分子态氮被还原成氨和其他氮化物的过程称为固氮作用。通过微生物作用的固氮方式称为生物固氮。水中的生物固氮是由水中的各种细菌和蓝藻所完成的。

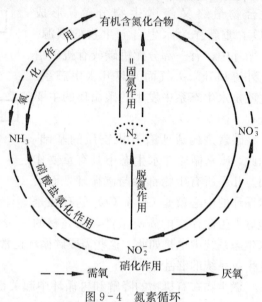

图9-4 氮素循环

自然界中最丰富的含氮物质是大气中的氮气，但地球表面的有机氮却相当疲乏，生物固氮系统把大气中的氮气变成可利用氮，固氮作用对生物圈中的氮循环有重要作用，固定的氮是光合生物氮营养的重要来源。据估计，每年全球有约 2×10^8 t 氮被固定。

生物固氮作用是固氮生物的一种特殊的生理功能。自从 Beijerinck 于 1888 年第一次分离出固氮微生物后的 100 年来，随着研究方法的不断改进，越来越多的固氮微生物被发现，对其固氮机理的研究也有了突飞猛进的进展。

正如土壤中的那样，水体也进行着分子氮的固定。它是由水中的各种细菌和蓝藻所完成的。生物固氮即固氮微生物将氮转变为生物能够利用的氨的形式。固氮微生物包括细菌、放线菌和蓝藻，它们均属原核生物。

在细菌中，特别是敏捷固氮菌（*Azotobacter agile*）、*A. chroococcum* 和固氮单胞菌属（*Azomonas*）的种类，在好氧环境中起着重要作用。它们经常在河流和湖泊中出现。*Azomonas agilis* 和 *A. insignis* 迄今仅在水体中分离到，而在土壤中尚未出现。

在厌氧沉积物中，巴氏芽孢梭菌（*Clostridium pasteurianum*）和一些相关微生物是重要的氮固定者。新近的研究表明，除固氮菌属和芽孢梭菌属外，脱硫弧菌（*Desulphovibrio*）、假单胞菌、气杆菌、弧菌、无色杆菌、黄杆菌（*Flavobacterium*）、棒状杆菌等属也能够固定游离氮。

专性好氧的固氮菌属的种类能利用很多有机物质作为能源。它们大约需要 50 g 的葡萄糖才能固定 1 g 的氮。固氮菌属对阳光和紫外线辐射具有很强的抗性。因此该菌的数量在内陆湖泊的浅水带下层很丰富，此处的固氮作用大于深水带。在湖泊中，水和沉积物中的固氮菌的数量，夏季大于冬季。

所有光合细菌都能固定分子氮。富营养湖在夏季分层时，固氮作用明显。这时，在温跃层（metalimnion）有大量紫硫细菌和绿硫细菌生长繁殖。具有异形胞的蓝藻的固氮作用大于细菌。在好氧环境中，在异形胞处发生固氮作用，大致与同化作用平行，且呈现明显的日节律，即使在夜间也不停息。不能形成异形胞的丝状和单细胞形式的蓝藻也能固氮。在水生态系中，无土壤中的共生性固氮系统；少量的分子态氮由异养菌固定，而大部分由蓝藻所固定。不过，在富营养水体的沉积物中则以细菌为主。

2. 氨化作用 含氮有机物在微生物作用下释放出氨的过程，称为氨化作用。它对水生生物连续地将氨返回氮循环具有特殊意义。很多蛋白质分解细菌和很多真菌能进行这一作用。当然，在不同水体中其数量不同，在蛋白质能利用的地方，它们就极其迅速地增殖，因为大多数蛋白分解菌的世代时间相对较短。氨化作用的最适温度一般为 30～35 ℃，而在温带的水体中很少能达到这一温度。但即使在 0 ℃这一作用也不完全停止，在薄冰下仍继续进行氨化作用。在接受污水的水体中，冬季蛋白分解菌的数量远大于夏季，但氨化过程较弱。

氨化作用在好气性和嫌气性条件下均能进行。氨化作用形成的氨首先被细菌利用变成菌体蛋白质等，余下的在水中形成溶解的无机态氮。

3. 硝化作用 在微生物作用下，氨转变为硝酸盐的过程，称为硝化作用。蛋白质分解期间释放的氨可作为自养和异养微生物的氮源，这也可为硝化细菌提供能量。在氧气存在时，氨氧化为亚硝酸盐，进一步氧化为硝酸盐。这是 19 世纪末期由 Winogradsky（1890，1891）证明的自然界物质循环中的极其重要的过程。即：

$$2NH_4^+ + 3O_2 \rightarrow 2NO_2^- + 2H_2O + 4H^+$$
$$2NO_2^- + O_2 \rightarrow 2NO_3^-$$

其中的第一步称为亚硝化作用，第二步称为硝化作用。

化能自养的硝化细菌需由硝化作用获得能量，还原二氧化碳，形成有机物质。硝酸盐是有机氮化合物矿化作用的最后一步。硝酸盐经由河流入海，成为这里浮游植物极其重要的氮源。

在亚硝化作用中也形成 N_2O，在氧含量低时尤为如此。在内陆水体中，发现有与土壤中相同的硝化细菌，如亚硝化单胞菌（*Nitrosomonas europaea*）和维氏硝化杆菌（*Nitrobacter winogradskyi*）。除化能自养细菌外，异养菌也能进行微弱的硝化作用。

亚硝化细菌和硝化细菌利用硝化作用放出的能量而生活，是自养性细菌。适当的有机质有利于它们的生活。在泉水和极清洁的溪流及湖泊中没有发现硝化细菌，但在富营养湖和河流中，已经证明它们能进行旺盛的硝化作用。硝化作用受 pH、光照、离子浓度等因子影响。亚硝化细菌在中性环境中生活最好，对 pH 的适应性强，但以碱性环境为宜。含钙量对硝化作用也有影响，含钙量低于 20～40 mg/L 时，硝化作用受到严重抑制，降到 10～15 mg/L 时，硝化作用则完全停止。在一定温度范围内，硝化作用还随温度的升高而增强。

4. 脱氮作用 微生物利用 NO_3^-、NO_2^- 作为呼吸系统的电子受体，还原生成 N_2 或 N_2O 的过程，称为脱氮作用，也称反硝化作用。硝化作用仅在氧存在时才可能发生，而在厌氧环境中，如果有机氢供体存在，脱氮作用就在很多兼性厌氧细菌作用下进行。即：

$$N_2O \rightarrow N_2$$
$$NO_3^- \rightarrow NO_2^- \rightarrow NO$$
$$NH_2OH \rightarrow NH_3$$

在厌氧条件下，硝酸盐或亚硝酸盐分别作为氢受体，此称为硝酸盐呼吸。在大多数生态环境中，很多生物能还原硝酸盐成为亚硝酸盐，再从亚硝酸盐变为游离氮。因此，哪里有活跃的脱氮作用，哪里就首先产生丰富的亚硝酸盐。细菌具有脱氮作用已在所有水体中得到实践证明。一旦缺氧，酶系统开关就转向硝酸盐呼吸；然而，这需要一些时间，因为特殊的硝酸盐还原酶仅在厌氧条件下合成。另一方面，在好气条件下，开关便转向有氧呼吸。这表明硝酸盐呼吸是在没有更多的氧可供利用时才行使作用的一种替代装置。其产能仅比氧作为氢受体的低10%左右。

在一些水体中，尽管有氧存在，脱氮作用仍然进行。这种情况主要见于含较多腐屑的水体，微生物在腐屑颗粒表面生长，能制造微缺氧区，在此处发生脱氮作用。在河流的开阔水域，脱氮作用一般很少发生，由于这时水域的氧含量太高。即使有大量腐屑存在，但只有在氧含量降低到50%饱和度以下时，才可能发生明显的硝酸盐还原作用。当河流有一段时间冰盖，与大气没有气体交换时，若水体含较多腐屑或溶解有机物质，异养细菌旺盛繁殖，而消耗大量氧气，造成缺氧状态，导致强烈的脱氮作用。但在清洁河流，耗氧量非常小，只有少量氮通过脱氮作用而损失。

在静止水体中，脱氮作用是非常普遍的，例如在夏季和冬季分层期的富营养湖的湖下层就是这样。在海洋的厌氧区可能发生活跃的脱氮作用，硝酸盐含量降低和亚硝酸盐暂时增加。在此处沉积物的表面，这一作用也特别强烈。Rönner（1983）的调查表明，在波罗的海的深水区，如果氧含量降至0.2 mL/L以下，脱氮作用随即发生。

在静止水体中，也存在硝酸盐氨化作用，即硝酸盐经亚硝酸盐还原成氨。少数的细菌能够进行这一反作用，例如多种杆菌能进行硝酸盐氨化作用（Denk，1950）。在池塘和小湖泊的较深层通常含有大量氨，这并非仅由正常的氨化作用所产生。在污水净化厂，硝酸盐氨化作用非常重要。自然界的硝酸盐氨化作用可能比脱氮作用少得多；但迄今为止，这种作用尚未得到充分证实。

综上所述，氧气对氮循环具有重要影响，它的存在决定着硝酸盐的产生或破坏，也决定着氮平衡偏向正平衡或负平衡。在富含腐屑的水体中，特别是在沉积物中，硝化作用和脱氮作用过程随处都能发生。

（五）硫循环

硫在生物圈中是一种相当丰富的元素，并且很少成为微生物的限制性营养物。海水中溶解的硫酸盐量很大，但循环缓慢。活体和无生命有机物中所含的硫量虽少，但却能活跃地参与循环。自然界中硫储存量较大的物质是硫化石、元素硫沉积物和矿物燃料，但这些物质中的硫惰性大。人类活动（采矿、燃烧燃料）已经使这些硫源活跃起来。微生物催化不同形式硫的氧化和还原，推动硫的生物地球化学循环。

微生物需要硫元素，因为其细胞内含物中有许多是有机硫化合物，如半胱氨酸、甲硫氨酸生物素、硫胺素等。硫和无机硫化物还提供自养细菌的能源。硫主要以有机硫化合物、硫酸盐、硫化氢和元素硫等形式存在。微生物在硫的循环转化中具有重要作用。

在蛋白质降解期间，除氨外，还释放少量硫化氢，这主要起源于含硫氨基酸，如半胱氨酸和甲硫氨酸。一些蛋白分解菌也能进行这一反应，借助脱硫酶释放巯基。当然，硫酸盐可被浮游植物及其他水生植物吸收利用，并合成含硫氨基酸，继而合成蛋白质。

在有氧环境中硫化氢并不稳定，被化学作用或被细菌和真菌所氧化。微生物氧化作用经一些中间产物生成硫酸盐，这是有机硫化合物矿化作用的末端步骤，且作为绿色植物硫元素的重要来源。这一过程也称为硫化作用：

$$2H_2S+O_2 \rightarrow S_2+2H_2O$$
$$S_2+3O_2+2H_2O \rightarrow 2H_2SO_4$$

一些化能自养细菌能氧化硫化氢及其他可氧化的硫化合物，如硫元素、硫代硫酸盐和亚硫酸盐，利用获得的能量来还原二氧化碳。它们中最重要的是硫杆菌属（*Thiobacillus*）的多数种类，也包括白硫菌属（*Beggiatoa*）和丝硫细菌属（*Thiothrix*）等丝状硫细菌。除了专性和兼性化能自养细菌外，很多异养微生物（细菌和真菌）也能氧化含硫化合物。光合自养的紫硫细菌和绿细菌也能氧化还原含硫化合物生成硫或硫酸盐，以便增加氢来还原二氧化碳。

在水体中硫杆菌属种类是最重要的硫氧化者。它们分布极广，在绝大多数河流、湖泊和沿海水体都存在。在适当的条件下，它们在产生 H_2S 的地方大量增殖。除需氧种类外，也有兼性厌氧种类，如脱氮硫杆菌（*T. denitrificans*）。此细菌能进行硝酸盐呼吸，在含硝酸盐的无光层厌氧环境中，氧化硫化合物，在厌氧环境中积累。因此，在富营养湖内含 H_2S 和含 O_2 的水域之间，通常具有分明的界面。这一界面如果位于无光层，那么它就是需氧的硫杆菌的主要栖所，如果位于真光层，那么紫硫细菌和（或）绿细菌大量增殖，硫杆菌仅起次要作用。它们能造成水体中硫化氢含量的日波动。河流、海洋、潟湖或沿海湖泊中常含大量光合细菌，而硫杆菌也仅在无光层增殖。在含有硫化氢的沉积物表面，以白硫菌属和丝硫细菌属的细菌为主，它们可形成像蜘蛛网那样的白色覆盖物。具有卵圆形或球形细胞、其内含有硫颗粒和部分 $CaCO_3$ 内含物的无色菌属和卵硫细菌（*Thiovulum*）也起类似作用。

微生物产生硫化氢有两个不同的途径，其一是通过含硫有机化合物的分解，称为腐败作用；其二是通过硫酸盐还原作用。在淡水环境中从有机化合物产生 H_2S 是很有意义的，因为淡水中硫酸盐离子浓度通常很低；但硫酸盐还原是海水中形成 H_2S 的主要过程，因为海水的硫酸盐浓度较大。

硫酸盐还原作用需要硫酸盐还原细菌参与。还原的必要条件是缺氧和给还原作用供氢的有机质存在。由细菌还原产生的硫化氢可逸散到空气中，而从基质中损失掉，这一过程也称为脱硫作用。硫酸盐还原菌通常是专性厌氧菌，不能在有氧环境中生长，完全依赖于硫酸盐呼吸。最广泛分布的硫酸盐还原菌为脱硫弧菌（*Desulphovibrio desulphuricans*），存在于湖泊、池塘的底泥和水层中。在海洋中还有其近缘种 *D. aestuarii*。此外，脱硫肠状杆菌（*Desulphotomaculum*）、致黑梭状芽孢杆菌（*Clostridium nigrificans*）、假单胞菌（*Pseudomonas zelinskii*）等也能还原硫酸盐。

水体底泥通常缺氧或无氧，并富含有机物质，因此硫酸盐还原作用较为旺盛。此外，脱硫作用也见于富营养湖泊和池塘以及海湾的低氧区。黑海存在的绝大多数硫化氢也是由脱硫作用产生的。

硫循环（图 9-5）受氧气条件的影响。在有氧条件下，有机硫化合物被矿化成硫酸盐；

在无氧环境下，便有 H_2S 产生，并发生硫的损失。

（六）磷循环

磷在中性至碱性环境中，磷与 Ca^{2+}、Mg^{2+} 和 Fe^{3+} 能形成不溶性的物质。所以，在海洋和其他水体沉积泥中有大量的磷能参与循环，但循环速度非常慢。在土壤和水中的可溶性磷酸盐可以很活跃地参与循环，但量很少。在活体中和无生命有机物中的磷循环情况与此类似。

与无机氮化合物一样，磷酸盐也是很多水体植物的限制因子。磷是所有生物生命活动极其重要的元素，是核苷酸的组成成分。此外，磷还存在于磷脂、磷酸己糖和肌醇六磷酸钙镁等化合物中。水体存在的磷形式有溶解无机磷、溶解有机磷和悬浮的颗粒磷。很多细菌能够以多聚磷酸盐的形式将磷酸贮藏在异染粒中。水体中磷的短缺可能限制细菌和真菌对有机物质的分解。因此，磷的周转时间通常很短，在夏季水温范围内，从几分钟到几天不等。很多细菌和真菌通过分解有机磷化合物能从其中释放磷酸盐，因此将之返回到物质循环中。

与氧含量相关联的水和沉积物之间的磷交换具有较大意义。在有氧条件下，磷主要参与铁和铝的磷酸盐的形成。在氧气消失之后，例如富营养湖泊在夏季和冬季分层期，铁转变成为二价形式，形成可溶性的磷酸亚铁，因此，水中磷酸盐浓度增大。因为在无氧环境中经常发生细菌性的硫酸盐还原作用，所以就可经常观察到氢形成作用和磷酸盐浓度之间密切相关。因此，硫化铁沉淀下来。这一过程在富含硫酸盐的沿海地区水体（如滩头、池塘和河口）特别易于发生。

水体有时含有大量的固态磷，如骨骼和 $Ca_3(PO_4)_2$，但很多细菌能够溶解磷酸钙。最常见的是通过生成有机酸而实现这一过程。铵化合物的形成也有助于磷酸钙的溶解。在湖泊、池塘和水库中，参与磷酸钙分解的常见微生物有假单胞菌、产气单胞菌、埃希氏菌、芽孢杆菌和细球菌等属的种类。一些细菌也可吸收少量的非溶解的磷酸钙。磷循环模式见图9-6。

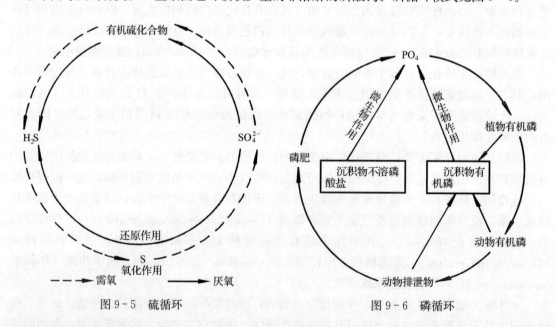

图9-5 硫循环　　　　　图9-6 磷循环

（七）铁和锰循环

铁几乎存在于所有的水体之中，但通常含量很少。它属于生命必需的元素，是细胞色素等酶的组成成分。铁主要是参与氧化还原反应，它包括微生物对铁的直接和间接作用，如氧化、还原和螯合反应。一部分铁细菌能将铁氧化为亚铁化合物。

铁细菌用获得的能量来还原二氧化碳。有些种类还可利用锰代替铁，且以类似的方式将亚锰化合物氧化为锰化合物。微生物和铁相互作用包括3个方面：铁的氧化和沉积，铁的还原和溶解，铁的吸收。

大部分铁细菌，如氧化亚铁杆菌（*Ferrobacillus ferrooxidans*）、硫杆菌属、铁锈色披毛菌（*Gallionella ferruginea*）、赭色纤毛菌（*Leptothrix ochracea*）、多孢子铁细菌（*Crenothrix polyspora*）、厚膜菌（*Clonothrix fusca*）等，能够将亚铁离子氧化为高铁离子，利用这个过程所产生的能量同化二氧化碳。这些细菌一般分布在各种类型的水体中，对水体内铁的循环具有重要作用。其中氧化亚铁杆菌、硫杆菌、铁锈色披毛菌是专性化能自养菌；而赭色纤毛菌、多孢子铁细菌是兼性化能自养菌，能利用诸如蛋白胨等有机物质。

除了上述铁细菌外，大部分隶属于铁囊菌科（Siderocapsaceae）的一些铁氧化细菌也存在于水体中；如铁囊菌（*Siderocapsa geminata*）能利用铁和锰化合物。

铁细菌在淡水中很常见，且在井水和泉水经常大量繁殖，甚至用肉眼经常能看到这些细菌的菌团。在湿地溪流、沼泽和池塘中铁细菌有时数量也很大。它们可能对水利设施造成危害，如果水体中含有少量的亚铁盐，那么铁细菌就可能在管道中取得立足点，立即不断地沉淀氢氧化铁，直至完全阻塞管道。锰的沉积也能阻塞管道，这在水电站的管理中应引起注意。

铁细菌通常需要亚铁盐、氧气和二氧化碳供其生长，环境呈碱性时，亚铁无机盐氧化为铁时有发生。因此，铁的生物性和化学性氧化作用到处都可见。在水中，铁通常以溶解性的$Fe(HCO_3)_2$形式存在。贫营养水体的溶解氧丰富，且呈微碱性，铁大多以氢氧化铁或磷酸铁形式沉淀下来，在泉水及其溪流中经常发现这些铁形成的褐色铁沉淀。在富营养湖的循环期也常形成铁沉淀。

总之，水中铁的沉淀都直接或间接与细菌的生物过程有关。在海洋底泥中，Fe^{3+}还原与硝酸盐还原兼性厌氧细菌有关。在沉积物的表面区，Fe^{3+}的还原作用主要归因于微生物。当可利用的硝酸盐很少时，这一过程对矿化作用极为重要。

微生物也能形成有机铁和锰复合物，各种有机金属化合物和复合物又能被微生物分解。这在一些富营养湖泊中特别重要。

（八）各循环的相互作用

在生物界的物质循环中，各种元素的循环常有联系，如碳价的改变常和氧价的改变相联系，因此，碳循环内包括氧循环。单个元素的循环是自然界物质大循环的一部分。于是，参与的微生物经常同时转化千差万别的化合物，由此参与一些元素的循环。例如，脱硫菌将硫酸盐还原为硫化氢，其目的是氧化碳化合物。随后，硫杆菌氧化硫化氢，获得能量用于还原二氧化碳，因此合成碳化合物。脱氮硫杆菌能依此方式通过硝酸盐还原作用获得氧气。蛋白分解菌能在分解蛋白质过程中释放二氧化碳、硫化氢和氨，在上述元素循环中同样起着重要作用。磷循环或铁循环也可通过微生物的活动与其他元素循环相联系。

从生态角度来说，最能说明各种元素循环相互作用的例子是在有机物氧化过程中电子受体按顺序使用。在环境中潜在的电子受体库中选择一种氧化时能产生最大能量的底物，微生物群落便能利用其作为氧化电子受体，使该种底物氧化时产生最大的能量。

由细菌、真菌和涉及的不同元素量的转化，对理解水生态系统中它们的相互关系具有决定性意义。例如，为合成 1 g 细胞干物质，氧化亚铁硫杆菌（Thiobacillus ferrooxidans）要氧化 156 g Fe^{2+}，T. neapolitanus 要氧化 30 g $S_2O_3^{2-}$，亚硝化单胞菌属（Nitrosomonas）要氧化 30 g NH_3，而富营养产碱杆菌（Alcaligenes eutrophus）要氧化 0.5 g H_2（Schlegel，1981）。既然细菌细胞约含有 50%碳、20%氧、14%氮、8%氢、3%磷、1%硫、1%钾、0.5%钙、0.5%镁和 0.2%铁，那么就能辨别多种多样的转化。例如，在氮循环中，亚硝化单胞菌把氨氧化成亚硝酸。因此，参与细胞结构的所有元素的循环或多或少有牵连。在纯培养的规定生长条件下，反应可以定量化。而在自然环境中是不可能的，这里会发生许多次要的和相反的生化过程。因此，在适当条件下，水和沉积物中可同时进行固氮作用、氨化作用、硝化作用和脱氮作用，借助于各种同位素，有可能确定氮和碳的流动。但目前这类调查大多数局限于单个元素的循环上，特别是用于氮和磷的循环。阐明各种循环之间的量的关系是未来最重要的课题之一。

总之，各种元素的循环彼此有关，并非单独进行，而是通过微生物联合起作用。自然界的物质循环与微生物生态密切相关。

四、微生物与水污染

水污染是指污染物导致水体的利用范围减小的所有变化。污染既改变了水的理化性质，也改变了水生生物的群落特点。垃圾和污水以很多方式影响着水体的微生物区系。特别是随着生活污水的排放，很多微生物进入河流、湖泊和沿海水域。工业废水的排放亦然。因此，水体增加了大量的有机或无机营养物及毒害物质，这会造成细菌和真菌以及藻类等微生物的大量增殖。另外，微生物区系经常受到抑制，甚至受到有毒物质的严重破坏。随着污水，病原菌和真菌也进入水体，并可能导致传染病流行。

通过对有机废物的分解，微生物对水体自我净化贡献极大。它们在污水净化方面具有类似功能。在这些过程中，随着有机营养物质的含量减少，水体细菌含量也相应降低。微生物在污染监测、污水处理或加速水的净化方面起着极其重要的作用。

（一）污水的微生物区系

在很多情况下，污水具有特征性的微生物区系。在含有大量粪便、废水和剩余食物的生活污水中细菌特别丰富。德国基尔市的污水分析表明，腐生菌数量在 300 万～1 600 万个/mL。所发现的生物大多是腐败细菌，如荧光假单胞菌（Pseudomonas fluorescens）、绿脓杆菌（P. aeruginosa）、普通变形杆菌（Proleus vulgaris）、枯草芽孢杆菌（Bacillus subtilis）、蜡状芽孢杆菌（B. cereus）、阴沟气杆菌（Aerobacter cloacae）、生枝动胶菌（Zoogloea ramigera）及其他种类。此外，还有数量众多的其他生理型的代表，特别是分解糖、淀粉、脂肪、尿素和纤维素的种类。大肠菌群的比例相对较高，它是含有粪便物质水体污染的重要指示种类。在城市污水中，大肠杆菌（Escherichia coli）的数量一般在每毫升几万到几十万个，甚至更多。产气气杆菌（A. aerogenes）也经常发现，与埃希氏菌属一样，它隶属于肠杆菌科。粪链球菌（Streptococcus faecalis），也是人类肠道的栖息者。此外，还存在有数量众多的噬菌体。

在富含有机质的污水中，鞘细菌也很重要，特别是浮游球衣菌（Sphaerotilus natans），常被误称为"污水真菌"。它是典型的污水生物，常覆盖在杂草丛生的强烈污染水体的水底，且肉眼可见。在河流中，菌丝和菌胶团被破碎，常大量漂浮于水中，这称为菌丝体漂浮。如果氧气供应良好，温度 5～20 ℃，且 pH 为 6～9，浮游球衣菌就可大量繁殖。它主要利用糖类、一些有机酸、蛋白物质及其组成单位作为营养物质。浮游球衣菌不仅生长于生活污水中，也生长于来自纤维素工厂和各种食品工业的废水中。特别在春秋季，当水温在 10 ℃ 左右时，在适度污染的流水中该菌就大量发生。这一温度范围浮游球衣菌生长（图 9-7）速度最快，胜过于污水中的大多数竞争者。它的旺盛生长与大量氧的消耗相关联；因此，如果

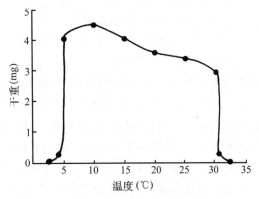

图 9-7 浮游球衣菌的生长与温度的关系
（改自 Scheuring 等，1956）

有大量的球衣细菌定居在静止水体表面，其旺盛生长会引起大量溶解氧的消耗，容易造成水体缺氧。随后球衣细菌大批死亡，并腐败，伴随其他产物 H_2S 等的生成。硫化氢的形成作用通常被细菌性硫酸盐还原作用所加强，因为污水中常含有大量的脱硫细菌，尤其是脱硫弧菌（*Desulphovibrio desulphuricans*），它在营养丰富并且厌氧的条件下容易生长。很多污水水体也含有硫氧化细菌，特别是硫杆菌、丝硫细菌和白硫细菌各属的种类，当硫化氢产生时，它们能极其迅速地繁殖。此外，脱氮硫杆菌和脱氮微球菌等脱氮菌，以及甲烷产生菌和 *Knallgas* 细菌等其他细菌都大量存在于生活污水和一些工业污水中；也有赭色披毛菌和氧化亚铁硫杆菌等多种铁细菌。在含有石油的污水中有分解碳氢化合物的细菌存在；这些主要是假单胞菌属和诺卡氏菌属的种类。

在农业废水和污水中，特别是含有家养动物排泄物的水体，一般能发现大量的黏细菌，特别是黏球菌（*Myxococcus*）、囊杆菌（*Cystobacter*）和多囊黏菌（*Polyangium*）等属。因此，这些细菌可作为地下水、河流和湖泊相应污染的指示种类。

在有机污染物占优势的污水中，除细菌外还有数目众多的真菌存在。因此，城市污水通常富含酵母和酵母样的真菌。例如，在德国基尔市的污水中，每升有 4 000～200 000 个酵母。最常见的是酵母属的种类。也存在念珠菌属、隐球菌属、红酵母属等。在一些食品和饮料工业污水中也经常发现有极多的酵母样真菌。

城市生活污水和以有机物为材料进行生产的各种工业废水，往往含有大量的生物大分子有机物及其中间代谢产物，如糖类、蛋白质、脂肪、氨基酸、脂肪酸等。这些物质虽然没有毒性，一般较容易被微生物降解，但也因此会消耗水体中大量的溶解氧，给环境带来危害。通常，生活污水含有大量真菌孢子和菌丝，严格意义上的污水真菌是乳酸细丝菌（*Leptomitus lacteus*）和水生镰刀菌（*Fusarium aquaeductuum*）。在污水严重负荷的水体中，它们大量发生，与浮游球衣细菌一样，也能造成菌丝漂浮。这些真菌适宜在受纤维素工业硫化物碱水污染的水体中生长，它们的主要食物是糖类，在 1 L 用过的硫化物碱水中含真菌 35～75 g。真正的污水真菌能在 pH 为 3～9 时生长。此外，污水中还存在藻类、原生动物和病毒等。藻类大量繁殖时常引起水混浊、变色和变味。有些藻类对水生动物具有毒害作用。许多病毒由人类的肠道排泄出来，经污水进入饮水水源。核糖核酸病毒是污水中最常见的一种，它包括脊髓灰质炎病毒、考克赛病毒和呼肠孤病毒。由污水和水生贝类动物中分离到的

传染肝炎的病毒，也归因于这些水源。

（二）水体中的致病微生物

致病的细菌和真菌主要是随生活污水进入水体的。它们中大部分不能在水体中永久生长，但是，依赖于水体的类型和流行条件，致病菌能生活一段时间，并保留着活性。因此，接受污水的湖泊、河流和海洋区都可能是危险的传染源。在污染水体中特别常见的是伤寒沙门氏菌和副伤寒沙门氏菌等致病的肠道微生物，它们能引起伤寒。不仅污染水体可引起沙门氏菌传染病，食用该水体中的牡蛎和其他贝类也可引起此类传染。较少见的是志贺氏菌（能引起痢疾）。在热带国家，霍乱弧菌（*Vibrio comma*）是发生霍乱流行病的病原，它通常经水污染传播。在调节饮用水源之前，欧洲一些城市也发生过霍乱流行。没有粪便污染的沿海水体也发现有霍乱弧菌，并且已经证实它是在半咸水水体自然发生的。分枝杆菌也常出现于自然水体。致病性梭状芽孢杆菌的孢子，特别是像产气梭状芽孢杆菌（*Clostridium perfringens*）、诺维氏梭状芽孢杆菌（*C. novyi*）和败血梭状芽孢杆菌（*C. septicum*）等引起气性坏疽的芽孢，几乎总存在于接受污水的水体中，它们在底泥中能保持相当长时间的活力，甚至在那里大量繁殖。炭疽杆菌（*B. anthracis*）的芽孢也具有很强的抗性，能在污水净化过程中幸存下来，甚至穿透滤床。海水嗜盐弧菌偶尔也能造成传染病，例如，溶藻胶弧菌能导致中耳炎，副溶血弧菌污染的各种海产品能造成人类肠道疾患。

在接受污水的水体中生长的贻贝和其他过滤生物体上也发现有致病性细菌，摄食这些生牡蛎和海贝已反复造成伤寒和霍乱等病的传染。因此，在有传染风险的地区，对生食用的贝类必须在清水中进行洗净处理（如果需要的话，还要经由氯化作用灭菌，随后再脱氯）。

在接受污水的水体中，存在致病性真菌，如白色念珠酵母（*Candida albicans*）及相关种类，也经常发现皮肤真菌，并引起皮肤感染。在海水浴场里毛癣菌属（*Trichophyton*）感染也时有发生。

除了真菌和细菌之外，生活污水还含有数目众多的致病性病毒，该病毒在这种环境中能保持一段时间的活性。据称污染水体能反复引起脊髓灰质炎病毒的传播。

绝大多数致病菌在淡水湖泊和河流的生存时间长于海洋，因为海水是非海洋细菌的杀菌液；致病菌在底泥中的生存时间经常长于游离水中的时间；而在海洋沉积物中致病菌存活时间短于内陆水的沉积物。因此，海水洗浴期间传染的危险区通常只在污水入口附近。但传染的危险区可由鸟类掉落的小块肉或鱼的漂浮颗粒延伸相当一段距离，因为藏在蛋白质中的致病微生物能在一定程度上抵抗海水的杀菌作用，甚至还可大量繁殖。

肠道细菌在水体中的生存时间与水体中其他细菌种群大小有联系，它们一般成反比例关系，相互竞争水体中的营养物质。水体中的其他生物可分泌一些抗菌物质，蓝藻还能形成抗病毒物质，如铜绿微囊藻（*Microcystis aeruginosa*）可通过代谢产物使腺病毒失活。水中细菌数量增加也可促进病毒的失活，它们产生一些抗病毒物质，拮抗 RNA 病毒以及 DNA 病毒。在消毒海水中，大肠杆菌的生存时间随加入的海洋细菌的数量增大而缩短。

除人类致病微生物外，污水中也含有动植物的致病微生物。它们不仅能引起水生动物疾病，而且还能导致家畜和野生动物疾病。由布鲁氏菌引起的布鲁氏菌病就是这方面的例子。用表面水喷雾时，植物病害就可传播到蔬菜和果实。当用污水灌溉时，致病的危险性也较大。

总之，污染水体存在病毒、细菌、真菌、寄生虫等致病微生物，它们大量繁殖并传播，可导致人和动植物的病害。

(三) 微生物在水体自净中的作用

在自然水体尤其是快速流动的水体中，存在着对有机或无机污染物的自净作用。其原因是多方面的，虽有物理性的稀释作用和化学性的氧化作用，但更重要的却是各种生物作用，例如好氧菌对有机物的分解作用，原生动物对细菌等的吞噬作用，噬菌体对宿主的裂解作用，以及微生物产生的凝胶物质对污染物的吸附、沉降作用等，这就是"流水不腐"的重要原因。

进入水体的污染物主要有农药、污水、肥料、烃类、重金属、放射性核素以及病菌和寄生虫等。生物性污染物的危害性前面已经叙述，非生物性污染物种类繁多，对人和环境都有程度不同的危害。微生物具有代谢类型多样性的特点，自然界存在的各种物质，特别是有机化合物，几乎都可找到使其降解或转化的微生物。可见，微生物在对污染物的降解转化中具有巨大潜力。

大多数河流、湖泊和海洋的一些水域，几乎连续地遭受垃圾和污水的污染；因此，水体的天然自净是极其重要的。这种过程是连续不断地除去水中的污染物，使污水入口处下游数千米的河流又重新变得清洁。沉积作用和氧化作用的物理化学过程固然起着重要的作用，但起决定性作用的应归属于生物过程。很多生物都参与这一过程，从鸟类和鱼类直至微生物都可进行水体净化。在有生活污水出现的地方，聚集着很多海鸥和其他鸟类，且鱼类也摄食一些块状粗糙物。但它们仅能利用极微小部分的污染物质。低等动物，特别是吸收小颗粒的各种昆虫幼虫、蠕虫和原生动物的意义稍大一些。而微生物能分解固态或液态有机物，在最适条件下，将其降解为二氧化碳、水和一些无机盐等原始构建成分。因此，它们能引起很多有机污染物的完全矿质化。蛋白质、糖和淀粉可被迅速降解，而蜡质、纤维素、脂肪和木质素的降解较为缓慢，有时不能完全分解。随着自净作用的进行，微生物种群有所改变。蛋白质分解菌的比例逐渐减小，分解纤维素的微生物的比例增大。很多研究表明，随着自净作用的进行，不仅污染物含量降低，而且细菌、真菌等微生物的量也减少。另外，在每年的温暖季节，除纤维素分解菌外，亚硝化细菌也显著增加。有机氮化合物矿质化的最后一步，即硝化作用，仅当蛋白质类污染物大部分被分解时达到高峰。旺盛硝化作用造成相应的氧气消耗，可使氧气消耗殆尽。转化 1 mg 的氨氮生成硝酸盐，需要 4.57 mg 氧气。

在未净化的城市污水流入河流后，真细菌的总量通常一开始就减少，鞘细菌数量常常首先连续增多，然后下一个高峰是原生动物，最后是藻类高峰。水体微生物耗氧量测定通常采用生化需氧量 (BOD) 法。在特定的时间和温度下（通常为 5 d，20 ℃），于黑暗条件下培养，微生物氧化有机物所消耗的氧量称为生化需氧量，常以 BOD_5 表示。BOD_5 可用于估计水中需氧性可降解物质的含量，因此它可作为水体有机物污染程度的间接指标，常用于确定水体自净和工厂处理废水的效果。

水体的自净能力变化很大，水体活泼运动造成污水的迅速扩散和与大气活跃的气体交换，这里自净作用能力最强。只有在氧气存在的条件下，真正的污染物的广泛降解作用才能进行，因此，氧气必须随时得到补充。这些条件在溪流、河流和沿海水域一般都能满足，因为这里有明显的潮汐运动或由风和地势引起的剧烈流动。在流动性很小的水体，污水可能滞留一处，并且氧气供应不足，从而导致过早的氧亏，进而减弱自净作用。水体的自净能力也随季节的变化而变化，一般夏季大于冬季，因为夏季较高的温度有助于细菌活动，并且充足的光照使浮游植物提供更多的氧气。大多数微生物的代谢活动在温暖季节增强，因此使污水提供的营养物质很快被用光，这样就会导致细菌数量减少，达到自净的目的。这也与其他因素有关，例如，较高的温度促进了细菌和真菌的自溶；原生动物摄食细菌也很活跃；在一定场合，强烈的日光可能还起到杀菌效果等；因此，热带暖水中的自净作用比极地冷水要迅速得多。

即使在温度和氧气供应适宜的条件下，海洋有机污染物的降解也比内陆水体缓慢得多。在这种情况下，细菌性自净进程比生化性自净快得多，即海洋中污水微生物的数量比污染物含量降低得快，这是由于海水对很多非海洋微生物抑制作用的结果。但是，也有相反的情况。

然而，只有在污染物的组成和数量不超过所接受水体的自净能力时，水体才能实现自然净化。即使在最适的条件下，过量的污染物也会引起不良的后果，造成真正的水污染。过度的氧气消耗经常导致完全的缺氧区，在此处净化过程和细菌性硫酸盐还原作用导致硫化氢大量产生，而引起较高等动物和很多微生物死亡，余下的少数微生物只能部分地降解有机污染物。硫化铁的形成导致难闻的黑色的腐泥，毒害底栖生物。如果在湖泊、池塘或沿海水域，含有H_2S的底层水突然上升至表层，这可造成鱼类大批死亡，例如在狂风暴雨过后就易于发生这种情况。

有毒物质的直接引入也会妨碍自净过程，这些有毒物质主要是随工业废水和废渣进入水体的，造成参与矿质化过程的微生物死亡。主要毒物有重金属、氰化物和有机毒物。金属汞和汞离子的毒性低于由细菌甲基化作用形成的有机汞化合物。甲基汞是脂溶性的，能渗入人的神经系统。假单胞菌属的一些抗汞种类，能将有机汞转化成无机汞。

水体污染物中存在很多重金属，除汞外还有镉、砷、铅、铜和铬等，它们的生物毒性都很大。重金属对人类的毒害常与它的存在状态密切相关，如上所述的有机汞的毒性大于无机汞。微生物不能降解重金属，只能使它们发生形态间的相互转化及分散和富集过程。因此，微生物作用于重金属，主要是改变金属在水中的存在状态，从而改变它们的毒性。另外，微生物代谢作用的结果，形成大量产物，对金属离子起增溶、沉淀和螯合等作用，从而利于水体自净。在沉积物中，微生物也参与重金属的转化。藻类也可还原或积累重金属。

水体污染物中的有机毒物主要是石油及其产品。在石油污染水体的净化中，微生物起着重要作用。现已发现有200多种能降解石油的微生物，主要是细菌和真菌，重要的石油降解者有假单胞菌属、诺卡氏菌属、分枝杆菌中的一些种类，以及灰绿青霉（*Penicillium glaucum*）和产朊假丝酵母（*Candida utilis*）等。同时，由于石油是多种烃类的混合物，一般是由多种微生物共同作用而使其降解。近年来由于原油或各种精炼石油产品在陆地上就地排放或进入水中，特别是由于油船遇难、战争破坏或海上钻井的操作失控，引起石油的大规模溢漏，因而造成环境污染，给渔业经济和各种水生动植物带来严重危害。因此石油降解微生物的研究取得了很大进展。微生物降解石油的能力受温度、pH、氧含量、盐度等影响。石油的氧化分解程序如下：

饱和烃→不饱和烃→醇→酮化合物→脂肪酸→二氧化碳和水

但是石油很少被完全降解，微生物对其降解的中间产物的利用具有特异性。石油降解细菌的数量，可作为水体石油污染程度的指标。

在来自化工厂和医院的含酚废水的净化中,微生物同样起着类似的重要作用,如敏捷固氮单胞菌(*Azotobacter agile*)、脱氮假单胞菌(*Pseudomonas denitrificans*)和红色诺卡氏菌(*Nocardia rubra*)就能分解酚,且利用它作为碳源,在温暖季节,能使存在于水体中的酚迅速降解。如果来用适当的技术方法,不仅单价酚和多价酚,而且聚酚、甲酚、氰化物、硫氰化物和甲醛都可被微生物分解。

水体也经常受到农药的污染,一般是随地表雨水径流和排水而进入水体,主要包括植物保护剂、土壤改良剂和无机植物营养物质。DDT(滴滴涕)等杀虫剂和2,4-D(2,4-滴)等除草剂能被水中藻类吸收并积累,在食物链中强烈富集,其结果可引起终极营养级生物的危害。由于农药对粮食生产的重要性,目前全世界农药的总产量已达200多万t,品种很多,常用的有100多种。而当前使用的农药多是有机氯制剂、有机磷制剂和有机汞制剂。这些有毒化合物在水中存留的时间较长,所以长期积累,危害严重。幸运的是微生物能分解这些毒物,改变和破坏它们的毒性。微生物以两种方式降解农药,其一是以农药作为生长的唯一碳源和能源,有时还作为唯一的氮源,而使农药降解。具有这种能力的微生物很多,如假单胞菌属、诺卡氏菌属及曲霉中的一些种类尤为突出。另一种方式是通过共代谢作用,即微生物从其他化合物获得碳源和能源后,才能使农药转化甚至完全降解。例如直肠梭菌(*Clostridium rectum*)降解六六六(六氯环己烷)时,需要有蛋白胨之类的物质提供能量才能使六六六分解。然而有些农药(如DDT)是相对稳定的,微生物对它们的降解极其缓慢。

总之,微生物通过对有机质的矿质化、生物沉积和对石油及其他烃类、农药、重金属盐类、有害的代谢产物等的解毒作用,在水体自净过程中起着极其重要的作用,在各种水体生物修复中也发挥着越来越重要的作用。

(四) 微生物在污水处理中的作用

水是生命活动和工农业生产不可缺少的物质。而地球上水资源的可利用量不到其总数的1%,并且随着工农业生产的发展,用水量增加,又可因污水和废水的大量排入而污染,因此污水处理和防止水污染是十分重要的。水生微生物系统的自净作用在一定程度上能够调节环境,抵消污染所引起的变化,但是水体的自净能力是有限的,当进入水体的外来污染物数量,超过了水体的自净能力,并达到破坏水体原有用途的程度,就造成水污染。所以工业废水和生活污水必须先经过一定程度的净化处理,使水质达到一定标准才能排入江河湖泊等水体。

污水的处理方法可分为物理方法、化学方法和生物方法三大类。目前国内外多采用二级处理工艺或三级处理工艺治理污水。一级处理又称预处理,主要是通过滤筛网及沉淀等物理化学方法除去污水中的黏土、淤泥及其他碎屑等污染物。二级处理又称生物处理,主要是利用微生物的作用分解污水中的有机污染物。三级处理主要是除去排放水中的无机盐类及其他悬浮污染物,因为在二级处理后的出水中,含有氮、磷等无机盐类,排入水体后能造成水体富营养化,造成二次污染,在三级处理中,常使用沉淀法去磷;在中性条件下增温使氨氮逸出。也可利用微生物的脱氮作用脱氮;借助藻类的大量繁殖以除氮、磷,同时收获藻体。由此可见,微生物在污水处理中起着非常重要的作用。在饮用水的制备中也借助于微生物。微生物分解各种污染物的巨大潜力来自于它本身的特性。微生物个体小,其比表面积(单位体积的表面积)大,代谢速率快;微生物种类繁多,分布广泛,代谢类型多样;有很强的变异性,使很多微生物获得降解人工合成大分子有机物的能力;微生物具有多种降解酶和降解能力的调控系统——质粒。

污水的微生物处理主要有生物过滤法、活性污泥法、氧化塘法、厌氧处理法等。

1. 生物过滤法 生物过滤法也称生物滤膜法，其主要特点是利用滤池中铺设的滤料上附着的生物滤膜，对污水中有机质进行吸附和生化作用，达到去除有害物质的目的。根据处理装置不同，可分为普通生物滤池、生物转盘、塔式生物滤池等方法。生物过滤法已得到广泛应用，净化效果较好，一般可使污水的 BOD_5 减少 75%~90%。

生物滤膜由污水与载体的接触而形成。由于污水通过载体时，污水中的有机污染物和微生物吸附在载体上，并发生微生物的增殖。在载体表面逐渐形成一层 2 mm 厚的生物滤膜。生物滤膜在污水处理中不断增厚，最后老化整块剥落，随废水流入沉淀池中。然后又开始形成新的生物滤膜。

生物滤膜主要由菌胶团形成菌和丝状菌组成，此外还有大量细菌、真菌、原生动物、藻类及后生动物。常见的细菌主要有动胶菌、球衣菌、白硫细菌、无色杆菌、黄杆菌、假单胞菌、产碱杆菌等，在生物滤膜的底层部分，化能自养菌较多。真菌主要有镰孢霉、青霉、毛霉、地霉、分枝孢霉和各种酵母。常见的藻类和原生动物主要有席藻、小球藻、丝藻和钟虫等。

在生物滤膜的表面，由于污水的不断流过，总是吸附一薄层污水。污水流过滤料时，悬浮物质被截住，胶体物质被吸附。污水中的有机污染物就被生物滤膜中的细菌、真菌吸附并氧化分解，而原生动物又以这些菌为食物，即形成生物膜中的小型食物链。这对有机污染物的去除意义重大，因为在食物链的每一步，都有一部分有机污染物借呼吸作用而被转化为 CO_2。因此，能将污水中的有机污染物完全降解。

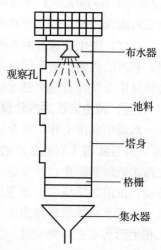

图 9-8 塔式生物滤池结构

(1) 塔式生物滤池法。在塔池（图 9-8）中填满滤料，滤料一般由纸制成蜂窝状，浸涂树脂，或由塑料制成。污水通过塔顶的布水器流下进入滤料，其中有机污染物被生物滤膜吸附。塔上半部滤料上的生物滤膜较厚，中部滤料上的生物滤膜较薄。空气由塔的底部向上，除自然通风外，有时还采用人工通风。污水在塔内的停留时间很短，一般为 2 min 左右。最后，被处理好的水经格栅流入集水器。此法具有结构简单、占地面积小，对水量和水质变化适应强等优点；但处理程度较差，易产生堵塞。

(2) 生物转盘法。生物转盘是一种较新的污水处理设备，它由许多片较耐腐蚀的圆板做等距离的紧密排列，中心由横轴串联而成。它一半浸没在盛污水的半圆槽中，另一半敞露在空气中，借电动机的带动使转盘缓慢转动。细菌等微生物在盘片表面生长一层生物滤膜。附着在盘片表面上的生物滤膜随盘片不停地旋转，当盘片浸没于半圆形的处理槽时，污水中的有机物和盘片上生物滤膜相接触并被吸附。当盘片夹带着污水膜离开处理槽时，水膜在空气中吸收氧，生物滤膜便从污水膜中吸取溶解氧，并对有机物进行氧化分解。如此循环往复，连续不断地完成吸附、充氧、氧化等过程。从而使半圆形槽内污水中的有机物逐渐被氧化分解，最后达到污水净化的目的。生物转盘法处理污水的流程如图 9-9 所示。

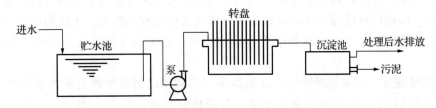

图 9-9 生物转盘法处理污水的流程

2. 活性污泥法 活性污泥法又称曝气法,是利用曝气池中装填活性污泥使污水净化的生物学方法。活性污泥是由污水中繁殖的大量微生物凝集而成的褐色而呈絮状泥粒组成的,具有较强的吸附和氧化有机物质的能力。活性污泥含有特殊的微生物的种群。活性污泥中的微生物主要由细菌和原生动物组成,而真菌、藻类和后生动物只起次要作用。

活性污泥中的微生物类群与生物膜中的类似,但是真菌也起较大作用,此外,原生动物及诸如蠕虫和昆虫幼虫等后生动物也大量发生。活性污泥颗粒疏松呈丝絮状,表面积大,所以对污水中的悬浮物、胶体物的吸附能力很强。吸附的物质在微生物的作用下进行氧化和分解。一般废水在曝气池中停留 4~10 h 就可完成净化过程,BOD_5 的去除率达 90% 以上。

活性污泥可以通过各种途径获得。最简便的方法是,取附近相似废水处理场的活性污泥来接种。大多数情况是采用生活污水和粪便水进行曝气培养,再用待处理的废水驯化。

活性污泥的曝气设备主要由曝气池、搅拌器或压缩空气设备以及净化池等组成。活性污泥法处理的流程如图 9-10 所示。处理的污水经隔栅除去大块杂物,进入一次沉淀池,简单沉淀后,送入曝气池。经过一定时间曝气后,污染物被驯化的活性污泥所吸附,有机物被微生物氧化分解,然后将曝气池内的混合液放入净化池,停留一定时间使污泥沉淀,上层澄清液当作处理后的水排放出去。将其中一部分污泥送回曝气池,多余的污泥排出另行处理。

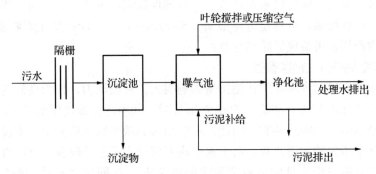

图 9-10 活性污泥法处理污水的流程

活性污泥法处理污水效果较好,但是也存在一些问题。如积累大量泥沙难于处理,氮和磷很难除去,处理有毒物质的效果不理想等。因此,现在正在研究用活性污泥和藻类相结合的处理方法。藻类光合作用产氧,不需要曝气,又可去除营养盐类。方法是向曝气池加以照明,并向活性污泥内投加小球藻等藻类,以便培养形成藻类与细菌的共生绒絮。

3. 氧化塘法 氧化塘是一种大面积敞开式的污水处理塘,是一种与自然水体自净过程极其相近的污水处理法，其基本原理是利用藻菌共生系统来分解污水中的有机污染物，使污水得以净化。即塘内有机污染物被需氧细菌分解为简单的有机物质、无机物质和 CO_2，而细菌生存所需要的氧气，主要由藻类的光合作用提供，也可通过池塘表面再曝气和机械通气供氧。

4. 厌氧处理法 厌氧处理法是在缺氧情况下，利用厌氧微生物分解污水中有机污染物的方法，又称为厌氧消化法或厌氧发酵法。其净化效率可达 90%。对于高浓度有机废水处理，厌氧消化不再仅仅是扩充好氧处理法之外的一个补充处理工艺，它本身正在成为一种可部分替代好氧处理法的有价值的处理方法。厌氧处理传统的对象为城市污水厂的污泥和高浓度的工业污水，比较而言，城市污水属于低浓度污水（COD<1 000 mg/L），水温也较低，在常温下用厌氧工艺处理生活污水是厌氧技术面临的最大挑战。

污水厌氧处理包括一系列复杂的消化和发酵反应。首先，复杂有机污染物如纤维素、蛋白质、脂肪等，被以兼性菌为主的产酸菌分解成为 H_2 和 CO_2，以及简单的有机酸和醇等。参与此作用的细菌主要有梭菌、假单胞菌、产气杆菌、大肠杆菌、粪链球菌和变形菌等。随后，由于产甲烷细菌的作用，将有机酸、H_2、CO_2 等转化为甲烷。参与此作用的微生物主要有甲烷杆菌、甲烷球菌、甲烷八叠球菌、甲烷螺菌。

厌氧分解过程在封闭发酵池中进行，污水和污泥定期或连续加入发酵池，处理后的污水和污泥分别由发酵池的上部和底部排出，最终产物 CO_2 和 CH_4 由发酵池的顶部排出，它们分别可作为肥料和沼气。

微生物在从地表水制备饮用水的过程中也起重要作用。自来水厂的沙滤池中含有特征性的微生物区系，除藻类和原生动物外，主要是细菌。制备饮用水的主要操作过程是沉淀、过滤和氯化。在大的水池中进行沉淀，水在池中保留一定时间后，大颗粒状的物质沉淀到底部。通过加入能产生黏性絮状沉淀物的硫酸钴以增加沉淀作用。当絮状物从水里沉淀到池底时，许多微生物及很细的悬浮物被除去。接着将水通入沙滤池过滤，这时能除去 99% 的细菌，一部分是被过滤掉，一部分是被原生动物所消化。当然其他微生物也被滤除，因此大量净化了的水流过沙滤池。随后将水通过氯化等处理保证它的可饮性，同时还要去除异味和保证色度，因为一些放线菌，特别是链霉菌属（*Streptomyces*），能产生土腥味和讨厌的味道，其他生物的代谢产物也可造成异味和异色。

（五）水体控制的微生物学参数

水中微生物的含量对该水源的饮用价值影响很大。一般认为，作为良好的饮用水，其细菌含量应在 100 个/mL 以下，当超过 500 个/mL 时，即不适合做饮用水了。对饮用水来说，更重要的指标是其中微生物的种类。因此，在饮用水的微生物学检验中，不仅要检查其总菌数，还要检查其中所含的病原菌数。由于水中病原菌的含量总是较少，难以直接找到，故一般就只能根据病原菌与最常见的但数量很大的细菌 *E. coli* 同样来自动物粪便污染的原理，只要通过检查水样中的指示菌——*E. coli* 数即可知道该水源被粪便污染程度，从而间接推测其他病原菌存在的概率。检验 *E. coli* 可用伊红亚甲蓝鉴别性培养基（EMB）。根据我国有关部门所规定的饮用水标准，自来水中细菌总数不可超过 100 个/mL（37℃，培养 24 h），*E. coli* 数不能超过 3 个/L。

除了物理和化学参数外，生物学参数也已长期用于评价内陆和海洋水体的水质。细菌与植物和动物一样，也已经用作水体状况特征的指示生物，例如，不同的细菌可指示单一腐殖质发育阶段，生枝动胶菌和浮游球衣菌是多腐殖质区的指示生物。

在水体的卫生评价中，细菌学参数仍然具有重大意义。为此，除测定腐生菌数量或菌落数外，还要测定作为粪便指示物的人类肠道细菌。粪便污染指示菌，一般是指如水体中存在有此种细菌，即表示此水体曾有过粪便污染，有可能存在有人和温血动物的肠道病原微生物。这在水的卫生学检查方面有较重要意义。因为存在于水体中的病原微生物，往往常因其数量较少，一般难于检出，即使检出结果为阴性，也不能保证无此病原微生物存在。同时检出的手续也很复杂。所以在实际工作中通常是借用检查水体中有无"指示菌"存在及其数量来判定水质的污染。

一般将大肠菌群、粪链球菌、产气荚膜梭菌、铜绿假单胞菌、金黄色葡萄球菌等作为粪便污染指示菌，其中以大肠菌群最常使用。大肠菌群主要是埃希氏菌、柠檬杆菌、肠杆菌、克雷伯菌和大肠杆菌等，当然大肠菌群中以大肠杆菌为主，它们是需氧及兼性厌氧革兰氏阴性无芽孢杆菌，能在 48 h 内发酵乳糖并产酸产气。

在水质检测中，常用大肠菌群指数或大肠菌群值表示大肠菌群数目。大肠菌群指数是以 1 L 水中含有的大肠菌群数来表示；大肠菌群值是以水样中可检出 1 个大肠菌群数的最小毫升数表示，两者的关系如下：

$$大肠菌群值=1\,000/大肠菌群指数$$

在大多数国家，饮用水、洗浴水及其他用水都建立了容许的限制值。饮用水不得含有任何致病微生物。如果在 100 mL 水中不含大肠菌群，就可认为水体被保护得足够好。我国生活饮用水卫生标准中规定的水质标准为 1 L 水中大肠菌群数不得超过 3 个，即大肠菌群指数不得大于 3，或大肠菌群值不得小于 333 mL。在很多国家（欧洲各国）洗浴用水需遵从下列质量需要：总的大肠菌群数尽可能每 100 mL 低于 500 个，在任何情况下都得每 100 mL 低于 10 000 个，而粪便大肠菌群数相应地分别每 100 mL 水中低于 100 或 2 000 个。前一数值表示规定值，而后者表示强制值。

作为大肠菌群试验的补充，偶尔也测定粪链球菌的数量。通常，它的重要性低于大肠菌群的重要性。较高比例的粪链球菌是新鲜粪便污染的指示生物。所进行的沙门氏菌族的并非稀少的质量检验，具有重大的卫生学意义，因为这族细菌是伤寒、副伤寒和肠炎的病原菌。它们不得存在于饮用水或洗浴水中。

另外，还要测定细菌芽孢的数量。随着自净作用增强，通常生长的细菌细胞比例降低，而其芽孢数增多。在一些国家通常测定的产气荚膜梭菌芽孢数具有卫生学意义。如果大肠菌群和链球菌类已经消失，它就可指示粪便早期的污染。

水体的细菌学调查可能只反映水体的现状。尤其在较小水体和受潮汐影响的沿海水体这种变化极其迅速。然而，如果调查者想做出意义深远的污水负载方面的报告，那么沉积物也必须在被调查之列。它们经常可作为前述污水负载程度的一些指标，能较好地鉴定实际的水质。

地面水中生长的水生植物上也附着有微生物，如沙门氏菌族、腐生物、大肠菌群和链球菌，通常的细菌含量远大于水中的细菌含量。因此也被推荐为调查项目之一。水生植物的过滤作用在细菌增殖上起着一定作用。其条件较为适宜，细菌能存活较长时间。鱼类皮肤、鳃和肠含有存在于水中的细菌，也能帮助了解水体细菌学卫生状况。

污水净化场的效率同样能借助细菌学参数加以检验。在工业废水方面，必须经常进行毒性检验。除各种动物和藻类外，荧光假单胞菌等细菌也经常用作检验生物。但这些细菌对很多毒物的敏感性较低，其结果往往只部分与细菌种群活动有关。而一些水生细菌的敏感性较强，低浓度的毒物就能影响其生长。即使检验的结果呈阴性，在流动的潮汐中参与自净过程的微生物活性减弱也是可能的。因此，应以该水域含有的微生物种群作为常用检验方法的补充。

最近发展了一种很有前途的发光细菌毒性检验法。发光细菌发光是菌体健康状况的一种反映，这类菌在生长对数期发光能力极强。但当环境条件不良或有毒物质存在时，发光能力受到影响而减弱，其减弱程度与毒物的毒性大小和浓度成一定的比例关系。通过灵敏的生物发光光度计测定其光密度，可以评价待测物的毒性。因此，常筛选敏感而对人体无害的发光细菌菌株，用以快速监测环境毒物。其中研究和应用最多的为磷光发光杆菌（*Photobacterium phosphoreum*）。美国贝克曼公司专门制造的微量毒性分析器，就是一种发光菌检测仪，其核心部分就是发光菌制剂。在自然水体，腐生菌的数量常与水体中所含的有机物浓度成正比。因此可利用这种关系，以腐生菌数或腐生菌与细菌总数比值来划分污水带或腐生水带。水体污染指示生物带，对判断水体的污染程度有一定意义。一般根据水体中的腐生菌数量，将水体划分为多污带、α-中污带、β-中污带和寡污带。多污带腐生菌数为每毫升水中含有数十万至数百万个，而寡污带为数十至数百个。

此外，微生物还可以用来检测环境中的致突变物和致癌物，现已得到实际应用。水生细菌及藻类对重金属、农药及放射性物质具有很强的富集能力，测定这些生物体内毒物含量，如发现超出正常含量时，就可判断水体污染的性质和程度，因此可用于水污染的生物监测。水中微生物群落特点及演替同样可用于水污染的生物监测。

本 章 小 结

水生微生态学就是研究水生微生物与水体环境相互关系的科学。虽然几乎在所有水体中都有细菌和真菌等微生物发生，但是关于其种类和数量的分布存在很大差异。淡水中的微生物主要来源于土壤、空气、污水、人和动植物排泄物以及动植物尸体等。海洋微生物与淡水中的微生物在耐渗透压能力方面有很大的差别，在深海中的微生物还能耐很高的静水压。各种环境因素（物理、化学和生物因素）影响着水生微生物的生命特征。环境条件的改变，在一定限度内，可引起微生物群落的组成、大小、生长、繁殖、形态和生理等特征的改变。当环境条件的变化超过一定极限，则会导致微生物死亡。微生物在水生生态系统中具有重要作用。水体中的能量流动、物质循环和自净作用都离不开微生物。微生物在污水处理、生物修复中将发挥越来越重要的作用。

思 考 题

1. 名词解释：生态系统、食物链、物质循环、水污染、大肠杆菌值。
2. 简述淡水和海洋微生物分布特点。
3. 简述水生生物体上微生物分布特点及其与水生生物的关系。
4. 简述水体微生物的主要作用。

5. 简述水体中微生物间的相互作用。
6. 试述环境因素对水生微生物的影响。
7. 试述水体中的主要的物质循环，举例说明微生物在各循环中的作用。
8. 污水的微生物处理方法及各方法的原理。
9. 绘图说明完整生态系统的结构，并标示出能量流动情况。

第十章 免疫学基础

第一节 免疫学概述

一、免疫学的概念

"免疫"一词源于拉丁文"immunis",其原意为"免除税收",也包含着"免于疫患"之意。免疫学(immunology)是研究生物体(动物、植物、微生物)抗原性物质、机体的免疫系统(immune system)、免疫应答(immune response)的规律和产物,以及免疫调节和各种免疫现象的一门生物医学科学。

免疫学起源于抵抗微生物感染的研究,但是,现代免疫学的概念则是指动物(人)机体识别自身和排斥异己的全部生理学反应过程。

1. 免疫的特性 免疫具有以下3个方面的基本特性。

(1) 识别自身与非自身(recognition of self and nonself)。识别自身与非自身的大分子物质,是动物机体产生免疫应答的基础。动物机体能识别不同大分子物质的物质基础是免疫细胞(T、B淋巴细胞等)上的抗原受体(antigenic receptor),通过抗原受体与大分子抗原性物质的表位(epitope)结合。动物的免疫系统识别自身与非自身物质的功能是十分精细的,既能识别来自异种动物的一切抗原性物质,也能对同种动物不同个体之间的组织和细胞的微细差别精确地识别。

(2) 特异性(specificity)。动物机体在某种抗原性物质的刺激下产生的免疫应答具有高度的特异性,即产生的免疫力有很强的针对性,如对草鱼(*Ctenopharyngodon idellus*)接种草鱼出血病细胞培养灭活疫苗可以使受免草鱼产生对草鱼呼肠孤病毒(reovirus of grass carp)的抵抗力,而对其他病毒的侵袭则没有抵抗力。

(3) 免疫记忆(immunologic memory)。动物机体在初次接触到某种抗原物质时,其免疫系统在抗原的刺激下,除形成产生抗体的细胞(又称为浆细胞)和致敏淋巴细胞外,同时也形成了记忆细胞(memory cell),对再次接触到的相同抗原物质可以产生更快速的免疫应答。动物患某种传染性疾病康复后或者经接种疫苗后,可以产生长期的免疫力,即是产生了免疫记忆的缘故。

2. 免疫的功能 免疫具有以下3个方面的基本功能。

(1) 防御感染(defense)。指动物机体抵御各种病原微生物及其有毒产物侵袭的能力。当动物机体的免疫功能正常时,则能抵制和清除病原体,防止传染病的发生。如动物机体的免疫功能异常亢进时,又可能会引起变态反应(allergy),发生过敏症等疾病,造成机体的组织损伤和功能障碍。相反,如动物机体的免疫功能低下或者免疫缺陷,就会导致机体防御微生物感染能力不足,则会导致机体的反复感染。

(2) 自身稳定(homeostasis)。又称为免疫稳定(immunological homeostasis)。为了维持动物机体的生理平衡,免疫的重要功能之一就是要不断地将机体在新陈代谢过程中产生的衰老细胞和受损害的细胞清除出体内。如果免疫功能失调、反应过低，则机体的衰老细胞、受损细胞或其碎片不能被及时清除，就会造成自身的生理功能障碍。而如果反应过高，则可能将机体正常细胞作为非己的异物加以破坏、清除，造成自身结构和功能的紊乱与破坏，从而引起自身免疫病（autoimmune disease）。

（3）免疫监视（immunological surveillance）。在物理、化学和病毒等致癌因素的作用下，动物机体内细胞发生突变是经常的，在机体庞大的细胞群中，基因突变造成遗传的误差是不足为奇的。当动物机体的免疫功能正常时，就可以识别并及时清除机体内出现的突变细胞，维持机体内细胞的均一性，这种功能即为免疫监视。当动物机体的免疫功能低下或者失调时，则一部分突变细胞具有恶性生长的倾向，以致发生无限的增生而形成肿瘤。

需要注意的是，动物机体的免疫功能并不总是对机体有利，在某些情况下，如自身免疫病、严重的变态反应发生时，就可能对机体造成危害，甚至危及动物的生命。

二、免疫的类型

动物机体的抗传染能力，除了在相当的程度上取决于动物的年龄、营养及一般状态之外，最活跃的因素是机体的免疫力（immunity）。它是机体防御、清除病原微生物及其产物、维持机体生理平衡的一系列保护机制。这种机制极其复杂，可以大致归纳为两大类，即固有免疫（innate immunity）和获得性免疫（acquired immunity）。

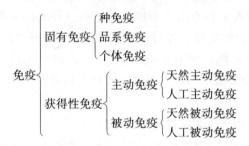

1. 固有免疫 又称为先天性免疫（inborn immunity），是指生物与生俱来的免疫能力。这是生物在长期的种族发育与进化过程中，不断地与外界入侵的病原微生物等抗原相互作用而逐步建立起来的一般性的非特异性防御机能。这种免疫的特点就是特异性不强，不是针对某种特定的免疫原，而是广泛性的，其反应的强度也不会因接触某种抗原次数的增加而得到加强，也不会因未接触某种抗原而不出现对该抗原的免疫力。这种免疫功能是受生物的遗传基因控制的，具有相对的稳定性，可以遗传给后代。这种免疫性是种内任何动物都具有的，不同品种和品系的动物有所差异，但是，在同一物种内个体间的差异比较小。

固有免疫还可以区分为种免疫（species immunity）、品系免疫（racial immunity）和个体免疫（individual immunity）。

种免疫是指某一生物种对某些病原体或者其代谢产物（例如毒素）的刺激具有免疫力，不受其感染，这是生物物种系统发育的结果。种免疫还可以分为种间免疫（interspecies immunity）和种内免疫（intraspecies immunity）。种间免疫是指两个或两个以上物种都对某个或某些抗原有共同免疫性，如犬、龟及青蛙对破伤风毒素都不敏感。种内免疫则是指同一物种内具有对某一种或多种抗原共有的免疫性，如能引起草鱼发生出血病的草鱼呼肠孤病毒不会引起鲢（*Hypophthalmichthys molitrix*）、鳙（*Aristichthys nobilis*）发生病毒性出血病。

品系免疫是指动物因种族、品系不同，而对某些传染病和其他疾病（例如肿瘤）有明显不同的易感性。例如用嗜水气单胞菌（*Aeromonas hydrophila*）人工感染建鲤、野鲤和镜鲤，证明建鲤较野鲤和镜鲤更容易受到嗜水气单胞菌感染。又如绵羊对炭疽病均敏感，但是阿尔及利亚有一品系绵羊对炭疽却不敏感。

个体免疫就是群体中每个个体的免疫能力。个体免疫是不完全相同的，可能由于遗传因素发生变异和外界环境因素不同所致。在同一养殖水体内饲养的水产动物发生某种传染性疾病的过程中，有一些个体对该传染病表现出较强的抵抗力，可能就是因为个体免疫的缘故。在水产动物疾病防治工作中也应该注意个体免疫的差异。

2. 获得性免疫 又称为后天免疫，是动物机体在生活过程中因接触异种免疫原（包括病原体或者其产物）而形成的免疫。这种免疫的特点是针对性强，具有明显的特异性，即只对某种病原微生物具有抵抗力，而对其他病原微生物仍具有易感性。这种免疫由细胞免疫（cellular immunity）和体液免疫（humoral immunity）共同构成。根据获得的方式，获得性免疫分为主动免疫（active immunity）和被动免疫（passive immunity）。前者又分为天然主动免疫（innate active immunity）和人工主动免疫（artificially active immunity）；后者则包括天然被动免疫（innate passive immunity）和人工被动免疫（artificially passive immunity）。

天然主动免疫是指生物在自然条件下感染了某种病原性物质（包括隐性感染）而获得对该病的免疫力。例如人患天花痊愈后可终生获得对该病的抵抗力。

人工主动免疫是应用人工的方法，通过接种疫苗（vaccine）或者类毒素（toxoid），或口服疫苗使动物获得的特异性免疫。如对草鱼接种柱状黄杆菌（*Flavobacterium cloumnare*）灭活菌苗以预防细菌性烂鳃病，对香鱼（*Plecoglossus altivelis*）接种鳗弧菌（*Vibrio anguillarum*）灭活疫苗以预防弧菌病，人类通过接种牛痘疫苗以预防天花等，均属于人工主动免疫。

天然被动免疫是指动物在胚胎发育时通过胎盘或出生后通过母乳（特别是初乳）获得的母源抗体（maternal antibody）而形成的免疫。例如鱼类通过受精卵将母源抗体传递给仔鱼，患某传染病而获痊愈的妇女，母体内的抗体经胎盘或初乳传至胎儿或哺乳婴儿，使新生儿被动地获得对该传染病的保护力。

人工被动免疫则可以分为两种，一是将制备好的免疫物质（抗毒素、抗菌或抗病毒血清、胎盘球蛋白和转移因子等）注入机体，使机体被动地获得免疫力。此种免疫有特异性，形成较快，维持时间更短，一般用于治疗疾病，或在特殊情况下用于预防。二是转移致敏淋巴细胞，这种人工被动免疫又称为继承性免疫（adoptive immunity），这种免疫维持的时间较长。

表 10-1　人工主动免疫和人工被动免疫比较

比较项	人工主动免疫	人工被动免疫
抗体产生	本身产生	给予的人或动物产生
抗体的出现	慢（1~2 周）	快（输入即出现）
抗体持续时间	长（半年至 1 年以上）	短（2~3 周）
注射后的反应	一般有	一般无
用途	多用于预防	多用于紧急预防与治疗

第二节 免疫系统

免疫系统（immune system）是与免疫应答有关的器官、组织和细胞等的总称，是免疫应答的物质基础。由免疫器官（immune organ）和免疫细胞（immune cell）组成。

一、免疫器官

免疫器官是淋巴细胞和其他免疫细胞发生、分化成熟、定居和增殖以及产生免疫应答反应的场所。根据免疫功能的不同可以分为中枢免疫器官（central immune organ，又称为一级免疫器官，primary immune organ）和外周免疫器官（peripheral lymphoid organ，又称为二级免疫器官，secondary immune organ）。

（一）中枢免疫器官

高等动物的骨髓（bone marrow）和胸腺（thymus）以及鸟类的法氏囊（bursa of Fabricius）属于中枢免疫器官。

1. 骨髓 骨髓是高等动物重要的造血器官，出生后一切血细胞均源于骨髓。骨髓由网状结缔组织构成支架，在网眼中含有循环血液中所有的血细胞及其前体。骨髓中的多能干细胞（stem cell）可以作为淋巴细胞（lymphocyte）、粒细胞（granulocyte）、红细胞（erythrocyte）和巨噬细胞（macrophage）群的前体细胞。由骨髓提供的淋巴干细胞进入胸腺，在胸腺内被诱导并分化为成熟的淋巴细胞，称为胸腺依赖性淋巴细胞（thymus dependent lymphocyte），简称T淋巴细胞或T细胞。T细胞参与细胞介导免疫。另一些淋巴干细胞进入法氏囊或类囊组织，在那里被诱导分化为囊依赖性淋巴细胞（bursa dependent lymphocyte），简称B淋巴细胞或B细胞，参与体液免疫。哺乳动物骨髓中的前体细胞在骨髓中可进一步分化成浆细胞（plasma cell），使骨髓也成为形成抗体的重要部位，所以，骨髓也是重要的外周免疫器官。

鱼类没有骨髓。红细胞、淋巴细胞等血液细胞主要是由肾脏和脾脏产生的。在肝脏、胰脏、肠黏膜和生殖腺等组织中发育到一定的阶段后就进入循环血液，并继续发育。因此，在正常情况下，在鱼类的血液中可观察到发育早期和其他阶段的各类细胞。而在哺乳动物，如果循环血液中出现不成熟的血液细胞，则被认为是一种病理现象。

2. 胸腺 胸腺具有皮质（cortex）和髓质（medulla），哺乳动物胸腺的大小视动物的年龄不同而异，就胸腺与体重的相对大小而言，在动物初生时最大，但是就绝对大小而言，则在动物的青春期为最大。胸腺至青春期及成年后停止增殖，至老年则退化萎缩，皮质和髓质逐渐为脂肪组织所替代。哺乳动物的胸腺是由第三咽囊的内胚层分化而来的，由二叶形成，位于胸腔前部分纵隔内。猪、马、牛、犬、鼠等动物的胸腺可伸展至颈部直达甲状腺。鸟类的胸腺沿颈部在颈静脉一侧呈多叶排列。

胸腺是鱼类重要的免疫器官，是淋巴细胞增殖和分化的主要场所，并向血液和二级淋巴器官输送淋巴细胞。真骨鱼类（teleostei）的胸腺位于鳃盖骨背联合处的皮下，呈一对卵圆形的薄片组织，为鳃室黏膜所覆盖，由与咽囊上皮结合在一起的胸腺原茎发育而成。因为鱼的种类不同，胸腺的位置及其形状也有所不同，如鳀科（Engraulidae）鱼类的胸腺一般呈短棒状卧于各鳃弓背侧部（图10-1），胸腺的形状可能与鱼类的头形有关，而大多鲈形目

(Perciformes) 鱼类的胸腺呈圆形或椭圆形，位于鳃腔后部的背侧。

胸腺由胸腺细胞、原始淋巴细胞和结缔组织组成的致密器官，其外围包有一层被膜，其间有一些小孔，直径 1 520 μm。小孔的作用尚不十分明了。可能是抗原进入胸腺的一个通道。有人采用墨汁注射鱼体，随即迅速为血液、心脏、肾脏、脾脏中的吞噬细胞所吞饮，但是在胸腺组织中则毫不进入。说明真骨鱼类的胸腺也存在具有选择性渗透作用的特殊血管内皮细胞。

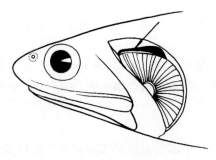

图 10-1 鳀 (*Engraulis japonica*) 的胸腺存在位置示意（箭头指示胸腺）
（引自依田村）

鱼类的胸腺也受年龄的影响，在幼年鱼的胸腺组织切片中可见有大量有丝分裂的胸腺细胞，而在处于性成熟期鱼体胸腺组织切片中则很少见到有丝分裂的胸腺细胞。鲑（*Salmo salar*）孵育后的几星期内，胸腺的发育比其他淋巴组织和身体的其他组织都快。在 2 月龄时，胸腺的发育相对体重而言达到了最高峰，以后随着年龄的增长，其发育速度则相对减慢。孵育后 23 月龄，胸腺的淋巴细胞大量增殖，并移行到外周淋巴组织中去。此后，胸腺组织的有丝分裂就减弱了，至 9 月龄时，胸腺出现了退化现象。除胸腺和肾脏外，其他淋巴器官的发育是与体重增加相一致的。对真骨鱼类的胸腺进行过形态比较研究，发现胸腺的寿命在不同的鱼类中差异甚大：在低等的真骨鱼中，于性成熟时胸腺即已退化；但是，在高等真骨鱼类中，则在性成熟后还可存在数年，甚至还能继续生长。

鱼类胸腺中的淋巴细胞运行的方向也是单向性的，将鲽（*Pleuronectes platessa*）的神经淋巴管中的淋巴细胞取出，在体外经过放射标记，再输入同一鱼体内，结果观察到这些淋巴细胞游走入肾脏、肝、脾和鳃等大多数器官，但是不再进入胸腺。

圆口类（cyclostomes，包括盲鳗科和七鳃鳗科）是否具有胸腺，至今学者们的意见尚不统一。多数学者认为这些低等鱼类幼体的鳃囊上皮区域所存在的淋巴细胞集结块，究竟是属于中枢免疫器官的"原始胸腺（original thymus）"，还是属于外周免疫器官的淋巴细胞集结块，还有待于弄清这些淋巴细胞集结块的功能。

软骨鱼类（鲨类）的胸腺可以清楚地区分为皮质和髓质部分。皱唇鲨（*Triakis scyllium*）的胸腺位于第 1~4 鳃弓背侧，呈薄而细长的带状，肉眼即可观察到胸腺的分叶现象，并且具有丰富的毛细血管。赤魟（*Dasyatis akajei*）的胸腺位于鳃弓的背侧基部，喷水孔的后侧方。胸腺实质部分的小叶中存在大量核径为 3.0~3.6 μm 的小淋巴细胞。也可以观察到核径为 4.8~7.2 μm 的中型淋巴细胞，具有核的多角形网状细胞和长度达 12 μm 的嗜伊红超大型细胞。

黄颡鱼（*Pseudobagrus fulvidraco*）胸腺由位于外层的皮质和内层的髓质及致密的被膜构成。在胸腺表面有深陷的小孔，小孔周围的组织结构与胸腺表面其他区域一样，并无特异之处，切面观为胸腺外区内陷所致。髓质区下面为结缔组织区，髓质区与结缔组织间有一层结缔组织被膜分开，被膜主要由成纤维细胞、网状上皮细胞、柱状上皮细胞、疏松结缔组织等组成，其内伴随有微血管的分布。在 3~4 龄黄颡鱼中发现胸腺严重退化的方式：皮质的成纤维细胞逐渐增多，淋巴细胞变得稀少，紧贴淋巴细胞层处有一单层染色很浅，排列十分整齐的细胞,似乎为一种极性排列。主要由黏液细胞、柱状上皮细胞、网状上皮细胞及少量淋巴细胞组成,最外层为一层扁平的上皮细胞,相当于哺乳动物的胸腺髓质区,淋巴细胞的数量较少,而浅染的网状上皮细胞、成纤维细胞则明显增多,同时微血管也很丰富,血管主要由内皮细胞组成。在胸腺退化初期,脾、髓质区并未出现较大的异常。同时该细胞外观为立方柱状样,与深入胸腺实质的被膜的外周细胞很相似(图10-2)。

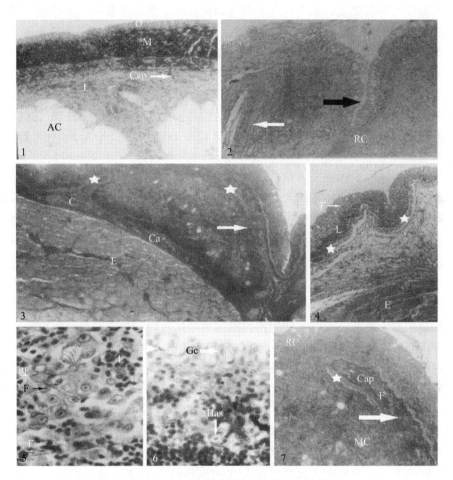

图10-2 黄颡鱼胸腺组织的切片观察

1. 2龄黄颡鱼胸腺,×100;2.示黄颡鱼胸腺表面小孔(黑色大箭头所示),×200;3.示1龄黄颡鱼胸腺,×100;
4.示4龄黄颡鱼特殊退化的胸腺,×200;5.黄颡鱼胸腺内区放大,×1 000;
6.黄颡鱼胸腺外区放大,×1 000;7.示黄颡鱼胸腺中结缔组织小梁,×200

O,外区;M,中区;I,内区;Cap,微血管;L,淋巴细胞;RC,网状上皮细胞;白色大箭头,结缔组织小梁;
C,结缔组织区;Ca,结缔组织被膜;E,上耳咽匙肌;☆,柱状细胞;F,成纤维细胞;PE,浅染网状上皮细胞;
AC,脂肪细胞;Gc,杯状细胞;Has,哈塞尔囊(对应箭头示黏液细胞的细胞核)

(引自彦青等)

当年性成熟的香鱼和冰虾虎鱼(*Leucopsarion petersi*)的胸腺在6~7月份最肥大。但是,在性腺开始成熟时,则先于其他淋巴器官和组织开始退化直至近似于消失。同样,为产卵而逆河洄游时期的大麻哈鱼(*Oncorhynchus keta*)的胸腺也是接近消失消状态的。青鳉(*Oryzias latipes*)在孵出后1个月时,胸腺的相对容积达到最大值,随后开始退缩,11月呈现最小值。这种现象不仅存在于青鳉,虹鳟(*Salmo gairdneri*)、竿虾虎鱼(*Luciogobius guttatus*)、条尾裸头虾虎鱼(*Chaenogobius urotaenia*)、大口虾虎鱼(*Chasmichthys gulosus*)、长颌大口虾虎鱼(*Chasmichthys dolichognathus*)、刺虾虎鱼(*Acanthogobius flavimanus*)和阿匐虾虎鱼(*Aboma lactipes*)等鱼都是呈现相同的趋向。

成鱼的胸腺可再度肥大,如上述几种虾虎鱼的胸腺虽然是随着年龄的增加呈现出退缩的现象,但是每年的6~7月胸腺总是最肥大的。

鱼类胸腺容积的大小及其变化与光照周期性(photoperiodicity)有密切关系。日本新潟地区的青鳉成鱼胸腺容积每年6月和8月间出现两个峰值,因为该地区7月是梅雨天气,日照时间相对较短。导致了7月其胸腺容积的相对下降。人工控制光照时间的试验结果也证明了光照周期性对鱼类胸腺发育的影响,将香鱼幼鱼每天进行8 h的日照处理,其性腺成熟和胸腺退化都要较对照鱼(室温、自然光照条件下饲养)提前1~2个月;但是,若将日照时间增加到每天16 h的话,胸腺和成熟和退化反而要较对照鱼延缓1~2个月。

鱼类胸腺释放小淋巴细胞的机制也是与光照节律有关的。用青鳉所做的避光饲养试验结果表明,根据试验开始的月份不同,其胸腺的变化可出现两种类型,即从4月份开始进行避光饲养试验的青鳉,胸腺内中型淋巴细胞的增加和分裂依然正常进行,导致胸腺容积增大。与此相反,若是6至7月将胸腺内充满小淋巴细胞的青鳉移入避光条件下饲养,一个月后,随着小淋巴细胞的释放,胸腺就显著地退化了。避光饲养后的细胞青鳉被移到自然光条件下饲养,一个月后胸腺的容积即可以恢复。摘除眼球或者松果体后的青鳉,其胸腺都会发生激剧退化。

草鱼从鱼苗到1龄或2龄,其胸腺内淋巴细胞增殖较快,可以说是草鱼免疫系统发育成熟的重要时期。1龄以上的草鱼开始出现年龄性胸腺退化现象,胸腺中淋巴细胞数量相对减少、结缔组织增生、脂肪组织增生。在半饥饿状态下饲养的草鱼,胸腺明显萎缩、胸腺重量迅速减少(15 d减少65%)。这说明养殖不良会导致胸腺器官萎缩退化(即非年龄性胸腺退化)。疾病也可导致胸腺提前萎缩。

3. 法氏囊　法氏囊亦称腔上囊,是鸟类所特有的淋巴器官。位于幼禽泄殖腔背侧,并以短管与其相连。性成熟前到最大,以后逐渐萎缩退化直至完全消失。

来自骨髓的淋巴干细胞在法氏囊诱导分化为成熟的B细胞,通过淋巴和血液循环移到二级淋巴器官。如果将胚胎后期或初孵出的雏禽切除法氏囊,则体液免疫应答抑制,浆细胞减少或消失,受到抗原刺激后不能产生抗体。然而特异性细胞免疫能力则不受影响。

哺乳动物没有法氏囊,但是有类似的淋巴组织,称为类囊器官(bursa analogue)。如肠道的集合淋巴结或称派伊尔氏结(Peyer's patch)曾被认为是相当于法氏囊的淋巴组织。此外,肠淋巴滤泡、阑尾和扁桃体也都曾怀疑为法氏囊类似组织。但是有更多的学者认为哺乳动物并不存在独立的类囊器官,相当于法氏囊的功能由骨髓兼管。

鱼类是否具有类囊器官尚不清楚,有学者推测硬骨鱼类相当于法氏囊的功能可能由头肾代替。有研究结果证实,虹鳟的胸腺淋巴细胞只对刀豆素A(concanvalin A,简称Con A)的刺激起反应,头肾淋巴细胞只对脂多糖(LPS)的刺激起反应,而脾脏淋巴细胞对两者的刺激均可起反应。于是推断鱼类胸腺淋巴细胞主要担当T细胞功能,而头肾的淋巴细胞则与哺乳动物和鸟类的B细胞的功能相似。

(二) 外周免疫器官

外周免疫器官包括肾脏、脾脏、淋巴结、扁桃体和消化道、呼吸道及泌尿生殖道的淋巴小结，是T、B细胞定居和对抗原进行免疫应答的场所，富含捕获和处理抗原的巨噬细胞、树突状细胞（dendritic cell）和朗格汉斯细胞（Langerhans cell）。它们能捕获抗原，并为处理后的抗原与免疫活性细胞的接触提供最大机会。这些器官与一级免疫器官不同，它们都起源于胚胎晚期的中胚层，并持续地存在整个成年期。

1. 肾脏 肾脏位于真骨鱼类的腹膜后，向上紧贴于脊椎腹面，通常达体腔全长。呈浅棕色或深棕色，甚至黑色。肾脏主要分为头肾与后肾两部分。胚胎时期前后肾脏均为成对的结构，但是在成鱼中，其形状则因种类不同而有所差异，如鮟鱇（*Lophius piscatorius*）中是两个分开的器官，而鲑的则完全融合为一个器官不等。

肾脏（头肾）是所有鱼类的造血器官。因肾脏能产生红细胞和淋巴细胞等血液细胞而具有相当哺乳动物骨髓的功能，尤其是头肾中有大量未分化的血液细胞，并混有各种白细胞、红细胞以及大、小淋巴细胞。又因肾脏具有吞噬作用的细胞和产生抗体，而担当了哺乳动物淋巴结的机能，同其他的器官或循环血液相比，巨噬细胞较多。给金鱼（*Carassius auratus*）接种抗原后，经过2 d即可从肾脏中检测到抗体产生细胞。这就是说，鱼类的肾脏（头肾）同哺乳动物的脊髓一样，具有一级免疫器官和二级免疫器官的功能。

真骨鱼类的肾脏是一个混合器官，包括有造血组织、网状内皮组织、内分泌组织和排泄组织。承担免疫学功能的主要是头肾组织，而后肾主要承担排泄功能。头肾主要为造血组织，由网状内皮细胞及其支架构成，其间充满有血母细胞。这种网状内皮细胞相当于哺乳动物骨髓中的网状内皮细胞。它们衬垫于血窦的内壁。肾门静脉血流经过这些血窦，滤过衰老细胞，补充新的细胞。肾组织中嵌有司登尼氏小体和相当于肾上腺皮质及髓质的肾组织，主要由黑素巨噬细胞（melanophagocyte）组成，称为黑素巨噬细胞中心。这种结构在哺乳动物中是没有的。它的作用主要吞噬来自血流中的异源性的物质，包括微生物、自身衰老细胞以及细胞碎片等。肾脏中含有大量的淋巴细胞和浆细胞，是抗体产生的主要器官。

2. 淋巴结 淋巴结呈圆形或豆状，遍布于淋巴循环经过的各个部位，以便捕获从身体外部进入血液淋巴液的抗原。它由网状组织构成支架，外有结缔组织包膜，其内充满淋巴细胞、巨噬细胞和树突状细胞。

淋巴结分皮质和髓质两部分。皮质位于被膜下，由被膜组成的淋巴结小梁将其分隔成许多淋巴小结（lymph nodule）。在未接触抗原前称为初级淋巴小结，由密集的小淋巴细胞组成，无明显界线。接触抗原刺激后，小结增大。小结中央染色较浅，多由网状组织和不同发育阶段的B淋巴细胞组成，称为二级淋巴小结。此处能产生淋巴细胞，故称生发中心（germinal center）。无菌动物生发中心形成很差，胸腺切除一般不影响生发中心。生发中心的周围，包括副皮质区及淋巴小结外围区，含有密集的T淋巴细胞，染色较深。新生动物切除胸腺后，此处淋巴细胞减少，故又称为胸腺依赖区。

淋巴结的中心部位为髓质。髓质分为髓索（medullary cord）和髓窦（medullary sinus）两部分。髓索是B淋巴细胞的居留处，呈条索状。其间有许多浆细胞、网状细胞和巨噬细胞。髓窦位于髓索之间，其中有网状纤维和网状细胞，并充满淋巴液。窦的内皮和网状细胞均有吞噬功能，属于单核吞噬细胞系统（mononuclear phagocyte system），是滤过淋巴液的部分，可清除淋巴液中的细菌和异物。整个淋巴结中约 70% 的淋巴细胞是 T 细胞，它们从血液重循环至淋巴结的途径，是经过毛细血管后的静脉，穿出内皮细胞而达皮质区，再移至髓窦而至淋巴输出管离开淋巴结进入淋巴管。淋巴结像滤器，异物通时可与巨噬细胞和淋巴细胞接触，因此，对细胞免疫和体液免疫都是重要的器官。

鱼类没有淋巴结。相当于哺乳动物和禽类的淋巴结的功能（至少是部分功能）由肾脏（头肾）担当。

3. 脾脏 脾脏是在真骨鱼类中唯一发现的淋巴样器官。它位于胃大弯或肠曲附近，通常为一个，但是在某些鱼类中，可分裂为两个或两个以上的小脾。健康鱼的脾脏棱角分明、暗红或黑色，脾被膜有弹性。大多数鱼类的脾脏主要由椭圆体、脾髓及黑色巨噬细胞中心组成。椭圆体是由脾小动脉分支形成的厚壁的滤过性的毛细血管组成。管内含有巨噬细胞，主要起吞噬和滤过作用。脾髓主要由嗜银纤维的支持组织和吞噬细胞构成。脾脏中含有许多黑色巨噬细胞中心，其作用类似肾脏，对血流中携带的异物有很强的吞噬能力。脾脏中含有大量的淋巴细胞，此与鱼类的体液免疫有关。

脾脏分为两部分，一部分为贮存细胞，捕获抗原和生成红细胞，称为红髓（red pulp）；另一部分主要与免疫应答有关，称为白髓（white pulp）。红髓由脾索（splenic cord）和脾窦（splenic sinus）组成，脾索为彼此吻合成网状的淋巴组织索，其中除网状细胞和 B 细胞外，还有巨噬细胞、浆细胞和各种血细胞；脾窦即血窦（hemal sinus），分布于脾索之间，血液细胞可由脾索进入脾窦。

白髓主要由密集的淋巴组织构成，沿动脉分布，分散于红髓之间。白髓包括动脉周围淋巴组织鞘（淋巴鞘）和淋巴小结（脾小结）。淋巴鞘相当于淋巴结的副皮质区，主要是 T 细胞聚居的地方，是脾的胸腺依赖区，新生动物切除胸腺后此处无 T 细胞。脾小结位于淋巴鞘的一侧，其结构与淋巴小结相似，可见散在的 B 细胞，在受到抗原刺激后可形成生发中心。脾小结周围有一层 T 细胞包围，称为外罩层，白髓周围向红髓移行的区域，称为边缘区。边缘区结构较为疏松，内有较多的巨噬细胞、淋巴细胞和丰富的血管，是血液流入白髓和红髓的门户，有很强的吞噬过滤作用。

血流中的抗原大部在脾脏被捕获，并被边缘区和被覆于红髓窦状隙的巨噬细胞所吞噬。这些细胞携带抗原至白髓的脾小结处，刺激形成生发中心，几天后形成抗体的细胞由此迁移至边缘区和红髓，并在这些部位能测出产生的抗体。

低等鱼类盲鳗没有脾脏，其肠道内的淋巴造血性组织曾被认为是相当于高等动物脾脏的组织，但是解剖学的证据否定了这种说法。七鳃鳗的肠内纵隆起了部分则被认为是相当于高等动物脾脏的"原始脾脏"。免疫组织化学技术证实了雷氏七鳃鳗（*Lampetra reissneri*）的肠内纵隆起中的浆细胞能产生特异性抗体。而且在抗体血清中呈阳性的细胞中，还存在部分形态上同淋巴球非常相似的小型细胞，表明这些细胞正由淋巴球分化为浆细胞。

软骨鱼类和真骨鱼类都具有独立的脾脏。脾脏由红髓和白髓组成，虽然可以区分出红细胞占大多数的红髓和大、小淋巴细胞及粒细胞占大多数的白髓，但是两者并没有明显的界线。脾脏中的各种分化阶段的红细胞以及淋巴细胞，表明脾脏也是鱼类的主要造血器官。脾脏具有过滤净化血液的功能，血液中的异物可被脾脏中的巨噬细胞捕获，吞噬。

作为免疫器官的鱼类脾脏的功能，还有许多问题尚待澄清。

鱼类没有扁桃体。

(三) 虾、蟹类的免疫器官

虾、蟹等甲壳动物属无脊椎动物中的节肢动物门 (Arthropoda)、甲壳纲 (Crustacea)。免疫系统在动物系统发生过程中存在由低级向高级逐步发展和完善的进化过程。虾类免疫器官包括鳃、血窦和淋巴器官。

1. 鳃　虾的鳃由鳃轴、主鳃丝、二级鳃丝组成。鳃除了作为重要的呼吸器官进行呼吸外，还是重要的免疫器官。鳃具有重要的滤过作用，此外，还在异物清除中起重要作用。进入机体内的异物，除通过血细胞吞噬作用加以清除外，还可随血淋巴进入鳃中存储和清除。各种注射或其他方式进入虾体内的异物，可经血淋巴滤入鳃丝中，并储存在鳃血窦和鳃丝末端膨大结构中，鳃丝腔中的血细胞可游走至此囊状结构中进行吞噬清除，或在蜕壳时一起蜕掉。所有进入鳃的异物，都不会通过鳃血管重新流回体内，表明鳃具有高效的主动性过滤。

2. 血窦　实质上就是充满血淋巴的腔，大、小血窦遍布全身。虾的血液循环是开放式循环，体液和血液混在一起，因此虾的血液常被称作血淋巴。虾类的血窦分布于机体各处，既是血淋巴交换的场所，也是病原微生物常常入侵的部位。血窦滤过异物后，血细胞数量明显增加，吞噬作用明显增强，吞噬体的降解产物和毒物可引起类炎症反应。

3. 淋巴器官　虾类的淋巴器官位于胃的腹侧，左右各1叶，长5~7 mm，外包被结缔组织膜，内部由淋巴小管（动脉管）和球状体组成。淋巴小管由一类具有高吞噬活性、形态相似的细胞组成，其吞噬活性比血细胞强。球状体是由退化血细胞在血窦中聚集形成的细胞团，具有酚氧化酶和过氧化物酶活性。球状体的形成是虾类对病原微生物感染做出的一种普遍反应。根据球状体的形态及其形成，可分为肿瘤样阶段（无囊状纤维细胞包绕）、球形阶段（完全被纤维包绕）、退化阶段（具有泡囊细胞）3个阶段。

虾类血淋巴中含有天然形成的或诱导产生的各种生物活性分子，包括各类抗菌因子、抗病毒因子、细胞激活因子、识别因子等，重要的有模式识别蛋白、凝集素、酚氧化酶原激活系统、溶血素、抗菌肽、热休克蛋白等。这些免疫因子在识别外来病原菌和病毒等异物，通过凝集、沉淀、包裹和溶解等方式抑制或杀灭病原体，通过调理作用促进血细胞吞噬外来颗粒等方面发挥作用。

二、免疫细胞

免疫细胞泛指所有参与免疫应答或与免疫应答有关的细胞及其前身。人和哺乳类的各种免疫细胞均源于多能造血干细胞 (hematopoietic stem cells, HSC)。HSC分为髓系祖细胞 (myeloid progenitor)、淋巴系祖细胞 (lymphoid progenitor)。髓系祖细胞分化产生粒细胞（中性、嗜酸性、嗜碱性）、单核-巨噬细胞、巨核细胞、树突状细胞及红细胞的母细胞；淋巴系祖细胞分化产生T细胞、B细胞、NK细胞及部分树突状细胞。由于在免疫中的功能差异，免疫细胞可分为：①抗原递呈细胞 (antigen presenting cell, APC)，又称辅佐细胞 (accessory cell, A细胞)，即对抗原进行捕捉、加工和处理的细胞，如单核吞噬细胞、树突状细胞、并指状细胞、B细胞等。②淋巴细胞 (lymphocyte)，是许多形态上相似而功能不同的细胞群体，分为T细胞、B细胞、NK细胞、K细胞，其中最为重要的是免疫活性细胞 (immunocompetent cell, ICC)，即接受抗原刺激后能分化增殖，产生特异性免疫应答的细胞，这类细胞主要是T细胞、B细胞。③其他免疫细胞，即以其他方式参与免疫应答或与免疫应答有关的细胞，如粒细胞、肥大细胞、红细胞等。

(一) 抗原递呈细胞

1. 单核细胞（monocyte） 存在于血液中，随血液循环迁移到组织中定位，并分化成熟为巨噬细胞（macrophage，MΦ）。MΦ分布于全身结缔组织中及小血管周围的基底膜，在肺、肝、脾血窦、淋巴结髓窦及肾小球处尤为丰富。MΦ寿命较长，胞内富含溶酶体及线粒体，具有很强的吞噬功能，有吞噬、过滤、清除病原体（细菌、真菌、病毒、寄生虫等）、体内凋亡的细胞及各种异物（尘埃颗粒、蛋白质复合分子）的作用。其免疫功能主要有：①吞噬和杀伤作用。可吞噬、杀灭多种病原体及处理体内衰老损伤细胞，是机体非特异性免疫及维持自身稳定的重要免疫细胞之一。其细胞表面具有IgG Fc受体和补体C3b受体，在特异性IgG抗体和补体参与下，可通过调理吞噬作用增强吞噬杀菌功能。②抗肿瘤作用。通过被某些免疫分子（如IFN-γ）或肿瘤抗原等物质激活后具有很强的杀肿瘤作用。③递呈抗原作用。MΦ摄取抗原后在胞内加工，精选出免疫多肽，与胞内主要组织相容复合体MHC-Ⅱ分子结合成Ag-MHC-Ⅱ类分子复合物，并将复合提呈给Th细胞，激发免疫反应。④合成分泌各种活性因子。MΦ能合成分泌50余种生物活性物质，如中性蛋白酶、溶菌酶等多种酶类、白细胞介素1、干扰素、前列腺素、血浆蛋白和各种补体成分等。

2. 其他抗原递呈细胞 抗原递呈细胞除巨噬细胞外，还有树突状细胞（dendritic cell，DC），它是一组非淋巴样单核细胞，来源于骨髓，移行至不同部位而命名不同。位于淋巴小结内的称为滤泡树突状细胞，位于淋巴组织胸腺依赖区的称为并指状细胞，位于表皮和胃肠上皮层的称为朗格汉斯细胞，分布于输入淋巴管内的称为隐蔽细胞。这类细胞表面有许多树枝状突起、核不规则，富含MHCⅠ、Ⅱ类分子，其中大多数细胞表面还具有IgG Fc受体和补体C3b受体。因此它们能有效捕获以免疫复合物形式存在的抗原，并在加工处理后将抗原呈递给周围的T细胞、B细胞，产生免疫应答。但DC表面缺乏T、B细胞表面具有的特异性抗原受体。此外，B细胞也是一种特殊的抗原递呈细胞，肿瘤细胞和病毒感染的靶细胞也具有抗递呈作用。

(二) 淋巴细胞

1. B淋巴细胞 B淋巴细胞是在人和哺乳动物的骨髓或禽类法氏囊中发育分化成熟的，故称骨髓依赖淋巴细胞（bone marrow dependent lymphocyte）或囊依赖淋巴细胞（bursa dependent lymphocyte），简称B细胞。B细胞发育分子两个阶段。第一阶段不需抗原刺激，在造血组织内进行，发育过程为：多能干细胞（源于骨髓，胚胎期来源于卵黄囊和胚肝）→前B细胞→不成熟B细胞→成熟B细胞。第二阶段B细胞离开造血组织后，进入外周淋巴组织，并在抗原刺激下活化、增殖，分化为浆细胞，产生和分泌特异性抗体，介导体液免疫。浆细胞一般只能存活2 d。一部分B细胞成为免疫记忆细胞，参加淋巴细胞再循环，它可存活100 d以上，是长寿B细胞。

B淋巴细胞膜表面有可供鉴别的膜蛋白，即淋巴细胞的表面结构，它是免疫细胞的表面标志，包括表面抗原和表面受体。前者指其细胞表面上能被特异抗体所识别的表面分子，又称分化抗原或分化群（cluster of differentiation，CD）。后者指其细胞表面能与相应配体（特异性抗原、绵羊红细胞、补体等）发生特异性结合反应的分子结构。但表面抗原和表面受体并无严格区别，如有些表面受体已命名为CD抗原。B淋巴细胞特有或涉及B细胞的CD分子有29种，主要的表面标志有：①细胞表面的免疫球蛋白（membrane surface immunogolbulin，SmIg）。SmIg既是抗原的受体，能与相应的抗原特异性结合，又是表面抗原，能与抗免疫球蛋白的抗体特异性结合。SmIg是可作为鉴别B细胞的一个主要特征，用常用荧光素或铁蛋白标记的抗免疫球蛋白的抗体来鉴别B细胞。②Fc受体（Fc receptor，FcR）。FcR能与免疫球蛋白的Fc片段结合，大多数的B细胞有IgG的Fc受体称FcγR，B细胞表面的FcγR与抗原抗体复合物结合，有利于B细胞对抗原的捕获和结合以及B细胞的激活和抗体产生。Fc受体还能与靶细胞（如肿瘤细胞）上的抗体结合，借以杀死靶细胞。检测带有Fc受体的B细胞可用抗牛或鸡红细胞抗体致敏的牛或鸡红细胞作EA花环试验，或用荧光素标记的凝聚的免疫球蛋白或可溶性免疫复合物（标记蛋白抗原）进行检测。③补体结合受体（complement receptor，CR）。大多数的B细胞表面存在能与C3b和C3d发生特异性结合的受体，分别称为CRⅠ和CRⅡ（即CD35和CD21）。CR有利于B细胞捕捉与补体结合的抗原抗体复合物，CR被结合后，可促使B细胞活化。B细胞的补体受体常用EAC花环试验检测，方法是将红细胞（E）、抗红细胞（A）和补体（C）的复合物与淋巴细胞混合后，可见B细胞周围有红细胞围绕形成的花环，T细胞无此受体，故用EAC花环试验鉴别这两种细胞。④丝裂原受体。刺激B细胞转化的丝裂原有葡萄球菌A蛋白（SPA），LPS只刺激小鼠的B细胞转化，美洲商陆丝裂原（PWM）能刺激B、T细胞转化，但B细胞的转化有赖于T细胞的存在。⑤其他表面分子，如CD79，（为B细胞特有）、白细胞介素Ⅱ受体、CD9、CD10、CD19、CD20等。

对B细胞亚群及其功能研究较少，有人根据B细胞是否表达CD5抗原，分为$CD5^+$ B细胞和$CD5^-$ B细胞（即习惯所称的B细胞）。前者产生抗体的过程为T细胞非依赖性，后者为T细胞依赖性。$CD5^+$ B细胞在机体内出现早，定位于腹腔或胸腔，是机体发育早期独特型网络的主要细胞，也是机体新生期产生低亲和性、多特异性IgM自身抗体以及产生针对细菌脂多糖类的"天然"抗体的主要细胞。$CD5^-$ B细胞是形态较小、比较成熟的B细胞，在体内出较晚，定位于淋巴器官，可产生高亲和性IgG类抗体。此外，B细胞还有抗递呈和免疫调节功能。

2. T淋巴细胞 人和哺乳动物的T细胞来源于骨髓的多能干细胞（胚胎期来源于卵黄囊和胚肝），多能干细胞中的淋巴样干细胞分化为前B细胞和前T细胞。前T细胞在胸腺微环境的影响下，由皮质到髓质分化发育为成熟的胸腺细胞，即T淋巴细胞（thymus dependent lymphocyte），简称T细胞。在前T细胞发育成T细胞的过程中，胸腺细胞须经过阳性选择和阴性选择。阳性选择过程是：前胸腺细胞最初为$CD4^-$、$CD8^-$双阴性细胞，随后发育成为$CD4^+$、$CD8^+$的双阳性细胞，后者表面的TCRαβ若能与胸腺皮质上皮细胞表达的MHC-Ⅰ类或MHC-Ⅱ分子结合，即可分别分化为$CD8^+$细胞或$CD4^+$细胞，否则会发生细胞程序死亡，又称凋亡（apoptosis）。阴性选择过程是：胸腺皮质和髓质交界处的MΦ和树突状细胞表达高水平的MHC-Ⅰ、Ⅱ类抗原，后者与自身抗原结合成复合物。经过阳性选择后的胸腺细胞如能识别此复合物，即产生自身耐受并停止发育。不能识别该MHC分子-自身抗原复合物的胸腺细胞才能继续发育。经历上述与MHC有关的选择过程，T细胞才分化成为能与异物抗原发生反应的$CD4^+$和$CD8^+$的单阳性细胞，随后经外周血循环进入外周淋巴器官中定居和增殖，并可经血液→组织→淋巴→血液循环巡游全身各处。T细胞接受抗原刺激后活化、增殖和分化为效应T细胞，执行细胞免疫功能。效应T细胞是短命的，一般存活4~6 d，其中一部分变为长寿的免疫记忆细胞，进入淋巴细胞再循环，它们可存活数月至数年。

T细胞也有一些表面标志：①T细胞抗原受体（TCR）。所有T细胞表面具识别和结合特异性抗原的分子结构，称为T细胞抗原受体（T cell antigen receptor，TCR）。外周T细胞功能性TCR大多由α和β两条肽链组成，称为TCRαβ异二聚体。通常TCRαβ与CD3分子通过非共价结合，组成TCR-CD3复合受体分子表达于T细胞表面。每个T细胞克隆有不同于其他T细胞克隆的TCR，它们分别识别不同的抗原决定簇；同一克隆T细胞具有完全相同的TCR，可以识别同一抗原决定簇。现已记证实T细胞抗原受体不能直接识别和结合游离的可溶性抗原，只能识别经抗原呈递细胞（APC）加工处理后表达于APC表面的与MHC分子结合的抗原分子。这与B细胞识别抗原有所不同。②绵羊红细胞受体，简称E受体，是人类T细胞特有的表面标志之一。在一定的实验条件下，T细胞与绵羊红细胞结合，可形成玫瑰花样的细胞集团，称为E玫瑰花结。E玫瑰花结试验常用来检测受试者外周T细胞的比例和数量，能间接反映机体的细胞免疫功能状况。③有丝分裂原受体。有丝分裂原是指能非特异性刺激细胞发生有丝分裂的物质。这些物质有植物血凝素（PHA）、刀豆蛋白A（Con A）、美洲商陆丝裂原（PWM）、脂多糖（LPS）、葡萄球菌A蛋白（SPA）和聚合鞭毛素等。PHA、Con A、PWM可使T细胞发生有丝分裂，转化淋巴母细胞（原淋巴细胞）。表明T细胞表面有它们的相应受体。④白细胞介素受体。白细胞介素（interleukin，IL）是免疫细胞和非免疫细胞产生的一组能够介导白细胞间和其他细胞间相互作用的细胞因子。外周T细胞接受抗原或有丝分裂原刺激后，可在不同分化发育阶段表达一系列白细胞介素受体（IL-R），如IL-1R、IL-2R、IL-4R、IL-6R等。这些受体与相应的配基（即白细胞介素）结合，可促进或诱导T细胞活化、增生、分化和成熟。

根据T细胞表面标志和功能不同有五个亚群：幼稚辅T细胞（naive helper T cell，Th）、Th1细胞、Th2细胞、细胞毒性T细胞（cytotoxic T lymphocyte，Tc或CTL）和抑制性T细胞（suppressor T cell，Ts）。CD4分子是前三类细胞的共同具有的表面标志，这类细胞简称$CD4^+$细胞，它们识别抗原受MHCⅡ分子限制。CD8分子是Tc细胞和Ts细胞具有的表面标志，这类细胞简称$CD8^+$细胞，它们识别抗原受MHCⅠ分子限制。而TCRαβ、CD3、和CD2是五类T细胞亚群共有的表面标志。在功能上，Th细胞主要是调节细胞免疫和体液免疫；Th1细胞引起炎症反应和迟发型超敏反应；Th2细胞引起体液免疫应答和速发型超敏反应；细胞毒性T细胞能特异性杀伤靶细胞，发挥细胞免疫效应；抑制性T细胞主要是抑制体液和细胞免疫应答。

3. K细胞 K细胞是杀伤细胞（killer cell，WK cell）的简称，为一类具有杀伤作用的淋巴细胞，其表面特征及免疫效应等方面均不同于T、B细胞，K细胞膜上无SmIg和绵羊红细胞（SRBC）受体，一般认为它是直接由骨髓多能干细胞衍生而来，不通过胸腺或腔上囊相当器官。但K细胞膜上有FcγR，只能杀伤被抗体覆盖的靶细胞，这种作用称为抗体依赖性细胞介导的细胞毒作用（antibody dependent cell-mediated cytotoxicity，ADCC）。当特异性IgG的Fab段与靶细胞膜上的抗原决定簇结合后，其Fc段因构形变化而活化，因而能与K细胞上的Fc受体结合，从而触发对靶细胞的杀伤或破坏。K细胞Fc受体的活力远较B细胞大，而且其杀伤作用是非特异的，凡结合了抗体的靶细胞均可被K细胞杀伤。如果用酶破坏Fc段，或先用IgG封闭K细胞上的Fc受体，则靶细胞不被杀伤。

K细胞占人体外外周血淋巴细胞总数的5%～10%。主要存在于腹腔渗出液、血液和脾脏中，淋巴结中很少，在骨髓、胸腺和胸导管中含量极微。K细胞所杀伤的靶细胞一般较大，不易被吞噬细胞吞噬，如寄生虫、真菌、病毒感染细胞、恶性肿瘤细胞及同种移植物组织细胞等。因此，K细胞在抗感染、抗肿瘤、移植排斥反应、超敏反应和自身免疫病等方面有一定意义。

4. NK细胞 NK细胞是自然杀伤性细胞（natural killer cell，NK）的简称，它是一群不依赖抗体参与，也不需要抗原刺激和致敏就能杀伤靶细胞的淋巴细胞。该类细胞表面存在首识别靶细胞表面分子的受体结构，通过此受体与靶细胞结合而发挥杀伤作用。NK细胞表面有干扰素和IL-2受体。干扰素作用于NK细胞后，可使NK细胞增多识别靶细胞的结构和增强溶解杀伤活性。IL-2可刺激NK细胞不断增殖和产生干扰素，发挥更大的杀伤作用。NK细胞表面也有IgG的Fc受体，凡被IgG结合的靶细胞均可破NK细胞通过其Fc受体的结合而导致靶细胞溶解，即NK细胞也具有ADCC作用。

NK细胞有许多表面标志，但多数为其他细胞共有：①CD16，是NK细胞表面一种低亲和力IgG Fc受体；②CD56；③CD57。

NK细胞主要存在于外周血和脾脏中，淋巴结和骨髓中很少，胸腺中不存在。NK细胞的主要生物功能为非特异性地杀伤肿瘤细胞、抵抗多种微生微生物感染及排斥骨髓细胞的移植。对生长旺盛的细胞如骨髓细胞和B细胞也有一定的杀伤作用，因而有一定的免疫调节作用。

5. 鱼类的淋巴细胞 鱼类淋巴细胞从形态学上通常分为大、小淋巴细胞，但在实质上，这两类淋巴细胞在潜能上并无差异。小淋巴细胞的平均大小在不同的鱼类中有所不同，在鲽中其平均直径为4.5 μm，在金鱼中为8.2 μm，在人则为6.0 μm。细胞核几乎占据了整个细胞质。鱼类淋巴细胞的数量较哺乳动物明显增多，例如鲽为每平方米48×10^3个，而人的则为2×10^3。

（1）淋巴细胞的来源。鱼类淋巴细胞主要来源于胸腺。Turpent（1973）采用三倍体蛙胚胎和二倍体蛙胚胎之间交互进行未分化胸腺原基的移植试验，由这些胚胎发育而成的蛙体的90%以上的淋巴细胞的染色体数与胸腺原基均相同。这充分说明了在低等动物中，胸腺器官是整个淋巴细胞群的主要发源地，而不像哺乳动物那样，由骨髓干细胞而来。除了胸腺之外，肾脏也是产生淋巴细胞的主要器官。脾脏的淋巴细胞数目较少，在淋巴细胞的生成中，可能处于次要地位。

在硬骨鱼中，如虹鳟和鲤，其血流中淋巴细胞出现的时间与淋巴器官的形成是一致的。随着胸腺内细胞的大量分化，血中和肾脏中同时出现淋巴细胞，然后肾脏迅速形成含大量的淋巴细胞的器官，脾脏则较晚。淋巴细胞出现分化的确切时间在各种鱼类中有所差异，这也与鱼类的生长发育的速度有关。孵育前后正好是小淋巴细胞形态学成熟的时间。

（2）淋巴细胞的发育。从形态学鉴定，孵育前或孵育后不久，淋巴细胞就出现了，但是它们的功能尚未成熟。哺乳动物的外周淋巴细胞的功能是能够携带它们相关的抗原，并以此表面标志可以从淋巴细胞的群体中鉴别它们。成年鱼也是这样，所有携带抗原标志的淋巴细胞都可以与某些抗原决定簇产生反应。这种标志即免疫球蛋白受体，它与淋巴细胞的抗原识别位点有关。

在硬骨鱼中，尽管孵化后35 d，胸腺和肾脏充满了淋巴样细胞，但淋巴细胞的表面缺乏Ig标志，至孵化后48 d，多数的淋巴细胞才具有Ig表面标志。这与鱼的第一次开食是相吻合的。所以在这之前，鲑鱼苗产生抗体反应是不大可能的。

采用单克隆抗体技术，对鲤的淋巴细胞的发育进行检测。三株单克隆抗体，分别为 Ig^+T^+、Ig^+T^-、Ig^-T^+（Ig 为免疫球蛋白标志，T 为胸腺细胞标志），在不同的时间里去检测鲤鱼苗中的胸腺和肾脏的淋巴样细胞。带有不同标记的淋巴细胞在各淋巴器官中出现的时间并不是一致的，而是有先有后。如有胸腺细胞标志的淋巴细胞（Ig^+T^+、Ig^-T^+）首先在胸腺出现，然后才在肾脏中出现。Ig^+T^- 细胞（可能是 B 淋巴细胞）在胸腺里是缺乏的，而在肾脏则出现特别晚。尽管淋巴细胞在发育上出现较早，但在它们能够执行免疫反应之前，仍然需要一段成熟时间。

（3）淋巴细胞的分群。在哺乳动物中，淋巴细胞有 B 淋巴细胞 T 淋巴细胞之分。而参与鱼类免疫的细胞主要是吞噬细胞和淋巴细胞。鱼类的淋巴细胞是否存在异质性问题，早在 20 世纪 70 年代就提出来了。切除鱼类的胸腺后，血中的淋巴细胞大大减少，但血清中仍有免疫球蛋白。通过大量的科学试验证明，现已明了，鱼类具有类似于哺乳动物的 T 淋巴细胞和 B 淋巴细胞。Lobb 等和 De Luea 等采用单克隆抗体技术，再一次证明了鲑、斑点叉尾鮰和鲤均具有这两类淋巴细胞。但是，应该看到，鱼类的两类淋巴细胞毕竟不像哺乳动物那样有截然不同的特性和标志。利用膜表面受体作为区别鱼类的 T 淋巴细胞和 B 淋巴细胞是不行的，因为鱼体的大多数淋巴细胞（包括胸腺淋巴细胞在内）的表面都具有膜表面球蛋白。

（4）淋巴细胞的重循环。在哺乳动物中，淋巴细胞有自血液到淋巴液，再返回血液的重循环过程。鱼体的淋巴细胞也可能是这样的。鱼体的淋巴液是自肌肉组织和皮肤流入神经淋巴管后部的。自鲽的神经淋巴管后部取出的淋巴液，含有淋巴细胞和其他白细胞，由于这些淋巴管分布区无淋巴细胞生成组织，因此推测，这些细胞来自流经这一区域的血液。神经淋巴管流入总主静脉，其中的细胞也流入血液系统。

真骨鱼类有发达的淋巴系统。鲤的淋巴占整个血液的 1.5%～5%。

（5）淋巴细胞的趋向性。根据鲽的某些试验表明，鱼类的淋巴细胞也有辨认和游走入某些特定组织中的能力。小淋巴细胞游走入肾脏和脾脏的淋巴组织，但不进入胸腺。当这些细胞滞留于肾脏和脾脏时，能够利用标记物氧化尿苷合成 RNA 中。大淋巴细胞和小淋巴细胞均能游走入包括脾脏红髓在内的非淋巴组织中，但并不将标志物结合入 RNA 之中。这些结果表明至少有两群游走方式不同的淋巴细胞。

（6）淋巴细胞对促有丝分裂素的反应。鱼类的淋巴细胞也能为促有丝分裂素所激活。Ellinger 等采用虹鳟和鲽进行试验，结果表明胸腺细胞能为 ConA 所激活，但不为 B 淋巴细胞促有丝分裂素所激活。来自肾脏的细胞则主要对 B 淋巴细胞促有丝分裂素反应。脾脏的淋巴细胞对这两类促有丝分裂素均起反应。这说明脾脏中的淋巴细胞是一个混合的群体。

（7）鱼类的自然杀伤细胞。鱼类中存在着自然杀伤细胞（NK 细胞）。来自虹鳟和鲑的头肾、脾脏和末梢血液中的自然杀伤细胞可直接杀伤鱼体内的各种靶细胞，甚至对感染有传染性胰脏坏死病病毒的细胞也显示出伤害活性。鱼体内的自然杀伤细胞可根据大小、形态与淋巴细胞区别开来。用单克隆抗体对自然杀伤细胞的受体分析的结果表明，肾脏中的 25%～29% 的细胞、脾脏中的 42%～45% 的细胞、末梢血液中的 2.5% 的细胞具有这种特性。

6. 虾类免疫细胞　虾类免疫细胞包括血细胞和固着性细胞。

（1）血细胞。又称血淋巴细胞。根据血细胞中有无颗粒及其颗粒大小，将其分为透明细胞、小颗粒细胞和颗粒细胞 3 种类型。不同类型血细胞所起的作用不同（表 10-2），其中吞噬作用是血细胞最重要的细胞免疫反应。

表 10-2　虾类血淋巴细胞的免疫功能

细胞类型	免疫功能
透明细胞	吞噬作用，参与血淋巴凝固，伤口修复
小颗粒细胞	包掩作用，吞噬作用，储存和释放酚氧化酶原激活系统，细胞毒作用
颗粒细胞	储存和释放酚氧化酶原激活系统，细胞毒作用，伤口修复

① 透明细胞。近球形，直径 10～12 μm，核质比较高，细胞质中含有少量核糖体、粗面内质网、滑面内质网和线粒体，无电子致密颗粒存在，故又称为无颗粒细胞。透明细胞存在于血淋巴中，也存在于细菌与病毒混合感染的组织器官内。透明细胞具有较强吞噬能力，其吞噬活力可被体外活化的酚氧化酶组分激活。

② 小颗粒细胞。球形或卵圆形，直径 9～11 μm，核质比较低，细胞质中含有大量较小的高电子密度颗粒（直径 0.4 μm 左右）和线粒体。小颗粒细胞是甲壳动物免疫防御反应的关键细胞，具有很强识别和吞噬异物能力。小颗粒细胞在体外条件下对外源物质非常敏感，极易脱颗粒，释放酚氧化酶系统组分，并且小颗粒细胞在脱颗粒后才具有吞噬活性。

③ 颗粒细胞。球形，直径 20～30 μm，核质比较低，细胞质中含有较多体积大的高电子密度颗粒（直径 0.8 μm 左右），颗粒内含有大量酚氧化酶原。此类细胞无吞噬能力，附着和扩散力也较弱。用 β-1,3-葡聚糖和脂多糖处理颗粒细胞时，通常观察不到脱颗粒现象，但活化酚氧化酶原系统处理时可使其迅速进行胞吐作用，释放大量酚氧化酶，进而促进透明细胞的吞噬作用。

以上 3 种血细胞在虾类免疫防御反应中表现出相互协同作用，小颗粒细胞对异物敏感，在异物刺激下发生胞吐作用，释放酚氧化酶系统组分；活化酚氧化酶系统组分一方面作用于透明细胞，诱导其发挥吞噬作用，另一方面又可刺激颗粒细胞释放更多的酚氧化酶系统组分，参与体液免疫应答。

(2) 固着性细胞。主要指分布在不同组织中的吞噬或免疫功能细胞，包括鳃、触角腺足细胞、附着在心脏和肌纤维上的吞噬性贮藏细胞，以及连接肝、胰腺细动脉的洞样血管内的固着性吞噬细胞。固着性细胞具有识别、吞噬和清除病原及外源蛋白类物质的能力。

(三) 其他免疫细胞

1. 中性粒细胞（neutrophil）　中性粒细胞是血液中主要的吞噬性粒细胞，具有高度的移动性和吞噬功能。细胞表面有 Fc 及 C3b 受体。在防御感染中起重要作用，可分泌炎症介质，促进炎症反应并可处理颗粒性抗原提供给巨噬细胞。

2. 嗜酸性粒细胞（eosinophil）　嗜酸性粒细胞细胞质内有许多嗜酸性颗粒。该颗粒在电子显微镜下呈晶体样结构，颗粒中含有多种酶，尤其富含过氧化物酶。在寄生虫感染及 I 型超敏反应性疾病中常见嗜酸性粒细胞增多。嗜酸性粒细胞能结合至被抗体覆盖的血吸虫体上，杀伤虫体，且能吞噬抗原抗体复合物，同时释放出组胺酶、磷脂酶 D 等一些酶类，可分别作用于组胺、血小板活化因子，在 I 型超敏反应中发挥负反馈调节作用。

3. 嗜碱性粒细胞（basophil）**和肥大细胞**（mast cell） 嗜碱性粒细胞内含大小不等的嗜碱性颗粒，颗粒内含有组胺、白三烯、肝素等等参与Ⅰ型超敏反应的介质，细胞表面有IgE的Fc受体，能与IgE结合，带IgE的嗜碱性粒细胞与特异性抗原结合后，立即引起细胞脱粒，释放组胺等介质，引起过敏反应。

肥大细胞存在于周围淋巴组织、皮肤的结缔组织，特别是在小血管周围、脂肪组织和小肠黏膜下组织中。肥大细胞的IgE的Fc受体、细胞质内的嗜碱性颗粒、脱粒机制及其在Ⅰ型超敏反应中的作用与嗜碱性粒细胞十分相似。

4. 红细胞（erythrocytes） 红细胞除有携带和运输氧的功能外，还有具有免疫功能，近来研究表明各种分类地位不同的动物的红细胞都有一定的吞噬作用，红细胞表面具有C3b受体，有很强的免疫黏附作用，它参与增强吞噬作用、清除免疫复合物、识别和携带抗原、增强T细胞反应等。

5. 鱼类吞噬细胞 采用微粒碳液对虹鳟进行腹腔注射，可以证明，虹鳟的主要吞噬器官是肾脏、脾脏和心包。孵育后第4天，脾脏尚未发育，肾脏中未发现有淋巴样细胞，注入的碳微粒被鳃的巨噬细胞以及皮肤和消化道的相应组织所吞噬，肾脏吞噬的极少。孵育后第18天，肾脏充满了淋巴样细胞，脾脏开始发育，此时注入碳颗粒主要通过鳃和肾脏的吞噬细胞，一部分也被脾脏和心包膜所吞噬。随后的几个星期，除了鳃的吞噬作用减少外，其他均维持这种状态，一直到成年。

鱼类吞噬细胞也像哺乳动物那样，分为游走的吞噬细胞和固定的吞噬细胞。它包括造血器官中的单核细胞、血流中的淋巴细胞及单核细胞、疏松结缔组织中巨噬细胞、肾脏和脾脏中的固定巨噬细胞以及心房中的固定的巨噬细胞。真骨鱼类的肝脏中基本中无吞噬和滤过作用，而主要是通过肾脏和心房来承担。

值得注意的是，真骨鱼类的吞噬细胞不论是固定的还是游走的，一旦满载吞噬物即形成聚集体。这些聚集体通常见于造血组织中的黑色巨噬细胞中心，也可见于慢性炎症损害灶内及其附近一带，并且往往含有色素。聚集体内的色素是否纯粹来自于外界，尚不清楚。在聚集体周围通常为淋巴细胞所包围，这可能与防御有关，另一方面也与免疫有关。

第三节 抗原与抗体

一、抗 原

（一）抗原的概念

抗原（antigen）是能刺激机体产生抗体（antibody）和致敏淋巴细胞并能与之结合引起特异性免疫反应的物质。抗原具有抗原性（antigenicity），抗原性必须包含两个特性：一个是免疫原性（immunogenicity），即抗原能够刺激机体产生抗体和致敏淋巴细胞；另一个是反应原性（reactinogenicity），即抗原能与相应的抗体及致敏的淋巴细胞特异性结合产生免疫效应，也称为免疫反应性（immunoreactivity）。

（二）构成抗原的条件

1. 异源性 免疫系统有区分"自己"与"异己"物质的能力，对"自身物质"不产生免疫反应，而对"非自身物质"则产生免疫反应，因此对机体免疫系统是"非自身"的物质，如异种物质、同种异体物质，以及未曾与免疫系统接触过的和已改变化学组成的自身物质均是抗原。

异种物质包括微生物、各种动物的血清蛋白、组织细胞等。

同种异体的组织的细胞成分之间也有差异，例如人类不同个体的 A、B、O 血型的红细胞抗原不同，人类白细胞等有核细胞上组织相容性抗原也存在差异，因个体间这些细胞的表面抗原有所不同，所以不配型的输血、皮肤器官移植时，会产生免疫排斥反应。

自身组织通常对自身机体无抗原性，但是因外伤、感染、电离辐射、药物等影响，自身组织发生了改变，就可以成为自身抗原（autologous antigen），可激发免疫系统产生免疫反应，导致自身免疫疾病的发生。

2. 分子的大小　　大分子的物质、如蛋白质或多糖、核酸、脂类与蛋白质的复合物均是强抗原。多糖或人工合成的聚多肽或其他多聚物在适宜的条件下，也可有免疫原性。而氨基酸、单糖、核酸等小分子物质无抗原性，因此一定的相对分子质量是抗原的必要条件。一般天然蛋白质相对分子质量在 10 000 以上，才有较好的抗原性，相对分子质量越大，抗原性越强。相对分子质量小于 5 000 的物质，免疫原性较弱。相对分子质量在 1 000 以下为半抗原（hapten），没有免疫原性，但是与大分子蛋白质载体结合后可以获得免疫原性。不过，单纯相对分子质量大并不一定具有免疫原性。相对分子质量 100 000 的明胶无抗原性，因为明胶是直链的氨基酸，并缺乏酪氨酸、苯丙氨酸等芳香族氨基酸，其稳定性差，在体内易被降解。而胰岛素相对分子质量虽然只有 5 734，但是却是很好的抗原。

3. 化学组成、分子结构与立体构象的复杂性　　除相对分子质量大小对抗原性具有一定的影响外，分子的化学组成、分子结构与立体构象的不同，其免疫原性也会有一定的差异。一般而言，分子结构和空间构象越复杂的物质免疫原性越强，如球形蛋白分子的免疫原性比纤维形的蛋白分子的免疫原性强，结合状态的蛋白质比单体蛋白质的免疫原性强。

如果采用物理和化学的方法改变抗原的空间构象，其原有的免疫原性也随之改变和消失。同一分子不同的光学异构体之间的免疫原性也有差异。

4. 物理状态　　不同物理状态的抗原物质其免疫原性也有差异。颗粒性抗原的免疫原性通常较可溶性抗原强。许多抗原性较差的蛋白质，一旦凝集或吸附在某些固体颗粒表面，就可获得较强的抗原性，如蛇毒的抗原性一般较弱，当它吸附于纤维素的表面，就获得较强的抗原性。

当蛋白质被消化酶分解为小分子物质后，一般都会失去抗原性。抗原物质通常要通过非消化道途径以完整的分子状态进入体内，才能保持抗原性。

（三）抗原的特异性与抗原决定簇

抗原具有能与相应免疫效应的物质（即抗体或致敏的 T 淋巴细胞）发生特异性结合或反应的特性，这就是免疫反应的特异性。特异性是免疫反应的最大特点，也是免疫学，特别是免疫诊断与预防的根据。这种特异性是由存在于抗原分子表面具有特殊立体构型和免疫活性的化学基团——抗原决定簇（antigenic determinant）的性质、数目、空间构型所决定的。由于抗原决定簇通常位于抗原分子表面，因而又称为抗原表位。

1. 构象决定簇和顺序决定簇　　抗原分子中由分子基团间特定的空间构象形成的决定簇称为构象决定簇（conformational determinant），也称为不连续决定簇（discontinuous determinant），一般是由位于伸展肽链上相距较远的几个残基，或位于不同肽链上的几个残基，由于抗原分子内肽链盘绕折叠而在空间上彼此靠近而构成。因此，其特异性依赖于抗原大分子整体和局部的空间构象。如果空间构象发生改变，其抗原性也随之改变。抗原分子中直接由分子基团的一级结构序列（如氨基酸序列）决定的决定簇称为顺序决定簇（sequential determinant），也称为连续决定簇（continuous determinant）。

2. 决定簇的大小与数量 抗原决定簇的大小是相当恒定的，但是也有差异，通常具有 5 000～7 000 nm 的表面积，其大小主要受免疫活性细胞膜受体和抗体分子的抗原结合点所制约。蛋白质分子抗原的每个决定簇由 57 个氨基酸残基组成，多糖抗原由 56 个单糖残基组成一个抗原决定簇，核酸抗原的决定簇由 58 个核苷酸残基组成。

抗原分子决定簇的数目称为抗原的抗原价（antigenic valence）。含有多个抗原决定簇的抗原称为多价抗原（multivalent antigen），只有一个决定簇的抗原称为单价抗原（monovalent antigen），如简单半抗原。根据决定簇特异性的不同，又有单特异性决定簇（monospecific determinant）和多特异性决定簇（multispecific determinant）之分，前者只有一种特异性决定簇，后者则含有两种以上不同特异性的抗原决定簇。

抗原分子表面能与免疫活性接近，对激发机体的免疫应答起决定意义的抗原决定簇称为抗原的功能价（function valent），隐蔽于抗原分子内部的决定簇称为非功能价，后者只有在用酶轻度消化后才能暴露。天然抗原一般都是多价和多特异性决定簇抗原。

（四）抗原的交叉性

在众多的抗原性物质之间，难免有相同或相似的抗原组成或结构，也可能存在共同的抗原决定簇，这种现象称为抗原的交叉性或类属性。这些共有的抗原组成或决定簇称为共同抗原（common antigen）或交叉抗原（cross antigen）。种属相关的生物之间的共同抗原又称为类属抗原（group antigen）。如果两种微生物有共同抗原，它们与相应抗体相互之间就可以发生交叉反应。

（五）抗原的种类

具有抗原性的物质很多，从不同角度可以将抗原分成许多类型。

1. 根据抗原的性质分类 可分为完全抗原（complete antigen）与不完全抗原（incomplete antigen）。完全抗原是同时具有免疫原性与反应原性的抗原，既能刺激机体产生抗体或致敏淋巴细胞，又能和相应的抗体以及致敏的淋巴细胞相结合的抗原。不完全抗原又称半抗原，是只具有反应原性而不具有免疫原性的抗原。如多糖、类脂等一些小分子的物质，它们单独进入机体内，不能刺激机体产生相应的抗体和致敏的淋巴细胞，但是能与相应的抗体及致敏的淋巴细胞相结合产生反应。把一些半抗原附着于一些大分子的物质上（称为载体）就可以导致出它的免疫原性，形成一种完全抗原。

半抗原根据其与相应的抗体结合后是否出现可见反应，可分为复合半抗原（complete hapten）与简单半抗原（simple hapten）。复合半抗原是不能刺激机体产生免疫学反应，如巴氏杆菌和链球菌的荚膜多糖，炭疽杆菌的荚膜多肽等都是复合半抗原。简单半抗原既不能刺激机体产生抗体，在与相应抗体结合后也不出现可见反应，但是却能阻止该抗体再与应抗原结合，这种半抗原称为简单半抗原或封阻性半抗原。如肺炎球菌的荚膜多糖的水解产物与家兔的抗肺炎球菌血清作用后，不能形成沉淀反应，但是可以与抗体特异结合，阻止该抗体与肺炎球菌荚膜多糖发生沉淀反应。酒石酸、苯甲酸等简单的化学物质都是简单半抗原。根据抗原的性质可以把抗原分类归纳如下：

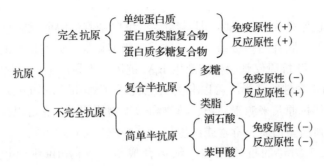

2. 根据抗原的来源分类　可分为异种抗原（heteroantigen）、同种抗原（alloantigen）、自身抗原（autoantigen）、异嗜性抗原（heterophile antigen）、内源性抗原（endogenous antigen）和外源性抗原（exogenous antigen）等。

异种抗原是存在于种属间的不同抗原。如异种蛋白、异种血清，各种微生物疫苗等都是异种抗原。

同种抗原是存在于同种间的不同个体抗原。如人和动物的血型抗原（blood group antigen）、组织相容性抗原（histocompatibility antigen，H抗原）。组织相容性抗原又称为白细胞抗原，它是同种内不同个体的组织细胞上受遗传控制的特异性抗原，除孪生兄弟外，人的组织相容性抗原均不相同，因此在异体皮肤、器官移植时均出现排斥反应。

自身抗原是动物机体自身组织在某种特定条件下形成的抗原。一般而言，自身组织对机体自身不产生免疫反应，但是在下列情况下，因外伤、感染、电离辐射、药使组织发生变性，或因癌变等都可以使组织改变原来的抗原结构而变成新的抗原，从而刺激机体产生相应抗体。某些原来与机体免疫系统隔绝的如眼晶体蛋白、精子等都是自身抗原。当这些自身抗原因某种原因（如外伤）而进入血流，也可刺激机体产生相应的抗体，从而引起自身免疫反应。

异嗜性抗原又称 Forssman 抗原，它是与种族特异性无关的存在于人、动物、植物和微生物之间的相同抗原（交叉抗原）。Forssman 曾采用豚鼠的肝、脾组织浸出液免疫兔，产生的抗体能与绵羊红细胞发生凝集反应。这就是说，豚鼠与绵羊的组织细胞之间存在着相同抗原，这种相同抗原就叫作 Forssman 抗原。异嗜性抗原在自然界存在的例子也很多，如变形杆菌的菌体内含有与立克次氏体相同的抗原成分，因而立克次氏体患者的血清可与变形杆菌发生交叉反应。大肠杆菌 O_{14} 的脂多糖与人体的结肠黏膜有相同抗原存在，因而常导致溃疡性结肠炎的发生。溶血性链球菌的细胞壁与人肾小球的基底膜及心肌组织间有相同抗原，因而常导致肾小球肾炎和风湿性心瓣炎的发生。

外源性抗原是被巨噬细胞等自细胞外吞噬、捕获或与B细胞特异性结合而进入细胞内的抗原，如自体外进入的微生物、疫苗、异种蛋白等，还包括自身合成而释放于细胞外的非自身物质，如肿瘤相关抗原等。内源性抗原是自身细胞内合成的抗原，如胞内细菌或病毒感染细胞所合成的细胞抗原、病毒抗原等。

3. 根据对胸腺（T细胞）的依赖性分类　可分为胸腺依赖性抗原（thymus dependent antigen，TD）和非胸腺依赖性抗原（thymus independent antigen，TI）。

胸腺依赖性抗原简称为 TD 抗原，这类抗原在刺激 B 淋巴细胞分化成浆细胞的过程中，需要辅助性 T 淋巴细胞协助。如各种微生物，异体组织蛋白及人工复合抗原等，大多数属于此类抗原。

非胸腺依赖性抗原简称 TI 抗原，即不需要 T 淋巴细胞的协助就能直接刺激 B 淋巴细胞产生抗体的抗原。如大肠杆菌脂多糖、肺炎球菌荚膜多糖等。此类抗原的特点是由同一构成单位重复排列而成。TI 抗原仅刺激机体产生 IgM 抗体。不易产生细胞免疫，无免疫记忆。

4. 根据抗原的化学性质分类 可以分为天然抗原（natural antigen）与人工抗原（artificial antigen）。天然抗原是来源于动物、植物和微生物的抗原。它可以是细胞、细菌等颗粒性抗原，也可以是血清蛋白质、毒素或微生物的某些成分等可溶性抗原。

人工抗原是人工构建的抗原物质，包括合成抗原（synthetic antigen）和结合抗原（conjugated antigen）两类。

合成抗原是依蛋白质氨基酸序列，用人工方法合成蛋白质肽链或合成一段短肽后与大分子载体连接，使其具有免疫原性。合成抗原一方面为抗原抗体特异性的研究、抗原抗体专一性的结合机制研究提供了良好的材料，另一方面可研制人工合成肽疫苗。

结合抗原是将天然半抗原（如小分子动物、植物激素，药物分子，化学元素等）与大分子载体连接，使其具有免疫原性，用于免疫动物可以制备针对半抗原的特异性抗体。

（六）主要微生物抗原

1. 细菌抗原 细菌的抗原结构比较复杂，每个菌的每种结构都由若干抗原组成，因此细菌是多种抗原成分的复合体。根据细菌的结构，其抗原组成有菌体抗原（somatic antigen）、鞭毛抗原（flagllar antigen）、荚膜抗原（capsular antigen）和菌毛抗原（pili antigen）等。

菌体抗原又称 O 抗原，是革兰氏阴性菌细胞壁抗原，其化学本质为脂多糖的多糖侧链，与外膜连接。LPS 由类脂 A、多糖核心和多糖侧链组成。

鞭毛抗原又称 H 抗原。鞭毛由鞭毛丝、鞭毛钩和基体三部分组成，其中鞭毛丝占鞭毛的 90% 以上，因此鞭毛抗原主要决定于鞭毛丝。细菌鞭毛是一种空心管状结构，由蛋白亚单位组成，此亚单位称为鞭毛蛋白或鞭毛素。不同种类细菌的鞭毛蛋白氨基酸种类、序列等可能彼此有所不同，但是均不含半胱氨酸，芳香族氨基酸含量低，无色氨酸。鞭毛抗原不耐热，56～80 ℃即被破坏。鞭毛、鞭毛蛋白多聚体的免疫效果较鞭毛蛋白单体好，并可产生 IgG 和 IgM。鞭毛抗原的特异性较强，用其制备抗鞭毛因子血清，可用于沙门氏菌和大肠杆菌的免疫诊断。

荚膜抗原又称 K 抗原。荚膜由细菌菌体外的黏液物质组成，电子显微镜下呈致密丝状网络。细菌荚膜构成有荚膜细菌有机体的主要外表面，是细菌主要的表面免疫原。荚膜抗原的成分为酸性多糖，可以是多糖均一的聚合体和异质的多聚体。只有炭疽杆菌和枯草杆菌是 γ-D-谷氨酸多肽的均一聚合体。各种细菌荚膜多糖互有差异，同种不同型间多糖侧链也有差异。

菌毛抗原由菌毛素组成，有很强的抗原性。

2. 病毒抗原 病毒是极小的微生物，只有通过电子显微镜才能观察到，各种病毒结构不一，因而其抗原成分也很复杂，各种病毒都有相应的抗原结构。一般有 V 抗原（viral antigen）、VC 抗原（viral capsid antigen）、S 抗原（soluble antigen，可溶性抗原）和 NP 抗原（nucleoprotein antibody，核蛋白抗原）。

V 抗原又称为囊膜抗原（envelope antigen），有囊膜的病毒均具有 V 抗原，其抗原特异性主要是囊膜上的纤突（spikes）所决定的。如流感病毒囊膜上的血凝素（hemagglutinin，HA）和神经氨酸酶（neuraminidase，NA）都是 V 抗原。V 抗原具有型和亚型的特异性。

VC 抗原又称衣壳抗原。无囊膜的病毒，其抗原特异决定于病毒颗粒表面的衣壳结构蛋白，如口蹄疫病毒的结构蛋白 VP1、VP2、VP3 和 VP4 即为此类抗原，其中 VP1 能使机体产生中和抗体，可使动物获得抗感染能力，为口蹄疫病毒的保护性抗原。

3. 毒素抗原 破伤风梭菌、肉毒梭菌等多种细菌能产生外毒素，其成分为糖蛋白或蛋白质，具有很强的抗原性，能刺激机体产生抗体（即抗毒素）。外毒素经甲醛或其他方法处理后，毒力减弱或完全丧失，但是仍保持其免疫原性，称为类毒素（toxoid）。

4. 其他微生物抗原 包括真菌、寄生虫及其虫卵等，都有特异性抗原，但是其免疫原性较弱，特异性也不强，交叉反应较多，一般很少用抗原性进行分类鉴定。

5. 保护性抗原（protective antigen） 微生物具有多种抗原成分，但是其中只有少数几种抗原成分刺激机体产生的抗体具有免疫保护作用，因此，将这些抗原称为保护性抗原，或功能抗原（functional antigen），如口蹄疫病毒的 VP1、鸡传染性病囊病病毒的 VP2，肠致病性大肠杆菌的菌毛抗原 K88、K99 等和肠毒素抗原 ST、LT 等。

6. 超抗原（superantigen，SAg） 超级抗原是存在于细菌和病毒中的一类抗原。该类抗原具有强大的刺激能力，只需极低浓度（110 ng/mL）即可诱发最大的免疫效应，如一些细菌的毒素（葡萄球菌 TSST-1）和病毒蛋白（小鼠乳腺瘤病毒 3′端 LTR 编码的抗原成分）。此类抗原在被 T 细胞识用之前不需要抗原递呈细胞的处理，而直接与抗原递呈细胞的 MHC Ⅱ 亚类分子的肽结合区以外的部位结合，并以完整蛋白分子形式被递呈给 T 细胞，而且 SAg-MHC Ⅱ 类分子复合物仅与 T 细胞的 TCR 的 β 链结合，因此可激活多个 T 细胞克隆。

二、抗 体

（一）抗体的概念

抗体是机体在抗原刺激下，由 B 淋巴细胞转化为浆细胞（plasma cell）产生的，能与相应抗原发生特异性反应的免疫球蛋白（immunoglobulin，Ig）。抗体的本质是免疫球蛋白，具有各种免疫功能。抗体存在于血液（血清）、淋巴液、组织液及其他外分泌液中，因此，将由抗体介导的免疫称为体液免疫（humoral immunity）。抗体是蛋白质，因此具有蛋白质的一切通性，不耐热、在 60~70 ℃ 即可被破坏，能被各种蛋白分解酶所破坏。所有使蛋白质凝固变性物质均可使抗体失去活性。抗体可被各种中性盐类沉淀，所以常用硫酸铵或硫酸钠盐从血清中提取抗体。

（二）抗体的基本结构

抗体具有异质性，但是组成各类抗体的免疫球蛋白单体分子均具有相似的结构，即是由两条相同的重链（heavy chain）和两条相同的轻链（light chain）四条肽链构成的 Y 形的分子（图 10-3）。下面以 IgG 为例说明抗体的基本结构。

IgG 分子由四条对称的多肽链借二硫键联合组成，其中两条长链称为重链（H 链），两条短链称为轻链（L 链）。重链的相对分子质量为 50 000~77 000，由 420~440 个氨基酸构成。轻链的相对分子质量为 22 500，由 213~214 个氨基酸组成。重链从氨基端（N 端）开始的最初 110 个氨基酸的排列顺序及结构是随抗体分子的特异性不同而有所变化，这一区域称为重链的可变区（variable region，V_H），其余氨基酸比较稳定，称为恒定区（constant region，C_H）。轻链从 N 端开始最初的 109 个氨基酸的排列顺序及结构是随抗体分子的特异性不同而有所变化，这一区域称为轻链的可变区（V_L），与重链相对应，构成抗体分子的抗原结合部位，其余的氨基酸比较稳定，称为轻链的恒定区（C_L）。正是由于可变区氨基酸的种类、位置和排列顺序的不同，因而构成了与各种抗原特异性结合的抗原结合部位。用木瓜蛋白酶水解 IgG，可得到两个 Fab 片段和一个 Fc 片段（Fab 片段是抗体的结合片段，Fc 片段为抗体的可结晶片段）。用胃蛋白酶水解 IgG，可得到一个 $F(ab)_2$ 片段和两个 Fc 片段。Fab 片段具有抗体活性，

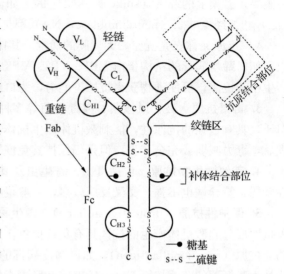

图 10-3 免疫球蛋白单体（IgG）的基本结构
（依陆承平）

Fc 片段与抗体本身的生物学特性有关。Fc 片段上有补体结合点，当 IgG 未与抗原体结合时，抗体分子呈"↑"形，遮盖了补体结合点，当抗体分子与抗原结合时，抗体分子则变成 Y 形，继而暴露了补体结合点，从而激活补体，造成一系列的生物学效应。

根据重链结构的不同，可将 Ig 分为五大类型，即 IgG、IgM、IgA、IgD 和 IgE，其重链分别为 γ、μ、α、δ 和 ε 等五种类型。所有 Ig 的轻链都相同，根据其氨基酸的序列和抗原性不同，可分为 κ 和 λ 型，各类 Ig 分子均含有 κ 型和 λ 型两类分子。

（三）各类免疫球蛋白的主要特性与功能

1. IgG 是哺乳动物最主要的免疫球蛋白，占血清中免疫球蛋白总量的 75%~80%，占血清总蛋白的 18%。IgG 是沉降系数为 7S 的单体球蛋白，相对分子质量为 160 000~180 000，在血清中的半衰期为 23 d。IgG 有抗菌、抗病毒和抗毒素作用，参与凝集反应、沉淀反应、补体结合反应和中和反应，参与Ⅱ型、Ⅲ型变态反应和某些自身免疫性疾病。

2. IgM 是由五个单体组成的五聚体，两个单体之间以通过 J 链连接。在血清中的含量约占 10%。其沉淀系数为 19S，相对分子质量为 900 000 左右。IgM 是体内最大的免疫球蛋白，所以又称巨球蛋白（macroglobulin）。它是体内免疫反应出现最早的一种免疫蛋白，故在传染病的早期检测中具有重要意义。它的免疫作用主要是抗菌、抗病毒和中和毒素等，由于 IgM 分子上含有多个抗原结合部位，所以它是一种高效能的抗体，其杀菌、溶菌、溶血、调理及凝集作用较 IgG 高。IgM 还具有抗肿瘤作用。

3. IgA 分有单体和二聚体两种形式，单体存在于血清中，称为血清型 IgA，占血清免疫球蛋白的 10%~20%；二聚体存在于唾液、泪腺、初乳、鼻气管和胃肠等分泌液中，所以又称为分泌型 IgA。分泌型 IgA 分子的相对分子质量约为 400 000，沉淀系数为 11~13S。它由黏膜的浆细胞产生，穿过黏膜层与上皮细胞的分泌片结合。分泌片是一种非免疫的糖蛋白。IgA 与黏膜局部的抗菌、抗病毒有关。

4. IgE 为单体免疫球蛋白。由消化道、呼吸道的黏膜层及局部淋巴结中的浆细胞合成。在血清中的含量甚微,人为 0.02~0.05 mg/100 mL 血清,相对分子质量为 190 000。IgE 易与肥大细胞、嗜碱性粒细胞结合,为亲细胞型抗体。IgE 的主要作用与 Ⅰ 型变态反应有关。

5. IgD 为单体结构。其相对分子质量为 170 000~200 000,沉降系数为 7S。在血清中的含量极低,而且不稳定,容易降解。IgD 主要作为成熟 B 淋巴细胞上的抗原特异性受体,是 B 细胞的重要表面标志。在识别抗原、激发 B 淋巴细胞和调节免疫应答上可能起重要作用。

表 10-3 各类免疫球蛋白的理化性质和作用的比较

比较项	IgG	IgA	IgM	IgD	IgE
重链型	γ	α	μ	δ	ε
亚单体数	4	2	2	1	1
轻链型	κλ	κλ	κλ	κλ	κλ
单体数	1	1~2	5	1	1
相对分子质量(×10^4)	16	(单体)19	90	18.5	19
血清含量(mg/100 mL 血清)	600~1 600	200~500	60~200	0.1~1.0	0.01~0.1
占 Ig 总量(%)	75	13	6	1	0.02
半衰期(d)	23	5.8	5.9	2.8	2.3
产生顺序	2	3	1	4	5
生物学作用力	抗菌、抗病毒、抗毒素、固定补体、通过胎盘	于黏膜局部抗菌、抗病毒	溶菌、溶血、固定补体	不详	参与 Ⅰ 型变态反应

(四) 抗体的生物学活性

抗体是免疫球蛋白,它具有蛋白质的一切生物学活性,除此之外,还具有一些特殊的生物学活性。

1. 特异性 即抗体能与它相应的抗原发生特异性结合,从而在体内导致免疫反应,产生生理和病理反应,在体外则引起抗原抗体反应。抗体与抗原的这种特异性结合,只有在抗体的 Fab 片段的可变区与相应抗原的决定簇的立体构型相吻合,二者所带电荷也相互对应的前提下才能结合。

2. 激活补体 抗体与相应抗原结合后,抗体的构型发生改变,其重链稳定区上的补体结合点暴露,从而使补体能与之结合,使补体得以激活,产生一系列的生物学效应。

3. 抗体的 Fc 段受体结合 例如巨噬细胞、淋巴细胞、嗜碱性粒细胞、肥大细胞、中性粒细胞以及血小板细胞等表面都有 Fc 受体,Ig 与这些细胞的 Fc 受体结合,结合的部位则因 Ig 与不同的细胞结合产生不同的后果。例如 IgE 与肥大细胞、嗜碱性粒细胞结合,可释放出组织胺样的颗粒,引起 Ⅰ 型变态反应。IgG 的 Fc 段与吞噬细胞、K 细胞以及 B 淋巴细胞的 Fc 受体结合，分别导致调理吞噬作用，抗体依赖细胞介导的细胞毒作用，从而吞饮抗原以及激活 B 淋巴细胞等。

4. 通过膜传递作用　Ig 可通过胎盘到达胎儿的血液中去，这对胎儿的抗传染免疫具有重要意义。这种抗体的传递不是简单的扩散，而是某些抗体所具有的特性。在人和某些哺乳动物只限于 IgG 能通过胎盘，到达胎儿血液中。鱼类可以通过受精卵将母源抗体传递给仔鱼。

肠道、呼吸道以及泌尿生殖道的外分泌液中，含有大量的分泌型 IgA。IgA 具有选择性地分泌到唾液、肠液、呼吸道黏液、泌尿生殖道黏液以及乳汁中。人类初乳中的 IgA 被新生婴儿摄入后很少进入血液，而滞留在肠道壁上，充分发挥作用。草食动物的抗体不能通过胎盘，新生动物主要通过初乳获得抗体，它们的肠道特别适应传递肠道中大批未经消化的抗体。鸟类的母源抗体则通过卵细胞而直接传递。

5. 抗体的双重性　抗体是一种蛋白质，因此，它既是抗体，又可作为抗原。用抗体去注射异种动物，可产生抗该抗体的抗体，我们称这种抗体为抗抗体或第二抗体。抗体的抗原性由抗体的 Fc 段决定，所以产生的抗抗体不影响该抗体与原抗原的特异性结合，也不影响抗抗体与抗体的特异性结合。这一点在免疫学上具有重要的实用价值。现代许多新的免疫学技术，如荧光抗体免疫技术、免疫酶技术和放射免疫技术等，均采抗抗体技术来提高其敏感性。

6. 抗体的不均一性　这是指抗体呈多种多样的、彼此在形状、大小、结构相似而又有差别的一组 Ig 分子的混合物。就 Ig 而言，这为五大类，即 IgG、IgM、IgA、IgD、IgE。就同一类 Ig 而言，又可分为若干亚类，如人的 IgG 可分为四个亚类，即 IgG_1、IgG_2、IgG_3、IgG_4；IgM 有两个亚类，即 IgM_1 和 IgM_2；IgA 有两个亚类，即 IgA_1 和 IgA_2 等。

抗原分子上有各种各样的抗原决定簇，每一类型的抗原决定簇可产生相应的 Ig。就同一抗原决定簇而言，也可刺激机体产生不同类的 Ig，所以抗体是一种不均一的混合体，只有单克隆抗体问世后，才出现了均一的抗体。

（五）抗体的分类

1. 根据抗体的结构分类　可分为五大类，即 IgG、IgM、IgA、IgD 和 IgE。

2. 根据抗体的产生原因分类　可分天然抗体（natural antibody）和获得性抗体（acquired antibody）。天然抗体是动物生下来就具有的抗体，它不用通过免疫的途径获得，而是由遗传所获得的。如血型抗体等。获得性抗体是后天的生活过程中，机体与抗原接触后受到刺激而产生的抗体，如对各种疫苗所产生的抗体以及患某种传染病康复后所获得对该传染病的免疫抗体等。

3. 根据抗体的行为分类　可分为完全抗体和不完全抗体。完全抗体又称全价抗体，是既能与相应的抗原进行特异性结合，又能在电解质存在的情况下出现可见反应的抗体。通常的抗体均为完全抗体。不完全抗体又称半抗体、单价抗体、封闭抗体或阻滞抗体，这种抗体能与相应的抗原结合，但是在电解质存在的情况下也不出现可见的反应。如患布鲁氏菌病的羊血清中常出现有封闭抗体，而干扰完全抗体检测。在凝集反应中，常采用高渗盐水代替稀释液以除去半抗体的干扰。

4. 根据抗体的反应性质分类　可分凝集素、沉淀素、溶解素、调理素、抗毒素、中和抗体和补体结合抗体等。它们分别参与相关的反应。具体见表 10-4。

表 10-4　血清学反应类型与其相关抗体

抗体名称	参与反应类型
凝集素	凝集反应
沉淀素	沉淀反应
溶解素	溶菌、溶血反应（需补体参加）
补体结合抗体	补体结合反应（需补体参加）
调理素	调理吞噬反应
中和抗体	病毒中和反应
抗毒素	毒素中和反应
变应素	过敏反应

5. 单克隆抗体（monoclonal antibody，McAB）　克隆（clone）是指由一个细胞所繁衍而来的一群细胞。单克隆抗体是由一种单一的 B 淋巴细胞所产生的抗体。B 淋巴细胞在抗原刺激下，能够分化增殖，形成具有针对这种抗原分泌特异性抗体的能力。就一个 B 淋巴细胞而言，它只对一个抗原决定簇产生一种 Ig 分子的抗体，那么，这样一个 B 淋巴细胞所产生的抗体分子的氨基酸序列是相同的，其结合性也是个相同的，所以，单克隆抗体具有高度的特异性。由于 B 淋巴细胞是正常的二倍体细胞，它不可能持续地分化、增殖下去，因而产生的免疫球蛋白也是极其有限的。Köhler 和 Milstein 在 1975 年建立了体外淋巴细胞杂交瘤技术，用人工的方法将产生特异性抗体的 B 细胞与骨髓瘤细胞融合，形成了 B 细胞杂交瘤，这种杂交瘤细胞既具有骨髓瘤细胞无限繁殖的特性，又具有 B 细胞分泌特异性抗体的能力。将这种克隆化的杂交瘤细胞进行培养，即可获得大量的、高效价的、单一的特异性抗体，这种技术就是单克隆抗体技术。与多克隆抗体（polyclonal antibody，PcAB）相比，单克隆抗体具有无可比拟的优越性。单克隆抗体的建立是生物学史上的一个重要事件，它对免疫学诊断、治疗和预防产生了深刻的影响，极大地推动了免疫学和其他生物学科的发展。

（六）鱼类抗体的特点

一般认为，鱼产生的抗体为 IgM，软骨鱼类的 IgM 为五倍体或者是五倍体和二倍体以及单倍体的混合物。硬骨鱼类的 IgM 为四倍体。鱼类免疫球蛋的特性与哺乳动物类的 IgM 基本相似，但不同的是，鱼类的 Ig 有 J 链。抗体除存在于血液外，皮肤黏膜、肠道黏液、胆汁中均有存在。有些鱼的皮肤黏液中的抗体浓度高于血液，鲤和鲽的卵中也可能检测到抗体。在一部分鱼类中，除高相对分子质量的 IgM 外，还有低相对分子质量的 Ig 存在，其 H 链的结构和理化性质均与 IgM 相同，所以认为同属于 IgM。鱼类与哺乳动物的 IgM 异同见表 10-5。

表 10-5　鱼类免疫球蛋白与哺乳动物 IgM 的比较

特性比较	真骨鱼	软骨鱼	哺乳动物
分子结构	四倍体	五倍体	五倍体
抗原结合价	8	10	5~10
相对分子质量（$\times 10^4$）	70	70	90
沉降系数（S）	16，19	19	19

(续)

特性比较	真骨鱼	软骨鱼	哺乳动物
重链类型	类似 μ 链	类似 μ 链	μ 链
重链相对分子质量（$\times 10^4$）	7（鲫）		7（人）
轻链相对分子质量（$\times 10^4$）	1.9（鲫）		2.3
半衰期（d）	14（18℃）		5（人）
免疫球蛋白含量（mg/mL）	0.94~3.04	17.2（匙吻鲟）	0.6~2.0

第四节 非特异性免疫应答

非特异性免疫应答（nonspecific immune response）是机体对各种抗原物质的一种生理排斥反应。这种功能是在进化过程中获得的，可以遗传给下一代，一般比较稳定，它不因抗原的刺激而存在，也不因抗原的多次刺激而增强。这种免疫应答没有记忆性，当再次遇到同一抗原刺激时，反应并不增强，也不减弱。非特异性免疫反应的对象是广范围性的，不是针对某一抗原，因此其特异性不如体液免疫和细胞免疫那样专一，但是它却是机体免疫应答的一个重要方面。

非特异性免疫主要由机体的屏障作用、吞噬细胞的吞噬作用和组织和体液中的抗微生物物质组成。机体的生理因素和种的差异、年龄以及应激状态等均与非特异性免疫有关。

一、皮肤和黏膜的保护性屏障

黏膜和皮肤是鱼类抵御各种病原体入侵的第一道防线，这些屏障的保护作用是极为有效的。由表皮黏液细胞产生的黏液，极易将碎屑和微生物粘住而清除掉。黏液、鳞片、真皮和表皮一起构成机体的完整的防御屏障。

1. 黏液 黏液中含有能抑制寄生物在体表生长和寄生的一些因子，如溶菌酶等。黏液的不断脱落和补充，能防止细菌的生长繁殖，阻止异物的沉积。鱼类黏液的一大特点，就是含有特异性抗体。鱼类的抗体除在血液中、肠道中存在外，最主要的则分泌到体表的黏液中，起着特异性防护作用。

2. 鳞片 鱼类鳞片的基部下达真皮的结缔组织，向外伸出表皮外。有些鱼类的鳞片穿透黏液层，而有些则仍保持为表皮和真皮所覆盖。鳞片对鱼体首先是一个机械性的保护作用。鳞片的脱落必定造成表皮的损伤，这就为病原体的入侵打开了门户，引起表皮炎症和感染。

3. 表皮 表皮层位于黏液层下，由四层细胞组成。最外层为鳞状扁平上皮细胞层。鱼类的表皮层不出现脱落的死细胞层，在该层下面，就可见到有丝分裂。这一点是鱼类和哺乳动物所不同的。

4. 真皮 真皮位于基底膜下，是皮肤的另一层保护屏障。这层皮肤由散布着黑素细胞的结缔组织组成，同时布有毛细血管。这有利于鱼类的体液免疫功能。

二、种的易感性

在生物的长期进化过程中，形成了鱼体与病原体的特殊关系。某些病原体与某些鱼类有特殊的亲和性（或易感性），而对另一些鱼类则表现出不易感性。许多鱼的寄生物对寄主有专一性，这在鱼类中是常见现象，我们甚至可以利用鱼的寄生物来识别幼鱼。

许多养殖学家想通过育种的方法，达到提高鱼类对传染性疾病的抵抗力的目的，如美国纽约州已通过选育，培养出了对疖病有抵抗力的红点鲑（Salvelinus salvelinus）。在实际生产中，特别是在那些曾发生过疖病和溃疡病的鱼类孵化场中，常可见到抗该病鱼的自然选择现象，而那些多年不受这些病影响的孵化场，一旦该病流行，往往造成全部鱼群的丧失。

三、吞噬作用

当病原微生物或其他抗原物质进入机体时，吞噬细胞立即向抗原处集结，并伸出伪足进行吞噬。进入细胞内的细菌、异物等成为吞噬体。对较小的异物如病毒，则细胞膜内陷、闭合、将异物颗粒包围，形成吞饮泡。吞噬体与吞饮泡向细胞质内的溶酶体（lysozome）靠近，并互相融合，溶酶体中的各种酶类释放到吞噬体中，形成吞噬溶酶体（又称次级溶酶体）。与此同时，异物则被溶解、消化，最后残渣被排出细胞外。大多数化脓性细菌被吞噬后 5~10 min 死亡，30~60 min 被消化排出，称为完全吞噬（complete phagocytose）。有些细菌，如分枝杆菌、某些沙门氏菌以及许多病毒，虽可被吞噬，但是不完全被消灭，所以称为不完全吞噬（incomplete phagocytose）。这种吞噬甚至对微生物起了保护和扩散的作用，以避免药物及体液的杀菌作用。另一方面，吞噬细胞对抗原的吞噬，还起着处理抗原的作用，将抗原决定簇递给淋巴细胞，特别是 B 淋巴细胞，或者是吞噬细胞的 RNA 与抗原决定簇相结合，刺激 B 淋巴细胞产生抗体。

四、正常体液中的抗微生物物质

（一）天然抗体

天然抗体（natural antibody）是指未经过明显的自然感染或人工免疫的动物血清中存在的各种抗体，也称为正常抗体（normal antibody）。这类抗体与只能和特异性抗原刺激所产生的特异性抗体不同，它具有广范围性的作用。这类抗体通过电泳，也泳动在 γ 球蛋白区带段，据证实也能激活补体。在鱼类中已报告有这类物质。

（二）补体

补体（complement）是有机体的多种组织细胞合成的，存在正常动物血清中具有类似酶活性的一组蛋白质，具有潜在的免疫活性，激活后能表现出一系列的免疫生物学活性，能够协同其他免疫活性物质直接杀伤靶细胞和加强细胞免疫功能。

补体不是单一成分，而是由几十种成分组成的一个十分复杂的生物分子系统。参与补体激活途径的固有成分有 C1（q、r、s）、C2、⋯、C9，以及备解素（P 因子）、D 因子、B 因子，此外，还包括控制补体活化的成分及补体受体等。

补体在动物血清蛋白的含量是相当稳定的，占血清总蛋白的 10%，不受免疫的影响。但是，在不同动物血清中含量是不同的，不同鱼种，其补体含量与活性也有差异。

补体对热不稳定，哺乳动物的补体在 56 ℃、30 min 即可被灭活，而鱼类的补体对热更为敏感，45 ℃、30 min 即可被灭活。

补体可与任何抗原抗体复合物结合而发生反应，没有特异性。在正常情况下，补体系统成分中除 C1q 外，其他均以酶原的形式存在，但是，当某一成分活化后，以后的成分相继活化，形成级联酶促反应。补体系统有两条激活途径，即补体激活的经典途径（classical pathway）和替代途径（alternate pathway）。

经典途径又成为C1激活途径。免疫复合物依次活化C1、C4、C2、C3，形成C3与C5转化酶，这一激活途径是补体系统中最早发现的级联反应，因而称为经典途径。整个激活过程可以分为三个阶段，即启动与识别阶段、活化阶段和攻膜阶段。

替代途径又称为C3激活途径、C3旁路。该途径是补体系统不经C1、C4、C2而直接活化C3。备解素、D因子、B因子参与该活化过程。能激活该途径的物质除IgG、IgA、IgD和IgE免疫复合物外，还有革兰氏阴性菌的脂多糖（LPS）、酵母多糖、植物多糖、眼镜蛇毒等，这些物质可以直接活化C3。

鱼类的补体与哺乳动物的补体一样，具有溶菌、溶细胞的作用。鱼类的补体激活系统也存在着替代途径，即备解素系统。这一途径对变温动物来说，可能更为重要，因其所处的环境可能不利于产生抗体所必需的蛋白质的合成。所有的脊椎动物，从软骨鱼到哺乳类，都存在经典的溶血补体系统。但其某些性质，如最适作用温度和加强溶血反应的抗体种类等，则互有差异（表10-6）。

表10-6 脊椎动物补体的性质

动物种类	溶解的红细胞	最适温度（℃）	热稳定性	是否需要Ca^{2+}，Mg^{2+}	抗体能否加强作用	功能上确定的成分
圆口类（八目鳗）	兔红细胞	4	相当稳定	可能需要	不能	无
板鳃类（产婆鲨）	各种红细胞	25～30	不稳定	需要	能（鲨和鳖AB）	C1、C4、C2、C3、C9
硬鳞类（白鲟）	兔红细胞	4	不稳定	需要	能（哺乳类AB）	C1、C4、C2、C3
硬骨鱼	各种红细胞	4～28	不稳定	需要	不一致	C1、C4、C2、C3
两栖类	兔红细胞	4～28	不稳定	需要	能（兔和鳖AB）	C1、C4、C2、C3
爬行类	人、羊红细胞	15～37	不稳定	需要	能（兔和蛇AB）	不清楚

补体进化的情况是，高等无脊椎动物血清中存在补体替换途径，同时抗体最早产生于低等脊椎动物，而不是无脊椎动物，高等无脊椎动物补体活化的替换途径不需要也没有抗体的介入，补体活化的替换途径是最先出现的补体活化途径。经典途径一定是在抗体出现以后，因为它需要抗原—抗体复合物启动活化的识别成分C1q，而在进化上介于两条途径之间的可能是凝集素途径。早在较高等的无脊椎动物中就有了多种凝集素的出现，有些凝集素分子能结合细菌等病原生物表面的甘露糖而启动后面类似于经典途径的补体活化。此外，节肢动物中能看到原酚氧化酶（prophenoloxidase）的活化，这种酚氧化酶能催化在血淋巴聚集的中心产生黑素。这类似于补体的功能，但没发现这类酶与补体分子之间有序列同源性。

（三）C反应性蛋白

长期以来，已知在多种感染的急性期，出现于哺乳动物血清中的C反应性蛋白（CRP）具有某种保护作用。近来已证明，这类物质也存在于多种鱼类中。与哺乳动物不同的是，鱼类的C反应性蛋白是组成血清的正常成分之一。它能使多种真菌、寄生虫及细菌含有的糖基及磷脂酶分子发生沉淀，从而有助于降低病原体的毒力，使吞噬细胞易于攻击。C反应性蛋白在琼脂扩散试验中，能像血清中的抗体一样与糖基等结合出现沉淀线，因此，在采用琼脂扩散试验诊断鱼类的疾病时，必须注意C反应性蛋白的干扰。

(四) 干扰素

鱼类干扰素是一种主要的抗病毒感染因子，主要由巨噬细胞产生。鱼类干扰素的产生受温度的影响很大。虹鳟在接种病毒后，如在 10 ℃的情况下，则需 4 d 产生干扰素，如在 15 ℃的情况下，则只需 2 d 就可产生干扰素。

(五) 溶菌酶

溶菌酶是存在鱼类的黏液、血清以及吞噬细胞中的一种水解酶。对各种微生物类的病原体具有重要的防御作用。现已证明，鲽科鱼类的中性粒细胞和单核细胞的细胞质内含有溶菌酶，血清中的溶菌酶可能就来自于这些细胞。含有中性白细胞、巨噬细胞多的组织，其溶菌酶的含量就更多。相反，鲽科鱼类的肝脏因缺乏肝巨噬细胞（Kupffer cell），因而溶菌酶的含量就少。给鱼静脉注射墨汁后 5 min，血浆中溶菌酶的浓度则增加 50%。溶菌酶的浓度、活性与水环境的温度很有关系，在夏季水温增长时，血清中的溶菌酶浓度和活性均增高。

(六) 天然溶血素

鱼类血清中存在着一种小分子的蛋白质，称为天然溶血素。它可能是一种酶，能溶解外源性红细胞，例如虹鳟血清中的天然溶血素能溶解各种异己红细胞，但是不溶解鲤科鱼类的红细胞。天然溶血素还可能具有杀菌作用。

第五节　特异性免疫应答

一、特异性免疫的概念

机体在生活过程中接触某种抗原物质，并对此侵入体内的异物产生一系列的免疫应答连锁反应，从而对该抗原的再次进入反应强烈，并极大地加速了对抗原物质的排斥和清除过程，这种免疫应答称为特异性免疫应答（specific immune response）。特异性免疫应答具有三个特点，一是特异性，只针对某种特异性抗原物质；二是具有一定的免疫期，其长短则视抗原的性质、刺激强度，次数和机体反应性不同而异，短则 1～2 个月，长者可达数年，甚至终生免疫；三是具有免疫记忆。

参与机体免疫应答的核心细胞 B 淋巴细胞和 T 淋巴细胞，巨噬细胞等是免疫应答的辅佐细胞，也是免疫应答不可缺少的。

二、免疫应答的基本过程

机体在抗原物质的刺激下，免疫应答的形式和反应过程可分为三个阶段，即致敏阶段（sensitization stage）、反应阶段（reactive stage）和效应阶段（effective stage）。

1. 致敏阶段　这个阶段是抗原进入机体内后从认识到活化的过程。进入机体内的抗原，除少数可溶性抗原物质可以直接作用于淋巴细胞外，大多数抗原经巨噬细胞吞噬处理，并传递抗原信息给免疫活性细胞，启动免疫应答，分别激活 B 细胞和 T 细胞。

2. 反应阶段　淋巴细胞被激活后，转化为母细胞，进行分化与增殖，B 细胞经增殖后形成浆细胞，并产生大量特异性抗体，表现体液免疫反应；T 细胞和增殖后形成致敏淋巴细胞，产生细胞因子（cytokine）。由于 T 细胞功能的多样性，T 细胞反应远较 B 细胞复杂。除产生细胞因子外，一部分形成辅助性 T 细胞的和抑制性 T 细胞，调节体液免疫，还有一部分对直接杀伤靶细胞，从而表现细胞免疫反应。在淋巴细胞分化过程中，无论B细胞和T细胞均有一部分形成记忆细胞（Tm和Bm）。

3. 效应阶段 为抗体、细胞因子和各种免疫细胞共同作用清除抗原的阶段。浆细胞合成并分泌的抗体，进入淋巴液、血液、组织液或黏膜表面，中和毒素，或在巨噬细胞及补体等物质的协同作用下，杀灭或破坏抗原物质。抗原使T细胞致敏后，可直接通过抗原和致敏T细胞接触后释放的细胞因子杀伤或破坏靶细胞。在抗原被清除的同时，致敏的和大量增殖的淋巴细胞，由于再次接触抗原而表现再次免疫应答，从而再一次增强了免疫效应。

当抗原从体内消失后，体内还存在着特异性抗体和致敏淋巴细胞，在这一时期内，如再次接触同种抗原物质，就能更快地组织免疫应答，更迅速有效地清除抗原，这就是获得性免疫的再次应答。当抗体和致敏淋巴细胞在体内已经消失（不能测出），但是，由于记忆细胞的存在，机体也能迅速地表现免疫应答。这就是获得性免疫长期存在的原因。

三、细胞免疫

特异性的细胞免疫就是机体通过上述致敏阶段、反应阶段，T细胞分化成效应性淋巴细胞并产生细胞因子，从而发挥免疫效应。广义的细胞免疫还包括吞噬细胞的吞噬作用，WK细胞、NK细胞等介导的细胞毒作用。

（一）迟发型变态反应

这种变态反应与体液抗体无关，是一种细胞免疫的局部反应。由于反应发生缓慢，故称迟发型变态反应（delayed allergy）或细胞介导的迟发型变态反应（cell mediated delayed type allergic reaction）。本型反应持续时间长，一般与再次接触抗原后6~48 h反应达到高峰。

本型反应的机理是典型的细胞免疫应答。当抗原物质进入体内接触到T细胞时，刺激T细胞分化增殖为致敏淋巴细胞和记忆细胞，进而使机体进入致敏状态，这一时期需1~2周，当抗原再次进入致敏状态的动物，与致敏T淋巴细胞相遇，促使其释放各种细胞因子，包括MCF、NCF、MIF、MAF、LT、SRF等。这就是本型反应的第一阶段。这些细胞因子中的炎性因子（如SRF）使血管通透性增加，单核巨噬细胞渗出，并通过趋化因子（MCF等）和移动抑制因子（MIF等）使巨噬细胞聚集于反应部位，进行吞噬活动。从巨噬细胞释放出来的皮肤反应因子和溶酶体可引起血管变化，造成局部充血、水肿或坏死。同时淋巴毒素和杀伤T细胞也能直接杀伤带抗原的靶细胞。结果引起以单核巨噬细胞为特征的炎性反应。此过程即本型反应的第二阶段。抗原被消灭后，炎症消退，组织即恢复正常。

鱼类中也存在迟发型变态反应。在硬骨鱼类中迟发型变态反应比较常见。鱼类的淋巴细胞也可以产生移动抑制因子（MIF）、淋巴毒素（LT）等细胞因子。

（二）同种组织移植拒绝反应

致敏T细胞对移植组织的主要组织相容抗原（major histocompatibility antigen）反应，结果产生LT、MAF（MIF）等细胞因子，配合细胞毒T细胞引起伤害反应，从而将移植组织排除。

用同种异体细胞和组织进行移植，可引起免疫排斥反应。只有遗传性完全相同的纯系动物或同卵双生的动物可以互相移植而不引起排斥反应。移植排斥反应所针对的抗原是一种存在于所有粒细胞表面的糖蛋白，称为组织相容性抗原。细胞表面有多种抗原，其中有些抗原性较强，称为主要组织相容性抗原。宿主对移植物的主要组织相容性抗原的排斥比其对次要组织相容性抗原要快得多。这种主要组织相容性抗原在白细胞上最易查出，因此可用动物种英文名的开头字母中上 L（代表白细胞）和 A（代表抗原）来表示。如 HLA 代表人的主要组织相容性抗原；DLA 代表犬的主要组织相容性抗原；BLA 代表牛的主要组织相容性抗原等。小鼠和鸡的主要组织相容性抗原分别称为 H-2 和 B，因为它们最早是作为血型抗原被认识的。

同种组织移植拒绝反应在所有鱼类中都存在，而且其程度与系统发生的进化水平成正比例增强。如圆口鱼类对初次同种皮肤移植片拒绝所需时间相当长，移植片的平均生存日期，盲鳗为 72 d，七鳃鳗为 38 d。对于再次同种皮肤移植片的拒绝迅速，盲鳗为 28 d，七鳃鳗为 18 d。对再次同种皮肤移植片拒绝时间较对初次同种皮肤移植片拒绝时间缩短，即所谓二次免疫应答的现象，为圆口鱼类存在免疫记忆能力提供了有力的证据。不过，圆口鱼类免疫记忆持续的时间较短。

软骨鱼类对同种皮肤移植片的拒绝，与圆口鱼类的相比所需时间稍短，如猫鲨（*Scyliorhinus caniculus*）对初次同种皮肤移植片拒绝和再次同种皮肤移植片的拒绝时间，均较圆口鱼类短，移植片平均生存时间分别为 41 d 和 17 d。

在硬骨鱼类中，较为低等的硬鳞鱼类（ganoid），如鲟和雀鳝等，对同种皮肤移植片的拒绝与软骨鱼类没有明显的差异。真骨鱼类（teleostian）等高等硬骨鱼类对初次同种移植片拒绝反应急速，移植片平均生存时间约为 7 d；对于再次同种皮肤移植片的拒绝更为急速，移植片平均生存时间仅为 4.5 d 左右。研究结果表明，金鱼对同种移植鳞片的拒绝反应显示出很强的特异性。一般而言，真骨鱼类的免疫记忆较强而且持续时间长。

从圆口鱼类到真骨鱼类对同种皮肤移植片的拒绝反应之缓急，在很大程度上受环境水温的影响，在低温条件下，移植片平均生存时间大幅度延长，拒绝反应迟滞，对初次同种皮肤移植片的拒绝反应犹为显著。如金鱼在 25 ℃条件下，对初次皮肤移植片的拒绝只需 7 d，而在 10 ℃时，则需要 40 d。

根据各种鱼类对同种皮肤移植片拒绝反应缓急程度不同，可分为急性（acute）、亚急性（sub-acute）和慢性（chronic）等三种类型。移植片存活 14 d 以内，称为急性型；14 d 以上 30 d 以内的，称为亚急型；移植片存活超过 30 d 的，称为慢性型。真骨鱼类在适温条件下，对初次和再次皮肤移植片的拒绝反应均处于 14 d 以内，即属于急性型。

（三）移植物抗宿主反应

含有大量免疫活性细胞的移植物移植给基因型不同的动物，如果受体（宿主）的免疫功能发育尚未成熟，或经全身放射照射，或应用免疫抑制剂，致使受体不具有排斥移植物的能力，而移植物中的 T 细胞却将宿主组织视作异物，从而诱导细胞免疫，产生 MIF、LT 等细胞因子，引起对宿主组织的伤害。对于急性白血病、再生障碍性贫血、免疫缺陷及放射病的患者，需用同种骨髓移植，借以重建免疫及造血功能。从免疫角度讲，骨髓移植实际上是多能干细胞的移植，如供体（donor）和受体组织（recipient）组织相容抗原不合，就可发生移植物抗宿主反应（graft versus host reaction，GVHR）。这是供体中的免疫潜能细胞对受体组织所产生的免疫排斥反应。其症状主要表现为消化不良、毛发脱落、皮疹、贫血、粒细胞和血小板减少及腹泻等。患者往往因感染能力降低，发生感染而死。移植物抗宿主反应是骨髓移植不易成功的主要原因。因此要求供体与受体的组织相容抗原必须相容，并使用免疫抑制剂以抑制免疫应答。

（四）细胞性抗感染免疫

致敏 T 细胞与抗原接触后，可产生 MCF、MIF（MAF）等细胞因子，动员巨噬细胞至感染局部，并被活化、武装而增强其吞噬、消化等作用，干扰素可阻止病毒在宿主细胞内的增殖。用松节油（terebene）注射鲤，然后以组织化学方法检查人为炎症区域，证实了炎症区域的嗜酸性粒细胞、中性粒细胞和血栓细胞等有明显增多现象。

（五）自身免疫

针对自身组织（自身抗原）成分的特异性体液免疫（由自身抗体介导）或细胞介导免疫，称为自身免疫（autoimmunity）。如自身免疫细胞或自身抗体与自身抗原反应引起组织损伤则可认为是变态反应，如损伤导致临床异常，则为自身免疫性疾病。

对于人体和家畜的自身免疫发生机制以及自身免疫性疾病的诊断和治疗，已有较深入的研究，积累了较多的知识。关于鱼类的自身免疫方面的知识，目前尚了解甚少。

（六）免疫监视和肿瘤免疫

正常细胞转变为肿瘤细胞时，形成肿瘤特异性抗原，可以被识别为非自身细胞，从而产生细胞毒性 T 细胞，直接破坏肿瘤，并诱导 T 细胞产生 MAF（MEF）、LT 等细胞因子，杀伤和破坏肿瘤细胞。机体依靠 T 淋巴细胞能识别体内经常发生的带有新抗原决定簇的肿瘤细胞，监视肿瘤细胞的发生，并迅速动员免疫系统将其杀伤、清除，这一功能对保护机体免遭肿瘤之害是十分重要的。

与对人体和家畜的细胞免疫机理和功能等有关研究相比较，对鱼类细胞免疫的研究还是很肤浅的。尤其是对鱼类细胞免疫机理和功能的特点还知道得很少。

四、体液免疫

抗原激发 B 细胞系产生抗体，以及体液性抗体与相应抗原接触后引起一系列抗原抗体反应统称为体液免疫（humoral immunity）。有时候体液免疫泛指体液中一切体液因素（humoral factor）作用。体液免疫与细胞免疫是相辅相成的，有时也很难截然划分。

（一）抗原的处理与传递

巨噬细胞对抗原的处理与传递的过程，基本与 T 淋巴细胞激活过程相同，但是传递抗原信息给巨噬细胞与 B 细胞是否需要直接接触还不清楚。有人认为巨噬细胞是通过对辅助性 T 细胞的作用来对 B 细胞发生影响的。已经有研究结果证明，结合了胸腺依赖抗原的巨噬细胞在活化 B 细胞时，必须有 T 细胞存在，没有 T 细胞，只有提纯的 B 细胞，结合抗原的巨噬细胞就不能活化 B 细胞。

此外，巨噬细胞还可以产生许多可溶性的因子，刺激淋巴细胞，增强免疫效应。其中主要的为淋巴细胞激活因子（lymphocyte activating factor，LAF），在激活淋巴细胞过程中可能起着第二信号的作用，也有人从巨噬细胞培养液中分离出一种 B 细胞分化因子，它能使裸鼠（无胸腺小鼠）的 B 细胞分化成为抗体分泌细胞。

（二）B 细胞的活化

B 细胞表面具有大量膜表面免疫球蛋白（surface membrane immunoglobulin，SmIg），能识别抗原而被选择性地激活。B 细胞激活过程视抗原性质不同而异。

1. 非胸腺依赖抗原的激活 非胸腺依赖（thymus independent，TI）抗原不需要巨噬细胞和 T 细胞的协助，能直接激活 B 细胞。这主要是由于 TI 抗原上具有多个相同的、重复排列的抗原决定簇，它能与 B 细胞表面的特异性抗原受体牢固结合，使 B 细胞表面受体位移、交联，引起 B 细胞活化。

2. 胸腺依赖抗原的激活　胸腺依赖（thymus dependent，TD）抗原激活 B 细胞必须有巨噬细胞和辅助性 T 细胞协助。B 细胞活化产生抗体需要有两个信号，缺一不可。第一信号是抗原决定簇与 B 细胞的 SmIg 适当浓度的集中结合，从而发出增殖、分化、产生抗体的指令。与此同时，T 细胞表面的抗原受体 IgT（已证明是一种 7S IgM）能识别抗原的载体，形成 IgT 抗原复合物，此种复合物可从 T 细胞表面脱落。由于 IgM 单体与巨噬细胞有亲和力，这种复合物又可结合到巨噬细胞表面，再经 B 细胞表面受体的介导，将抗原信息传递给 B 细胞，诱导 B 细胞活化。第二信号是非特异性的，包括巨噬细胞产生的 LAF 和辅助性 T 细胞产生的 B 细胞活化因子，以及被激活的补体 C3，这些因子作用于已被抗原致敏的 B 细胞，进一步促进了 B 细胞的活化。

（三）抑制性 T 细胞的调节

已发现抑制性 T 细胞对 TI 抗原和 TD 抗原引起的体液免疫反应均有抑制作用，其抑制作用包括通过抑制辅助性 T 细胞的活动和直接抑制 B 细胞的分化增殖两个方面。已报道抑制性 T 细胞能产生有抗原特异性的可溶性因子，能抑制同基因的淋巴细胞增殖。另外还能产生一种非特异性的可溶性因子，能抑制增殖中的淋巴细胞克隆。由此可知，抑制性 T 细胞的作用不是阻断免疫反应的启动，而是抑制对抗原起反应的淋巴细胞克隆的增殖和扩大。因此，它可以防止对机体不利的变态反应，以及抗体和自身免疫抗体的大量产生，这对机体是十分有利的。

除抑制性 T 细胞外，已经证明巨噬细胞也能通过细胞和细胞接触及产生可溶性介质，抑制由有丝分裂原引起的和由抗原诱导引起的免疫应答。

（四）B 细胞的增殖分化和抗体产生

TI 抗原进入体内，能直接引起带相应抗原受体的 B 细胞增殖分化，变成产生抗体的浆细胞，分泌特异性的 IgM 抗体，TI 抗原不能刺激产生 IgG 抗体及记忆细胞。TD 抗原进入体内，在巨噬细胞及特异的辅助性 T 细胞协助下，引起带特异性抗原受体的 B 细胞增殖分化，变成能分泌抗体的浆细胞，其中一部分分化为记忆细胞。B 细胞分化成熟大致分为两个时期：

1. 细胞克隆发生期　此期 B 细胞的分化不受抗原的影响。在胎儿肝和骨髓可以看到大型淋巴细胞，这就是前体 B 细胞。进入 B 细胞发育器官（法氏囊或其他淋巴组织）后，出现带表面 IgM（SIgM）的细胞，即为早期 B 细胞。以后进一步转变为带 SIgM 和 SIgD 的细胞，接着带 SIgG、SIgA 的细胞相继出现，但是后两者数量很少，带 SIgD 的细胞能进一步分化为产生 IgG 和 IgA 的细胞。

对板鳃类、真骨类鱼类的 B 细胞和 T 细胞的 SmIg 进行检测，结果证明两种细胞均有高浓度的 SmIg 存在，并且推测至少存在一种由两种细胞共同的抗体分子所产生的细胞表面识别结构。虽然对低等脊椎动物 B 细胞和 T 细胞的 SmIg 的物理化学、免疫化学性质还了解不多，但是从对界面活性剂的结合和溶解等特性来看，具备哺乳类 SmIg 的某些特异性。

2. 细胞克隆选择期　B 细胞分化的第二期是在抗原刺激下进行的，带有 SmIg 的 B 细胞被选择地活化，转变为有增殖能力的淋巴母细胞，再增殖分化形成产生各种免疫球蛋白的浆细胞。最初产生 IgM，以后产生 IgG 和 IgA，它们分别由带不同 SmIg 的 B 细胞所产生。在此过程中，各有一部分增殖中的 B 细胞变为记忆细胞参与再次免疫反应。

（五）抗体产生的一般规律

1. 初次应答的（primary response） 初次接触抗原引起的抗体产生过程谓之初次应答。虽然反应随抗原性质、剂量、引入途径及机体免疫性而异，但是仍然可以确定一个"典型"的初次应答模式。原来未活化的 B 细胞克隆被抗原选择性地激活，进行增殖分化，大约经过 10 次分裂，形成了一群浆细胞克隆，导致特异性抗体的产生。这一过程就形成了特征性的初次应答模式。

机体初次接触抗原后，在一定时间内检测不到抗体或抗体产生很少，此期间称为潜伏期（incubation period）或诱导期（induction period）。细菌抗原一般经过 5~7 d 后，受免动物血液中出现抗体，病毒抗原可能更早些，但是毒素抗原则需经 2~3 周才会出现抗体。潜伏期之后为抗体的对数上升期，抗体含量直线上升，此后为高峰持续期，抗体产生和排出相对平衡。最后为下降期。

初次免疫接种后，最初出现的抗体是 IgM，几天内达到高峰，然后开始下降。如抗原剂量较小，就可能只出现 IgM 反应；抗原剂量增加，则不仅 IgM 量增加，并且紧接着出现 IgG 反应。

产生 IgG 的潜伏期比 IgM 长。IgG 高峰出现较晚，和 IgM 相反，其消失也缓慢，可在较长时间内保持较高水平，长达数月甚至数年之久。IgA 出现最迟，常在 IgG 出现后 2 周至 1~2 个月才能在血液中测出，其含量最少，维持时间较长。

2. 再次应答（secondary response） 当机体第 2 次接触相同的抗原时，开始原有的抗体略有降低，随之抗体水平迅速升高，可比初次应答多几倍到几十倍，维持时间较长。再次反应特点主要表现在三个方面：①潜伏期显著缩短；②产生高水平抗体；③抗体大部分为 IgG，IgM 很少。一般间隔时间越长，越倾向于只产生 IgG。再次应答时抗体产生快而多，是免疫记忆现象的最好证明，此种免疫记忆可保持相当长的时间，在抗体完全不能测出以后还可保持一定时间。

3. 回忆应答（anamnestic reaction） 抗原刺激产生抗体，经过一定时间后，抗体逐渐消失。此时若再次接触该抗原物质，可使已消失的抗体快速上升，称为回忆应答。有时注射与原来抗原无关的抗原物质时，亦可引起抗体的急速上升，称为非特异性回忆应答。非特异性回忆应答所产生的抗体量少而且消失快。

再次应答和回忆应答的免疫记忆主要决定于 T 细胞和 B 细胞的记忆细胞。从半抗原载体现象可以看出，T 细胞主要识别载体，这种免疫记忆出明显地存在于 T 记忆细胞中。在再次反应中，T 记忆细胞被诱导而转化增殖为辅助性 T 细胞，从而对被半抗原致敏的 B 细胞发出加速增殖和产生抗体的协助信号。如果第 2 次攻击所用抗原、半抗原虽相同而载体各异，则不能激发 T 记忆细胞，故只引起初次应答，而不出现再次应答的加强效应。

B 记忆细胞不同于未接触抗原的 B 细胞，它们是长寿的，可以再循环。它们保留有对半抗原的记忆。并可分为 IgG 记忆细胞、IgM 记忆细胞和 IgA 记忆细胞等。各类免疫球蛋白记忆细胞均可被激活而增殖、分化形成相应的 IgG 或 IgM 抗体形成细胞。IgM 记忆细胞寿命较短，因此，再次反应间隔时间越长，则越趋向于只产生 IgG。

(六) 鱼类体液免疫的特点

由于鱼的种类、抗原的种类与接触的途径、鱼类的生活习性以及环境因素（特别是水温）的差异，鱼类的抗体产生量、抗体在体内的持续性以及再次应答等均有显著的不同。圆口鱼类所产生的抗体的特异性相对较弱，再次应答也比较弱。软骨鱼类具备产生特异性较强的抗体的能力，对于特异性抗原的再次应答也比较明显。硬骨鱼类对多种抗原均能产生特异性抗体，同时也具有广泛的再次应答。真骨鱼类的抗体产生能力及其抗体的特异性都大幅度增强，但是也没有很强的再次应答。关于鱼类体液免疫应答的研究，对人工饲养的温水性经济淡水鱼类做的研究较多。

综合对鱼类体液免疫应答的研究结果，鱼类的体液免疫应答具有以下特点：①在最适宜的环境条件下，真骨鱼类能迅速地产生很强的初次免疫应答，但是与哺乳类相比，再次应答较弱。不同鱼类种类间和个体间抗体产生诱导期及其抗体的持续期往往有较大的差异。②与哺乳类动物相比，鱼类无论是初次还是再次免疫应答持续时间都比较短。③环境温度、抗原种类及其接种程序等都能对鱼类免疫应答产生直接影响，免疫记忆也受温度的影响。④口服免疫的免疫应答较弱。⑤与哺乳动物一样，血清中抗体浓度较高，此外，体液、肠管和鳃黏液以及卵黄中也存在抗体。

（七）抗体的功能

抗体的功能即抗体的免疫效应，包括中和反应，调理作用、免疫溶解作用、抗体依赖细胞介导的细胞毒作用等。

1. 中和作用 包括对毒素和对病毒的中和作用，对外毒素的中和作用是通过抗体（抗毒素）与毒素的生物活性部位或与活性部位相邻的抗原决定簇的结合，使毒素构型发生变化而失去毒性。中和过程中形成的毒素-抗毒素复合物易于被吞噬细胞清除。对病毒的中和作用主要通过抗体与病毒表面的感染特异部位相结合，从而阻止病毒吸附于易感细胞。

2. 对病原体生长的抑制作用 对多数细菌来说，抗体与细菌结合，主要表现为凝集和制动（鞭毛抗原）现象，一般不影响细菌的生长和代谢。

3. 对病原体黏附细胞的抑制作用 微生物对黏膜细胞的黏附是造成黏膜感染的重要条件。如唾液中的抗链球菌抗体，能阻止多种链球菌对口腔上皮细胞的黏附。

4. 免疫溶解作用 某些革兰氏阴性菌可被抗体和补体的协同作用所溶解，但是这种作用在抗菌感染中意义不大。霍乱弧菌对溶菌作用敏感，但是当发生霍乱感染时，由于细菌存在于肠内，而在那里不大可能发生抗体-补体的溶菌作用。某些原虫，如锥体虫，对免疫溶解作用很敏感，在锥体虫免疫中可能起重要作用，但是，由于锥体虫容易发生抗原变异，从而逃避免疫效应。

5. 免疫调理作用 一些毒力较强的细菌，如有荚膜的肺炎球菌、葡萄球菌不易被吞噬细胞吞噬，但是当它们与特异性抗体结合后，就容易被吞噬，如果有补体存在，则更容易被吞噬。这主要由于吞噬细胞表面具有免疫球蛋白 Fc 受体和 C3 受体，因而易于吸附和捕捉 Fc 的抗原-抗体复合物和带 C3 的抗原-抗体-补体复合物。

应当指出，在吞噬过程中，抗体不仅起加强细胞与病原体接触的作用，而且某些能抵抗细胞内杀菌作用的细菌在与抗体结合后，进入细胞，就更容易被杀灭和消化。

6. 抗体依赖细胞介导的细胞毒作用 抗体依赖细胞介导的细胞毒作用（antibody dependent cell-mediated cytotoxicity, ADCC）是指表达 Fc 受体的细胞通过识别抗体 Fc 段直接杀伤被抗体包被的靶细胞。参与 ADCC 的效应细胞可能有多种，随着所采用试验的靶细胞不同而异，但是在大多数情况下，参与 ADCC 的效应细胞是一种淋巴细胞，既非 T 细胞，亦非 B 细胞，而是一种特殊的淋巴细胞亚群，称为杀伤细胞（killer cell，K 细胞）。K 细胞与杀伤性 T 细胞和自然杀伤细胞（natural killer cell，NK 细胞）均不相同。杀伤性 T 细胞的杀伤作用不需要抗体，具有特异性，只能杀伤与其相应的靶细胞；NK 细胞能杀伤某些病毒诱发的靶细胞，也不需要抗体参加；K 细胞不依赖于胸腺，作用无特异性，必须有抗体参加，通过 ADCC 机制而杀伤靶细胞。Fc 受体在杀伤过程中占重要地位。K 细胞在腹腔渗出液，外周血液、脾脏中较多，占淋巴细胞总数的 5%～10%，而在淋巴结中较少，胸导管淋巴液中无 K 细胞，提示 K 细胞不参与淋巴细胞再循环。除 K 细胞外，巨噬细胞、单核细胞和粒细胞在某些情况下也有 ADCC 的作用。某种 T 细胞亚群也能借助 IgM 引起 ADCC 作用。

（八）影响免疫应答的因素

影响免疫应答的因素主要有抗原的种类和性质、被免疫鱼类的种属、抗原投喂方法等。

1. 抗原方面的因素　除抗原的分子质量、化学结构等因素外，一般对受疫动物异源性强的抗原容易激活 B 细胞、诱导体液免疫；而与受免动物自身组织近缘的抗原则主要对 T 细胞作用，易于诱导细胞免疫。同种细胞免疫主要诱导产生杀伤 T 细胞，引起细胞免疫。相反，如果细胞经热处理或福尔马林处理后，则诱导细胞免疫不全，而主要引起体液免疫。内源性肿瘤亦引起细胞免疫为主。

研究表明，抗原的性质、进入机体的途径以及抗原的剂量对鱼类免疫应答均有显著影响。一般而言，病毒和细菌等病原对鱼类都是免疫原性较强的抗原。对虹鳟接种 VHS 灭活疫苗时，按每克鱼体重注射 2×10^6 PFU（plaque forming unit，PFU，空斑形成单位）时，受免虹鳟的成活率可达 90%。对草鱼接种出血病细胞培养灭活疫苗的有效给予剂量为 $(3\sim5)\times10^{4.5}$ $TCID_{50}$/尾（median tissue culture infective dose，$TCID_{50}$）。对 4 寸草鱼鱼种注射灭活柱状嗜纤维菌 0.2×10^9 个细胞/尾，可使免疫保护力达 85% 以上。值得注意的是，抗原的使用剂量要适当。对鱼类接种抗原的剂量过大，也会导致受免鱼类产生免疫耐受（immunologic tolerance）。

抗原在受免鱼体内存在着相互竞争或相互激活作用。用 MS_2 噬菌体和灭活杀鲑产气单胞菌（*Aeromonas salmonicida*）菌苗免疫接种虹鳟，发现初次免疫接种后，后者能激活虹鳟产生抗 MS_2 抗体，而再次免疫后却得到了相反的结果。

2. 机体方面的因素　鱼的年龄和体重、营养状况，生理状态以及性别、群体效应等均能影响鱼类免疫。

虹鳟的年龄、体重与免疫应答水平有关，孵化后 14 日龄的虹鳟在 14～17 ℃时能产生对杀鲑产气单胞菌的免疫应答。早期注射人 γ 球蛋白不会产生免疫耐受；8 周龄的鲤在 22 ℃条件下才产生免疫应答，4 周龄的鲤对绵羊红细胞不发生免疫反应，而且能产生免疫耐受。对免疫应答发生与否，鱼的体重比年龄更重要。用红嘴病（病原是鲁氏耶尔森菌，*Yersinia ruckeri*）和弧菌病（病原是鳗弧菌，*Vibrio anguillarum*）菌苗对 6 种鲑科鱼类进行免疫试验后发现，体重在 0.5 g 的鱼体不会产生免疫应答，而 6 种鲑科鱼类能发生免疫应答的最小规格为 1～2.5 g。这可能是幼鱼易于接受免疫原而不产生免疫应答。

当鱼群处于拥挤状态下也会影响免疫应答的产生。毛足鲈（*Trichogaster trichopterus*）

在拥挤条件下，只能合成少量的抗 IPN 病毒的抗体。这可能是因为拥挤导致部分相关激素释放于水中而引起了免疫抑制的缘故。

3. 环境方面的因素　影响鱼类的免疫应答的主要环境因素有温度、季节、光周期以及溶解于水中的有机物、重金属离子等免疫抑制剂。

（1）温度。温度是对鱼类免疫应答影响最大的环境因素之一。20 世纪初，人们就注意到温度能影响鱼类免疫应答，但是，比较详细的研究是从 20 世纪 40 年代末才开始的。目前主要的结论有：

① 低温能延缓或阻止鱼类免疫应答的发生。各种鱼类具有不同的免疫临界温度，一般是温水性鱼类的较高，冷水性鱼类则较低。用经福尔马林灭活的鳗弧菌对日本鳗鲡注射免疫后，饲养于不同的温度条件下观察抗体的生成情况，结果表明在 25～28 ℃条件下，受免鱼的抗体生成很快，20 ℃的条件下仍能产生抗体。有人认为各种鱼类的抗体生成都只能发生在所谓免疫临界温度以上，低于这个温度鱼体就根本不产生抗体。鲤在 25 ℃环境水温条件下，9 d 之内即可对抗原的刺激起反应而产生特异性抗体，而在 12 ℃条件下，受免鱼的则不会产生抗体。但是，如果将受免鱼在 25 ℃环境水温条件下饲养 4 d 后，再移到 12 ℃条件下继续饲养，则正常的免疫应答继续进行。这一结果预示着温度对于鱼类免疫应答的影响主要在于初次免疫应答的诱发时期。也有人认为处于免疫临界温度以下的环境中的鱼体也可以产生抗体，只不过是抗体生成速度慢，所需时间长而已。用绵羊红细胞免疫注射鲤后，放在不同温度条件下饲养，采用溶血空斑试验检测抗体生成细胞，结果表明低温条件只能推迟抗体产生细胞的形成，而不能阻止其形成，并且对其强度也没有影响。众多的试验结果表明，各种鱼类的抗体生成速度也是不一致的。同样在最适温度条件下，大麻哈鱼经免疫接种后 4～8 周凝集抗体价达到最高；虹鳟需要 6～7 周达到高峰；鲤 3～4 周就能达到高峰。

② 对于温度影响鱼类免疫应答的机制，目前的认识还是很不充分。有人认为低温会限制浆细胞释放抗体，当温度下降到免疫临界温度之下时，抗体的滴度会迅速下降，这时鱼类体液免疫系统则失去了防御疾病的作用。然而，也有试验结果证实只要鱼类初次接触抗原后，有一短暂时间处于免疫临界温度之上（如将鲤置于 25 ℃条件下 3～4 d），那么抗体的形成就不再受温度的影响，因为免疫活性细胞的吞噬、捕获和清除抗原的作用以及抗体的合成和释放都可在低温下进行。

③ 在鱼类生长的适宜温度下，温度越高，免疫应答越快，抗体滴度越高，达到峰值的时间越短。

（2）毒物。水体中的毒物不仅能影响鱼的生长，也能影响抗体的生成。如酚、锌、镉、滴滴涕、造纸厂废液等都可以干扰或阻止鱼类对抗原的免疫应答。水体中低浓度的酚，对鲤的抗体生成有影响，用点状产气单胞菌（*Aeromonas punctata*）制成的菌苗注射鲤后，饲养在酚浓度为 12.5 mg/L 的水体中 2 个月，抗体检测结果表明，比饲养在未污染水中的对照鱼要弱得多，而且随着抗体产生量降低，血清中总蛋白量也降低。将注射过灭活变形杆菌菌苗的虹鳟放在锌浓度为 0.3 ng/L 的水中饲养，结果证明受免鱼体不能产生抗体，而对照鱼则有抗体生成。但是，同样是在这种条件下，受免鱼对传染性坏死病毒病（infectious pancreatic necrosis virus, IPNV）病毒疫苗的抗体产生则不受影响。在被镉污染水体中的底鳉（*Fundulus heteroclitus*）对抗原的刺激不发生免疫应答。滴滴涕对拟鲤（*Rutilus rutilus*）的免疫应答有显著的抑制作用。造纸厂废液对饲养的银大麻哈鱼的免疫应答有影响，能抑制抗体的生成。用柱状嗜纤维菌灭活菌苗注射虹鳟后，再用 X 射线照射 20 d，结果显著地抑制了抗体生成。

(3) 营养。当其他环境条件一定时，饵料中的营养对抗体的形成有很大的影响。当鱼类免疫试验在绝食条件下进行时，常会得出错误的结果。已有报道指出，在自然水域网箱中饲养的鱼比在实验室水槽中饲养的鱼在对相同免疫刺激的应答中，所产生的凝集抗体价高得多，这可能是由于水槽中鱼的饵料不足或低蛋白饵料导致鱼体血清蛋白含量下降，缺乏形成抗体的蛋白的缘故。

鱼类饵料中若存在大量的维生素 C 能促进其抗体的生成。当饵料中缺乏维生素 B_{12}、维生素 C 和叶酸等都会引起鱼类贫血，并且影响抗体生成。而在饵料中适当添加一些含硫氨基酸（如胱氨酸、半胱氨酸），可以提高鱼类免疫效果。

(4) 其他。已有研究报道指出，季节对鱼类体液免疫应答也有影响。有人用沙门氏菌鞭毛抗原（H 抗原）免疫接种虹鳟，结果表明，在秋季至少能检测到沉降系数为 19S 以上的、19S 和 7S 的抗体。有人根据在生殖季节鱼体中血清蛋白变化很大（尤其是雌鱼），推测其对免疫球蛋白的合成也会有一定的影响。

此外，长期处于低溶氧条件下的鱼体由于体质弱，生成抗体的能力也差。

4. 免疫方法的影响 免疫方法主要是指免疫途径、免疫剂量及免疫程序等，而免疫方法对免疫的成败都是至关重要的。

(1) 免疫途径。注射免疫接种能有效地利用抗原，使其能均匀地分布在鱼体中，获得较理想的免疫效果，并能利用佐剂（adjuvant）的功能，提高和延长免疫应答反应。口服免疫、浸泡免疫和喷雾免疫接种效果较差，前者可能是由于鱼体消化道分泌物对抗原的破坏，后两者主要是进入体内的抗原量较少。

(2) 免疫剂量。适量的抗原是诱导免疫反应的重要因素。在一定的范围内，抗原剂量愈大，免疫应答愈强，剂量过小或过大都可能引起受免动物产生免疫耐受。

抗原在体内滞留时间以及与淋巴系统广泛接触的程度也都是影响免疫应答的重要因素。一般停留时间长，接触淋巴系统广泛者免疫效应强。抗原在体内分布和消失的快慢决定于抗原的性质、免疫途径等多种因素。

(3) 接种程序。接种程序对免疫效果影响较大。接种时间过早，可能受母源抗体干扰免疫效果差；接种次数增加，可产生再次反应，增强免疫效果。为了获得再次免疫效应，两次免疫的间隔不宜少于 10 d，短间隔连续免疫实际上只是起到大剂量初次免疫的效应。如希望获得回忆应答免疫效应，则间隔应在 1~3 个月以上。究竟如何决定接种程序，一般应根据传染病的流行季节和动物（鱼群）的免疫状态、年龄，结合当地的流行情况及规律、鱼类的用途（如用作亲鱼、食用鱼）、年龄、母源抗体水平和养殖条件，以及使用疫苗的种类、性质、免疫途径等方面的因素，制订出预防接种的时间、次数的计划，即免疫程序（immunologic procedure）。目前没有适用于各地区及水产养殖场的固定的免疫程序。免疫程序应随情况的变化而做适当的调整，不存在普遍适用的最佳免疫程序。血清学抗体监测是重要的参考依据。

(4) 佐剂。本身不具有免疫原性，但是与抗原合并使用是能增强抗原的免疫原性。

五、免疫应答的调节

机体免疫应答的发生、发展与调节，是一个十分复杂的生物学过程，有多种细胞和体液性介质参与过一过程,它们既互相联系又互相制约。免疫应答及其调节是保持机体平衡稳定以及对抗原刺激产生最适反应的必要条件,免疫应答及其调节的障碍可能是构成许多疾病发病机理的重要环节。免疫调节可分为几个方面,如免疫细胞间调节,抗原-抗体调节和免疫遗传调节等。

(一) 免疫细胞间的调节

机体对抗原的特异性免疫应答不会无限制增加,正常情况下都是适量而止,主要就是依靠了机体免疫系统的调节机制的作用。这种调节机制是T细胞、B细胞、巨噬细胞及其产物综合作用的结果。免疫细胞的协调合作,可使过度的或有害的免疫反应得到抑制,而对正常免疫功能不发生影响。免疫细胞调节是以T细胞为中心进行的。

巨噬细胞经吞噬和胞饮作用摄取抗原后,进行细胞内消化,有少量抗原分子存于细胞膜表面。巨噬细胞通过与淋巴细胞紧密接触或者通过巨噬细胞产物向淋巴细胞提供适当数量的抗原。巨噬细胞及其产物可通过加强或抑制免疫应答而发挥其调节作用。除上述提供抗原,协助B细胞产生抗体外,适当量的巨噬细胞是刺激淋巴细胞发生转化的一个条件,其机理可能是巨噬细胞产生一种类似淋巴细胞激活因子的物质。另一方面,巨噬细胞还可能抑制淋巴细胞的免疫应答,如果在培养的淋巴细胞中加入过量的巨噬细胞,就能抑制其初次抗体应答。现在有人认为,在巨噬细胞中有一种抑制性巨噬细胞(suppressor macrophage)。巨噬细胞的免疫调节作用,在自身稳定中也有重要作用。

T淋巴细胞是一个相当复杂的异质性群体,其中存在着不同功能的亚群。辅助性T细胞(Th)是一类具有协助体液免疫和细胞免疫应答能力的亚群,它能协助抗体形成细胞产生抗体。辅助性T细胞所产生的B细胞活化因子是活化B细胞的第二信号。只有受到抗原与B细胞表面特异性抗原受体相结合的第一信号及B细胞活化因子等第二信号的共同刺激,B细胞才能被激活,分化增殖,最后产生相应抗体。Th细胞另一功能是协助细胞免疫应答。例如在混合淋巴细胞培养过程中,Th细胞识别靶细胞膜上主要组织相容性复合体Ⅰ区(MHCⅠ)基因编码的抗原分子,分化增殖,释放扩大因子,加强细胞毒性T细胞对靶细胞的损伤作用。

抑制性T细胞(Ts)是抑制细胞免疫和体液免疫的T细胞亚群,是免疫调节的中心环节。它与辅助性T细胞对立统一,相互协调地维持着免疫应答的相对平衡。

Ts细胞可以分为抗原特异性Ts细胞和非特异性Ts细胞。虽然都能产生可溶性抑制因子,但是其作用方式不完全相同。非抗原特异性Ts细胞的作用特点是能够非特异性地抑制其他不相关抗原的细胞免疫和体液免疫应答,某些免疫缺陷病和自身免疫病都与这种Ts细胞的增多或减少有关。这类Ts细胞的作用机理可能是Ts细胞灭活Th细胞产生的非特异性辅助因子或者是可溶性抑制因子能结合到巨噬细胞上,使巨噬细胞呈封闭状态,从而中断巨噬细胞参与的免疫应答。抗原特异性Ts细胞的特异性较强,只对诱导该Ts细胞的效应途径可能是通过Ts1和Ts2两种Ts细胞及一种因子(TsF)实现的,TsF和Ts1细胞衍生的因子,是一种相对分子质量为4 000～5 000的蛋白质。TsF抑制抗体的产生同时又能诱导Ts2细胞,Ts2细胞是抑制效应细胞。非抗原特异性Ts细胞和抗原特异性Ts细胞各以不同的形式,在细胞水平上从负反馈作用方面调节免疫应答。

(二) 抗原-抗体的调节

抗体的产生不会无限制地增长,会受到很多因素的制约,其中也包括了抗原-抗体的制约。

1. 抗原刺激终止 抗体形成后抗原被清除，这就解除了对淋巴细胞的特异刺激，自然导致抗体产生的下降。

2. 抗体反馈 被动输入抗体能抑制初次体液反应，而再次反应对抑制作用却有较大的抵抗力，抵抗反馈的机理尚不清楚。可能与 IgG 的几个亚类对抑制抗体产生的能力有所不同。显然 IgG 能抑制 IgM 的产生。初次反应时，IgG 上升，IgM 水平迅速下降，可能与抗体反馈有关。

1972 年，Jerne 在克隆选择学说的基础上提出了网络学说（network theory）。Jerne 强调免疫系统的各个细胞克隆不是处于孤立的静止状态，而是通过自我识别、相互刺激和反馈作用互相制约所构成的一个动态平衡的网络结构，对免疫功能起自我调节作用。

网络学说的要点是：①机体免疫系统在结构上储备了一整套 Ig 分子的对（paratope）和细胞受体上的对位，以及 Ig 分子和细胞本身固有的个体决定簇（idiotope）。这些对位能识别抗原的某一表位（epitope）。②免疫系统表现许多双重性。T 细胞和 B 细胞既有拮抗作用，又有协同作用；抗体分子能识别抗原，又能被识别，可以游离，又可以作为淋巴细胞的受体；淋巴细胞对刺激的反应既可呈阳性反应（组织增生、分泌抗体），亦可呈阴性反应（导致耐受性和抑制）。③强调免疫系统的实质是 B 细胞和 T 细胞的互相制约作用。在功能上免疫系统形成一个网络，可与神经系统相比拟，但是与神经系统不同，不需纤维相联络。淋巴细胞能自由活动，通过直接相遇或通过它所释放的抗体而相互作用。如同神经系统一样，早期的刺激能留下最深刻的印象，两个系统都能从"经验"中建立起"记忆"，并可强化，但是都不能传给后代。推测控制和调节这两个系统的基因有相似之处。

网络学说能较好地解释机体免疫调节作用，可能是机体免疫调节诸因素中十分重要的一个。

（三）免疫的遗传调节

20 世纪 40 年代，英国学者证明移植排斥反应是一种免疫现象，继而证明组织相容性抗原也受基因控制，控制这组抗原的基因为主要组织相容性复合体（MHC）。60 年代证明，动物对各种抗原的免疫反应是受遗传控制，并将这种基因称为免疫应答基因（immune response gene，Ir 基因）。

Ir 基因定位于 MHC 的免疫反应区（即 MHC I 区），现已证明它与 Ia 基因属于同一基因，它所编码的蛋白质称为 Ia 抗原。Ia 抗原有两种分子，A 分子和 E 分子，前者由 I-A 亚区基因所编码，由 Aβ 和 Aα 两条肽链组成；后者由 I-E 亚区基因所编码，由 Eβ 和 Eα 两条肽链组成。

Ir 基因表现在巨噬细胞和 B 细胞上，Ir 基因所编码的 Ia 抗原存在于巨噬细胞和 B 细胞的细胞膜上，为一种糖蛋白。

Ir 基因对体液免疫、细胞免疫都有决定作用，其功能主要是通过对载体的识别，决定巨噬细胞能否传递抗原给 T 细胞、激活 T 细胞反应。它们可在决定簇的选择、抗原的递送和 T、B 细胞的相互作用中发挥作用。

Ir 基因对免疫反应的控制可以假设为：①巨噬细胞上的 Ia 分子可以选择性地与抗原蛋白质上的某些氨基酸片段结合；②抗原递送细胞上的这种选择性的相互作用，导致形成一种

Ia 分子抗原复合物，它可以与分化为具有自体 Ia 受体和抗原受体的 T 细胞克隆发生反应，从而诱导细胞免疫反应，并通过辅助性 T 细胞反应控制体液免疫反应。

用近交系动物和人工抗原的研究证实，有些品系对某一抗原不能诱导性免疫应答，而另一品系则有良好的反应。造成此种免疫应答差异有两种可能原因有：①不同个体由相应 Ir 基因所编码的 Ia 抗原在结构和特异性上不同，有些 Ia 抗原能与外来抗原结合形成新的复合物，此种自身变体可被相应受体的 T 细胞识别，并将其激活；另一些 Ia 抗原不能与该外来抗原结合，因而不能传递抗原，而呈现无反应性。②T 细胞缺少能与 Ia 外来抗原复合物结合的受体，也就是缺少带此种受体的 T 细胞克隆，从而不能识别此自身变体的复合物，而呈无反应性。

第六节　免疫血清学技术

抗原和相应的抗体在体内和体外均能发生特异性结合反应，因为抗体主要是来自血清，因此在体外进行抗原抗体的反应称为血清学反应或免疫血清学技术，这是建立在抗原抗体特异性检测基础上的检测技术。

一、概　述

免疫血清技术按抗原抗体反应性质不同可分为：凝集性反应（包括凝集试验和沉淀试验），中和反应（病毒中和试验、毒素中和试验），标记抗体技术（包括荧光抗体、酶标抗体、放射性标记抗体、发光标记抗体技术等），有补体参与的反应（补体结合试验、免疫黏附血凝试验等）等已普遍应用的技术，以及免疫复合物散射反应（激光散射免疫技术）、电免疫反应（免疫传感器技术）和免疫转印（Western blotting）等新技术（表 10-7）。

表 10-7　各类免疫血清学技术的敏感度和用途

反应类型及试验名称		敏感度（μg/mL）	用途		
			定性	定量	定位
凝集试验	直接凝集试验	0.01	＋	＋	－
	间接血凝试验	0.005	＋	＋	－
	乳胶凝集试验	1.0	＋	＋	－
沉淀试验	絮状沉淀试验	3	＋	＋	－
	琼脂免疫扩散试验	0.2	＋	＋	－
	免疫电泳	3	＋	＋	－
	火箭免疫电泳	0.5	＋	＋	－
补体参与的试验	补体结合试验	0.01	＋	＋	－
标记抗体技术	免疫荧光抗体技术	－	＋	－	＋
	免疫酶标记技术	0.0001	＋	＋	＋
	放射免疫测定	0.0001	＋	＋	＋
	发光标记技术	0.0001	＋	＋	－
中和试验	病毒中和试验	0.01	＋	＋	－

（一）免疫血清学反应的一般特点

1. 特异性与交叉性 血清学反应具有高度特异性，如抗草鱼出血病的抗体只能与草鱼呼肠孤病毒结合，而不能与传染性胰脏坏死病毒（IPNV）结合。这是血清学试验用于分析各种抗原和进行疾病诊断的基础。

但是，若2种天然抗原之间含有部分共同抗原时，则可能发生交叉反应。例如鼠伤寒沙门氏菌的血清能凝集肠炎沙门氏菌，反之亦然。一般2种病原体的血缘关系越近，交叉反应的程度也越高。除相互交叉反应外，也有表现为单向交叉的，单向交叉在选择疫苗用菌（毒）株时有重要意义。

交叉反应是区分血清型和亚型的重要依据，两个菌（毒）株间交叉反应程度通常以相关系数（R）表示，$R=\sqrt{r_1 \cdot r_2} \times 100\%$。其中 r_1＝异源血清效价1/同源血清效价1，r_2＝异源血清效价2/同源血清效价2。

通常以 R 值的大小判定型和亚型，$R>80\%$ 时为同一亚型，R 在 $25\%\sim80\%$ 时为同型的不同亚型，$R<25\%$ 时为不同的型。但是，这一标准视具体对象不同而异。

在进行亚型鉴定时，不仅要注意 R 值，还应重视 r_1 和 r_2 的值，如 r_1 显著高于 r_2 时则为单向交叉，应选用 r_1 的毒株作疫苗株，以扩大应用范围。

2. 抗原与抗体结合机理 抗原和抗体的结合为弱能量的非共价键结合，其结合力决定于抗原决定簇和抗体的抗原结合点之间形成的非共价键的数量、性质和距离，由此可分为高亲和力、中亲和力和低亲和力抗体。抗原与抗体的结合是分子表面的结合，这一过程受物理化学的、热力学的法则所制约，结合的温度应在 $0\sim40$ ℃，pH 在 $4\sim9$。如温度超过 60 ℃ 或 pH 降到 3 以下时，则抗原抗体复合物又可重新离解。利用抗原与抗体既能特异性地结合，又能在一定条件下重新分离这一特性，可进行免疫亲和层析，以制备免疫纯的抗原或抗体。

抗原与抗体在适宜的条件下就能发生结合反应。但对于常规的血清学反应，如凝集反应、沉淀反应、补体结合反应等，只有在抗原与抗体呈适当比例，结合反应才出现凝集、沉淀等可见反应结果，在最适比例时，反应最明显。这种因抗原过多或抗体过多而出现抑制可见反应的现象，称为带（zone）现象。通常以格子学说（图 10-4）解释带现象，即大多数抗体为二价（IgM），而大多数抗原则为多价，只有两者比例适当时，才能形成彼此连接的大的复合物，而抗原过多或抗体过多时，形成的单个复合物不能连接成可见的复合物。为了克服带现象，在进行血清学反应时，需将抗原和抗体作适当稀释，通常是固定一种成分而稀释另一种成分。凝集反应时，因抗原为大的颗粒性抗原，容易因抗体过多而出现前带现象，因而需将抗体作递进稀释，而固定抗原浓度。相反，沉淀反应的抗原为小分子的可溶性抗原，通常稀释抗原，以避免抗原过剩。为了选择抗原和抗体的最适用量，也可同时递进稀释抗原和抗体，用综合变量法进行方阵测定。

血清学反应存在二阶段性，但其间无严格的界限。第一阶段为抗原与抗体的特异性结合阶段，反应快，几秒钟至几分钟即可，但无可见反应。第二阶段为抗原与抗体反应的可见阶段，表现为凝集、沉淀、补体结合等反应，反应进行较慢，需几分钟、几十分钟或更久，实际上是单一复合物凝聚形成大复合物的过程。第二阶段反应受电解质、温度、pH 等的影响，如果参加反应的抗原是简单半抗原，或抗原抗体比例不合适，则不出现反应。标记抗体技术中由于检测的不是抗原抗体的可见反应，而是检测标记分子，因此严格地说也不存在第二阶段反应，试验通常所用时间为 30 min 到 1 h，主要是使第一阶段反应更充分。

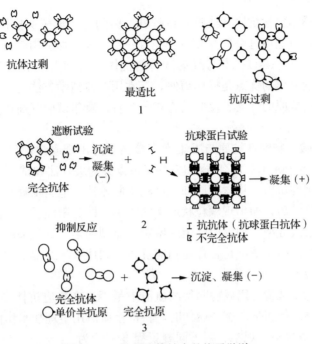

图 10-4 抗原抗体结合的格子学说
1. 完全抗体的反应 2. 不完全抗体的反应 3. 简单半抗原的反应
(依陆承平)

(二) 影响免疫血清学反应的因素

1. 电解质 特异性的抗原和抗体具有对应的极性基(羧基、氨基等),它们互相吸附后,其电荷和极性被中和因而失去亲水性,变为憎水系统。此时易受电解质的作用失去电荷而互相凝聚、发生凝聚或沉淀反应。因此需在适当浓度的电解质参与下,才出现可见反应。故血清学反应一般用生理盐水作稀释液,标记抗体技术中,用磷酸缓冲液(PBS)作稀释液。但是用禽类血清时,需用8%～10%的高渗氯化钠溶液,否则不出现反应,或反应微弱。

2. 温度 较高的温度可以增加抗原和抗体接触的机会,从而加速反应的出现。将抗原、抗体充分混合后,通常放在37℃水浴中,保温一定时间,可促使2个阶段的反应。亦可进一步适当提高水浴的水温使反应更快。有的抗原或抗体系统在低温下长时间结合反应更充分,如有的补体结合反应在冰箱中等低温条件下结合效果更好。

3. 酸碱度 血清学反应常用pH 6～8,过高或过低的pH可使抗原抗体复合物重新离解。如pH降至抗原或抗体的等电点时,可引起非特异性的酸凝集,造成假象。

二、凝聚性试验

抗原与相应抗体结合形成复合物,在有电解质存在下,复合物相互凝聚形成肉眼可见的凝聚小块或沉淀物,根据是否产生凝聚现象来判定相应抗体或抗原,称为凝聚性试验。为最简单的一类血清学试验。根据参与反应的抗原性质不同,分为由颗粒性抗原参与的凝集试验和由可溶性抗原参与的沉淀试验两大类。

（一）凝集试验

细菌、红细胞等颗粒性抗原，或吸附在胶乳、白陶土、离子交换树脂和红细胞的抗原，与相应抗原结合，在有适当电解质存在下，经过一定时间，形成肉眼可见的凝集团块，称为凝集试验（agglutination test）。参与凝集试验的抗体主要为 IgG 和 IgM。凝集试验可用于检测抗原或抗体，最突出的优点是操作简便，是常用的血清学方法之一。

凝集试验可根据抗原的性质、反应的方式分为直接凝集试验（简称凝集试验）和间接凝集试验。

1. 直接凝集试验 颗粒性抗原与凝集素直接结合并出现凝集现象的试验称作直接凝集试验（direct agglutination test）。按操作方法又可以分为玻片法和试管法两种。

玻片法为一种定性试验。将含有已知抗体的诊断血清（适当稀释）与待检菌悬液各一滴在玻片上混合，数分钟后，如出现颗粒状或絮状凝集，即为阳性反应。此法简便快速，适用于新分得细菌的鉴定或分型。如沙门氏菌的鉴定、血型的鉴定等多采用此法。也可用已知的诊断抗原悬液，检测待检血清中是否存在相应抗体，如柱状嗜纤维菌的玻板凝集反应和鸡白痢全血平板凝集试验等。

试管法为一种定量试验。用以检测待测血清中是否存在相应抗体和测定该抗体的含量，以协助临床诊断或供流行病学调查。操作时，将待检血清用生理盐水作倍比稀释，然后加等量抗原，置 37 ℃水浴数小时观察。视不同凝集程度记录为＋＋＋＋（100％凝集）、＋＋＋（75％凝集）、＋＋（50％凝集）、＋（25％凝集）和－（不凝集）。以其＋＋以上的血清最大稀释度为该血清的凝集价（或称滴度）。

细菌凝集视参与反应的细菌结构不同而有菌体（O）凝集、鞭毛（H）凝集和 Vi 凝集之分，O 凝集时菌体彼此吸着，形成致密的颗粒状凝集。H 凝集通常用活菌或经福尔马林处理后的菌体进行，呈疏松的絮状凝集。Vi 凝集需在冰箱中放置 20 h 才能进行得完全，凝集亦较致密。

反应条件视抗原种类不同略有差异，肠道细菌的 H 抗原通常用 52 ℃水浴 2 h，布鲁氏菌凝集反应有时用 37 ℃、24 h 断定结果。为了避免在高温中放置过久而招致杂菌生长，可在稀释液中加适量防腐剂，如在生理盐水中加 0.5％石炭酸。

某些细菌（如 R 型细菌）在制成细菌悬液时很不稳定，在没有特异性抗体存在的条件下，亦可发生凝集，谓之自家凝集。此外，某些理化因素亦可引起非特异性凝集，如 pH 降至 3.0 以下时，即可引起抗原悬液的自凝，称为酸凝集。因此，试验时必须设置阳性血清、阴性血清和生理盐水等对照。

含有共同抗原的细菌，相互之间可以发生交叉凝集（或称类属凝集）。但是交叉凝集的凝集价一般比特异性凝集低，不难区别。抗血清中的类属凝集素可用凝集素吸收的方法将其除去。例如甲、乙两细菌，甲细菌含有 AB 两种抗原，乙细菌含有 BC 抗原。因含有共同抗原 B，故二者能发生交叉凝集。如在抗甲细菌的抗血清中加入含乙细菌悬液，则血清中 B 凝集素被吸收，该吸收后的血清仍能与甲细菌凝集，但不能凝集乙细菌。本法不仅可用以鉴别特异凝集和类属凝集，也可用以提取含有单一凝集素的因子血清。

生长凝集试验是将抗体与活的细胞结合，如果是在没有补体存在的条件下，就不能杀死或抑制细胞生长，但是能使菌体呈凝集生长，可借显微镜检查观察培养物是否凝集成团，以检测加入培养基中的血清是否含有相应抗体。猪气喘病的微粒凝集试验就是应用了这个原理。将待检血清加入接种有猪肺炎支原体的培养基中，培养 24～48 h，离心沉淀，取沉淀物做涂片，染色镜检。如发现支原体聚集成团即为阳性。微粒凝集试验可用于检出带菌猪。

在某些肠道传染病的快速检验中，曾应用免疫荧光菌球试验，其本质也是一种玻板快速生长凝集试验。如对霍乱弧菌的检查，将相应荧光抗体用选择培养液稀释至事先确定的工作浓度，取 1 滴置清洁玻片上。再以铂耳取患者粪便少许接种于上述液滴中，置密闭湿盒内，37 ℃培养 6～8 h，在荧光显微镜下，低倍观察，如见成团的荧光团，即可判为阳性。

此外，如猪丹毒的悬浮凝集试验是将可疑病料直接接种于含抗血清及少量琼脂的选择培养基中，培养数小时后，病料中的猪丹毒杆菌与抗血清结合，呈凝集生长，形成肉眼可见的细小菌落，悬浮于培养基上部。此法不仅可用于快速诊断猪丹毒，还可用于从扁桃体中检出健康带菌猪和其他带菌动物。

2. 间接凝集试验 将可溶性抗原（或抗体）先吸附于一种与免疫无关的、一定大小的不溶性颗粒（统称为载体颗粒）的表面，然后与相应抗体（或抗原）作用，在有电解质存在的适宜条件下，所出现的特异性凝集反应称为间接凝集反应。间接凝集反应由于载体颗粒增大了可溶性抗原的反应面积，因此当颗粒上的抗原与微量抗体结合后，就足以出现肉眼可见的凝集反应。间接凝集反应的优点是敏感性高，它一般要比直接凝集反应敏感 2～8 倍。但是特异性较差。常用的载体有红细胞（O 型人红细胞，羊红细胞）、聚苯乙烯胶乳颗粒，其次为白陶土、离子交换树脂、火棉胶等。抗原多为可溶性蛋白如细菌、立克次氏体及病毒的可溶性抗原，或原虫、吸虫、丝虫的浸出液，或动物的可溶性物质，或激素及各种组织器官浸出液，或植物性蛋白质如花粉浸出液等；某些细菌的可溶性多糖也可吸附于载体上。当载体吸附了可溶性抗原后即称为致敏颗粒。

间接血凝试验（indirect haemagglutination test，IHAT）亦称被动血凝试验（passive haemagglutination assay，PHA），是将可溶性抗原致敏于红细胞表面，用以检测相应抗体，在与相应抗体反应时出现肉眼可见凝集。如将抗体致敏于红细胞表面，用以检测相应抗体，在与相应抗体反应时出现肉眼可见凝集。如将抗体致敏于红细胞表面，用以检测检样中相应抗原，致敏红细胞在与相应抗原反应时发生凝集，称为反向间接血凝试验（reverse passive haemagglutination assay，RPHY）。进行间接血凝试验的方法如下：

（1）红细胞。常用绵羊红细胞（SRBC）及人 O 型红细胞。SRBC 较易大量获取，血凝图谱清晰，制剂稳定，但绵羊可能有个体差异，以固定一头羊采血为宜。更换羊时应预先进行比较和选择。此外，待测血清中如有异嗜性抗体时易出现非特异凝集，需事先以 SRBC 进行吸收。人 O 型红细胞很少出现非特异凝集。

采血后可立即使用，也可 4 份血加 1 份 Alsever 氏液（配方为 8.0 g/L 柠檬酸三钠，19.0 g/L 葡萄糖，4.2 g/L NaCl）混匀后置 4 ℃，1 周内使用。

（2）抗原与抗体。间接血凝试验时，致敏用的抗原如肌红蛋白、甲状腺球蛋白、细菌或病毒抗原等应纯化，以保证所测抗体的特异性。某些抗原物质性质不明或提纯不易时，也可用粗制的器官或组织浸出液。

做反向间接血凝试验时，致敏用的抗体本身应具备高效价、高特异性、高亲和力，一般情况下可用 50%、33% 饱和硫酸铵盐析法提取抗血清的 γ 球蛋白组分用于致敏。为提高敏感性，可进一步经离子交换色谱技术提取 IgG，甚至再经抗原免疫吸附柱纯化，提取有抗体活性的 IgG 组分。为排除类风湿因子的干扰，还可将 IgG 用胃蛋白酶消化，制成 $F(ab)_2$ 片段用于致敏。

(3) 致敏方法。常用的致敏方法有鞣酸法、双偶氮联苯胺（BDB）法、戊二醛法、金属离子法和醛化红细胞法等。

① 鞣酸法。高浓度鞣酸使红细胞自凝，低浓度鞣酸处理红细胞后，红细胞易于吸附蛋白质抗原，其机理不明。已知鞣酸可使红细胞对阴离子的通透性降低，使细胞耐受氯化铵的溶解作用，红细胞由圆盘状变为球形。因此认为鞣酸的作用部位为红细胞表面，可能是后者的理化性质或电势发生改变。

② 双偶氮联苯胺（BDB）法。BDB以其两端的两个偶氮基分别连接蛋白质抗原（或抗体）与红细胞。这是一种化学结合，较鞣酸处理红细胞对蛋白质的吸附要牢固和稳定得多。与BDB法类似的还有碳化二亚胺（carbodiinide）、二氟二硝基苯（difluorodinitrobenzene）等方法。

③ 戊二醛法。戊二醛（glutaraldehyde，GA）是一种双功能试剂，其两个醛基可与蛋白质抗原（或抗体）和红细胞表面的自由氨基或胍基结合，从而使抗原或抗体与红细胞联结。

④ 金属离子法。铬、铝、铁、铍等多价金属阳离子，在一定pH条件下既与红细胞表面的羟基，又与蛋白质（抗原或抗体）的羟基结合，从而将抗原或抗体连接到红细胞。金属离子中以铬离子（$CrCl_3$）最常用。

⑤ 醛化红细胞法。目前常用丙酮醛、甲醛双醛固定红细胞的方法。醛化后的红细胞可直接吸附抗原或抗体。其原理可能是丙酮醛的醛基先与红细胞膜蛋白的氨基或胍基结合，剩下的酮基与甲醛发生醇醛缩合反应而形成β-羟基酮，后者易失水生α，β-不饱和酮，其碳碳双键可与蛋白质（抗原或抗体）中的亲核基团（氨基、胍基）发生1，4加成反应，从而使红细胞与抗原或抗体共价偶联。

3. 胶乳凝集试验（latex agglutination test，LAT）　胶乳又称乳胶，是聚苯乙烯聚合的高分子乳状液，胶乳微球直径约0.8 μm，对蛋白质、核酸等高分子物质具有良好的吸附性能。用它作载体吸附某些抗原（或抗体）可用以检测相应的抗体（或抗原）。本法具有快速简便、保存方便，比较准确等优点。在对组织抗原、激素等的检测中已广泛应用。

4. 协同凝集试验（co-agglutination test，COAG）　葡萄球菌A蛋白（staphylococal protein A，SPA）是金黄色葡萄球菌的特异性表面抗原，能与多种哺乳动物IgG分子的Fc片结合。SPA与IgG结合后，后者的Fab片暴露于外，并保持其抗体活性，当此SPA-特异性抗体与相应的抗原结合时，就可产生凝集反应。本法广泛应用于多种细菌和某些病毒的快速诊断。

（二）沉淀试验

可溶性抗原（如细菌的外毒素、内毒素、菌体裂解液，病毒的可溶性抗原、血清、组织浸出液等）与相应抗体结合，在适量电解质存在下，形成肉眼可见的白色沉淀，称为沉淀试验（precipitation test）。

沉淀试验的抗原可以是多糖、蛋白质、类脂等，抗原分子较小，单位体积内所含的量多，与抗体结合的总面积大，故在做定量试验时，通常稀释抗原使其不使过剩，并以抗原稀释度作为沉淀试验效价。参与沉淀试验的抗原称为沉淀原，抗体称为沉淀素。

1. 环状沉淀试验（ring precipitation test）　是最简单、最古老的一种沉淀试验，目前仍有应用。

在小口径试管内先加入已知抗血清,然后小心沿管壁加入待检抗原于血清表面,使之成为分界清晰的两层。数分钟后,两层液面交界处出现白色环状沉淀,即为阳性反应。本法主要用于抗原定性试验,如诊断炭疽的 Ascoli 试验、链球菌血清型鉴定、血迹鉴定和沉淀素的效价滴定等。试验时出现白色沉淀带的最高抗原稀释倍数,即为血清的沉淀价。

2. 琼脂免疫扩散试验 琼脂是一种含有硫酸基的多糖体,高温时能溶化,冷却后凝固,形成凝胶。琼脂凝胶呈多孔结构,其内充满水分,1%琼脂凝胶的孔径约为 85 nm,因此可允许各种抗原抗体在琼脂凝胶中自由扩散。扩散抗体在琼脂凝胶中扩散,当二者在比例适当处相遇,即发生沉淀反应,形成肉眼可见的沉淀带,此种反应称为琼脂免疫扩散,又简称琼脂扩散和免疫扩散。

琼脂免疫扩散试验有多种类型,如单向单扩散、单向双扩散、双向单扩散、双向双扩散,其中以后两种最常用(图 10-5,图 10-6)。

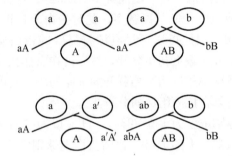

图 10-5 琼脂扩散的四种基本类型
a、b 为单一抗原;ab 为同一分子上 2 个决定簇;
A、B 为抗 a、抗 b 抗体;
a'为与 a 部分相同的抗原
(依陆承平)

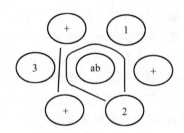

图 10-6 双扩散用于检测抗体
ab 为两种抗原混合物;+为抗 b 的标准阳性血清;
1、2、3 为待检血清;1 为抗 b 阳性,2 为阴性血清,
3 为抗 a 抗 b 双阳性血清
(依陆承平)

(1) 双向双扩散(double diffusion in two dimension)。双向双扩散试验即 Ouchterlony 法,简称双扩散。此法系用 1%琼脂浇成厚 2~3 mm 的凝胶板,在其上打圆孔或长方形槽,于相邻孔(槽)内滴加抗原和抗体,在饱和湿度下,扩散 24 h 或数日,观察沉淀带。

抗原、抗体在琼脂凝胶内相向扩散,在两孔之间比例最合适的位置上出现沉淀带,如抗原、抗体的浓度基本平衡时,此沉淀带的位置主要决定于二者的扩散系数。但如抗原过多,则沉淀带向抗体孔增厚或偏移,反之亦然。

双扩散主要用于抗原的比较和鉴定,两个相邻的抗原孔(槽)与其相对的抗体孔之间,各自形成自己的沉淀带。此沉淀带一经形成,就像一道特异性的屏障一样,继续扩散而来的相同的抗原抗体,只能使沉淀带加浓加厚,而不能再向外扩散,但对其他抗原抗体系统则无屏障作用,它们可以继续扩散。沉淀带的基本形式有以下三种。两相邻孔为同一抗原时,两条沉淀带完全融合,如二者在分子结构上有部分相同抗原决定簇,则两条沉淀带不完全融合并出现一个夹角。两种完全不同的抗原则形成两条交叉的沉淀带。不同分子的抗原抗体系统可各自形成两条或更多的沉淀带。

双扩散也可用于抗体的检测,测抗体时,加待检血清的相邻孔应加入标准阳性血清作为对照，以资比较。测定抗体效价时可倍比稀释血清，以出现沉淀带的血清最大稀释度为抗体效价。

（2）双向单扩散（simple diffusion in two dimension）。又称辐射扩散（radial immunodiffusion）。试验在玻璃板或平皿上进行，用1.6%～2.0%琼脂加一定浓度的等量抗血清浇成凝胶板，厚度为2～3 mm，在其上打直径为2 mm的小孔，孔内滴加抗原液。抗原在孔内向四周辐射扩散，与凝胶中的抗体接触形成白色沉淀环。此白色沉淀环随扩散时间而增大，直至平衡为止。沉淀环面积与抗原浓度呈正比，因此可用已知浓度的抗原制成标准曲线，即可用以测定抗原的量。

3. 免疫电泳技术 免疫电泳技术包括免疫电泳、对流免疫电泳、火箭免疫电泳等技术。

（1）免疫电泳（immunoelectrophoresis）。免疫电泳技术由琼脂双扩散与琼脂电泳技术结合而成。不同带电颗粒在同一电场中，其泳动的速度不同，通常用迁移率表示，如其他因素恒定，则迁移率主要决定于分子的大小和所带净电荷的多少。蛋白质为两性电解质，每种蛋白质都有它自己的等电点，在pH大于其等电点的溶液中，羟基离解多，此时蛋白质带负电，向正极泳动；反之，在pH小于其等电点的溶液中，氨基离解多，此时蛋白质带正电，向负极泳动。pH离等电点越多，泳动速度也越快。因此可以通过电泳将复合的蛋白质分开。检样先在琼脂凝胶板上电泳，将抗原的各个组分在板上初步分开。然后再在点样孔一段或两侧打槽，加入抗血清，进行双向扩散。电泳迁移率相近而不能分开的抗原物质，又可按扩散系数不同形成不同的沉淀带，进一步加强了对复合抗原组成的分辨能力。

免疫电泳需选用优质琼脂，亦可用琼脂糖。琼脂浓度为1%～2%，pH应以能扩大所检复合抗原的各种蛋白质所带电荷量的差异为准，通常pH在6～9。血清蛋白电泳则常用pH 8.2～8.6的巴比妥缓冲液，离子强度为0.025～0.075 mol/L，并加0.01%硫柳汞作防腐剂。

各种抗原根据所带电荷性质和净电荷多少，按各自的迁移率向两极分开，扩散与相应抗体形成沉淀带。沉淀带一般呈弧形。抗原量过多者，则沉淀弧顶点靠近抗血清槽，带宽而色深，如血清白蛋白所形成的带。抗原分子均一者，呈对称的弧形；分子不均一，而电泳迁移率又不一致者，则形成长的平坦的不对称弧，如球蛋白所形成的带。电泳迁移率相同而抗原性不同者，则在同一位置上可出现数条沉淀弧。相邻的不同抗原所形成的沉淀可互相交叉。

（2）对流免疫电泳（counter immunoelectrophoresis）。大部分抗原在碱性溶液（>pH 8.2）中带负电荷，在电场中向正极移动，而抗体球蛋白带荷弱，在琼脂电泳时，由于电渗作用，向相反的负极泳动。如将抗体置正极端，抗原置负极端，则电泳时抗原抗体相向泳动，在两孔之间形成沉淀带（图10-7）。

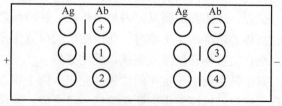

图10-7 对流电泳示意

Ag为抗原；Ab为抗体；+为阳性血清；1、2、3、4为待检血清
（依陆承平）

试验时，同上法制备琼脂凝胶板，凝固后在其上打孔，挑去孔内琼脂后，将抗原置负极一侧孔内，抗血清置正极侧孔。加样后电泳30～90 min观察结果。本法较双扩散敏感10～16倍，并大大缩短了沉淀带出现的时间，简易快速，适于快速诊断之用。如人的甲胎蛋白、乙型肝炎抗原的快速诊断。猪传染性

水疱病和口蹄疫等病毒性传染病亦可用本法快速确诊。

并不是所有抗原分子都向正极泳动，抗体球蛋白由于分子的不均一性，在电渗作用较小的琼脂糖凝胶上电泳时，往往向点样孔两侧展开，因此，对未知电泳特性的抗原进行探索性试验时，可用琼脂糖制板，并在板上打 3 例孔，将抗原置中心孔，抗血清置两侧孔。这样，如果抗原向负极泳动时，就可在负极一侧与抗血清相遇而出现沉淀带。

(3) 火箭免疫电泳（rocket immunoelectrophoresis）。本法是将辐射扩散与电泳技术相结合，简称火箭电泳。将上述巴比胺缓冲液琼脂融化后，冷却至 56 ℃ 左右，加入一定量的已知抗血清，浇成含有抗体的琼脂凝胶板。在板的负极端的一列孔，滴加待检抗原和已知抗原，电泳 2~10 h。电泳时，抗原在琼脂中向正极迁移，其前锋与抗体接触，形成火箭状沉淀弧，随抗原继续向前移动，此火箭状峰亦不断向前推移，原来的沉淀弧由于抗原过量而重新溶解。最后抗原、抗体达到平衡时，即形成稳定的火箭状沉淀弧。在抗体深度一定时，峰高与抗原浓度成正比。本法主要用于测定抗原的量（用已知浓度抗原作对比）。

抗原、抗体比例不适当时，常不能形成火箭状沉淀峰；抗原过剩时或不形成沉淀线，或沉淀线不闭合；抗原中等过剩时，沉淀峰前端不是尖窄而是呈圆形或鞋底状，只有二者比例合适时才形成完全闭合的火箭状沉淀峰。

如将抗原混入琼脂凝胶中，孔内滴加抗体，电泳时，抗体向负极移动，也可形成火箭状沉淀弧，此为反向火箭免疫电泳。

三、标记抗体技术

抗原与抗体能特异结合，但抗体、抗原分子小，在含量低时形成的抗原抗体复合物是不可见的。有一些物质即使在超微量时也能通过特殊的方法将其检查出来，如果将这些物质标记在抗体分子上，可以通过检测标记分子来显示抗原复合物的存在，此种根据抗原抗体结合的特异性和标记分子的敏感性建立的技术，称为标记抗体技术（labelled antibody technique）。

高敏感性的标记分子主要有荧光素、酶分子、放射性同位素三种，由此建立荧光抗体技术、酶标抗体技术和同位素标记技术。其特异性和敏感性远远超过常规血清学方法，被广泛应用于病原微生物鉴定、传染病的诊断、分子生物学中的基因表达产物分析等各个领域。

(一) 荧光标记抗体技术

荧光标记抗体技术（fluorescent-labelled antibody technic）是指用荧光素对抗体或抗原进行标记，然后用荧光显微镜观察所标记的荧光以分析示踪相应的抗原或抗体的方法。

1. 原理 荧光标记抗体技术就是将抗原抗体反应的特异性、荧光素物质的高敏感及显微镜技术的精确性三者相结合的一种免疫检测技术。

荧光是一类电磁波。分子是由原子组成，原子是由原子核和核外电子组成。每一个核外电子都沿着自己固有的轨道围绕原子核旋转，根据电子轨道离核的距离和能量级的不同，电子分布在不同的层上，每一层所容纳的电子数是一定的，外层电子的能量较内层的大。当一个电子被诱发，吸收一个能量相当的光量子后，它就可以跳到外层上去，或跳到同层的高能带上去，这一过程称为电子跃迁。电子在高能状态是不稳定的，经 8~10 s 后，它又可以跳回原来的位置，并以光量子形式释放出所吸收的能量，这种激发而发射出来的光称为荧光。

在荧光发射过程中，一部分能量消耗了，辐射出的光量子能量通常小于激发光的光量子，所以荧光的波长几乎总是大于激发光波长。将吸收的光量子转化为荧光的百分率，即发射量子数与收量子数之比率，称为荧光效率。其关系式为：荧光效率＝发射光量子数/吸收光量子数×100%。

物质激发荧光的效率是个常数，即激发的荧光波长是一定的，不因激发光强度而变化；但是发射光强度则与激发光强度呈正相关，在一定范围内，激发光越强，荧光也越强。其关系式为：荧光效率＝吸收光量子数×荧光效率。

因此，选用适当的强光源和吸收量最多的波长作为激发光是提高荧光强度的根本方法。但是过强则易引起光分解，破坏被检标本，大大降低荧光淬灭的速度。

分子必须在激发态有一定稳定性，能够持续约 10^{-3} s 的时间，这是产生荧光的最重要的条件。荧光色素虽有这样的稳定性，但是很容易受到环境变化的影响，如 pH、分子的电离状态、溶剂的性质、黏稠度、温度以及化学基团的加入等，这些都会影响荧光的特征，其中溶剂的 pH 的影响最大，与蛋白质结合的荧光色素的荧光强度在 pH 6.0 时比之 pH 8.0 时降低 50%。

2. 荧光色素 能够产生明显荧光，并能作为染料使用的有机化学物，又称为荧光染料。只有具备共轭键系统，即单键、双键交替的分子，才有可能使激发态保持相对稳定而发射荧光，具有此类结构的主要是以苯环为基础的芳香族化合物和一些杂环化合物。可用于标记的荧光素有异硫氰酸荧光素（FITC）、四乙基罗丹明（RB 200）和四甲基异硫氰酸罗丹明（TMRITC），其中应用最广的是 FITC，罗丹明只是作为前者的补充，用作对比染色时标记。FITC 分子中含有异硫氰基，在碱性（pH 9.0~9.5）条件下能与 IgG 分子的自由氨基（主要是赖氨酸的 ε 氨基）结合，形成 FITC-IgG 结合物，从而制成荧光抗体。

抗体经过荧光色素标记后，并不影响其结合抗原的能力和特异性，因此当荧光抗体与相应的抗原结合时，就形成带的荧光性的抗原抗体复合物，从而可在荧光显微镜下检出抗原的存在。

3. 荧光抗体染色及荧光显微镜检查

（1）标本制备。标本制作的要求首先是保持抗原的完整性，并尽可能减少变化，应保持抗原位置不变。同时还必须使抗原标记抗体复合物易于接收激发光源，以便观察和记录。这就要求标本要相当薄，并要有适宜的固定处理方法。

细菌培养物及感染动物的组织或血液、脓汁、粪便、尿沉淀等，可做成涂片或压印片。组织学、细胞学制片主要采用冰冻切片或低温石蜡切片，也可用生长在盖玻片上的单层细胞培养作标本。细胞或原虫悬液可直接用荧光抗体染色后，再转移至玻片上直接观察。

标本的固定有两个目的，一是防止被检材料从玻片上脱落，二是消除抑制抗原抗体反应的因素，如脂肪之类。用有机溶剂固定可增加细胞膜的通透性，有利于用荧光抗体检测细胞内的抗原。最常用的固定剂为丙酮和 95%乙醇。固定后应随即用 PBS 反复冲洗，干后即可用于染色。

直接法　　　间接法

图 10-8　荧光抗体染色法
（依陆承平）

（2）染色方法。荧光抗体染色法有多类，常用的有直接法和间接法（图 10-8）。直接法系直接滴加 2~4 个单位的标记抗体于标本区，漂洗、干燥、封载。间接法则将标本先滴加未标记的抗血清，漂洗，再用标记的抗抗体染色，漂洗、干燥、封载。对照除自发荧光、阳性和阴性对照外，间接法首次试验时应设无中间层对照（标本+标记抗抗体）和阴性血清对照（中间层用阴性血清代替抗血清）。间接法的优点为：制备一种标记的抗抗体即可用于多种抗原抗体系统的检测。将SPA标记上FITC制成FLITC-SPA，性质稳定，可制成商品，用以代替标记的抗抗体，能用于多种动物的抗原抗体系统，应用面更广。

(3) 荧光显微镜检查。标本滴加缓冲甘油后用盖玻片封载，即可在荧光显微镜下观察。荧光显微镜不同于光学显微镜之处，在于它的光源是高压汞或溴钨灯，并有一套位于集光器与光源之间的激发滤光片，它只让一定波段的紫外光及少量可见光（蓝紫光）通过；此外还有一套位于目镜内的屏障滤光片，只让激发的荧光通过；而不让紫外光通过，以保护眼睛并能增加反差。为了直接观察微量滴定板中的抗原抗体反应，如感染细胞培养上的荧光，可使用现已有商品的倒置荧光显微镜。

荧光激发细胞分拣器（fluorescein activated cell sorter，FACS）能快速、准确测定各荧光标记的淋巴细胞亚群的数量、比例、细胞大小等，并将其分拣收集，是当前免疫学研究的极为重要的仪器之一。通过喷嘴形成连续的线状细胞液流，并以每秒1 000~5 000个细胞的速度通过激光束。标记有荧光抗体的细胞发出荧光，荧光色泽、亮度等信号由光电倍增管接收和控制，再结合细胞的形态、大小，产生光散射信号，其数据立即输入微电脑处理。根据细胞的荧光强度及大小的不同，细胞流在电场中发生偏离，最后分别收集于不同容器中。这种分离程序并不损害细胞活力，且可在无菌条件下进行。由此分出的淋巴细胞亚群能继续做功能测验。此法分离的细胞纯度可达90%~99%。这种方法还可用以分拣淋巴细胞杂交瘤的细胞克隆，方法简便而灵敏。

4. 荧光标记抗体技术的应用

(1) 细菌学诊断。能用荧光标记抗体技术直接检出或鉴定的细菌有很多种，均具有较高的敏感性和特异性，其中较常应用的用链球菌、致病性大肠杆菌、沙门氏菌、马鼻疽杆菌、猪丹毒杆菌等，可从粪便、黏膜拭涂片、病变部渗出物、体液或血液涂片、病变组织的触片或切片以及尿沉渣等，经直接免疫荧光法检出目的菌，具有很高的诊断价值。

以较低浓度的荧光抗体加入培养基中，进行微量短期的玻片培养，于荧光显微镜下直接观察荧光集落的"荧光菌球法"，已广泛应用于下痢粪便的病原体检测。尤其对于已用药物治疗的患畜，在这种情况下培养病原体常难以成功。

将间接免疫荧光检测抗体用于追溯调查、早期诊断和现症诊断，也都有良好的效果。如钩端螺旋体病检出IgM抗体，可作早期诊断或近期感染的指征。结核病用间接免疫荧光技术检出抗体，可以作为对病的活动性和化疗监控的手段。

(2) 病毒学诊断。用免疫荧光直接检出患病鱼类病变组织中的病毒，已成为病毒感染快速诊断的重要手段。如传染性胰脏坏死病毒（IPNV）病、病毒性出血性坏死病毒（VHSV）等可取感染组织做冰冻切片或触片，做直接或间接免疫荧光染色以检出病毒抗原，一般可在2 h内做出诊断报告。

对含病毒较低的病理组织，需先在细胞培养上短期培养后，再用荧光抗体检测病毒抗原，可提高检出率。某些病毒（猪瘟病毒）在细胞培养上不出现细胞病变，就可应用免疫荧光作为病毒增殖的指征。应用间接免疫荧光以检测血清中的抗病毒抗体，亦常作为诊断和流行病学调查之用，尤以IgM型抗体的检出可供早期诊断和作为近期感染的指征。

(3) 其他方面的应用。免疫荧光技术已广泛应用于淋巴细胞表面抗原和膜表面免疫球蛋白（SmIg）的检测，从而为淋巴细胞的分类和亚型鉴定提供研究手段。用抗 IgM 和 IgG 的抗血清标记 SPA 荧光菌体作荧光 SPA 花环试验，可计算带有 SIgM 或 SIgG 的 B 细胞百分率。

（二）酶标抗体技术

1966 年 Nakane 等和 Avrameas 等分别报道用酶代替荧光素标记抗体，作生物组织中抗原的定位和鉴定，从而建立了酶标抗体技术（enzyme-labelled antibody technique）。1971 年，Engvall 等及 Van Weemen 等分别报道了酶联免疫吸附试验（ELISA），从而建立了酶标抗体定量技术。

1. 原理 酶标抗体抗体技术是根据抗原抗体反应的特异性和酶催化反应的高敏感性而建立起来的免疫检测技术。酶是一种有机催化剂，催化反应过程中酶不被消耗，能反复作用，微量的酶即可导致大量的催化过程，如果产物为有色可见产物，则极为明显。

2. 酶标抗体技术的基本程序　①将酶分子与抗原或抗体分子共价结合，此种结合既不改变抗体的免疫反应活性，也不影响酶的催化活性。②将此酶标抗体（抗抗体）与存在于组织细胞或吸附于固相载体上的抗原（抗体）发生特异性结合，并洗下未结合的物质。③滴加底物溶液后，底物在酶作用下水解呈色；或者底物不呈色，但是在底物水解过程中由另外的供氢离子，使供氢体由无色的还原型变为有色的氧化型，呈现颜色反应。因而可根据底物溶液的颜色反应来判定有无要应的免疫反应。颜色反应的深浅与标本中相应抗原（抗体）的量呈正比。此种有色产物可用肉眼或在光学显微镜或电子显微镜下看到，或用分光光度计加以测定。这样，就将酶化学反应敏感性和抗原抗体反应的特异性结合起来，用以在细胞或亚细胞水平上示踪抗原或抗体的所在部位，或在微克、纳克水平上测定它们的量。所以本法既特异又敏感，是目前应用最为广泛的一种免疫检测方法之一。

3. 用于标记的酶　用于标记的酶有辣根过氧化物酶（horseradish peroxidase，简称 HRP）、碱性磷酸酶、葡萄糖氧化酶等，其中以 HRP 应用最广。HRP 的作用底物为过氧化氢，催化时需要供氢体，使产生一定颜色的产物。

凡能在 HRP 催化过氧化氢生成水过程中提供氢，而后自己生成有色产物的化合物（供氢体）都可用作显色剂。HRP 的供氢体很多，根据供氢体的产物可分为两类：①可溶性供氢体。产生有色的可溶性产物，可用比色法测定，如 ELISA 中的显色剂。常用的有邻苯二胺（O-phenylenediamine，OPD），为橙色，最大吸收值为 490 nm，可用肉眼判别；3，3′，5，5′-四甲基联苯胺（tetramethylbenzidine，TMB），显色呈蓝色，加氢氟酸终止，在 650 nm 波长下测定。若用硫酸终止（变为黄色）则在 450 nm 波长下测定。此外，还有邻联茴香胺（O-dianisidine，OD），5-氨基水杨酸（5-amino-salicylic acid，5As），邻联甲苯胺（O-toluidine，简称 OT）。②不溶性产物供氢体：最常用的是 3，3′二氢基联苯胺（3，3′-diaminobenzidine，DAB），反应后的氧化型中间体迅速聚合，形成不溶性棕色吩嗪衍生物。适用于各种免疫组化法，还用于蛋白的免疫转印试验。

HRP 可用戊二醛法或过碘酸钠氧化法将其标记于抗体分子上制成酶标抗体。

4. 免疫酶组化染色技术

(1) 标本制备和处理。用于免疫酶染色的标本有组织切片（冷冻切片和蜡切片）、组织压印片、涂片以及细胞培养的单层细胞盖片等。这些标本的制作和固定与荧光抗体技术相同，但尚要进行一些特殊处理。

用酶结合物作细胞内抗原定位时，由于组织和细胞内含有内源性过氧化酶，可与标记的过氧化酶在显色反应上发生混淆。因此，在滴加酶结合物之前通常将制片浸于 0.3% 过氧化氢溶液中室温处理 15~30 min，以消除内源酶。应用 1%~3% 过氧化氢甲醇溶液处理单层细胞培养标本或组织涂片，低温条件下作用 10~15 min，可同时起到固定和消除内源酶的作用，效果比较满意。

组织成分对球蛋白的非特异黏附所致的非特异性背景染色，可用 10% 卵蛋白作用 30 min，进行处理。用 0.05% 吐温 20 和含 1% 牛血清白蛋白（BSA）的 PBS 对细胞培养标本进行预处理，同时可起到消除背景染色的效果。

（2）染色方法。可采用直接法、间接法、抗抗体搭桥法、杂交抗体法、酶抗体法、增效抗体法等各种染色方法，但通常用直接法和间接酶标记抗体法。反应中每加一种抗体试剂，均需于 37 ℃ 作用 30 min，然后以 PBS 反复洗涤 3 次，以除去未结合物。

① 直接法。与荧光抗体的直接法相似，即以酶标记抗体或抗原处理标本，然后浸于含有相应底物和显色剂的反应液中，通过显色反应检测抗原抗体复合物的存在。

② 间接法。同荧光抗体的间接法。标本用相应的抗体处理后，再加酶标记的抗抗体，然后经显色揭示抗原-抗体-抗抗体复合物的存在。

③ 抗抗体搭桥法。本法不需要事先制备标记抗体，是利用抗抗体既能与反应系统的抗体结合，又能与抗酶抗体结合（抗酶抗体与针对抗原的抗体必须是同源的）的特性，以抗抗体作桥连接抗体和抗酶抗体。先加抗体（如兔抗血清）使与标本上的抗原发生异性结合，然后加抗抗体（羊抗兔血清与抗体结合），再加既能与抗抗体结合又能与酶结合的兔抗酶抗体，最后用底物显色。此法的优点在于克服了因酶与抗体交联引起的抗体失活和标记抗体与非标记抗体对抗原的竞争，从而提高了敏感性；但抗酶抗体与酶之间的结合多为低亲和性，冲洗标本时易被洗脱，使酶感性降低。

④ 酶-抗体法。亦称 HRP-抗 HRP 复合物（PAP）法。此法是将 HRP 和抗 HRP 抗体结合形成 PAP，用 PAP 来代替抗抗体搭桥法中的抗酶抗体和酶。制备 PAP 时，需将 HRP 和抗 HRP 形成的复合物离心沉淀、洗涤。在此沉淀物中再加 HRP，调 pH 至 2.3 使之溶解，离心后将上清 pH 调回至 7.5，离心收集上清液；沉淀再加 HRP 继续提取，直至调回 pH 时不再有沉淀产生。合并各次上清液，即为可溶性 PAP。PAP 为一环状分子，电子显微镜下呈五边形，直径 20.5 nm。此环形结构使 PAP 十分稳定，冲洗时不易丢失，故其敏感性较搭桥法高。本法亦常用于 ELISA 法。

⑤ 杂交抗体法。将特异性抗体分子与抗酶体分子经胰酶消化成双价 $F(ab)_2$ 片段，将这两种抗体的 $F(ab)_2$ 片按适当的比例混合，在低浓度的乙酰胺和充氮条件下，使之进一步裂解为单价 Fab 片，再在含氮条件下使其还原复合。经分子筛层析后，即可获得 25%~50% 的杂交抗体。这种杂交抗体分子含有两个抗原结合部位，一边能与特异性抗原结合，另一边能与酶结合。因此，不必事先准备标记抗体。试验时含有抗原的标本直接用杂交抗体和酶处理，即可浸入底物溶液中，进行显色反应。杂交抗体还可采用杂交瘤技术和基因工程技术进行制备。

⑥ 增效抗体法。同时使用酶标抗体与抗酶抗体，其程序为：抗原、酶标记抗体、抗抗体、抗酶抗体、酶、底物。此法能使更多的酶连接在抗原上，从而使显色反应增强，提高其

敏感性。

(3) 显色反应。免疫酶组化染色中的最后一环是用相应的底物使反应显色。不同的酶所用底物和供氢体不同。同一种酶和底物如用不同的供氢体，则其反应物的颜色也不同。如辣根过氧化物酶，在组化染色中最常用 DAB，用前应以 0.05 mol/L pH 7.4～7.6 的 Tris-HCl 缓冲液配成 50～75 mg/100 mL 溶液，并加少量（0.01%～0.03%）过氧化氢溶液混匀后加于反应物中置室温 10～30 min，反应物呈深棕色；如用甲萘酚，则反应产物呈红色；用 4-氯-1-萘酚，则呈浅蓝色或蓝色。

(4) 标本观察。显色后的标本可在普通显微镜下观察，抗原所在部位 DAB 显色呈棕黄色。亦可用常规染料作反衬染色，使细胞结构更为清晰，有利于抗原的定位。本法优于荧光抗体法之处，在于无须应用荧光显微镜，且标本可以长期保存。

5. 酶联免疫吸附试验（enzyme linked immunosorbent assay，ELISA）　ELISA 是当前应用最广、发展最快的一项新技术。其基本过程是将抗原（或抗体）吸附于固相载体，在载体上进行免疫酶反应，底物显色后用肉眼或分光光度计判定结果。

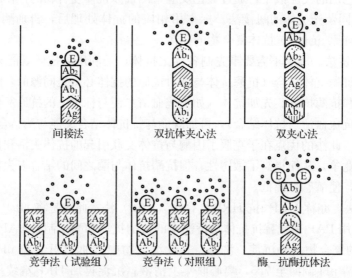

图 10-9　酶联免疫吸附试验（ELISA）方法

Ag. 抗原　Ab_1. 特异性抗体　Ab_2. 抗抗体　Ab_3. 用另一种动物制备的特异性抗体

Ab_4. 抗酶抗体　E. 酶黑色小点为底物酶解后的色素，白色小环为未酶解的底物

（依杜念兴）

(1) 固相载体。有聚苯乙烯微量滴定板、聚苯乙烯球珠等。用聚苯乙烯微量滴定板（40 孔或 96 孔板）是目前最常用载体，小孔呈凹形，操作简便，有利于大批样品的检测。新板在应用前一般无需特殊处理，直接应用或用蒸馏水冲洗干净，自然干燥后备用。一般均一次性使用，如用已用过的微量滴定板，需进行特殊处理。

(2) 包被。将抗原或抗体吸附于固相表面的过程，称为载体的致敏或包被。用于包被的抗原或抗体，必须能牢固地吸附在固相载体的表面，并保持其免疫活性。各种蛋白质在固有载体表面的吸附能力不同，但是大多数蛋白质可以吸附于载体表面。可溶性物质或蛋白质抗原，例如：病毒糖蛋白、血型物质、细菌脂多糖、脂蛋白、糖脂、变性的 DNA 等均较易包被上去。较大的病毒、细菌或寄生虫等难以吸附，需要将它们用超声波打碎或用化学方法提出抗原成分，才能供试验用。

用于包被的抗原或抗体需纯化，纯化抗原和抗体是提高酶联免疫吸附试验的敏感性与特异性的关键。抗体最好用亲和层析和DEAE纤维素层析柱提纯。有些抗原含有多种杂蛋白，须用密度梯度离心等方法除去，否则易出现非特异性反应。

蛋白质（抗原或抗体）很易吸附于未使用过的载体表面，但是适宜的条件更有利于该包被过程。包被的蛋白质浓度通常为 $1\sim10\mu g/mL$。高pH和低离子强度缓冲液一般有利于蛋白质包被，通常用0.1 mol/L pH 9.6碳酸盐缓冲液作包被液。一般包被均在4℃过夜，也有经37℃ 2～3 h达到最大反应强度。包被后的滴定板贮于4℃冰箱，可贮存3周。如真空塑料封口，于-20℃冰箱可贮存更长时间。用时充分洗涤。

（3）洗涤。在ELISA的整个过程中，需进行多次洗涤，目的是防止重叠反应，引起非特异现象。因此，洗涤必须充分。通常采用加助溶剂吐温20（最终浓度为0.05%）PBS作洗涤，以免发生非特异性吸附。洗涤时，先将前次加入的溶液倒空，吸干，然后于洗液中泡洗3次，每次3 min，倒空，并用滤纸吸干。

（4）试验方法。ELISA的核心是利用抗原抗体的特异性吸附，在固相载体上一层层地叠加，可以是两层、三层甚至多层。整个反应都必须在抗原抗体结合的最适条件下进行。每层试剂均稀释于最适于抗原抗体反应的稀释液（0.01～0.05 mol/L pH 7.4 PBS中加吐温20至0.05%、10%犊牛血清或1% BSA）中，加入后置4℃过夜或37℃、1～2 h。每加一层均需充分洗涤。阳性、阴性应有明显区别，阳性血清颜色深，阴性血清颜色浅，二者吸收值的比值最大时的浓度为最适浓度，试验方法主要有以下几种。

① 间接法。用于测定抗体。用抗原将固相载体致敏，然后加入含有特异抗体的血清，经孵育一定时间后，固相载体表面的抗原和抗体形成复合物。洗涤除去其他成分，再加上酶标记的抗抗体，加入底物，在酶的催化作用下底物发生反应，产生有色物质。样品含抗体愈多，出现颜色愈快愈深。

② 夹心法。又称双抗体法，用于测定大分子抗原。将纯化的特异性抗体致敏于固相载体，加入含待检抗原的溶液，孵育后，洗涤除去多余的抗原，再加入酶标记的特异性抗体，使之与固相载体表面的抗原结合，再洗涤除去未结合的酶标抗体结合物，最后加入酶的底物，经酶催化作用后产生有色产物的量与溶液中的抗原成正比。

③ 双夹心法。此法是采用酶标抗抗体检测多种大分子抗原，它不仅不必标记每种抗体，还可提高试验的敏感性。将抗体（如豚鼠免疫血清 Ab_1）吸附在固相上，洗涤未吸附的抗体，加入待测抗原（Ag），使之与致敏固相载体作用，洗去未起反应的抗原，加入不同种动物制出的特异性相同的抗体（如兔免疫血清 Ab_2），使之与固相载体上的抗原结合，洗涤后加入酶标记的抗 Ab_2 抗体（如羊抗兔球蛋白 Ab_3），使之结合在 Ab_2 上。结果形成 Ab_1-Ag-Ab_2-Ab_3-HRP复合物。洗涤后加底物显色，呈色反应的深浅与标本中的抗原量成正比。

④ 竞争法。用于测定小分子抗原及半抗原。用特异性抗体将固相载体致敏，加入含待测抗原的溶液和一定量的酶标记抗原共同孵育，对照仅加酶标抗原，洗涤后加入酶底物。被结合的酶标记抗原的量由酶催化底物反应产生有色产物的量来确定。如待检溶液中抗原越多，被结合的酶标记抗原的量越少，有色产物就减少。根据有色产物的变化求出未知抗原的

量。其缺点是每种抗原都要进行酶标记，而且因为抗原结构不同，还需应用不同的结合方法。此外，试验中应用酶标抗原的量较多。但是此法的优点是出结果快，且可用于检出小分子抗原或半抗原。

⑤ 酶-抗酶抗体（PAP）法。又称 APA-ELISA，反应过程同组化染色法，只是操作在反应板上进行。此方法虽可提高试验的敏感性，但是因为不易制作理想的抗酶抗体，试验中较多干扰因素影响结果的准确性，因此较少采用。

⑥ PPA-ELISA。以 HRP 标记 SPA 代替间接法中的酶标抗抗体进行的 ELISA。因 SPA 能与多种动物（如人、猪、兔等）的 IgG Fc 片段结合，可用 HRP 标记制成酶标记 SPA，而代替多种动物的酶标抗抗体，该制剂有商品供应。

⑦ BA 系统 ELISA。生物素（biotin，B）与亲和素（avidin，A）具有很强的结合能力，因此可将其引入 ELISA，方法有 BA-ELISA（反应层次为：抗原、待检血清、生物素化的二抗、酶标亲和素）、BAB-ELISA（反应层次为：抗原、待检血清、生物素化二抗、亲和素、酶标生物素）、ABC-ELISA（反应层次为：抗原、待检血清、生物素化二抗、酶标记的亲和素与生物素复合物）等。

⑧ 斑点 ELISA（Dot-ELISA）。此以硝酸纤维膜代替应板，用不溶性供氢体显色。也可作直接法、间接法等。

(5) 底物显色。与免疫酶组化染色法不同，本法必须选用反应后的产物为水溶性色素的供氢体。最常用的是邻苯二胺（OPD），产物呈棕色，可溶，敏感性高，但是对光敏感，因此要避光进行显色反应。底物溶液（OPD-过氧化氢溶液）应在试前新鲜配制。底物显色以室温 10~20 min 为宜。反应结束时，每孔加浓硫酸 50 μL，终止反应。也常用四甲基联苯胺（TMB）为供氢体，其产物为蓝色（加硫酸后变黄色）。

应用碱性磷酸酶时，常用对硝基苯磷酸盐（PNP）作底物，产物呈黄色。

(6) 结果判定。ELISA 试验结果可用肉眼观察，也可用分光光度计测定。每批试验都需要阳性和阴性对照，肉眼观察，如颜色反应超过阴性对照，即判为阳性。用酶联免疫测定仪来测量光密度，所用波长随底物而异。如以 OPD 为供氢体，测定波长为 492 nm，TMB 为 650 nm（氢氟酸终止）或 450 nm（硫酸终止）。

定性结果通常有两种方法：①以 P/N 比表示。求出该样本的 OD 吸收值与一组阴性样本吸收值的比值，即为 P/N 比值，若 $P/N \geqslant 2$ 或 3 倍，即判为阳性。②若样本的吸收值≥规定吸收值（阴性样本的平均吸收值+2 标准差），则判为阳性。

定量结果以终点滴度表示，可将样本稀释，出现阳性（$P/N > 2$ 或 3，或吸收值仍大于规定吸收值）的最高稀释度为该样本的 ELISA 滴度。

（三）放射免疫测定

放射免疫测定（radioimmunoassay，RIA）是将同位素测量的高度敏感性和抗原抗体反应的高度特异性结合起来而建立的一种免疫分析技术。1959 年 Yalow 和 Berson 共同创建了放射免疫测定技术，由于这种检测方法可以精确地测定体液中的微量活性物质，是定量分析方面的一次重大突破，因此于 1977 年荣获诺贝尔生理学或医学奖。

RIA 具有特异性强、灵敏度高、准确性和精密度好等优点，是目前其他分析方法所无法比拟的。而且此法操作简便，便于标准化，其灵敏度可达纳克（ng）至皮克（pg）级，比一般分析方法提高了 1 000~1 000 000 倍。本法的广泛应用，为研究许多含量甚微而又很重要的生物活性物质在动物体内的代谢、分布和作用机制提供了新的方法。缺点是仅限于指定实验室使用，使用放射性标记物必须注意防护，其试验废弃物不能随意处理，以防污染环境。

1. 原理 放射性同位素核衰变时，会发射出 α 射线（即氦核）、β 射线（即电子）、γ 射线（一种高能电磁波）和 β^+ 射线（即正电子），或从核外俘获一个电子等。各种射线都很容易用仪器探测出来，并且灵敏度很高。^{3}H 衰变时放射出 β 射线，可用液体闪烁仪检测。^{125}I、^{131}I 衰变时可放射出 γ 射线，可用井型闪烁计数计检测。其中 ^{3}H 和 ^{125}I 是 RIA 常用的同位素，可用标记法将它们标记到抗体或抗原分子上。

放射性比度通常是用每单位重量或体积中所含的放射性强度来表示，例如 mCi/g 或 mCi/cm^3。放射性比度有时也称比放射性或比活性。而放射性的计量通常以每分钟脉冲数（count per minute，cpm）或每秒钟脉冲数（count per second，cps）表示。目前国际逐渐通用"贝可勒尔"（Bq）代替居里（Ci）表示放射性强度，$1Bq=1\ s^{-1}$，即 Bq 为每秒衰变的次数。所以，换算关系为：$1Ci=3.7\times10^{10}Bq$。

2. 液相放射免疫测定 定量分析微量半抗原物质均采用这种 RIA 方法。其基本原理是同时在溶液中加入标记抗原（*Ag）、非标记抗原（Ag）和抗体（Ab），使 Ag 与 *Ag 竞争性地和 Ab 结合，根据免疫沉淀物中 *Ag-Ab 量的减少或增多来测定 Ag 的含量。

当反应液中存在一定量的 *Ag 和 Ab 时，结合型 *Ag-Ab（B）和游离型 *Ag（F）的比例是一定的，它们保持着可逆的动态平衡。如在此反应液中加入待检的 Ag，则 Ag 与 *Ag 竞相与 Ab 结合，Ag 的量越多，B/F 值（或 B%）越小。因此，只需把反应液中的 B 和 F 分开，然后分别测定 B 和 F 的放射性，即可计算出 B/F 值和结合百分率（B%）。用已知浓度的标准物（Ag）和一定量的 *Ag、Ab 反应，测出不同浓度 Ag 的 B/F 值（或 B%）。以标准物的浓度为横坐标，B/F 或 B% 为纵坐标即可绘成竞争性抑制反应的标准曲线。同此法测出待检 Ag 的 B/F 或 B%，即可在标准曲线上查出其含量。

以 B/F 为纵坐标作的反应曲线是一条弧线。如以结合率百分数的倒数值（即 T/B）为纵坐标，就可得一条直线反应曲线。

试验的基本过程是：① 适当处理待测样品；② 按一定要求加样，使待测抗原与标记抗原竞相与抗体结合或顺序结合；③ 反应平衡后，加入分离剂，将 B 和 F 分开；④ 分别测定 B 和 F 的脉冲数；⑤ 计算 B/F、B% 等值；⑥ 在标准曲线上查出待测抗原的量。

分离剂的分离效果是影响测定结果准确性的一个重要因素，目前比较常用的方法有以下四种：吸附法（用活性炭）、化学沉淀法（用 PEG 6000）、双抗体沉淀法或微孔薄膜法（$0.25\sim0.45\ \mu m$ 膜孔径）。

3. 固相放射免疫测定 本法系预先将抗原或抗体连接在固相载体上（聚苯乙烯或硝酸纤维素膜）上，制作免疫吸附剂，然后按照 ELISA 相同步骤，使反应在同一管内进行，操作简便快速，特别适合于制成标准试剂盒，便于在基层推广应用。

固相载体通常以聚苯乙烯制成小管或小珠，也可用薄型塑料压制成微量滴定板，反应后可将各孔剪下，分别测定脉冲数。试验方法有单层竞争法、多层竞争法、多层非竞争法及双抗体固相法。

放射免疫测定是目前最敏感的分析技术，其灵敏度是任何化学分析方法所无法比拟的。但制备纯度抗原、标记抗原和高亲和力的标准抗血清有一定的难度。目前多由放化研究中心制成药盒供应，如前列腺素、孕酮等已有药盒供应。RIA 可用于疾病的诊断、激素等微量活性物质的测定以及药物残留的监测等。

四、有补体参与的试验

抗体分子（IgG、IgM）的 Fc 片段存在补体受体，当抗体没有与抗原结合时，抗体分子的 Fab 片向后卷曲，掩盖 Fc 上的补体受体，因此不能结合补体。但是当抗体与抗原结合时，两个 Fab 片向前伸展，Fc 上的补体受体暴露，补体的各种成分相继与这部分结合，使补体活化，从而导致一系列免疫学反应。补体参与的试验可大致分为两类：一类是补体与细胞的免疫复合物结合后，直接引起溶细胞的可见反应，如溶血反应、溶菌反应、杀菌反应、免疫黏附反应、团集反应等；另一类是补体与抗原抗体复合物结合后不可引起可见反应（可溶性抗原与抗体），但是可用指示系统如溶血反应来测定补体是否已被结合，从而间接地检测反应系统是否存在抗原抗体复合物，如补体结合试验、被动红细胞溶解试验等。其中补体结合试验最为常用。

（一）补体结合试验

补体结合试验（complement fixation test）是应用可溶性抗原，如蛋白质、多糖、类脂质、病毒等，与相应抗体结合后，其抗原抗体复合物可以结合补体，但这一反应肉眼不能察觉，如再加入致敏红细胞（溶血系），即可根据是否出现溶血反应判定反应系统中是否存在相应的抗原和抗体。参与补体结合反应的抗体称为补体结合抗体。补体结合抗体主要为 IgG 和 IgM。通常是利用已知抗原检测未知抗体。

1. 所需试剂

（1）待检血清。试验前在温水浴中灭活 30 min，以破坏血清中的补体和抗补体物质。灭活温度视动物种类不同而异，温水性鱼类的血清一般用 48～53 ℃，牛、马和猪的血清一般用 56～57 ℃，马、羊血清为 58～59 ℃，驴骡血清为 63～64 ℃，兔血清 63 ℃，人血清 60 ℃。灭活温度高的血清应事先用稀释液稀释成 1∶5 或 1∶10，再行灭活，以免凝固。

（2）补体。采正常健康成年雄性豚鼠血清作补体，为避免个体差异，一般将 3～4 只以上的豚鼠混合使用。现已有冻干补体作为商品出售。

补体结合试验中补体的量是十分重要的因素，补体用前需滴定效价。

在 2 U 溶血素条件下能使标准量红细胞全部溶血的最小补体量为 100% 溶血单位（CH_{100}），能使 50% 标准量红细胞溶血的补体量称为 50% 溶血单位（CH_{50}）。溶血的程度与补体的量呈 S 形曲线：在 20%～80% 溶血时，溶血率与补体量呈直线关系；超过 80% 时，虽补体量剧增，但是溶血率递增平缓。因此以 CH_{50} 作为补体单位更为精确，反应时用 4～5 CH_{50} 的补体。

（3）红细胞悬液。通常以含洗涤后的沉积红细胞的百分数作标准，常用 2%～2.5% 悬液，用稀释液配制。

（4）溶血素。通常由绵羊红细胞免疫家兔制备，即抗红细胞的抗血清。抗血清经 56 ℃、30 min 灭活后，加等量甘油 4 ℃ 保存，或不加甘油于 −20 ℃ 冻结保存。用前需测定溶血效价。在充足补体下，能使标准量红细胞悬液全部溶血的最小溶血素量，为 1 U。补体结合试验中用 2 U 溶血素与标准量红细胞悬液混合即成致敏红细胞。

（5）致敏红细胞悬液。按需要取 2% 红细胞悬液加入等量的溶血素（2 U/0.1 mL），室温或 37 ℃温箱 15 min，保存于 4 ℃备用。

2. 试验步骤 补体结合试验主要用于检测抗体。试验分两步进行。

第一步为反应系作用阶段，由倍比稀释的待检血清（4～6 个稀释度）加最适浓度的抗原和 2 个 CH_{100} 单位或 5 个 CH_{50} 单位的补体。混合后 37 ℃水浴作用 30～90 min 或 4 ℃冰箱过夜。

第二步是溶血系作用阶段，在上述管中加入致敏红细胞，置 37 ℃水浴 30～60 min。反应结束时，观察溶血度，用数字记录结果，以 0、1、2、3、4 分别表示 0%、25%、50%、75%和 100%溶血。0、1 为阳性，大于 2 为阴性。每次试验均需设置必要对照。① 补体对照：2、1、0.5 U 补体＋致敏红细胞。② 抗原抗补对照：2、1、0.5 U 补体＋标准抗原＋致敏红细胞。③ 正常抗原抗补对照：2、1、0.5 U 补体＋正常组织抗原＋致敏红细胞。④ 阳性血清对照：倍比稀释的血清（4～6 个稀释度）＋标准抗原＋2 U 补体＋致敏红细胞。⑤ 阳性血清和正常抗原对照：最大浓度的血清＋正常组织抗原＋2 U 补体＋致敏红细胞。⑥ 阳性血清抗补对照：最大浓度的血清＋2 U 补体＋致敏红细胞。⑦ 阴性血清的各组对照：同阳性血清。⑧ 稀释液对照：稀释液＋致敏红细胞。

（二）补体结合试验的改进

1. 微量补体结合试验 过去常用全量法补体结合试验，每种成分 0.5 mL，总量 2.5 mL，需在试管中进行，消耗材料试剂多，且操作麻烦，占据工作台面大。后来发展的微量法在微量滴定板上进行，用滴计算，每一标准滴为 0.025 mL，每种成分 1 滴，有时补体 2 滴，故全量 5～6 滴。微量法在病毒诊断中很实用，已有逐渐代替全量法的趋势。

2. 间接补体结合试验 禽类血清与抗原结合后不能结合豚鼠补体，故无法进行直接补体结合试验。为了检测禽类血清中的抗体，设计了一种叫作间接补体结合试验的方法。该法是先用其他动物制备能结合补体的抗血清，抗原与此抗血清呈补体结合阳性反应。取临界量的抗原与待检禽类血清作用后，再加入上述抗血清。如待检血性清中含有相应抗体，则抗原被结合而不能再与第二次加入的抗血清结合，因而使补体结合反应被抑制而转为阴性。故此法亦称为补体结合抑制试验，但是由于操作过于烦琐，故目前应用不广。

3. 改良补体结合试验 猪血清灭活后，其补体结合活性显著降低，故过去多用不灭活血清进行补体结合试验，但是不灭活血清中存在天然溶血素和亲补体活性，影响试验结果。因此过去猪血很少用作补体结合试验。为克服这些缺点，近来已改用灭活血清进行试验，可在补体稀释液中加 1%新鲜犊牛血清作补充剂，这种方法称为改良补体结合试验，现已用于猪瘟、猪气喘病等的诊断。

（三）被动红细胞溶解试验

将已知抗原吸附到红细胞上，在有相应抗体以及补体存在时，出现红细胞溶解，称为被动红细胞溶解试验（passive hemolysis test）。通常用于检测未知抗血清中的抗体。本试验比间接凝集试验更敏感。

1. 抗原吸附红细胞（致敏） 未处理的红细胞只能吸附多糖、脂多糖等半抗原。先测定抗原的最适致敏浓度，将抗原以 GVB^{2+} 倍比稀释，按 10∶1 加入 20%红细胞，充分混合，37 ℃水浴致敏 1～2 h，每 15 min 摇一次。洗涤 3 次后配成 0.5%致敏红细胞悬液，分别与已知阳性血清、补体作被动溶血试验，达到最高溶血价最少抗原浓度为最适抗原致敏浓度。用最适致敏浓度的抗原再致敏红细胞以备试验用，或直接将抗原稀释到 1 mg/mL 浓度进行致敏,最后配成 0.5% 致敏红细胞。

蛋白质抗原致敏红细胞时,红细胞需经鞣酸处理,通常用 1/40000 鞣酸与 10% 红细胞悬液等量混合,置 37 ℃ 下 1h,洗涤 3 次,配成 0.5% 鞣酸红细胞悬液。然后加等量抗原液,37 ℃ 水浴 20 min,离心后用含 0.5% 正常血清的 PBS 洗涤 3 次,配成 0.5% 致敏红细胞悬液。

2. 待检血清 待检血清灭活后,取 0.2 mL 加 20% 红细胞 0.5 mL 摇匀后,置室温 10 min,离心除去红细胞后,再加入 20% 红细胞用同法处理一次,以吸收血清中的自然抗体,离心后吸出上清液,即为待检血清材料。

3. 溶血试验 血清倍比稀释,每管 0.25 mL,加致敏红细胞悬液 0.25 mL,混合后,室温 10 min,各管加 4 CH_{100} 单位的补体(0.05 mL),37 ℃ 水浴反应 30 min,以最高浓度的血清加未致敏红细胞作对照。亦可于 96 孔板上进行微量法试验。

以出现 50% 以上溶血的最高血清稀释度为待检血清的被动溶血效价。

五、中和试验

根据抗体能否中和病毒的感染性而建立的免疫学试验称为中和试验。中和试验极为特异和敏感,主要用于病毒感染的血清学诊断、病毒分离株的鉴定、不同病毒株的抗原关系研究、疫苗免疫原性的评价、免疫血清的质量评价和动物血清抗体的检测等。

中和试验的基本过程是:先将抗血清与病毒混合,经适当时间作用;然后接种于宿主系统以检测混合液中的病毒感染力。宿主系统可以是鸡胚、动物或细胞培养,根据病毒性质而定,目前大多采用细胞中和试验;最后根据其产生保护效果的差异,可判断该病毒是否已被中和,并根据一定方法计算中和的程度(中和指数),即代表中和抗体的效价。

根据测定中方法的不同,中和试验主要有两种:一是测定能使动物或细胞死亡数目减少至 50%(半数保护率,PD_{50})血清稀释度,即终点法中和试验(endpoint neutralization test)。二是测定使病毒在细胞上形成空斑数目少至 50% 时血清稀释度,即空斑减少法(plague reduction test)试验。

毒素和抗毒素亦可进行中和试验,其方法与病毒中和试验基本相同。

(一)终点法中和试验

本法是滴定使病毒感染力减少至 50% 的血清中和效价或中和指数。有固定病毒稀释血清及固定血清稀释病毒两种滴定方法。

1. 固定病毒稀释血清 将已知的病毒量固定,血清做倍比稀释,常用于测定抗血清的中和效价。

(1)病毒的毒价滴定。毒力或毒价单位过去常用最小致死量(MLD),即病毒接种实验动物后在一定时间内全部致死的最小病毒剂量。此法比较简单,但是由于剂量递增与死亡率递增的关系不是一条直线,而是呈 S 形曲线,在愈接近 100% 死亡时,对剂量的递增愈不敏感。而死亡率愈接近 50% 时,剂量与死亡率呈直线关系,故现在基本上采用半数致死量(LD_{50})表示毒价单位。而且 LD_{50} 的计算应用了统计学方法,减少了个体差异的影响,因此比较正确。以感染发病作为指标的,可用半数感染量(ID_{50});以体温反应作指标者,可用半数反应量(RD_{50});用鸡胚测定时,可用鸡胚半数致死量(ELD_{50})或鸡胚半数感染量(EID_{50});在细胞培养上测定时,则用组织培养半数感染量($TCID_{50}$)。

半数剂量测定时,通常将病毒原液10倍递进稀释,选择4~6个稀倍数接种一定体重的试验动物(或细胞培养、鸡胚),每组3~6只(管)。接种后,观察一定时间内的死亡(或出现细胞病变)数和生存数。根据累计死亡数和生存数计算致死百分率。然后按 Reed 和 Muench 法、内插法或 Karber 法计算半数计量。其中以 Karber 法最为方便。以测定某种病毒的 $TCID_{50}$ 为例,病毒以 $10^{-4} \sim 10^{-7}$ 稀释,记录其出现细胞病变效应(CPE)的情况(表10-8)。

表10-8 病毒毒价滴定(接种剂量0.1 mL)

病毒稀释	CPE		
	阳性数	阴性数	阳性率(%)
10^{-4}	6	0	100
10^{-5}	5	1	83
10^{-6}	2	4	33
10^{-7}	0	6	0

按 Karber 法计算,其公式为:

$$\lg TCID_{50} = L + d(S - 0.5)$$

式中:$TCID_{50}$ 用对数计算;L 为病毒最低稀释度的对数;d 为组距,即稀释系数,10倍递进稀释时,d 为 -1;S 为死亡比值之和(计算固定病毒稀释血清法中和试验的中和效价时,S 应为保护比值之和),即各组死亡(感染)数/试验数相加。

表10-8中,$S = 6/6 + 5/6 + 2/6 + 0/6 = 2.16$,代入公式:$\lg TCID_{50} = -4 + (-1) \times (2.16 - 0.5) = -5.66$。$TCID_{50} = 10^{-5.66}$,0.1 mL。

$TCID_{50}$ 为毒价的单位,表示该病毒经稀释至 $10^{-5.66}$ 时,每孔细胞接种0.1 mL,可使50%的细胞孔出现 CPE。而病毒的毒价通常以每毫升或每毫克含多少 $TCID_{50}$(或 LD_{50})表示。如述病毒的毒价为 $10^{5.66} TCID_{50}/0.1$ mL,即 $10^{6.66} TCID_{50}/$mL。

(2)正式试验。将病毒原液稀释至每一单位剂量含 $100 \sim 200$ LD_{50}(或 EID_{50},$TCID_{50}$),与等量的递进稀释的待检血清混合,置37 ℃ 1h。每一稀释度接种3~6只试验动物(或鸡胚、细胞),记录每组动物的存活数和死亡数,同样按 Reed 和 Muench 法或 Karber 法计算其半数保护量(PD_{50}),即该血清的中和价。

2. 固定血清稀释病毒法 将病毒原液做10倍递进稀释,分装两列无菌试管,第一列加等量阴性血清(对照组);第二列加待检血清(中和组),混合后置37 ℃ 1h,分别接种实验动物(或鸡胚、细胞培养),记录每组死亡数和累积死亡数和累积存活数,用 Reed 和 Muench 法或 Karber 法计算 LD_{50},然后计算中和指数。中和指数=中和组 $LD_{50}/$对照组 LD_{50}。

如试验组的 $TCID_{50}$ 为 $10^{-2.2}$,阴性血清 $TCID_{50}$ 为 $10^{-5.5}$,根据中和指数公式 $10^{-2.2}/10^{-5.5} = 10^{3.3}$,查3.3的反对数为1995,表明待检血清中和病毒的能力比阴性血清大1 995倍。通常待检血清的中和指数>50者即可判为阳性,10~40为可疑,<10为阴性。

(二)空斑减数试验

空斑减数试验系应用空斑技术,以使空斑数减少50%的血清量作为中和滴度。试验时,将已知空斑单位(PFU)的病毒稀释成每一种接种剂量含100 PFU,加等量递进稀释的血清，置 37 ℃下 1 h。每一稀释度接种至少 3 个已形成单层细胞的培养瓶（孔），置 37 ℃下 1 h，使病毒吸附，然后加入在 44 ℃水浴预温的营养琼脂（在 0.5％水解乳蛋白或 Eagle 培养基中，加 2％犊牛血清、1.5％琼脂及 0.1％中性红 3.3 mL）凝固后放无灯光照射的 37 ℃温箱。同时用稀释的病毒加等量 Hank's 液同样处理作为病毒对照。数天后分别计算空斑数，用 Reed 和 Muench 法、Karber 法或内插法计算血清的中和滴度。

第七节 免疫防治

一、鱼类免疫防治的主要方式

鱼体对病原微生物的免疫力包括在种族进化进程中得到的天然防御能力，和在个体发育过程中受到病原体及其产物刺激而产生的特异性免疫力。用疫苗对鱼类进行免疫接种经主动免疫方式使动物获得免疫力，是预防和控制动物传染病的重要手段。

亲鱼通过受精卵可能将母体内特异性抗体传递给仔鱼，从而使仔鱼获得对某种病原体的免疫力，称为天然被动免疫。对草鱼、金鱼和青鳉（*Oryzias latipes*）的亲鱼实施免疫接种后，已经证明能提高其受精卵中和仔鱼体内特异性抗体的水平。

天然被动免疫对于鱼苗和早期仔鱼传染性疾病的免疫防治是非常重要的。由于鱼类在生长发育的早期，免疫系统还不够健全，对病原体感染的抵抗力较弱，此时可通过获得母源抗体增强免疫力，以保证鱼苗和早期仔鱼的生长发育。

在哺乳动物初乳中的 IgG、IgM 可抵抗败血性感染，IgA 可抵抗肠道病原体的感染。然而母源抗体可干扰弱毒疫苗对幼龄动物的免疫效果，导致免疫失败，是其不利的一面。

水体环境中的致病微生物可通过鱼类的鳃、消化道、皮肤等侵入其机体，在体内不断增殖，与此同时刺激鱼体的免疫系统产生免疫应答，如果鱼体的免疫系统不能将其识别和清除，就会给鱼体造成严重的损害，甚至导致死亡。如果鱼体免疫系统能将其彻底清除，受感染的鱼体即可耐过发病过程而康复，患病痊愈后的鱼体对该病原体的再次入侵具有较强的特异性抵抗力，但对另一种病原体，甚至同种但不同型的病原体，却没有抵抗力或仅有部分抵抗力。机体这种特异性免疫力是其免疫系统对异物刺激产生免疫应答的结果。

将免疫血清或自然发病后康复动物的血清人工输入未免疫的动物，使其获得对某种病原的抵抗力，称为人工被动免疫在鱼类也有应用。例如用抗迟缓爱德华菌（*Edwardsiella tarda*）血清防治日本鳗鲡的爱德华菌病，抗杀鱼巴氏杆菌（*Pasteurella pisciada*）血清防治五条鰤（*Seriola quinqueradiata*）的巴氏杆菌病等，尤其是患病毒性疾病的珍贵动物，用抗血清防治更有意义。

免疫血清可用同种动物或异种动物制备，用同种动物制备的血清称为同种血清（homologous serum），用异种动物制备的血清称为异种血清（heterologous serum）。抗细菌血清和抗毒素通常用大动物（羊、马等）制备。

除了用免疫血清进行人工被动免疫外，日本学者还试验用含有抗杀鰤肠球菌（*Enterococcus seriolicida*）抗体（IgY）的饲料投喂五条鰤后，检测到了投喂的 IgY 在鱼体血清、体表黏液和各种器官中的消长状况。

给鱼类接种疫苗等生物制品的人工主动免疫是鱼类免疫中最常用的方法，所产生的免疫力持续时间长，免疫期一般可达数月甚至更长，而且有回忆反应，某些病（人类天花、麻疹）的疫苗免疫接种后可使受免动物产生终生免疫。

二、疫苗的主要种类

疫苗的种类概括起来分为活疫苗、灭活疫苗、代谢产物和亚单位疫苗以及生物技术疫苗，其中生物技术疫苗又分基因工程亚单位疫苗、合成肽疫苗、抗独特型疫苗，基因工程活疫苗以及DNA疫苗等。

活疫苗简称活苗，有强毒苗、弱毒苗和异源苗三种。强毒苗是应用最早的疫苗种类，如我国古代民间预防天花所使用的痂皮粉末就含有强毒。鱼用活疫苗的研究在国内外都曾开展了部分研究工作，但是，由于使用活疫苗进行免疫有较大的危险，目前的鱼用疫苗中还没有已经商品化的活疫苗。

将病原微生物经理化方法灭活后，仍然保持免疫原性，接种后使动物产生特异性抵抗力，这种疫苗称为灭活疫苗，简称死苗。由于死苗接种后不能在动物体内繁殖，因此使用接种剂量较大，免疫期较短，需加入适当的佐剂以增强免疫效果。优点是研制周期短、使用安全和易于保存。目前所使用的鱼用疫苗几乎都是这种疫苗。

代谢产物和亚单位疫苗是用细菌的代谢产物如毒素、酶等制成的疫苗，破伤风毒素、白喉毒素、肉毒毒素经甲醛灭活后制成的类毒素有良好的免疫原性，可作为主动免疫制剂。鱼用代谢产物和亚单位疫苗迄今只有少数研究报道，尚无商品化产品应市，这可能与亚单位疫苗的制备困难，价格昂贵等因素有关。

生物技术疫苗是利用生物技术制备的分子水平的疫苗，包括基因工程亚单位疫苗、合成肽疫苗、抗独特型疫苗、基因工程活疫苗以及DNA疫苗。

基因工程亚单位疫苗是用DNA重组技术，将编码病原微生物保护性抗原的基因导入受体菌（如大肠杆菌）或细胞，使其在受体细胞中高效表达，分泌保护性抗链。提取保护性抗原肽链，加入佐剂即制成基因工程亚单位疫苗。目前国内外均处于试验阶段。

合成肽疫苗是用化学合成法人工合成病原微生物的保护性多肽，并将其连接到大分子载体上，再加入佐剂制成的疫苗。合成肽疫苗的优点是可在同一载体上连接多种保护性肽链或多个血清型的保护性抗原肽链，这样只要一次免疫接种就可预防几种传染病的发生或几个血清型病原体的感染。但是合成肽免疫原性一般较弱，而且只能具有线性构型，是其不足之处。

抗独特型疫苗是免疫调节网络学说发展到新阶段的产物。抗独特型抗体可以模拟抗原物质，可刺激机体产生与抗原特异性抗体具有同等免疫效应的抗体，由此制成的疫苗称为抗独特型疫苗或内影像疫苗。抗独特型疫苗不仅能诱导体液免疫，亦能诱导细胞免疫，并不受MHC的限制，而且具有广谱性，即对易发生抗原性变异的病原能提供良好的保护力。但制备不易，成本较高，是开发这种鱼用疫苗的主要制约因素。

基因工程活疫苗包括基因缺失疫苗、重组活载体疫苗及非复制性疫苗三类。基因缺失疫苗是用基因工程技术将强毒株毒力相关基因切除构建的活疫苗，该苗安全性好、不易返祖；其免疫接种与强毒感染相似，机体可对病毒的多种抗原产生免疫应答；免疫力坚实，免疫期长，尤其是适于局部接种，诱导产生黏膜免疫力，因而是较理想的疫苗。国内外都十分注重这种疫苗的开发。

重组活载体疫苗是用基因工程技术将保护性抗原基因（目的基因）转移到载体中，使之表达。痘病毒、腺病毒和疱疹病毒等都可用作载体，痘病毒的 TK 基因可插入大量的外源基因，大约能容纳 25 kb，而多数目的基因都在 2 kb 左右。因此可在 TK 基因中插入多种病原的保护性抗原基因，制成多价苗或联苗。国外已研制出以腺病毒为载体的乙肝疫苗、以疱疹病毒为载体的新城疫疫苗等。

非复制性疫苗又称活-死疫苗，与重组活载体疫苗类似，但载体病毒接种后只产生顿挫感染，不能完成复制过程，无排毒的隐患，同时又可表达目的抗原，产生有效的免疫保护。

DNA 疫苗是一种最新的分子水平的生物技术疫苗，将编码保护性抗原的基因与能在真核细胞中表达的载体 DNA 重组，重组的 DNA 可直接注射（接种）到动物（如小鼠）体内，目的基因可在动物体内表达，刺激机体产生体液免疫和细胞免疫。

多价苗是指将同一种细菌（或病毒）的不同血清型混合制成的疫苗。如鳗弧菌多价苗、柱状嗜纤维菌多价苗等。

联苗是指由两种以上的细菌（或病毒）联合制成的疫苗，一次免疫可达到预防几种疾病的目的。如草鱼细菌性烂鳃-细菌性肠炎二联苗，草鱼细菌性烂鳃-细菌性肠炎-病毒性出血病三联苗等。

三、鱼类免疫接种的途径与程序

（一）免疫接种途径

对鱼类接种疫苗的方法有浸泡、口服、喷雾和注射等 4 种途径，应根据疫苗的类型、疫病特点及免疫程序选择每次免疫的接种途径，同时应注意免疫途径对免疫效果的影响。

1. 口服法 Duff D.（1942）最先使用酚灭活鲑气单胞菌疫苗口服预防鲑的疖疮病获得成功，随后不少学者采用口服法对养殖鱼类进行了传染性疾病的免疫预防试验。鱼类通过口服法接种疫苗，疫苗是随着饵料一起摄入的，与逐尾接种注射法相比可节省大量人力，对小规格鱼种可顺利免疫接种，避免了网捕和注射过程对受免鱼体可能造成的强烈应激性刺激。从实用性角度而言，口服接种法有良好前景。但口服接种存在疫苗用量较大、需多次投喂、鱼体摄食疫苗剂量难以掌控等缺点，而且疫苗在经过鱼体肠胃过程中易被蛋白酶降解而失去免疫原性，导致口服免疫接种的免疫应答水平低下。

2. 注射法 对鱼类实施注射法接种，能确保接种疫苗进入受免鱼体的准确剂量，是研究鱼类的免疫防御机制和开发疫苗初期常用的免疫接种途径。但对群体养殖鱼类进行注射免疫面临的最大困难是工作量大，尤其对于大量小规格鱼种实施注射法免疫接种更为困难。此外，在注射疫苗的操作过程中，可能造成对鱼体的伤害或强大的应激性刺激，致使其抗病力下降而染病。因此，现阶段对于野外大面积养殖鱼类而言，推广注射免疫接种存在较大困难。

3. 直接浸浴法 即将受免鱼直接放在添加有疫苗的水体中浸浴的免疫接种法。浸浴法对养殖鱼类免疫接种可在鱼种运输过程中实施，所需工作量不大，特别适合于大量小规格鱼种实施免疫接种。此外，浸浴免疫对受免鱼体造成的伤害或应激性刺激较小，可以避免应激性疾病发生。对于在野外大面积养殖的各种不同规格鱼类而言，浸浴法免疫接种比较方便可行。

浸浴法免疫接种有效性的产生机制及浸浴免疫接种后鱼体血清抗体效价是否上升问题，

目前无定论，尚需进一步研究。

4. 喷雾法 喷雾法免疫接种是指通过"加压"方法使疫苗快速进入鱼体内的一种方法。该方法在鲑科鱼类弧菌病疫苗和红嘴病疫苗、日本鳗鲡爱德华菌疫苗和弧菌疫苗、香鱼弧菌病疫苗中均获得成功。与直接浸浴法相比，喷雾法免疫接种需要比较昂贵的加压设施，受免鱼体在一段时间内处于离水环境中接受免疫接种，会对受免鱼造成一定程度的刺激。喷雾法主要在美国和日本有试验性应用，我国水产养殖生产中尚未得到应用。

（二）免疫接种程序

在实际生产中应根据当地的实际情况制订适宜的免疫程序。制订免疫程序时应考虑到本地区的疫病流行情况，水生动物种类，年龄，免疫系统发育状态，饲养管理水平，母源抗体水平，疫苗的性质、免疫途径等各方面因素。另外，免疫程序也不是固定不变，应根据实际应用效果随时进行合理调整，血清学抗体监测是重要的参考依据。

四、免疫刺激剂及其使用

（一）免疫刺激剂的种类、特点与应用

免疫刺激剂（immunologic stimulant）是指能够调节动物免疫系统并激活免疫功能，增强机体对细菌和病毒等传染性病原体抵抗力的一类物质。现有的研究结果已经证明，能激活鱼、虾类免疫系统的免疫刺激剂有很多种。根据其来源，大致可以分为来自细菌的肽聚糖和LPS；放线菌的短肽；酵母菌和海藻的 $\beta-1,3$ -葡聚糖和 $\beta-1,6$ -葡聚糖；及来自甲壳动物外壳的甲壳质、壳多糖等其他免疫激活物质。

将上述各种免疫激活物质投喂鱼类时，可以提高溶菌酶和补体的活性，增加机体中补体的 C3 成分；不仅可以增强巨噬细胞和中性粒细胞的吞噬活性，而且还可以提高这些细胞的杀菌活性；激活自然杀伤细胞，增强其杀伤异物细胞的活性，还能促进巨噬细胞产生白细胞介素-2。除了能增强鱼类的非特异性免疫功能外，还具有增强机体产生特异性抗体的功能。对养殖虾类投喂免疫刺激剂，能提高虾体内大、小颗粒细胞的吞噬和杀菌活性，促进其血细胞趋化因子的释放；提高 proPO 活化系统的活性，从而增强其机体对各种传染性病原的抵抗力。

1. 革兰氏阳性菌与菌体肽聚糖 部分革兰氏阳性菌的灭活菌体具有激活动物免疫功能的作用，其作用的主要成分是菌体细胞壁中的肽聚糖。并非所有的革兰氏阳性菌都具有这种功能，而只有特定的菌种和特定的菌株具有这种免疫激活功能。

将属于革兰氏阳性菌的嗜热双歧杆菌（*Bifidobacterium thermophilum*）细胞壁中提取的肽聚糖投喂鱼类后，在提高鱼体的巨噬细胞和中性粒细胞的吞噬能力与过氧化物酶活性的同时，还能增强溶菌酶的活性。对养殖虾类投喂这类物质可以提高其粒细胞的吞噬活性并增加细胞中超氧化歧化酶的生成量，同时提高酚氧化酶的活性。已经证明这类免疫刺激剂可以提高虹鳟对弧菌病、五条鰤对链球菌病和日本囊对虾（*Penaeus japonicus*）对弧菌病与病毒性血症的抵抗力。

2. 革兰氏阴性菌与菌体 LPS 将部分革兰氏阴性菌及其细胞壁中 LPS 投喂鱼类后，可以增加鱼类血液中白细胞的数量并提高其吞噬活性。增强日本鳗鲡（*Anguilla japonica*）对爱德华菌病的抵抗力。用杀对虾弧菌（*Vibrio penaeicida*）的灭活菌体注射、浸泡和投喂日本囊对虾，可以促进对虾体内产生血细胞趋化因子和提高血细胞的吞噬活性，增强日本囊

对虾对弧菌病的抵抗力。

3. 从放线菌中提取的短肽 从属于放线菌的橄榄灰链霉菌（*Streptomyces olivogriseus*）的培养液中提取的短肽类物质投喂鱼类后，可以提高供试鱼的巨噬细胞的吞噬活性和杀菌能力，能增强虹鳟对肾脏病等传染性疾病的抗病力。

4. 酵母菌与菌体多糖 酵母菌的细胞壁中存在大量的β-1,3-葡聚糖、β-1,6-葡聚糖和甘露聚糖等多糖类物质，尤其是含有较多的β-1,3-葡聚糖。将从酵母菌中提取的β-1,3-葡聚糖投喂鱼体，可以提高鱼体内巨噬细胞及其他白细胞的吞噬和杀菌活性，同时还可以提高IL-2和补体的活性。将啤酒酵母菌细胞壁成分投喂对虾，也可以提高血细胞的吞噬活性、酚氧化酶和超氧化歧化酶的产生能力。通过激活免疫功能，可以使斑点叉尾鲴（*Ictalurus punctatus*）对迟缓爱德华菌病、鲑科鱼类对肾脏病和弧菌病的抗病力。

5. 真菌与真菌多糖 将从蘑菇中提取的β-1,3-葡聚糖投喂鱼类后，可以增强供试鱼白细胞吞噬活性，提高补体和溶菌酶的活性，促进特异性抗体的生成。将这种β-1,3-葡聚糖投喂对虾后，也可以增强血细胞的吞噬活性和提高酚氧化酶的活性。由于免疫刺激剂激活了免疫功能，可以有效地预防鲤（*Cyprinus carpio*）的气单胞菌病、五条鲕的链球菌病和日本囊对虾的弧菌病与病毒性血症。

6. 海藻与海藻多糖 将从海带中提取的β-1,3-葡聚糖添加在培养液中，可以刺激鲑（*Salmo salar*）的巨噬细胞产生超氧化歧化酶。此外，将髓藻属的多种海藻、苏萨海带、帕纳普海带和裙带菜属的一些种类的热提取物投喂鱼类后，利用在实验室条件下的攻毒试验证明日本鳗鲡对迟缓爱德华菌、五条鲕对链球菌的抵抗力明显上升。

7. 甲壳质与壳多糖 将从甲壳类和昆虫的外壳中提取的甲壳质与壳多糖投喂鱼类，可以增强供试鱼的白细胞吞噬活性和杀菌能力，提高体内溶菌酶活性和对各种传染病的抵抗力。

8. 其他免疫刺激剂 如左旋咪唑等化学合成物质，本来是作为杀虫剂使用的，现在已经研究结果证明这种物质还可以增强鱼类白细胞的吞噬活性和杀菌活性，使溶菌酶的活性上升，提高虹鳟对弧菌病的抵抗力。从中草药中提取的许多成分，如干草素、莨菪碱等也已经被初步证明是很有开发前景的水产用免疫刺激剂。

（二）免疫刺激剂的应用途径与程序

每一种免疫刺激剂的有效剂量都存在使用上限和下限，对水产动物采用间隔一定时间定期投喂免疫刺激剂比长期连续投喂的效果好，而且只有在投喂量和方法正确的前提下，免疫刺激剂才能正常地发挥作用。从嗜热双歧杆菌中提取的肽聚糖，每日按每千克体重0.2 mg的剂量投喂，对鱼、虾是适宜的剂量，如果每日按该剂量的10倍投喂，供试鱼、虾的免疫系统的功能就会趋于与未使用免疫刺激剂的对照组相同。此外，用该物质作为鱼、虾的免疫刺激剂时，采用连续投喂4 d停用3 d或者连续投喂7 d停用7 d的投喂方式，其效果较连续投喂好。

关于免疫刺激剂投喂的时间，最好能在水产动物传染性疾病的多发季节里连续投喂。原因是在实际使用免疫刺激剂时，当连续投喂一段时间后，一旦停用，养殖动物就可能开始发病。这是因为在使用免疫刺激剂期间，即使有细菌或病毒性病原进入了水产动物机体，由于机体的免疫功能在免疫刺激剂的作用下表现出较高的免疫活性，抑制了病原体增殖而并未将其消灭或排出体外的缘故。采用免疫多糖（酵母细胞壁）作为水产养殖动物的免疫刺激剂时，在各种传染性疾病的流行高峰时期，可以采用连续投喂的方式，而在一般养殖时期则可以采用连续投喂 2 周，间隔 2 周后再进行第二个投喂周期的方式进行。

需要特别注意的是免疫刺激剂是通过激活水产动物的免疫系统而发挥抗传染病的功能的，如果水产动物的免疫系统已经衰弱至不能激活的状态，免疫刺激剂也就难以发挥其作用了。所以，从改善水产动物的饲养环境、加强营养和饲养管理入手，尽量减少抑制水产动物免疫系统的环境因素，是提高免疫刺激剂使用效果的重要途径。

本 章 小 结

本章共分七节，在第一节中介绍了免疫的基本概念和免疫的类型与特点；在第二节中介绍了免疫系统，分别阐述了免疫器官、组织和免疫细胞的功能；在第三节对抗原和抗体的概念进行了介绍，重点叙述了部分抗原和抗体的特性；在第四节中介绍了非特异性免疫应答的特征，动物的非特异性免疫是由机体的屏障作用、吞噬细胞的吞噬作用及组织与体液中溶菌酶、补体、干扰素、凝集素、沉降素、C 反应性蛋白等抗微生物的各种物质组成，比较详细地介绍非特异性免疫物质的基本特性；在第五节中介绍了特异性免疫应答，动物的生理状况、种内遗传差异、年龄及对环境的应激状态等对免疫应答产生影响；在第六节中介绍了免疫血清学技术中的一些常规方法，主要包括凝聚性试验、标记性试验、补体相关试验和中和试验等；第七节中介绍了免疫防治的内容，主要内容是免疫接种的方法和途径，最后还介绍了免疫刺激剂的种类以及预防水产养殖动物疾病的方法。

思 考 题

1. 影响鱼类免疫应答的主要因素有哪些？
2. 参与鱼类非特异性防御的物质有哪些特点？
3. 鱼类的免疫器官与高等脊椎动物有何异同？
4. 试述鱼类免疫器官的部位、结构及主要免疫功能。
5. 鱼类各种免疫细胞的主要功能是什么？
6. 对养殖水体的水质实行科学调节对养殖鱼类的免疫防御机能有什么影响？
7. 鱼体内有哪些非特异性免疫因素？在抗感染中有什么作用？
8. 补体的经典途径和替代途径有哪些异同点？
9. 什么是变态反应？
10. 各种免疫细胞是如何参与免疫调节的？
11. 免疫血清学技术有哪些类型？其特点是什么？
12. 简述鱼类免疫防治的主要内容。
13. 养殖生产中哪些措施与增强鱼体免疫防御机能有关？
14. 对养殖鱼类采用的免疫刺激剂有什么特点？使用免疫刺激剂为什么可以预防鱼类疾病？

第十一章 微生物与水产动物饲料

微生物因其含有多种营养物质，并且可以合成、分泌动物能降解动物难于利用的大分子物质，故常用于制备饲料或直接添加到饲料中。因而微生物与饲料有密切关系，这些用于饲料的微生物习惯被称为饲料微生物。含有大量饲料微生物或主要采用微生物生产的饲料实际上就是微生物饲料。严格说来，所谓微生物饲料就是指利用微生物的新陈代谢作用和繁殖的菌体生产和调制的饲料。微生物饲料主要利用微生物的发酵作用改变饲料原料的理化性状，或增加适口性、提高消化率及营养价值，或解毒、脱毒或积累有益的代谢产物和菌体蛋白。微生物饲料的种类繁多，目前尚无统一的分类方法。人们常按其主要作用分为两大类：①直接提供或补充动物营养性物质的微生物饲料，主要有单细胞蛋白饲料、氨基酸饲料添加剂、维生素饲料添加剂等；②促进动物生长非营养性的微生物饲料，主要包括抗生素饲料添加剂、饲用酶制剂、活菌制剂（微生态制剂）等。另外也有根据生产原料进行划分的，如青贮饲料、秸秆发酵饲料；还有按所采用的菌种进行划分的，如饲料酵母、光合细菌饲料、担子菌发酵饲料等。

第一节 单细胞蛋白饲料

单细胞蛋白（single cell protein，SCP）是指大规模生产，作为饲料或食品的富含有蛋白质的微生物细胞。细菌、丝状真菌、酵母、藻类中的许多种都可用来生产SCP，但主要还是用酵母生产饲料SCP。2012年农业部公布的《饲料原料目录》中单一饲料品种目录中允许使用的菌种为产朊假丝酵母蛋白和啤酒酵母粉。生产SCP的原料多种多样，纤维资源如秸秆、木屑，糖类资源如薯干、糖蜜，矿物资源如石油、甲烷、甲醇等。更值得关注的是SCP工业能将纸浆废液、味精厂的发酵废渣、废糖蜜、甘蔗渣、食品厂的废液作为原料，生产出SCP饲料，使废物得到利用，又有利于环保。但是在粮食供大于求的地区，利用玉米等粮食作物生产SCP，提供蛋白饲料也有很大价值。

开发新蛋白质饲料酵母的基本原理与糖类发酵制造酒精不同。其制造方法是在经过处理的工农业副产品原料上或糖液中，加入适量的无机盐，接入酵母菌种，在适宜的pH（4.5~5.8）条件下，保持一定的温度，通入足够的空气（固体发酵不需通气），使酵母菌大量而迅速地繁殖，即成为饲料酵母。如若需要，最好将酵母菌分离出来，经干燥、磨碎，然后应用或保存。该技术以某些工业废渣及农产品下脚料为主要原料，采用酵母、霉菌等多种高蛋白菌进行混合发酵，转化和合成生物蛋白，生产出的酵母饲料在蛋白含量和其他营养成分含量上均相当于或优于鱼粉，但其生产成本仅为鱼粉的1/3。

生产SCP的菌种可有多种，包括细菌、酵母、丝状真菌、藻类和放线菌等（表11-1）。可根据原料种类和生产工艺进行选择。

表 11-1 不同原料选用发酵菌种

原料	菌种
糖质原料：废糖蜜、淀粉糖化液、甘蔗渣	酿酒酵母
纸浆废液、木材糖化液、淀粉废水、味精废液	木酶、拟青霉、曲霉及担子菌
石油原料	热带假丝酵母、解脂假丝酵母解脂变种
甲醇	甲假单胞菌属、甲基球菌属和假单胞菌属
乙醇	假丝酵母、曲霉
乳清	克鲁维酵母、乳酸菌
废弃饲料	诺卡氏菌

目前由于生产成本较高，SCP 在饲料业并未广泛采用。

第二节 发酵饲料

粗饲料通过微生物的发酵调制即成为发酵饲料。我国农村很早以前就有这种饲料，如大变糟、小变糟、秕谷变糟、暖缸发酵和饲料糖化等。工业化生产的发酵饲料在西方发达国家已普遍采用。发酵饲料的种类概括起来主要有纤维素酶解饲料、瘤胃液接种发酵饲料和担子菌发酵饲料，近年来又推广了利用有益微生物（EM）作为菌种的发酵饲料，下面介绍几种发酵饲料。

1. 纤维素酶解饲料 秸秆类等粗饲料粉或含纤维素的工业废渣，如蔗渣和糠醛渣。在一定的条件下，通过微生物纤维素酶的催化（酶解）作用，而制成的饲料称为纤维素酶解饲料。纤维素酶可以把原料中的部分纤维素分解成容易消化吸收的糖，提高了营养价值。细菌和霉菌以及担子菌是纤维素降解的主要微生物。纤维素酶解饲料的研究，虽然筛选出纤维素酶活略高的菌株，研究了生产工艺流程等，然而，综观国内外的研究现状，纤维素酶解饲料的调制还存在着许多问题。一是现有的纤维素微生物产酶的能力及酶的活力都比较低，在粗饲料酶解过程中，纤维素一般被分解很少；二是粗饲料中的纤维素是与木质素、蜡质等紧密镶嵌在一起，后者影响纤维素酶的渗入和作用。这一研究刚刚开始，还有待于发展与创新。

2. 瘤胃液接种发酵饲料 把瘤胃液接种于以各种秸秆粉为主，拌和有适量水、无机盐和氮源（如尿素、硫酸铵）的粗饲料中，装入缸（或池）内，保温发酵而制成的一种猪饲料，称为瘤胃液接种发酵饲料。其调制原理，主要是仿效牛、羊瘤胃的情况，使粗饲料适当发酵，部分粗纤维分解，变成可消化吸收的营养物质，不同程度地提高粗饲料的营养价值，并且具有软、熟、黏的特点。但是，目前所采取的做法并未达到预期的目的。在发酵缸或池内粗饲料分解得既慢又少，还不能在生产上应用。由于发酵出来的饲料质量不理想，有待进一步改进方法，提高质量。要解决这个问题，首先必须了解正常状态下瘤胃微生物的活动。虽然人们对瘤胃微生物做过许多研究，但由于瘤胃微生物和瘤胃环境之间关系十分复杂，仍然存在着许多估计不足之处，所得资料，还远远不足以作为当前调制瘤胃液达到真正实用的标志，其发酵饲料的科学依据和应用原理，尚待进一步研究和完善。

3. 担子菌发酵饲料 这是把担子菌种接种到用适量水，有时还有适量铵盐拌和的粗饲料粉中，创造有利于担子菌生长繁殖的条件，经调制而成的一种饲料。担子菌在其中大量生长繁殖就可以把原料中部分木质素分解，并生成菌体蛋白质和其他成分，提高粗饲料的营养价值。担子菌发酵饲料是近几年才开始研制的一种饲料。目前虽筛选出一些较优菌株，初步研究了一些生产流程，但是担子菌生长较慢，这种发酵饲料调制周期长，制作方法不够简便。粗纤维的分解率虽然很高，但能被动物利用的并不多。在自然界中担子菌数目有两三万种，而且能分解木质素和纤维素的菌种是非常普遍的，所以，筛选出比现有担子菌种更能抗污染、合成蛋白质力强、生长快的菌种是有可能的，加之以对混菌发酵等的研究，担子菌发酵饲料的应用仍然是有希望的。

4. EM 菌发酵饲料 EM 菌为由多种有益（效）微生物（effective microorganism）构成的复合多功能发酵菌种，它是由日本比嘉照夫教授研制的，其中有 10 个属 80 多种不同的微生物，分别为光合细菌、放线菌类、乳酸菌类和酵母菌等。这些微生物各具不同的生理特点，形成了一个复杂和相对稳定的多功能群体。20 世纪 80 年代开始用于种植业，认为可以促进种子萌发、促进生长、提高土壤肥力、增加产量和防治病害。在养殖业上应用稍晚，但用其制备发酵饲料，也有促进生长、提高产蛋率、增强抗病力的功效。有资料报道，一方面经 EM 微生物群的发酵可提高饲料中粗蛋白质、氨基酸、维生素等营养物质的含量，降解纤维素、木质素等，提高饲料利用率，还可以调节肠道正常菌群、除臭、减少苍蝇和改良养殖环境。在水产养殖中，有人用 0.1% EM 菌喷洒鳖饲料饲喂鳖，再按每升池水加 10 mg EM 菌，鳖体重增加 24%，池水中硫化氢较对照池下降 0.2 mg/L，氨氮降低 40 mg/L。有人在淀粉厂污水中加入 EM 菌，污水中 COD、BOD 去除率分别达 64% 和 71%。但 EM 菌用于养殖水体及污水的净化效果仍须继续考核。

第三节　益生素中的微生物

益生素（probiotic）是可以直接饲喂动物的有益活体微生物或死的微生物和它们的发酵产物做成的制剂，也称微生态制剂或生菌剂，用于制备益生素的微生物一般是天然存在的、通过调节机体内正常菌群、有益于机体健康的微生物，这些微生物被称为益生菌。根据益生素组成的菌种不同，可将益生素分为单一菌制剂和复合菌制剂。单一菌制剂常用的菌种包括乳酸菌、芽孢杆菌、酵母菌和光合细菌等，复合菌制剂除可含有上述菌种外，还可含有放线菌和醋酸杆菌等。各国选用的益生素菌种有所不同。我国正式批准生产使用的菌株，主要有地衣芽孢杆菌、枯草芽孢杆菌、乳酸杆菌、乳酸球菌、酵母菌、光合细菌等。

一、乳酸菌制剂

此类制剂应用最早、最广泛，种类繁多。乳酸菌是一类能够分解糖类、以乳酸为主要代谢产物的无芽孢的革兰氏阳性菌，厌氧或兼性厌氧生长，在 pH 3.0～4.5 酸性条件下仍能够生存。包括乳杆菌属、链球菌属、明串珠菌属、片球菌属。目前生产益生素主要应用的有嗜酸乳杆菌、植物乳杆菌和粪链球菌等。

（一）乳杆菌属（Lactobacillus）

1. 形态结构 杆菌，细胞形态多样，从细长状到弯曲形及短杆状，也常有棒形球杆状，一般形成链。通常不运动，运动者则具有周生鞭毛。无芽孢，革兰氏染色阳性。有些菌株当用革兰氏染色或亚甲蓝染色时显示出两极体，内部有颗粒物或呈现出条纹。

2. 培养特性　微好氧，在固体培养基上培养时通常厌氧条件或减少氧压和充有5%～10%二氧化碳，可增加其表面生长物，有些菌株在分离时就是厌氧的。营养要求复杂，需要氨基酸、肽、核酸衍生物、盐类、脂肪酸或脂肪酸脂类和可发酵的糖类。一般说来，每个种都有特殊的营养要求，常常有些营养仅是某些菌株所需求的。生长温度范围2～53℃，最适温度一般是30～40℃。耐酸，最适pH通常为5.5～6.2，一般在pH 5或更低的情况下可生长。在中性或初始碱性pH条件时通常会降低其生长速率。罕见产色素者，如有色素则是黄或橙色到锈红或砖红色。

3. 生理生化等特性　专性分解糖，在碳的终产物中至少一半是乳酸盐。通常不发酵乳酸盐。副产物可能是乙酸盐、乙醇、二氧化碳、甲酸盐或琥珀酸盐。不产生多于2个碳原子的挥发性酸。极少见硝酸盐还原反应，只有pH最终平衡在6.0以上时才能还原硝酸盐。不液化明胶。不分解酪素，但大多数菌株能产生少量的可溶性氮。不产吲哚和硫化氢。过氧化氢酶阴性，无细胞色素。极少数菌株以假过氧化氢酶分解过氧化物。联苯胺反应阴性。自然界分布广泛，极少有致病性的。DNA的G+C碱基比例是32%～53%。

(二) 肠球菌属 (*Interococcus*)

肠球菌是革兰氏阳性菌，大多数成对排列或成短链。少数种有色素或运动。能在6.5%氯化钠中生长。能在10℃和45℃以及pH 9.6、40%胆汁中生长。耐热，60℃处理30 min仍存活。在室温条件下可存活1年以上。

能量产生主要是同型发酵乳酸的途径，葡萄糖发酵产物主要是L-乳酸。Bridge和Sneath (1983) 报道对于表型为肠球菌的所有菌株如果在发酵的条件下它们生长于液体培养基中其最终pH低于4.25。在好氧的条件下不附加血红素，葡萄糖转化成乙酸、3-羟基丁酮和二氧化碳。葡萄糖的这种转化方式要求强烈的搅动通气条件，获得比厌氧下高40%的细胞收率，且pH下降少。说明好氧情况下从葡萄糖生成的丙酮酸进而氧化成乙酸和二氧化碳，而生成的3-羟基丁酮导致培养液的pH下降缓慢。

(三) 乳球菌属

球或卵圆形细胞，单生、成对或成链状。有时因细胞伸长似杆状，致使以往将某些乳球菌错误地分到乳杆菌属内。

乳球菌是革兰氏阳性，兼性厌氧菌，不运动。通常不溶血，仅有某些乳酸乳球菌的菌株显示微弱的β溶血反应。所有的乳球菌通常能在4%氯化钠中生长，仅乳酸乳球菌乳脂亚种只耐2%氯化钠。乳球菌能在10℃生长，但不能在45℃生长，这是区分它们和链球菌及肠球菌的特性。大多数的乳球菌能与N型抗血清起反应，但并非乳球菌属的所有菌株都能与之反应。从鸡粪和河水中分离的与N型抗血清起反应的某些运动菌株在遗传上与乳球菌、肠球菌或链球菌无密切关系。

乳球菌的特点：①是多种动物消化道主要的共生菌，能形成正常菌群；②在微需氧或厌氧条件下产生乳酸；③有较强耐酸性；④不耐热，65～75℃下死亡；⑤产生一种特殊抗生素乳酸菌素（acidoline），能有效抑制大肠杆菌、沙门氏菌的生长。

二、芽孢杆菌制剂

芽孢杆菌 (*Bacillus*) 是一群好氧生长，可形成芽孢（又称内生孢子）的革兰氏阳性细菌。人们只是根据可形成芽孢等少数几项特征把它们归入芽孢杆菌属，以区别于其他细菌。这一群细菌在形态、生理代谢方面差异很大；DNA 的 G＋C 碱基比例在 32％～69％，对它们的数值分类研究、DNA 同源性和 16S rRNA 序列分析研究结果表明芽孢杆菌属的异源性要比其他属大得多。

芽孢杆菌广泛分布于土壤、空气、水和动物肠道中，在工、农业生产上应用十分广泛。

人们对芽孢杆菌在自然环境中的分布情况并不十分了解，主要因为这个属中绝大多数种对动、植物无致病性，没有引起人们的足够重视；加之没有一种比较统一的生长条件适于培养所有的芽孢杆菌，遇到许多从自然环境中的分离菌，有时只能鉴定到属。

芽孢杆菌可能是反刍动物瘤胃中的主要成员之一。从牛、羊的瘤胃中分离到地衣芽孢杆菌、环状芽孢杆菌、凝结芽孢杆菌、侧孢芽孢杆菌和短小芽孢杆菌等兼性厌氧芽孢菌。它们可分解纤维二糖，为宿主提供营养。干草和谷物中也富含芽孢菌，含量一般可达 $10^5/g$，都为正常土壤芽孢菌。

芽孢杆菌制剂是一群异源的化能异养芽孢菌组成的，其中有嗜中温、嗜高温、嗜冷的芽孢菌，也包括了嗜酸、嗜碱芽孢菌，生理代谢十分多样。除去蜡状芽孢杆菌群（包括炭疽芽孢杆菌）外，主要为土壤腐生菌，一般不产毒素，对人和动物不致病。它们不需特殊的生长因子，就可在简单的培养基上生长良好，因此十分适用于工农业生产。当今应用芽孢菌的产品主要有：酶类、抗生素，生物制品、杀虫剂、细菌肥料和细菌饲料添加剂。

好氧芽孢杆菌制备的活菌制剂在混入饲料后，可促进肠道正常菌群中优势种群的生长繁殖，调整恢复动物体内微生态系，从而提高动物对疾病抵抗力，防治疾病，促进生长发育，提高饲料利用，达到增重丰产效果。芽孢杆菌属于需氧芽孢杆菌中的不致病菌，是以内孢子的形式零星存在于动物肠道的微生物群落中。目前主要应用的有地衣芽孢杆菌、枯草芽孢杆菌、蜡样芽孢杆菌、东洋芽孢杆菌等，在使用时多制成该菌休眠状态的活菌制剂，或与乳酸菌混合使用。

由于芽孢杆菌具有芽孢，其产品具有较多的优点：①耐酸、耐盐、耐高温（100 ℃）及耐挤压，具有稳定性；②具有蛋白酶、脂肪酶、淀粉酶的活性；③在室温条件下存活时间长。

在水产养殖中，用加有芽孢杆菌的饲料喂鲤，发现其肠道的厌氧菌群数增加，大肠杆菌数减少，提高出苗率。有人用从鱼体分离的芽孢杆菌制成菌剂，在鲤饲料中添加 1％，鱼肠道中蛋白酶和淀粉酶活力分别提高了 20.45％和 61.95％。芽孢杆菌也是植物体的正常菌群，利用植物根系固有芽孢菌群制成生物菌剂，有增肥、促肥作用。在这一领域我国已取得了国际领先水平的结果。人们对芽孢菌的利用已不只是寻找或提高其代谢产物，它们还是分子生物学、分子遗传学研究的重要对象。作为遗传学研究工具，枯草杆菌的克隆系统和表达系统比大肠杆菌具有许多优点，它高效分泌外源基因表达产物的特点在工业生产上有广阔的应用前景。

三、真菌及活酵母类制剂

作为此类制剂的真菌主要是丝状菌，在分类学上属真菌纲中的子囊菌纲。目前常用的制品有米曲霉、黑曲霉及酿酒酵母培养物，它们是包括真菌及其培养物的制剂，多用在反刍动物方面，目前在水产上也有所应用。这类制剂的主要特点：①是需氧菌，喜生长在多糖偏酸环境中；②体内富含蛋白质和多种 B 族维生素，有复杂的酶系统，如蛋白水解酶、淀粉酶、果胶酶和半纤维素酶等；③不耐热，60~70 ℃下 1 h 即死亡。日本有人用曲霉属（*Aspergillus*）、红曲霉属（*Monascus*）、根霉属（*Rhizopus*）微生物培养物或它们的提取物加入饲料饲喂鱼，有促进饲料的消化吸收、促进鱼生长和增加抗病力的效果。我国农业农村部允许使用酿酒酵母和产朊假丝酵母。

四、光合细菌

光合细菌（phototrophic bacterium）是一类具有原始光能合成体系的原核生物的统称。伯杰细菌分类系统将其分为产氧光合细菌（主要是蓝藻和原绿藻）和不产氧光合细菌（紫细菌、绿细菌、日光杆菌属和红色杆菌属）。紫细菌有红螺菌科、着色菌科、外硫螺菌科，共16 属，49 种。绿细菌有绿菌科、绿曲菌科，共9 属，17 种，此外还有一些新种报道。应用最多的是红螺菌科中的一些种类，如红螺菌属、红假单胞菌属和红微菌属等。光合细菌广泛分布在自然界，水环境中尤为丰富。其形态多样，大小悬殊，但均含有光合色素，如细菌叶绿素、类胡萝卜素等，因而不同的光合细菌可显示不同的菌体颜色。光合细菌含有丰富的氨基酸、维生素 B_{12}、维生素 K、生物素、类胡萝卜素和某些辅酶等多种生理活性物质。它们的生理代谢功能多样，包括自养、异养、兼性营养，好氧、厌氧和兼性厌氧等多种类型。有些种类不仅能利用光能，也可在有氧黑暗条件下通过呼吸作用获得能量，在厌氧黑暗条件下，还可以通过发酵有机酸或者从反硝化作用过程中获得能量。大多数光合细菌有固定大气中分子氮的功能，还可利用和转化不同类型的无机和有机物质。因此，光合细菌在水产养殖上有很多用途，不仅可作为水产动物的饲料来源和添加剂，提高养殖动物的孵化率、成活率，促进生长发育，增加产量，提高饲料的转化效率；还可以直接泼洒于水体，作为饲料生物促长剂和养殖水体净化剂，一方面促进饲料生物增殖，改善和提高其营养价值，另一方面转化水中有害物质，改善水质。此外可抑制水体有害菌群和病毒的繁殖，减少鱼虾的环境胁迫，增强养殖动物的抗病力。国内外已开发了很多光合细菌制剂，在水产养殖上大量应用，取得了一定效果，我国农业农村部允许使用沼泽红假单胞菌生产微生物饲料添加剂。

五、益生素菌种的选择

动物胃肠道的微生物总量超过了动物体内的细胞数，种类达 400 多种，而这些微生物在动物消化道内又具有定位、定性、定量和定宿主等特点。因此，对益生素菌种的研究是微生态制剂应用的基础，同时，菌种的组合、筛选是益生素研制过程中的一个重要环节。但目前国内外益生素研究多集中于研制产品和应用效果，而按益生菌的特定要求来选育性能优良的菌株、研究菌株生物特性等关键指标方面报道不多。国内外益生素产品大多数没有做到特异有效性，而是同一种菌制剂多种动物混用。因此，有必要对这些方面作更深入研究。

各国对于安全菌种的规定不尽相同。1989 年美国食品与药品管理局（FDA）和饲料监控官员协会公布了 40 种安全有效的微生物菌种。我国农业部也在 2013 年年公布了可用于制造动物微生物制剂的菌种，主要有：乳酸杆菌、粪链球菌、双歧杆菌、芽孢杆菌及酵母菌等。对益生素菌种的选择一般有如下基本要求：

（1）高安全性，生产应用前，首先必须经过严格的病理与毒理试验，证明无毒、无致畸、无致病、无耐药性、无药残等副作用后方可使用。

（2）必须是活的有益菌，在培养中及生物体内易增殖，加工处理后尚有高存活率。

(3) 对酸、碱、胆汁有耐受性，耐 100 ℃ 高温，可避免防霉剂、抗氧化剂和饲料加工过程以及动物肠道内胃酸、胆汁的影响。

(4) 在上皮细胞定植能力好，生长速度快，不少与病原微生物产生杂交种。

(5) 能产生乳酸或其他抗菌物质。

第四节 酶 制 剂

酶是生物体组织中含有的一种具有催化作用的特殊蛋白质。从生物体组织中提取出这种蛋白质并加以精制的产品，称为酶制剂。

一、酶制剂的用途

在古代，并不知道酶是怎样的物质，但是通过实践经验的积累，利用天然酶从事酿造酒类、制作食糖、鞣制皮革、生产奶酪等生产活动，已有几千年的历史。

目前已发现生物界有 2 500 种以上能够催化不同反应的酶存在，其中约有 1/4 已提纯数倍甚至几千倍，有 150 种左右已制得结晶。对于酶的空间结构、活性部位、作用机制也有了更清楚的了解。酶的人工合成也有新的进展，一旦模拟酶的研究获得成功，人工合成高效的酶，必将引起化学工业领域中一场深刻的变革。

早期的酶制剂生产多数是从动物脏器和高等植物种子、果实中提取。例如用于鞣革的胰酶，用于澄清啤酒的木瓜蛋白酶，用于奶酪制造的胰凝乳蛋白酶等。

但是，随着酶制剂应用范围的日益扩大，单纯依靠动植物来源往往有很大的局限性。这就促使人们把注意力逐渐转向微生物界开辟新酶源。微生物酶源不仅蕴藏丰富，而且由于微生物在人工控制条件下，能够以动植物生长所无法比拟的速度进行大量繁殖，生产不受地域、气候、季节限制，只要用比较简单的设备即可成批生产。

近二三十年来，酶制剂工业在产量、规模、品种和用途方面不断地扩大。发展到今天，酶制剂的应用范围，已扩大到食品、发酵、日用化工、纺织、制革、医药、木材加工、造纸、农牧业等领域。此外，利用酶清除三废及农药污染方面，近来也取得了显著成果。在各个工业部门应用的酶制剂有上百个品种。

目前在饲料中添加酶的研究和应用主要在两个方面显示出效果：一是补充在特定条件下动物自身消化酶分泌不足，防止生产性能下降；二是添加动物体内缺乏的植物细胞壁物质分解酶和植酸酶等，扩大动物对饲料养分的利用范围，提高对非常规饲料的利用率。近年来，消化酶在饲料中也有一些研究和应用，以改善动物的健康状况，充分发挥动物的生产潜力。

商品酶制剂有精制酶和粗制酶（粗酶制剂）两类，用作饲料添加剂的酶制剂多为粗制酶。精制酶即经过提纯精制处理获得的酶制剂，商品饲用精制酶制剂除含有一种或多种具有活性的酶、载体或稀释剂外，通常还加有一定量稳定剂或用以提高稳定性的包被材料。由于酶作用的高度特异性和饲料物质组成与结构的复杂性，精制酶作用较单一，添加效应小，而且生产成本高，因此作为饲料添加剂应用不多，只有少数几种对主要养分有较强作用的酶，如蛋白酶、淀粉酶、脂肪酶、植酸酶、β葡聚糖酶等有饲用精制酶产品。粗制酶即含酶丰富的微生物发酵物（或动植物组织），经过一定的浓缩等处理（未提纯处理）所制得的酶制剂，包括单酶制剂和复合酶制剂。粗制单酶制剂是指具有特定分解能力的单一菌种（菌株）培养物经浓缩等处理制得或直接将发酵培养物与其产生的酶一起制成的酶制剂,实际上含有多种酶,只不过主要含有催化分解某种饲料成分的酶。粗制复合酶制剂是指含有主要催化两种以上饲料成分降解酶的粗酶制剂,由多种酶按动物需要配制而成。

二、饲用酶的主要种类和用途

用于生产酶制剂的微生物的种类较多。包括真菌、细菌和酵母等,常用菌种见表11-2。

表11-2 不同酶制剂选用发酵菌种及用途

酶制剂	选用菌种	用途
淀粉酶	产自黑曲霉、解淀粉芽孢杆菌、地衣芽孢杆菌、枯草芽孢杆菌、长柄木霉、米曲霉、大麦芽、酸解支链淀粉芽孢杆菌	青贮玉米、玉米、玉米蛋白粉、豆粕、小麦、次粉、大麦、高粱、燕麦、豌豆、木薯、小米、大米
α半乳糖苷酶	产自黑曲霉	豆粕
纤维素酶	产自长柄木霉、黑曲霉、孤独腐质霉、绳状青霉	玉米、大麦、小麦、麦麸、黑麦、高粱
β葡聚糖酶	产自黑曲霉、枯草芽孢杆菌、长柄木霉、绳状青霉、解淀粉芽孢杆菌、棘孢曲霉	小麦、大麦、菜籽粕、小麦副产物、去壳燕麦、黑麦、黑小麦、高粱
葡萄糖氧化酶	产自特异青霉、黑曲霉	葡萄糖
脂肪酶	产自黑曲霉、米曲霉	动物或植物源性油脂或脂肪
麦芽糖酶	产自枯草芽孢杆菌	麦芽糖
β甘露聚糖酶	产自迟缓芽孢杆菌、黑曲霉、长柄木霉	玉米、豆粕、椰子粕
果胶酶	产自黑曲霉、棘孢曲霉	玉米、小麦
植酸酶	产自黑曲霉、米曲霉、长柄木霉、毕赤酵母	玉米、豆粕等含有植酸的植物籽实及其加工副产品类饲料原料
蛋白酶	产自黑曲霉、米曲霉、枯草芽孢杆菌、长柄木霉	植物和动物蛋白
角蛋白酶	产自地衣芽孢杆菌	植物和动物蛋白
木聚糖酶	产自米曲霉、孤独腐质霉、长柄木霉、枯草芽孢杆菌、绳状青霉、黑曲霉、毕赤酵母	玉米、大麦、黑麦、小麦、高粱、黑小麦、燕麦

本 章 小 结

本章介绍了几种常用饲用微生物及净水用微生物。芽孢杆菌由于工业化培养简单、成本低廉、活性保存时间长而被广泛使用;乳酸菌在预防动物疾病方面有独到之处,从而受到养殖业的青睐;光合细菌由于可以合成维生素同时具有净水作用,对水产养殖具有重要用途;饲料酵母可利用工农业废弃物生产饲料原料,在节粮型畜牧业中具有特殊意义。

思 考 题

1. 简述微生物与饲料之间的关系。
2. 什么是微生物饲料?
3. 什么是单细胞蛋白?生产单细胞蛋白饲料的原料有哪些?如何选用生单细胞蛋白饲料的菌种?
4. 发酵饲料有哪些种类?各种饲料有何特性?
5. 何谓益生素和益生菌?简述它们在水产上的应用原理和应用情况。
6. 微生物与酶制剂的关系如何?

第十二章 水产动物病原微生物

第一节 病原细菌

一、弧菌属

弧菌属（*Vibrio* Pacini 1854）为弧菌科（Vibrionaceae Veron 1965）的成员，属内包括多个相应的种、亚种及生物型，其中有不少的种（亚种及生物型）是人、水产养殖动物或人与水产养殖动物共染的病原菌。如霍乱弧菌（*V. cholerae*）是人霍乱的病原菌，鳗弧菌（*V. anguillarum*）是多种鱼类及其他水产养殖动物弧菌病的主要病原菌，副溶血弧菌（*V. parahaemolyticus*）既能引起多种水产养殖动物发病，又可引起人的副溶血弧菌肠炎及食物中毒；另外，梅氏弧菌（*V. metschnikovii*）能引致鸡及其他禽类霍乱样肠道疾病（但常仅限于有限的地区），也有从病猪分离到该菌的报道，似具有与其他致病菌的协同致病作用。

弧菌属在《伯杰细菌鉴定手册》第九版中属于第五群"兼性厌氧革兰氏阴性杆菌"。该属细菌的主要共同性状有：形态为直或弯杆菌，(0.5～0.8) μm×(1.4～2.6) μm，革兰氏染色阴性，以一根或几根极生鞭毛运动，鞭毛由细胞壁外膜延伸的鞘所被覆；兼性厌氧，化能异养，具有呼吸和发酵两种代谢类型；适宜生长的温度范围较大，所有的种均能在 20 ℃生长，大多数的种在 30 ℃生长。发酵 D-葡萄糖和其他糖类，产酸但不产气［弗氏弧菌（*V. furnissii*）、产气弧菌（*V. gazogenes*）和美人鱼弧菌（*V. damsela*）的部分菌种除外］。氧化酶阳性（产气弧菌、梅氏弧菌除外），还原硝酸盐［产气弧菌、梅氏弧菌和奥氏弧菌（*V. ordalii*）除外］，大多数的种发酵麦芽糖、D-甘露糖和海藻糖，大多数种对弧菌抑制剂 2,4-二氨基-6,7-二异丙基蝶啶（2,4-diamino-6,7-diisopropyl pteridine，简称 O/129）敏感；钠离子能刺激所有种的生长，并且是大多数种所必需的。发现于广泛盐度范围的水生环境，最常见于海洋、河口地带以及海生动物体表与肠内容物中，有的种也发现于淡水。有些种是人的病原菌，有些种对海洋脊椎动物和无脊椎动物致病。在人的感染中，最重要的是霍乱弧菌，为霍乱的病原菌；副溶血弧菌是通过污染的鱼和贝类，引起人食物中毒的主要病原菌；创伤弧菌（*V. vulnificus*）可引起高致死性败血症；这些弧菌及其他一些种与伤口感染、腹泻和各类肠道外感染有关。

弧菌种的鉴定一般利用生化性状，常用的用于弧菌鉴定的生化反应试剂有 API-20E 等，目前还有国产的一些细菌生化鉴定条，用于弧菌鉴定结果较为稳定。近年来，较多地采用 16S rDNA 的分子鉴定。

在《伯杰细菌鉴定手册》第九版中，弧菌属成员共 37 个种（含生物型）：霍乱弧菌、副溶血弧菌、鳗弧菌、费氏弧菌（*V. fischeri*）、肋生弧菌（*V. costicola*）、河口弧菌（*V. aestuarianus*）、溶藻弧菌（*V. alginolyticus*）、坎氏弧菌（*V. campbellii*）、辛辛那提弧菌（*V. cincinnatiensis*）、美人鱼弧菌、重氮养弧菌（*V. diazotrophicus*）、河流弧菌生物型

Ⅰ(*V. fluvialis* biovarⅠ)、河流弧菌生物型Ⅱ(*V. fluvialis* biovarⅡ)、弗氏弧菌、产气弧菌、赫氏弧菌(*V. hadaliensis*)、哈维弧菌(*V. harveyi*)、霍氏弧菌(*V. hollisae*)、火神弧菌(*V. logei*)、海产弧菌(*V. marinus*)、地中海弧菌(*V. mediterranei*)、梅氏弧菌、拟态弧菌(*V. mimicus*)、需钠弧菌(*V. natriegens*)、海蛹弧菌(*V. nereis*)、黑美人弧菌(*V. nigripulchritudo*)、奥氏弧菌、东方弧菌(*V. orientalis*)、海弧菌生物型Ⅰ(*V. pelagius* biovarⅠ)、海弧菌生物型Ⅱ(*V. pelagius* biovarⅡ)、解蛋白弧菌(*V. proteolyticus*)[原名为嗜水气单胞菌解肮亚种(*A. hydrophila* subsp. *proteolytica* Merkel et al 1964,Schubert 1969)]、嗜冷红弧菌(*V. psychroerythrus*)、杀鲑弧菌(*V. salmonicida*)、灿烂弧菌生物型Ⅰ(*V. splendidus* biovarⅠ)、灿烂弧菌生物型Ⅱ(*V. splendidus* biovarⅡ)、塔氏弧菌(*V. tubiashii*)、创伤弧菌(*V. vulnificus*)。

(一)鳗弧菌

鳗弧菌是弧菌属细菌中较早的成员,也是在水产养殖动物中较为常见且重要的病原菌,能够引起多种水产养殖动物的相应弧菌病,但在人及陆生动物的感染尚未见有明确的记述。此菌于1893年由意大利的Canestrini首次成功地从鳗鲡"红疫(red-pest)"病例中分离到,并将其取名为鳗杆菌(*Bacterium anguillarum*);此后,Bergeman又从瑞典发生的一起鳗鲡"红疫"中分离到该菌,并将其首次命名为鳗弧菌(*Vibrio anguillarum* Bergeman 1909),这一种名被沿用至今。该菌DNA中G+C碱基比例为44%~46%,模式株编号为ATCC19264。

表12-1 鳗弧菌5种型别的生化特性区别

型别	吲哚	甘露醇	蔗糖
A	+	+	+
B	−	−	−
C	−	+	+
D	+	−	+
E	+	−	−

1. 形态及培养特性 鳗弧菌呈革兰氏阴性、短杆状、弯曲呈弧形、两端钝圆,大小在$(0.5\sim0.7)\mu m\times(1\sim2)\mu m$,以极端单鞭毛运动;在经长期人工培养后有多形性趋向,可以呈球形或长丝状;无荚膜,无芽孢。生长的温度范围在10~37℃,最适温度为25℃左右;发育的盐度范围在5~60,以1%为宜,盐度在0和70时则该菌不生长;发育的pH范围在6~10,最适pH为8左右。该菌在普通营养琼脂培养基上能生长,能形成圆形、稍隆起、边缘整齐、乳白色略透明、有光泽的菌落;在血液(马或羊血)营养琼脂培养基上培养24 h后通常产生β溶血,菌落为灰白色;在胰蛋白胨大豆胨琼脂(TSA)培养基上能形成圆形、隆起、黄褐色不透明的菌落;在佐贝尔(Zobell)的2216E培养基上,可形成圆形光滑、浅橘黄色的菌落;在硫代硫酸盐-柠檬酸盐-胆盐-蔗糖琼脂(TCBS)培养基上易生长,形成黄色菌落。

2. 生化特性 鳗弧菌过氧化氢酶、氧化酶、吲哚、β半乳糖苷酶和精氨酸双水解酶阳性;硫化氢、赖氨酸、鸟氨酸脱羧酶、苯丙氨酸脱氨酶、脲酶阴性;对2,4-二氨基-6,

7-二异丙基蝶啶（简称 O/129）敏感，但从香鱼中分离的菌株对 O/129 一般不敏感；VP 试验阳性，甲基红试验阴性；降解明胶、DNA、脂质和淀粉，不降解七叶苷；还原硝酸盐，利用柠檬酸盐、丙二酸盐和酒石酸盐；分解阿拉伯糖、纤维二糖、半乳糖、麦芽糖、甘露醇、山梨醇、蔗糖、海藻糖和甘油产酸，不分解阿东醇、甜醇、赤藓糖醇、肌醇、乳糖、蜜二糖、棉籽糖、鼠李糖、水杨苷和木糖。鳗弧菌根据其生化反应特点，分为 5 型。

3. 抗原结构 鳗弧菌具有菌体（O）抗原、被膜（K）抗原和鞭毛（H）抗原，但在该菌的具体血清学分型方面，不同研究者的研究结果不尽相同。在早期，Pacha 和 Kichn（1969）曾将分离自美国西北部鲑、欧洲和大西洋西北的菌株确定为 3 个血清型，且这一结果被日本学者（Aoki, et al, 1981；Muroga, et al, 1984）所肯定（分别记作 J-O-1、J-O-2、J-O-3）。随着对该菌血清型的进一步研究，Kitao 等（1983）通过对分离自香鱼、鳗鲡和虹鳟的 267 个日本分离菌株的研究，根据其对热稳定 O 抗原的交叉凝集和吸收试验结果，将鳗弧菌分为 A、B、C、D、E 和 F 的 6 个血清型，其中 243 个菌株为 A 型。值得注意的是，Muroga 等（1984）报道，非毒性菌株不属于上述 6 个血清型中的任何一种。另外，Larsen（1986）根据对 495 株分离菌的检验，认为鳗弧菌存在 10 个 O 抗原血清群。O 抗原为相对分子质量为 100 000 的大分子，耐热，是细胞壁的组成成分，并可部分释放到培养上清液中。鳗弧菌有 3 种 K 抗原。K-1 抗原为所有 O 型菌株的共同抗原，同时也见于嗜水气单胞菌和杀鲑气单胞菌。K-2 抗原存在于奥氏弧菌和 J-O-4 型鳗弧菌，副溶血性弧菌也有 K-2 抗原。K-3 抗原存在于 J-O-4、J-O-7 型菌株。此外，鳗弧菌与费氏弧菌、副溶血性弧菌、溶藻弧菌、嗜水气单胞菌、杀鲑气单胞菌、荧光假单胞菌存在共同的沉淀抗原。目前，对于鳗弧菌的血清分型尚无统一标准，有待于科技工作者在该领域进一步研究明确，以便于对该菌有效分型及从事其与致病作用、特异免疫保护等相关性方面的研究。

4. 抵抗力 该菌呈世界范围分布，在美国、加拿大、英国、意大利、丹麦等欧美国家及我国、日本等亚洲国家均有检出该菌的报告。同时，该菌宿主范围广泛，所涉及的鱼类主要有鳗鲡、虹鳟、大麻哈鱼、真鲷、香鳟、牙鲆、大西洋鲑、太平洋鲑、红点鲑、硬头鳟、香鱼及各种热带淡水鱼等。此外，在各种健康及患病的对虾、蟹、牡蛎、文蛤、鲍等水产养殖动物体内也常能检出该菌。

本菌在海水中可存活 2 周以上，但在淡水中存活时间较短（35 h 内死亡）。由于许多抗生素常作为饵料添加剂或通过药浴来预防或治疗弧菌病，使得对常用抗生素有耐药性的菌株越来越多。从不少菌株中分离到了抗氯霉素、四环素、链霉素、氨苄青霉素、磺胺、甲氧苄氨嘧啶等抗生素的耐药性质粒（R 质粒）。因此，治疗前最好做药敏试验。

5. 致病性 鳗弧菌可引起多种鱼的弧菌病。易感宿主有鲑、大麻哈鱼、细鳞大麻哈鱼、大鳞大麻哈鱼、红大麻哈鱼、小红点鲑、马苏大麻哈鱼、银大麻哈鱼、虹鳟、河鳟、日本鳗鲡、欧洲鳗鲡、香鱼、鲻、紫鳞、真鲷、大西洋鳕、太平洋鲱、鲽、白斑狗鱼、虾等。人工接种可感染泥鳅、黑鲷、金鱼、鲤、鲫等。但不同鱼类的易感性有所差异，如鲑属的鲑比虹鳟更易感。

关于鳗弧菌的毒力因子及致病机制问题，目前的研究并不很详细。有报道（Larsen, 1994; Olsson 1996）认为，该菌侵入鱼体（大菱鲆）的首要位点是肠道，且该菌穿过宿主的表皮比鳗鲡更容易，并能耐受宿主肠道内的胆汁、蛋白酶和酯酶等的溶解等作用；还可穿透宿主直肠黏膜层，从而在宿主直肠上皮聚集，在穿透过程中鞭毛起一定的作用，这样就增加了鳗弧菌进入宿主血液和淋巴系统的机会。在对鳗弧菌毒力相关因子的研究中，Crosa 等（1977，1980）研究发现，鳗弧菌致病菌株含有一个毒性质粒（称为 pJM1），相对分子质量为 4.7×10^7，该质粒仅出现在强毒力菌株，在弱毒力菌株未发现，在去除该质粒后可使鳗弧菌毒力减弱。有研究（Mazoy，1992）认为，鳗弧菌对宿主的致病作用是该菌能从宿主体液中吸收铁离子（铁离子可增强细菌的存活率），这个吸收机制是由铁结合蛋白载体和位于细胞膜外的相对分子质量为 8.6×10^4 的受体组成。此外，已有资料显示，鳗弧菌的蛋白溶解酶、溶血素、凝血素和细胞毒素等胞外产物是对宿主产生毒性的主要物质，至于这些胞外产物的具体作用机理还不十分明了。

消化道和受伤的皮肤是鳗弧菌的入侵门户。潜伏期一般为 25 d。通过皮肤感染时，首先引起感染局部皮肤的坏死和溃疡，然后侵入皮下和肌肉组织，通过其中的血管和结缔组织，迅速向全身其他组织、器官扩散，引起败血症。经胃肠道感染时，首先引起肠炎，尤其是后部肠道；进一步通过肠管进入全身其他组织器官。败血症状表现为肝脏、肾脏、脾脏、心脏、生殖腺、肌肉的弥漫状或点状出血，常伴随有肝脏和肾尿细管的坏死。

鳗弧菌可在污染的鱼塘存活较长时间，能通过饵料、饮水、各种器材传播，带菌者和野生鱼在传播上也起着重要作用。鱼群拥挤、缺氧、混浊等水质变化可促使本病的发生。发病时水温一般在 10 ℃以上。

6. 微生物学检查 通常是取病鱼肾或血液、脾、鳃等，接种（常用划线分离法）于用海水制备的 TSA、TCBS、普通营养琼脂、血液营养琼脂、2216 E 培养基等的培养基平板上，置 25 ℃恒温培养 24～48 h，选择典型鳗弧菌的菌落做成纯培养后供鉴定用。所获得的细菌再根据染色特性、形态、氧化酶及其他糖发酵试验做初步鉴定。确诊则需做 O/129 敏感试验以及用抗血清做玻片凝集试验等。

在应用分子生物学技术对鳗弧菌的检验方面，伊藤博哉等（1993，1994）根据弧菌 5S rRNA 碱基序列具有种特异性的特点，合成了与其互补的寡核苷酸 DNA（5′- GCTGTT-GTTTCACTT - 3′，Val7），并以 ^{32}P 标记用二乙氨乙基葡聚糖 52（DEAE52）提纯，然后作为基因探针检验鳗弧菌（10 株）及其他鱼病原细菌（25 株）的生理盐水菌悬液，结果发现只有鳗弧菌与奥氏弧菌有交叉反应，对鳗弧菌具有强特异性。伊藤博哉（1994）还用非放射性物质——异羟基洋地黄毒苷，标记鳗弧菌 1～2 kb 大小的 DNA 片段 VANG - 306（1.6 kb）和 VANG - 366（1.0 kb），制备成基因探针，对鳗弧菌（10 株）及其他鱼病原细菌（25 株）进行检测，结果表明 VANG - 306 及 VANG - 366 仅对鳗弧菌呈特异性反应，可以用于对鳗弧菌的鉴定，并通过对病鱼材料直接的检验，证明此分子探针检测法具有很高的实用价值。

7. 免疫 鳗弧菌的灭活菌体疫苗是研究最早的弧菌疫苗，在该疫苗的不同免疫途径及不同剂型的效果方面也有不少的研究。目前，多数有关疫苗制剂的研究集中在了鳗弧菌和奥氏弧菌的二联产品上，该产品通过注射、口服、浸泡、喷雾及肛门插管等接种途径免疫均能使鱼产生免疫应答，其中口服虽方便但效果较差。

在该领域已有的研究工作表明，鳗弧菌具有良好的抗原性，其菌细胞壁上的脂多糖成分可能是诱发鱼类免疫保护的主要抗原，且该大分子物质能承受高温及多种化学溶剂的提取。鱼体接种鳗弧菌抗原后，能产生较好的免疫应答反应及相应保护力。目前，鳗弧菌疫苗在美国、加拿大等国已经实现了商品化，是由本菌与其他弧菌如奥氏弧菌、杀鲑弧菌或杀鲑气单胞菌复合而成，多以浸泡、喷雾或注射的方法在实践中应用。但总体来讲，在鳗弧菌疫苗的制剂、免疫途径及程序等方面，还需进一步研究完善。

（二）副溶血弧菌

副溶血弧菌（*Vibrio parahaemolyticus*）是一种人畜共患病菌，主要存在于近海岸的海水、海底沉积物和鱼虾、贝类等海产品中，是引起食源性疾病的主要病原之一。

副溶血弧菌也是一种重要的水产养殖动物病原细菌，该菌还能引起人的感染发病。该菌首先是由藤野于1950年10月在日本大阪市发生的一起咸沙丁鱼引起食物中毒事件中的死者肠内容物及沙丁鱼中分离出来的，在电子显微镜下检查发现其有端极单鞭毛，染色检查有两极浓染，培养发现有溶血性，取名为副溶血巴氏杆菌（*Pasteurella parahaemolyica* Fujino et al 1951），副溶血的意思是类似于溶血巴氏杆菌（*P. haemolytica*）；1955年8月，潼川对咸菜（腌黄瓜）引起的食物中毒病人粪便用含盐4%的琼脂分离到此菌，并证明其有嗜盐性（在无盐的培养基上不生长、在含盐的培养基上生长旺盛），所以称其为"嗜盐菌（halophilic bacteria）"，由于其生化性状近似于假单胞菌属（*Pesudomonas*）的细菌，又取名为肠炎假单胞菌（*P. enteritis* Takizawa 1958），并通过11名志愿者经口服试验，其中有7人发病，证实了本菌的致病性；以后又有肠炎海洋单胞菌［*Oceanomonas enteritidis*（Takizawa 1958）Miyamoto et al 1961］、副溶血海洋单胞菌［*O. parahaemolytica*（Fujino et al 1951）Miyamoto et al 1961］等名称。此后，阪崎（Sakazaki）于1962年为查明该菌的细菌学特性，收集了1 702株，并进行了在形态、生理、生化性状以及对抗生素和O/129的敏感性等方面较详细的研究，证明本菌属于弧菌属的细菌，并认为在本菌命名上根据国际细菌命名法规，应服从于最初发现者的命名为"副溶血"，建议该菌学名为副溶血弧菌［*Vibrio parahaemolyticus*（Fujino et al 1951）Sakazaki Nakamura and Takizawa 1963］，并于1966年由国际弧菌命名委员会正式认定。

该菌DNA中G+C碱基比例为46%~47%，模式株编号为ATCC17802。

1. 形态 副溶血弧菌呈革兰氏阴性，无芽孢，有一根端极鞭毛、运动活泼如穿梭，无明显荚膜，一般大小在（0.3~0.7）μm×（1~2）μm（大的可达2~6 μm）；排列不规则，多数散在、偶尔成双排列；常可呈球杆状、球状、弧状、棒状、梨状，甚至呈丝状的多形性，且有两极浓染现象。该菌在液体培养时产生极端单鞭毛，运动快速。另外，有记述该菌在含0.7%以上琼脂的固体培养基上的生长物常可形成周鞭毛，此点可与其他弧菌相区别（20~25 ℃培养生长的周鞭毛较为稳定，在37 ℃培养生长的周鞭毛或24 h以上的培养物，易于由菌体上自发脱落），单鞭毛菌在固体培养基上不表现游走性，周鞭毛菌株则多表现为扩散生长。

2. 培养特性 副溶血弧菌一般经35~37 ℃培养24 h左右即可形成典型菌落，在TCBS琼脂上形成大小为2 mm左右呈绿色或蓝绿色的菌落（不分解蔗糖）；在含3.5%食盐的营养琼脂培养基上可呈蔓延生长，菌落边缘不整齐，隆起，光滑，湿润，不透明，直径在2 mm左右，但经多次传代的菌落可呈半透明、黏液状、表面有皱纹；在血液营养琼脂上菌落为圆形，隆起，湿润，某些菌株可形成α型或β型溶血，大小在2~3 mm；在沙门氏菌-志贺氏菌琼脂培养基（简称SS琼脂）上部分菌株不能生长，能生长的菌落为扁平，无色，半透明，有时菌落中央呈一突起（宛如蜡滴），菌落大小为1~2 mm，常不易挑起，能挑起的可呈新丝状，有辛辣味；在麦康凯琼脂上部分菌株不能生长，能生长菌株的菌落呈圆形，扁平，半透明或混浊；初次分离时该菌不能在伊红亚甲蓝琼脂及中国蓝琼脂等肠道鉴别培养基上生长。在液体培养基中呈均匀混浊生长，表面可形成菌膜（这与该菌较需氧有关），也有个别的形成沉淀。

该菌在15~40℃下均能生长，适宜生长温度为30~37℃；能在pH 5~10范围内生长，最适pH范围为7.5~8.5；该菌特别嗜盐，虽然在普通的营养琼脂及普通营养肉汤中均可生长，但以在含2%~4%（氯化钠NaCl）的培养基上生长良好；在含3%~4% NaCl的液体培养基中繁殖迅速，每8~9 min为1周期；在低于0.5%或高于8% NaCl的培养基中一般停止生长，但有些菌株在含10% NaCl的蛋白胨水中也能肉眼可见有一定程度的轻微生长，在无盐培养基中不生长，但在营养丰富的无盐培养基如血液营养琼脂、脑心浸液琼脂上亦可表现生长。

3. 生化特性 该菌利用乙醇、L-亮氨酸和腐胺；精氨酸双水解酶阴性，不产生乙酰甲基甲醇和/或二乙酰，在复杂培养基上不游动，不利用蔗糖、纤维二糖、戊酸、β-羟基丁酸和γ-氨基丁酸；这些特征有利于该菌与其他弧菌相鉴别。

另外，在FDA《细菌学分析手册》（甄宏太，等译，1986）中，记述了供副溶血弧菌鉴定的最基本的特性，包括以下几项：形态为革兰氏阴性，不产生芽孢的弯曲杆菌；在三糖铁琼脂培养基（TSIA）上的外观，斜面为碱性、高层为酸性，不产气，H_2S阴性；在氧化/发酵试验（即OF试验）中，葡萄糖的OF试验为阳性，无气体产生；细胞色素氧化酶和赖氨酸脱氨酶试验阳性，精氨酸双水解酶阴性；嗜盐性试验中，在含0%氯化钠的培养基中不生长，在含6%和8%氯化钠的培养基中生长，在10%氯化钠时不生长或微生长；在培养温度试验中，42℃时能生长；VP试验阴性；不发酵蔗糖。

4. 致病性 副溶血弧菌具有嗜盐性，为海产鱼弧菌病的病原菌，一般在20~28℃引起鱼发病。人食用本菌污染的海鱼、贝类等常引致食物中毒，潜伏期2~36 h，表现为水样腹泻、呕吐及发热，一般能很快康复。近年来，从我国人工养殖发病死亡的海鱼、贝类等也分离到本菌。常导致海鲷、九孔鲍、斑节虾、对虾、牙鲆及文蛤等水产动物患病。

本菌的致病株绝大多数能裂解人、兔的红细胞，因此可用溶血反应区分致病株与非致病株，称之为神奈川（Kanagawa）试验。具有溶血性归因于该菌能产生溶血毒素，该毒素名为耐热直接溶血素（thermostable direct haemolysin，TDH），属于穿孔毒素，为不含糖或脂的蛋白质，相对分子质量32 000~44 000，与霍乱弧菌非O1群及拟态弧菌产生的TDH大体相同。TDH家兔肠结扎试验阳性，但致病力不如霍乱肠毒素及大肠杆菌肠毒素。现已知副溶血弧菌可产生4种溶血素，其中2种是与细菌结合的；第3种不耐热，见于液体培养物的上清液中，即上述的TRH；第4种见于KP阳性菌株培养物的上清液中，耐热并对胰蛋白酶敏感，钙剂可增强其溶血活性，即上述的TDH。另外，副溶血弧菌的TRH又可分为2种类型，即TRH1和TRH2。另外，在神奈川试验阴性的菌株中，还发现一种不耐热的毒素——磷酸酯酶A2，也被认为是本菌的毒力因子。副溶血弧菌具有侵袭性，能侵入肠上皮细胞，引起肠上皮细胞和黏膜下组织一系列病变。

5. 微生物学检查 水产养殖动物中鱼类的副溶血弧菌感染病例，常见的临床标本材料是表皮病变组织、鳃、腹水及内脏器官组织等；甲壳类取其整体或内脏组织液、血淋巴等部分；贝类可取壳内肝、软组织及外套腔液等。进行细菌检验时，需根据不同的感染类型，采取相应的标本材料。

需要注意的是，副溶血弧菌既不耐冷又不耐热，所以在运送标本时不需冷藏，在常温下即可。无论如何，标本材料的保存不宜超过 24 h，更不能冷冻保存。

检测过程取病变组织接种嗜盐菌选择培养基或 SS 平板。挑取可疑菌落进一步做生化试验，最后检测其毒素做神奈川试验等，也可用 PCR 等技术在基因水平检测毒素。由副溶血弧菌引起的对虾红腿病，可取病变组织 50 g，剪碎后加入 50 mL 灭菌的氯化钠庆大霉素增菌液的三角烧杯中，增菌 18 h，在液面下无菌吸取 3 mL 菌液放入灭菌的试管中，加盖 120 ℃加热 30 min 后，进行斑点 ELISA 法快速检测，24 h 内可检出结果。如疾病较严重，则不经增菌也可检出，速度更快。与鳗弧菌、溶藻弧菌等无交叉反应。

（三）溶藻弧菌

溶藻弧菌（*Vibrio alginolyticus*）既是一种较为常见的水产养殖动物致病弧菌，又是一种导致人胃肠道感染、食物中毒及肠道外感染的病原菌。在有的书籍与资料中，也将此菌记作解藻朊酸弧菌、溶藻胶弧菌、溶藻酸弧菌、解藻朊酸贝内克氏菌。因其在生物学性状方面有许多与副溶血弧菌相似（尤其是嗜盐性），所以在《伯杰细菌鉴定手册》第八版（1974）中将其归为副溶血弧菌生物Ⅱ型，副溶血弧菌即原副溶血弧菌生物Ⅰ型，至第九版已将该菌单独列种。

该菌 DNA 中 G+C 碱基比例为 45%～47%，模式株编号为 ATCC17749。

1. 形态及培养特性 为革兰氏阴性菌，略显弧状，常呈杆状、球状等多形态，没有荚膜，不形成芽孢，极端单鞭毛，有运动力。该菌在固体培养基上能形成鞭毛并能游动（在含 1.5%～2.0% 琼脂、表面较干燥的固体培养基平板中央接种 1 滴或 1 接种环新鲜培养物，置 25～30 ℃培养 18～48 h，游动的菌株一般就扩散生长到整个琼脂培养基表面），产生乙酰甲基甲醇和/或二乙酰，在 40 ℃能生长。菌体大小为 (0.6～0.9) $\mu m \times$ (1.2～1.5) μm。无盐培养基中不生长，在 3% NaCl 平板上为淡乳白色菌落，有的弥漫性生长，在 TCBS 平板上为黄色菌落。在 1% NaCl 肉汤中 37 ℃培养 18～24 h 呈均匀混浊，表面常有菌膜；在血平板上呈灰白色，大部分菌株的菌落有溶血圈；在 SS 平板和庆大霉素琼脂平板上不生长或生长不良，菌落细小、圆形凸起，类似球菌样菌落；在麦康凯平板上生长较缓慢，菌落较小，透明或半透明，直径 1.2～1.5 mm；在普通琼脂平板上生长一般，菌落不透明，有的呈弥漫性生长；在双糖铁培养基上生长良好，菌苔稍厚、湿润。培养该菌及做菌落特征检查时，常是在 25～35 ℃培养 24 h 左右。

2. 生化特性 氧化酶阳性，具有弧菌属的特性。对 O/129 敏感。发酵葡萄糖，不发酵乳糖，不产硫化氢，VP 试验呈阳性；利用麦芽糖、蔗糖、甘露醇、甘露糖、海藻糖、果糖、硝酸盐、柠檬酸盐、明胶，赖氨酸脱羧酶阳性；乳糖、阿拉伯糖、鼠李糖、棉籽糖、木糖、蜜二糖、肌醇、水杨苷、侧金盏花醇、山梨糖、山梨醇、卫矛醇、脲酶、七叶苷、苯丙氨酸、精氨酸双水解酶呈阴性。溶藻弧菌与副溶血弧菌的生化特性相似，常用的鉴别试验有 VP 试验、蔗糖试验、阿拉伯糖试验和耐盐试验。

3. 致病性 溶藻弧菌感染的宿主也十分广泛，早在 1973 年 Biake 证实该菌对人类有致病作用，是沿海地区食物中毒和腹泻的重要病原菌，同时它还能引起许多海水养殖品种的疾病，大黄鱼、凡纳滨对虾、文蛤、鲈、真鲷、点带石斑鱼、黑鲷、大菱鲆、牙鲆等都可被感染。感染鱼发病初期体色变深，行动迟缓，经常浮出水面，体表病灶充血发炎，胸鳍腹鳍基部出血，眼球突出、混浊，肛门红肿；随着疾病的发展，发病部位开始溃烂，形成不同程度的溃疡斑，重者肌肉烂穿或吻部断裂，尾部烂掉。解剖发现内脏器官病变明显，腹部膨胀，有腹水，肝脏肿大，肾脏充血，有时肠内有黄绿色黏液。出现出血症状后，一般1～7 d便死亡，常为急性死亡。

在溶藻弧菌毒力因子及致病机制方面，林业杰等（1998）对从福建沿海地区腹泻病检测点的腹泻患者及外环境（海产品、食品、水等）检出的菌株进行了试验，结果显示，溶藻弧菌可能存在多种致病因子，具有较强的致病作用。

4. 微生物学检查 对于溶藻弧菌的微生物学检验，同前述的弧菌一样，主要包括分离培养、形态特征检查、培养与生化特性检查、感染试验等内容。需要注意的是，要特别注意与前述的副溶血弧菌相鉴别，常用的鉴别试验为VP试验、蔗糖试验、L-阿拉伯糖试验和耐盐试验等。还可用ELISA快速检测方法、间接荧光抗体检测方法以及根据16S rRNA序列设计引物进行PCR检测。

（四）哈氏弧菌

哈氏弧菌（*Vibrio harveyi*）又称哈维弧菌。该菌是一种具有发光特性的弧菌，是海水中微生物区系的正常成员，也是海水中一种常见的致病菌，主要引起虾及鱼类的感染发病，它是最近10多年才被认识到的水产养殖动物的重要致病菌。哈氏弧菌是印度尼西亚、泰国、印度、澳大利亚、厄瓜多尔及中国等国家和地区养殖对虾和许多养殖鱼类的重要致病菌。

该菌DNA中G+C碱基比例为46%～48%，模式株编号为ATCC14126。

1. 形态及培养特性 为革兰氏阴性、发光的海洋细菌，短杆状，菌体直或稍弯曲，两端钝圆，无荚膜，不形成芽孢，极端单鞭毛能运动，单个存在，很少出现两个或链状排列，大小为$(0.5～0.9)\mu m \times (1.1～1.9)\mu m$。无盐培养基中不生长，在含盐营养琼脂平板上生长良好，28 ℃培养24 h菌落圆形光滑、边缘整齐、稍隆起、闪光，在TCBS平板上为黄色菌落、无色素、不发光，需Na^+才能生长，在4 ℃以下及40 ℃以上不生长（最适为30 ℃）。

2. 生化特性 氧化酶和过氧化氢酶均呈阳性，对O/129在10 μg不敏感、150μg敏感。还原硝酸盐，产生吲哚，鸟氨酸脱羧酶及赖氨酸脱羧酶均呈阳性；不产硫化氢，VP试验、半乳糖酸盐、脲酶、精氨酸双水解酶、肌醇、侧金盏花醇、鼠李糖均为阴性。哈氏弧菌明显区别于其他弧菌的生化特征：能利用D-甘露糖、纤维二糖、D-葡萄糖酸盐、D-葡萄糖醛酸、庚酸、α-酮戊二酸盐、L-丝氨酸、L-谷氨酸盐和L-酪氨酸，不产3-羟基-2-丁酮，不能利用β-羟基丁酸、D-山梨醇、乙醇、L-亮氨酸、γ-氨基丁酸盐和腐胺。

3. 致病性 哈氏弧菌的胞外产物（ECP）具有致病性，其分泌的胞外蛋白酶、脂多糖、磷脂酶或溶血素对虾类和鱼类的致病性起重要作用，并损伤宿主组织器官等。易感性较强的虾类有中国明对虾、凡纳滨对虾幼体、长毛对虾及日本囊对虾成虾等，鱼类有鲈、石斑鱼、鲷、虹鳟、大黄鱼、大菱鲆等。陈亚芳等（2005）报道，以从患溃疡病的网箱养殖的青石斑鱼和斜带石斑鱼分离的哈氏弧菌获得胞外产物（ECP）后对其成分进行分析，表明其具有酪蛋白酶、明胶蛋白酶、淀粉酶、脂肪酶、卵磷脂酶等多种酶活性和溶血活性；溶血效价测定结果为，对绵羊红细胞不敏感（溶血效价为0），对罗非鱼红细胞较敏感（溶血效价为1：256）。

4. 微生物学检查 因哈氏弧菌有明显区别于其他弧菌的生化特征，可利用生化分析结果进行初步鉴定。利用哈氏弧菌的多克隆抗体，采用ELISA技术也可以快速、特异地检测中国明对虾及其育苗池水中的哈氏弧菌；或提取哈氏弧菌的外膜蛋白（OMP）进行Western印迹检测，可以特异地检测哈氏弧菌。还可以运用基于16S rDNA、*toxR*和*vhh*基因序列的 PCR 快速检测方法。

(五) 创伤弧菌

创伤弧菌（*Vibrio vulnificus*）与霍乱弧菌、副溶血弧菌同属人致病性弧菌，分布极为广泛，自然生存于近海和海湾的海水及海底沉积物中，内陆咸水湖中也可分离出该菌，亦属于嗜盐性弧菌。可通过损伤的创口、食用污染的海产品或水源而引起感染，也是水产养殖生物的病原细菌，故是引起人畜共患病的重要病原菌。

该菌 DNA 中 G+C 碱基比例为 46%~48%，模式株编号为 ATCC27562。

1. 形态及培养特性 为革兰氏阴性、嗜盐菌，在无盐条件下不生长，在含 6%NaCl 条件下仍生长，以含 1%~3% NaCl 浓度为宜。该菌的菌体呈弯杆状，能在 40 ℃生长。菌体大小为 (0.5~0.8) μm×(1.4~2.6) μm，极端单鞭毛、有运动力，无芽孢、无异染颗粒。该菌抵抗力不强，温度>52 ℃，NaCl 浓度< 0.04%或>8%，12%胆汁及 pH<3.2 环境均不生长。煮沸 3 min，烘烤 10 min 死亡。最适合的生长温度为 30 ℃、1%~2% NaCl、pH 7.0。创伤弧菌在 5%羊血琼脂平板 37 ℃，5%二氧化碳培养，菌落呈圆形微凸、湿润，略带黄色，直径 2~3 mm，草绿色溶血环。在 TCBS 培养基上呈凸面、平滑乳脂状的蓝绿色菌落，直径 2~3 mm。在麦康凯培养基上 37 ℃生长而在 SS 培养基上不生长。克氏双糖培养基表现为斜面产碱，底层产酸不产气。兼性厌氧。

2. 生化特性 氧化酶阳性、过氧化氢酶阳性。对 O/129 敏感。利用葡萄糖、甘露醇、乳糖，不利用肌醇、蔗糖、阿拉伯糖，柠檬酸盐、庚二酸盐、水杨苷、七叶苷，VP 试验呈阴性，吲哚试验为阳性，不产生硫化氢，赖氨酸脱羧酶、鸟氨酸脱羧酶、邻硝基苯-β-D-半乳糖苷（ONPG）、明胶酶为阳性，精氨酸双水解酶、脲酶阴性，产生溶血素。

3. 致病性 存在于海产品虾、蟹、鱼、牡蛎中，是水产养殖中重要的细菌性病原之一。创伤弧菌有 3 个生物型，生物 I 型主要是人类的致病菌，也能感染养殖鱼类，澳大利亚养殖的尖吻鲈发生过由创伤弧菌生物 I 型引起的弧菌病，死亡率高达 80%。生物 II 型是海水养殖动物的致病菌，也是人类的条件致病菌。创伤弧菌引起鳗鲡患病，其半数致死量（LD_{50}）为 $2.69×10^5$ CFU/g。生物 III 型可引起人类败血症和软组织感染。石斑鱼、军曹鱼、罗非鱼等的发病症状表现为行动迟缓，经常游出水面，发病初期鳍末端充血、发炎，鱼体两侧有出血点，腹部、肛门红肿、出血，肝脏表面有出血点、肿大，肾脏水肿发黑有淤血现象，肠有炎症和积水，积水呈黄绿色，病鱼沉底死亡。

该菌产生的毒素有溶细胞毒素、胞外蛋白酶、弹性硬蛋白酶和载铁体等。溶细胞毒素是一种亲水蛋白质，不耐热。胆固醇、蛋白酶或台盼蓝可使之失活。纯化的溶细胞毒素对多种哺乳动物的红细胞有溶细胞作用。胞外蛋白酶具有出血活性和增强血管通透性作用，与皮肤损伤有密切关系。弹性硬蛋白酶有助于病菌侵入含有弹性硬蛋白和骨胶原的组织，该酶与感染局部发生组织坏死有关。创伤弧菌的致病性与其获得的铁密切相关，此种摄铁能力系由菌体的载铁体所介导，使菌能吸附和螯合宿主体内的微量铁，以供菌生长繁殖之需。

创伤弧菌对人的感染，主要是引起创伤处感染及败血症，多因食用生的海产品及接触海水发生。在我国，近年来也有因该菌引起的腹泻暴发及散发病例等的报告。

4. 微生物学检查 对于创伤弧菌的检验，主要是通过对分离菌做生化试验进行鉴定，尤其注意该菌的乳糖和 β-半乳糖苷酶阳性，及在含盐蛋白胨水中的生长情况等项目；另外，则是注意与在生化特性上同该菌相似的副溶血弧菌和溶藻弧菌相鉴别（创伤弧菌乳糖、β-

半乳糖苷酶阳性，在含 8%NaCl 的胨水中不生长；副溶血弧菌和溶藻弧菌的乳糖和 β-半乳糖苷酶阴性，在含 8%NaCl 的胨水中生长）。目前已有的商业化产品 API 20E 和 Biolog 等分型系统，尽管简化了程序，由于创伤弧菌表型比较复杂仍难以提高准确率。DNA 探针和 PCR 可提高试验的敏感性和特异性，并准确检测低浓度的创伤弧菌，特别是实时 PCR 检测可快速完成创伤弧菌的检测。

二、气单胞菌属

气单胞菌属（Aeromonas）在《伯杰细菌鉴定手册》第九版中属于第五群"兼性厌氧革兰氏阴性杆菌"。气单胞菌属为弧菌科细菌的成员，属内包括常见的嗜水气单胞菌（A. hydrophila）等共 11 个种（species）、亚种（subspecies）及 1 个生物群（biogroup）。

该属细菌是一类革兰氏阴性直杆菌，或呈球杆状或丝状，大小为（0.1~1）μm×（1~4）μm，菌体两端钝圆，无荚膜，无芽孢，绝大多数有极端单鞭毛，动力试验阳性，但杀鲑气单胞菌和中间气单胞菌动力试验阴性。营养要求不高，在普通培养基上 35 ℃经 24~48 h 形成 1~3 mm 大小、微白色半透明的菌落；在血琼脂上形成灰白、光滑、湿润、凸起、直径约 2 mm 的菌落，多数菌株有 β 溶血环，3~5 d 后菌落呈暗绿色。在 TCBS 琼脂上生长不良，液体培养基中呈均匀混浊。需氧或兼性厌氧，氧化酶和过氧化氢酶均为阳性，发酵葡萄糖及其他多种糖类产酸或产酸产气，硝酸盐还原阳性，产生多种酶类如淀粉酶、DNA 酶、酯酶、肽酶、芳基酰胺酶和其他水解酶。除极少数菌株外，均对弧菌抑制剂 O/129 耐药。生长温度范围 0~41 ℃。在淡水和污水中存在，一些种是蛙、鱼和人的病原菌，引起人类的疾病常常是腹泻病和菌血症。

在《伯杰细菌鉴定手册》第九版中，气单胞菌属包括嗜水气单胞菌（A. hydrophila）、温和气单胞菌（A. sobria）、豚鼠气单胞菌（A. caviae）、杀鲑气单胞菌（A. salmonicida）[包括 4 个亚种：无色亚种（A. achromogenes），杀日本鲑亚种（A. masoucida），杀鲑亚种（A. salmonicida），史氏亚种（A. smithia）]、维氏气单胞菌（A. veronii）、舒伯特气单胞菌（A. schubertii）、中间气单胞菌（A. media）、嗜泉水气单胞菌（A. eucrenophila）。作为水产养殖动物病害的病原常见的有嗜水气单胞菌、温和气单胞菌、豚鼠气单胞菌和杀鲑气单胞菌等种类。模式种为嗜水气单胞菌。

（一）嗜水气单胞菌

嗜水气单胞菌（A. hydrophila）是气单胞菌属的模式种，属于嗜温、有动力的气单胞菌群，也称嗜水气单胞菌群。嗜水气单胞菌与液化气单胞菌、蚁酸气单胞菌、斑点气单胞菌属于同义名，是淡水、污水、淤泥及土壤中的常见细菌，也是引起淡水养殖动物病害的主要病原细菌。

该菌 DNA 中 G+C 碱基比例为 58%~62%，模式株编号为 ATCC7966。

1. 形态 为革兰氏染色阴性菌，两端钝圆、直或略弯的短小杆菌，大小为（0.3~1.0）μm×（1.0~3.5）μm，菌细胞多数单个存在，少数双个排列。通常在菌体的一端有一根鞭毛，也有许多菌株的幼龄培养物在菌体的四周形成鞭毛，但对数生长期过后，该细胞又呈现极生单鞭毛。无荚膜，不形成芽孢。

2. 培养特性 本菌为兼性厌氧菌。在普通琼脂、TSA、麦康凯琼脂、SS 琼脂上生长良好。在普通琼脂上的菌落呈圆形、边缘整齐、中央隆起、表面光滑、灰白色、半透明状，菌落大小多为直径 2 mm 左右。有些菌株培养物的气味较强。不产生色素。在溴化十六烷基三甲铵（CTMAB）琼脂上不生长。在血液琼脂上呈 β 溶血。在弧菌培养基（TYE）及肉汁蛋白胨琼脂平板上，28 ℃培养 18～24 h，菌落呈淡黄褐色，无水溶性色素。在 TYE 液体中 28 ℃培养 24 h，形成少量薄膜，一摇即散。最适生长温度 28 ℃，一些菌株可在 5 ℃生长，最高生长温度通常为 38～41 ℃。生长 pH 为 6～11，最适 pH 为 7.2～7.4。生长食盐浓度范围 0%～4%，最适浓度为 0.5%。

3. 生化特性 氧化酶、过氧化氢酶、DNA 酶、精氨酸双水解酶、精氨酸脱羧酶阳性，鸟氨酸脱羧酶、苯丙氨酸脱氨酶、脲酶阴性；在无盐胨水中生长，液化明胶，产生吲哚，还原硝酸盐，利用柠檬酸盐，不能利用丙二酸盐、黏液酸盐、D-酒石酸盐；甲基红（MR）试验、VP 试验阳性，水解吐温 80，半固体动力试验、硫化氢的产生试验及 ONPG 试验阳性；分解葡萄糖产酸产气，分解半乳糖、麦芽糖、蔗糖、纤维二糖、淀粉、七叶苷、甘露醇；不分解肌醇、鼠李糖、木糖、甜醇、赤藓醇、侧金盏花醇、棉籽糖、甘油、山梨醇。对弧菌抑制剂（O/129）及新生霉素不敏感。

4. 抵抗力 嗜水气单胞菌广泛分布于淡水环境，包括池、塘、溪、涧、江、河、湖泊和临海河口，同时水中沉积物、污水及土壤中也均有存在，也常从淡水鱼和虾、青蛙、爬行类和其他水生动物体内检出，目前已报告有包括我国在内的多个国家检出此菌。本菌是水中的常见细菌，一般在夏季较多、冬季减少。同时，也是鱼肠道的菌群之一。从鱼、人和其他动物分离株较环境分离株的蛋白质分解能力强，尤其是对酪蛋白、纤维蛋白等。本菌对热的抵抗力较差，60～65 ℃下 30 min 至 1 h 死亡。

由于抗生素在水产养殖中的广泛使用，与鳗弧菌一样，许多对抗生素有抵抗力的菌株被筛选出来，如对氯霉素、土霉素、链霉素、四环素、磺胺嘧啶、硝基呋喃等，并从这些耐药性菌株分离到了相应的可转移的抗药性质粒。

5. 抗原性 运动性气单胞菌有 O 抗原、H 抗原和 K 抗原。其中 O 抗原可分成 12 种，H 抗原有 9 种。K 抗原能部分抑制 O 抗原的凝集反应，并与鳗弧菌等有交叉反应。该 O 抗原表型，可供目前对这些气单胞菌感染材料及环境标本分离株的流行病学、生态学等初步的分型研究使用。此外，运动性气单胞菌与杀鲑气单胞菌以及其他属的细菌也存在着共同的抗原成分。

免疫电泳试验时，嗜水气单胞菌共出现 17 条沉淀线，其中第 7、第 9、第 11 条沉淀线为脂蛋白抗原，第 3、第 6 和第 14 条沉淀线为糖蛋白抗原，以第 10、第 11 和第 12 三条沉淀线出现率最高，为多数菌株所共有。

6. 致病性 正是由于嗜水气单胞菌作为病原菌在人及动物（尤其是水产养殖动物）感染病例中的频繁出现，对该菌的毒力因子及致病机制研究在近年来逐渐增多，并已初步研究证明了一些相关的毒力因子，主要包括外毒素（exotoxin）、胞外蛋白酶（ECPase）、S 层（S-layer）及黏附素（adhesin）等。

本菌产生的外毒素具有溶血性、细胞毒性及肠致病性。溶血性毒素分 α 和 β 两种。α 溶血素能引起家兔注射局部的硬结、毛细血管充血和皮肤坏死，对 Hela 细胞、绿猴肾细胞、成纤维细胞和肾上腺细胞具有毒性作用，可导致动物的败血性肠炎。β 溶血素毒性较强，静脉注射 0.4 μg 提纯毒素，即可导致小鼠、地鼠死亡，引起家兔的皮肤坏死。肠致病性毒素可以分为三种，即霍乱样肠毒素、细胞兴奋型肠毒素和细胞毒肠毒素。此外，本菌还能产生酪蛋白酶、纤维蛋白酶、胶原酶、葡萄球菌溶解素等，这些均与本菌的毒性有关。

嗜水气单胞菌对多种鱼类、两栖类以及爬虫类具有致病性，可引起鳗鲡的赤鳍病、鲤和金鱼的竖鳞病、鲢和鳙的打印病、青鱼和草鱼的细菌性肠炎、青鱼的疖疮病、香鱼的红口病、甲鱼的"红脖子病"、蛙的红腿病、蛇的败血病和口炎。此外，还可导致鲑鳟（硬头鳟、虹鳟、银大麻哈鱼、大鳞大麻哈鱼）等鱼类的败血症，统称为运动性气单胞菌败血病。

本菌主要通过肠道感染，在鱼体受伤或寄生虫感染的条件下，还可经皮肤和鳃感染，并与水温、水中有机物质的含量、饲养密度等有密切关系。水温为17~20 ℃时，死亡率较高，在9 ℃以下时鱼很少发病死亡。

7. 微生物学检查

（1）涂片镜检。取病鱼的血液、脏器等涂片，做革兰氏染色，可见革兰氏阴性的短杆菌。

（2）分离培养。将上述病料划线接种于含青霉素的TSA、Rimler-Shofts 培养基、McCoy-Pilcher 培养基等选择性培养基上，在28 ℃左右进行分离培养。也可采用SS琼脂、麦康凯琼脂等肠道细菌选择性培养基进行分离纯化，运动性气单胞菌通常不分解其中的乳糖。对分离菌应进一步做生化鉴定、动物接种试验和血清学检查。

（3）动物接种试验。将病料加适当生理盐水研磨成匀浆，或将本菌的培养物给小鼠、豚鼠或家兔注射，可使试验动物死亡，脏器和接种部位的皮肤等出现坏死性病理变化。

（4）血清学检查。凝集反应、琼脂扩散直接和间接荧光抗体技术可应用于本病的诊断和分离菌的鉴定。

8. 免疫　选择具有代表性的免疫原性好的嗜水气单胞菌菌株，制备灭活疫苗，用于鱼类浸泡或注射免疫，可有70%的保护力。提取该菌胞外蛋白质及脂多糖制备亚单位偶联疫苗，对小鼠及鲫也显示了较好的免疫效果。

在嗜水气单胞菌某些抗原成分的抗原性、免疫保护作用等方面，不同研究者所获研究结果还不甚一致，仅可以明确的是嗜水气单胞菌存在相应的抗原性，能够刺激鱼体产生相应的免疫应答，并能使受免鱼获得相应的特异免疫保护，今后的研究工作除了继续研究明确某些有效抗原成分外，还需在嗜水气单胞苗免疫接种后鱼体所获得的特异保护所维持的时间、简便且有效的免疫接种途径、适宜的免疫原制备及不同型嗜水气单胞菌间交互免疫保护、选择有效且应用方便的免疫刺激剂等方面进一步研究，以解决其相应的理论与实践应用问题。

（二）温和气单胞菌

温和气单胞菌（A. sobria）亦被称为寡源气单胞菌，是危害我国淡水养殖业的重要病原菌之一，能引起鱼类、爬行类、两栖类等冷血动物的出血性败血症，还是重要的人畜共患病的病原菌。在第九版《伯杰细菌鉴定手册》（1994年）中，该菌属于嗜温有动力气单胞菌的温和气单胞菌群。

该菌DNA中G+C碱基比例为58%~60%，模式株编号为ATCC43979。

1. 形态及培养特性　为革兰氏阴性短杆菌，长0.5~1.0 μm，两端圆，无芽孢，无荚膜，极生单鞭毛。在普通营养琼脂平板上于28 ℃培养24 h，形成圆形、边缘整齐、表面光滑、湿润、灰白色菌落，无水溶性色素；在TCBS培养基上生长缓慢为黄色小菌落，在羊血平板上呈β型溶血。

2. 生化特性　氧化酶、过氧化氢酶阳性，发酵葡萄糖产酸产气，VP试验、靛基质、甘露醇和蔗糖为阳性，赖氨酸脱羧酶和精氨酸水解酶阳性，鸟氨酸脱羧酶阴性，纤维二糖阴性，七叶苷和水杨苷阴性。对弧菌抑制剂（O/129）及新生霉素不敏感。其生化反应与气单胞菌属细菌基本相同，与嗜水气单胞菌的主要不同在于温和气单胞菌不利用水杨苷、阿拉伯糖，氰化钾肉汤中不生长。

3. 致病性 本菌产生的溶血素是主要致病因子，与嗜水气单胞菌溶血素同源，它们在氨基酸水平上有68.5％的相似度。这类毒素对细胞的主要效应是形成孔洞，使质膜对小离子如 K^+、Cl^- 和 Ca^{2+} 的通透性增加，并引发一系列的细胞反应。温和气单胞菌溶血素的主要靶细胞最有可能是肠道上皮细胞，但是关于溶血素和上皮细胞相互作用的报道却很少。

从已有研究资料分析，温和气单胞菌的某些菌株具有同嗜水气单胞菌一样的HEC、蛋白酶等毒力因子，但相对来讲在不同菌株间的差异较大，有关在温和气单胞菌毒力因子方面的研究还不如对嗜水气单胞菌那样多和比较明确，毒力因子内容是否能直接作为温和气单胞菌病原性及非病原性菌株的判定指标也还有待进一步的研究。

温和气单胞菌能引发罗非鱼、团头鲂、斑点叉尾鮰的出血性败血症、日本鳗鲡败血腹水病、异育银鲫溶血性腹水病，以及鲤、鳖、牛蛙的溃疡病等。人类感染除能引起感染性腹泻外，还可引起各种免疫力低下人群的肠道外感染，如创伤感染、胆管炎、肺炎、脑膜炎、脓毒性关节炎和败血症等。

4. 微生物检查 检查方法与嗜水气单胞菌相同，可通过涂片镜检、分离培养、动物接种试验和血清学检查等过程，进行形态学、培养特征、生化分析和病理观察等做初步鉴定。生化试验是鉴定温和气单胞菌的主要内容。鉴定时应注意与均为嗜温有动力、发酵葡萄糖产酸产气的嗜水气单胞菌相鉴别，主要是该菌一般情况下不分解七叶苷和水杨苷，嗜水气单胞菌为阳性。另外，要确定从发病水产养殖动物所分离的温和气单胞菌的病原学意义，还需进行相应的感染试验及相关的毒力因子检查等。可在常规的形态特征、理化特性等生物学性状检验的基础上，进一步采用分子生物学方法鉴定温和气单胞菌。

（三）豚鼠气单胞菌

通常认为豚鼠气单胞菌（A. caviae）是条件致病菌，在《伯杰细菌鉴定手册》第九版中，该菌属于嗜温有动力气单胞菌的豚鼠气单胞菌群。广泛分布于水体、池底淤泥及健康鱼体肠道中。主要危害草鱼、青鱼，鲤也有少量发生。

该菌DNA中G+C碱基比例为61％～63％，模式株编号为ATCC15468。

1. 形态及培养特性 为革兰氏阴性短杆菌，多数相连或单个存在，极端单鞭毛，有运动性，无芽孢。在TSA、营养琼脂平板形成圆形光滑的乳白色菌落，能产生褐色色素。采用R-S选择培养基做筛选性分离，典型菌落呈黄色。在兔血平板上可呈现典型β溶血。适宜培养温度为25～30℃，pH 3～11均可生长，在4％氯化钠中不能生长。

2. 生化特性 产生精氨酸双水解酶、β-半乳糖苷酶、吲哚，不能产生硫化氢、赖氨酸脱羧酶、鸟氨酸脱羧酶及色氨酸脱氨酶；降解七叶苷、血液和明胶，不降解尿素；发酵苦杏仁苷、阿拉伯糖、葡萄糖、甘露醇、山梨醇和蔗糖，不发酵肌醇、蜜二糖及鼠李糖；利用氰化钾，不利用柠檬酸盐；能在不含氯化钠的培养基中生长，不能还原硝酸盐。对弧菌抑制剂（O/129）不敏感。

3. 致病性 豚鼠气单胞菌为条件致病菌，存在于养殖水体、池底淤泥及健康鱼肠道中，随着水温的变化，这种菌在鱼体内的比例也相应增加。一般认为，当鱼体养殖环境较好、体质健壮时，少量该菌（通常占总数 0.5%左右）不会引起疾病，且心、肝、肾、脾等实质性器官中也无该菌；环境恶化、鱼体抵抗力下降时，该菌在肠内大量繁殖，导致疾病暴发；此外，水质恶化、低溶解氧、高氨氮、变质饲料等都可引起鱼体抵抗力下降，引起疾病暴发。

在对豚鼠气单胞菌的毒力因子及致病机制研究中，王晓苹等（1990）通过对分离于腹泻病人粪便的 60 株气单胞菌的检验，在豚鼠气单胞菌中的肠毒素、溶血素、细胞毒素及对小鼠的致病性等存在株间差异，但相应阳性菌株能产生 1 种或以上的毒力因子，说明豚鼠气单胞菌也是同样存在与嗜水气单胞菌相一致的毒力因子的。

4. 微生物学检查 取病鱼的肝、脾、肾、心、血接种于 R-S 选择培养基上，如长出典型气单胞菌黄色菌落，可初步确诊。如需鉴定豚鼠气单胞菌菌种，可在常规的形态特征、理化特性等生物学性状检验的基础上，采用分子生物学方法进行鉴定。

（四）杀鲑气单胞菌

杀鲑气单胞菌（A. salmonicida）亦被称为灭鲑气单胞菌，是最早被描述的鱼类病原菌之一，主要是引起鲑科鱼类的感染，发生疖疮病。有四个亚种：① 杀鲑亚种（A. salmonicida subsp. salmonicida），是最早从虹鳟中分离鉴定的亚种，可产生棕色色素，发酵葡萄糖产气；② 无色亚种（A. salmonicida subsp. achromogenes），从河鳟分离，菌落无色，但菌落周围琼脂可呈淡褐色，发酵葡萄糖不产气；③ 日本鲑亚种（A. salmonicida subsp. masoucida），从马苏大麻哈鱼分离，菌落无色，也不产生色素，不发酵葡萄糖；④ 杀鲑气单胞菌新亚种（A. salmonicida subsp. nova），分离自鲤红皮炎，不产生色素，需要氧化血红素为其生长因子，对氨苄青霉素有抵抗力（杀鲑亚种对青霉素敏感）。

杀鲑气单胞菌 DNA 中 G+C 碱基比例为 57%～59%，模式株编号为 NCMB1102。

1. 形态 为革兰氏阴性短杆菌，菌体呈球杆状，长度不到宽度的两倍，菌体大小为 (0.8～1.0) μm×(1.0～1.8) μm，通常呈双、短链或丛状排列。无鞭毛，无动力，这是本菌与其他气单胞菌成员的重要区别。不形成芽孢和荚膜。在 4～5 ℃温度范围内该菌生长不定，37 ℃不生长，最适生长温度为 22～25 ℃。该菌在胰酪蛋白胨大豆胨琼脂（TSA）培养基于 20～25 ℃培养 3～4 d，菌落周围出现水溶性褐色色素，菌落有粗糙型（R）、光滑型（S）和中间型（I）。

2. 培养特性 为兼性厌氧菌。在普通琼脂上 22 ℃培养 48 h 后，形成圆形、隆起、边缘整齐、半透明、松散的菌落。大多数菌株在 TSA、FA（furunculosis agar，疖疮病琼脂）培养基上产生水溶性褐色素，但在厌氧条件下不产生色素。也常分离到一些不产生色素的菌株。在血琼脂平板上产生典型的 β 溶血，7 d 后菌落变成淡绿色。在 4～5 ℃温度范围内该菌生长不定，37 ℃不生长，最适生长温度为 22～25 ℃。该菌在胰酪蛋白胨大豆胨琼脂（TSA）培养基于 20～25 ℃培养 3～4 d，菌落周围出现水溶性褐色色素，但需注意这一特性存在亚种间（一般仅是杀鲑亚种产生）甚至株间差异；在脑心浸液琼脂（BHIA）培养基上，该菌粗糙型菌落的比例大于 TSA 培养基的比例。此外，该菌能分化变异出粗糙型（R）、光滑型（S）和中间型（I），用 EM 观察表明 R 型与 S 型菌落特征是由该菌胞外层（extracellular layer）的存在与否所决定的。生长 pH 范围 6～9，最适 pH 为 7 左右。所需氯化钠浓度范围为 0%～3%。

3. 生化特性 发酵阿拉伯糖、半乳糖甘露糖、糊精等，但不能分解山梨糖、山梨醇乳糖、棉籽糖、纤维二糖。在氰化钾肉汤、含7.5%氯化钠的营养肉汤中不能生长。无脲酶、鸟氨酸脱羧酶、连四硫酸盐还原酶。但能水解精氨酸，有氨基甲酰磷酸激酶、氨基甲酰磷酸酯酶、腺嘌呤3，2-单磷酸激酶。

4. 抵抗力 本菌在蒸馏水中4 d至2周、在灭菌的河水中28 d（20～25 ℃）、在灭菌湿土中40 d（20～30 ℃）不死亡。强毒株在含有机物质的淡水中可生存15周，在死鱼肾脏内存活28 d（4 ℃），在海水中10 d内死亡。

对土霉素、四环素、氯霉素、萘啶酸、喹啉酮等敏感。不过许多抗生素只能抑制杀鲑气单胞菌繁殖，而不能将其杀灭。

5. 致病性 杀鲑气单胞菌的细胞外产物至少由25种蛋白质成分构成，包括溶血素、鲑溶解素（salmolysin）、杀白细胞素以及酪蛋白酶、骨胶原酶等蛋白酶类。溶血素腹腔注射大西洋鲑的LD_{50}为每克体重44 ng。鲑溶解素肌内注射到虹鳟幼鱼的LD_{50}为每克体重152 ng。蛋白酶类对大西洋鲑和虹鳟幼鱼的LD_{50}分别为每克体重2 400 ng和每克体重1 514 ng。鲑溶解素和蛋白酶类同时存在时，对鲑科鱼类的淋巴细胞具有杀伤作用。蛋白酶类单独注射到大西洋鲑幼鱼时，可导致注射部位的组织液化。

该菌感染鲑科鱼类引起疖疮病等，给鲑鳟鱼类的养殖生产造成了严重的经济损失。尤其是欧美国家该病流行地区广，流行时间长，对渔业生产造成巨大的危害。不过不同鱼种的易感性有差异。大西洋鲑、虹鳟等的易感性较强，而某些品系的虹鳟则具有一定的抵抗力。此外，鲤、金鱼和鳗鲡也可感染发病。细菌通过患病鱼、带菌鱼和污染水水平传播。虽然也能在鱼的性腺中检出此菌，但尚未证实其能垂直传递。入侵门户主要是受伤的皮肤，也可通过胃肠道和鳃感染。

6. 微生物检查

（1）分离培养。取病鱼肾脏或体表溃疡处组织，接种于TSA或FA平板上，20～28 ℃培养，检查有无产生褐色色素的菌落，并进行革兰氏染色。

（2）对苯二胺试验。将1%对苯二胺溶液倾注在上述平板中经24 h培养后形成的菌落上，杀鲑气单胞菌形成的菌落在90 s内，从褐色变成黑色。

（3）血清学检查。玻片凝集反应、间接血凝、荧光抗体技术常应用于分离菌鉴定和本病的诊断。进行玻片凝集反应时，预先用超声波对分离菌做短暂处理，可防止自身凝集。此外，乳胶凝集反应和金黄色葡萄球菌协同凝集试验亦是本病的快速诊断方法。还可采用ELISA诊断方法。

三、链球菌属

链球菌属（Streptococcus）在《伯杰细菌鉴定手册》第九版中属于第十七群"革兰氏阳性球菌"，属链球菌科（Streptococcaceae）。该属细菌为革兰氏阳性球菌，直径小于2 μm，无运动力，菌体相连接成链状，无运动力，无芽孢，革兰氏染色阳性，一些种能形成荚膜。兼性厌氧，化能异养，生长需要营养丰富的培养基，有时需要5%二氧化碳环境。发酵型代谢，主要产乳酸但不产气；过氧化氢酶阴性。可在10～45 ℃生长，最适温度20～37 ℃。链球菌有较大范围的盐适应性，可在0%～7%氯化钠浓度中生长，因此该菌可感染淡水和海水鱼类，有极广的感染谱。链球菌具有多种毒力因子，重要的有溶血素、胞外酶类等，其中溶血素对于菌株的致病力最为重要。按照溶血特性可分为α、β、γ三种溶血类型，其中β溶血素溶血能力最强，可在菌落周围形成完全透明的溶血环，β溶血菌株大多数具有较强的致病力。根据C抗原不同，可将链球菌分成A、B、C等20个血清群。链球菌可引起鱼类局部感染和全身性败血症。首例鱼类链球菌病发现于20世纪50年代，80年代后鱼类链球菌病害报道日益增多，成为鱼类养殖的重要细菌性疾病，可引起罗非鱼、鲑鳟类及海水养殖鱼类的多种疾病，特别在海水养殖鱼类的细菌性疾病中占有重要的地位。寄生于脊椎动物，主要栖居于口腔和上呼吸道；一些种对人和动物致病。与链球菌血清型有关的各种抗原是一些种的特性，需要准确鉴定。

该菌在自然界分布广泛，存在于水、动物体表、消化道、呼吸道等处，有些是非致病菌，构成动物的正常菌群，有些可致人或动物的各种化脓性疾病、肺炎、乳腺炎、败血症等。在《伯杰细菌鉴定手册》第九版中，链球菌属共有40个种（及亚种），其中引起鱼类疾病的主要有海豚链球菌（S. iniae）、无乳链球菌（S. agalactiae）、难辨链球菌（S. difficile）、米氏链球菌（S. milleri）和副乳房链球菌（S. parauberis）等种类。

细菌DNA中G+C碱基比例为34%~46%，模式种为酿脓链球菌（S. pyogenes）。

（一）海豚链球菌

海豚链球菌（S. iniae）主要分布在温带和热带养殖的温水鱼类中，对多种海水鱼、淡水鱼类都具有致病性，已有23个国家报道了鱼类链球菌病。有22种野生或养殖鱼类可以感染海豚链球菌。

该菌DNA中G+C碱基比例为32.9%，模式株编号为ATCC29178。

1. 形态及培养特性　革兰氏阳性球菌，圆形或卵圆形细胞，直径0.6~1.2 μm，液体培养物经涂片和染色后，在显微镜下观察可见球形细胞呈长短不一的链状排列。无芽孢，无鞭毛，不运动。适宜培养基为TSA平板和BHI液体培养基，在TSA平板上培养14 h，菌落为针尖大小，无色。24 h后，菌落的直径为1~2 mm，呈乳白色，光滑，圆形，隆起，边缘整齐。适宜生长盐度为0~4，适宜生长温度10~40 ℃，在28~37 ℃间均生长良好，在pH小于6及大于9的环境下基本不能生长，其最适生长pH范围为7~8。兼性厌氧。海豚链球菌为β型溶血性链球菌，在绵羊血琼脂平板上形成狭长的β溶血带。

2. 生化特性　过氧化氢酶阴性，发酵葡萄糖的主要产物是乳酸，但不产气。发酵甘露醇、核糖、水杨苷和海藻糖产酸，不发酵菊粉、乳糖、棉籽糖和山梨醇。吡咯烷酮酶（PYR）试验阳性，VP试验阴性，不分解马尿酸，但可水解淀粉。对杆菌肽的敏感性不尽相同，造成部分海豚链球菌的生理特征与酿脓链球菌很相似。然而，它们不能与兰氏（Lancefield）抗原A群或其他群的抗血清发生反应。

3. 抵抗力　海豚链球菌对热较敏感，煮沸可很快被杀死。常用浓度的各种消毒药均能将其杀死。对链霉素、丁胺卡那霉素、萘啶酸、多黏菌素E具有耐药性，但对庆大霉素、氨苄青霉素的派生物很敏感。10 ℃生长，45 ℃不生长。

4. 致病性　致病菌能破坏鱼体的脑神经，继而通过血液循环破坏肝、肾、脾等器官引发全身性出血症，是一种传染性极强的细菌性疾病，而且疾病一旦发生，患病鱼体的死亡率比较高，水温越高病情就越重。引起敏感鱼类感染死亡率可以达到20%~50%。易感性较强的鱼有罗非鱼、虹鳟、鲷科鱼类、石斑鱼等，而未见感染草鱼、鲤、鲢、鳙等养殖鱼类的报道。发病鱼主要表现为败血症，全身各脏器出血，脑、心脏、鳃、尾柄等部位的化脓性炎症或肉芽肿样病变。发病季节主要是8~9月。

关于链球菌的主要毒力因子及致病机制等问题，其中比较明确的致病物质主要包括溶血毒素、致热外毒素、透明质酸酶、链激酶（又称链球菌纤维蛋白溶酶）、链球菌 DNA 酶、M 蛋白等。

5. 微生物学检查

（1）涂片镜检。取病鱼血液或肾脏、脾脏等脏器涂片，革兰氏染色后镜检，可见许多呈链状排列的革兰氏阳性球菌。

（2）分离培养。取病鱼脑、血液或脏器，划线接种于 EF 琼脂平板或添加 0.5% 葡萄糖的 BHI A 平板上，30 ℃培养 24~48 h。在 EF 琼脂平板上，链球菌形成鲜红色、紫红色或暗黑色的小菌落；在含有葡萄糖的 BHI A 平板上，形成不透明、乳白色的小菌落。若在 EF 琼脂中添加少量的 TTC，更有利于链球菌生长。

（3）生化特征。无乳链球菌通常在 10 ℃不能生长，水解马尿酸盐但不水解淀粉，具有兰氏 B 群特异性抗原群，而海豚链球菌却相反，这是两者的特征性区别。

（4）血清学检查。取病料涂片或制作切片后，用直接荧光抗体技术检查。此法可以区别 α 型和 β 型链球菌。玻片凝集反应可用于分离菌的鉴定。近几年已将分子生物学手段用于致病性链球菌的检测。

（二）无乳链球菌

无乳链球菌（$S.agalactiae$）可感染鲻、金头鲷，国内已在养殖罗非鱼中发现感染无乳链球菌，并造成严重危害。

1. 形态及培养特性　革兰氏阳性球菌，圆形或卵圆形细胞，直径 0.5~1.2 μm，链状排列，罕见少于 4 个细胞，通常形成很长的链，看起来好像是由成对的球菌组成的。无芽孢，无鞭毛，不运动。在血平板上生长良好，培养 24 h 时，直径 1.5~2.0 mm，菌落呈圆形、乳白色，边缘光滑。适宜生长盐度为 0%~4%，适宜生长温度 10~40 ℃，适宜生长 pH 为 4.4~7.6。兼性厌氧。

2. 生化特性　过氧化氢酶阴性。具有兰氏 B 群抗原，根据表面抗原的不同可分为 9 个亚型，即Ⅰa、Ⅰb、Ⅱ、Ⅲ、Ⅳ、Ⅴ、Ⅵ、Ⅶ和Ⅷ。产能代谢是发酵，主要的最终产物是乳酸。在葡萄糖培养基中最终 pH 是 4.2~4.8。从葡萄糖、麦芽糖、蔗糖和海藻糖产酸。只在好氧条件下发酵甘油。从牛来源的菌株通常发酵乳糖，但从其他动物和人体来源的菌株这项特征是可变的。不发酵木糖、阿拉伯糖、棉籽糖、菊粉、甘露醇和山梨醇。大约有一半牛来源的分离物在血平板上产生一个窄的有一定限度的 β 溶血圈，其他菌株表现为典型的 α、β 和 γ 反应。许多溶血性菌株产一种可溶性的溶血素，与 A 族链球菌的 O 与 S 抗原不同，无抗原性，对热和酸中等敏感。分解马尿酸，但不水解淀粉，PYR 试验阴性，CAMP 试验阳性，VP 试验阴性，但某些试剂盒可能鉴定为阳性。

3. 抵抗力　无乳链球菌对热较敏感，煮沸可很快被杀死。常用浓度的各种消毒药均能将其杀死。对包括土霉素、喹诺酮类、阿莫西林、克拉维酸、青霉素、氯霉素、四环素、利福平、磺胺甲基异唑、甲氧苄氨嘧啶、红霉素、万古霉素等许多抗生素都敏感。从鱼类中分离出的无乳链球菌对杆菌肽素、庆大霉素、链霉素、新生霉素等的敏感性是各不相同的。在 10 ℃不生长，45 ℃不生长。

4. 致病性　可以产生外毒素，其中 β 溶血素具有溶血性和动物致死性等，可直接破坏宿主组织的结构和功能，导致靶器官的功能紊乱，加之红细胞被外毒素大量破坏，机体最终衰竭死亡。发病率达20%~30%,发病鱼的死亡率可高达60%~100%;水温降至20℃以下时则发病较少,在高水温季节时,病鱼的死亡高峰期可持续2~3周。易感性较强的有罗非鱼、鲻、金头鲷、香鱼、鳗鲡、虹鳟等。发病鱼主要表现为全身性的充血、出血,伴有严重的炎性反应。食欲减退,游动不稳定,呈螺旋状,水面惊吓无反应、呈昏睡状,有的停滞在水面,有的身体弯曲。病程较长的则眼球肿大突出,虹膜充血,严重的可见眼球脱落。

5. 微生物学检查

(1) 涂片镜检。取病鱼血液或肾脏、脾脏等脏器涂片,革兰氏染色后镜检,可见许多呈链状排列的革兰氏阳性球菌。

(2) 分离培养。取病鱼脑、血液或脏器,划线接种于EF琼脂或添加0.5%葡萄糖的BHI琼脂平板上,30℃培养24~48 h。在EF琼脂平板上,链球菌形成鲜红色、紫红色或暗黑色的小菌落;在含有葡萄糖的BHI琼脂平板上,形成不透明、乳白色的小菌落。若在EF琼脂中添加少量的TTC,更有利于链球菌生长。

(3) 生化特征。无乳链球菌通常在10℃不能生长,水解马尿酸盐但不水解淀粉,具有兰氏B群特异性抗原群,而海豚链球菌却相反,这是两者的特征性区别。

(4) 血清学检查。取病料涂片或制作切片后,用直接荧光抗体技术检查。此法可以区别α型和β型链球菌。玻片凝集反应可用于分离菌的鉴定。近几年已将分子生物学手段用于致病性链球菌的检测。

四、爱德华菌属

爱德华菌属(*Edwardsiella*)在《伯杰细菌鉴定手册》第九版中属于第五群"兼性厌氧革兰氏阴性杆菌",属肠杆菌科(Enterobacteriaceae)。明确的种仅包括迟缓爱德华菌、鲇爱德华菌和保科爱德华菌,近些年也有一些新种的报道。

该属细菌菌体大小为$1~\mu m \times (2~3)~\mu m$,直杆菌,革兰氏染色阴性,兼性厌氧,靠周生鞭毛运动(但鲇爱德华菌在25℃时有动力、在37℃时无动力)。除鲇爱德华菌外,其他种最适宜生长温度为37℃(鲇爱德华菌喜欢较低的温度)。发酵D-葡萄糖及其他一些糖类产酸并可观察到产气,但与肠杆菌科中大多数其他种细菌相比其活性差得多;氧化酶阴性,过氧化氢酶阳性,VP试验和柠檬酸盐利用试验阴性,赖氨酸及鸟氨酸脱羧酶阳性,还原硝酸盐为亚硝酸盐,发酵麦芽糖和D-甘露糖。时常被分离于冷血动物肠道及其他环境尤其是淡水中,在温血动物和人也可被分离到。对鳗鲡、鲇类和其他动物致病。

细菌DNA中G+C碱基比例为53%~59%,模式种为迟缓爱德华菌。

(一)迟缓爱德华菌

迟缓爱德华菌(*E. tarda*)是鱼类爱德华菌病(edwardsiellosis)的病原菌,1962年日本细菌学家保科发现这种病原菌。迟缓爱德华菌的宿主范围十分广泛,是水产养殖动物中比较常见的病原细菌之一,还能在特定条件下引起人的多种类型感染,因此也可认为其属于人、鱼共染的一种病原细菌。

该菌DNA中G+C碱基比例为55%~58%,模式株编号为ATCC15947。

1. 形态及培养特性 迟缓爱德华菌为革兰氏阴性杆菌,单个或成对排列,周生鞭毛,能运动,无荚膜,无芽孢,菌体大小为$0.5~\mu m \times (1.0~3.0)~\mu m$。本菌为兼性厌氧菌。在普通营养琼脂平板上 37 ℃ 培养 24 h，形成圆形、隆起、灰白色、湿润并带有光泽、呈半透明状的菌落，血液琼脂平板上在菌落周围能形成狭窄的 β 型溶血环。在 SS 琼脂和胆盐硫化氢乳糖琼脂（DHL）选择性培养基上，因其产生硫化氢而形成中间为黑色的、周边透明的较小的菌落。在亚硫酸铋琼脂（BSA）培养基上，形成呈灰色、带棕色光晕和金属光泽的菌落；在胰蛋白胨大豆胨琼脂（TSA）培养基上，可形成圆形、光滑、湿润、半透明的灰白色小菌落；在普通营养肉汤中，呈均匀混浊生长。pH 5.5～9.0 皆可生长，最适 pH 为 7.2，温度范围 15～42 ℃，最适生长温度为 37 ℃。多数菌株能在 0%～4% 氯化钠浓度下生长，少数菌耐盐浓度达 4.5%。

2. 生化特性 氧化酶阴性，过氧化氢酶阳性。发酵葡萄糖产酸产气，发酵麦芽糖、果糖和半乳糖，不发酵乳糖、甘露糖、蔗糖和阿拉伯糖，多数糖类不能利用；赖氨酸与鸟氨酸脱羧酶阳性，精氨酸脱羧酶和苯丙氨酸脱氨酶阴性。硝酸盐还原阳性，脂酶、石蕊牛乳试验为阴性，不分解尿素、淀粉，不液化明胶，不能利用酒石酸盐。在氰化钾肉汤中不生长。产生硫化氢和吲哚，MR 试验阳性，VP 试验阴性。对弧菌抑制剂 O/129 不敏感。

3. 抗原性 迟缓爱德华菌有菌体（O）抗原和鞭毛（H）抗原。1967 年，Sakazaki 将主要来自于人和爬行类的 256 株迟缓爱德华菌分成 17 种 O 抗原和 11 种 H 抗原，两者组合在一起，构成 54 个血清型。1972 年 Edwards 和 Ewing 又将爱德华菌分成 148 个血清型，包括 49 种 O 抗原和 37 种 H 抗原。目前对于迟缓爱德华氏菌的血清分型尚无统一标准，科技工作者正在努力研究，以使其体系标准化和规范化。

鱼体内吞噬细胞的活性和凝集抗体的滴度与爱德华菌的保护性免疫有关，尤其是前者。菌体细胞壁的多糖成分是爱德华菌的一种保护性抗原。粗制的脂多糖（LPS）可增强鱼体内吞噬细胞的活性，刺激鱼体产生高滴度的凝集抗体。但纯的脂质物质有降低吞噬细胞活性、抑制鱼体免疫反应的作用。

4. 致病性 迟缓爱德华菌可凝集多种动物的红细胞。其凝集素（附着因子）有两种：一种可被甘露糖抑制，为爱德华菌属细菌所共有；另一种不受甘露糖影响，只存在于迟缓爱德华菌。本菌菌体表面无纤毛，凝集素可能与其侵袭力有关。加热杀死的菌体也能导致鳗鲡死亡。少数菌株还能产生溶血素。

爱德华菌病首次（1962）在日本鳗鲡中发现，后来在多种人工养殖的淡水鱼和海水鱼中流行此病。除日本鳗鲡外，迟缓爱德华菌还可感染金鱼、虹鳟、大鳞大麻哈鱼、黑鲈、紫鳞、真鲷、黑鲷、鲻、川鲽。迟缓爱德华菌栖居的宿主范围十分广泛，也是水中的常在细菌。从蛇、龟、鳄等冷血脊椎动物以及鸟、臭鼬、猪等温血脊椎动物的肠内可分离到此菌，并且是蛇的一种正常的肠道菌。从人的粪便、尿或血液中也可分离到迟缓爱德华菌，而且把从人的粪便中分离的菌株给鳗鲡注射后，也可引起爱德华菌病。因此，本菌被认为是人鱼共患传染病的病原之一。迟缓爱德华菌不仅可以对多种鱼类感染发病，而且可引起多种类型的感染，且在世界范围内发生比较普遍，在我国已有报道主要是鳗鲡的感染发病；另外则是人的感染，以肠道感染为常见。至于在陆生动物中的病原学意义，尚未见有比较明确的记载和报道。

5. 微生物学检查

（1）分离培养。肾脏或血液等接种在 SS 琼脂、DHL 琼脂、木糖-赖氨酸-去氧胆酸盐琼脂平板上，在 37 ℃ 培养 24 h 后，检查有无中间为黑色、周边透明的小型露滴状菌落，为典型的迟缓爱德华菌菌落，可鉴定。另外，也可在上述培养基中加入甘露醇，以便和鱼池中分解甘露醇的细菌相区别。

（2）血清学检查。常用的方法为荧光抗体技术，ELISA 法也开始用于爱德华菌病的诊断，也可应用间接荧光抗体技术（IF-AT），或应用异硫氰酸荧光素标记的兔抗迟缓爱德华菌抗体。

（二）鲇爱德华菌

鲇爱德华菌（E. ictaluri）主要引起叉尾鮰的细菌性败血症，该病于1976 年在美国亚拉巴马州和佐治亚州的河中首次发现，目前是养殖业危害最大的传染病。

该菌 DNA 中 G+C 碱基比例为 53%，模式株编号为 ATCC33202。

1. 形态及培养特性 为革兰氏阴性杆菌，周生鞭毛，无芽孢，菌体大小为 $0.75\ \mu m \times (1.5 \sim 2.5)\ \mu m$。在 25～30 ℃的温度范围内运动性较弱，37 ℃时不具运动能力。在培养基上生长缓慢，25～30 ℃条件下，于 BHIA 培养基上需 28～36 h，于 TSA 培养基上需要 48 h，才形成针尖大小的菌落，在 37 ℃时则生长不良。

2. 生化特性 氧化酶阴性，过氧化氢酶阳性；发酵葡萄糖产酸产气，发酵麦芽糖，不发酵乳糖、甘露糖和蔗糖；产生硫化氢，吲哚，MR 试验阳性，VP 试验阴性。鲇爱德华菌与迟缓爱德华菌是爱德华菌属内两种最常见的鱼类致病菌，利用生化特征容易将鲇爱德华菌与迟缓爱德华菌区别开来，鲇爱德华菌吲哚和 MR 试验为阴性，在 TSI（三糖铁）培养基上不产生硫化氢，而迟缓爱德华菌的以上生化特性均为阳性。

有记述该菌在池水中可存活 8 d，在池底泥中于 18 ℃时可存活 45 d、25 ℃时可存活 95 d；一般对萘啶酮酸、磺胺嘧啶、链霉素、卡那霉素、庆大霉素、四环素、氯霉素、青霉素和头孢菌素等抗菌类药物是敏感的。

3. 致病性 鲇爱德华菌有大量的细胞壁物质和表面蛋白，它们具有较强的分解软骨素的能力，这是鲇爱德华菌重要的致病因子。细胞表面的 O 型多糖（OPS）在致病方面有较为重要的作用，它能增强细菌抵抗鱼类血清的杀菌作用。

该菌可通过几条途径感染鱼类，感染途径不同可表现为两类不同的临床症状：一种为肠炎型，多为急性型，病菌经过肠道侵入鱼体，然后产生败血症，可短期内大量死亡。另一种为头穿孔型，病原菌通过鼻腔嗅觉囊侵入脑组织形成肉芽肿性炎症，经血流散布全身，后期表现为典型的"头穿孔"病例，该病例可见到头背颅侧部烂得很深，一直暴露出脑部。和鱼类的其他细菌感染一样，可在嘴的周围、喉咙部发生皮肤淤斑和出血，有时会突起多个直径 2 mm 左右的出血性损伤，还会发展成脱色性溃疡；组织学检查可见，所有组织、肌肉都发生感染，有弥散性的肉芽肿。多为慢性型。

4. 微生物学检查

（1）分离培养。无菌取刚死或濒死鱼脑、肾，划线接种于血琼脂平板、脑心浸液琼脂或营养琼脂，28～30 ℃培养 36～48 h，挑取菌落做进一步鉴定。利用生化特征可以将鲇爱德华菌与迟缓爱德华菌区别开来。由于该菌不能产生吲哚和硫化氢，而容易与迟缓爱德华菌区分开（后者可产生吲哚和硫化氢）。

（2）血清学检查。本菌种内不同来源菌株间有较好的同源性，与迟缓爱德华菌无交叉反应。可通过玻片凝集试验、荧光抗体技术和 ElISA 技术进行检测。其中免疫荧光法或免疫酶法可不必培养病原，直接取样品涂片即可用于诊断，快速准确。

五、耶尔森菌属

耶尔森菌属（Yersinia）的细菌为革兰氏染色阴性的直杆菌、有时接近球杆状，大小为 (0.5～0.8) μm×(1～3) μm，在 37 ℃不运动，但除了鲁氏耶尔森菌的一些菌株和鼠疫耶尔森菌始终不运动外，其他菌株在 30 ℃以下生长时靠周鞭毛运动；兼性厌氧，有机化能营养，有呼吸和发酵两种代谢类型，适宜的生长温度为 28～30 ℃；分解 D-葡萄糖和其他糖类分解产酸但不产气或产少量气，氧化酶阴性，过氧化氢酶阳性，吲哚的产生在各种之间有差异，甲基红试验常常是阳性，VP 试验和柠檬酸盐试验在 37 ℃是阴性，但在 25～28 ℃有变化，赖氨酸脱羧酶试验阴性，精氨酸双水解酶试验阴性，除了鼠疫耶尔森菌、假结核耶尔森菌、罗氏耶尔森菌（Y. rohdei）外的其他种鸟氨酸脱羧酶阳性，不产生硫化氢，除了伯氏耶尔森菌（Y. bercovieri）、鼠疫耶尔森菌和鲁氏耶尔森菌外的其他种水解尿素，很少菌株能在氰化钾培养基中生长，不利用丙二酸盐，还原硝酸盐，所有或大多数的种发酵糖类（包括 L-阿拉伯糖、麦芽糖、D-甘露醇、D-甘露糖和海藻糖）。

耶尔森菌属在《伯杰细菌鉴定手册》第九版中属于第五群"兼性厌氧革兰氏阴性杆菌"，属肠杆菌科（Enterobacteriaceae）。共有 11 个种：鼠疫耶尔森菌、假结核耶尔森菌、小肠结肠炎耶尔森菌、阿氏耶尔森菌（Y. aldovae）、伯氏耶尔森菌、弗氏耶尔森菌（Y. frederiksenii）、中间耶尔森菌、克氏耶尔森菌、莫氏耶尔森菌（Y. mollaretii）、罗氏耶尔森菌、鲁氏耶尔森菌。

耶尔森菌具有很宽的生境谱，包括人、动物（尤其是啮齿类动物和鸟类）及土壤、水、乳制品和其他食物。鼠疫耶尔森菌是鼠疫的病原菌，鼠疫是野生啮齿类动物的一种主要疾病，鼠疫耶尔森菌由跳蚤在野生啮齿类动物间传播，细菌在跳蚤体内繁殖并阻塞食管和咽，跳蚤在叮咬吸食血液时将病菌输入并将疾病传染给人，受感染跳蚤叮咬的人类发生典型的腺型鼠疫，通过染菌飞沫的吸入可引起肺型鼠疫；假结核耶尔森菌是多种动物及偶尔可为人类的病原菌，能引起人的肠系膜淋巴结炎、慢性腹泻和严重的败血症；小肠结肠炎耶尔森菌能在动物和人类引起相似的感染；引起鱼类疾病的主要是鲁氏耶尔森菌。

该菌 DNA 中 G+C 碱基比例为 46%～50%，模式种为鼠疫耶尔森菌。

（一）鲁氏耶尔森菌

鲁氏耶尔森菌（Y. ruckeri）是鲑科鱼类红嘴病（redmouth）[也称肠炎红嘴病（enteric redmouth, ERM)]的病原菌。此病最早于 1952 年在美国发现，现在已流行于澳大利亚、南非和西欧等地。1966 年，分别由 Rucker 和 Ross 从发病的虹鳟分离到病原菌。

该菌 DNA 中 G+C 碱基比例为 48%±0.5%，模式株编号为 ATCC29473。

1. 形态及培养特性 为革兰氏染色阴性短杆菌，两端圆、周鞭毛、大小为 (0.7～0.8) μm×(1.3～2.7) μm，老龄培养物（22 ℃, 48 h）可见有长丝状菌体。无芽孢、荚膜。20～25 ℃培养有动力，37 ℃培养无动力。菌落于 37 ℃培养 24 h，直径小于 1 mm（不产生黄色色素）。在营养琼脂、TSA、FA 和麦康凯琼脂上均生长良好。菌落为圆形、微隆起、淡黄色、光滑、边缘整齐。少数菌株在麦康凯琼脂上生长迟缓或不生长。液体培养物呈均匀混浊。最适生长温度为 22～25 ℃。

2. 生化特性 氧化酶阴性，发酵型。过氧化氢酶、果糖、核糖、甘露糖、麦芽糖、赖氨酸脱羧酶、鸟氨酸脱羧酶、氰化钾、明胶液化、海藻糖、甘露醇、谷氨酰转移酶、硝酸盐还原、葡萄糖、半乳糖为阳性;脲酶、硫化氢、精氨酸水解酶、苯丙氨酸脱氨酶、纤维二糖、乳糖、木糖、山梨糖、吲哚、VP试验、阿拉伯糖、棉籽糖、鼠李糖、蜜二糖、蔗糖、丙二酸盐、酒石酸盐、山梨醇、甘油、肌醇、七叶苷、水杨苷、卫矛醇为阴性。

表12-2 鲁氏耶尔森菌生化特性

项目	结果	项目	结果	项目	结果
发酵代谢	+	VP试验	−	0%~3%氯化钠生长	+
产生:精氨酸双水解酶	−	降解:七叶苷	−	柠檬酸盐利用	+
过氧化氢酶	+	几丁质	−	产酸:果糖	+
β-半乳糖苷酶	+	DNA	−	葡萄糖	+
硫化氢	−	弹性蛋白	−	肌醇	−
吲哚	−	明胶	−	乳糖	−
赖氨酸脱羧酶	+	果胶	−	麦芽糖	−
鸟氨酸脱羧酶	+	(三)丁酸甘油酯	−	甘露醇	+
氧化酶	−	吐温20	−	棉子糖	−
苯丙氨酸脱氨酶	−	吐温40	−	水杨苷	−
磷酸酶	+	吐温60	−	山梨醇	−
甲基红试验	+	吐温80	−	蔗糖	−
硝酸盐还原	+	尿素	−	海藻糖	+

注:结果来自Ross等(1966)、Busch(1978)、Ewing等(1978)、O'Leary等(1979)、Llewellyn(1980)、Green和Austin(1982)、Stevenson和Daly(1982)、Fuhrmann等(1983)、Bercovier和Mollaret(1984)、Hastings和Bruno(1985)的报道。

3. 抗原性 用凝集反应可将本菌分成5个血清型,各型之间有一定的交叉反应。其中最常见的是血清型Ⅰ(代表株为Hagerman株),其毒性最强。血清型Ⅱ(O'Leary)、血清型Ⅲ(澳大利亚)和血清型Ⅴ的毒性较弱或无毒,血清型Ⅳ的毒性尚不清楚。属于血清型Ⅱ的菌株大多能发酵山梨醇。细胞壁的脂多糖成分是该菌的主要免疫保护性抗原。血清型Ⅰ、Ⅲ和Ⅴ的脂多糖电泳图谱基本相似,但血清型Ⅱ的图谱与之差异较大。

4. 致病性 鲁氏耶尔森菌的最显著的特性是它们具有抵抗巨噬细胞杀伤作用的能力,可在巨噬细胞内存活和繁殖。鲁氏耶尔森菌是专性寄生菌,虽能在沉积物中存活一段时间,但主要在鲑科鱼体内生存。从明显健康的虹鳟的肾脏和肠道、粪便中都可分离到。它也存在于白鲑、江鳕、金鱼等非鲑科鱼体内,甚至陆生动物麝鼠也是本菌的贮藏宿主。

自20世纪50年代Rucker在虹鳟中首次发现(Rucker, 1966)该菌后,有研究报道表明其在地理分布和宿主范围方面都有明显扩大,目前几乎波及所有养殖的鲑鳟鱼类,包括虹鳟、褐鳟、溪红点鲑、太平洋鲑、大西洋鲑、银大麻哈鱼、克氏鲑和大鳞大麻哈鱼等,也存在于加拿大白鲑、湖白鲑、江鳕、金鱼等非鲑科鱼类,在水温15℃时,潜伏期为5~10 d。主要病征是皮下出血,使嘴和鳃盖骨发红,因而称之为红嘴病(red mouth disease)。此外,上、下颌和腭部发炎糜烂,腹鳍、肠道和肌肉也往往出血,因此又称之为肠炎红嘴病。细菌同时也侵入其他脏器,引起炎症。对鲑鳟养殖业可造成严重损失。此菌引起的鱼类疾病除发现于美国、加拿大、丹麦、英国、法国、德国、挪威等欧美国家外,澳大利亚也有发现。在我国养殖的鲤科鲢、鳙也有感染,且能引起较高的发病及死亡率。

5. 微生物学检查

(1) 涂片镜检。取病鱼血液和肾脏涂片,革兰式染色,检查有无革兰氏阴性的杆菌。

(2) 分离培养。可选用 TSA 培养基、FA 培养基进行分离培养,对分离菌应进一步做生化鉴定和血清学检查。

(3) 血清学检查。取病鱼肾脏涂片,用间接荧光抗体法检查是诊断此病的一种快速方法。凝集反应可用于分离菌的鉴定。

(二) 其他耶尔森菌

1. 小肠结肠炎耶尔森菌 小肠结肠炎耶尔森菌 [*Yersinia enterocolitica* (Schleifstein and Coleman 1943) Frederiksen 1964] 为革兰氏染色阴性杆菌或球杆菌,有毒株多呈球杆状、无毒株以杆状多见,大小在 (0.5~1.3) $\mu m \times$ (1~3.5) μm,多单个散在、有时成短链或成堆排列,普通碱性染料易着色,偶有两极浓染,有时具有多形性,无芽孢和荚膜,有周生鞭毛,但需在 30 ℃以下培养才形成(温度较高时易丧失),因此表现为在 30 ℃以下有动力但在 35 ℃以上则无动力,最适生长温度为 25~28 ℃,最适 pH 为 7~8;于 25~28 ℃条件下培养,在普通营养琼脂上 24 h 形成无色或灰白色、圆形、光滑隆起、透明或半透明的细小菌落,初代分离时呈 S 型菌落,人工传代后可出现 R 型;在血液营养琼脂上能形成直径 1~2 mm、与普通营养琼脂上特征相同的菌落,部分菌株有溶血现象;在 SS 琼脂和麦康凯琼脂培养基上培养 24 h 形成无色、透明或半透明、较扁平和较小的菌落,有时几乎难以观察,至 48 h 的菌落可增大到直径 0.5~3 mm;在普通营养肉汤中呈均匀混浊生长,一般不形成菌膜,管底常有少量沉淀。

该菌 DNA 中 G+C 碱基比例为 48.5%±1.5%,模式株编号为 ATCC9610(菌株 161,CIP80-27),这个菌株属于生物型Ⅰ、O8 血清群、χ_2 噬菌体型。

在《伯杰细菌鉴定手册》第九版中记载了 7 项生化特性指标,以对该菌 5 种生物型进行区分。

表 12-3 小肠结肠炎耶尔森菌不同生物型间鉴别特征

项 目	生 物 型				
	1	2	3	4	5
吲哚产生	+	+	−	−	−
产酸:蔗糖	+	+	+	+	d
海藻糖	+	+	+	+	−
D-木糖	+	+	+	−	+
DNA 酶	−	−	−	+	+
酯酶(吐温 80)	+	−	−	−	−
硝酸盐还原	+	+	+	+	−

注:+示 90%~100%菌株阳性,−示 0%~10%菌株阳性,d 示 26%~75%菌株阳性;均为 28 ℃培养的结果。

小肠结肠炎耶尔森菌具有 O、H、K 抗原,其中 O 抗原为能耐受 121 ℃加热 1 h 或 100 ℃加热 2.5 h 的耐热多糖类物质,O 抗原是该菌血清分型的基础和主要依据;H 抗原为鞭毛蛋白质,与该菌的血清分型尚无密切关系;K 抗原中已知 K1 为菌毛蛋白成分,能产生

O不凝集性。

该菌不仅是人的致病菌，也是某些动物尤其是啮齿类动物的病原菌，同时也已有作为病原菌从水产养殖动物中检出的报道。我国学者（蔡完其、陈信忠等）都曾报道中华鳖感染小肠结肠炎耶尔森菌的病例。

2. 假结核耶尔森菌　假结核耶尔森菌［*Yersinia pseudotuberculosis*（Pfeiffer 1889）Smith and Thal 1965］最先被报告于1883年，当时Malassez和Vignal用死于结核性脑膜炎儿童的脓液，接种1只豚鼠后观察到好像是结核的损害；接着在自然死亡和接种病变材料后死亡的豚鼠体内，发现了相似的细菌。该菌曾有过假结核杆菌［*Bacillus pseudotuberculosis* Pfeiffer 1889］、假结核巴氏杆菌［*Pasteurella pseudotuberculosis*（Pfeiffer 1889）Topley and Wilson 1929］、假结核志贺氏菌［*Shigella pseudotuberculosis*（Pfeiffer 1889）Haupt 1935］等之称。

该菌DNA中G+C碱基比例为46.5%，模式株编号为ATCC29833（NCTC10275），这个菌株属于血清群Ⅰ。

该菌主要对啮齿类动物致病，尤以豚鼠最易感，患病动物肝、脾、胃、淋巴结等均可产生多发性粟粒状结核结节，初以渗出为主，以后发展成干酪样坏死；人的感染较少见，大多数病例为肠道感染，有时可引起肠系膜淋巴结炎，症状似急性或亚急性阑尾炎。蔡完其等（1999）报道了由小肠结肠炎耶尔森菌和假结核耶尔森菌所引起的中华鳖感染症。

3. 克氏耶尔森菌　克氏耶尔森菌（*Yersinia kristensenii*）系根据首先分离到该菌的Kristensen的名字所命名。该菌的一些菌株能在25℃培养7d以上利用柠檬酸盐（Simmons），多数菌株在普通营养琼脂培养基上的生长物能产生如发霉的或洋白菜样的气味。该菌DNA中G+C碱基比例为48.5%±0.5%，模式株编号为CIP80-30（105株）。

在杨先乐主编《特种水产动物疾病的诊断与防治》（2001）书中记载，奇异变形菌（*Proteus mirabilis*）和克氏耶尔森菌能引起牛蛙及美国青蛙的腐皮病，环境恶化和放养密度过高是诱发该病的主要原因。

4. 中间耶尔森菌　中间耶尔森菌（*Yersinia intermedia* Brenner et al 1981）DNA中G+C碱基比例为48.5%±0.5%，模式株编号为ATCC29909（3953菌株、Bottone48、Chester48、CIP80-28）。

在B. Austin等著《Bacterial Fish Pathogens：Disease in Farmed and Wild Fish》（1999）中记述：该菌为发酵型，在25℃有动力、在36℃无动力，产生β半乳糖苷酶和吲哚，不产生精氨酸双水解酶、硫化氢、赖氨酸和鸟氨酸脱羧酶、氧化酶，降解七叶苷和尿素、在36℃条件下MR试验和VP试验阳性（在25℃为阴性），在36℃还原硝酸盐，分解甘油、肌醇、甘露醇、鼠李糖、山梨醇、蔗糖、海藻糖和木糖产酸，在36℃也能分解蜜二糖产酸（在25℃不分解），不分解侧金盏花醇和乳糖，在36℃能利用柠檬酸盐（在25℃不能利用）。

Carson和Schmidtke（1993）报道了由该菌引起的大西洋鲑感染，被感染鱼体重40~50g，水温在5℃，病鱼表现为不运动、呆滞、聚集在水面，体表色素变黑，尾腐烂，体侧面出血，腹部发炎；同时，认为该菌的感染属于内源性的，是鱼受冷胁迫后的病原菌。Kapperud（1981）、Shayegani等（1986）、Zamora和Enriquez（1987）认为该菌与水和健康鱼肠内容物有关。

六、假单胞菌属

假单胞菌属（*Pseudomonas* Migula 1984）的细菌种类较多，现已知其中有不少的种是具有致病性的，且在人、陆生动物、水产养殖动物及植物中的致病作用比较复杂，一些新的致病种还在被揭示。能引起水产养殖动物感染发病的，主要包括荧光假单胞菌（*P. fluorescens*）、鳗败血假单胞菌（*P. anguilliseptica*）、恶臭假单胞菌（*P. putida*）、铜绿假单胞菌（*P. aeruginosa*）以及产碱假单胞菌（*P. alcaligenes*）、绿针假单胞菌（*P. chlororaphis*）、腐败假单胞菌（*P. putrefaciens*）、少动假单胞菌（*P. paucimobilis*）等多个种。

假单胞菌属是一类革兰氏阴性直或微弯的杆菌，大小为（0.3~1.0）μm×（1.0~4.4）μm，不产生芽孢，极端生单根或多根鞭毛，有运动力。需氧，进行严格的呼吸型代谢。氧化酶、过氧化氢酶阳性，氧化分解葡萄糖。培养温度7~32℃，最适23~27℃，生长最适的氯化钠浓度为1.5%~2.5%，pH 5.5~8.5。化能异养菌，有的种是兼性化能自养，能利用氢分子或一氧化碳作为能源。

本属细菌种类繁多，广泛分布于土壤、水、动植物体表及各种蛋白质食品中，许多致病性假单胞菌通常认为是条件致病菌。它们可感染世界各地温水性或冷水性海、淡水鱼类，且对各种鱼龄期均可致病。

在《伯杰细菌鉴定手册》第九版中属于第四群"革兰氏阴性好氧/微量好氧杆菌和球菌"，属假单胞菌科（Pseudomonadaceae）。共有11个种，目前在海、淡水养殖鱼类疾病病原中发现的假单胞菌主要有荧光假单胞菌、鳗败血假单胞菌和恶臭假单胞菌。

（一）荧光假单胞菌

荧光假单胞菌广泛存在于水、污水和土壤中，是鱼类赤皮病的病原菌，也是引起水产品腐败的腐生菌。伯杰分类系统（1984）把本菌分成Ⅰ~Ⅴ共5个生物型，鱼类病原性荧光假单胞菌多属于生物型Ⅰ。

该菌DNA中G+C碱基比例为59.4%~61.3%，模式株编号为ATCC13525（生物型Ⅰ）。

1. 形态 本菌为杆状，两端钝圆，大小为（0.7~0.8）μm×（2.3~2.8）μm。老龄培养物菌体较短而纤细。单个或成双排列。能运动，有1~3根极端鞭毛，个别菌有时失去鞭毛。无芽孢。菌体染色均匀，革兰氏染色阴性。荧光假单胞菌有5个生物型，鞭毛数均在1根以上；能够产生在紫外线照射下具有荧光（少数菌株例外）的扩散性色素（尤其是在缺铁的培养基中），产生扩散性的非荧光色素。除了生物型Ⅳ能产生非扩散非荧光的蓝色色素外，其余四种均不能产生非扩散非荧光色素。荧光假单胞菌不能积累聚β-羟基丁酸（PHB），在氢气存在下不能自养生长。

2. 培养特性 在普通琼脂培养基上生长良好，形成表面光滑、湿润、边缘整齐、灰白色或浅黄绿色、半透明、微隆起、直径1~1.5 mm的菌落，培养20 h后可产生绿色或黄绿色的色素，弥漫培养基。紫外灯下可见荧光，是该菌的重要鉴别特性。液体培养生长丰富，呈均匀混浊，有少量絮状沉淀，表面有光泽柔软的菌膜，摇动即散，24 h后培养液表层能产生色素。24 h后，培养液表层产生色素。明胶穿刺4 h后杯状液化，72 h后层面形液化，液化部分出现色素。用马铃薯培养，中等生长，微凸、光滑、湿润，菌落呈绿色，培养基2 d

后呈绿色。可使兔血琼脂产生典型的β溶血。5种生物型菌均不能在41℃条件下生长,除生物型Ⅴ外的其余4种生物型菌均能在4℃条件下生长。所产生的水溶性荧光色素能渗入培养基内,使培养基变为黄绿色。该菌为专性需氧菌,最适生长温度为25~30℃,大多数菌株在4℃以下可以生长,41℃不生长。最适生长盐度15~25,生长pH范围5.0~9.7,最适pH为5.7~8.4。

3. 生化特性 荧光假单胞菌的5种生物型,其主要异同点为:有机生长因子(泛酸盐、生物素、维生素B_{12}、半胱氨酸或胱氨酸)需要试验均为阴性;明胶液化试验均为阳性;葡萄糖、海藻糖、2-酮葡萄糖酸、内消旋肌醇、L-酪氨酸、β丙氨酸、L-精氨酸利用试验均为阳性。由蔗糖形成果聚糖试验,其生物型Ⅰ、生物型Ⅱ、生物型Ⅳ为阳性,生物型Ⅲ和生物型Ⅴ为阴性;反硝化(脱氮)试验中,生物型Ⅰ和生物型Ⅴ为阴性,生物型Ⅱ、Ⅲ、Ⅳ为阳性。

4. 抵抗力 本菌在淡水中能存活140 d以上,在半咸水中存活50 d左右,但在海水中生存的时间较短。本菌对四环素、链霉素、卡那霉素、黏菌素、噁喹酸、萘啶酸、磺胺二甲基异噁唑、呋喃唑酮敏感,但对青霉素、氯霉素、红霉素以及弧菌抑制剂O/129和新生霉素不敏感。

5. 致病性 荧光假单胞菌是水产养殖动物的一种重要病原菌,亦常见于人的医源性感染或多为条件致病菌,可引起人的败血症、心内膜炎、肺炎、尿路感染、脑膜炎以及伤口感染等。

荧光假单胞菌对海水、淡水鱼均可引起感染发病。本菌主要感染草鱼和青鱼,也可感染鲫、鲷、虹鳟、鲻、梭鱼、牙鲆、鲈、石斑鱼等其他鱼类。细菌经伤口侵入皮肤组织,引起体表皮肤出血发炎、糜烂和溃疡。受害部位多在躯干两侧、腹部、鳍和鳃。鳍条间组织腐烂后形成蛀鳍。有时鱼的肠道亦充血发炎。不同大小鱼均可感染发病。无明显的流行季节。

6. 微生物学检查

(1) 涂片镜检。取病鱼体表病变组织或肾脏、脾脏等脏器涂片,革兰氏染色后镜检,可见许多革兰氏阴性菌。

(2) 分离培养。取病料划线接种于普通琼脂平板,小鱼则整尾加磷酸缓冲液(PBS)匀浆后,再涂布于平板上,25℃培养24~48 h,检查有无产生水溶性荧光色素的菌落形成。取可疑菌落进一步做生化鉴定。

(3) 血清学检查。常采用直接荧光抗体技术。

(二) 鳗败血假单胞菌

鳗败血假单胞菌(P. anguilliseptica)是鳗和香鱼红点病(red spot disease)的病原菌。此病最早于1971年发现于日本的人工养殖鳗鲡,后来在台湾、苏格兰等地区也偶有发生。近年来已成为日本香鱼的主要疾病之一。

该菌DNA中G+C碱基比例为56.5%~57.4%,模式株编号为NCMB1949。

1. 形态 为革兰氏阴性细长杆菌,病鳗血液中的菌大小为0.5 μm×(1~3) μm。有极生单鞭毛,用电镜观察可在菌体一端见到藏有线圈状的结构物,可能黏液多,将鞭毛包住,能运动,运动性随培养条件而变化,15℃培养时,有动力的菌很多,但温度在25℃以上时,运动性减弱。电子显微镜观察可见菌体周围有一层厚的荚膜,在光学显微镜下则看不到,不形成芽孢。血液琼脂培养后,显示长丝状的菌增多。有异染小体。

2. 培养特性 在普通营养琼脂上生长缓慢，20 ℃培养 2～3 d，可形成圆形、透明、光泽、黏稠、直径为 1 mm 的小菌落。培养基加入血液，生长得较好；可在麦康凯培养基生长；提高培养基的营养后，不显示运动性的菌增加，25 ℃培养物几乎无动力。无绿色荧光色素和其他色素。生长温度范围 5～30 ℃，最适温度 15～20 ℃，生长氯化钠浓度范围 0.1%～4%，最适浓度 0.5%～1%，不含氯化钠的培养基上不生长。生长 pH 范围 5.3～9.7，最适 pH 为 7～9。

3. 生化特性 包括葡萄糖在内的所有糖类，本菌几乎都不利用。氧化酶、过氧化氢酶、吐温 80 水解试验为阳性。某些菌株能分解酪素，液化明胶。产生吲哚。VP 试验、O/F 试验、精氨酸水解、水解淀粉等其他许多生化反应也多为阴性。对弧菌抑制剂 O/129 不敏感。

4. 抵抗力 本菌在淡水中仅能存活 1 d，在海水中和稀释海水中可存活 200 d 以上。对氯霉素、四环素、卡那霉素、噁喹酸、吡咯酸、呋喃唑酮高度敏感，但对磺胺二甲基异噁唑、青霉素、红霉素等不敏感。

5. 抗原性 本菌有 O 抗原和 K 抗原。K 抗原能阻止 O 抗原与相应抗血清的凝集反应，其可耐受 100 ℃、30 min，但不能抵抗 121 ℃、30 min。根据 K 抗原的有无，可将本菌分为三个血清型，即 Ⅰ（K+）型、Ⅱ（K−）型、中间（K±）型。中间型菌株不能与特异性抗 K 血清发生凝集反应，但能吸收血清中的 K 抗体，并且对 O 抗原的凝集反应有一定的抑制作用。Ⅰ型菌株和中间型菌株均为有毒株。此外，从香鱼分离的菌株不与鳗鲡分离株发生交叉凝集反应，二者的 K 抗原有所不同。应用免疫电泳技术分析发现，本菌含有 14 种（分别从 a 到 n 命名）沉淀抗原。其中沉淀抗原 c 可以耐受 121 ℃，a、d、i 抗原可以耐受 100 ℃，其余抗原对 100 ℃ 敏感。无 K 抗原的菌株缺乏 d 种沉淀抗原。

6. 致病性 本菌主要侵害日本鳗鲡和香鱼，主要是鳗鲡红点病，各分离株对自身宿主的致病性较强。欧洲鳗鲡对本菌有一定的抵抗力。实验性感染表明，泥鳅、铜吻鳞鳃太阳鱼也具有较强的易感性，鲤、鲫和金鱼易感性较低，而虹鳟、小红点大麻哈鱼、红点鲑、红大麻哈鱼、小鼠等则不易感。

K 抗原与本菌的侵袭力有关，K+ 型菌株对日本鳗鲡血清的杀菌作用具有较强的抵抗力，但鲤、金鱼、硬头鳟和罗非鱼的血清都能杀死本菌，欧洲鳗鲡的血清也有一定杀灭作用。

本菌可侵入鱼表皮底层和真皮中繁殖，使患处的毛细血管充血，发生渗出性出血或破裂，从而形成点状出血或块状出血，因而称之为红点病。出血点主要分布于病鱼的下颌、腹部或肛门周围的皮肤。此外，腹膜、肝脏等其他组织脏器也可出血或淤血。发病香鱼往往在体表形成溃疡。本病一般在水温为 10～25 ℃ 时发生。流行于 2～6 月和 10～11 月。

7. 微生物学检查

（1）分离培养。取病鱼肝、脾、肾脏或血液，划线接种于普通琼脂平板上，20 ℃培养 2 d，可见露珠状、透明的菌落形成。迟缓爱德华菌也可形成相似的菌落，但利用氧化酶试验可简单地鉴别两者。

（2）血清学检查。用特异性的抗 O 和 K 血清，通过玻片凝集反应或微量凝集反应，可用于分离菌的鉴定。直接荧光抗体技术是本病的快速诊断方法。

（三）恶臭假单胞菌

恶臭假单胞菌是水产养殖动物病害的常见病原细菌，能引起海、淡水养殖鱼类的疾病。该菌分 A 和 B 两个生物型，可从用各种碳源的无机培养基加富培养的土壤和水的样品中分离到。

生物型 A 的 DNA 中 G+C 碱基比例为 62.5%，生物型 B 的 DNA 中 G+C 碱基比例为 60.7%，总体上该菌 DNA 的 G+C 碱基比例为 60%~63%；模式株编号为 ATCC 12633（NCIB9494）。

1. 形态及培养特性 为革兰氏阴性短杆菌，两端圆形，极生单或多鞭毛，有运动力，无芽孢，菌体大小为 (0.6~1.0) μm×(1.5~3.0) μm。能够产生在紫外线照射下具有荧光的扩散性色素（尤其是在缺铁的培养基中），不产生扩散性的非荧光色素，不能积累 PHB，在氢气存在下不能自养生长，在 41 ℃条件下不生长，生物型 A 在 4 ℃条件下生长不定，生物型 B 在 4 ℃条件下能生长；在营养琼脂平板上菌落圆形，培养 48 h 后菌落直径可增大至 3~4 mm，黄白色；在营养肉汤培养中生长丰盛，均匀混浊，有菌膜、摇动即散；该菌发育的温度范围为 7~32 ℃，适宜温度为 23~27 ℃；生长的盐度范围为 0~65、适宜盐度为 15~25，pH 范围为 5.5~8.5。

2. 生化特性 氧化酶、过氧化氢酶阳性。发酵葡萄糖产酸不产气，利用葡萄糖、柠檬酸盐和麦芽糖，不利用乳糖、阿拉伯糖、蔗糖；MR 试验和 VP 试验阴性，硫化氢产生、吲哚反应、脲酶、明胶酶阴性。可还原硝酸盐，精氨酸双水解酶、鸟氨酸脱羧酶阳性。对弧菌抑制剂 O/129 不敏感。

3. 致病性 恶臭假单胞菌可引起海水、淡水多种养殖鱼类发病。生物型 A 和生物型 B 均有较强致病性，经口感染不仅可以导致鸟类的腹泻甚至死亡，而且还能造成人类的食物中毒。在水产动物中，其可引起罗氏沼虾的黄鳃病、黑鳃病，欧洲鳗鲡的烂鳃病以及虹鳟的溃烂病。此外，恶臭假单胞菌的黏附素和胞外产物溶血素等毒性蛋白具有致病作用，与动物感染及发病有关。

4. 微生物学检查

（1）涂片镜检。取病鱼体表病变组织或肾脏、脾脏等脏器涂片，革兰氏染色后镜检，可见许多革兰氏阴性菌。

（2）分离培养。采用营养琼脂分离病原菌，如为氧化酶及过氧化氢酶阳性、葡萄糖氧化型菌株，可初步判断为假单胞菌。

（3）血清学检查。常采用直接荧光抗体技术。

（4）分子生物学检查。种的鉴定可采用多元方法（生理生化特性测定、16S rRNA 分子鉴定或结合特异性 PCR 鉴定等）。

七、黄杆菌科

黄杆菌科（Flavobacteriaceae）细菌是两端圆的革兰氏染色阴性直杆菌，一般大小为 0.5 μm×(1.0~3.0) μm，细胞内不含聚 β-羟基丁酸（PHB），无芽孢，不运动，无滑动或扩散；严格的好氧呼吸代谢，外环境分离物可在 37 ℃生长；在固体培养基上生长产生典型的色素（黄色至橙色），但也有些菌株不产生色素，菌落半透明（偶尔为不透明）、圆形（直径 1~2 mm）、隆起或微隆起、光滑且有光泽、边缘整齐。过氧化氢酶、氧化酶和磷酸酶均阳性，不消化琼脂，有机化能营养，在低浓度蛋白胨培养基中由糖类产酸不产气。广泛分布于土壤和水中，在生肉、乳类和其他食物以及医院环境和人的临床标本材料中均有检出。在水产养殖动物病害的病原中较常见的有黄杆菌属（*Flavobacterium*）、伊丽莎白菌属（*Elizabethkingia*）的种类。

该菌 DNA 中 G+C 碱基比例为 31%～42%，模式种为水生黄杆菌（*Flavobacterium aquatile*）。

（一）柱状黄杆菌

柱状黄杆菌（*F. columnare*），属黄杆菌科、黄杆菌属。该菌可从鱼体分离得到，通过水体传播，带菌鱼是该病的主要传染源，被病原菌污染的水体、塘泥等也可成为重要的传染源，主要危害对象为草鱼，引起细菌性烂鳃病。

1. 形态 本菌为革兰氏阴性，菌体细长、柔韧，可屈挠，无鞭毛。从病鱼病变部直接采集病料或新鲜培养物中的细菌，其形态比较均一，大小（0.5～0.7）$\mu m \times$（4～8）μm，少数菌体长度达 15～25 μm。大小形态一致，培养后会变形，如菌体变得细长弯曲或呈指状等，还出现退缩形、球形，甚至无定形。这种细菌具有两种运动方式：一种为一端附着另一端摆动，另一种为滑动。培养菌体一般不活跃。感染部位取下一小块组织放在载玻片上镜检，则很容易观察到这种运动，同时可观察到一些菌体集合在一起形成柱状。随着培养时间的延长，细菌菌体变长，呈极不规则的形态，如长丝状、波状、轮状等，最后成为不规则的颗粒状，老龄培养物常形成圆球体。一般在病灶及固体培养基形成的菌体较短，液体培养基中形成菌体较长，在湿润固体上可作滑行运动，或一端固着作缓慢摇动。有团聚的特性，用显微镜观察病灶组织可见菌体群集成柱状或草堆状。在培养基上可形成黄色菌落，大小不一，扩散型，中央较厚，显色较深，向四周扩散成颜色较浅的假根状。

2. 培养特性 本菌在含 0.5% 氯化钠的噬纤维菌培养基（cytophaga agar）、蛋白胨酵母培养基、Chase 培养基、Shieh 培养基、改良 Shieh 培养基以及 Liewes 培养基中均生长良好。在上述琼脂平板上，多数形成黄色、扁平、表面粗糙、中间卷曲、边缘呈树根状的菌落，黏附于琼脂上。少数菌形成表面黏液状或蜂窝状的菌落。在液体培养基中静止培养时，在液体表面形成黄色、有一定韧性的膜；振荡培养时，则混浊生长。一般而言，该菌适宜的生长温度范围为 5～30 ℃，一部分菌株也可以在 35 ℃ 生长。我国从泥鳅上分离到的菌株在 15～35 ℃ 也能很好生长，其最适温度为 27～28 ℃，生长的 pH 范围为 6.5～8.5，最适 pH 为 7.5。从鳗鲡、虹鳟、鲤上分离到的菌株生长温度为 16.5～34.5 ℃，最适温度为 26.8 ℃ 左右。也有报告表明该菌的培养温度与宿主来源无关。从欧洲的鲤上分离到的菌株在 9～36 ℃ 生长，最适温度为 30 ℃。跟我国的菌株相比，欧美的菌株似乎是低温型的。此菌为兼性好气生长，摇床培养生长旺盛。在厌氧条件下也能生长，但生长很慢，繁殖少。此外，该菌在食盐浓度低于 0.7%，高于 2% 不生长。专性需氧。

3. 生化特性 氧化酶、细胞色素氧化酶、过氧化氢酶试验和刚果红吸收试验均为阳性。产生硫化氢，液化明胶，分解酪素和酪氨酸。水解吐温 20 和吐温 80。赖氨酸、精氨酸、鸟氨酸脱羧酶试验阴性。不利用淀粉、几丁质、琼脂、纤维素。不利用除葡萄糖外其他糖类。不还原硝酸盐。

4. 抵抗力 本菌对弧菌抑制剂 O/129、氨苄青霉素、四环素、链霉素、氯霉素、红霉素、头孢菌素、新生霉素、萘啶酸、呋喃、磺胺敏感。对庆大霉素、新霉素、卡那霉素、多黏菌素 B、甲氧苄氨嘧啶、放线菌素 D 不敏感。

5. 致病性 本菌可感染分属 10 个科的 36 种鱼类，是鱼类柱形病的病原。感染通常是由于直接与病原菌接触而引起的，但鳃和皮肤有创伤时更容易发生感染。其致病特点是在鱼的鳍、吻、鳃瓣尖端或体表形成黄白色的小斑点，并逐渐扩大，病变周围的皮肤发炎。本菌侵入机体组织后，主要在真皮组织生长繁殖，真皮毛细血管充血，甚至破裂出血。真皮坏死，鳞片脱落、形成溃疡。从鳍端开始，鳍条逐渐腐烂。鳃黏液增加，鳃丝腐烂成扫帚状。病鱼内脏往往呈正常外观。鳃部病变而引起的呼吸障碍、出血是引起死亡的主要原因，但电解质和蛋白质流失引起血液化学特性的变化也是引起死亡的重要原因。

水中病原菌的浓度是感染发生及导致鱼体死亡的重要因素之一，如果病原菌的浓度低于一定水平，则往往不能成功感染。

水温是感染的另一重要因素。水温高于 15 ℃时，开始致病，水温在 15～18 ℃时，大麻哈鱼成鱼在孵化池中很容易发病。冷水鱼在高水温时也容易发生柱形病。如：当水温超过 15 ℃时，鳗鲡开始发病，通常从 4 月份开始，夏季发病率和死亡率更高，入秋后病势变缓和，并在水温 15 ℃以下的 10 月下旬不再发病。细菌悬液通过注射、伤口涂布或浸渍等方法都可使试验鱼感染发病。

养鱼池、河流、湖泊中的传染源主要是带菌鱼。一般认为越冬的鱼群也可能带菌。春季后带菌鱼成了传染源。

6. 微生物学检查

（1）涂片镜检。采集病变部位的黏液性物质，涂布在载玻片上，在显微镜下以 400 倍镜检，可见滑行运动的细长杆菌。不久，散在细菌能集合成特殊的圆柱状集合体。

（2）分离培养。取病料涂布在噬纤维菌琼脂平板或上述其他琼脂平板上。为防止其他杂菌生长，可在培养基中加入多黏菌素 B（终浓度 0.2～0.4 mg/mL）或多黏菌素 B（终浓度 0.1 mg/mL）与新霉素（终浓度 0.05 mg/mL）混合物。25 ℃培养 48 h，检查有无特征性菌落出现。进一步生化鉴定，或取可疑菌落与特异性抗血清进行凝集反应。

（3）酶免疫测定法。在载玻片上涂上少量甘油蛋白，取新鲜病鱼病变部位黏液进行涂片，干后用丙酮固定 5 min。再放入内含 0.05%吐温 20 的 0.1 mol/L pH 7.4 的磷酸盐缓冲液（PBS-T）中浸数分钟，用滤纸条吸去玻片上的液体，在涂菌区敷贴小块擦镜纸，加上已用 PBS-T 稀释成 1∶（100～200）的特异抗血清（兔抗柱状黄杆菌的抗血清），置于湿盒内。37 ℃温育 30 min，然后镊去擦镜纸，用 PBS-T 搅拌洗涤 3 次，每次 20 min。浸入新鲜配制的显色液（40 mL 0.05 mol/L、pH 7.6 的 Tris-HCl 缓冲液中加入 20 mg 3,3-二氨基联苯）中，在 25 ℃的黑暗处放置 10 min。取出载玻片，加入 16 滴过氧化氢（29%过氧化氢 1 滴与 0.05 mol/L、pH 7.6 Tris-HCl 缓冲液 28 滴混合液）后，再把载玻片放入在 25 ℃黑暗处放置 20 min。然后流水冲洗 15 min，再放入蒸馏水中，按常规脱水封片，用光学显微镜检查，有棕色细长杆菌，即为阳性反应。

（二）海生黄杆菌

海生黄杆菌（*F. maritimus*），属黄杆菌科、黄杆菌属，是海水鱼类滑动细菌病（gliding bacterial disease）的病原菌。此病早于 1977 年在日本广岛发现，Hirida（1979）、Wakabayasi（1984）分别从病鱼病灶分离到病原菌，并进行了生物学特性鉴定。

1. 形态 为革兰氏阴性，菌体呈弯曲的长杆状或丝状，大小为 0.5 μm×（2～30）μm，有时长度达到 100 μm。无鞭毛，但能扩展、滑行运动，在玻片上的运动十分迅速（4～8 μm/min），传代培养物的运动性减弱。随着培养时间的延长，菌体有变短的趋向，但不形成小包囊。老龄培养物中，可形成直径 0.5 μm 左右的圆球体，这种圆球体移植到新鲜培养基中也不再繁殖。

2. 培养特性 本菌生长需要 36% 以上的海水，KCl、NaCl、Ca^{2+}、Mg^{2+} 可促进生长，SO_4^{2-} 有轻微的抑制作用。在含 70% 海水的噬纤维菌琼脂平板上，25 ℃ 培养 2～3 d 后，形成扁平的、薄膜状的、淡黄色、边缘极不规则、黏附于琼脂上的菌落，菌落直径有时超过 5 mm。在液体培养基中静止培养时，在表面形成薄膜。生长温度范围 15～34 ℃，最适温度 30 ℃。生长 pH 范围 6～9，以 pH 7 左右为最适。为专性需氧菌。

3. 生化特性 过氧化氢酶、细胞色素氧化酶、刚果红吸收以及产氨试验均为阳性。不产生硫化氢、吲哚。液化明胶，分解酪素、甘油三丁酸酯、吐温 20 和吐温 80，但不分解琼脂、纤维素、羧甲基纤维素、几丁质和其他糖类。

4. 抵抗力 本菌对庆大霉素、新霉素、卡那霉素、链霉素、多黏菌素 B、放绒菌素 D 和萘啶酸不敏感。对弧菌抑制剂 O/129、新生霉素、氨苄青霉素、头孢菌素、四环素、氯霉素、红霉素、磺胺、甲氧苄氨嘧啶、硝基呋喃敏感。

5. 致病性 主要引起真鲷、黑鲷等海水鱼类的滑动细菌病，被感染鱼的口腔、鳍、尾、躯干等部位的皮肤形成灰白色的病灶，继而糜烂，形成浅的溃疡。

6. 微生物学检查

（1）涂片镜检。取皮肤病变组织或肾脏组织涂片，革兰氏染色后镜检，可见组织中有许多细长的革兰氏阴性、屈挠状的杆菌。

（2）分离培养。将病料涂布于含 70% 海水的噬纤维菌琼脂上，25 ℃ 培养 2～3 d，可见扁平的、边缘不规则、淡黄色的菌落形成。应进一步进行生化鉴定，以便与本属其他细菌相区别。

（三）脑膜败毒性伊丽莎白菌

脑膜败毒性伊丽莎白菌（*Elizabethkingia meningoseptica*）属于黄杆菌科、伊丽莎白菌属，曾称脑膜炎败血黄杆菌（*Flavobacterium meningosepticum*）或脑膜炎败血金黄杆菌（*Chryseobacterium meningosepticum*），该菌可感染牛蛙、美国青蛙、虎纹蛙等多种养殖蛙类，也可感染鳖、猫、犬、鼠和人。

该菌 DNA 中 G+C 碱基比例为 37%±0.5%，模式株编号为 NCTC10016。

1. 形态及培养特性 为两端钝圆、大小在 0.5 μm×（1.0～2.0）μm 的短杆菌，无芽孢，个别菌株有荚膜；在普通营养琼脂培养基上 37 ℃ 培养 24 h，形成闪光、光滑、边缘整齐、直径在 2 mm 左右的菌落，在麦康凯琼脂培养基上生长缓慢，从临床检材新分离的菌株一般无色但置室温或 30 ℃ 或移种后 2～3 d 的菌落可呈淡黄色或黄色（但也有无色素的稳定变异株）；在血液营养琼脂上 35 ℃ 培养 18～24 h，可形成圆形、光滑、有光泽、边缘整齐、直径 1～1.5 mm 的菌落，典型菌落呈淡黄色。

2. 生化特性 氧化酶、过氧化氢酶阳性。能发酵葡萄糖、麦芽糖、甘露醇、果糖产酸，不发酵木糖、蔗糖、乳糖。乙酰胺、β-半乳糖苷酶、DNA 酶、七叶苷、靛基质、ONPG、明胶液化试验阳性。不还原硝酸盐，脲酶、鸟氨酸脱羧酶、赖氨酸脱羧酶、精氨酸双水解酶均阴性。

3. 致病性 已有的研究资料表明,该菌是一种已被确认能引起人、水产养殖动物及某种陆生动物感染的病原菌,其感染类型是多种的,也可以认为该菌属于人和动物共染的一种病原细菌,但在陆生动物中的感染发病尚缺乏较为系统和明确的记述与报道。

在水产上主要引起蛙、鳖等多种水生动物的传染病,病蛙以眼膜发白、运动和平衡功能失调为特征。发病蛙脑内视盖组织细胞大量坏死,与视觉和调节平衡相关的神经纤维断裂、损坏,眼脉络膜与虹膜组织中的细胞病变严重,排列无序,微血管结构模糊不清。被认为这可能是引起病蛙运动失调、视力丧失的病因。蛙龄越大其病程越长,亲蛙一般在出现症状后3~5 d死亡,蝌蚪后肢及腹部有明显出血点和血斑,部分蝌蚪腹部膨大,仰于水中,最后死亡;剖检病蛙见肝脏发黑、肿大,脾脏缩小,脂肪层变薄,脊椎两侧有出血点和血斑,蝌蚪肠道有明显充血现象;目前全国各养蛙地区均有不同程度的发病。主要危害对象是100 g以上成蛙,幼蛙和蝌蚪也可发病,发病主要出现在5~10月,以在7~9月为最高,通常水温在20 ℃以下后发病就迅速降低,11月后该病基本消失。该病发病期长,死亡率高,最高可达90%以上,危害极为严重。

4. 微生物学检查

(1) 涂片镜检。取发病蛙肝、脑等内脏组织涂片,革兰氏染色后镜检,可见组织中有许多革兰氏阴性的杆状细菌。

(2) 分离培养。取发病蛙的脑、肝、肾等组织,接种TSA或营养琼脂培养,菌落呈微黄或亮黄色。

(3) 分子诊断。参照脑膜败毒性伊丽莎白菌16S rRNA基因的序列设计引物,扩增产物进行序列分析,可做出确诊。

八、其他病原细菌

(一) 鰤诺卡氏菌

鰤诺卡氏菌(*Nocardia seriolea*),属放线菌目(Actinomycetales)、诺卡氏菌科(Nocardiaceae)、诺卡氏菌属(*Nocardia*)。诺卡氏菌是鱼类的病原菌,使鱼类发生相应的诺卡氏菌病,对淡水、海水养殖鱼类危害均较严重。近年来对我国水产养殖业影响较大,先后在乌鳢、大口鲈、大黄鱼和海鲈等养殖鱼类中感染引起诺卡氏菌病。

从某种意义上讲,诺卡氏菌亦属于人及动物共染的病原菌,所引起的疾病可统称为诺卡氏菌病。对人具有致病作用的主要包括星形诺卡氏菌(*Nocardia asteroids*)、巴西诺卡氏菌(*N. brasiliensis*)及豚鼠诺卡氏菌(*N. caviae*),其中以巴西诺卡氏菌毒力最强。诺卡氏菌对陆生动物的感染特征与对人的感染是基本相同的。其中星型诺卡氏菌可在牛、犬、猫和其他动物中发生感染,皮疽诺卡氏菌(*N. farcinica*)仅致牛自然发病。

1. 形态及培养特性 为革兰氏阳性,菌体呈长或短杆状,或细长分支状,常断裂成杆状至球状体,菌体大小为(0.2~1.0) μm×(2.0~5.0) μm,丝状体长10~50 μm。可单个、成对、Y或V状排列或排列成栅状,有假分支,并具膨大或棒状末端。不运动,不生孢子。该菌生长缓慢,在TSA、L-D和小川培养基上28 ℃,7~10 d才能长出,菌落呈白色或淡黄色沙粒状,粗糙易碎,边缘不整齐,偶尔在表面形成皱褶。用涂片法观察到该菌基丝发达、繁茂,呈分支状。好氧,具有弱抗酸性。

2. 生化特性 过氧化氢酶阳性、氧化酶阴性,还原硝酸盐,不水解酪素、黄嘌呤、酪氨酸、淀粉和明胶，能以柠檬酸盐为唯一碳源生长，具有诺卡氏菌属特有的生理生化特征。

3. 致病性 感染鰤诺卡氏菌的病鱼起初体表无明显症状，仅反应迟钝，食欲下降，上浮水面。随着病情加重，部分鱼体表变黑或出现了白色或淡黄色结节，溃烂出血，尾鳍也有溃烂出血，并逐渐死亡。在鳃、肾、肝、脾、鳔等内脏组织中有白色或淡黄色结节出现，结节做涂片会发现大量诺卡氏菌。但也有的内部症状不明显。乌鳢和虹鳟患该病腹部肿大，内有少量透明至黄色液体，而且在心、卵巢、肌肉都有结节。

4. 微生物学检查

（1）涂片镜检。取内脏结节物质做涂片，镜检发现大量短或细长杆状或分支状革兰氏阳性菌体。抗酸染色显示弱抗酸性，与分枝杆菌的区别在于诺卡氏菌可形成丝状菌丝体，而分枝杆菌无丝状，可以区别。

（2）分离培养。可取心、脾、肾组织上的白色结节在 TSA 培养基上 25 ℃培养后，长出白色至黄棕色沙粒状菌落，而在 L-D 和小川培养基上长出淡黄色沙粒状菌落。将菌落作涂片，观察到与直接用病鱼组织涂片相同的菌体。

（二）星形诺卡氏菌

星形诺卡氏菌（*Nocardia asteroids*），属放线菌目、诺卡氏菌科、诺卡氏菌属，常引起虹鳟、河鳟、大口鲈等鱼类的诺卡氏菌病。

该菌 DNA 中 G+C 碱基比例为 67.0%～69.4%，模式株编号为 ATCC19247。

1. 形态及培养特性 星形诺卡氏菌为球形到卵形及长而柔软、具多隔膜的杆状，直径约 1.0 μm，革兰氏染色阳性。约培养 10 h 后由杆状和类球状体伸长并形成芽管开始生长，生长缓慢，培养 24 h 后开始形成一级分极，由于在培养 4 d 后才开始断裂，所以菌丝大量发育，微菌落中心的菌丝开始断裂时，周围菌丝继续生长和分支。产生气生菌丝，但在不同菌株间及不同培养条件下有所差异，具有弱抗酸性，无动力。在老龄培养物中，杆菌状和球菌状细胞与菌丝单元相混合，形成有分支的长菌丝。生长的温度范围为 10～50 ℃（最适为 28～30 ℃），生长的 pH 范围为 6～10（最适为 7.5）。在普通营养琼脂培养基上，形成表面皱褶或颗粒状、边缘不规则、隆起、堆叠的菌落，大部分菌株的菌落带有黄橙色色调，通常沿菌落边缘产生气生菌丝体薄层。在营养明胶培养基上，菌落薄片状（不液化明胶）；在葡萄糖无机盐培养基上，菌落薄片状，不规则，黄橙色；在葡萄糖酵母精琼脂上，菌落堆叠、褶皱、不规则，变为深橙红色，有白色气生菌丝覆盖。不为 7% 的氯化钠所抑制。

2. 生化特性 星形诺卡氏菌分解侧金盏花醇、熊果苷、糊精、D-果糖、D-葡萄糖和甘露糖产酸，水解七叶苷、尿囊素、联苯胺、吐温 20（40 和 60）、尿素。能利用下列化合物作为唯一碳能源：己二酸、D-果糖、D-葡萄糖、甘油、麦芽糖、甘露醇、甘露糖、石蜡、癸二酸、醋酸钠、丁酸钠、苹果酸氢钠、丙酸钠、丙酮酸钠、琥珀酸钠和睾酮；石蕊牛乳试验在 1 周内呈碱性，无进一步的变化；还原硝酸盐。

3. 致病性 感染星形诺卡氏菌的症状分为躯干结节型和鳃结节型两种类型。躯干结节型主要是在躯干部皮下脂肪组织和肌肉发生脓疡，外表出现膨大突出，形成许多大小不一、形状不规则的结节，或称疖疮；剖开疖疮后可流出白色或稍带红色脓汁，为腐烂肌肉或脂肪组织并混合血细胞和诺卡氏菌形成的；结节还可出现于心、脾、肾、鳔等处，所有病灶处都有炎症反应。鳃结节型主要在鳃丝基部形成乳白色的大型结节，鳃明显褪色；内脏各器官也出现结节，特别容易发生在 2 龄鱼的鳔内；鳃结节型多发生在冬季。

4. 微生物学检查

（1）涂片镜检。从脓疮处取少量脓汁涂片，进行抗酸染色后，如发现丝状的抗酸菌，基本可确诊。与分枝杆菌的区别在于星形诺卡氏菌可形成丝状菌丝体，而分枝杆菌无丝状，可以区别。

（2）分离培养。可用脑心浸液或 TSA 培养基分离，25 ℃培养 4～5 d 后，星形诺卡氏菌可形成表面粗糙、不规则的黄棕色菌落。

（三）海分枝杆菌

海分枝杆菌（$Mycobacterium\ marinum$），属放线菌目、分枝杆菌科（Mycobacteriaceae）、分枝杆菌属（$Mycobacterium$）。在自然界分布广泛，是人类与多种动物的病原菌，侵害鱼类、两栖类、爬行类等，对动物的致病性主要为引起结核病症状，是一种人畜共患病原细菌。

1. 形态及培养特性 海分枝杆菌属于缓慢生长菌，菌体中等长度至长棒状，呈多形性，在试管内的培养物可含有异染颗粒，有时呈链状或索状排列。生长温度在 25～35 ℃，25 ℃生长快，初次分离时 37 ℃则抑制其生长，40 ℃完全不生长。在鸡蛋固体培养基上呈 S 型凸起的菌落（常需 2～4 周才可见到菌落），但也可呈 R 型，曝光后产生黄色，生长于暗处则呈浅黄色。为革兰氏阳性抗酸细菌的代表，菌体为平直或微弯的杆菌，大小为 (0.2～0.6) μm×(1.0～10) μm，在生长过程中（初期与衰老期）可形成分支，受生长条件或药物的影响可出现多种形态。无鞭毛、无芽孢、无荚膜，不运动，好气性。

2. 生化特性 主要生化特性为：脲酶、吡嗪酰胺酶、酸性磷酸酶、吐温水解（10 d）、光照产色、25 ℃生长、抗盐酸羟胺为阳性，硝酸盐还原、β-半乳糖苷酶、α-酯酶、烟酸积累、黑暗产色、抗苦味酸（2 mg/mL）、45 ℃生长等为阴性。由于能抗 3％盐酸酒精的脱色作用而称为抗酸细菌。

3. 致病性 主要通过细胞内寄生和形成局部病灶为特点，细菌进入体内后可在特定器官定植，形成病灶，产生干酪样坏死，坏死灶被吞噬细胞、T 细胞和 B 细胞包围后，形成结核结节。其毒力因子尚不清楚。

鱼类分枝杆菌病是一种慢性进行性疾病，具有多种不同的外部症状，包括消瘦、皮肤发炎、眼球突出、体表有损伤及溃疡等；剖检可见内脏器官具灰白色结节，尤其以肝脏、肾脏、头及脾脏明显。病鱼开始出现色素消退，反应迟钝，失去食欲，被感染的皮肤开始出现红点直至最后形成溃疡，此外可见病鱼鳍和尾部腐烂及鳞片脱落。海分枝杆菌感染鱼体后主要在内脏中形成许多灰白色或淡黄褐色的小结节，有时可形成小的坏死病灶，这些病灶大多出现在肝、肾、脾等器官，也可侵害鳃、皮肤、心脏、生殖腺、肠周围脂肪组织、腹膜、脑、眼、肌肉等。初起的结节是由类上皮细胞包裹细菌，外面又包裹一层纤维芽细胞，或者为摄入了细菌的组织球，患处形成许多大小不一的肉芽肿。老的结节内部细胞已坏死，无细胞反应或炎症。

4. 微生物学检查 取内脏中小结节做涂片，进行抗酸染色后，如发现长杆形的抗酸菌，基本可确诊。应注意与诺卡氏菌的区别，诺卡氏菌也有抗酸性，可在病鱼内脏形成结节，但通常分支成丝状，可以区别。也可应用 PCR 技术检测海分枝杆菌。

第二节　其他原核病原微生物

这类病原体有立克次氏体、衣原体、螺原体等。它们主要引起鱼、虾、蟹和贝类疾病。

这类微生物大多是专性细胞内寄生,在人工培养基上难于培养,并广泛感染海洋生物而受到关注。

一、立克次氏体及类立克次氏体

立克次氏体(rickettsia)可以感染多种动物,造成立克次氏体病。在水产动物,立克次氏体是一些鱼类、对虾和贝类常见的病原体。由于大多数立克次氏体不能在人工合成的培养基上生长,故对立克次氏体感染的诊断和归类带来一些困难。某些鱼类和贝类中发现的立克次氏体由于目前尚未确定其具体分类地位,暂称之为类立克次氏体(rickettsia-like organisms,RLO)。

(一) 鱼类的立克次氏体和类立克次氏体

自1992年从鲑立克次氏体第一个被确定为鱼类病原以来,鱼立克次氏体病及其综合征已经遍布20几个国家和地区,感染十几种经济鱼种,包括加拿大养殖的细鳞大麻哈鱼、银鲑、大鳞大麻哈鱼,挪威养殖的大西洋鲑,以及中国台湾省养殖的石斑鱼和罗非鱼等,其死亡率最高可达90%。

1. 形态结构与主要生物学特性 鱼类立克次氏体是一类严格细胞内寄生的原核细胞型微生物,在形态结构、化学组成及代谢方式等方面均与细菌类似:具有细胞壁,以二分裂方式繁殖,含有RNA和DNA两种核酸,由于酶系不完整所以需在活细胞内寄生,并对多种抗生素敏感等。从不同鱼分离的立克次氏体大小略有差别:鲑立克次氏体的直径 $0.5\sim1.5~\mu m$;从淡水患病银鲑和虹鳟体内分离出类似于鲑立克次氏体的类立克次氏体,比鲑立克次氏体小,它的直径为 $0.2\sim0.8~\mu m$。形状上类似球状菌。它在鱼的脾和肾细胞内寄生,并且与鲑立克次氏体的多克隆抗体不发生反应。这些类立克次氏体的分类学地位还需要进一步的研究。

1997年,Fryer等根据鲑立克次氏体典型株LF-89(美国菌种中心ATCC编号为VR1361)的形态学特征、严格细胞内寄生的特点以及基因序列的分析,将其定为立克次氏体目下的新种类即立克次氏体科。根据鲑鱼立克次氏体的16S rRNA序列的相似性研究,《贝格恩细菌分类手册》(第二版)将鲑立克次氏体定位于细菌界(Bacteria),变形细菌门(Proteobacteria),丙型变形细菌纲(Gamma-proteobacteria),Thiotrichale目中一个新的科——鱼立克次氏体科。

2. 致病性 鲑立克次氏体性败血病(salmonid rickettsial septicaemia,SRS)最早是在海水银鲑中发现的,随后其他海水及淡水养殖的鲑类也出现了SRS,如大鳞大麻哈鱼、虹鳟和大西洋鲑等。发病的地区有智利、加拿大、挪威和爱尔兰等。

患病鲑症状为不活跃、厌食、身体呈黑色、有腹水,鳃丝发白,发病后很快死亡者在外形上完全正常。组织病理观察,病鱼的鳃有多重上皮增生现象,增生组织伴有轻微的坏死,上皮增生导致鳃的片状融合;身体皮肤有受损和出血现象,伤口为溃疡状,直径 $0.5\sim2~cm$,皮肤损伤说明真皮和表皮组织的坏死,真皮下的肌肉组织因病变而退化。大多数感染鱼肠、肾、肝和脾等器官上有弥漫性的发炎和坏死,肝上特别是在靠近血管的部位有独特的弹坑状的损伤;在巨噬细胞和其他感染细胞的细胞质内可以观察到立克次氏体;肠组织已严重坏死,上皮细胞脱落;炎症细胞已侵入脾脏和肾脏,造血组织坏死并有浮肿和纤维化;在血管组织上还出现了坏死血栓症。病鱼体内巨噬细胞增大,并且内部含有鲑立克次氏体,组织碎片也普遍增多；血细胞比容值低（25%或者更低）。其死亡率平均在30%左右，严重暴发时大于75%。

发生罗非鱼类立克次氏体综合征的罗非鱼鱼体变黑、消瘦、有不正常的游泳姿态，皮肤上有损伤并且眼球突出。在病鱼的体内，脾脏肿大，大部分内脏上会出现一些分散状的白色结节。死亡率可达95%。鱼类立克次氏体可以在病变细胞内桑葚状的包涵体中观察到。

我国台湾养殖的石斑鱼感染了RLO。其症状为：处于半死状态的鱼体表有黑色的损伤，除很容易就被捕捉到之外没有其他的反常行为。内脏大范围充血，脾脏、肾脏和肝脏出现坏死，脾脏肿大并有白色结节；在各个器官都可以观察到血管的血栓性损伤，造血组织有慢性弥漫性的炎症。血液变稀薄，血液、肾脏、脾脏、肝脏和鳃的感染细胞有变大的空泡和大量多形态、嗜碱性的细胞器，在脾脏、肾脏和肝脏中检测到RLO，在坏死细胞和巨噬细胞中也检测到了RLO。这种RLO可以与鲑立克次氏体的单克隆抗体发生阳性反应。

真鲷类立克次氏体病的主要症状是：游泳无方向性，身体侧翻，严重者腹部上翻且腹胀，眼睛微突，腹部及体侧表皮下有分布不均的细小出血点。在鱼体内部，前肠、中肠和后肠呈现严重的水肿及空肠状态。这些类立克次氏体主要造成肠上皮组织病变，在细胞质中主要以包涵体及长棒状、哑铃等形态存在。并且这种病原体只感染肠上皮组织细胞，其他组织器官未见感染。

3. 检测和鉴定

（1）细胞培养分离。对易感的鱼类细胞进行病原接种和观察是检测鲑立克次氏体较为灵敏的方法。大鳞大麻哈鱼胚胎细胞系（CHSE-214）是最普遍采用的细胞系，培养温度一般为17℃，在接种后7～12 d细胞单层出现病变的范围可达到80%以上，用透射电镜对病原检测鉴定。

（2）组织切片。利用细胞分离检测时，所有鱼立克次氏体隔离株必须在无抗生素的培养基中或是仅含青霉素的培养基中培养，初步鉴定多采用革兰氏染色、吉姆萨Giemsa染色、亚甲蓝染色、吖啶橙染色等方法。用Bouin氏液和Davidson氏液等组织固定液固定病鱼病变组织，利用组织切片法观察病鱼组织的病理变化。

（3）PCR检测和其他检测技术。普遍采用常规PCR技术和巢式PCR技术来进行检测。PCR引物通常是根据鱼立克次氏体的核糖体操纵子23S rRNA基因序列和内部转录区序列来进行设计的。此外还可酶联免疫吸附实验（ELISA）及其他免疫学检测方法检测。

4. 防治 鲑立克次氏体对链霉素、庆大霉素、土霉素、富美喹、噁喹酸、沙拉沙星、克拉霉素敏感；对青霉素、林肯霉素有抗性。目前采用鱼类口服抗生素治疗鲑立克次氏体病，效果不是很好。如每条试验鱼口服剂量为30～50 mg/kg的土霉素虽然可以降低感染RLO后的死亡率，但却不能达到最理想的效果。

Microtek国际公司曾经采用SRS灭活疫苗来进行鱼免疫，这种疫苗含有较高的细菌量，保护效果不好，已停止使用。该公司研制的鲑立克次氏体性败血病（SRS）重组亚单位疫苗已进行商业化的生产。该疫苗对虹鳟、银大麻哈鱼和大西洋鲑活体试验的RPS值分别达到了100%、92%和85%，而对照组死亡率分别为92%、78%和82%，表明这种疫苗有良好的免疫效果。

（二）对虾和贝类的类立克次氏体

类立克次氏体病是珍珠贝最严重的流行病，导致大珠母贝幼虫和幼苗突发性大批死亡，高达 97%。马氏浦母贝从幼贝至成贝以慢性方式发病，死亡率达 67%。RLO 病不是通过垂直传播感染的，而是通过外界接触感染的方式感染贝宿主，其中 RLO 的小细胞变异体在疾病传播中起重要作用。

1. 形态结构 RLO 为革兰氏染色阴性，投射电子显微镜下为圆形，直径 300～500 nm，两层膜包被，外膜不圆滑，内部可见颗粒状包含物（图 12-1）。以出芽方式进行的增殖则形成电子密度较高的小球形个体。立克次氏体在培养细胞中以散在的和包涵体的方式存在，其形态较组织内的立克次氏体形态更为多样。在感染细胞质内可看到大量包涵体，包涵体的膜可能是细胞膜。包涵体一般个体较大，可达数十微米，在光学显微镜下清晰可见。

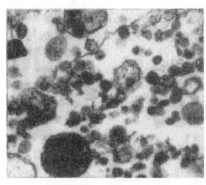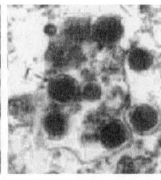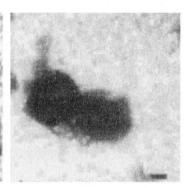

图 12-1 类立克次氏体形态与结构

现就国内外已记载的立克次氏体病原形态分述如下：

（1）感染对虾的立克次氏体。在组织切片中可见到，寄生于细胞内，大小为 (0.2～0.7) μm×(0.8～1.6) μm，为杆状或逗点形，感染边缘对虾、墨吉对虾和蓝对虾的立克次氏体主要分布于肝胰腺上皮细胞的细胞质内，在其薄壁泡内含有大量多形性立克次氏体。有包涵体位于细胞质内，大小 7～46 μm。感染斑节对虾的立克次氏体的侵染靶细胞主要是固定吞噬细胞、结缔组织、触角腺和 Y 器官的细胞。

（2）感染大西洋深水扇贝的立克次氏体。在病贝鳃组织上皮和皱褶等处有细胞内嗜碱性包涵体，直径 45 μm，被侵染细胞明显肿大，细胞核被挤向细胞周边位置。光学显微镜检查包涵体内有革兰氏染色阴性的杆状结构，宿主对这些包涵体产生明显的细胞反应。这些微生物具有明显的真核生物特性：最外层为薄的细胞壁，核糖体颗粒组成电子密度高的外周组织，中央区电子密度稍低，有间体样结构。长径为 1.9～2.9 μm，横径为 0.5 μm，呈稍弯曲的杆状。

（3）感染海湾扇贝的立克次氏体。海湾扇贝肾组织切片苏木精-伊红染色后光学显微镜检查，可见 RLO 形成的包涵体，可见到其二分裂繁殖方式，RLO 在宿主细胞内占据了大部空间。RLO 因过度充盈而将宿主细胞胀破，而溢出到肾脏的腺管管腔内，呈圆形或椭圆形，在细胞外围有三层膜包围，周边有高电子密度的核糖体颗粒组成的密集带包绕，中央可看到密度高的颗粒样类核。平均长 0.5 μm (0.4～0.7 μm)，直径为 0.4 μm (0.3～0.6 μm)，常见到二分裂期的细胞。

（4）感染美洲牡蛎的立克次氏体。在某些成年患病牡蛎肠组织上皮细胞质内有直径达 50 μm、嗜碱性、由细颗粒组成的大包涵体，此现象也见于美洲牡蛎肠组织内的杯状细胞。有些牡蛎消化腺小管上皮细胞质内发现直径为 10 μm 的小型包涵体，周围常有空晕形成，内含明显的杆状小体。脱石蜡的消化腺组织样品经树脂重新包埋的电子显微镜样品中,可见包涵体内的立克次氏体样生物有三层外膜包围,其中最大的长 1.19 μm,直径 0.4 μm。采自切萨皮克湾的牡蛎消化壶腹内所见的包涵体直径可达 100 μm。

(5) 感染日本缀锦蛤和虾夷扇贝的立克次氏体。将日本缀锦蛤鳃经 Davidson 氏液固定,进行组织学观察,上皮细胞内有嗜碱性包涵体,长 33~55 μm,所含立克次氏体直径为 0.4~0.6 μm,最大长度 2.4 μm。在虾夷扇贝的稚贝和成贝的鳃上皮细胞内有同样的嗜碱性包涵体。

(6) 感染硬壳蛤的立克次氏体。在成年和幼年硬壳蛤体内出现的 RLO 包涵体有 4 个类型。

第一型包涵体大都在冬季出现,位于鳃纤毛上皮的外侧,呈圆形或椭圆形,长轴为22~44 μm,由细颗粒组成,存在于很多蛤的鳃组织、外套膜和水管的上皮细胞内。在水管和鳃组织的立克次氏体样生物呈圆形、椭圆形和肾球形,并有 3 层外套膜和细胞质内致密的颗粒,二分裂和出芽生殖,大小为 2.8 μm×1.0 μm。

第二型包涵体在蛤消化壶腹上皮细胞中查出,长达 100 μm,由嗜碱性的粗颗粒组成。内含立克次氏体等原核生物。

第三型包涵体是在冬季采集的硬壳蛤消化腺间质结缔组织细胞内发现的,细胞质内的包涵体呈圆形、紫色,长达 27 μm,由立克次氏体等原核生物组成。

第四型包涵体是在春季采集的硬壳蛤肾脏的小管上皮细胞质内发现的,呈圆形和不规则形状,长达 23 μm,粉红色,有明显的颗粒样结构,少数包涵体游离在肾脏管腔内。超微结构呈现立克次氏体样生物特征,大小和形态很不规则,有的被挤到细胞质的突出部分,大小为 1.36 μm×0.62 μm。细胞质内富含核糖体颗粒,排列致密,常有高电子密度的细胞壁。细胞膜不易看到,这可能与该膜紧贴在高电子密度的细胞壁有关。包涵体内的此类生物由一疏松的纤细基质包绕。

(7) 感染黑鲍的立克次氏体。病鲍的食道、胃、盲肠、消化壶腹和肠道的表面上皮细胞内都有游离的、颗粒状的嗜碱性包涵体。其中充满二分裂、圆形或椭圆形、嗜碱性的菌落。革兰氏染色阴性,电子显微镜观察可发现这类病原体呈杆状、富含核糖体颗粒,无细胞核,外围有 3 层细胞壁,符合立克次氏体样生物的特征。平均长 1.8 μm,直径 0.265 μm。

(8) 感染皱纹盘鲍的立克次氏体。在皱纹盘鲍的消化道、消化壶腹、鳃、外套膜和腹足的上皮组织固有层的细胞质内有弥漫状包涵体,细胞明显肿大,细胞质内 RLO 均匀分布,颗粒大小和染色深浅不一,细胞核被挤向一边,细胞膜常被胀破,并散布在组织间隙内。透射电镜下该生物的特征为:富尔根反应阳性,形成的菌落很不规则,多数成堆状散落在细胞残体或组织间隙内,偶尔可见完整大菌落被包围在细胞膜内。其中除各期发育阶段的 RLO 外,细胞器几乎全部消失。由于 RLO 发育和分裂期不同,其形态特征有差异,但基本形状为球形和短杆状,共同特征为:①专性细胞内寄生,大小一般为 (0.1~0.6) μm×(0.4~2) μm。②呈多形性,除球形外还可见到环形、钩环形、球拍形、哑铃形、棒槌形等。③有明显的细胞壁,有三层结构,内、外两层为嗜锇酸层,电子密度很高。中间为疏锇酸层,电子密度较低。有的细胞壁不光滑,外被一层放射绒毛状荚膜。④二分裂方式繁殖,有的出芽繁殖。⑤细胞膜内面有密集的核糖体密集带。细胞中央有类核细丝或颗粒。

有人认为 RLO 有 4 种细胞类型:一是原体,为体积最小、电子密度最高的球状小体,直径 0.1～0.25 μm，具感染力，能吸附和穿过宿主细胞进入细胞，这与宿主细胞外有立克次氏体受体或基质有关。二是始体，直径 0.4～0.6 μm，是最大的球状体，电子密度较低，由原体发育而来，有贮藏物质和繁殖能力，属非感染型。三是中间体，直径 0.2～0.3 μm，是原体向始体发育的过渡类型。四是营养体，此期为多形性，以环形、球拍形、棒槌形、马蹄状为多见，这种多形性可能因宿主细胞的反应、不同营养条件、不同的感染周期、不同的繁殖方式所致。在立克次氏体集落内还常看到散在的圆形、电子密度很高的结晶体样构造，外周常有一层放射状的绒毛状物，电子密度较核心部分稍低，形似荚膜，没有细胞壁，其大小类似中间体，在二分裂后中间有丝状或带状物相连，这种复杂的类结晶体被认为由蛋白质组成，可能与代谢障碍有关。

（9）感染大珠母贝的立克次氏体。组织切片检查，濒死大珠母贝的很多组织的上皮细胞和外套膜及肝胰腺结缔组织内，有嗜酸性的细胞质内包涵体，重度感染的个体在肝胰腺小淋巴管的内皮细胞和结缔组织内有许多包涵体。不同组织的包涵体形状和大小有多样性：小圆形的包涵体多在上皮细胞内，大的多形态的多在结缔组织细胞内，包涵体内常有一些细小、圆形或椭圆形的嗜酸颗粒，包涵体染色为革兰氏阴性，富尔根染色反应阳性，吉姆萨染色为红色。外套膜上皮细胞内的 RLO 平均大小为 (0.968±0.602) μm×(0.551±0.19) μm。电子显微镜下包涵体呈球形、椭圆形或杆状。每个 RLO 具有双层三层膜组成的细胞壁，最外层的膜较厚并呈波纹状，表面还有一层黏液，在内、外三层膜中间尚有电子透明区。RLO 的中央为一低电子密度的类核区，常由颗粒或丝状结构组成，外周为一层由高电子密度颗粒组成的核糖体带。透射电镜下可明显看到 RLO 有两种细胞类型：一种是大细胞类型（large cell variants，LCV），另一种为小细胞类型（small cell variants，SCV），两者都有原核生物特征，但也有一些区别：SCV 通常为球形或椭球形，细胞质电子密度很高，中央为电子密度低和狭窄的类核区；而 LCV 比 SCV 大，呈杆状或肾形，细胞质电子密度很低，中央类核区疏松，电子密度也很低。两种细胞的繁殖方式也不相同。SCV 在宿主细胞质内或空泡内以出芽方式繁殖，在细胞端部生成的子细胞，经收缩产生不相等的子细胞，在两细胞间产生横隔后，即形成子细胞。这种繁殖方式常在空泡内进行。LCV 则以二分裂方式进行繁殖。母细胞在中央部位收缩后，即形成两个相等的子细胞，这常在细胞质内进行。宿主溶酶小体吞噬的 RLO 由一层三层膜包围，呈圆形或椭圆形，平均大小为 1.882 μm×(0.551±1.671) μm，其中还含有一些类似细胞基质和肌素样（myolin-like）的物质。所含的 RLO 明显退变，如外膜松弛，细胞质稀疏。一般游离于宿主细胞内的 RLO，其细胞膜较在空泡内者完整。

2. 培养特性 RLO 是一类无独立生活能力、专性细胞内寄生的微生物。对虾的立克次氏体已在对虾淋巴器官培养细胞中繁殖成功。在培养 3 d 后感染细胞内出现颗粒，并逐渐增多，培养 2 周左右，部分细胞脱落。电子显微镜下观察，感染细胞中看见大量立克次氏体，以二分裂方式进行的增殖形成较大的个体，以出芽方式进行增殖的则形成电子密度较高的小球形个体，直径 0.1 nm。被立克次氏体感染的细胞表现为细胞膨大或变形，细胞器溶解。

3. 致病性 立克次氏体的致病机制为：①直接损伤质膜；②直接干扰或破坏正常代谢；③对肝胰腺的广泛破坏；④由于血供障碍进而引起营养和呼吸代谢障碍，或（和）由菌体释放的内毒素引起。立克次氏体感染细胞，造成培养细胞的病变及死亡，表明立克次氏体具有一定的感染能力及致病性，可以导致细胞死亡。

国内外对于牡蛎、蛤、贻贝、扇贝、鲍鱼等贝类的感染已有很多报道。其中扇贝中已报道的有大西洋深水扇贝、大扇贝、虾夷扇贝、海湾扇贝、盖栉孔扇贝等。在大西洋深水扇贝、大扇贝和虾夷扇贝上发现 RLO 感染与扇贝死亡有一定的相关性，一般在水温较低时 RLO 感染较严重，扇贝死亡率较高。有关试验还证明 RLO 可使大西洋深水扇贝感染，但不能感染贻贝和海螂。在海洋无脊椎动物中 RLO 感染可导致海蟹的死亡，感染凡纳滨对虾可发生肝胰腺坏死病并导致死亡。但在海洋双壳贝类中，根据有关的研究结论，RLO 寄生是一较为普遍的现象，一般认为对宿主不形成严重损伤。到目前为止，尚未有确凿证据证明 RLO 感染可导致其大量死亡，相应的感染试验也证明 RLO 可导致宿主的感染，但病理变化不明显，不能明显引起宿主的死亡。对于我国海洋经济贝类如皱纹盘鲍、大珠母贝、海湾扇贝、栉孔扇贝等 RLO 感染的研究，国内已有不少报道。

4. 微生物学诊断

（1）形态学检查。将患病动物的组织器官用 Bouin 氏液和中性甲醛固定后，经系列乙醇脱水，石蜡包埋，切成 5 μm 组织片，用 Erlich 苏木精和伊红染色，光学显微镜检查可看到组织细胞内的包涵体。如将组织做成电镜样品处理，经超薄切片和负染色，在电子显微镜下可直接观察患病动物组织细胞内有无立克次氏体样颗粒。

（2）细胞培养。从对虾分离培养立克次氏体的方法是：将对虾放于消毒海水（其中含有青霉素 1 000 IU/mL，链霉素 1 000 μg/mL）中过夜，再用 70％ 的酒精浸泡 20～30 s，进一步消毒体表，在无菌条件下摘取淋巴器官，放入对虾培养基（MPS）。培养基内含有青霉素 200 IU/mL，链霉素 200 μg/mL。将组织剪碎成 1 mm³ 左右的碎块，放入细胞培养瓶中，加入 MPS 生长培养基（含 20％ 小牛血清），在 21 ℃ 培养箱中培养。每 3～4 d 换一次培养液，每天观察细胞生长状况。2 周后将培养瓶内贴壁生长的对虾淋巴组织细胞洗 3 次，用细胞刮刀将培养的细胞刮下，放入 4 ℃ 的 2.5％ 戊二醛固定。用 2.5％ 磷酸盐缓冲液漂洗 3 次后再用 1％ 锇酸溶液固定、梯度乙醇脱水、包埋、超薄切片、醋酸铀和柠檬酸铅双重染色，样品在透射电镜下观察有无立克次氏体样颗粒。有资料报道，在患立克次氏体病的贝类组织内还可观察到病毒、衣原体样颗粒，提示此三类微生物可并发感染，导致贝类病情加重，造成大量死亡。应用细胞培养方法，Fryer 等用大鳞大麻哈鱼胚胎细胞系 CHSE-214 分离到鱼立克次氏体。在分离立克次氏体时应注意，最好不在培养液中加抗生素，因为立克次氏体可能对抗生素敏感，在取可疑组织剪碎后应直接接种培养细胞，以避免在立克次氏体在匀浆过程中受损。用贝类培养细胞分离立克次氏体的方法尚无详细报道。

（3）其他方法。Gall 等（1992）将大扇贝鳃组织中的立克次氏体样生物纯化，制备了单克隆抗体可进行特异性诊断。Kellner-Cousin 等（1993）对大扇贝的立克次氏体基因组 DNA 片段进行克隆并建立了特异性探针，同时还合成了 PCR（聚合酶链反应）引物，建立了一种快速、特异和敏感的诊断技术。

5. 防治 主要是加强饲养管理和环境调控。

二、螺 原 体

螺原体是近十年来新发现和深入研究的水产动物的病原体，主要引起蟹、虾疾病。2005 年南京师范大学王文教授等首次从患"颤抖病"的中华绒螯蟹和虾体内发现一种新型致病螺原体。这是国际上首次从植物和昆虫以外的水生生物中发现螺原体。这里仅介绍螺原体引起的中华绒螯蟹颤抖病的相关资料。

（一）病原形态及主要生物学特性

中华绒螯蟹颤抖病螺原体是螺原体属的一个新种，被命名为 *Spiroplasma eriocheiris*。

中华绒螯蟹颤抖病螺原体是原核微生物，个体微小，缺少细胞壁，无鞭毛，具螺旋形态。螺原体不同于其他原核生物的一个非常重要特点就是没有细胞壁，代之以三明治结构的单位膜。中华绒螯蟹颤抖病螺原体具有与此相关的生物学特征，如螺旋形、多形性、可滤过性、可塑性，以及对青霉素等干扰细胞壁形成的抗生素药物的天然抵抗性等。具有与其他螺原体相同的形态结构特征。在病蟹的血细胞形成包涵体。

该螺原体具有基因组小、G+C 含量低的特点。基因组比多数原核生物小，为环状双链 DNA，大小一般为 780~2 220 kb，为大肠杆菌的 1/5~1/4。螺原体的碱基组成 G+C 含量一般为 24%~31%，而大多数细菌为 30%~50%。螺原体由于基因组很小，所编码的蛋白质数量就相对较少，故其生物合成及代谢能力比较有限。螺原体基因组中编码氨基酸和辅助因子生物合成的基因极少；缺乏能量代谢途径中所需的许多重要基因。因此螺原体是氨基酸、脂类和某些辅助因子营养缺陷型，很难对复杂的环境变化做出及时调整，仅在特殊环境中生存。因此在实验室纯培养的过程中，培养基需要固醇类物质。可用 R2 培养基培养，培养温度为 30 ℃，生长时培养液由红变橘黄，澄清无沉淀，涂片在光学显微镜下可见典型螺原体微生物。

（二）致病性

由螺原体引起的中华绒螯蟹颤抖病是最为常见、危害最为严重的一种河蟹疾病。该病的典型症状为步足颤抖，环爪，爪尖着地，腹部离开地面，甚至蟹体倒立。

发病初期，病蟹摄食量减少，甚至完全停止进食。活动能力微弱，反应迟钝，行动缓慢、螯足的握力减弱、退壳困难，常因退不了壳而死亡。病蟹离水后，附肢常环绕紧缩，将身体抱作一团，或撑开爪尖着地；若将步足拉直，松手后又立即缩回，故被称为"环腿病""宽爪病""弯爪病""环爪病""抖抖病"等。随着病情发展，步足爪尖枯黄，易脱落；螯足下垂无力，掌节以及指节常出现红色水锈，接着步足僵硬，呈连续颤抖，口吐泡沫，不久便死亡。解剖病蟹，可以发现肌肉萎缩，鳃丝肿大，严重时鳃呈铁锈色或微黑色，三角膜肿胀，体腔严重积水，胃肠无食。血淋巴稀薄，凝固缓慢或不凝固；心脏、腹节神经肿大，心跳乏力；肝胰腺呈淡黄色、严重时呈灰白色。

中华绒螯蟹颤抖病在全国养殖河蟹的地区均有发生，自 1997 年以来日趋严重。无论是池塘、稻田，还是网围、网拦养蟹，3~11 月均有发生，尤其是夏、秋两季最为流行；从体重 3 g 的蟹种至 300 g 重的成蟹均患病；发病率和死亡率都很高，有的地区发病率高达 90% 以上，死亡率在 70% 以上，发病严重的水体污染甚至绝产，是当前危害河蟹最严重的一种疾病。中华绒螯蟹螺原体既可以感染中华绒螯蟹，也可以感染乳鼠，研究表明，除河蟹外，克氏原螯也为病原宿主。

（三）实验室诊断

1. 螺原体的分离和形态观察 对垂死的中华绒螯蟹血淋巴用 2 倍的 10% 甲醛溶液固定，滴片，光学显微镜观察，可见到血细胞形成包涵体，细胞膜外黏附或游离有螺原体微生物。

也可分离培养后进行形态观察：取濒死的中华绒螯蟹用乙醇进行体外消毒，无菌操作取约 0.2 g 腹肌放在无菌称量纸上剪碎，碎屑转移到 2 mL 灭菌缓冲液中，室温静置 1 h 后在超净台内用 0.22 μm 孔径的滤器过滤，取此匀浆液 50 μL 接种至 1 mL R2 液体培养基中，于 30 ℃ 恒温培养箱培养，逐日观察培养基颜色变化，当培养至对数生长期时，取螺原体菌液 0.01 μL 置相差显微镜下观察螺原体的螺旋形态及运动特性。如电子显微镜观察，可取少许对数期螺原体菌液与 4% 戊二醛溶液等体积混合均匀，4 ℃固定 2 h，吸混合液少许置包被的铜网上后用滤纸吸干，随即加上一滴 2% 磷钨酸钠溶液作用 30 s 左右，负染后的铜网于干燥器内干燥后，用透射电镜观察螺原体的形态。也可用活体河蟹血淋巴负染后，用 10% 甲醛或 4% 戊二醛等体积固定过的血淋巴液，2% 磷钨酸钠负染 10～15 s，透射电镜观察，能见到典型螺原体微生物。

2. 用 PCR、巢式 PCR（nested PCR，又称套式 PCR）**进行螺原体检测**　我国吴霆等已将巢式 PCR 成功用于中华绒螯蟹颤抖病螺原体的检测，比采用一步 PCR 方法灵敏度高 100 倍，能检测出中华绒螯蟹处于初期感染螺原体的状态，而 PCR 只有在中华绒螯蟹感染螺原体达到中晚期（出现颤抖症状）才能完全检测出。不仅为颤抖病提供了高效的检测方法，而且为该病的出入境检疫提供了较为实用的检测手段。南京师范大学生命科学学院还研制了水生动物螺原体 ELISA 快速检测试剂盒可用于检测。

(四) 防治

本病主要作好预防工作，科学养殖，做好清塘消毒、培植水草、检疫和保持良好水质环境等进行综合性防控。

发病时选用有效药物施治。药物敏感性试验表明，螺原体对茶籽饼、硫酸铜、次氯酸钙、黄连等敏感，对地锦草、黄芩、大青叶、穿心莲、连翘、黄芪等具有耐药性，敌百虫在高达 1 000 mg/L 时，对螺原体仍无抑制和杀灭作用。生石灰、敌杀死、硫酸铜、硫酸锌和茶籽饼对螺原体虽然有一定程度的抑制和杀灭作用，但远远高于生产中实际能使用的剂量，对中华绒螯蟹有毒害作用，仅可作颤抖病发生塘的清塘药物。次氯酸钙抗螺原体效果最好，其最低抑菌浓度（MIC）为 0.62 mg/L，与生产常用剂量 0.4～0.8 mg/L 基本一致，磺胺甲基异恶唑、氟苯尼考、黄连、五倍子、黄柏杀菌谱广，可作为防治中华绒螯蟹颤抖病的药物。

三、衣 原 体

国内外均已报道扇贝可以感染衣原体（*Chlamydia*），主要是描述病原形态、一般症状和流行情况，未对衣原体进行系统鉴定，故称之为衣原体样生物感染。

(一) 病原形态

1. 感染海湾扇贝的衣原体样生物　将苏木精-伊红染色的组织切片镜检，消化壶腹末端上皮细胞质空泡中有蓝紫色包涵体颗粒，大小不一，有时从突出的细胞质内被挤压到细胞外的管腔中。石蜡包埋的组织块经脱蜡、树脂再包埋后，在电子显微镜下可见到：①原生小体呈深蓝色，长为 280～670 nm，平均 380 nm，直径为 130～330 nm，平均 190 nm。典型形态为纺锤状，中央电子密度高的区域由核糖体样颗粒组成，并由一电子透明带将其和周边的 5 层膜结构隔开。②网状小体之间有大小不一的空泡。第一和第二扇贝消化壶腹上皮细胞内的小体，直径可达 3.5 μm。常见到二分裂细胞，外周有二圈三层膜包围，膜下有浓集的颗粒状物分布，细丝状结构分散在整个小体内。

2. 感染栉孔扇贝的衣原体样生物　栉孔扇贝消化壶腹组织的切片，经瑞特-吉姆萨（Wright-Giemsa）染色，可看到深蓝色折光性很强的大颗粒。在腺上皮细胞质内，颗粒少则几个，多的过 20～40 个。直径 1.2～3.5 μm，有大小不一的空泡散布其间，细胞常肿大，细胞核被挤向周边，有时数个病变的细胞挤在一起或相互融合。没有破裂的病变上皮细胞内，上述深蓝色颗粒堆积成明显的包涵体样结构，大小 20~80 μm。多数情况下，这些深蓝色颗粒散布于细胞外，重度感染时，一个油镜视野内有数十至数百个颗粒。卢戈（Lugol）染色为棕黄色，麦氏（MacChiavello）染色为红色，细胞内的空泡不着色。

组织切片经苏木精-伊红染色，可看到消化壶腹小管上皮细胞质内有数个至数十个不等的棕黄色圆形颗粒，大小略有不同。包涵体样结构不如涂片中的明显。

电子显微镜观察上皮细胞质内有两种大小不同的颗粒。大颗粒呈球形，大小为 1.5~3.5 μm，细胞壁由内外两层高电子密度的膜和中间一层低电子密度的结构组成；紧贴细胞壁下面的细胞膜不易看到，但膜的内面有一层高电子密度的颗粒样核糖体密集带；中央区为电子密度低的区域，有 DNA 组成的球形或丝状结构，该结构类似拟核，未见的真正的细胞核。另一种小颗粒直径为 0.15~0.3 μm，多呈圆形或纺锤形，具高电子密度的细胞壁和细胞质，这些特征和原体一致。

（二）致病性

目前认为，单纯感染衣原体样生物的扇贝，常无明显症状，除体型较小、外套膜色素较多并向壳内收缩，肉柱（缩壳肌）小、出柱率低外，几乎无其他表现。而且仔贝一般可正常发育，亲贝的性腺发育和排卵不受明显影响。但在养殖条件较差时，出现严重感染的个体或合并感染弧菌或病毒等其他病原体的情况，可造成扇贝发病死亡，甚至绝产。病贝的早期症状为生长缓慢，甚至停止发育出现个别死亡。合并感染的病贝，外套膜萎缩，甚至脱落，闭壳肌松软、胶化，最后整个软体部分腐烂而脱离贝壳。

在美国和加拿大曾多次报道海湾扇贝有衣原体样生物感染。1992 年以来，我国的山东、辽宁沿海自然生长的和人工养殖的海湾扇贝和栉孔扇贝中普遍发现有衣原体样生物感染。同时从病贝的消化壶腹、消化道、鳃、套膜等器官内发现都存在球状病毒。当水温达 20 ℃以上时，衣原体大量繁殖，并可通过水体呈水体传播。

（三）实验室诊断

1. 涂片镜检 用扇贝消化壶腹印片，经 Wright-Giemsa 染色，在光学显微镜下可找到上皮细胞内、外的衣原体样生物的网状体。

2. 切片观察 用病贝组织做成切片，苏木精-伊红染色，查找消化壶腹小管上皮细胞质内的棕黄色、圆形网状体。

3. 电子显微镜观察 将石蜡包埋的组织块经脱蜡、树脂包埋后做成超薄切片，电子显微镜观察原生小体和网状体。

（四）防治

本病重在改善水体环境，防治其他病原体混合感染。目前尚无有效药物防治。

第三节 病原真菌

一般认为，对人和动植物有致病性的真菌称为病原真菌。危害水产动物的真菌主要有水霉（*Saprolegnia*）、绵霉（*Achlya*）、丝囊霉（*Aphanomyces cochlioides*）、鳃霉（*Branchiomyces* spp.）、霍氏鱼醉菌（*Ichthyophonus hoferi*）、镰刀菌（*Fusarium*）、链壶菌（*Lagenidium*）、离壶菌（*Siropidium*）和海壶菌（*Haliphthoros*）等。水产动物病原真菌危害较大，危害对象可以是多种水产动物的幼体和成体，也可以危害其卵。传染来源既有外源性也有内源性。其发生与否和鱼体的健康状况及环境因素密切相关，由于杀灭真菌的药物对机体有一定的毒副作用，真菌的抗体多数无抗感染作用，目前水产动物真菌病尚无十分有效的治疗方法，主要是进行早期预防和治疗。

人和大多数动物的真菌病的感染形式多样，包括有真正致病性真菌感染、条件致病性真菌感染、真菌过敏、真菌中毒和真菌毒素致癌等。真正致病性真菌感染主要是一些外源性真菌感染，引起的疾病有各种皮肤癣、皮下和全身性真菌感染。条件致病性真菌感染主要是由一些内源性真菌引起的，这些真菌的致病性不强，常见于各种原因使机体抵抗力降低或菌群失调时发生，如念珠菌、曲霉菌和毛霉菌引起的疾病。变态反应中有些是真菌引起的，如链互隔菌、着色真菌、曲霉菌、青霉菌和镰刀菌等可污染空气环境，引起荨麻疹、过敏性皮炎、哮喘、过敏性鼻炎等。真菌中毒是人和动物食用了被某些真菌及其产生的毒素污染的食物和饲料而发生的疾病。真菌毒素危害很大，毒性作用偏重于某些器官，如黄曲霉毒素、岛青霉素等可引起肝损害，这类毒素为肝脏毒；橘青霉素可引起急性或慢性肾病变，称为肾脏毒；黄绿青霉素可造成大脑和中枢神经系统的损害，称为神经毒；镰刀菌毒素主要损害造血系统，称为造血组织毒等。真菌毒素致癌主要见于黄曲霉毒素。

水产动物真菌病主要有三种类型。第一种是体表受伤后真菌在受损部位寄生，称为肤霉病。第二种是感染的真菌进入机体使内脏器官产生病变，称为内脏真菌病或全身真菌病。第三种是产毒性真菌污染饲料，造成水产动物中毒，称为中毒性真菌病。

一、水 霉 属

水霉属（Saprolegnia）隶属于鞭毛菌亚门（Mastigomycotina）卵菌纲（Oomycetes）水霉目（Saprolegniales）水霉科（Saprolegniaceae），大多数是水生，少数是两栖和陆生。营腐生生活或寄生生活，能引起鱼类肤霉病（dermatomycosis）。

（一）形态及繁殖特征

1. 菌丝形态 菌丝体为管状无横隔的多核体，在培养基或水产动物体上生长的菌丝分为内菌丝和外菌丝。内菌丝分支纤细繁多，像根一样蔓延附着于鱼体损伤处，可深入至受损的皮肤和肌肉，具有吸收营养的功能；伸出基质外的菌丝为外菌丝，外菌丝粗壮，分支少，形成肉眼可见的灰白色棉絮状物。新长出的菌落，外菌丝特别茁壮整齐。

2. 繁殖方式及特征

（1）无性繁殖。菌丝生长到一定程度时，一些菌丝的梢端膨大成棒状，其内积聚许多核和稠密的原生质，并生出横膜与下部菌丝隔开，自成一节，形成多核的游动孢子囊（zoosporangium）。游动孢子囊呈棍棒、纺锤、船形等形状。囊中浓稠的多核原生质数小时后分裂成很多的游动孢子（zoospores），称为初生游动孢子或第一动孢子。成熟的初生游动孢子包有一层薄膜，呈梨形或核桃形，在尖端具2条等长的鞭毛，从游动孢子囊顶端开口处游出后，在水中自由游动数十秒至数分钟，附在适当地点，失去鞭毛，变圆，停止游动，并分泌出一层细胞壁而静止休眠，称为初生休眠孢子，也称初生孢子（cystspore）或第一孢子。初生休眠孢子静休1h左右，原生质从孢壁内钻出，又成为游动孢子，即次生游动孢子或称第二动孢子。次生游动孢子呈肾形，在侧腰部凹陷处有两条鞭毛，经过一段时间（比初生游动孢子长）的游动后，次生游动孢子最后又静止下来，分泌出一层孢壁，形成次生休眠孢子，又称次生孢孢子或第二孢孢子。经过一段时期的休眠，这种孢子便萌发成新的菌丝体。这样前后两个形态不同的游动孢子阶段连续存在的现象称为"两游现象"。当游动孢子囊内的游动孢子完全放出以后，游动孢子囊的壁并不脱落，而在第一次孢子囊内长出新孢子囊，如此反复增生，这种现象称为"屈出"或"叠穿"。值得注意的是，当水分和营养不足的情况下，次生休眠孢子不萌发为菌丝，而改变为第三游动孢子，甚至第四游动孢子。另外，如游动孢子囊内的出口受阻塞，动孢子无法游出时，它们也能在囊中直接萌发。

水霉属的菌丝在经过一个时期的游动孢子形成以后，外界环境条件不良的情况下，产生厚垣孢子（chlamydospore）。它是由菌丝梢端积聚稠密的原生质，并生出横隔与下部分隔而形成的。这种厚垣孢子也可在菌丝末端或中部形成，形成一串念珠状或一节节的厚垣孢子。厚垣孢子呈球形或纺锤形等，可抵抗不良环境，寿命较长，一旦环境条件好转，这些厚垣孢子又直接发育成游动孢子囊。

（2）有性繁殖。在鱼体和鱼卵上，水霉通常进行无性繁殖。在无性繁殖衰退以后，或在营养条件差的情况下，则采取有性繁殖，产生藏卵器（oogonium）和雄器（antheridium）。藏卵器内形成有性孢子——卵孢子（oospore），与成熟雄器结合受精后可形成游动孢子囊或直接萌发成新菌丝。藏卵器顶生在主丝或侧枝上，但也有在动孢子囊的基部、或在侧枝上的一段，或在老菌丝的某一小段中形成。形成过程首先见到菌丝顶端不断膨大，当膨大到一定程度时产生横隔形成藏卵器，藏卵器呈圆形或腰鼓形或梨形，间生的有时呈纺锤形，壁平滑或有乳突，时常有小凹坑。进入藏卵器内的原生质逐渐变稠，分成一定数量的原生质团，最后每个原生质团的外围包裹一层透明的胞膜而成卵球。藏卵器内含1个到多个卵球。与藏卵器发生的同时，雄器也由同枝或异枝的菌丝短侧枝上长出，甚至异株的菌丝短侧枝上长出，最后也生出横隔与母菌丝隔开，卷曲缠绕在藏卵器上。雄器中的核的分裂与藏卵器中核的分裂约在同时发生。雄核通过芽管穿过藏卵器上的凹孔纹而进入卵球核处，与卵球结合，经过质配、核配和减数分裂3个阶段，形成卵孢子，并分泌双层卵壁包围，卵孢子经过3～4个月的休眠期后，萌发成具有短柄的游动孢子囊或菌丝。

水霉菌的生活史详见图12-2。水霉藏卵器和雄器的形状、大小、同枝、异枝等特点，在每一个独立种内都较稳定，可作为种的分类的重要依据。

3. 水霉属常见致病种的特征

（1）同丝水霉（*Saprolegnia monoica*）。

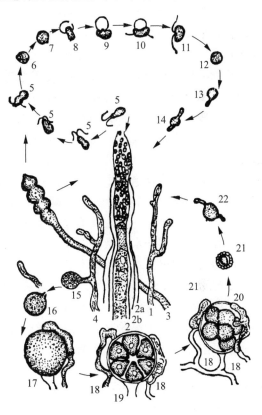

图12-2 水霉属模式生活史
1. 外菌丝 2. 动孢子囊 2a. 第一代动孢子囊
2b. 第二代动孢子囊 3. 厚垣孢子及其菌丝
4. 产生雌、雄性器官的菌丝 5. 第一动孢子
6. 第一孢子（静止） 7～10. 第一动孢子萌发
11. 第二动孢子 12. 第二孢子 13～14. 第二孢子
萌发 15～16. 未成熟的藏卵器和雄器 17. 藏卵器中多数的核退化，存留的分布在周缘 18. 成熟的雄器
19. 藏卵器中未成熟的卵球 20. 藏卵器中卵球已受精和卵孢子形成 21. 卵孢子 22. 卵孢子萌发
（仿倪达书）

外菌丝挺直，不甚粗大。初生的动孢子囊多为长棍棒状，次生则有些不规则。第二次再生的动孢子囊多数从老囊中芽生而出，但也有从下侧芽生的。厚垣孢子单独或成串存在，数量很多。藏卵器与雄器同丝，具有直的或弯曲的柄，球形，卵壁光滑，凹坑较大且比较明显。卵孢子1~30个，多数为5~12个，直径18~22 μm，中央型。

(2) 寄生水霉（Saprolegnia parasitica）。外菌丝中等粗壮，基部很少分支，直径15~36 μm。游动孢子囊比菌丝粗大，游动孢子囊大多从老囊基部芽生出来，少数从空的老囊中逸出。动孢子从囊中逸出，游动活泼，显示标准水霉属的两游现象。初生休眠孢子的大小为9~11 μm。藏卵器顶生或中间位，呈棒状或梨形，壁薄，无凹坑。卵孢子直径18~24 μm，内部结构为亚中心位。雄器呈管状或棒状，与藏卵器同丝或异丝。在老的培养基中，厚垣孢子大量存在，顶生、间生或侧生，单一或成串，形状为球状、梨形和棍棒形。

(3) 单性水霉（Saprolegnia diclina）。藏卵器和雄器在不同的菌丝上形成。藏卵器数量很多，呈球状或梨形，其壁间或有凹坑。卵孢子直径23~26 μm，内部结构为中心位。单性水霉有三型：1型寄生于鲑科和河鲈以外的鱼，在7 ℃时，形成藏卵器，20 ℃则不能形成。藏卵器呈细长形，13%以上的长宽之比≥2.0；2型寄生于河鲈，藏卵器形成条件与1型相同，多呈球形，长宽之比≥2.0的占12%以上；3型从水中分离，具有腐生性质，无论在7 ℃还是20 ℃，均可形成藏卵器，其长宽之比≥2.0的不超过10%。

(4) 多子水霉（Saprolegnia ferax）。外菌丝中等粗壮，基部有稀疏的分支。游动孢子囊很多，稍粗于菌丝，呈波浪形的扭曲，直径不等，渐向梢端变细，很少有棍棒形或圆筒形的。游动孢子囊除从老囊中生出外，有的基部芽生。厚垣孢子呈球形或洋梨形，数量不多。藏卵器和雄器位于同一菌丝上，藏卵器壁较薄，有许多明显的凹坑。卵孢子直径22~25 μm，内部结构为中心位。不是所有的藏卵器上都具有雄器，缠绕雄器的只有10%~15%。在鱼体上多子水霉常与同丝水霉生长在一起。

(二) 生长特性

水霉生长需要较多的氧气，水中溶氧充足时，菌丝细长，生长茂盛，形成动孢子囊的时间要长些。水中杂质较多，或同时有数个菌落尤其是靠在一起的情况下，其菌丝细短，不易形成动孢子囊。在少水情况下，菌丝能形成动孢子囊，放出动孢子。接触空气的菌丝则多半形成厚垣孢子。此时加水覆盖菌落，可促使菌丝继续生长。水的深浅对水霉的生长繁殖也产生影响，如果使死鱼上的水霉置水下10~15 cm深处，菌丝则细长，形成的动孢子囊细小，使死鱼上的水霉靠近水面，其菌丝变得粗壮，形成的动孢子囊大而多，且易发生有性生殖。

温度对水霉生长也有明显影响，10~32 ℃都能生长，但15~20 ℃时生长最好，4~7 ℃时生长缓慢，4 ℃以下停止生长。−2~0 ℃处理3 d则菌丝萎缩，动孢子囊和厚垣孢子冻裂瓦解。在水温超过18 ℃时，鳗鱼的水霉病中止流行。

水霉的最适生长pH为7.2~7.4，pH 6.4或pH 8.0时可以生长，但较缓慢，pH在4.8~5.6时生长受到完全抑制，强酸强碱可以有效杀死水霉。

盐度增高可抑制水霉生长繁殖，自然条件下水霉主要存在于淡水，某些也常见于湿润的土壤中和半咸的河口水域，盐度高于2.8%的水域无水霉分布。4/10 000食盐和20~30 mg/L重铬酸钾可抑制菌丝生长和孢子萌发。

用沸水处理过的大麻子仁、大麦粒、小麦粒、糯谷、鸡蛋黄、鱼卵、蛙卵、苍蝇、蟑螂、各种水生昆虫分别置盛有无菌水的培养皿中均可用作培养水霉等水生真菌的基质，为防止杂菌污染，可在无菌水中加入链霉素，使最终浓度为 20~100 μg/mL。用于纯培养的培养基有玉米粉琼脂（17 g 玉米粉与 1 000 mL 水调匀，60~70 ℃加热 2 h，纱布过滤，在滤液中加 15 g 琼脂，溶化后补充水分，115 ℃高压灭菌 30 min）和沙氏（Sabouraud）培养基等。

（三）病原性

水霉为典型的水生种类，分布极广，腐生于淡水池塘中的动植物残体上，也可寄生于鱼卵、小鱼或成鱼的受伤处。鲑科和鲤科鱼类、黄鳝、河鲈、鳗鲡、虾、河蟹、鳖、蛙等对水霉都具有易感性。当鱼体表皮肤因理化因素，或细菌、病毒和寄生虫等生物因素感染受损伤时，水霉侵入损伤部位，向内外生长繁殖，入侵上皮及真皮组织，产生内菌丝，引起表皮组织坏死。有时可见到菌丝穿过肠壁入侵腹腔后感染肝脏、脾脏、心脏、鳔等内脏器官，引起病鱼死亡。向外生长的菌丝，形成肉眼可见的白色棉絮状物，俗称"白毛病"。由于寄生于体表的霉菌能分泌大量蛋白质分解酶，机体受刺激后分泌大量黏液，病鱼开始焦躁不安、食欲减退、游动无力，最后死亡。单性水霉可引起鲑科鱼类幼鱼的内脏真菌病，其最初侵入部位是胃的幽门部，随后菌丝在腹腔内大量生长繁殖。其主要原因可能是肠蠕动障碍或肠道堵塞，饵料滞留胃内，导致孢子发芽或菌丝发育，寄生于胃壁而引起损伤，并向其他脏器扩散。

在鱼卵孵化过程中，鱼卵因溶氧低等引起发育停止或死亡时，亦可感染水霉，内菌丝入侵卵膜内，卵膜外长出大量外菌丝，产生"卵丝病"，因其菌丝呈放射状，俗称"太阳子"。

（四）微生物学检查

1. 肉眼观察和镜检 直接观察鱼体表有无棉毛状的菌丝体，即可做出初步诊断。内脏真菌病时，应取脏器病料制作压片后镜检。

2. 分离培养 取病灶处组织，接种沙氏培养基后培养，镜检分离真菌的无性和有性生殖特点，可进一步确定病原体的种类。

（五）防治

1. 预防 在捕捞、搬运和放养等操作过程中，勿使鱼体受伤；同时注意合理的放养密度。鱼池要用生石灰或漂白粉彻底清塘。目前尚无防治水霉病的疫苗。但是用细菌疫苗免疫的网箱养殖草鱼，其水霉发生率很低，其机制尚不清楚。

2. 治疗 用食盐和小苏打全池泼洒，使水中最终浓度分别为 400 mg/L。也可全池泼洒 3~5 mg/L 五倍子溶液，使用时，将五倍子磨碎加 10 倍于药物的水煎汁 30 min，加水稀释后泼洒。或用新洁尔灭液全池泼洒，使药物在水体的浓度为 5 mg/L。

二、绵霉属

绵霉属（Achlya）属水霉目、水霉科。大多是腐生的，少数是弱寄生的，广泛存在于池塘、水田和土壤中。本属中许多真菌也是水产动物肤霉病病原。

（一）形态及繁殖

1. 菌丝形态和繁殖特征 绵霉属的外菌丝直而粗壮，二叉状分支，多核无隔膜，只在形成繁殖器官时才形成隔膜。菌丝很宽，一般宽度为 15~30 μm，最宽的达 270 μm，是丝状真菌中菌丝最宽的一种。绵霉属产游动孢子囊和游动孢子的情况与水霉属有所不同，主要是初生游动孢子无鞭毛，不能游动，集结在孔口形成花球，游动孢子只有第二游走现象。即在进行无性繁殖时，菌丝先端的原生质和细胞核聚集起来，并形成一个横隔膜与菌丝其他部位隔离开，这个隔离开的部分逐渐膨大，形成棒状孢子囊。孢子囊成熟时，顶端开口，自开口处释放没有鞭毛的初生游动孢子，成群地集结在孔口，而不游动，处于静止状态，经过一段时期（15～45 min）的休止后，再萌发产生次生游动孢子。次生游动孢子呈肾形，在侧面凹处着生2条等长的鞭毛。在水中游动一段时间，再静止后萌发菌丝。与水霉属另有所不同的是，次生的孢子囊都出在老孢子囊基部以出芽方式产生，不以"屈出"方式形成新囊。有性世代形成卵孢子，藏卵器有或无小凹，许多种由单性生殖而来。生活史见图12-3。

2. 常见致病种的形态与繁殖特征

（1）两性绵霉（*Achlya bisexualis*）。外菌丝通常直而粗大，双叉状分支，雌性菌丝基部直径为30～70 μm。动孢子囊顶生或侧生，纺锤形或线形，直径为30～50 μm，长220～450 μm，新生的游动孢子从囊基部以出芽方式逸出，并在开口处形成空球状的花球。动孢子只有第二游走现象。厚垣孢子数量很多，形状多样，有月牙形、球形或梨

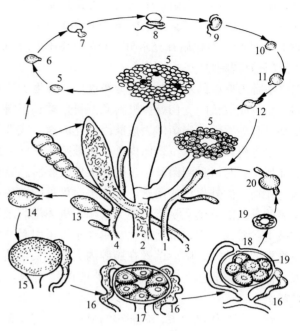

图12-3 绵霉属模式生活史
1. 外菌丝 2. 动孢子囊 3. 厚垣孢子及真菌丝 4. 产生雌、雄性器官的菌丝 5. 第一孢子（静止） 6～8. 第一动孢子萌发 9. 第一动孢子 10. 第二动孢子 11～12. 第二孢子萌发 13～14. 未成熟的藏卵器和雄器 15. 藏卵器中多数的核退化，存留的核分布在周缘 16. 成熟的雄器 17. 藏卵器中未成熟的卵球 18. 藏卵器中卵球已受精和卵孢子形成 19. 卵孢子 20. 卵孢子萌发
（仿倪达书）

形等，顶生或间生，单一或成串存在。藏卵器和雄器位于不同的菌丝上，藏卵器侧生或顶生，数量较多，球形或梨形，直径50～75 μm，卵壁光滑，在藏卵器附着处略现凹坑。藏卵器有柄，柄器粗而直。藏卵器内卵孢子不完全充满，一般5～12个，且不是每个卵孢子都能成熟，这是此种绵霉的特点之一。成熟的卵孢子偏中央型，直径17～20 μm。雄性菌丝较雌性菌丝粗壮，分支较少，基部直径36～105 μm。

（2）美洲绵霉（*Achlya americana*）。外菌丝纤长柔软而弯曲。游动孢子囊呈柱状，粗于菌丝，长25～368 μm，直径39～72 μm。新生的游动孢子囊总在老的游动孢子囊基部侧面芽生而出，即第一代的基部芽生第二代游动孢子囊，第二代的基部芽生第三代游动孢子囊。因此，在一根老的菌丝上通常具23个短枝，多的达到78个，形成总状花序的动孢子囊群。第一代游动孢子囊产生的动孢子数目要比后各代产生的多得多。藏卵器在动孢子囊的基部菌丝上长出，藏卵器和雄器同丝。藏卵器数量很多，具直而细长的柄，表面光滑，无明显的凹坑。卵孢子直径20～22 μm，偏中央型，数量4～8个。雄器仅稀疏绕在藏卵器上，有一芽管通入卵内。

（二）致病性、微生物学检查和防治

绵霉和水霉属一样能引起鱼类肤霉病，其最适繁殖温度为13～18 ℃，在此温度下，鱼

类若体表损伤均可感染发病。发育停止的鱼卵也可感染形成"太阳子"。其微生物学检查和防治与水霉属相同。我国早已用蛋黄粒从斗鱼、草鱼、鲤、鲫、黄颡鱼的卵上分离到前述致病性绵霉。但水产动物水霉病病原的种类、生存环境及菌株差异均很大,其药敏特性也各不相同,在养殖生产实践过程中对水霉病防治用药时,切不可盲目对症下药,必须在分离纯化病原的基础上,针对水霉病病原的药敏特性筛选有效药物。

三、丝囊霉属

丝囊霉属（Aphanomyces）属水霉科。广泛存在于水体,腐生生活。其中有些种类能引起水产动物疾病,主要寄生在鱼蟹等水生生物。

(一) 形态与繁殖

1. 形态与繁殖特征 丝囊霉属菌丝纤细,分支较稀疏。动孢子囊由不特化的菌丝形成,通常为长线形,动孢子在囊内成有规则的单行排列,短杆状,如火车轨道上一节节的车厢。动孢子自囊内逸出而不游散开,呈一串串葡萄堆集在动孢子出口处。动孢子只有第二游走现象。藏卵器在菌丝的基部生出,顶生或侧生,其内只有一个卵孢子。雄器由附近的菌丝产生,很纤细,当与藏卵器接触后缠绕较甚。

2. 常见致病种的特征

（1）杀鱼丝囊霉（Aphanomyces pisiciidia）。动孢子囊的基部都无隔膜,其形态单一、直径相同、纤细,通常长 $20\sim40~\mu m$,游动孢子为球形,直径一般为 $8\sim9~\mu m$,在动孢子囊内排成一列,逸出时,在动孢子囊顶口形成长形的休眠孢子,以后变圆。没有发现有性生殖器。在患部组织的菌丝,其直径为 $11\sim26~\mu m$,无横隔,形态不太整齐,多为波浪形的分支菌丝。菌丝内很多部分无原生质,呈空洞状。有时在病灶内形成许多小于 1 mm 的菌丝块。

（2）平滑丝囊霉（Aphanomyces laevis）。外菌丝纤细,直径为 $5\sim7.5~\mu m$,有稀疏分支。动孢子囊由不经特化的外菌丝形成,一般细长,次生的孢子囊不在老囊中再生,而是在老囊基部芽生出来。动孢子作单行有规则的排列,短杆状,似节节排列的火车厢,节数 $8\sim46$ 节,每节 $9.5\sim26~\mu m$,一般为 $16~\mu m$。成熟的动孢子由囊的顶端一个接一个地逸出,不散开,在囊口变圆形成第一孢孢子,集结在一起成葡萄串状,孢子直径为 $9\sim10~\mu m$。藏卵器长在侧枝上,球形,器壁光滑,无凹孔纹和突起。只有一个卵孢子,直径 $18\sim24\mu$,偏中央型。发达的雄器缠绕在藏卵器上。由同丝或异枝产生。

(二) 生长特性

杀鱼丝囊霉在普通真菌培养基（如沙氏琼脂、察氏琼脂、Mycoses 琼脂和添加了 5% 马血清的这些培养基）上不生长,需用鱼肉浸液琼脂培养基或葡萄糖酵母（GY）培养基（1% 葡萄糖、0.25% 酵母浸膏、1.5% 琼脂）培养。生长适宜温度 $15\sim30~℃$,pH $5\sim9$。

平滑丝囊霉自然状况下为腐生性的,也可寄生在硅藻和鼓藻的细胞内。人工培养可用死鱼卵。

(三) 致病性

杀鱼丝囊霉主要侵害鱼的躯干肌肉。铜吻鳞鳃太阳鱼、鲫、金鱼、香鱼等均有易感性,但鳗鲡、泥鳅、鲇和鲤不易感。最初,病鱼体表皮肤上一处或多处有出血点,并脓肿。不久隆起的皮肤有出血斑,随后皮肤肿胀、崩溃,露出下部肌肉形成红色的肉芽肿。其症状与弧菌病的症状相似,但本病患病鱼病灶内有菌丝体,做病灶组织压片观察即可区别。其肉芽肿是类上皮细胞侵入肌肉的菌丝体而形成的。

平滑丝囊霉可引起鱼的肤霉病。我国在草鱼、鲢、鳙和金鱼的死卵上和患有水霉病的病鱼的体表上均已找到该种霉菌，此外还发现了涡旋丝囊霉（Aphanomyces helicoides）、星芒丝囊霉（Aphanomyces stellatus）、粗壁丝囊霉（Aphanomyces scaber）和新种厚壁丝囊霉（Aphanomyces crassus nov）等种类，它们的基本特性与平滑丝囊霉相似。Baran等报道了一种真菌 Aphanomyces astaci，其在欧洲和土耳其的危害较大，寄主有信号小龙虾、克氏原虾蛄与利莫斯螯虾等。该真菌通常开始侵入腹部下面未硬化的软角质层，菌丝迅速生长穿过角质层，达到体腔内部，造成欧洲小龙虾在 6～10 d 死亡。菌丝延伸到水中，并且产生移动游孢子，感染其他小龙虾。

（四）微生物学检查

1. 镜检 用患部组织做压片，用显微镜观察霉菌特征。

2. 分离培养 取患部组织接种于添加了大麻籽的 GY 液体培养基中，25 ℃培养 7 d，可见到有缠绕大麻籽的菌丝形成，将其移植到灭菌的自来水中，继续培养 2～3 d，则有孢子形成。用显微镜检查其菌丝与繁殖特性，即可判定丝囊霉种类。我国有人用草鱼尾柄作培养基，观察到平滑丝囊霉菌丝，但未发现有性器官。

3. 致病性检查 用培养的杀鱼丝囊霉菌丝植入易感鱼躯干部肌肉内，可引起与自然发病相同的肉芽肿，但经口感染不形成此病变。

（五）防治

尚无有效的预防和治疗方法。

四、鳃霉属

鳃霉属（Branchiomyces）是鲤科鱼类和其他淡水鱼类鳃霉病的病原。Grimaldi 等（1973）根据琼脂扩散试验结果，将其归属为水霉目。最近 Liu K. C. 等对鳃霉的无性繁殖的超微结构观察，发现其动孢子囊内的动孢子具有两根鞭毛及动孢子囊形成情况，进一步将其列入水霉科中的鳃霉属。

（一）形态及繁殖特征

1. 形态及繁殖特征 菌丝纤细、无横隔、有分支、弯曲，菌丝直径 6～25 μm，因部位不同而变化较大。动孢子囊与菌丝的粗细相当，菌丝内局部或全部均可形成孢子，孢子数量很多，成熟的动孢子呈球形，具两根等长的鞭毛，单行或多行在囊内排列。关于其具两游现象和有性生殖情况尚无详细报道。

2. 常见致病鳃霉的特征 从我国鲤科鱼类和其他淡水鱼类感染的鳃霉的菌丝形态结构和寄生情况来看，致病种类主要有血鳃霉和穿移鳃霉两种不同的类型。

（1）血鳃霉（B. sanguinis）。寄生在鱼鳃上的菌丝直而粗壮，分支少，通常单支蔓延生长，只寄生在鳃的血管内，不向鳃外生长。幼期菌丝粗短，分支较多，直径多数为 13.8～20.7 μm，有的达 20～25 μm，动孢子囊由菌丝局部形成，稍粗于菌丝直径，其大小、长短变动较大。动孢子较大，成熟的动孢子一般为圆形，着两根等长的鞭毛。孢子直径为 7.4～9.6 μm，平均 8 μm，细长的菌丝只形成单行的动孢子，粗的菌丝有 2～3 行或更多行的动孢子。我国已从草鱼、青鱼和鳗鲡鳃上分离到此种鳃霉。

（2）穿移鳃霉（B. demigrans）。菌丝纤细繁复，分支特别多，常弯曲成网状分支，沿鳃血管伸展或从鳃组织向外生长，纵横交错，布满鳃丝和鳃小片。菌丝直径多为 6.6~21.6 μm，菌丝壁厚 0.5~0.7 μm。动孢子囊的形成部位几乎占整个菌丝，属全菌丝产孢子方式，即在无性生殖期间生殖菌丝和营养菌丝没有区别。动孢子较小，直径为 4.8~8.4 μm。我国从青鱼、鳙、鲮和黄颡鱼鳃上观察到此种鳃霉。

(二) 病原性

鳃霉属为寄生菌。草鱼、青鱼、鳙、鲮、黄颡鱼、银鲴等对鳃霉具有易感性，出现以鳃组织梗塞性坏死为特征的烂鳃病。其中鲮鱼苗最为易感，发病率高，死亡率达 70%~90%。我国南方各省均有流行。国外报道，血鳃霉主要感染鲤科鱼类（如丁鲅）和鳗鲡等淡水鱼。穿移鳃霉主感染白斑狗鱼和丁鲅。鳃霉通过菌丝产生大量孢子，孢子与鳃直接接触而附着于鳃上，生长为菌丝。菌丝向内不断延伸，钻入鳃血管内生长发育，引起血管堵塞，血流受阻，甚至导致出血和组织坏死；与此同时，菌丝可侵入血管外的鳃瓣上皮组织，引起上皮组织增生，鳃瓣肿大、粘连等。穿移鳃霉的菌丝可在血管内大量繁殖，穿破血管，并向鳃外组织伸展，而破坏鳃瓣上皮组织。但血鳃霉只在血管内生长，而不引起血管和上皮组织的破坏。患鳃霉病鱼鳃呈苍白色，严重时鳃丝溃烂缺损，导致呼吸困难、游动缓慢、失去食欲。该病主要发生于热天，流行高峰季节为 5~10 月份，往往呈急性病，1~2 d 内突然暴发，出现大量死亡，尤其在水质不良、池底老化、水中有机质突然增多的养殖池容易发生。

(三) 微生物学检查

取病鱼鳃组织压片，显微镜观察发现鳃丝内具粗大的分支菌丝，且菌丝内有较多孢子即可诊断。

(四) 防治

本病重在预防，尤其是防止从国外传入，我国将其列为进出境动物检疫的二类传染病。放鱼前清除池中过多淤泥，并用生石灰或漂白粉消毒。在疾病流行季节，定期灌注新水，保持水质清新，溶氧充足，养殖水温 20 ℃以上。发病时应迅速清除死鱼，注入新水可减轻或控制病情。

五、镰刀菌属

镰刀菌属（Fusarium）属半知菌亚门（Deuteromycotina）、丝孢纲（Hyphomycetes）、瘤座孢目（Tuber culariales）、瘤座孢科（Tuber culariaceue）。在自然界广泛分布，种类很多，有些种类是人、动物和昆虫的病原菌；有些种类可侵染多种作物，引起病害；有些种类存在于粮食和饲料中，使其霉坏变质，产生多种对人和动物健康威胁极大的镰刀菌毒素，引发中毒；一些种类寄生于对虾和鱼类，是对虾、鱼类镰刀菌病的病原。

(一) 形态及繁殖特征

菌丝体比较直而少弯曲，具树叉状分支，半透明，不具横隔，直径 2.2~4.5 μm。繁殖方法主要以形成分生孢子的方式进行，分为小分生孢子和大分生孢子。小分生孢子呈卵圆形或椭圆形，无横隔或有时有 1 个横隔，长 4~13 μm。大分生孢子近镰刀形或新月形，有 1~7 个横隔，多数为 3 个横隔，长 17~45 μm。外界环境不良时，分生孢子还以厚垣孢子的形式出现，厚垣孢子通常位于菌丝的末端，少数在中间，呈圆形或椭圆形，有时 4~5 个连在一起，成串珠状。单个直径 7~12 μm。镰刀菌的孢子形态见图 12-4。有些镰刀菌具有有性繁殖器官，即产生闭囊壳，其内含有子囊及 8 个子囊孢子。

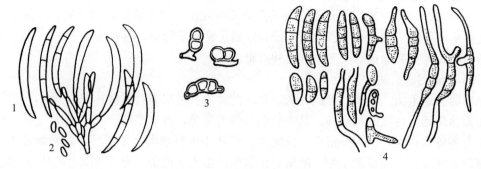

图 12-4 腐皮镰刀菌的大分生孢子
1. 大分生孢子 2. 小分生孢子 3. 厚垣孢子 4. 发芽
(仿 Booth)

我国从对虾已分离到镰刀菌的四种致病种类。即寄生于各种对虾、美洲龙虾及淡水罗氏沼虾的腐皮镰刀菌（F.salani）、三线镰刀菌（F.tricinctum）、禾谷镰刀菌（F.graminearum）和尖孢镰刀菌（F.oxysporum）。它们的形态特征比较见表 12-4。

表 12-4 虾类四种寄生性镰刀菌的形态特征比较

形态特征	腐皮镰刀菌	三线镰刀菌	禾谷镰刀菌	尖孢镰刀菌
大分生孢子隔数	2~5，多数为3	3~5，多数为3	3~7，多数为5	2~3，多数为3
小分生孢子	椭圆形、卵形	梨形、棒形	无	卵形、纺锤形
小分生孢子颜色	黄褐色	淡橘红色	褐色	紫色
产小孢子梗	单出瓶状小梗	单出瓶状小梗	单出瓶状小梗	单出瓶状小梗

黄文芳等（1995）报道，在大口黑鲈皮肤溃烂病灶上分离一株镰刀菌，经鉴定初步认为是一株镰状镰刀菌（F.fusarioides）。菌丝为分支分隔多细胞菌丝，直径大小为 2.3~5.2 μm，具大型分生孢子，弯曲呈纺锤形或镰刀形。在气生菌丝的侧生单出瓶状小梗上长出大分生孢子，少数长出两个大分生孢子；小型分生孢子呈椭圆形或棍棒形；厚垣孢子出现在菌丝中间或顶端，单生或串生，圆形或椭圆形，表面光滑。在马铃薯蔗糖琼脂（PSA）培养基上呈棉絮状菌丝，颜色从白色变为淡褐色，培养基的颜色从培养基本色变为黑褐色；在马铃薯葡萄糖琼脂（PDA）培养基上，菌丝颜色从白色变为黄色，培养基的颜色变为黄褐色。在 1%~6% 氯化钠浓度和 pH 在 6.4~9.86 的范围中生长发育最好。

（二）培养特性

镰刀菌的生长适温为 25℃，pH 在 4~11 范围均能生长，最适 pH 为 5~10。最适氯化钠浓度为 0%~5%，增加浓度有抑制作用，氯化钠浓度达 11% 时完全不能发育。在麦芽膏琼脂（MA）平板上的菌落最初呈浅褐色，以后中央变为深褐色，边缘浅褐色，由于色素扩散，菌落周围及下部的培养基呈深褐色。菌落为圆形，平坦，中部稍隆起，出现白色棉絮状的气生菌丝。在老培养物中，气生菌丝常形成围绕中心的圆环，表面有白色细粉末，这是由于成熟的分生孢子从气生菌丝中产生的缘故。分生孢子对不良环境的抵抗力强，在无菌海水中，-5℃可存活 150 d，25℃存活 300 d，35℃存活 180 d，在室外自然干燥条件下存活 140 d。

(三) 病原性

日本对虾、中国对虾、罗氏沼虾和龙虾等对镰刀菌均具有易感性。镰刀菌主要寄生在鳃组织内，也寄生在附肢基部、体壁和眼球上。发病初期，鳃、附肢、体表等部位出现浅黄色或橘红色斑块，随着病情发展，色斑变为浅褐色，鳃产生黑色素沉积，使鳃的外观呈点状或丝状黑色素条纹，严重时鳃呈黑色并发生溃烂，故称"黑鳃病"。病虾呼吸机能受阻，体色转暗，活力差，游动缓慢，反应迟钝，摄食减少，最后静卧池底而死亡。致死率高达90%以上。

(四) 微生物学检查

1. 镜检 取病虾的鳃等病变组织制成水浸片，置于显微镜下观察，看到有大量的镰刀菌的菌丝和分生孢子。有时可见到分生孢子逸生在鳃丝的顶端，呈花簇状排列。

2. 分离培养 取病灶材料接种于沙氏葡萄糖琼脂或加有双抗（青、链霉素）的其他普通真菌培养基，于适温下培养3~4 d，可见到大或小的分生孢子，同时菌落基部出现可扩散的色素，根据大、小分生孢子的形态，分隔及产生的颜色等对镰刀菌的种类做出鉴定。

(五) 防治

目前尚无理想治疗方法。主要是在早期进行预防，如池塘放养前用生石灰清塘。起捕、运输及日常管理时应细心操作，尽量避免虾体受到损伤。发病时，可试用三氯异氰尿酸全池泼洒，其最终浓度为0.3 mg/L。

六、链壶菌属

链壶菌属（*Lagenidium*）是虾、蟹、贝类链壶菌病（Lagenidialesosis）的主要病原。此外离壶菌属（*Siropidium*）和海壶菌属（*Haliphthoros*）也可引起本病。它们均属链壶菌目。

(一) 形态及繁殖特征

链壶菌菌丝分支，一般不分隔，弯曲，直径7.5~40 μm。菌丝成熟后，从菌丝上长出细长的排放管，排放管直线形，穿过虾、蟹外壳，伸到寄主体外，菌丝原生质流向末端而膨大，形成球形或椭圆形顶囊，在顶囊内形成许多具有2根鞭毛的游动孢子，成熟的游动孢子从顶囊逸出后，在水中游动一段时间，脱去鞭毛，形成休眠孢子，休眠孢子呈圆形，直径约10 μm，当遇到寄主后，就发芽长出新的菌丝。动孢子放出后，顶囊消失。链壶菌生活史见图12-5。离壶菌和海壶菌与链壶菌十分相似，其主要区别在于：①其游动孢子在菌丝体内形成，然后通过排放管端开孔直接排放于水中，不形成顶囊；②海壶菌的动孢子发育成菌丝的过程中具有多次游动、多次休眠及单型性（多次动孢子的形状均相同）的特点，而离壶菌的老菌丝的顶端会形成膨大的卵圆形构造，但不是顶囊。

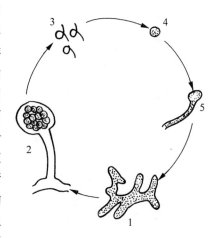

图12-5 链壶菌的生活史
1. 菌丝体 2. 成熟后由菌丝体长出排放管，放出管的顶端膨大成顶囊，在顶囊内形成许多动孢子 3. 动孢子从顶囊游出 4. 休眠孢子 5. 休眠孢子发芽成菌丝
（仿卞伯仲等）

(二) 生长特性

链壶菌在5~35 ℃，含盐0%~6%，pH 6~10时均可生长；适宜生长温度25~35 ℃，含盐0%~2%，

pH 6～10。离壶菌也与此相似。海壶菌在 2～35 ℃，含盐 0%～10%，pH 4～10 时均可生长；适宜生长温度 15～30 ℃，含盐 0%～3%，pH 6～10。

(三) 病原性

链壶菌等霉菌引起的链壶菌病在国内外均很常见，主要危害对虾、龙虾、蟹和贝类等的卵和幼体，尤以蚤状期和糠虾期最为严重。一旦感染发病，如不及时治疗，13 d 内可使全池幼体死亡。受感染的幼体游动不活泼，不摄食，趋光性差，身体逐渐变成灰白色，不透明，体质衰弱，不久便会死亡，死亡后的幼体体表也长出绒毛状的菌丝。被感染的卵体积变小，不透明，在橘黄色的蟹卵团块上生病的卵呈褐色，在黑色或褐色的蟹卵团块上生病的卵呈浅灰色，受感染的卵粒不能孵化。幼虾和成虾可以带菌而不出现任何症状，从而构成传染源，造成本病发生与发展。

(四) 微生物学检查

(1) 用显微镜检查被感染的卵或幼体，在疾病早期就可观察到有大量分支弯曲的菌丝寄生，严重时菌丝可穿出体表成绒毛状。病死后期菌丝充满组织，体表有成熟菌丝向体外伸出的排放管、顶囊等，即可作初步诊断。再根据菌丝形态、游动孢子形成方式、排放管的形态和顶囊等区别病原种类。

(2) 用 PYG 琼脂（蛋白胨葡萄糖酵母膏琼脂）或其他类似的霉菌培养基从病体分离培养致病真菌。

(五) 防治

(1) 用漂白粉对沉淀池、鱼苗池进行彻底消毒。

(2) 由于链壶菌等致病霉菌在死的卵或幼体上及有机质多的水中生长率特别快，因此，应及时清除已死的幼体和卵，注意调节水质，加强饲养管理，经常检查产卵亲体，一旦发现本病，立即全池泼洒制霉素，使池水成 60 mg/L 浓度，或遍洒亚甲蓝，浓度为 10～20 mg/L。

七、霍氏鱼醉菌

霍氏鱼醉菌（*Ichthyophonus hoferi*）属于虫霉目、虫霉科。该菌可引起虹鳟等鱼类的鱼醉菌病。

(一) 形态及繁殖特征

霍氏鱼醉菌的基本形态可分为两种，一种为厚壁多核球形体，直径数微米至 200 μm，有无结构或层状的膜包围，存在于感染鱼的组织中，内部有数十至数百个小的圆形核和颗粒状原生质，最外面由寄主的结缔组织膜包围，形成白色胞囊。另一种为多核菌丝球形体，胞囊破裂后，厚壁多核球形体发芽伸出短而粗，有时具分支的菌丝状体，细胞质向菌丝顶端移动，形成大量球形的内生孢子。

霍氏鱼醉菌的生活史在鱼体内和培养基上有所不同。在硬头鳟体内其生活史分为生长期、发芽前期、发芽和丝状体期、繁殖期四个阶段。丝状体的孢子壁较薄，多为两个细胞核。在生长期，丝状体孢子内部的核直接进行分裂，核的数目增加，细胞壁增厚，细胞体积变大，发育成具有 10～100 个核的多核球形体。这时，在幼龄病鱼上的多核球形体的直径为 20～125 μm，在当年病鱼上的为 40～140 μm。发育到一定大小的多核球形体进入发芽前期。此期有核增加和细胞质增多等的变化。随后，细胞形态也发生变化：原生质分离，形成伪足等。原生质膜原有的细胞壁，在原生质膜表面分泌形成一薄层新的细胞壁，细胞壁显著增厚。在发芽和丝状体期，细胞体突破原有的细胞壁，被新形成的薄的细胞壁所包裹而发芽。发芽的细胞体向外不断伸展，形成分支状、无隔的菌丝样丝状体。随着丝状体的伸展，细胞体移动到丝状体内，球形体变成中空状态。进入繁殖期，位于丝状体内的细胞体开始分裂，形成具有 2～10 个核并被薄层细胞壁所包裹的丝状体孢子（也称内生孢子）。这些丝状体孢子待丝状体尖端破裂或丝状体全部崩解时，释放到组织内（图 12-6）。

在 pH 9 的 MEM-10 培养基中，厚壁多核球形体发芽，形成直径为 20 μm 的菌丝体。菌丝体分成两个分支（少数情况形成四个分支），并逐渐延伸、扩展。当菌丝体的长度达 200～300 μm 时，细胞质向菌丝顶端移动，不断形成并释放出直径为 2～5 μm 的单核和多核球形体。

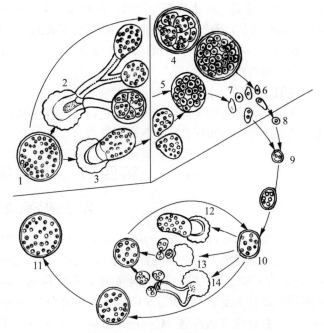

图 12-6 鱼醉菌的生活史
1～3. 病鱼死后，鱼醉菌在鱼体内发育　4～7. 被鱼摄食后受消化液影响进行发育　8～10. 侵入鱼体组织后的发育
11～14. 球形合胞体原生质团的几种发育方式
（仿 Dorier 和 Degrange）

每根菌丝可释放出 300 个左右。释放出来的球形体体积逐渐增大，核分裂成多核，变成厚壁多核球形体。但在 pH 7 的 MEM-10 培养基中，菌丝体形成的单核和多核球形体不释放，而集中在菌丝体内。在 pH 3～5 的 MEM-10 培养基和 pH 7 的 TGC-1 培养基中形成的菌丝体较细，直径为 10～20 μm。菌丝体可不断分支生长，直到环境条件不适宜时停止生长，在每根分支上的顶端形成多核菌丝球形体，并与菌丝体分离。在 pH 3～5 的 MEM-10 培养基中形成的多核菌丝球形体，重新移植到 pH 7 和 9 的 MEM-10 培养基中繁殖时，不形成菌丝体，而变成能运动的阿米巴样体或疟原虫样体。这两种形式均不能继续繁殖而死亡。

（二）致病性

虹鳟、红点鲑、鲱、鳕、鲭、鲐、各种热带鱼及野生海水鱼等对霍氏鱼醉菌都具有易感性。感染途径，一种是通过摄食病鱼或病鱼内脏而引起；另一种为游离的厚壁多核球形体直接或间接地被鱼摄食后而引起感染。霍氏鱼醉菌对组织器官无特殊的选择性，可寄生在肝、肾、脾、心脏、神经系统、胃、肠、生殖腺、肌肉和骨骼等处。而且，因寄生部位的不同，引起的症状也有所不同。其寄生处均形成大小不同、数量很多的灰白色结节。例如，当鱼类神经系统受侵袭时，病鱼失去平衡，游动摇晃，运动不正常，因此得名"醉酒病"。该菌侵袭肝脏时，可引起肝肿大，肝脏颜色变淡，并引起周围组织的急剧变化。侵袭生殖腺，则会失去生殖能力。

（三）微生物学检查

1. 镜检　取病变各脏器尤其是肾脏，制作压片，镜检有无厚壁多核球形体。

2. 培养检查 取小块病变组织，接种至含1%～10%的虹鳟和鲤血清的TGC培养基或MEM培养基上，若发现厚壁多核球形体发芽成菌丝。则可确诊。也可培养于含1%牛血清的沙氏琼脂斜面上，在10 ℃的最适温度下培养7～10 d，可见到有大量菌落，经镜检发现霍氏鱼醉菌时，则可确诊。

（四）防治

本病尚无有效治疗方法。主要是进行一般性预防，如对发病池进行干池、曝晒及消毒处理。及时清除病鱼和死鱼，加强饲料管理，不用病鱼和死鱼作饲料，防止病从口入。

第四节 致病病毒

一、异样疱疹病毒科

异样疱疹病毒科（*Alloherpesviridae*）病毒颗粒呈球形，有多层衣壳，呈二十面体对称，衣壳外有囊膜。病毒颗粒直径为100～200 nm，病毒核酸为双链DNA，其中G+C含量为33%～74%。该科主要危害鱼和蛙类，是疱疹病毒目中基因组最大的一科，可达295 kb。在国际病毒分类委员会（ICTV）第九次病毒分类报告中，该科新增蛙疱疹病毒属（*Batachoviyus*）、鲤疱疹病毒属（*Cyprinivirus*）、鲑疱疹病毒属（*Salmonivirus*）3属，原来未归入科的鲖疱疹病毒属（*Ictalurivirus*）也归为该科，共4属。

（一）鲤疱疹病毒

鲤疱疹病毒（*Herpesrirus carprini*）是鲤痘疮病（carp pox disease）的病原，属于异样疱疹病毒科、鲤疱疹病毒属。此病发现于16世纪，1964年Schubert从病鱼表皮中分离获得，经电子显微镜证实病原是一种疱疹病毒。1984年，Sano等用鲤上皮瘤细胞（ECP）分离培养成功。鲤疱疹病毒属包含有感染鲤的鲤疱疹病毒1型、2型和3型（CyHV-1、CyHV-2和CyHV-3），以及感染淡水鳗鲡的鳗疱疹病毒1型。

1. 形态结构 病毒颗粒有囊膜，直径为190 nm。囊膜上有纤突，其长为20.5 nm。衣壳直径113 nm。

2. 培养特性 本病毒可在FHM、EPC、MCT、CE-1细胞中增殖。在FHM和MCT细胞上产生细胞病变。被感染的FHM细胞开始出现空泡。5 d后，细胞变圆，最后从瓶壁上脱落。细胞核内可形成形状不规则的A型包涵体。在MCT细胞中，被感染细胞发暗，细胞变圆，最后萎缩，但不脱壁。

3. 抵抗力 本病毒对酸（pH 3）、热（50 ℃、30 min）和5-碘-2-脱氧尿苷（IUdR）均敏感。

4. 病原性 鲤痘疮病是鲤、丁鲅、拟鲤、锦鲤、金鱼、鲫和银鲫等鲤科鱼的一种表皮肿瘤病。肿瘤发生于头部、躯干、尾部等处的皮肤，病初体表出现乳白色小斑点。随着病情发展，白色斑点增厚而成石蜡状增生物，形如痘疮，因此称之为痘疮病。病鱼在清水或者流水中饲养一段时间，体表的增生物会逐渐脱落。一般在秋季至冬初或春季，水温为14～18 ℃发展较快，高于18 ℃痘疮消失，低于10 ℃发展较慢。痘疮并不会直接导致死亡，但是初春时鱼体上长满痘疮，会使鱼体体能消耗过大，拖累而死。将分离的病毒人工接种鲤，15 ℃饲养5个月后，试验鱼出现与自然鱼发病相同的肿瘤症状。

5. 微生物学检查 可采用FHM细胞进行病毒分离或用荧光抗体技术进行快速诊断。

6. 防治 ①用 150 kg/亩生石灰彻底清塘。②对鱼苗要严格把关,杜绝购进发病区域的苗种。③保持水体充足的溶解氧。④定期使用消毒药物全池泼洒。

(二) 鲑疱疹病毒

鲑疱疹病毒(*Herpesvirus salmonis*, HS)是鲑科鱼疱疹病毒传染病的病原,于 1951 年在美国产卵后发病的虹鳟亲鱼中发现并分离。1975 年 Wolf 等将其命名为鲑疱疹病毒,属于异样疱疹病毒科(*Alloherpesviridae*)、鲑疱疹病毒属(*Salmonivirus*)。

1. 形态结构 具囊膜,大小 150 nm,衣壳直径为 90~95 nm,由 162 个质粒组成。病毒核酸为双链 DNA,在氯化铯中的浮力密度是 1.709 g/cm^3,G+C 含量 50%。无血凝性,不凝集人的 O 型红细胞。

2. 培养特性 本病毒可在 RTG-2、RTT、RTH、RTE、STE、CHSE-214、SE、YNE、CHE-1、HIME、ASE、As-6、KO-6 细胞中增殖,但不能在 FHM、BB、BF-2、EK-1、EO-2 细胞中繁殖。被感染细胞融合,形成多核巨细胞,本病毒在宿主细胞核内形成包涵体。最适增殖温度为 10 ℃。

3. 抵抗力 对乙醚、氯仿、酸敏感,在 pH 3 以下失活。与温血动物的疱疹病毒不同,其对热极为敏感,在 20 ℃以上,迅速失活。

4. 抗原性 与马苏大麻哈鱼病毒在血清学上无交叉中和反应。

5. 病原性 虹鳟和红大麻哈鱼对本病毒易感,大西洋鲑、河鳟、溪鳟等无感受性。

人工浸渍感染尚未成功。腹腔注射虹鳟幼鱼,于 10 ℃下 2~4 周后开始发病。其症状表现为厌食、昏睡、体表发黑、眼睛突出。病理剖检可见肝脏、脾脏出血坏死,肾脏造血组织增生出血坏死。死亡率达 50%~70%。自然发病者见于产卵后的虹鳟亲鱼,其死亡率为 30%~50%。

6. 微生物学检查

(1) 病毒分离。可采用 RTG-2 等鲑鳟鱼类细胞培养,其可形成细胞融合等特征性的细胞病变。但在对其他病毒易感的 FHM 细胞上不增殖。

(2) 血清学检查。用特异性抗血清与分离病毒进行中和试验。

7. 防治 消毒鱼卵以及把水温提高到 15 ℃,可以防止本病暴发。尚无疫苗。

(三) 马苏大麻哈鱼病毒

马苏大麻哈鱼病毒(*Oncorhynchus masou* herpesvirus 或 *Oncorhynchus masou* virus,OMV)属异样疱疹病毒科、鲑病毒属,由木村等(1978)从日本北海道的马苏大麻哈鱼亲鱼中分离。

1. 形态结构 本病毒囊膜直径为 200~240 nm,衣壳直径为 115 nm。核酸为双链 DNA。

2. 培养特性 本病毒可在 RTG-2、RTT、RTH、RTE、STE、CHSE-214、SE、YNE、CHE-1、HIME、ASE、As-6、KO-6 细胞中增殖,但不能在 FHM、BB、EPC、SBK、EK-1、EO-2 细胞中繁殖。细胞病变与鲑疱疹病毒相同,适宜增殖温度为 10~15 ℃。

3. 抵抗力 在宿主细胞外的马苏大麻哈鱼病毒,于-20 ℃保存 17 d,99.9%失去活性;在 15 ℃以上,则完全失活。而在-80 ℃十分稳定,可保存 1 年。磷酸乙酯等抗疱疹病毒制剂可抑制其增殖。

4. 抗原性 本病毒与红大麻哈鱼疱疹病毒有交叉中和反应。

5. 病原性　本病毒与鱼病的关系尚不清楚，但人工接种可感染虹鳟、红大麻哈鱼、马苏大麻哈鱼、鲑、细鳞大麻哈鱼。浸渍感染鲑幼鱼，在10℃下2～3周后，试验鱼开始发病。3～5月龄幼鱼的死亡率达80%以上。病变表现为肝脏重度坏死，肝细胞巨细胞化，脾脏坏死，心肌水肿。试验耐过鱼在4个月后，以头部为主出现肿瘤病变。到第8个月，60%以上试验耐过鱼可见到肿瘤。

6. 微生物学检查和防治　同鲑疱疹病毒。

（四）红大麻哈鱼疱疹病毒

红大麻哈鱼疱疹病毒是Sano（1976）从日本的红大麻哈鱼幼鱼中分离到的一种疱疹病毒，其命名为Nerka Virus in Towada Lake，简称NeVTA。属于异样疱疹病毒科、鲑病毒属（*Salmonivirus*）。

1. 形态结构　囊膜直径为200～250 nm，衣壳直径115 nm。核酸为双链DNA。

2. 培养特性　本病毒可在CHSE、RTG-2、STE、BTG、BB细胞中增殖，感染可达到$10^{4.5}$ $TCID_{50}$/mL。细胞病变特点与鲑疱疹病毒相似。在细胞核和细胞质内均可形成包涵体。最适增殖温度为10℃。无血凝素。

3. 抵抗力　与鲑疱疹病毒相似。

4. 抗原性　本病毒可被抗马苏大麻哈鱼病毒血清中和。

5. 病原性　虹鳟和红大麻哈鱼对本病毒易感，其中幼鱼的易感性较强。腹腔注射接种虹鳟幼鱼，于10℃下1周后，试验鱼发病，死亡率达57%。病变特点为肝脏水肿和坏死，肾淋巴细胞巨细胞化，并有包涵体形成。

6. 微生物学检查和防治　参照鲑疱疹病毒。

（五）鲴疱疹病毒

鲴疱疹病毒（ictalurid herpesvirus，IcHV或者channel catfish virus，CCV）属于异样疱疹病毒科、鲴疱疹病毒属（*Icaturivirus*），可引起斑点叉尾鲴幼鱼群暴发死亡率很高的急性致死性传染病。1968年，Fijan首次分离出病原。1971年，Wolf等根据形态学特征鉴定为疱疹病毒。目前本病还只流行于北美洲，我国尚无CCV的报道。斑点叉尾鲴疱疹病毒IcHV-1型是鲴疱疹病毒属的代表种，是首个已知全基因组顺序的鱼类疱疹病毒。

1. 形态与结构　病毒衣壳呈二十面体对称，直径95～105 nm，壳粒数162。在细胞外或细胞质空泡、核膜上的病毒粒子有囊膜包裹，大小为170～200 nm。核酸为DNA，沉降系数为53 S，相对分子质量为$8.5×10^7$，其中G+C含量是26%。病毒颗粒的浮力密度（氯化铯中）为1.7/cm³。

2. 培养特性　BB细胞适用于本病毒的培养。病毒在核内增殖，核变成嗜碱性，染色质着边，并在核内形成包涵体。随后细胞核发生退行性变化、崩解。最后，整个细胞也崩解，形成空斑。一般在30℃培养40 h左右，形成较明显的空斑。增殖温度10～33℃，最适温度为25℃，37℃不增殖，在RTG-2细胞、FHM细胞和BF-2细胞中不产生细胞病变，形成不具有感染性的病毒粒子。

3. 抵抗力　不耐热，对脂溶剂敏感。鱼体内的病毒在-20℃或-80℃时感染力长时间不变；而22℃放置3 d，则失去活性。不过，在水温为25℃的清洁水中，病毒的感染力仍可维持数周。

4. 病原性　本病毒只感染斑点叉尾鲴，尤其是1周至6月龄的幼鱼，8月龄后则很少发病。野种鱼较人工饲养更易感。白叉尾鮰、长鳍叉尾鮰、短棘鮰等则无易感性。临床症状为病鱼表现嗜睡、打旋或水中垂直悬挂,然后沉入水中死亡。病鱼眼突出体表发黑,鳃发白,鳍条和肌肉出血,腹部膨大,解剖后可见到体内有黄色渗出物,肝、肾出血或肿大。肾管和肾间组织广泛性坏死。病毒通过水传播,经口侵入鱼体。人工接种感染时,病毒最初侵害肾脏,然后是肠和肝脏。最后侵害神经系统。病毒在这些脏器中的细胞内增殖后形成包涵体,引起各脏器的出血和坏死。病鱼呈异常的游泳姿势。本病发生于夏季,最适水温 25 ℃,死亡率可高达 90%～100%。在 20 ℃时潜伏期为 10 d,30 ℃时可缩短为 2～3 d。

5. 微生物学检查

(1) 病毒分离。取病料接种于 BB 细胞或 CCO 细胞于 30 ℃培养。检查细胞病变特点。用中和试验或荧光抗体技术鉴定分离病毒。

(2) 血清学检查。在天然情况下受感染鱼群 1 年后都能产生中和抗体,可用免疫荧光抗体技术等技术进行检测,诊断带毒鱼。

此外,斑点叉尾鮰病毒的特异性 DNA 探针也可用于检测成年斑点叉尾鮰组织中的病毒。

6. 防治 消毒和检疫是最有效的方法。将水温降到 18 ℃以下,可控制此病发生。使用减毒苗接种,能使 97%的斑点叉尾鮰获得保护性免疫。

(六) 蛙疱疹病毒

蛙疱疹病毒 (ranid herpesvirus, RaHV) 属异样疱疹病毒科、蛙疱疹病毒属 (*Batachoviyus*),引起豹蛙 (*Rana pipiens*) 的肾腺癌,1964 年于北美地区发现。从自然发生肾腺肿瘤的个体中,于早春 (水温 2～7 ℃) 易于分离到此病毒。

1. 形态与结构 病毒衣壳呈二十面体对称,病毒粒子直径为 160～240 nm。目前发现有 RaHV-1 和 RaHV-2 两型,基因组大小分别为 221 kbp 和 and 232 kbp,分别包含 132 个和 147 个多肽。

2. 培养特性 可在 ICR-2A、KERS、FHM、LC-1 等细胞株中大量地增殖,并显有细胞变性效果。培养最适温度为 25 ℃。

3. 抵抗力 不耐热。在 37 ℃下 1 h 或者 56 ℃下 15 min,则失去活性。在 4 ℃病毒活性可维持 10～42 d。

4. 微生物学检查 利用 RT-PCR 技术检测病毒的基因,细胞培养观察细胞病变特征。

5. 防治 尚无有效的方法。

二、疱疹病毒科

疱疹病毒科 (*Herpesviridae*) 主要感染哺乳动物、鸟类和爬行类。当病毒感染后,其核酸可整合到宿主细胞基因中去,而潜伏下来。当受到外界因素刺激时被激活,重新开始增殖,引起明显的临床症状。有些病毒能使宿主细胞发生癌变。哺乳动物、鸟类和禽类的疱疹病毒种类多样,从水生动物分离的疱疹病毒尚未划分到亚科,与鱼病有关的目前仅有 1 种,即海龟纤维乳头瘤相关疱疹病毒 (chelonia fibropapilloma-associated herpesvirus, CFPHV),旧称龟纤维乳头瘤相关疱疹病毒 (fibropapillomatosis-associated of turtle herpesvirus, FPTHV),1991 年由 Jacobson 从绿海龟中首次分离。在 ICTV 第九次病毒分类报告中,将之归于 α 疱疹病毒亚科,未定种属的成员,目前主要有海龟疱疹病毒 5 型。

1. 形态结构 裸的病毒颗粒，直径为 50 nm 左右，形状为椭圆，位于感染细胞的核内，外形酷似乳多空病毒。

2. 培养特性 借助细胞培养技术，对来自患有纤维乳头瘤的绿海龟的 13 种组织（脑、肾、肺、脾、心、肝、胆囊、膀胱、胰腺、精巢、皮肤、眶膜以及肿瘤）进行了原代培养和传代培养，测定了病龟上述组织的培养物对不同鱼类病毒的敏感性。经制备超薄切片和电镜观察，在来自病龟的肺、精巢、眶膜和肿瘤组织体外传代培养物中，检出小的、裸露的核内病毒颗粒，表明这些细胞可用于进行海龟病毒的体外培养。

3. 病毒分型 CFPHV 的基因组序列全长 23 kb，通过与单纯疱疹病毒（herpes simplex virus，HSV）相应基因区序列（UL23 至 UL36）的比较，显示 FPTHV 为 α 疱疹病毒亚科成员。对来自大西洋和太平洋等 7 个不同地理位置的绿海龟、红海龟和丽龟中的 9 株 CFPHV 进行序列比较，显示 UL27、UL30 和 UL34 基因的开放阅读框序列具有高度保守性。对来自不同海域的海龟，如佛罗里达西部中央海岸、佛罗里达群岛/海湾和印度河礁湖的绿海龟、端海龟及大西洋丽龟等样品进行分子流行病学调查，发现 CFPHV 存在 A、B、C 和 D 四种基因型。

4. 抵抗力 未知。

5. 抗原性 本病毒可被抗纤维乳头瘤相关疱疹病毒的血清中和。

6. 病原性 本病毒可感染海龟科的所有种。

7. 微生物学检查 ①病毒分离。可采用绿海龟的原代细胞培养，其可形成瘤状聚集体的细胞病变。②组织病理切片。苏木精-伊红（H-E）染色法检测病理切片。③PCR 检测 CFPHV 的存在，RT-PCR 检测 FPTHV DNA 的含量。

8. 防治 阿昔洛韦可抑制病毒的复制。

三、虹彩病毒科

虹彩病毒科（Iridoviridae）病毒颗粒呈球形，直径 130～300 nm，呈二十面体对称。核酸为双链 DNA。有些病毒有囊膜，在细胞内增殖。本病毒分成 5 个属，即虹彩病毒属（Iridovirus）、绿虹彩病毒属（Chloriridovirus）、淋巴囊肿病毒属（Lymphocystisvirus）、蛙病毒属（Ranavirus）和细胞肿大病毒属（Megalocytivirus）。前两者仅感染昆虫等无脊椎动物，后三者主要感染鱼、蛙、鳖等低等脊椎动物。我们着重讲一些和鱼类疾病有关的病毒。

（一）淋巴囊肿病毒

淋巴囊肿病毒（lymphocystis virus，LV）是淋巴囊肿病的病原，此病在世界各地的海水鱼或淡水鱼中都有发生。

1. 形态和结构 病毒为正二十面体立体对称。从不同宿主分离的病毒其大小有些差异，小的 130～150 nm，大的 240～260 nm，核酸为 DNA。从铜吻鳞鳃太阳鱼分离的 LV 大小平均为 250 nm，病毒粒子顶点有宽 4 nm，长 200～300 nm 的丝状物。

2. 培养特性 从铜吻鳞鳃太阳鱼分离的 LV 能在 BF-2 细胞和 LBF-2 细胞上增殖，最适温度为 25 ℃，并产生特征性的细胞变异。

3. 抵抗力 本病毒对乙醚、甘油敏感，-20 ℃ 冻存可保持较长时间。

4. 病原性 本病毒可引起 34 个科的 140 多种海水鱼和淡水鱼感染发病。主要通过水传播，侵害鱼的皮肤细胞。另外外部寄生虫也可能是传播媒介。一般在夏季高水温时期发病，水温下降时则逐渐消失。在养殖的真鲷中没有季节性。病毒侵入皮肤的结缔组织细胞，使其增大呈水疱样，因此称之为淋巴囊肿细胞。这些淋巴囊肿细胞在头部、躯干尾部、鳍等皮肤上散在或堆聚一起，使鱼体呈银白色。鰤的淋巴囊肿细胞多散在，其黑色素细胞又较发达，因此外观呈黑点状，称之为黑点病。本病不影响鱼的活动，数月后鱼可自愈。

5. 微生物学检查 可用 BF-2 细胞作病毒分离或用电镜观察诊断。

6. 防治 尚无有效防治措施。

(二) 传染性脾肾坏死病毒

传染性脾肾坏死病毒 (infectious spleen and kidney necrosis virus，ISKNV) 于 1998 年从鳜中分离出来。该病毒是造成鳜、美国红鱼等名贵水产鱼类大批死亡的重要病原之一，造成了严重的经济损失。吴淑勤等发现直径为 150 nm 的球型病毒，并认为是鳜暴发性传染病的主要病原。何建国等进一步证明了该病毒的病原性，认为可能是一种虹彩病毒，并对其感染的组织范围进行了研究，发现脾肾是其主要感染器官，会导致脾肾坏死，因此暂命名为传染性脾肾坏死病毒 (ISKNV)。邓敏等利用 PCR 扩增病毒核苷酸还原酶基因的方法进一步证明，ISKNV 为虹彩病毒。

1. 形态和结构 鳜传染性脾肾坏死病毒为细胞质内寄生的具二十面体衣壳的病毒。病毒核衣壳直径 120~130 nm，有囊膜。病毒粒子的在氯化铯中的浮力密度为 1.16~1.35 g/mL。病毒基因组为双链线状 DNA。成熟病毒粒子由 3 部分组成，由中心向外依次为核心、电子致密区和囊膜。在细胞内呈晶格排列。该病毒的囊膜与宿主细胞膜融合，从而使病毒侵入，同时控制病毒从细胞膜出芽释放，诱生中和抗体和细胞毒作用。

2. 培养特性 目前没有细胞系能培养该病毒。检测方法有 HE 染色、电镜观察、PCR 检测技术。

3. 抵抗力 病毒对碘处理不敏感，100 g/m³ 的高锰酸钾能灭活病毒，2 000 g/m³ 的甲醛能灭活病毒。在 50 ℃温度下 30 min 可灭活，对碱敏感，pH 大于 11 可灭活，在 pH 3~7 能保持活性，对紫外线不敏感。

4. 病原性 该病暴发于 3—11 月，12—4 月不暴发流行。发病水温在 20~32 ℃，水温低于 20 ℃不发病。发病期间鱼静止鱼塘边，活动力弱，对外界干扰不敏感，10 d 内死亡率接近 100%。患病鳜头部充血，口四周和眼出血。解剖可见鳃发白，肝肿大发黄甚至发白。腹部呈"黄疸"症状。患病海水鱼游动异常、昏睡、但没有其他外部临床症状。2 个月累积死亡率可达 50%~90%，解剖检查可见严重贫血、鳃瘀斑、鳃丝出现大量黑斑、鳃和肝褪色、脾肿大等。

5. 微生物学检查 鳜组织病理变化最明显的是脾和肾内细胞肥大，感染细胞肿大形成巨大细胞。细胞质内含大量的病毒颗粒。海水鱼最显著的病理特征是病鱼的脾、心、肾、肝和鳃组织切片可见巨大细胞，嗜碱性细胞肿大。

6. 防治 尚无有效防治方法。但可通过苗种引进、池塘生态环境改良等措施预防该病发生。

(三) 蛙病毒 3 型

蛙病毒 3 型 (FV3) 最初是从豹蛙 (*Rana pipiens*) 分离出来的，属蛙病毒属 (*Ranavirus*)。本属病毒是一些从两栖类动物分离的细胞质型 DNA 病毒，蛙病毒属是虹彩病毒科中成员最多的一属,其大部分病毒都会引起水生动物疾病,包括流行性造血器官坏死病毒(epizootic haematopoietic necrosis virus,EHNV)、斑点叉尾鮰虹彩病毒(channel catfish iridovirus)、黑真鮰蛙病毒(*Ictalurus melas* ranavirus)和虹鳟蛙病毒(*Oncorhynchus mykiss* virus)、欧鲇病毒(european sheatfish virus,ESV)、蛙虹彩病毒(bohle iridovirus,BIV)、虎纹蛙病毒(tiger frog virus,TFV)等数十种病毒。流行性造血器官坏死病(EHN)就是由蛙病毒属中的 EHNV 引起的全身性疾病,感染红鳍鲈、虹鳟、欧鲇和鲷,死亡率可高达 100%,是世界动物卫生组织(OIE)规定必须申报的 13 种水生动物疫病之一。

1. 形态结构 FV3 具有虹彩病毒的典型形态结构,核衣壳直径 120~130 nm,有外膜包围。成熟病毒粒子含 30% 的 DNA、56% 的蛋白质和 14% 的脂质。DNA 呈双股线形,相对分子质量为 1.3×10^8。G+C 含量为 53%~58%。病毒粒子的浮力密度为 1.16~1.35 g/mL。含 16 种多肽,其中 5 种多肽与 DNA 核心紧密连接。有一些酶类,如存在于病毒核心中的核苷酸磷酸水解酶和存在于核心外和衣壳内的蛋白激酶。

2. 培养特性 FV3 可在许多种类的组织培养细胞内增殖,包括鸡胚细胞、幼仓鼠肾细胞(BHK-21)以及鱼类和两栖类等的细胞。在这些细胞内于 12~32 ℃可以生长,但具有明显的温度依赖性。最适生长温度为 25 ℃,在高于 28~30 ℃的温度时不能形成成熟的病毒粒子,或者完全停止生物合成。在 30 ℃条件下,即使能合成大量病毒 DNA,但 DNA 不被衣壳所包裹,如果将感染细胞放回到 25 ℃,则在 30 ℃温度中合成的 DNA 具有完整功能,这种 30 ℃温度下不被衣壳包裹的特性即所谓温度缺陷。在宿主细胞中,病毒 DNA 合成需要两个阶段:首先在核内合成单位长度的核酸分子,然后在细胞质内进行聚合体的合成和病毒粒子的装配,在经胞膜出芽时获得囊膜。

3. 病原性 蛙病毒 3 型在自然宿主(成年豹蛙)不引起疾病,但可能对豹蛙肾癌的发生呈现某种程度的辅助作用,并可引起蝌蚪的致死性感染。培养细胞在感染病毒后,其 DNA 和 RNA 合成迅速发生障碍,细胞核缩小变形,出现细胞病变。用 γ 射线灭活的蛙病毒 3 型也能呈现类似的细胞毒性作用,将大量蛙病毒 3 型注入小鼠腹腔内,3 h 内可见到肝细胞核病变,小鼠于 18~36 h 死亡。而 37~38 ℃的小鼠体温对蛙病毒 3 型来说是非允许温度,病毒在这种温度下不能发生生物合成,更不能增殖。对蛙病毒 3 型在宿主细胞中生物合成和复制过程,已被作为一种研究模型,用来研究和探索病毒的生物合成及其与宿主细胞之间的相互关系,也可能对人和动物肿瘤病发生的研究有重要意义。

4. 微生物学检查 将含病毒的蛙组织制成电镜观察标本,可观察到病毒粒子。制成病毒液接种蛙类等培养细胞,可检测到细胞病变,进行病毒分离。

四、杆状病毒科

杆状病毒科(*Baculoviridae*)病毒的核衣壳均呈杆状,大小为(40~60)nm×(200~400)nm,为螺旋对称。浮力密度(在氯化铯中)为 1.47 g/cm³,其外有囊膜包裹。病毒粒子的浮力密度为 1.18~1.25 g/cm³。病毒核酸为单分子或多分子双链 DNA,相对分子质量 $58 \times 10^6 \sim 100 \times 10^6$,其中 G+C 含量为 28%~59%。对乙醚和热敏感。该科包括甲型杆状病毒属(*Alphabaculovirus*)、乙型杆状病毒属(*Betabaculovirus*)、丙型杆状病毒属(*Gam-*

mabaculovirus) 和丁型杆状病毒属 (*Deltabaculovirus*) 4 个属。目前发现有三种杆状病毒与虾病有关。

(一) 对虾杆状病毒

对虾杆状病毒 (*Baculovirus penaei*, BP) 最早于墨西哥湾北部水域的桃红对虾 (*Penaeus duorarum*) 的肝胰腺中发现 (Couch, 1974), 可致多种对虾的肝胰腺或中肠上皮细胞感染, 属于杆状病毒属的 A 亚群。由该病毒引起的对虾杆状病毒病已被我国规定为进出境检疫的二类传染病。

1. 形态结构 病毒粒子呈杆状, 大小为 74 nm×270 nm。在感染的组织细胞核内, 形成嗜曙红性金字塔状多角形包涵体, 从底边到顶点的距离为 $0.5 \sim 20\ \mu m$, 多为 $8 \sim 10\ \mu m$。溴酚蓝汞染色后包涵体呈浅蓝至深蓝, 甲基绿-焦宁染色呈鲜红色, 过碘酸希夫 (PAS) 反应阴性, 富尔根反应常为阴性。多角形核内包涵体呈晶格构造, 这是由圆形的亚基整齐排列组合而成。

2. 病原性 BP 对不同种类的对虾的病原性有较大差异, 上述种类中以对桃红对虾、褐对虾、万氏对虾和缘沟对虾的危害较大。Overstreet 和 Howse 经多年的调查发现, 美国密西西比河口的野生白对虾未被 BP 感染, 而同一地区的某些褐对虾却受 BP 轻度至中度感染; LeBlane 用 BP 对褐对虾和白对虾等的经口感染也得到相似的结果: 褐对虾的感染率为 25%, 而白对虾却未被感染; 郑国兴用不同家系的万氏对虾经口做 BP 感染试验, 证实相同家系来源的幼体感染率比不同家系来源的幼体高 3.5 倍以上。桃红对虾、白对虾和褐对虾对本病毒易感。病虾的肝胰腺和前中肠腺的上皮细胞组织呈坏死性变化, 死亡率高达 95% 以上。临床症状为病虾嗜睡、食欲降低、体色呈蓝灰色或蓝黑色, 胃附近白浊化。病虾浮头, 停滞岸边, 厌食, 鳃和体表有固着类纤毛虫、丝状细菌、附生硅藻等生物附着, 容易并发褐斑病等细菌性疾病, 病虾最终侧卧于池底死亡。解剖后可发现肝胰腺肿大、软化、发炎或萎缩硬化, 肠道发炎等。

3. 微生物学检查 观察组织切片 H-E 染色后细胞核内角锥形包涵体, 不适于非感染性携带病毒样品的病毒检测。或者制备病虾中肠腺超薄切片, 透射电镜检查包涵体和核质中有无许多杆状病毒颗粒。取病虾肝胰腺和中肠进行湿片压片, 显微镜检查发现角锥形包涵体。我国已报道了检测对虾杆状病毒的 ELISA 方法。

4. 防治 尚无有效防治方法。

(二) 斑节对虾杆状病毒

斑节对虾杆状病毒 (monodon baculovirus, MBV) 是 Lightner 等 (1981) 继对虾杆状病毒之后, 在斑节对虾 (*Penaeus monodon*) 中发现的另一种杆状病毒。此病毒已于 1989 年用对虾淋巴组织细胞分离培养成功。病毒分布地区流行和感染都比较严重, 幼虾和成虾携带病毒高达 50%~100%。是宿主虾的幼体、仔虾和早期幼虾的潜在严重病原。相互残食和粪-口途径的经口传播为该病的主要的传播方式。亲虾产卵时排出被病毒污染的粪便, 将病毒传给下一代种群。该病已被我国规定为进出境检疫的二类传染病。

1. 形态结构 核衣壳大小为 246 nm×42 nm, 囊膜大小约为 324 nm×75 nm。不同种类的虾观察到的病毒颗粒大小略有差异。病毒在细胞核内复制, 能产生大量直径 $0.5 \sim 8\ \mu m$ 的圆形或椭圆形多角体, MBV 是封闭性杆状病毒, 核酸类型为环状超螺旋双链 DNA (dsDNA), 大小 80~180 kb。病毒侵害的器官组织是肝胰腺腺管和中肠的上皮细胞。

2. 培养特性　用斑节对虾淋巴组织细胞培养时,在接种病毒后第3天产生细胞病变。被感染细胞萎缩,最后崩解。培养适宜温度为28℃。在细胞核内形成嗜曙红性、大小3～8 μm的球形包涵体。

3. 病原性　本病毒主要侵染斑节对虾,后期幼体、仔虾和成虾均具有易感性。感染率高达85%。发病虾的体色呈蓝灰色或蓝黑色,呈昏睡状。病理剖解,可见肝胰腺及前中肠的上皮组织细胞有不同程度的坏死。

4. 微生物学检查　可用光学显微镜检查湿标本中的包涵体,或电镜检查病变组织中的病毒粒子。检查湿标本中的包涵体时,一般需用0.05%孔雀绿做短时间(3～5 min)染色。将肝胰腺制成印片或中肠上皮细胞的压片,并将其置于通过光学显微镜下观察肥大的虾肝胰腺或中肠上皮细胞核内的单个或多个折射率高的球形包涵体,单个包涵体直径为0.1～20 μm,中肠上皮细胞核中的包涵体呈亮红色;将粪便制成湿片,在显微镜下可观察到近似球形的MBV核型多角体形成的包涵体,大小约20 μm。在新鲜粪便中,斑节对虾杆状病毒包涵体常成团聚集,并被核膜包裹着。

(三) 中肠腺坏死杆状病毒

中肠腺坏死杆状病毒 (bacaloviral mid-gut gland necrosis virus, BMNV) 由Sano等 (1981) 在日本对虾中发现。病毒粒子呈杆状,核衣壳大小约为250 nm×36 nm。由内外两层囊膜包裹,其大小约为310 nm×70 nm。在感染细胞内不形成包涵体,属于杆状病毒属的C亚群。

本病毒主要侵害日本对虾,在中肠腺和肠上皮细胞核内增殖。病虾中肠腺呈扩展性乳状坏死。死亡率高达83%。微生物学检查时,主要依赖于电镜观察。

五、弹状病毒科

本科病毒为圆筒状,一端圆,另一端平,形如子弹。病毒颗粒有脂蛋白囊膜,囊膜上密布有病毒特异的囊膜突起,即纤突。囊膜包含一个由紧密盘绕、螺旋对称的衣壳组成的管状核心。病毒核酸为单链负股RNA。弹状病毒科 (Rhabdoviridae) 包括水疱性口炎病毒属 (Vesiculovirus)、狂犬病病毒属 (Lyssavirus)、短暂热病毒属 (Ephemerovirus)、诺拉弹状病毒属 (Novirhabdovirus)、细胞质弹状病毒属 (Cytorhabdovirus)、细胞核弹状病毒属 (Nucleorhabdovirus) 共6个属。与鱼病有关的主要有以下几种。

(一) 鲤春病毒血症病毒

鲤春病毒血症病毒 (spring viraemia of carp virus, SVCV) 属水疱性口炎病毒属,是鲤春病毒血症的病原。此病是一种以出血为主的急性传染病。在春季水温10～17℃时,鲤尤其容易感染此病。

1. 形态结构　病毒颗粒呈子弹形,长180 nm,直径70 nm。在氯化铯中的浮力密度为1.195～1.200 g/cm^3。含单链RNA和依赖RNA的RNA聚合酶(最适活性温度为20～22℃)。病毒蛋白由5种多肽(L、G、N、P、M)构成。

2. 培养特性　本病毒能在FHM、EPC、COC、BF-2PG、CHSE-214、RTG-2细胞和来自两栖类以及哺乳动物的细胞中增殖,并产生细胞病变。FHM细胞的易感性最强,在其中生长的温度范围为15～30℃,最适生长温度20～22℃,细胞病变表现为核膜增厚、溶解,细胞变圆,最后细胞也溶解、消失,形成空斑。空斑一般于20℃下2～3 d后出现,直径可达 2～3 nm。

3. 抵抗力 在鱼体内的病毒或在含 10% 胎牛血清培养基中的病毒，于 −70 ℃ 条件下，可存活 20 个月以上。在含 2% 血清的培养基中的病毒可以通过冻干保存，但于 4 ℃ 下 3 d 时间，90% 的病毒粒子失去感染性，该病毒在 pH 3 时不稳定。45 ℃ 下 15 min 被灭活。对乙醚敏感。

4. 病原性 大小不同的鲤对本病毒均易感，但由于季节的关系，以 9～12 月龄和 21～24 月龄的鲤鱼为主要受害者。此外，狗鱼、草鱼、白鲢、鲫、须鲇也可自然感染发病。人工接种还可以感染铜吻鳞鳃太阳鱼。

5. 微生物学检查 采集病鱼的内脏或鳔制成乳剂接种于 FHM 细胞，20～22 ℃ 培养 10 d。一般在接种后 3 d，被感染的细胞出现圆变、溶解等细胞病变，用中和试验鉴定分离病毒。

6. 防治 除采取一般卫生措施外，应为越冬鲤清除寄生虫（鲤虱和水蛭），并用消毒剂处理空塘。也可利用升高水温防止发病。

（二）传染性造血器官坏死病毒

传染性造血器官坏死病毒（infection hematopietic necrosis virus，IHNV）属诺拉弹状病毒属（*Novirhabdovirus*），是鲑科鱼类传染性造血器官坏死病的（IHN）病原。本病最早流行于加拿大、美国。于 1972 年日本从美国引进大麻哈鱼鱼卵，此病从此传到了日本。近年来，由于我国每年从国外运进大批鲑鱼卵，从 1985 年开始，在我国东北地区养鳟场也陆续发现此病。此外，我国台湾、意大利、法国也有发生。

1. 形态和结构 病毒颗粒长 170 nm，直径 70 nm，在氯化铯中的浮力密度为 1.16 g/cm^3。核酸为单链 RNA，相对分子质量 $3.57×10^6$。在宿主细胞内合成 6 种病毒蛋白（L、NV、G、N、M、P）。较大的 G 蛋白相对分子质量约为 $7×10^4$。IHNV 编码的 6 个基因从 3′ 端到 5′ 端的排列顺序为：核衣壳蛋白（nucleocapsid protein，*N*）、聚合酶相关磷酸蛋白（phosphoprotein，*P*）、基质蛋白（matrix protein，*M*）、表面糖蛋白（glycoprotein，*G*）、独特的非结构蛋白（non-virion protein，*NV*）和病毒聚合酶（polymerase，*L*）。其中与 G 蛋白基因有部分重叠的非结构蛋白基因 *NV*，不存在于感染哺乳动物的弹状病毒中。

2. 培养特性 RTG-2、CHSE-214、FHM、STE-137、SSE-5 等细胞均可用于本病毒的培养。增殖温度范围 4～20 ℃，最适温度为 13～18 ℃。在适宜温度培养 48 h，被感染细胞开始出现细胞病变。6 d 后，细胞变圆，成葡萄串状，随后从瓶壁上脱落。一般在感染后第 3 天，50% 以上的病毒粒子释放到细胞外，病毒在 RTG-2 细胞中增殖后得到的感染效价最高，为 $10^4 \sim 10^7$ $TCID_{50}$/mL。

3. 抵抗力 本病毒对热不稳定，在去氯水中 22 ℃ 下 24 h、12.2 ℃ 下 5 d，约 90% 的病毒失去感染力。在 Hank 氏缓冲液（pH 7.0）中，失活更为迅速。在 4 ℃ 以下低温，病毒相当稳定，在含 10% 胎牛血清的 MEM 中，−20 ℃ 保存 1 年，病毒仍具感染力。pH 6～8 时，病毒比较稳定，pH 在 5 以下或 9 以上时，则迅速被灭活，对干燥的抵抗力较弱，对乙醚敏感。在含 50% 甘油的 PBS 中保存 1～2 周，病毒即失去感染力。

4. 抗原性 用多价抗体检测时，各毒株在血清学上无多大差异，与鱼类其他弹状病毒 VHSV、SVCV、PFRV 无交叉反应。但用单抗检测时，至少可分成 3 个血清型。

5. 致病性 本病毒主要侵害红大麻哈鱼、大鳞大麻哈鱼、虹鳟、马苏大麻哈鱼等鱼苗和鱼种，银大麻哈鱼有较强的抵抗力。病理剖检可见各脏器贫血和脂肪组织出血，病理组织学检查则可发现前肾、脾脏、肠管的变性和坏死，细胞质内常含有包涵体。发病高峰在水温10℃左右的春季和秋季，水温在15℃以上的夏季则发病较少。

6. 微生物学检查

（1）病毒分离。无菌采取鱼的病变组织剪碎、匀浆。将病毒悬液接种于FHM细胞或RTG-2细胞、鲤鱼上皮瘤EPC细胞，在15～18℃培养10 d以上，培养液pH维持在7.0～7.8，观察有无典型的细胞病变产生。初次分离培养阴性的，需盲目传代1～2次。

（2）血清学检查。常用中和试验鉴定分离病毒，荧光抗体技术、ELISA可直接用于病料中病毒的快速检测。荧光抗体检查时，取病鱼血液或腹腔液涂片为宜。此法可检出隐性感染鱼。

（3）分子生物学。编码两种病毒糖蛋白G基因特异性引物，采用RT-PCR扩增、检测，具有简单、灵敏和高专一性的特点，可以在8 h内完成对病毒性出血败血症病毒（VHSV）和IHNV的检验。

7. 防治 ①把鱼池的水温升到15℃以上是一种有效的防治措施。②目前，国外已研制出减毒疫苗、灭活疫苗、糖蛋白亚单位疫苗及DNA疫苗。IHNV病毒G基因编码的糖蛋白能诱导产生中和及保护性抗体，对鲑鳟鱼产生有效免疫保护，因而被用于制备DNA疫苗，肌内注射低剂量pIHNVw-G DNA疫苗能够保护2～160 g的虹鳟免受水源的或注射的IHNV感染。DNA疫苗和灭活疫苗已经在北美注册并用于商业生产，通过注射方式预防北美大西洋西沿岸网箱养殖鲑暴发IHN，而其他国家或地区还没有商业化的疫苗用于预防IHN的发生。③用β-丙酸内酯和福尔马林制备的灭活疫苗只能用于注射接种，浸渍免疫效果不理想。

（三）病毒性出血败血症病毒

病毒性出血败血症病毒（viral hemorrhagic septecimia virus，VHSV）属于诺拉弹状病毒属（*Novirhabdovirus*），引起鳟的出血性败血病。各种年龄的鳟均可患病，其死亡率高达80%。此病最早发现于丹麦的埃格维德村，因此也称之为埃格维德病（Egtved disease）。

1. 形态结构 病毒颗粒呈子弹形，大小为170～240 nm，直径60～80 nm。有囊膜。核酸为单链RNA，并含依赖RNA的RNA聚合酶。病毒结构蛋白由6种多肽构成，全基因组长度约为11 kb。从3′端至5′端依次包含 *N-P(M1)-M2-G-NV-L* 六个基因，分别编码病毒核蛋白、磷蛋白、基质蛋白、糖蛋白、非结构蛋白和聚合酶蛋白。

2. 培养特性 本病毒能在FHM、RTG-2、CHSE-214、PG、RF细胞及丁鲅、鲤等温水鱼、爬虫类和人、仓鼠等哺乳动物细胞中增殖，RTG-2细胞和FHM细胞常用于本病毒的培养，细胞病变表现为细胞短缩、变圆。若RTG-2细胞时一般在15℃培养3 d后，形成较明显的空斑。空斑中为溶解的细胞碎片，周边清晰。细胞病变的出现受培养基pH的影响，pH 7.6时，迅速产生。pH 7.4以下时，则比较弱或不出现。由此，可与其他病毒区分。FHM细胞感染本病毒后，形成葡萄串状。增殖温度12～14℃，不能超过22℃，但在6℃下，甚至低于4℃仍可生长。

3. 抵抗力 对乙醚敏感。在含50%甘油的PBS中，易失于感染力。对热敏感，31℃下5 min，50%的病毒被灭活；52℃时则迅速失活。pH 3.5时5 min，99%的病毒失去感染力。在有氯气（1%漂白粉溶液，12℃）、0.2%碳酸钠、200 mg/L季铵溶液和50 mg/L碘等药品中 1 min，病毒即被灭活。病毒在鱼体内，-20 ℃条件下可保存数月。冻干保存 2 年后，其侵染力仍可达 50%。

4. 抗原性　本病毒可分成 3 个血清型，以血清型 1 型分布最广，其次是 2 型和 3 型。

5. 病原性　不同血清型毒株的致病性有所差异。病毒常通过水平传播，主要经鳃侵入鱼体。体长为 5 cm 的幼鱼到 200~300 g 的上市鱼都可受到侵害。鱼苗和亲鱼一般不发病。在水温 14~15 ℃时潜伏期为 1~2 周。病型可分为急性型、慢性型和神经型 3 类。在流行初期多呈急性型，以后转为慢性型，最后以神经型为主。一般症状为全身各组织脏器出血，肾脏和脾脏造血组织广泛坏死，以及肝脏、胰脏部分坏死。发病时期为水温在 8 ℃以下的冬季到春季；水温在 10 ℃时，流行减弱；18 ℃时，停止流行，病鱼自愈或成为不显性感染状态。

6. 微生物学检查　①病毒分离。无菌采集病鱼的肾脏和脾脏作为病料。将病料接种于 FHM 或 RTG-2 细胞，置 13~15 ℃培养，维持 pH 7.4~7.8，观察细胞病变和空斑形成。②血清学检查。用中和试验、免疫荧光、酶联免疫吸附试验、免疫酶或 PCR 中的一种方法对病毒进行确认。对具临床症状或急性暴发期的病鱼，可用免疫荧光、ELISA、酶染色等方法检测病鱼脏器印片或组织匀浆物中的 VHSV 抗原。

7. 防治　应做好鱼卵的消毒工作。预防本病的疫苗尚处于试验阶段，有 β-丙酸内酯和紫外线灭活苗以及 Reva、$F_{25(21)}$ 减毒苗。灭活苗注射免疫有效，浸渍免疫不能引起保护性免疫。Reva 接种宜在低水温（5 ℃）下进行，免疫鱼的存活率为 75%。但此疫苗对 3 g 重的鳟仍有致病性。$F_{25(21)}$ 接种鳟后，在 1~45 d 能提供明显的保护力。

（四）狗鱼幼鱼弹状病毒

狗鱼幼鱼弹状病毒（pike fry rhabdovirus，PFRV）属水疱性口炎病毒属（*Vesiculovirus*），引起白斑狗鱼的头部水肿或躯干的红肿以及内脏出血。本病于 1971 年在荷兰白斑狗鱼孵化厂的稚鱼发现。后来在德国的草鱼、丁鲹和粗鳞鳊中也分离到这种病原。

1. 形态结构　病毒呈子弹形，长（125±10）nm，外径（80±8）nm，内径（25±5）nm，病毒突起长（9±2）nm。形态大小与 SVCV 相似，病毒粒子浮力密度为 1.16 g/cm^3。病毒核酸为单链 RNA，其中鸟嘌呤占 21.6%、腺嘌呤占 25.1%、胞嘧啶占 22.4%、尿嘧啶占 30.9%。

2. 培养特性　FHM 细胞常用于本病毒的培养，并产生与 SVCV 相同的细胞病变。增殖温度范围为 10~28 ℃，PFRV 不诱导干扰素产生，但有自身干扰现象。在 FHM 细胞的收获量可达 10^9 PFU/mL 以上（21 ℃）。

3. 抵抗力　本病毒对热敏感，14 ℃下 3 d，70% 的病毒失去感染力；45 ℃下 30 min，98% 的病毒被灭活。在 pH 3 中 2 min，侵染力为 4%。但在含 2% 的血清的培养基中 4 ℃保存，病毒活性可维持相当长的时间。

4. 抗原性　与鲤春病毒血症病毒在血清学上相关，可能属于其中的一个血清型。

5. 病原性　本病毒主要侵害狗鱼鱼苗，患病狗鱼有的表现为头部肿胀，眼球突出，称之为水头病（hydrocephalus）。病理剖检可见中脑室浆液潴留，脑和脊髓出血。有时脾脏也出血，肾小管呈退行性变性。有的则表现为躯干有红色肿块物，脾脏、脊髓、胰脏、肾造血组织出血，称之为红病（red disease）。

6. 微生物学检查　取病料接种于 FHM 和 EPC 细胞，在 20 ℃左右培养，观察细胞病变,用中和试验鉴定分离的病毒。

7. 防治 尚无疫苗,应采用一般防治措施。

(五) 牙鲆弹状病毒

牙鲆弹状病毒(hirame rhabdovirus,HRV)为弹状病毒科粒外弹状病毒属的新成员,由五利江重昭(1984)从日本兵库县发病的人工养殖牙鲆中分离。1986年,木村等根据其生物学特性而命名。

1. 形态结构 病毒颗粒呈子弹状,大小为 80 nm×(160~180) nm。

2. 培养特性 以 FHM、EPC 和 RTG-2 细胞对本病最易感。此外,其也能在 BF-2、HF-1、BB、CCO、EK-1、YNK、SE 细胞中增殖。细胞病变特点为被感染细胞变圆。增殖适宜温度为 15~20 ℃。

3. 抵抗力 在海水中比在淡水中稳定。遇热不稳定,60 ℃下 2 min 失活,25 ℃开始逐步失活,−20 ℃稳定。对乙醚和 pH 3 敏感。

4. 抗原性 本病毒与 IHNV、VHSV、SVCV、PFRV 等弹状病毒无交叉中和反应。

5. 病原性 主要危害牙鲆,自然发病时,水温一般在 5~10 ℃,10 ℃为发病高峰期。人工感染时,以 $1\times TCID_{50}$/尾的剂量腹腔接种 95~265 g 的牙鲆,可导致 20% 的试验鱼死亡,并出现与自然感染发病鱼相同的症状,如性腺充血和鳍端、肌肉出血。人工感染真鲷、黑鲷稚鱼、虹鳟、银大麻哈鱼和鲑也能发病。但香鱼具有抵抗性。将病毒接种 EPC 后置于不同温度下培养,在 10、15、20 ℃均出现 CPE。其中在 20 ℃下出现最快,仅 2 d 后 CPE 即完全显现,且病毒滴度最高。

6. 微生物学检查 可进行病毒分离以及用荧光抗体技术诊断。

7. 防治 应加强对鱼卵的消毒,可以碘仿或以紫外线照射消毒。养殖水体可用二氧化氯等含氯消毒剂消毒。若提高水温至 15 ℃以上,可有效防止本病发生。

(六) 美洲鳗鲡病毒

美洲鳗鲡病毒(eel virus of American,EVA)是 Sano 于 1974 年首次从美洲鳗鲡幼鱼中分离到,目前与鳗鲡感染有关的弹状病毒有 4 个血清型,即 EVA、EVX、B12 和 C16。均属双股 RNA。在 RTG-2 细胞上培养,可出现核膜浓染、核变形,细胞质内有不同规则的嗜碱性颗粒,最后细胞变圆、崩解。该病毒所致疾病主要在欧美和日本等地流行,多发生在冬季,幼鳗死亡率高。也可感染虹鳟。濒死鳗表现肌肉痉挛或强直,出现间隙性穿游或翻滚。鳃丝肿胀、上皮细胞增生,黏液增加。消化道无食物,肾肿大,有腹水。肾小管细胞玻璃样变性,肾、肝、脾的间隙组织呈局灶性坏死。确诊时应进行电镜检查,观察病毒粒子。也可用培养细胞分离病毒。目前尚无有效治疗方法,提高养殖水温至 24 ℃以上可避免本病发生。

六、呼肠孤病毒科

呼肠孤病毒科(*Reoviridae*)的病毒在人、脊椎动物、无脊椎动物、细菌、高等植物和真菌上均有发现。呼肠孤病毒(Reovirus)是由呼吸道(respiratory)、肠道(enteric)和孤儿(orphan)三个词的词首命名的。病毒颗粒呈球形,有两层衣壳,内衣壳结构稳定,含 32 个壳粒,二十面体对称。病毒粒子有 6~10 种蛋白质,相对分子质量约为 1.2×10^8,浮力密度(在氯化铯中)为 1.36~1.39 g/cm^3,沉降系数为 630 S。病毒核酸为线性双链

RNA，10～12个节段。无囊膜。在细胞质内增殖。

本科病毒分光滑呼肠孤病毒亚科和刺突呼肠孤病毒亚科2个亚科。前者包含6个属，对宿主有致病性的主要有4个属，包括：环状病毒属、轮状病毒属、东南亚十二节段病毒属及蟹十二节段呼肠孤病毒属。后者包含9个属，对动物有致病性的有6个属，包括：正呼肠孤病毒属、水生呼肠孤病毒属、科罗拉多蜱传热病毒属、质型多角体病毒属、昆虫双链九节段RNA病毒属以及昆虫非包裹呼肠孤病毒属，其中后3个属仅感染昆虫宿主。由于水生呼肠孤病毒至今尚未建立标准血清型，还无法进行血清学分型。目前通用方法是根据常规的RNA-RNA杂交、基因组电泳带型分析，再结合应用基因组序列分析，将其划分为A～G 7个不同的亚型。条纹狼鲈呼肠孤病毒（striped bass reovirus，SBRV）、大鳞大麻哈鱼呼肠孤病毒（chinook salmon reovirus，CSRV）、金体美鳊呼肠孤病毒（golden shiner reovirus，GSRV）、斑点叉尾鮰呼肠孤病毒（channel catfish reovirus，CCRV）、大菱鲆呼肠孤病毒（turbot reovirus，TRV）、马苏大麻哈鱼呼肠孤病毒（chum salmon reovirus，CSRV）美国草鱼呼肠孤病毒（American grass carp reovirus，AGCRV）分别是以上7个亚型的代表种。多数无显著致病性，但草鱼呼肠孤病毒是重要的鱼类致病病毒。蟹十二节段呼肠孤病毒属的代表种为中华绒螯蟹呼肠孤病毒（*Eriocheir sinensis reovirus*，EsRV）。这两种病毒对水生动物造成的病毒性危害十分严重，应予以重视。

（一）草鱼呼肠孤病毒

草鱼呼肠孤病毒（grass carp reovirus，GCRV）是草鱼出血病的病原，此病是草鱼饲养阶段危害最严重的疾病，于1970年在湖北黄陂发现。1980年中国科学院水生生物研究所鱼病室在电镜下观察到病毒颗粒，当时命名为草鱼疱疹病毒。因而能引起鱼体出血，又名草鱼出血症病毒。1983年，根据其生物学特性，归属到呼肠孤病毒科，命名为草鱼呼肠孤病毒。GCRV与金体美鳊呼肠孤病毒（GSRV）同属于水生呼肠孤病毒丙型。

1. 形态结构 本病毒为二十面体对称，由双层衣壳构成，直径65～70 nm。外层衣壳上的壳粒为中空型，内层衣壳直径50 nm，其上附着有长7.5 nm、内径6.4 nm、外径10.7 nm的圆柱形钉状物。病毒核酸为分节段的双链RNA，由11个节段组成，总相对分子质量15×10^6。聚丙烯酰胺凝胶电泳图形为3∶3∶3∶2。病毒多肽组成成分也有11个，其中内层衣壳由6种多肽构成。外层衣壳由5种多肽组成，相对分子质量32～137 kb。蔗糖浮力密度1.30/gm³，氯化铯中浮力密度1.37 g/cm³。实验证实，该病毒具有微弱凝集人的O型红细胞的能力，一般需在显微镜下辨认。其抗体与其他哺乳动物的呼肠孤病毒不发生交叉反应。尚未查明本病毒是否有不同的血清型。

2. 培养特性 草鱼呼肠孤病毒能够在草鱼鳍条细胞（CF）、草鱼卵巢细胞（CO）、草鱼肾脏细胞（CIK）、草鱼吻端细胞（ZC-7901）中增殖。病毒接种细胞后，置26～28 ℃中培养，一般在72 h以后可引起细胞发生一系列相应的病理变化。病变初期细胞质增多，出现一些颗粒状物，致使细胞间隔不清，细胞边缘出现不整齐的空洞；中期，细胞继续收缩，整个细胞单层拉成破渔网状，形成合胞体；晚期细胞裂解成球状物，常常堆积在一起，最后，从瓶壁脱落，浮在培养基上层。经Selles染色，在细胞质中可见到形状为月牙形或块状，位于细胞核周围的嗜酸性包涵体。增殖温度范围在20～35 ℃，一般在培养第6天的病毒感染价最高，可达$10^{7.2}$ TCID$_{50}$/mL。

3. 抵抗力 本病毒对酸（pH 3）、碱（pH 10）、乙醚和氯仿不敏感，对热（56 ℃，

30 min）稳定，而在65 ℃下1 h完全被灭活。病毒的外层衣壳可被胰蛋白酶消化除去，经此处理过的病毒悬液，其感染性提高。反复冻融，毒力下降或完全丧失。用1%洗衣粉或肥皂处理1 h可完全失活。聚乙烯吡咯烷酮碘对病毒有杀灭作用。组织中的病毒（置50%甘油磷酸缓冲液中）在−15 ℃～−20 ℃保存2年仍有活力。

4. 病原性 草鱼、青鱼和麦穗鱼对本病毒易感，从2.6 cm的夏花草鱼开始感染，而以6～10 cm的当年鱼种最为普遍而严重。1周龄以上的草鱼亦可发病。将感染的细胞培养液注射草鱼，在28 ℃中饲养，4～6 d发病死亡。本病除注射能感染外，浸泡和接触感染亦能使草鱼发病死亡。成熟的草鱼卵也可带毒。而鳙、鲢、鲤、鳊等鱼不管在自然情况下，还是人工接种均不发病，但可成为病毒的携带者。水温在25～30 ℃时，发病普遍。28 ℃水温下人工感染，注射的需4～7 d可发病，浸泡感染的需7～9 d才发病。

5. 微生物学检查

（1）分离病毒。取病料加PBS匀浆和再冻融两次，离心取上清加双抗，以10倍稀释液接种于CF-84细胞单层，置28 ℃培养72 h以上，观察细胞病变。对分离病毒可进行草鱼接种试验或用血清学方法进行鉴定。

（2）血清学检查。对流免疫电泳、荧光抗体法、酶联免疫吸附试验以及葡萄球菌A蛋白（SPA）协同凝集试验均可用于本病的诊断。荧光抗体法可用于检测细胞培养或病血组织冰冷切片中的病毒，双抗体夹心ELISA可检测病鱼组织悬液或细胞培养冻融液上清液中的病毒。

此外还可采用聚丙烯酰胺凝胶电泳、电镜等手段检测本病毒。

6. 防治 用福尔马林灭活的组织疫苗和细胞疫苗注射免疫草鱼，可刺激鱼体产生较坚强的免疫。其中，组织灭活苗的免疫保护期限可达14个月，已被国内普遍采用。此外，植物血凝素、聚乙烯吡咯烷酮碘剂用于浸渍、口服或注射草鱼也有一定的防治作用。我国运用杂交育种、转基因技术培育抗草鱼出血病鱼种的工作也取得了一些进展。现已利用杆状病毒载体构建了表达GCRV外壳蛋白VP5和VP7的重组病毒，而且也构建了表达VP6的重组病毒，将这些病毒导入昆虫Sf9细胞后获得了相应蛋白的表达。这不仅为研究GCRV外壳蛋白的功能提供了可能，而且也为基因工程疫苗的开发奠定了基础。

（二）中华绒螯蟹呼肠孤病毒

中华绒螯蟹呼肠孤病毒（*Eriocheir sinensis reovirus*，EsRV）是蟹十二节段呼肠孤病毒属（*Cardoreovirus*）的代表种，该属为ICTV第9次病毒分类报告中在平滑呼肠孤病毒亚科内新设的一个属。张叔勇等从患颤抖症的中华绒螯蟹中分离到两种呼肠孤病毒，命名为EsRV816（江苏分离株）和EsRV905（武汉分离株），两种病毒粒子均为球状对称结构，大小分别为65 nm和55 nm。病毒粒子基因组分别为10和12个节段的双链RNA。核酸图谱中分别可以观察到10条核酸带呈5/3/2带型，12条核酸带呈3/4/2/3带型。根据它们的宿主范围、基因组节段数及电泳带型，与以往水生呼肠孤病毒属的特征明显不同，因此成为呼肠孤病毒科的两个新成员，在ICTV第9次分类报告中予以确认。这两个病毒株的传代感染结果虽均可以引起中华绒螯蟹死亡，但病蟹并不表现出"颤抖"症状。可能存在其他病原混合感染的情况，有必要进行深入的研究。

中华绒螯蟹颤抖病因患病河蟹表现出明显的颤抖症状而得名，该病于1994年在江苏省发现，1998年该病已蔓延到上海、福建、江西、辽宁等地，几乎覆盖了我国的中华绒螯蟹主要养殖区。该病发病快，死亡率高，对养殖业造成严重经济损失。有关中华绒螯蟹颤抖病的病因，国内学者进行了许多探索，有认为是非生物因素引起的。陆宏达等也报道了一种小核糖核酸样病毒，并通过回接实验认为是中华绒螯蟹颤抖病的病原。魏育红等从表现为颤抖症的病蟹中分离到了细菌，并能从回感的发病的病蟹中分离到同样的细菌。张凤英等对患"颤抖病"的病蟹组织进行了超薄切片电镜观察，结果在病蟹的鳃上皮细胞、肝胰腺上皮细胞和血淋巴细胞中发现了一种类立克次氏体。贡成良等报道了一种呼肠孤病毒，并通过回接实验证明该病毒是中华绒螯蟹"颤抖病"的病原。分离的病毒为无囊膜球状病毒，大小为 55 nm 左右，病毒核酸为 dsRNA，由 12 个片段构成，总长约 20 kb。

1. 病原性 中华绒螯蟹易感。水温在 23～33 ℃，在 25 ℃左右最为严重。

2. 微生物学检查 病蟹各组织制成超薄切片后，电镜观察表明：在病毒增殖复制过程中，病蟹的肝胰腺、心和肠等组织细胞呈明显异常的病理变化，成病毒基质发生于细胞质，并可在成病毒基质中观察到大量的 55 nm 左右的无囊膜病毒粒子，未观察到病毒包涵体。电镜观察表明在蟹的肝、腺胰、心肌细胞和肠细胞中均能发现病毒粒子，并且都经历了相似的病变过程，在蟹的血淋巴中也能检测到大量的病毒，提示病毒可能经血淋巴而进入蟹的各组织。对"颤抖病"的病蟹组织病理观察表明，患病中华绒螯蟹的鳃、心脏、肝胰腺、腹节神经等组织器官发生了不同程度的病变，导致组织器官的功能遭到破坏，这可能是导致中华绒螯蟹发病死亡的病理学基础。

3. 诊断及防治方法 根据症状可做诊断，但确诊则需要电镜观察到病毒粒子。尚无有效治疗方法，主要以预防为主，可以降低放养密度，经常换水。

（三）其他呼肠孤病毒

1. 金体美鳊呼肠孤病毒（golden shiner reovirus，GSRV） 由 Plumb 于 1977 年从发病的金体美鳊分离，电镜观察其为二十面体对称，直径 20 nm。可在 FHM 细胞、CHSE-214 和 BB 细胞中增殖。在 CHSE-214 细胞上形成微小空斑。在 FHM 细胞上，空斑形成较为明显。空斑为被感染细胞的融合或坏死。最适宜增殖温度为 30 ℃，潜伏期 8 h。本病毒对乙醚不敏感，对热也有一定的抵抗性，于 pH 3、7 和 10 时均稳定。在人工饲养的金体美鳊中感染率较高。

2. 美国牡蛎呼肠孤病毒 13P$_2$ 株 1979 年 Meyers 从美洲牡蛎中分离到一种呼肠孤病毒，并取名为 13P$_2$。其由双层衣壳组成，含 6 个对称性突起。本病毒可在 BF-2 细胞、CHSE-214 细胞和 CHH-1 细胞中增殖，并形成直径小于 2 mm 的空斑。其对氯仿不敏感，在 pH 3 和 pH 9 中稳定，但在 pH 2 时迅速失活。

本病毒可引起牡蛎的组织坏死；人工接种铜吻鳞鳃太阳鱼可导致死亡；接种虹鳟时，则引起肝脏的网状内皮细胞增生，形成肉芽肿病变。

3. 马苏大麻哈鱼呼肠孤病毒（chum salmon reovirus，CSRV） 于 1981 年由 Winton 从马苏大麻哈鱼中分离，病毒直径为 75 nm。外层衣壳可见 20 个外周壳粒围绕，其可被 α 胰凝蛋白酶降解，形成只含内层衣壳，直径为 50 nm 的亚病毒，亚病毒粒子的感染性更强。本病毒可在 CCO、CHSE-214、CHH-1 细胞中增殖，在 CCO 细胞中产生小的、在 CHH-1 细胞产生中等大小的、在 CHSE-214 细胞中产生较大的空斑。人工接种马苏大麻哈鱼和大鳞大麻哈鱼，可引起低的死亡率，其病变主要为肝脏坏死。

4. 斑点叉尾鮰呼肠孤病毒（catfish rerovirus，CRV） 由 Amend（1984）从斑点叉尾鮰分离。病毒粒子直径 75 nm，内层衣壳为 55 nm，可在 CCO、BF-2、CHH-1 和 BB 细胞

中增殖。

5. 胡瓜鱼呼肠孤病毒（Smelt Reovirus，SRV） 由 Moore 等于 1988 年从大量发病死亡的胡瓜鱼中分离，当时归属于细小病毒科。1990 年，Marshall 重新分析了本病毒的结构和核酸组成后，认为应归属为呼肠孤病毒科。其直径为 10～80 nm，含双层衣壳，可在 CHSE-214 细胞中增殖，初次分离时，需要培养 13 d，才能出现细胞病变。继代后，细胞病变出现时间缩短到 2 d。

七、双 RNA 病毒科

双 RNA 病毒科（*Birnaviridae*）病毒颗粒，二十面体对称，粒子直径大小约 60 nm，核衣壳有 32 个壳粒，92 个形态亚单位。无囊膜，表面无突起，无双层衣壳，核酸为双链 RNA。细胞质内复制。由于形态和某些结构与呼肠孤病毒有相似性，以前都归为呼肠孤病毒科。但其核酸只有 2 个节段，而后者为 10～12 个节段。因此，1991 年 ICTV 将这些病毒新设为一个科，之后又将双 RNA 病毒科分设 4 个属，即水生双 RNA 病毒属（代表种为传染性胰脏坏死病毒）、禽双 RNA 病毒属（代表种为传染性法氏囊病毒）、斑鳢病毒属以及昆虫双 RNA 病毒属（代表种为果蝇 X 病毒）。该科的成员还有双瓣软体动物的樱蛤病毒（tellina virus，TV）和牡蛎病毒（oyster virus，OV）。

（一）传染性胰脏坏死病毒

传染性胰脏坏死病毒（infectious pacreatic necrosis virus，IPNV）引起鲑鳟鱼苗和稚鱼的急性传染病——传染性胰脏坏死病。此病只在人工养殖条件下流行，并引起很高的死亡率，遍及全世界。大部分发生在美国和加拿大东南部的鲑鳟主产区，目前已传播到法国、丹麦、瑞士、瑞典、德国、英国、日本以及我国。该病已被我国规定为进出境检疫的二类传染病。

1. 形态结构 病毒颗粒无囊膜，二十面体对称，直径 50～110 nm，有单层衣壳，在感染细胞的超薄切片中，核心的直径 45 nm。在氯化铯中的浮力密度为 1.60 g/cm^3，壳粒数为 92，由 5 条多肽（VP1～VP5）组成，VP4 可能是 VP3 的降解产物。核酸为双链 RNA，由大、小两个节段组成，分别为 3.2 kb 和 2.8 kb。大节段编码表面蛋白 VP2 和核心蛋白 VP3 以及非结构蛋白 VP5，小节段编码核心蛋白 VP1。RNA 的 3′末端无多聚腺苷酸结构。不同毒株各多肽和核酸节段的相对分子质量不同。VR299 毒株的四条多肽的相对分子质量分别为 86 000、56 000、30 000 和 27 000，大、小核酸节段的相对分子质量分别为 2.5×10^6 和 2.3×10^6。

2. 培养特性 病毒可在 RTG-2、FHM、CHSE-214、CAR、RF、PG、SWT、BB、BF-2 和其他多种鱼类细胞中增殖，并产生细胞病变（Ab 型株在 FHM 中不产生细胞病变）。也可在变温动物的初代细胞中培养，但诊断和病毒分离培养常用 RTG-2 和 FHM 细胞。细胞病变表现为细胞失去纺锤形，核浓缩，细胞质有颗粒，细胞从瓶壁上脱落。不过，也有抵抗力稍强的细胞，即使发生核浓缩，其仍留在原来的位置，形成网状空斑。空斑周围，健全细胞和变性细胞混杂在一起。在 20 ℃培养时，空斑形成需 2～3 d。本病毒的增殖温度为 15～25 ℃，最适温度为 20 ℃左右。IPNV 在 pH 7.2 和 pH 7.6 时产生细胞病变。而 VHSV 在培养液 pH 7.2 时不产生细胞病变。这可作为两者的鉴别点之一。来源于两栖类、鸟类或哺乳动物的细胞均不能用于 IPNV 的培养。

3. 抵抗力 本病毒对乙醚、氯仿、甘油、乙醇均具有抵抗力。在 50% 甘油 PBS 中可长时间保存。能耐受 pH 4～10，在 pH 5.9 的弱酸性环境中一般较为稳定。在水中耐受性较强，河水或井水中 4 ℃下 10 d，15 ℃下 5 d，该病毒尚能存活。在海水中 4～10 ℃时 4～10 周，感染力不变。对高温也具有一定程度的耐受性，50 ℃下 15 min 不灭活。PBS 中 60 ℃下 1 h，感染力仍可残留。于 10 倍稀释的 Eagle 培养基中 4 ℃保存，99.9% 的病毒失去活性。大部分毒株可以耐受 −20 ℃以下的低温。冻干后 4 ℃保存，感染力至少可以维持 4 年。但有些毒株对冻融极不稳定，冻融一次，99.9% 失去感染力。用氯仿（100～200 mg/L）、福尔马林（2%）、氢氧化钠（2%）、紫外线（254 nm）和 γ 射线（大于 10 000 Gy）处理，可使病毒灭活。

4. 抗原性 最初用多价抗体进行交叉中和试验，将本病毒分成 AB、SP、VR299 三个血清型。AB 和 SP 是欧洲的参考株，VR299 是美洲的参考株。Hi 等（1985）的血清学研究对此做了补充。他把病毒分为 A、B 两个血清群，A 群包括 9 个血清型，见于硬骨鱼、贝类、甲壳类和圆口动物，B 群中有一个血清型，见于贝类和鲤。

5. 病原性 不同毒株的致病力强弱有所差异。人工感染时，在英国人工饲养的鳟中分离的各毒株的致死率为 43%～56%。但 AB 株的毒力较弱，致死率只有 15% 左右。一般从非鲑鳟类鱼中分离的 IPNV 的毒力较低（致死率仅 6%～10%），但从鲤鱼分离到的毒株的致死率高达 60%。人们发现 SP 株在细胞中传代会发生变异，变成弱毒株。空斑由原来的 0.5 mm 变为 2 mm，并对正常的鳟血清敏感。而从急性发病的鱼中分离的野毒株则有强的毒性（致死率为 75%），在细胞培养中产生小空斑，不被正常虹鳟血清中和。虹鳟、美洲红点鳟、溪鳟、克氏鲑、马苏大麻哈鱼、红大麻哈鱼、银大麻哈鱼、大鳞大麻哈鱼、湖红点鲑等对 IPNV 具有易感性。从鲑科以外的多种鱼类如白斑狗鱼、白亚口鱼、金钩、七鳃鳗、鳗鲡、大西洋油鲱、鲤金鱼、乌鲂以及牡蛎、蛤类、贝类、蟹类、日本对虾等也可分离到本病毒，这些宿主大多都无任何临床症状。

6. 微生物学检查

（1）病毒分离。直接取整尾病鱼鱼苗或成鱼的体腔液、肾脏、脾脏、肝脏等制成匀浆，用 PBS 稀释成 10 倍，在 4 ℃以 2 000 r/min 离心 15 min，然后通过 0.45 μm 滤膜过滤。取 0.2 mL 接至 RTG-2 或 FHM 细胞培养物，置 15～20 ℃培养，维持 pH 7.0～7.8，观察细胞病变和空斑形成。一般在接种后 3～4 d 出现病变。带毒鱼也可用其粪、精液或卵液分离病毒，粪便做成 1∶（20～50）稀释，以降低其毒性。精液或卵液可不作稀释直接接种。用可疑 IPN 病鱼做诊断感染时，细胞必须培养 20 d。如果尚不能确定病毒存在，应将感染细胞的培养液传代一次，接种新的细胞，再观察细胞病变。有报道，直接将病鱼或带毒鱼的内脏用胰蛋白酶消化，或由带毒鱼分离的白细胞，与 RTG-2 同步混合培养，其敏感性比直接接种方法高 2 倍。

（2）血清学检查。常用组织培养中和试验，观察标准的抗血清是否能中和新分离的病毒。用型特异性抗血清与待检病毒进行中和试验，可鉴定分离毒株的血清型。此外，金黄色葡萄球菌协同凝集反应、补体结合反应、荧光抗体技术、酶标等也已用于本病的快速诊断。

兔抗 VR299 血清致敏的 SPA 仅与 VR299 毒株起反应，与 SP 和 AB 株无交叉反应现象。用 SP 和 AB 株抗血清致敏的 SPA 与 VR299 仅有弱的交叉反应。用病鱼内脏粗提液作抗原，协同凝集反应可在 90 min 内得出诊断。IPNV 抗体的检测缺乏实际意义，这是因为耐过 IPNV 感染的虹鳟血清中的抗体可持续数年，同时，IPNV 带毒者不含或只含滴度很低的抗体。此外，正常虹鳟血清中存在非特异抗病毒成分，即使作 1：5 000 稀释仍可中和 IPNV 细胞毒性，故而难于判断特异性抗体水平。

7. 防治　养殖场应采用独立的水体产卵和孵化鱼苗。为防止鱼卵污染，受精卵可采用含碘仿的消毒剂成或紫外线照射进行消毒。用福尔马林灭活疫苗注射接种或使用通过鲈制成的减毒疫苗作浸渍免疫，接种鱼在 10～12 ℃水温时，21～23 d 后产生中和抗体，并能抵抗自然感染。但不同亚型间无交叉免疫作用。

（二）欧洲鳗鲡病毒

欧洲鳗鲡病毒（eel virus European，EVE）主要引起冬季养殖的日本鳗鲡流行的鳃肾病，该病特征是鳃丝上皮细胞异常增生，使其呈棍棒状，肾小球和肾小管变性。1973 年，从日本静冈县养殖的有鳃肾炎病的欧洲鳗鲡中分离得到。

1. 形态结构　EVE 的形态、理化特性、细胞病变等与 IPNV 完全一致。病毒颗粒呈多面体，在 RTG-2 细胞中的直径为 68～77 nm。于 20 ℃，3～4 d 内产生细胞病变，细胞病变以核浓缩、细胞呈细丝状为特征。本病毒对乙醚、乙醇、氯仿、甘油和 pH 3～9 均稳定。

2. 抗原性　在血清学上，EVE 与 IPNV 的美国株 VR299、Buhl Idaho、Powder-Mill、New Hampshire 等不同，但与法国分离的 d'Honnincthun 株非常相近，与 Bonnamy 株也有一定程度相似性。

3. 病原性　EVE 主要对幼鳗有致病性。对虹鳟幼鱼无病原性。在 RTG-2 细胞中继代 3 次的病毒，接种日本鳗鲡，可引起其肾小管上皮细胞的变性、坏死。不过，鳃无异常。继代 6 次的病毒，不能再引起鳗鲡发病。

（三）鰤腹水症病毒

鰤腹水症病毒（yellowtail ascites virus，YAV）是鰤幼鱼病毒性肝胰坏死病的病原。此病于 20 世纪 70 年代中期在日本的西部地区发现。1985 年，日本学者反町原从发病的鰤中分离到病毒。

1. 形态结构　在感染的细胞内，病毒平面呈六角形，无囊膜，大小 62～69 mm。核酸属 RNA。

2. 培养特性　本病毒可在 RTG-2、CHSE-214 和来自于日本鳗鲡的 EK-1 细胞以及 FHM 细胞中增殖，产生与 IPNV 类似的细胞病变。但不在 EPC 细胞中增殖。在 CHSE-214 和 EK-1 细胞中，20～30 ℃培养 36 h，或 15 ℃培养 60 h，病毒的感染价达到最高。增殖温度范围 15～30 ℃，最适温度为 20 ℃。

3. 抵抗力　对有机溶剂乙醚和氯仿不敏感。56 ℃下 30 min 失活，在 pH 3、pH 7、pH 11 中均稳定。

4. 抗原性　本病毒与传染性胰脏坏死病毒的 VR299 株、AB 株、SP 株有交叉中和反应。

5. 病原性　用病毒浸渍或腹腔注射都可感染鰤，出现与自然发病相同的症状。鰤的易感性随体重增加而下降。以 $10^{6.6}$ $TCID_{50}/mL$ 的病毒浸渍感染 1 g 左右的鰤幼鱼，在 20～50 ℃时，试验鱼于第 3 天开始发病，第 4 天出现腹水症。第 8 天死亡率达到高峰。病理剖检可见肝脏出血以及肝脏和胰脏的坏死。自然发病鱼一般在 1 g 以下。发病季节为 5—6 月，水温在 20 ℃左右。

6. 微生物学检查　用 RTG-2 等易感细胞作病毒分离，以中和试验鉴定分离病毒。

7. 防治 尚无有效的防治方法。

八、细小病毒科

(一) 传染性皮下及造血组织坏死病毒

传染性皮下及造血组织坏死病毒（infectious hypodermal and hematopoietic necrosis virus，IHHNV）属于细小病毒科（*Parvoviridae*）、简短（浓核）病毒属（*Brevidensovirus*）的暂定种，是危害全球对虾养殖业最大的病原之一。对虾传染性皮下及造血组织坏死病（infectious hypodermal and haematopoietic necrosis，IHHN）是世界动物卫生组织划定的甲壳类其他重要疫病之一，其分布广泛、危害严重。

1. 形态结构 IHHNV 是已知对虾病毒中最小的病毒，病毒粒子直径为 22 nm，无囊膜二十面体、线性单链 DNA，长度为 4.1 kb，核衣壳蛋白至少由 4 个相对分子质量分别为 7.4×10^4、4.7×10^4、3.9×10^4、3.75×10^4 的多肽组成，根据其形态学及生物化学等特性被分类为细小病毒科。

2. 致病性 IHHNV 在自然状态下可感染细角滨对虾、凡纳滨对虾、西方滨对虾（*Litopenaeus occidentalis*）、加利福尼亚对虾（*Farfantepenaeus californiensis*）、斑节对虾（*Penaeus monodon*）、短沟对虾（*Penaeus semisulcatus*）和日本囊对虾（*Marsupenaeus japonicus*）。感染 IHHNV 或患病后存活下来的细角滨对虾和凡纳滨对虾会终生带毒，并可通过垂直和水平传播方式把病毒传给下一代和其他种群。

3. 微生物学检查 IHHNV 主要感染起源于外胚层和中胚层的组织细胞，主要有表皮、前肠和后肠上皮、性腺、淋巴器官和结缔组织细胞，很少感染肝胰腺。靶组织中可观察到典型的 Cowdry A 型细胞核内嗜伊红包涵体，边缘常出现无色环，包涵体可使细胞核肥大、染色质边缘分布。

(1) 组织学诊断。①组织病理诊断法：H-E 染色观察细胞核内 Cowdry A 型包涵体进行诊断，适用于有症状对虾的初步诊断或未知样品的组织病理学评价，不适用于无症状带病毒标本的病毒检测。②电镜诊断法：通过超薄切片靶组织中细胞核内病毒的观察进行确诊。

(2) 病原的分子检测分子杂交技术。地高辛标记的 IHHNV cDNA 探针病毒检测，灵敏度高于病理组织诊断法，适用于成虾、幼虾、仔虾、幼体和受精卵活体、冰鲜或冰冻产品和其他甲壳类动物的病毒筛查、有临床病症病虾的确诊。

(3) PCR 检测法。通过聚合酶链式反应检测 IHHNV 特定基因。适用于各种对虾样品、环境生物和饵料生物样品以及其他各种非生物样品的 IHHNV 带毒的高灵敏度定性检测。

4. 防治 目前尚无有效方法治疗。

(二) 肝胰腺细小病毒

对虾肝胰腺细小病毒（hepatopancreatic parvovirus，HPV）属细小病毒科（*Parvoviridae*）细小病毒属（*parvovirus*）。1984 年 Chong 等在新加坡地区野生的墨吉对虾（*Fenneropenaeus merguiensis*）和印度明对虾（*F. indicus*）中首先发现了 HPV。

1. 形态结构 对虾肝胰腺细小病毒是一种单链、线性 DNA 病毒，病毒粒子平均直径为 22～24 nm，无囊膜，呈二十面体对称，根据其形态学和生化特征。电镜观察并推测其 DNA 长度约为 6 kb，而且多数病毒粒子包含的基因组单链 DNA 是负链。

2. 致病性 墨吉对虾和印度明对虾易感。

3. 微生物检查 受感染的肝胰腺盲管近末端上皮细胞核肥大,可见细胞核内圆形或卵圆形着色较深的核内包涵体。

4. 防治 采用无特定的病原虾苗,改善养殖环境可预防该病毒病的发生。但目前尚无明显治疗方法。

九、野田村病毒科

野田村病毒科(Nodaviridae)又称诺达病毒科或罗达病毒科,分为2个属,分别为主要感染昆虫的甲型野田村病毒属(Alphanodavirus)和主要感染鱼类的乙型野田村病毒属(Betanodavirus)。野田村病毒是非包涵体的球状病毒,病毒粒子直径为29~32 nm,呈$T=3$的正二十面体对称。目前感染水生生物的野田村病毒有两大类,一类感染鱼类,引起鱼类病毒性脑病与视网膜病,属于乙型野田村病毒属;另一类感染虾类,目前已经发现罗氏沼虾野田村病毒和凡纳滨对虾野田村病毒。

(一) 病毒性神经坏死病毒

病毒性神经坏死病毒(viral nervous necrosis virus, VNNV),属野田村病毒科乙型野田村病毒属(β-nodavirus),引起鱼类病毒性神经坏死病(viral nervous necrosis, VNN)又称病毒性脑病和视网膜病(viral encephalopathy and retinopathy),流行于除美洲和非洲之外的几乎全世界所有地区的海水鱼类,对仔鱼和幼鱼危害很大,严重者在1周内死亡率可达100%,且近年受感染的鱼类种类和受危害程度迅速增加。此病毒于1989年发现,1990年首次报道。目前已发现近40种该属病毒。

1. 形态结构 病毒颗粒直径25~30 nm,为无囊膜二十面体病毒,病毒颗粒由180个衣壳蛋白组成。病毒在氯化铯中的浮力密度为1.3~1.35 g/mL。病毒基因组包括两条正义的、非聚腺苷酸化的RNA单链(RNA1和RNA2)。RNA1长3.0~3.2 kb,编码的蛋白A为病毒依赖RNA的RNA聚合酶(RdRp),相对分子质量约为1×10^5;RNA2长1.3~1.4 kb,编码病毒衣壳蛋白,相对分子质量约为4.2×10^4。目前乙型野田村病毒属包括多种来自不同鱼类的VNNV,根据衣壳蛋白的基因序列,将乙型野田村病毒分为SJNNV、RGNNV、TPNNV和BFNNV 4个基因型,这4个基因型在基因序列、血清型、宿主敏感和致病性、细胞敏感性和增殖温度均不同,表明乙型野田村病毒属在敏感宿主方面的复杂性。

2. 病原性 在世界各地相继有3目8科15种海水养殖鱼类发生过此病。可通过水平和垂直传播,此病主要影响苗种生产期的仔鱼和幼鱼,严重者可在1周内达100%死亡,仔鱼期病鱼厌食,于水面飘游,鳔肿大,除此外无其他外观症状,死亡率极高。幼鱼期病鱼可出现螺旋式垂直游动,死亡率较仔鱼期低。该病主要流行在石鲷、鲹、石斑鱼、红鳍东方鲀等鱼的仔鱼和幼鱼上,死亡率一般可达40%~100%,也有部分种类的成鱼会被感染。

3. 微生物学检查 病理检查可见中枢神经系统、脊髓以及视网膜组织大量细胞形成空泡,出现神经性降解。PCR检测病毒阳性亲鱼的后代全部患病毒性神经坏死病。初步诊断可依据病理组织检查,取可疑鱼的脑网膜组织细胞或视网膜做组织切片,H-E染色,观察有无神经组织坏死、大型空泡;或用电子显微镜观察有无病毒包涵体。也用荧光抗体测试、ELISA检测、PCR检测等方法进行快速诊断。

4. 防治 ①选择健康无病毒的亲鱼进行苗种培育,可用PCR法检测亲鱼的生殖腺,并检测产卵前亲鱼血浆中的抗体水平。②消毒受精卵可有效地灭活卵表面的病毒,以 20 mg/L 的有效碘处理 15 min,或用 50 mg/L 的有效碘处理 5 min;也可用臭氧处理过的海水洗卵 3～5 min。③对育苗室、育苗池和器具进行消毒处理。由于病毒对干燥和直射光有很强的耐受力,所以推荐使用消毒剂进行消毒处理。对该病毒有效的消毒剂主要有卤素类、乙醇类、碳酸及 pH 12 的强碱溶液,如用次氯酸钠 50 mg/L 处理 10 min。④及时捞出死鱼深埋,并进行池水消毒。

(二) 罗氏沼虾野田村病毒

罗氏沼虾野田村病毒 (*Macrobrachium rosenbergii* nodavirus,MrNV) 主要造成罗氏沼虾肌肉白浊病,又称白尾病,主要危害罗氏沼虾苗种,以急性死亡、病虾肌肉呈白斑或白浊状为特征。

1. 形态结构　MrNV 病毒粒子呈二十面体,大小为 26～27 nm,无囊膜,基因组由两条正链 RNA 组成,线状 RNA1 大小 3.2 kb,编码病毒 RNA 聚合酶,RNA2 大小 1.2 kb,编码相对分子质量 4.3×10^4 的结构蛋白（CP43）。MrNV 的基因序列与甲型野田村病毒属和乙型野田村病毒属均不相同,属一类新的野田村病毒成员。除罗氏沼虾野田村病毒外,罗氏沼虾肌肉白浊病中还发现了一种大小为 14～16 nm 的病毒,目前称为超小病毒 (XSV),为单股单链 RNA,编码相对分子质量 1.7×10^4 的衣壳蛋白,需要依赖于 MrNV,目前认为是 MrNV 的卫星病毒。

2. 病原性　病毒可通过水平和垂直传播感染,其中带毒种虾垂直传播是引起我国虾苗发病的重要原因;带病毒水体、饵料、工具、未彻底消毒的育苗池等均可传播病毒;有学者报道带病毒的轮虫等生物饵料也可传播疾病。

3. 微生物学检查　发病虾苗腹部肌纤维、肝胰腺、血细胞、心脏和鳃组织细胞质内可观察到嗜碱性包涵体;超微病理观察可发现肌纤维间线粒体肿胀、变形,肌质网变性、坏死和空泡化,表明细胞处于缺氧和钙代谢紊乱状态;肌细胞包涵体内存在大量晶格排列、无囊膜、大小为 26 nm 的球状病毒颗粒。用病毒核酸探针或抗 MrNV 单抗进行免疫酶染色,可发现肌肉及组织间隙细胞内存在大量病毒颗粒。

4. 防治　实行对苗种场、良种场实施防疫条件审核、苗种生产许可管理制度。并加强疫病监测与检疫,掌握流行病学情况。通过培育或引进抗病品种,提高抗病能力。加强饲养管理,降低发病概率。除了预防目前尚无明显治疗方法。

十、双顺反子病毒科

双顺反子病毒科 (Dicistroviridae) 原为微小 RNA 病毒科的成员,其代表属为蟋蟀麻痹病毒属 (*Cripavirus*)。其大部分可感染蚜虫等昆虫。因基因组呈而顺反排列而得名。目前,感染水生生物的双顺反子病毒有桃拉病毒、锯缘青蟹双顺反子病毒,另外罗氏沼虾中也发现了双顺反子病毒。

桃拉综合征病毒 (Taura syndrome virus,TSV),属微小 RNA 病毒目 (Picornavirales) 双顺反子病毒科 (*Dicistroviridae*),属分类地位未定成员。病毒基因组为单股正链 RNA,病毒在宿主细胞质中复制。桃拉综合征俗称红尾病,是由桃拉综合征病毒引起的对虾的一种严重传染性疾病,急性期以虾体变红（虾红素增多）、软壳,过渡期以角质上皮不规则黑化为特征。我国将其列为二类疫病,OIE 将其列为必须通报疾病。

1. 形态结构 TSV 粒子直径 32 nm，无囊膜，呈正二十面体结构，在氯化铯中的浮力密度为 1.338 g/mL。TSV 具有两个开放读码框架（ORF），ORF1 编码非结构蛋白，有解旋酶、蛋白酶、RNA 依赖的 RNA 聚合酶；ORF2 则编码三种结构蛋白，分别为 CP1（相对分子质量 4×10^4）、CP2（相对分子质量 5.5×10^4）及 CP3（相对分子质量 2.4×10^4）。根据病毒衣壳蛋白 VP1 基因序列将 TSV 分为美国型、东南亚型和伯利兹型三个基因群组。

2. 病原性 中国明对虾（*Fenneropenaeus chinensis*）也对本病易感；凡纳滨对虾除卵、受精卵和虾蚴外，仔虾、幼虾及成虾等各期均对本病易感，主要感染 14～40 日龄、体重 0.05～5 g 以下的仔虾，部分稚虾或成虾也容易被感染。对虾科其他属成员经直接攻毒也可感染，但一般不表现症状。细角对虾选择系对 TSV（基因 1 型或 A 抗原型）有抵抗力。本病主要通过健康虾摄食病虾、带病毒水源等方式水平传播；也可经海鸥等海鸟、划蝽科类水生昆虫携带病毒传播本病。携带病毒亲虾可能经垂直途径传播到后代，但目前尚无可靠证据。持续感染虾和终生带毒虾是传染源；染疫存活凡纳滨对虾和细角对虾可终生带毒成为疾病传播者。病虾不吃食或少量吃食，在水面缓慢游动，在特急性到急性期，幼虾身体虚弱，外壳柔软，消化道空无食物，在附足上会有红色的色素沉着，尤其是尾足、尾节、腹肢，有时整个虾体体表都变成红色。

3. 微生物学检查 较大规格的病虾步足末端有蛀断、溃疡现象，两根触须、尾扇、胃肠道均变红，胃肠道肿胀（肠内有少量食物），肝胰脏肿大，变白。透过病虾的甲壳，发现肌肉由原来的半透明变成白浊，尤其是腹部末端，似甲壳与肌肉分离状。部分病虾的头胸甲处出现白区，镜检甲壳和胃肠壁压片发现红色素细胞扩散。染病初期大部分病虾头胸甲有白斑，久病不愈的病虾甲壳上有不规则的黑斑。

4. 防治 发病时立即投放水质净化剂和增氧剂，2 h 后全池泼洒二溴海因 0.4 mg/L。第 2 天全池泼洒季铵盐络合碘 0.6 mg/L。3 d 后投放光合细菌 8 mg/L 和枯草杆菌 5 mg/L。

十一、杆套病毒科

对虾黄头病毒（yellow head virus，YHV）是引起对虾黄头病的病原，属于杆套病毒科（*Roniviridae*）头甲病毒属（*Okavirus*）成员。急性感染在 2～4 d 即出现停食等症状，死亡率高，濒死虾头胸部因肝胰腺发黄而变成黄色，因此称为对虾黄头病。我国将其列为二类疫病，OIE 将其列为必须申报的疫病。

1. 形态结构 YHV 粒子呈杆状，大小为（40～60）nm×（150～200）nm，有囊膜，上有囊膜粒突起。核衣壳呈螺旋对称，由 3 种主要结构蛋白构成，即核衣壳蛋白 P20 和蛋白 GP64、GP116；病毒基因组为单股正链 RNA，长约 26 000 个核苷酸。

2. 抵抗力 60 ℃下用次氯酸钙或 SDS 处理 15～30 min 可使病毒失活，在水温 25～28 ℃的海水中可存活至少 4 d。

3. 病原性 对虾黄头病于 1990 年首次在泰国东中部养殖斑节对虾中发现，易感性随虾种类不同而异，实验表明，YHV 可引起斑节对虾、凡纳滨对虾、细角对虾等大量死亡。YHV 主要通过是水平传播，鸟类也是传播媒介之一，鸟类（海鸥等）摄食患黄头病虾，并通过排泄将病毒传播到邻近的池塘中去。黄头病严重影响养殖期为 50～70 d 的对虾，感染后 3～5 d 内发病率高达 100%，死亡率达 80%～90%。患病虾有一个吃食量增大然后突然停止的过程，一般 2～4 d 内出现头胸部发黄和全身发白，肝胰腺变软并由褐色变为黄色。

许多濒死虾聚集在池塘角落的水面，同时引起对虾迅速大量死亡。

4. 微生物学检查 黄头病毒主要侵染外胚层和中胚层起源的组织器官，可感染血淋巴、造血组织、鳃瓣、皮下结缔组织、肠、触角腺、生殖腺、神经束、神经节等，并致全身性细胞坏死。组织压片可观察到中度到大量球形强嗜碱性细胞质包涵体；血淋巴涂片可观察到中度到大量血细胞发生核固缩和破裂；组织切片可观察到坏死区域有球形强嗜碱性细胞质包涵体，直径为 2 μm 或稍小，胃皮下组织和鳃是观察特征性包涵体的最佳部位。

5. 免疫检测技术 通过制备特异性抗黄头病毒抗体，用于检测病毒的方法。可取活虾血淋巴，采用免疫印迹试验（WB）、ELISA 或免疫荧光等方法鉴定样品是否有黄头病毒感染，从而进行确诊。

6. 防治 目前尚无明显治疗方法，主要以预防为主。对苗种场、良种场实施防疫条件审核、苗种生产许可管理制度。加强疫病监测与检疫，掌握流行病学情况。通过培育或引进抗病品种，提高抗病能力。加强饲养管理，切断疾病的传染途径。

十二、线头病毒科

白斑综合征杆状病毒（white spot syndrome baculovirus，WSSV）隶属于线头病毒科（*Nimaviridae*）、白斑病毒属（*Whispovirus*），为双链 DNA 病毒，具有双层囊膜，不形成包涵体，形态为短杆状。对 WSSV 进行电镜观察，不同分离株不同地域的病毒粒子及核衣壳在形态上差异不明显。对虾白斑综合征自 1993 年暴发以来，给虾养殖业带来巨大的经济损失。该病毒发病快、致死率高、传播迅速，目前已成为虾养殖业中危害最大的病毒。

1. 形态结构 WSSV 是一种无包涵体的杆状病毒，完整病毒粒子的横切面为圆形，纵切面为杆状略带椭圆，大小为（250～380）nm×（70～150）nm，直径为 120～150 nm，一端有一细长的鞭毛状结构，基因组为环状双股 DNA，大小 300 kb，至少编码 5 种主要多肽和 13 种次要多肽。目前 GenBank 上公布了 3 株 WSSV 的基因组序列，分别为：①泰国株（WSSV-TH，登录号 AF369029）；②中国大陆株（WSSV-CN，登录号 AF332093）；③台湾株（WSSV-TW，登录号 AF440570）。

2. 培养特性 在盐度为 14、温度为 28～32 ℃的海水中，游离 WSSV 在 4 h 内失去感染活性；体长 7 cm 的白斑综合征死亡斑节对虾，其携带的 WSSV 在 57 h 失去感染活性；体长 7 cm 死亡斑节对虾经 28 ℃空气干燥，其携带的 WSSV 在 50 h 失去感染活性；WSSV 不能通过体表感染健康斑节对虾，而斑节对虾摄食一定数量病毒才能导致感染；水不能作为游离 WSSV 的传播载体。

3. 抵抗力 从中国对虾分离出的 WSSV 经乙醚 56 ℃处理 30 min 失活。用 1 μg/mL 次氯酸钠处理 30 min 失活；25 ℃下用 12.5%的氯化钠处理从日本对虾分离的 WSSV，24 h 失活；在盐水中可以存活 120 d。在有活性氧的水中，WSSV 的感染活性降低。WSSV 在紫外线照射下 60 min 完全失活，在 pH 1 和 pH 12 环境中 10 min 完全失活。WSSV 经过臭氧处理 10 min，其感染力下降为 0。

4. 病原性 中国对虾易感，其他对虾也有发病的报道。

5. 微生物学检查 其侵害的主要组织和器官是皮下组织、表皮角质层组织、触角腺、造血组织、鳃、血淋巴器官、肌肉纤维质细胞、食道、胃的表皮与结缔组织，同时在心脏、眼、神经及生殖腺组织中广泛分布。胃部坏死最严重，其次是中肠、表皮及皮下结缔组织。

病毒寄生在对虾大部分的器官,从而导致全身性系统性的坏死;进行血清检查,发现血淋巴细胞减少,血淋巴混浊,淋巴样器官和肝胰脏肿大。血淋巴液凝固时间超过 3 min。濒死虾壳变软,血淋巴液发黄,不易凝固。病毒粒子散于细胞质中,并可在细胞质中继续装配。最后细胞解体,病毒粒子再感染周围细胞。在腹部肌肉纤维之间有时也发现病毒粒子,有的病虾在鳃和触角腺中可看到血细胞变性坏死,包围成结状构造,其大小为 20~50 μm;淋巴样器官有血细胞浸润。在显微镜下可见,病虾甲壳内面有直径数毫米的白点,呈重瓣的花朵状,外围较透明,花纹较清楚,白点在酸中容易溶解。病虾在几天或 2 个月内死亡。

6. 防治 目前尚无有效药物防治,但要加强管理措施。①彻底清淤消毒,严格检测亲虾。②使用无污染和不带病原的水源并过滤消毒。③受精卵先用 50 mg/l 的 PVP-I(聚乙稀吡咯烷酮碘)浸洗 0.5~1 min,再入池孵化。④饲料中添加 0.2%~0.3% 的稳定维生素 C。⑤保持虾池环境稳定,加强巡池观察,不采用大排大灌换水法等,加以防治。

本 章 小 结

本章分四节阐述了水产动物的四大类病原微生物,即细菌、其他原核微生物、真菌和病毒。

引起水产动物病害的细菌常见的有:弧菌属的鳗弧菌、副溶血弧菌、溶藻弧菌、哈氏弧菌、创伤弧菌,水气单胞菌属的嗜水气单胞菌、温和气单胞菌、豚鼠气单胞菌、杀鲑气单胞菌,链球菌属的海豚链球菌、无乳链球菌,爱德华菌属的迟缓爱德华菌、鲇爱德华菌,耶尔森菌属的鲁氏耶尔森菌,假单胞菌属的荧光假单胞菌、鳗败血假单胞菌、恶臭假单胞菌,黄杆菌属的柱状黄杆菌、海生黄杆菌,黄杆菌科的脑膜败毒性伊丽莎白菌,以及放线菌目的鰤诺卡氏菌、星形诺卡氏菌,海分枝杆菌等。上述不同病原细菌的敏感宿主范围不一样,多数有多种血清型。可通过生理生化特征和分子特征区别不同的病原细菌。

水产动物的其他病原微生物有立克次氏体、衣原体、螺原体等,主要引起鱼、虾、蟹和贝类疾病。立克次氏体是鱼、对虾和贝类常见的病原体。其中鲑的立克次氏体研究较为深入,有些鱼类和贝类中发现的立克次氏体由于目前尚未确定其具体分类地位,暂称之为类立克次氏体(RLO)。主要有感染对虾、大西洋深水扇贝、海湾扇贝、美洲牡蛎、日本缀锦蛤和虾夷扇贝、硬壳蛤、黑鲍、皱纹盘鲍、珠母贝的类立克次氏体。螺原体是近十年来新发现和深入研究的水产动物的病原体,主要引起蟹、虾疾病。衣原体主要感染扇贝。第二节分别介绍了这些原核微生物的形态特征、部分生物学特性、致病性、实验室诊断方法及防治方法。

危害水产动物的真菌主要有水霉、绵霉、丝囊霉、鳃霉、霍氏鱼醉菌、镰刀菌、链壶菌等。水霉为典型的水生种类,鲑科和鲤科鱼类、黄鳝、河鲈、鳗鲡、虾、河蟹、鳖、蛙等对水霉都具有易感性。绵霉大多是腐生的,少数是寄生的,广泛存在于池塘、水田和土壤中。常见致病种有两性绵霉、美洲绵霉等。丝囊霉广泛存在于水体,主要寄生在鱼、蟹等水生生物。常见致病种有杀鱼丝囊霉、平滑丝囊霉等。鳃霉是鲤科鱼类和其他淡水鱼类鳃霉病的病原。常见致病鳃霉包括血鳃霉、穿移鳃霉等。鳃霉属为寄生菌。草鱼、青鱼、鳙、鲮、黄颡鱼、银鲷等对鳃霉具有易感性,出现以鳃组织梗塞性坏死为特征的烂鳃病。镰刀菌在自然界广泛分布,种类很多,有些寄生于对虾和鱼类。我国从对虾已分离到镰刀菌的四种致病种类。即寄生于各种对虾、美洲龙虾及淡水罗氏沼虾的腐皮镰刀菌、三线镰刀菌、禾谷镰刀菌和尖孢镰刀菌。链壶菌主要危害对虾、龙虾、蟹和贝类等的卵和幼体，尤以蚤状期和糠虾期最为严重。虹鳟、红点鲑、鲱、鳕、鲭、鲐、各种热带鱼及野生海水鱼等对霍氏鱼醉菌都具有易感性。霍氏鱼醉菌对组织器官无特殊的选择性，当鱼类神经系统受侵袭时，病鱼失去平衡，游动摇晃，运动不正常，因此得名"醉酒病"。

真菌性疾病的微生物学检查包括镜检、分离培养和致病性检查。大多无有效治疗方法。主要是进行一般性预防，如对发病池进行干池、曝晒及消毒处理。及时清除病鱼和死鱼，加强饲料管理，不用病鱼和死鱼作饲料，防止病从口入。

呈全球分布的水生动物病毒病，一直是水产养殖及野生水生动物中存在的严重传染性疾病，它们不仅传染性强、传播速度快，而且宿主范围广。第四节主要介绍近年来在水生动物中经常造成严重影响和经济损失的病毒，如异疱疹病毒科、疱疹病毒科、虹彩病毒科、杆状病毒科、弹状病毒科、呼肠孤病毒科、双RNA病毒科、细小病毒科、野田村病毒科、双顺反子病毒科、杆套病毒科以及线头病毒科等病原的形态结构、培养特性、抵抗力、抗原性、病原性、微生物学检查、血清学检查及简单防治方法。

思 考 题

1. 常见水生动物病原弧菌的主要生物学特性是什么？其主要感染对象有哪些？
2. 如何检测副溶血弧菌？其有何致病性？
3. 常见气单胞菌的致病机理是什么？有何鉴别性特征？
4. 阐述链球菌区分血清型的依据。
5. 如何鉴别海豚链球菌和无乳链球菌？
6. 如何鉴别迟缓爱德华菌和鲇爱德华菌？它们主要的感染对象分别是什么？
7. 试述耶尔森菌的分离鉴定程序。
8. 引起水生动物病害的假单胞菌有哪些？如何鉴别？
9. 黄杆菌的主要生物学特征是什么？其感染对象和引起的主要症状是什么？
10. 鰤诺卡氏菌和星形诺卡氏菌的主要区别是什么？其感染对象和引起的主要症状是什么？
11. 立克次氏体及RLO、衣原体能引起哪些水产动物疾病？如何诊断？
12. 简述中华绒螯蟹发生螺原体感染时有何典型症状？检测方法及内容有哪些？
13. 病原真菌主要有哪些种类？
14. 真菌对动物的致病作用主要表现在哪些方面？
15. 举例说明动物感染性真菌的致病特点。怎样进行有效诊断？
16. 绘图说明水霉属的生活史，并说明各个阶段的特点。
17. 试比较水霉与绵霉在形态上的异同，并分析各自对水产动物的致病性特点。
18. 引起水生动物疾病的病毒有哪些？其分类地位、形态特征和疾病情况如何？
19. 试述草鱼出血病的诊断及防治方法。
20. 试述虾类白斑综合征和桃拉综合征的临床症状及防治方法。
21. 谈谈你对水产动物病毒疾病的检测方法和防控措施的体会。

第十三章 水产品与微生物

　　水产品来自不同水域，无论是淡水还是海水都有天然存在的多种微生物，生活在其中的水产品会带有这些微生物。水产品在捕获后和在随后的加工中也会受到微生物污染。在一定条件下引起水产品的腐败变质，只有注意控制才能保证产品质量。

　　水体有时含有能引起人致病的微生物，水产品可能受到污染。另外，水产品捕获后也可能受到人和环境的污染而带有致病菌。由于水产品是多种腐败微生物和致病微生物生长的良好基质，所以受到污染的水产品能引起多种细菌性食物中毒。因此，微生物与水产品安全有密切的关系。

　　水产品安全有一系列的微生物指标，为了较好地控制水产品的质量安全，保障人民的身体健康，需要对水产品的微生物进行检验，达到安全指标才能出厂。

第一节 水产品中的微生物

　　鱼贝类等水生生物，在正常情况下其组织内部是无菌的。但是，由于鱼类的体表和鳃部直接与水接触，加之鱼体表面分泌有一层糖蛋白成分的黏质物，是细菌的良好培养基。因此，在与外界接触的皮肤黏膜、鳃、消化道等部位，经常定居着各种类型的微生物。新鲜水产品的微生物通常是采集地水体中微生物状况的反映。水产品中的微生物群落组成，常因所生活的环境而异，有些是常久定居的，有些是暂时性的。当鱼贝类等水生生物死亡后，附着在体上的微生物可迅速繁殖，引起水产品的腐败。捕获后水产品还会受到微生物的污染。了解水产品中的微生物来源、组成对于控制水产品的质量与安全具有十分重要的意义。

一、水产品中的微生物

　　水产品中的微生物主要为水体中的微生物，以及在捕获、储藏、加工过程中污染的微生物。淡水或暖水中水产品的微生物类群多为嗜温性、革兰氏阳性（G^+）细菌；而冷水中水产品多为革兰氏阴性（G^-）细菌，海洋水域中的本土细菌是G^-细菌。

（一）水产品附着的水体微生物

　　淡水鱼类附着的微生物主要为淡水中正常的细菌，包括假单胞菌属（*Pseudomonas*）、节杆菌属（*Arthrobatcer*）、黏杆菌属（*Myxobacterium*）、噬细胞菌属（*Cytophaga*）、不动杆菌属（*Acinetobacter*）、莫拉菌属（*Moraxella*）、气单胞菌属（*Aeromonas*）、链球菌属（*Streptococcus*）、克雷伯菌属（*Klebsiella*）、产碱杆菌属（*Alcaligenes*）、芽孢杆菌属（*Bacillus*）等。肠道病毒对污水处理的抵抗力较强，故在供水中也有发现。

　　海水鱼类附着的微生物一部分是常年生活在海洋中的，一部分是随河水、污水等流入海洋的。在海洋中生活的微生物主要是细菌，常见的是一些具有活动能力的杆菌和各种弧菌，如假单胞菌属、弧菌属（*Vibrio*）、黄杆菌属（*Flavobacterium*）、无色杆菌属（*Achromobacter*）、不动杆菌属及芽孢杆菌属的细菌。其中有些细菌能够发光，称为发光细菌。

（二）水产品中的微生物数量

活的鱼贝类其肌肉是无菌的，但与外界接触的表皮、鳃、眼球的表面、消化器官的内部等，在活体时就附着大量的细菌。例如 Geolgala 的研究报告指出，鱼的表皮细菌数为 $10^3 \sim 10^8$ CFU/cm^2，消化器官为 $10^3 \sim 10^8$ CFU/mL，鳃为 $10^3 \sim 10^6$ CFU/g。水产品中细菌数量的变化，亦受捕获季节、水域环境等的影响。加工的水产品质量和微生物数量亦受原料中初始微生物含量的影响，冷冻水产加工品，如冻鱼片、冻牡蛎等菌落总数一般都在 $10^5 \sim 10^7$ CFU/g。

（三）水产品中的微生物

鱼是冷血动物，所以鱼所带的菌群温度特征反映鱼生长区域的水温状况。在北方适宜温度的水中，鱼所带微生物的温度范围通常在 $-2 \sim 12$ ℃，适冷菌与嗜冷菌占优势。大多数适冷菌生长的适宜温度为 18 ℃。热带鱼很少带适冷菌，因此多数热带鱼在冰中保存的时间要长些。

深海鱼所带的细菌是可以耐海水高盐度的细菌。尽管大多数的微生物在盐度为 20～30 时生长最适，但重要的微生物是广盐性的微生物，它们在一定范围的盐度内均可生长。例如鱼表面由于冰融化成水而使盐度降低时，广盐性的微生物仍能生存并继续生长。

从海中捕捞后，鱼储存在冰或冷冻海水中直至陆地。水产品从捕获到消费，要经历一个极为复杂的流通途径，要接触各种器材、设备和人手等，因而细菌污染的机会很多。捕获时附着在体表的细菌，在加工和流通过程中，其数量和种类都会发生一定的变化。

新鲜鱼类、冷冻鱼类及其他水产品中的主要微生物如表 13-1 所示。

表 13-1　水产品中的主要微生物

水产品	主要微生物群	报告者
新鲜鱼类	假单胞菌Ⅰ型、假单胞菌Ⅱ型、假单胞菌Ⅲ型、莫拉菌、不动杆菌、黄杆菌、噬纤维菌、微球菌、发光杆菌、节杆菌、弧菌	Shewan
	假单胞菌Ⅰ型、假单胞菌Ⅱ型、假单胞菌Ⅲ/Ⅳ-NH型、假单胞菌Ⅲ/Ⅳ-H型、弧菌、莫拉菌、不动杆菌、黄杆菌、噬纤维菌、微球菌、葡萄球菌等	堀江进等
冷冻鱼类	莫拉菌、微球菌、葡萄球菌、不动杆菌、弧菌、假单胞菌Ⅱ型等	奥积昌世等
牡蛎	弧菌、假单胞菌Ⅲ/Ⅳ-H型等	奥积昌世等
鳕片	不动杆菌、假单胞菌Ⅲ型、莫拉菌、微球菌、节杆菌、噬纤维菌、气单胞菌等	Mokhele 等
青鱼片	假单胞菌、交替单胞菌、不动杆菌、莫拉菌、噬纤维菌、屈挠杆菌等	Molin 等

二、水产品中的微生物污染

水产品的微生物污染，可分为捕获前的污染（原发性污染）和捕获后的污染（继发性污染）。

1. 渔获前的污染　鲜活鱼贝类的肌肉、内脏以及体液本来应是无菌的，但皮肤、鳃等部位与淡水或海水直接接触，已沾染了许多水体中的微生物，特别是细菌。渔获前污染的微生物有引起腐败变质的细菌和真菌，如假单胞菌、无色杆菌、黄杆菌等，以及水霉属、绵霉属、丝囊霉属等；也有能引起人致病的细菌和病毒，如沙门氏菌、致病性弧菌以及甲型肝炎病毒、诺瓦克病毒等。

2. 捕获后的污染　主要是指从捕获后到销售过程所遭受的微生物污染。据 Shewan 的调查，鱼被捕获到船上后，因渔船甲板通常带有的细菌数高达 $10^5 \sim 10^6$ CFU/cm^2，所以鱼的细菌数会增加，分级分类后用干净的海水洗涤，细菌数会减少到洗涤前的 $1/10 \sim 1/3$，但之后冻结或加冰，装入鱼舱时，鱼箱、鱼舱、碎冰中附着许多细菌，因而鱼的带菌数再次增加。运入销售市场或加工厂，还会受到人手、容器、市场环境或工厂环境等的污染，加工条件不同对微生物含量影响很大。水产品中的微生物大部分为腐败微生物，以细菌为主，其次为霉菌和酵母，主要引起水产品的腐败变质。另外还会污染能引起人食物中毒的细菌，如沙门氏菌、葡萄球菌、大肠杆菌等。

三、水产品的微生物腐败

鱼体在微生物的作用下，鱼体中的蛋白质、氨基酸及其他含氮物质被分解为氨、三甲胺、吲哚、硫化氢、组胺等低级产物，使鱼体产生具有腐败特征的臭味，这种过程就是细菌腐败。

（一）新鲜水产品的腐败

当鱼死后，细菌会从肾脏、鳃等循环系统和皮肤、黏膜、腹部等侵入鱼的肌肉，特别当鱼死后僵硬结束后，细菌繁殖迅速可使水产品腐败，发生变质，并可能产生组胺等有毒物质。

鱼贝类的肉组织比一般畜禽肉容易腐败，据 Schonberg 研究其原因是：①鱼贝类含水量多，含脂肪量比较少，正适合细菌繁殖要求；②鱼肉组织脆弱，细菌较易分解；③鱼死后，其肉很快便呈微碱性，正适合细菌繁殖；④鱼肉附着细菌，尤其鳃及内脏所附着的细菌多，腐烂后，便接触到鱼肉；⑤鱼肉所附细菌大部分是中温细菌，在常温生长很快；⑥鱼肉所含天然免疫素少。

新鲜鱼的腐败主要表现在鱼的体表、眼球、鳃、腹部、肌肉的色泽、组织状态以及气味等方面。鱼体死后的细菌繁殖，从一开始就与死后的生化变化、僵硬以及解僵等同时进行。但是在死后僵硬期中，细菌繁殖处于初期阶段，分解产物增加不多。因为蛋白质中的氮源是大分子，不能透过微生物的细胞膜，因而不能直接被细菌所利用。当微生物从其周围得到低分子含氮化合物，将其作为营养源繁殖到某一程度时，即分泌出蛋白质酶分解蛋白质，这样就可以利用不断产生的低分子成分。另外，由于僵硬期鱼肉的 pH 下降，酸性条件不宜细菌生长繁殖，故对鱼体质量尚无明显影响。当鱼体进入解僵和自溶阶段，随着细菌繁殖数量的增多，各种腐败变质现象即逐步出现。

鱼体所带的腐败细菌主要是水中细菌，多数为需氧性细菌，如假单胞菌属、无色杆菌属、黄杆菌属、微球菌属等。鱼贝类的腐败微生物见表 13-2。这些细菌在鱼类生活状态时存在于鱼体表面的黏液、鳃及消化道中。细菌侵入鱼体的途径主要为两条：①体表污染的细菌，温度适宜时在黏液中繁殖，使鱼体表面变得混浊，并产生难闻的气味。细菌进一步侵入鱼皮，使固着鱼鳞的结缔组织发生蛋白质分解，造成鱼鳞容易脱落。当细菌从体表黏液进入眼部组织时，眼角膜变混浊，并使固定眼球的结缔组织分解，因而眼球陷入眼窝。鳃在细菌酶的作用下，失去原有的鲜红色而变成褐色乃至灰色，并产生臭味。②腐败细菌在肠内繁殖，并穿过肠壁进入腹腔各脏器组织，在细菌酶的作用下，蛋白质发生分解并产生气体，使腹腔的压力升高，腹腔膨胀甚至破裂，部分鱼肠可能从肛门脱出。

表13-2 鱼贝类的腐败微生物

鱼贝类	腐败微生物
淡水鱼类	假单胞菌、无色杆菌、黄杆菌、芽孢杆菌、棒状杆菌、八叠球菌、沙雷氏菌、梭菌、弧菌、莫拉杆菌、肠杆菌、变形杆菌、气单胞菌、短杆菌、产碱菌、乳杆菌、链球菌等
海水鱼类	假单胞菌、无色杆菌、黄杆菌、芽孢杆菌、棒状杆菌、八叠球菌、沙雷氏菌、梭菌、弧菌、肠杆菌等
贝壳类	黏球菌、红酵母、假丝酵母、球拟酵母、丝孢酵母、加夫基氏菌等腐败细菌，与海水鱼类的相似，并混有土壤细菌

腐败过程向组织深部推移，沿着鱼体内结缔组织和骨膜，不断波及新的组织。其结果使鱼体组织的蛋白质、氨基酸以及其他一些含氮物被分解为氨、三甲胺、吲哚、硫化氢、组胺等腐败产物。

当上述腐败产物积累到一定程度，鱼体即产生具有腐败特征的臭味而进入腐败阶段。与此同时，鱼体肌肉的pH升高，并趋向于碱性。当鱼肉腐败后，它就会完全失去食用价值，误食后还会引起食物中毒。例如鲐、鲹等中上层鱼类，死后在细菌的作用下，鱼肉汁液中的主要氨基酸组氨酸迅速分解，生成组胺，超过一定量后如给人食用，容易发生荨麻疹。目前一些国家已经有组胺的限量标准。

由于鱼的种类不同，鱼体带有腐败特征的产物和数量也有明显差别。例如，三甲胺是海产鱼类腐败臭味的代表物质。因为海产鱼类大多含有氧化三甲胺，在腐败过程中被细菌的氧化三甲胺还原酶作用，还原生成三甲胺，同时还有一定数量的二甲胺和甲醛存在，它是海鱼腥臭味的主要成分。

又如鲨、鳐等板鳃鱼类，不仅含有氧化三甲胺，还含有大量尿素，在腐败过程中被细菌的脲酶作用分解成二氧化碳和氨，因而带有明显的氨臭味。

此外，多脂鱼类因含有大量高度不饱和脂肪酸，容易被空气中的氧氧化，生成过氧化物后进一步分解，其分解产物为低级醛、酮、酸等，使鱼体具有刺激性的酸败味和腥臭味。

（二）水产制品的腐败

水产制品主要是经过加工的水产品，主要有冷冻水产品、干制品、鱼糜制品等，这些加工产品由于本身特性和所处环境不同，因此腐败变质也有所不同。

1. 冷冻水产品的腐败 水产品在冷冻（-25~30℃）时，一般微生物不能生长，不发生腐败，但在冷冻时一些耐低温的腐败细菌并未死亡。当解冻后，又开始生长繁殖，引起水产品的腐败。冷冻鱼的腐败细菌，以假单胞菌Ⅲ/Ⅳ-H型、莫拉杆菌、假单胞菌Ⅰ型和Ⅱ型占优势。

残存于冷冻鱼肉上的细菌，由于冷冻的温度时间和冷冻状态不同，其中大部分死亡。特别是病原性细菌在冷冻时易死亡。冷冻温度与水产品的腐败具有密切关系。在-5℃冷冻时，部分嗜冷菌仍可繁殖，在数月的繁殖后，仍可使水产品变成接近腐败的状态而不能食用。在-18℃冷冻时，最初菌数减少，但经较长时间后仍可从这种状态的鱼中检出微球菌、假单胞菌、黄杆菌和无色杆菌等。但在外观上，鱼体不见异常变化。冷冻鱼的贮藏温度如在-20℃以下时，一般细菌均处于冻结状态，不发生腐败。表13-3所示为主要水产品在不同冷冻温度下的保藏期。

表13-3 主要水产品在不同冷冻温度下的保藏期

种类	保藏期（月）		
	-18℃	-25℃	-30℃
多脂鱼	4	8	12
中脂鱼	8	18	24
少脂鱼	10	24	>24
蟹	6	12	15
虾	6	12	12
虾（真空包装）	12	15	18
蛤、牡蛎	4	10	12

2. 水产干燥和腌熏制品的变质 水产品经过干燥、腌制和烟熏得到的制品的共同特点是降低制品中的水分活度而抑制微生物的生长而达到保藏的目的，但由于吸湿或盐度和干燥程度还不能完全抑制微生物的生长，常出现腐败变质的现象。

干制品常因为发霉而变质。由于霉菌能在水分较低情况下生长，如果干燥不够完全或者是干燥完全的干制品在贮藏过程中吸湿，可能会出现长霉而引起的劣变现象。

腌制的咸鱼还不能抑制所有微生物的生长，因此会出现变质。变质常有以下两种现象。①发红：盐渍鱼或盐干鱼的表面会产生红色的黏性物质。导致产红的主要有两种嗜盐菌：海滨八叠球菌属（*Sarcina littoralis*）和嗜盐假单胞菌属（*Pseudomonas salinaria*）。它们都分解蛋白质，而后者则主要使咸鱼产生令人讨厌的气味。②褐变：在盐渍鱼的表面产生褐色的斑点，使制品的品质下降。这是一种嗜盐性霉菌（*Sporendonema epizoum*），孢子生长在鱼体表面，其网状根进入鱼肉内层。

3. 鱼糜制品的变质 鱼糜制品是鱼肉擂溃后加入调味料，经煮熟、蒸熟或焙烤而成，例如鱼丸、鱼糕、鱼香肠等。鱼糜制品通过加热杀死绝大多数的细菌，但还残存耐热的细菌，此外可能由于包装不良或贮存不当而遭受微生物污染，在贮存过程中出现变质现象。

鱼糜制品变质根据现象分为下列3类：

（1）最初在鱼糜制品表面生成透明黏稠性水珠样物质，外观像发汗一般，时间一长，渐渐扩大到全面，但不会发生臭味，初期时可用热水洗涤，仍可食用。其主要原因是附着在制品表面的链球菌、明串珠菌和微球菌等具有糖酵解作用的细菌生长繁殖。

（2）最初生成像牛油或果酱般点状不透明物，渐渐扩大，扩大后互相连接融合，会发生异臭，到点状物扩大到全面时，相当恶臭。是由微球菌、沙雷氏菌、黄杆菌和气杆菌等蛋白质腐败分解菌的作用而引起。

（3）表面长霉而不能食用，是由于霉菌引起的霉变，主要是青霉菌、曲霉菌和毛霉菌等霉菌的生长繁殖所致。

(三) 引起水产品腐败变质的微生物

水产品常由于微生物的作用而使质量发生下降，冰冻的新鲜鱼多数会因细菌感染而腐败，而咸鱼和干制鱼大多数是因真菌而变质。新鲜和腐败的鱼类或其他水产食品中主要的细菌、酵母和霉菌见表13-4和表13-5。

表13-4 新鲜和腐败的鱼类或其他水产食品中主要的细菌

细 菌	革兰氏染色	流行性
不动杆菌属（Acinetobacter）	−	*
气单胞菌属（Aeromonas）	−	**
产碱杆菌属（Alcaligenes）	−	*
芽孢杆菌属（Bacillus）	+	*
棒状杆菌属（Corynebacterium）	+	*
肠杆菌属（Enterobacter）	−	*
肠球菌属（Enterococcus）	+	*
埃希氏菌属（Escherichia）	−	*
黄杆菌属（Flavobacterium）	−	*
乳酸杆菌属（Lactobacillus）	+	*
李斯特菌属（Listeria）	+	*
微杆菌属（Microbacterium）	+	*
莫拉菌属（Moraxella）	−	*
发光杆菌属（Photobacterium）	−	*
假单胞菌属（Pseudomonas）	−	*
嗜冷杆菌属（Psychrobacter）	−	*
希瓦拉菌属（Shewanella）	−	**
弧菌属（Vibrio）	−	**
魏斯菌属（Weissella）	+	*
假交替单胞菌属（Pseudolateromonas）	−	*

注：*表示已知存在；**表示较频繁报道。引自James M. Jay，2008，《现代食品微生物学》7版。

表13-5 新鲜和腐败的鱼类或其他水产食品中主要的酵母和霉菌

酵 母	流行性	霉 菌	流行性
假丝酵母属（Candida）	**	曲霉属（Aspergillus）	*
		短梗霉（芽霉）属［Aureobasidium（Pullularia）］	**
隐球菌属（Cryptococcus）	*		
德巴利酵母属（Debaryomyces）	*	青霉属（Penicillium）	*
汉森酵母属（Hansenula）	*	帚霉属（Scopulariopsis）	*
毕赤酵母属（Pichia）	*		
红酵母属（Rhodotorula）	*		
掷孢酵母属（Sporobolomyces）	*		
丝孢酵母属（Trichosporon）	*		

注：*表示已知存在；**表示较频繁报道。引自James M. Jay，2008，《现代食品微生物学》7版。

四、水产品中的微生物控制

水产品的腐败变质是由于本身酶的作用、细菌的作用和以氧化为主的化学作用，要保持水产品的状态和鲜度，就须抑制酶的活力和细菌的污染与繁殖，使自溶和腐败延缓发生。根据酶、细菌的特征和活动所需条件，有效的保质措施主要是保持低温、低水分活度、低氧气含量、使用保鲜剂等。微生物引起的腐败既是水产品变质的主要原因，又可能引起食品安全问题，因此微生物的控制对于水产品质量甚为重要，常采用低温、低水分等方法。在水产品企业的危害分析与关键控制点（HACCP）管理体系，GMP（良好操作规范）等均与水产品中的微生物控制密切相关。

（一）低温保鲜贮藏

Bremmer 等认为，在冷却温度范围内腐败微生物的生长速率（r）遵循这样一个规律：$\sqrt{r}=1+0.1\times t$，t 为温度（℃）。这表示如果贮藏温度是 10 ℃，腐败细菌的生长速率是 0 ℃时的 4 倍（$\sqrt{r}=1+0.1\times 10$，$r=4$）。降低水产品的温度能抑制微生物的生长、发育，还能抑制与变质有关的化学反应、与自溶有关的酶的作用。

1. 冷却保鲜　鱼类的冷却是将鱼体的温度降低到液汁的冰点。鱼类液汁的冰点依鱼的种类和组织液中盐类浓度而不同，在 $-0.5\sim-2$ ℃的范围内，鱼体液汁的平均冰点可采用 -1 ℃。冷却有利于鱼体鲜度的保持，但不能长期保存。

（1）碎冰冷却保鲜。碎冰保鲜法是运输途中或在批发、零售时应用最广的方法。此法是将冰轧成 $3\sim 4$ cm 的方块，按照一层冰一层鱼、薄冰薄鱼的方法装入容器内，以达到短期保鲜贮存的目的。碎冰保鲜应注意将冰一次加足，要尽量与外界热源隔离，使用的天然冰或人造冰应符合国家标准和有关要求；存放地点和容器要清洁干净，须将鱼体上脏物清洗干净，发现腐败变质鱼要及时挑出来。

（2）冷海水冷却保鲜。冷海水保鲜是将刚捕上来的鱼浸渍在混有碎冰的冷海水（冻结点为 $-2\sim-3$ ℃），使鱼冷却死亡，以减少压挤鱼体的损伤。

（3）另外还有冷空气冷却保鲜、微冻保鲜等冷却保鲜法。此类保鲜温度接近 0 ℃，是短期保鲜使用的主要方法，该温度还不能完全抑制微生物的生长。冰鱼腐败主要是由适冷的革兰氏阴性杆菌引起，这些菌也出现在肉类的腐败中，尤其是腐败希瓦拉菌（*Shewanella putrefaciens*）及假单胞菌属。

2. 冻结保鲜　鱼类冻结保鲜为将鱼温度从初温降低到其中心温度达 -15 ℃以至更低温度的贮藏方法。冷却或微冻保鲜一般用于鲜鱼运输和加工、销售前的暂时贮藏，而冻结保鲜可延长贮藏期。冻结加工是目前世界上最佳保藏手段。

冻结保鲜一般有强制送风冻结、平板冻结和沉浸式冻结三种。

整条鱼冻结工艺流程为：新鲜原料鱼→挑选→清洗→理鱼→定量装盘→冻结→脱盘→包冰衣和包装→成品冻藏。

在保质操作上关键要求是冻结时经预冷后的鱼体应进行快速冷冻（宜用 -25 ℃以下低温），这样可使鱼体内形成的冰晶小而均匀，组织内汁液流失就较少，亦利于冷空气进入鱼体中心。冻藏时在 $-15\sim -18$ ℃的冷藏条件下，贮存期不应超过 9 个月。

（二）水分活度对保鲜的影响

水产品中的水分对微生物的生长亦具有重要作用。微生物的生长繁殖与水分活度具有直接关系。所谓水分活度是指食品中游离水的比例,即水分活度=食品的水蒸气压/纯水的水蒸气压。水分活度越高,说明食品中所含游离水的比例越高,水分活度越低,食品中游离水越少。微生物的生长,一般有其最适水分活度范围。水分活度越低,微生物越不易生长。即使在可生长的水分活度范围内,其生长速度也随着水分活度的降低而减慢。

关于微生物的生长与水分活度的关系以及相应的食盐浓度见表13-6。新鲜水产品的水分活度为0.98或以上,腌制品或干品的水分活度在0.80~0.88。

表13-6 各种微生物生长的最低水分活度与相应的食盐浓度

微生物种类	生长最低水分活度	食盐溶液浓度(%)
大多数腐败细菌	0.90	13.0
大多数腐败酵母	0.88	16.2
大多数腐败霉菌	0.80	23.0
嗜盐细菌	0.75	饱和
耐干燥霉菌	0.65	
耐渗透压酵母	0.60	

腌熏水产制品在一定程度上能抑制细菌的发育,但不能完全抑制细菌的作用,有时也会引起腐败分解,腐败的细菌种类与新鲜鱼一样。产生腐败与食盐浓度、食盐种类、盐渍温度以及空气接触等因素有关。高盐、低温、低空气含量有利于产品保存。

干制加工属于脱水性措施,目的在于减少鱼体内所含的水分,使细菌得不到繁殖所必需的水分。常用的煮后晒干方法除脱水作用外,还能降低酶的活力,并使细菌处于体液外渗状态的不利环境。

(三)氧浓度对保鲜的影响

水产品自身带有的微生物和污染的微生物大多数都是需氧的。水产品在贮藏过程中,最初出现的变化是由于细菌的生长,在制品表面出现发黏。但在制品内部,由于氧浓度很低,细菌尚未繁殖。即制品表面和内部的细菌繁殖速度不一致,表面细菌的繁殖比内部快。这种差异主要是由于制品表面经常与空气接触,氧的供给充足,有利于需氧菌的快速增殖。而内部经常处于厌氧状态,需氧菌难以繁殖。

为了防止氧渗入制品的内部,应对制品进行包装,隔断制品与空气的接触,以防止制品内部氧浓度的上升。维持厌氧状态,阻止需氧性芽孢细菌的生长,从而提高水产制品的贮存性。

鱼类的气调是利用人为控制的不同气体混合物如 N_2、O_2、CO_2、CO 等作为介质,并在冷藏条件下较长时间贮藏。

第二节 水产品安全与微生物

本节主要介绍与水产品安全有关的微生物,即可能引起致病的微生物,主要是能引起细菌性食物中毒的细菌和能致病的病毒。鱼类病原细菌和腐败细菌通常不属于食物中毒性细菌。

水产品含有较多的水分和蛋白质，酶的活性强，极易腐败变质，且影响其安全性的因素复杂，因此，水产品引起的食物中毒事件屡有发生。据调查，我国 2010—2014 年，食源性疾病暴发案例有 2 000 多起，发病人数约有 63 000 人，其中死亡人数约有 970 人，而微生物引起食源性疾病暴发案例占 41.1%，患者人数占 72.8%。我国食源性疾病监测网数据显示由副溶血性弧菌引起的食物中毒高居沿海沿江省份微生物食源性疾病首位，根据食源性疾病监测网 2003—2008 年的资料统计数据推算，我国每年因副溶血性弧菌导致食源性疾病发病 495.1 万人次。

来源于水产品中的致病菌通常可分为两组。一组是自身原有的细菌，广泛分布于世界各地的水环境中，并受气温的影响。嗜冷菌如肉毒梭菌和李斯特菌常见于北极和较寒冷气候的地区；而较多的嗜热菌如霍乱弧菌和副溶血性弧菌，代表了部分滨海、港湾的环境或温热带水域中鱼体上细菌的自然种群。有些水产品食品原料也可能被更多种病原体感染，但因污染水平低，生鲜水产品中含有的病原体数量少而不会引发疾病。然而其生长繁殖快，可使生产的加工食品中浓度很高，造成引起疾病的风险。

另一组致病菌是水产品非自身原有细菌。例如沙门氏菌属（*Salmonella* sp.），这类嗜温菌可生活在被人或动物粪便污染的环境中。Rhodes 和 Kator（1988）已证实，大肠杆菌和沙门氏菌属在港湾环境里可繁殖和存活数周。此外还有志贺氏菌、金黄色葡萄球菌等，参见表 13-7。

表 13-7 来源于水产品中的致病菌

	种 类	作用方式		毒素的热稳定性	最小感染剂量
		感染性	毒素前体		
自身原有细菌	肉毒梭菌（*Clostridium botulinum*）		+	—	
	弧菌（*Vibrio* sp.）	+		高	
	霍乱弧菌（*V. cholerae*）			—	
	副溶血性弧菌（*V. parahaemolyticus*）			低	$>10^6/g$
	其他弧菌*			—	
	嗜水气单胞菌（*Aeromonas hydrophila*）	+			未知
	类志贺氏邻单胞菌（*plesiomonas shigelloides*）	+			未知
非自身原有细菌	单核细胞增生李斯特菌（*Listeria monocytogenes*）	+			未知/可变
	沙门氏菌（*Salmonella* sp.）	+			从小于 10^2 到大于 10^6 不等
	志贺氏菌（*Shigella*）	+		高	$10\sim10^2$
	大肠杆菌（*E. coli*）	+			$10\sim10^3$
	金黄色葡萄球菌（*Staphylococcus aureus*）		+		

*：其他弧菌包括创伤弧菌（*V. vulnificus*）、霍氏弧菌（*V. hollisae*）、弗氏弧菌（*V. furnssii*）、拟态弧菌（*V. mimicus*）、河流弧菌（*V. fluvialis*）等。

一、弧　菌

食品中致病弧菌包括副溶血性弧菌、创伤弧菌及霍乱和副霍乱弧菌。

（一）副溶血性弧菌

副溶血性弧菌（Vibrio parahaemolyctus）引起的食物中毒在最近几十年才被发现和重视。它是沿海地区夏季常见的食物中毒病原菌之一，其引起的食物中毒事件近年在国内外均呈增加趋势。不过副溶血性弧菌分致病性和非致病性两种，绝大多数都是非致病的。

1. 生物学特性 副溶血性弧菌常呈弧状、杆状、丝状等多种形状，有鞭毛、运动活泼、革兰氏阴性。副溶血性弧菌需氧，营养要求不高。最适培养温度为 30~37 ℃、最适 pH 为 7.7~8.0。在肉汤蛋白胨液体培养基中呈现混浊，表面形成菌膜。在固体培养基上的菌落通常隆起、圆形、表面光滑、湿润。副溶血性弧菌是一种嗜盐弧菌（Halophilic vibrio）。在无盐的蛋白胨水中生长不良，但在含 3%~3.5% 的食盐培养基内，生长良好。由于它嗜盐，故又称之为致病性嗜盐菌。

副溶血性弧菌具有三种抗原：O 抗原（菌体抗原，即耐热抗原），H 抗原（鞭毛抗原，即不耐热抗原）；K 抗原（荚膜抗原）。不耐热抗原在 100 ℃加热后，失去抗原性；耐热抗原经 100 ℃加热后仍保持抗原性；K 抗原只在活菌中存在。目前已知有 12 个菌体 O 抗原群和 57 个 K 抗原型。

副溶血性弧菌不耐热，加热 75 ℃ 5 min 或 90 ℃ 1 min，即可被杀死。对醋酸敏感，1% 醋酸处理 1 min 即可杀死该菌。

2. 食品中副溶血性弧菌的来源

（1）近海海水及海底沉积物中副溶血性弧菌对海产食品及海域附近塘、河、井水的污染，除使海产食品副溶血性弧菌带菌率较高之外，该区域淡水鱼、虾贝等也可受到副溶血性弧菌的污染。

（2）人群带菌者对各种食品的污染。沿海地区饮食从业人员、健康人群及渔民副溶血性弧菌带菌率为 0~11.7%，肠道病史者带菌可达 31.6%~34.8%。带菌人群可污染各类食品。

（3）生熟食品交叉污染。引起副溶血性弧菌中毒的食物，主要是海产食品和盐渍食品，如海产鱼、虾、蟹、贝、肉、禽、蛋类以及咸菜或凉拌菜等。食品容器、砧板、切菜刀等处理食物的工具生熟不分时，生食物中的副溶血性弧菌可通过上述工具污染熟食物或凉拌菜。

（二）创伤弧菌

创伤弧菌（Vibio vulnificus），也称河弧菌，引起食物中毒是 20 世纪 90 年代研究出来的重要成果。创伤弧菌在海水环境中广泛存在。它最初是从牡蛎和蚌中分离到，后来从浮游生物、动物、沉淀物中也分离到。

创伤弧菌引起的食物中毒多发生在 6—10 月，易受污染的食品主要是海产品，如鱼、虾、蟹、牡蛎、蛤、蚶、螺等，其次是被海产品或工器具污染的熟食品。近海鱼的带菌率为 1.5%~30%。

创伤弧菌对热敏感，因此海味食品只要合理烹调，能够将其杀死。食品被污染和中毒发生的原因是，食生鱼或海产品加热处理不彻底，未能杀死病菌，或熟海产品又被病菌重复污染，创伤弧菌大量繁殖，食后引起食物中毒。肉类熟食品受到海产品的污染；或在加工过程中，处理和盛装海产品的工具和容器受到创伤弧菌污染，未能彻底洗刷消毒，又处理和盛装熟食品而受到交叉感染，均能引起创伤弧菌食物中毒。

创伤弧菌是一种重要的病原菌。它能引起两种临床特征的疾病。一种是暴发性的败血症,其发病原因是由于食用不卫生的海味食品,尤其是生牡蛎而引起。感染的途径是胃肠道。如果患有肝病的人再受到创伤弧菌的感染,常会引起死亡。另一种是迅速发展的蜂窝组织炎,它起因于伤口与海水的接触,例如在清洗贝类或捕捞牡蛎、蟹时受到创伤弧菌的感染。

(三)霍乱弧菌和副霍乱弧菌

霍乱弧菌(Vibrio cholerae)或副霍乱弧菌(Vibrio choleraebiotype eltor)为弧形或逗点状,菌体一端有鞭毛一根,运动活泼,无芽孢,为革兰氏阴性菌;其抵抗力较弱,在干燥情况下,经2 h即死亡;在55 ℃的湿热中,经10 min即死;在水中能存活2周,寒冷潮湿环境下的新鲜水果和蔬菜的表面,可以生存4~7 d;对酸很敏感,但能耐受碱性环境,例如能在pH为9.4的环境中生长不受影响;容易被一般消毒剂杀死。

霍乱弧菌和副霍乱弧菌传染源主要是病人,其次是带菌者。患病期间的霍乱弧菌随同粪便及呕吐物排出。还有一些轻型霍乱病人,因症状较轻未被诊断出来而未加注意,往往造成疾病的扩散。霍乱的带菌现象有好几种,有潜伏期带菌、恢复期带菌和健康期带菌,虽然这些带菌者排菌量不多,但常造成病菌在某一地区的传播而发生大流行。

霍乱弧菌和副霍乱弧菌传播的途径甚多,也和其他肠道传染病一样,病菌通过水、苍蝇、食品等传播开来,特别是水被污染后造成病的流行是本病暴发的特征。

二、沙门氏菌

沙门氏菌属(Salmonella)属肠杆菌科,为具有鞭毛、能运动的革兰氏阴性杆菌。沙门氏菌被认为是目前世界范围内最重要的食物源性致病菌之一,主要引起食物中毒和败血症,世界各地都有沙门氏菌感染及食物中毒的报道。我国沙门氏菌食物中毒的发病率也较高,占总食物中毒的40%~60%。目前至少有67种O抗原和2 000个以上的血清型。我国现已发现有26群,161个血清型。按菌体O抗原结构的差异,将沙门氏菌分为A、B、C、D、E、F、G七大组,对人类致病的沙门氏菌99%属A至E组。在许多国家,沙门氏菌食物中毒多由鼠伤寒沙门氏菌、猪霍乱沙门氏菌和肠炎沙门氏菌引起。沙门氏菌不产生外毒素,主要是食入活菌而引起的食物中毒。食入活菌的数量越多,发生中毒的机会就越大。目前认为沙门氏菌的所有血清型对人都是有害的,因此动物饲料中也不允许含有沙门氏菌。

(一)沙门氏菌属的生物学特性

1. 沙门氏菌属的类群　沙门氏菌属的类群按其传染范围分为3个群。

(1)专门引起人类发病的,有伤寒沙门氏菌(Salmonella typhi)、甲型副伤寒沙门氏菌(S. paratyphi-A)、乙型副伤寒沙门氏菌(S. paratyphi-B)、丙型副伤寒沙门氏菌(S. paratyphi-C)、其中以伤寒沙门氏菌和乙型副伤寒沙门氏菌引起人类的肠热症最为常见,这一类群称为肠热症菌群。

(2)对哺乳动物及鸟类有致病性,并能引起人类食物中毒。从中毒病人排泄物中分离到的菌种有鼠伤寒沙门氏菌(S. typhimurium)、猪霍乱沙门氏菌(S. choleraesuis)、肠炎沙门氏菌(S. enteritidis)、德比沙门氏菌(S. derby)、纽波特沙门氏菌(S. newport)、汤普森沙门氏菌(S. thompsom)、鸭沙门氏菌(S. anatis)等菌型,这一类群称为食物中毒菌群。

(3)仅能对动物发病,很少传染于人,但能引起人类发病的菌群也有发现,并在发展之中,例如鸡伤寒沙门氏菌和雏白痢沙门氏菌,有时会引起人类发生胃肠炎。

2. 沙门氏菌属的生物学特性　沙门氏菌属生长温度范围为 5～46 ℃,生长繁殖的最适温度为 20～37 ℃,人体中(35～37 ℃)每 25 min 繁殖一代,能在水分活度为 0.945～0.999 的环境中生长,pH<4 则不生长,在水中可生存 2～3 周,在粪便和冰水中生存 1～2 个月,在冰冻土壤中可过冬,在含食盐 12%～19% 的咸肉中可存活 75 d。沙门氏菌属在 100 ℃ 时立即死亡,70 ℃ 经 5 min 或 65 ℃ 经 15～20 min、60 ℃ 经 1 h 方可被杀死。水经氯化物处理 5 min 可杀死其中的沙门氏菌。此外,沙门氏菌属不分解蛋白质,不产生靛基质,食物污染后并无感官性状的变化,应给予注意。

Sobeh 于 1984 年已经证实肠炎沙门氏菌在适合的条件下可在牛奶或肉类中产生达到危险水平的肠毒素。该毒素为蛋白质,在 50～70 ℃ 时可耐受 8 h,不被胰蛋白酶和其他水解酶所破坏,并对酸碱有抵抗力。上述特性在沙门氏菌属引起食物中毒的机理中有重要意义。

(二) 食品中沙门氏菌的来源

沙门氏菌属广泛分布于自然界中,在人和动物中有广泛的宿主。如家畜中猪、牛、马、羊、猫、犬,家禽中鸡、鸭、鹅等。健康家畜、家禽肠道沙门氏菌检出率为 2%～15%,病猪肠道沙门氏菌检出率可高达 70%。正常人粪便中沙门氏菌检出率为 0.02%～0.2%。因此,食物受到沙门氏菌污染的机会很多,易受污染的食物种类也很多。

引起沙门氏菌食物中毒的食品主要是动物性食品,包括肉类、鱼虾、家禽、蛋类和奶类制品。豆制品和糕点等有时也会引起沙门氏菌属食物中毒。

沙门氏菌来源主要是来自患病的人、动物以及人和动物的带菌者。

家畜肉中沙门氏菌来源于生前感染和宰后感染。家畜在屠宰前已经感染沙门氏菌,称为生前感染。一般情况下,肠道带菌率较高,但当动物患病或疲劳时,抵抗力降低,肠道中沙门氏菌即可经肠系膜淋巴结和淋巴组织进入血液、肌肉和各部分内脏。宰后污染是指家畜被屠宰后,肉被带菌的粪便、容器或污水等污染上沙门氏菌。

家禽和蛋类也容易感染沙门氏菌。鸭、鹅及其蛋类比鸡的带菌率高。健康鸡的粪便带菌率较低,约为 2.3%,而健康鸭的粪便带菌率可高达 10%。带菌牛产的奶有时也含沙门氏菌。

水产品有时也带有沙门氏菌,这主要是由于水源污染。

人和动物患者或带菌者,如不加以注意,就很易将沙门氏菌传播开来。在牧场,通过饲料和饮水,沙门氏菌会在牲畜之间进行传染;在食品中,可通过人的手、苍蝇、鼠类等作为媒介,接触食品而使沙门氏菌进行扩散。污染有沙门氏菌的食品在未煮熟、煮透前就食用,会随同食物进入消化道,在小肠和结肠中繁殖,引起食物中毒。

沙门氏菌属食物中毒全年皆可发生,但多见于夏、秋两季,即 5—10 月。该两季发病次数和发病人数可达全年发病总次数和总人数的 80%。

三、大肠杆菌

(一) 大肠杆菌的生物学特性

大肠杆菌是革兰氏阴性短杆菌,大小为 (1.1～1.5) μm×(2.0～6.0) μm;无芽孢,微荚膜;周生鞭毛;需氧或兼性厌氧,最适生长温度为 37 ℃。在液体培养基中,混浊生长,形成荚膜,管底有黏性沉淀。在肉汤固体平板上,形成凸起、光滑、湿润、乳白色和边缘整齐的菌落,带有特殊的粪臭味。在伊红-亚甲蓝平板上,因发酵乳糖而形成带有金属光泽的紫黑色菌落。

大肠杆菌抗原构造较为复杂，主要由菌体（O）抗原、鞭毛（H）抗原和荚膜（K）抗原三部分组成。

我国食品安全标准中以大肠菌群作为食品的一般安全指标，反映食品受污染状况。大肠杆菌属包括普通大肠杆菌、类大肠杆菌和致病性大肠杆菌等。一般情况下，它是肠道中的正常菌群，不产生致病作用。致病性大肠杆菌有产毒素大肠杆菌（ETEC）、肠道致病性大肠杆菌（EPEC）、肠道侵袭性大肠杆菌（EIEC）、肠道出血性大肠杆菌（EHEC）等。引起食物中毒的致病性杆菌有免疫血清型 $O_m：B_4$、$O_{55}：B_5$、$O_{26}：B_6$、$O_{124}：B_{17}$等。

大肠杆菌 157 全称 $O_{157}：H_7$ 出血性大肠杆菌，属大肠杆菌属的一种血清型。

O_{157} 早期被看作非致病菌，未被医学界重视。直到 1982 年，美国首次从汉堡包集体食物中毒事件发现中毒由 O_{157} 所致，此后，英国、加拿大、澳大利亚等国相继发现它的危害。自 1982 年美国发现 26 例 O_{157} 患者后，平均每年有 2 万人发病。日本在 1991—1994 年期间，每年约发现 100 例 O_{157} 感染者，其中 13 岁以下儿童占 83%；除幼儿园、学校出现集体性发病外，还发现有家庭的零星发病。1996 年日本发生的 O_{157} 流行，涉及 44 个地区，病人逾万例，死亡 12 人。观其流行特点，多呈食物型暴发，也有水型暴发。一般是在某地区先出现分散病例，继而小范围内暴发，然后呈大规模流行。O_{157} 不耐热，75 ℃时 1 min 即被杀死，但它却耐低温。据报道，在家庭的冰霜中也能生存。另外，O_{157} 耐酸，即使在 pH 为 3.5 的条件下也能存活，它在水中生存的时间相当长。O_{157} 主要通过食物，经口感染。摄入被 O_{157} 污染的食物或被患者的粪便污染后直接或间接入口，是唯一的感染途径。大约 100 个细菌即可导致感染，这是迄今为止能引起食物中毒的最小菌量。

（二）食品中致病性大肠杆菌的来源

致病性大肠杆菌存在于人和动物的肠道中。健康成人和儿童的带菌率为 2%～8%，腹泻病人带菌率可高达 19.5%；猪、牛和羊的带菌率一般在 10% 以上；土壤、水源受粪便污染时，也带有该菌。

致病性大肠杆菌在室温下能生存数周，在土壤或水中可达数月。致病性大肠杆菌可经带菌人的手、食物和生活用品进行传播。该菌也可经空气或水源传播。

带菌食品由于加热不彻底或因生熟交叉污染或熟后污染而引起食物中毒。

O_{157} 大肠杆菌可存在于人、牛、羊、猪等的肠内，每克粪便中即含数亿个之多。它也存在于土壤和污水中，一旦污染了食品，而该食品又未烧熟煮透，就可能引起发病。因为人群对 O_{157} 普遍易感染，儿童和老人更易受患，所以其感染发病率高达 50%。

四、葡萄球菌

食品中的致病葡萄球菌主要是金黄色葡萄球菌（*S. aureus*）和表皮葡萄球菌（*S. epidermidis*）。

（一）葡萄球菌的生物学特性

葡萄球菌属（*Staphyclococcus*）中的金黄色葡萄球菌（*S. aureus*）致病力最强，常引起食物中毒。金黄色葡萄球菌为革兰氏阳性球菌，直径为 0.8～1.0 μm，呈葡萄状，无芽孢、无鞭毛。需氧和兼性厌氧菌，生长温度在 6.5～46 ℃，最适温度为 30～37 ℃，产毒素最适温度 21～37 ℃，能在冰冻环境下生存，能在质量分数为 15% 氯化钠和 40% 胆汁中生长。

在普通肉汤固体培养基上能形成光滑、低凸、闪光、边缘整齐的菌落，菌落色素不稳定，但多数为金黄色。

金黄色葡萄球菌对热抵抗力较一般无芽孢细胞强，加热 80 ℃经 30 min 才能被杀死。

金黄色葡萄球菌在 20~37 ℃及适宜的 pH 等条件下能产生肠毒素，吃了这样的食品就会发生食物中毒。如食品被金黄色葡萄球菌污染后，在 25~30 ℃下放置 5~10 h，就能产生足以引起中毒的肠毒素。在水分、蛋白质和淀粉含量较多的食品中，极易繁殖和产生较多的毒素。根据其血清学特征的不同，目前已发现肠毒素有 A、B、C、D 和 E 五个类型。A 型的毒力最强，摄入 1μg 即能引起中毒。所有的肠毒素都是由单个无分支的多肽链所组成，含有比较大量的赖氨酸、酪氨酸、天门冬氨酸和谷氨酸，相对分子质量为 30 000~35 000，属可溶性蛋白质，耐热，并且不受胰蛋白酶的影响。B 型肠毒素，在 99 ℃条件下，经 87 min 才能破坏其毒性。

（二）食品中葡萄球菌的来源

葡萄球菌广泛分布于自然界中，如空气、土壤和水中均有存在，是最常见的化脓性球菌之一，食品受其污染的机会很多。在人体中主要存在于皮肤、黏膜以及与外界相通的各种腔道中，特别是鼻腔；30%~80%的人群为该病原菌的携带者，而 1/3~2/3 的携带者中含有产肠毒素菌株。金黄色葡萄球菌污染的食品主要为乳制品、蛋及蛋制品、各类熟肉制品，其次是含有乳类的冷冻食品等。在我国，2008 年全国食源性疾病监测网的生奶样品中金黄色葡萄球菌阳性率为 21.94%。2013 年报道上海市不同食品中金黄色葡萄球菌的检出率以生鲜肉最高（32.9%），其次为生牛乳（26.3%）和速冻食品（26.7%），水产品、果蔬和豆制品中相对较低。

金黄色葡萄球菌可通过化脓性炎症的病人或带菌者在接触食品后使食品污染。食品在制造、运输、销售、食用过程中，如不注意卫生操作和管理，也易污染金黄色葡萄球菌。

食物被葡萄球菌污染产生肠毒素与下列因素有关：①食物受葡萄球菌污染的程度。食物中葡萄球菌污染越严重，繁殖越快亦越易形成毒素。②食物存放的温度及环境。在 38 ℃以下，温度越高，产生肠毒素需要的时间越短，如薯类和谷类食品中污染的葡萄球菌在 20~37 ℃下经 4~8 h 产生毒素，而在 5~6 ℃的温度下经 18 d 方可产生毒素（表 13-8）。此外，因葡萄球菌为兼性厌氧菌，当通风不良使氧分压降低时，肠毒素易于形成（如污染葡萄球菌的剩饭在通风不良的条件下存放，极易形成毒素）。③食品的种类及性状。一般而言，含蛋白质丰富，含水分较多，同时含有一定淀粉的食物（如奶油糕点、冰淇淋、冰棒、剩饭、凉糕等）或含油脂较多的食物（如油炸鱼罐头、油煎荷包蛋）受葡萄球菌污染后易形成毒素。需要强调的是淀粉可促进肠毒素的形成，尤其应予以注意。如带葡萄球菌的生肉馅在 37 ℃下经 18~19 h 产生肠毒素，而在肉馅中加入馒头碎屑时，在同样温度下只需 8 h 就能产生毒素。值得注意的是，食品污染葡萄球菌后外观正常，感官性状无变化。

表 13-8　葡萄球菌在不同温度下产生肠毒素所需时间

（朱佳珍等，1992）

食品名称	5~6 ℃	19~20 ℃	36~37 ℃
新鲜马铃薯羹	18 d	5 h	4 h
碎麦粥、小米粥	18 d	8 h	4 h

(续)

食品名称	5~6 ℃	19~20 ℃	36~37 ℃
牛奶	18 d未产生	8 h	5 h
生肉馅	—	—	18~19 h
生肉馅+馒头屑	—	—	8 h

五、肉毒梭状芽孢杆菌

肉毒梭状芽孢杆菌引起食物中毒是由其产生的外毒素即肉毒毒素引起的。肉毒毒素是一种强烈的神经毒素。肉毒梭状芽孢杆菌食物中毒不仅是由于食入肉毒毒素污染的食物引起的，而且随同食物摄入的芽孢（或繁殖细胞）在肠道内发芽、繁殖产生毒素亦可引起中毒。

（一）肉毒梭菌的生物学特性

肉毒梭状芽孢杆菌（Clostridium botulinum）又称肉毒梭菌，属于厌氧性的梭状芽孢杆菌属，革兰氏染色阳性。形成芽孢，由于芽孢比营养体宽，故呈梭状。无荚膜，但有鞭毛。

肉毒梭菌属中温菌，生长最适温度为25~37 ℃，产毒最适温度为20~35 ℃，最适pH为6.0~8.2。当pH低于4.5或大于9.0时，或环境温度低于15 ℃或高于55 ℃时，肉毒梭菌芽孢不能繁殖，也不产生毒素。各型肉毒梭菌芽孢对热抵抗力有一定差异，但一般而言，对热抵抗力较强，干热180 ℃下5~15 min，或湿热100 ℃下3 h，或高压蒸汽121 ℃下10 min才能将其杀死。肉毒梭菌是引起食物中毒病原菌中热抵抗力最强的菌种之一，所以罐头杀菌效果如何，一般以该菌作为指示细菌。在厌氧条件下，含水分较多的中性或弱碱性食品适于肉毒梭菌生长和产生毒素。反之，食物的性质偏酸，水分含量少或食盐质量分数在8%以上，可抑制该菌的生长和毒素的形成。

肉毒毒素是目前已知化学毒物与生物毒素中毒性最强烈的一种，其对人的致病量为10^{-9} mg/kg。肉毒毒素是一种大分子蛋白质，对消化酶、酸和低温很稳定，易受碱和热破坏而失去毒性。

根据所产生毒素的抗原性不同，将肉毒毒素分为A、B、C_α、C_β、D、E、F、G型，引起人类中毒的有A、B、E、F型，其中A、B型最为常见。

（二）食品中肉毒梭菌的来源

肉毒梭菌是一种腐物寄生菌。在自然界广泛分布于土壤、江河湖海淤泥沉积物、尘土及动物粪便中。粮谷、豆类等食品受其污染的机会很多。A型菌分布于山区和未开垦的荒地；B型多分布于草原区耕地；E型多分布于土壤、湖海淤泥和鱼类肠道中；F型分布于欧洲、亚洲、美洲海洋沿岸及鱼体。

我国肉毒毒素中毒多发地区——新疆，土壤中该菌检出率为22.2%，未垦荒地该菌检出率为28.5%，该地区粮谷、豆类及其发酵制品并有厌氧条件者该菌检出率分别为12.6%和14.9%。该地区菌型分布以A型占多数，B型及A、B混合型次之，E型较少。

我国发生的肉毒梭菌食物中毒，91.48%由植物性食品所引起，8.52%由动物性食品所引起。引起中毒的食品以家庭自制的豆酱、臭豆腐为最多，其次为面酱和豆豉等。此外，肉类罐头、腊肉、熟肉等也可引起中毒。

食物中肉毒梭菌主要来源于带菌土壤、尘埃及粪便。尤其是带菌土壤可污染各类食品原料。用受肉毒梭菌芽孢污染的食品原料在家庭自制发酵食品、罐头食品或其他加工食品时，加热的温度及压力均不能杀死肉毒梭菌的芽孢。此外，食品在较高温度、密闭环境（厌氧条件）中发酵或装罐，提供了肉毒梭菌芽孢成为繁殖体并产生毒素的条件。食品制成后，一般不经加热而食用，其毒素随食物进入人体，引起中毒的发生。

肉毒梭菌食物中毒一年四季均可发生，但大部分发生在 3～5 月，其次为 1～2 月。自 1896 年 Van Ermengein 首次报道荷兰因火腿引起肉毒中毒暴发并分离出肉毒梭菌以来，世界各地陆续报道本病。我国吴朝仁等于 1958 年报道新疆察布查尔县由于食用面酱半成品引起肉毒毒素中毒后，相继又报道了该地区由臭豆腐及其他发酵食品等引起的肉毒中毒事件。

肉毒梭菌在食品中生长适宜条件为：pH>4.6、水分活度≥0.9 及低盐、缺氧时常温放置一段时间。在食品加工中已采用物理、化学处理以杀死微生物或控制其生长繁殖。另外，由于肉毒毒素不耐热，因而食品中如有毒素存在，加热可使毒素破坏，一般在 80 ℃下加热 30～60 min 或使食品内部温度达到 100 ℃并持续 10 min 即可破坏肉毒毒素。

六、蜡状芽孢杆菌

（一）蜡状芽孢杆菌的生物学特性

蜡状芽孢杆菌（*Bacillus cereus*）为革兰氏阳性杆菌。菌体大小为 (0.9～1.2) μm× (1.8～4.0) μm，两端钝圆，一般从短链到长链；有芽孢，呈椭圆形，位于中央或近中央；周生鞭毛。

蜡状芽孢杆菌生长时需氧或兼性厌氧，生长温度范围为 5～30 ℃，10 ℃以下停止繁殖。其繁殖体不耐热，100 ℃经 20 min 可被杀死。最适生长温度为 28～35 ℃，生长 pH 范围为 4.3～9.0，生长最低水分活性为 0.95。

蜡状芽孢杆菌为条件致病菌，只有大量食入该菌（10^7 个/g）时才会引起中毒。

蜡状芽孢杆菌可产生引起人类食物中毒的肠毒素，包括腹泻毒素和呕吐毒素。几乎所有的蜡状芽孢杆菌均可在多种食品中产生腹泻毒素，但其产生腹泻毒素的量因蜡状芽孢杆菌的型别而异。腹泻毒素为蛋白质，相对分子质量为 55 000～60 000，不耐热，45 ℃加热 30 min 或 56 ℃加热 5 min 均可使之失去活性。此外，该毒素对蛋白酶及胰蛋白酶敏感。呕吐毒素系低分子肠毒素，因至今仍未获得其纯品，对其性质及活性了解不多。呕吐毒素常在米饭类食品中形成，其相对分子质量小于 5 000，对 pH、胃蛋白酶、胰蛋白酶均不敏感。该毒素耐热，126 ℃加热 90 min 不被破坏。此外，该毒素不能激活黏膜细胞膜上的腺苷酸环化酶。

根据蜡状芽孢杆菌鞭毛抗原性将其分为 18 型。产生腹泻毒素毒素的主要为 2、6、8、9、10、12 型。1、3、4、5、8 型可产生呕吐毒素。

（二）食品中蜡状芽孢杆菌的来源

蜡状芽孢杆菌在自然界分布比较广泛。根据山西省卫生防疫站 1977 年的报告，在 29 件炼乳中有 27 件检出蜡状芽孢杆菌。蜡状芽孢杆菌在米饭中极易繁殖，曾成为美国流行的一种"中国饭馆综合征"。在土壤、灰尘、腐草、空气中都有此菌存在。肉类制品、奶类制品、蔬菜和水果的带菌率为 20%～70%。

引起中毒的食品种类繁多，包括乳及乳制品、肉类制品、蔬菜、马铃薯、甜点心、调味汁、凉拌菜、米粉、米饭等。在我国引起中毒的食品以米饭、米粉最为常见。引起蜡状芽孢杆菌食物中毒的食品，大多数无腐败变质现象，除米饭有时微黏、入口不爽或稍带异味外，大多数食品感官正常。此可能与该菌主要分解糖类的特性有关。

食品在加工、运输、保藏和销售过程中，往往由于不注意卫生操作，通过灰尘和泥土造成该菌的感染。苍蝇、昆虫、鼠类、不洁的用具和容器也可传播该菌。

七、产气荚膜梭菌

产气荚膜梭菌（*Cl. perfringens*）又称魏氏梭菌（*Clostridium welchii*），在自然界分布很广泛，空气、灰尘、土壤、垃圾和污水中都有存在，人和动物的肠道中也经常出现。

（一）产气荚膜梭菌的生物学特性

产气荚膜梭菌是一种能产生芽孢的革兰氏阳性杆菌，菌体较大，无鞭毛，专性厌氧。生长温度在 10～50 ℃，最适宜的生长温度在 43～47 ℃，生长 pH 范围在 5.5～8.0，繁殖速度快，在营养丰富的培养基上 8～10 min 可繁殖一代，是目前已知生长速度最快的细菌之一。产气荚膜梭菌营养要求严格，生长时需要 14 种氨基酸和 5 种维生素。在质量分数为 5% 的食盐基质中，生长受到抑制。该菌是气性坏疽的主要病原菌。

根据其产生外毒素的种类不同，将其分为 A、B、C、D、E 5 种类型。A、C 型可对人类致病，其中 A 型最为常见，引起人类气性坏疽和食物中毒；C 型可导致坏死性肠炎。

引起食物中毒的 A 型产气荚膜梭菌多为耐热的厌氧菌株，100 ℃下能抵抗 1～4 h。在人工培养基上极少形成芽孢，而碱性或缺少可发酵糖类的环境则利于芽孢的生成。因此，A 型产气荚膜梭菌可在小肠内形成芽孢，芽孢形成的同时产生肠毒素。

（二）食品中产气荚膜梭菌的来源

食品中产气荚膜梭菌的来源主要为人、动物无症状带菌者的粪便、直接或间接污染过该粪便的昆虫、鼠类、土壤、灰尘等。受其污染的食品，虽经一般烹调加热，但其加热温度和时间不能将耐热性产气荚膜梭菌芽孢全部杀死，加热处理后的食品中氧气减少，又多放置于密闭的容器中造成厌氧环境，待在密闭容器中缓慢冷却至 50 ℃左右时，残存的芽孢得以大量生长繁殖。当食品中该菌增至 10^6 个/g 以上时，即可引起食物中毒。

引起食物中毒的耐热性的 A 型产气荚膜梭菌广泛存在于人和动物粪便、土壤、尘埃和污水中，健康人粪便检出率为 2.2%～22%，肠道病患者粪便检出率为 2.1%～63%，动物粪便检出率为 1.7%～18.4%，土壤、污水的检出率为 50%～56%。因此，食品在生产、加工、储藏、烹调、销售的各个环节均可受其污染。

产气荚膜梭菌食物中毒以气温较高的夏、秋季节为多见。引起中毒的食品主要是动物性食品如肉、鱼、禽等。在日本也有鱼贝类、面类食品引起中毒的报道。值得注意的是，被产气荚膜梭菌污染的食品不变质。

由于不可能防止产气荚膜梭菌对食品原料的污染，因而预防其生长显得十分必要。食品应尽可能远离产气荚膜梭菌生长的危险温度区域（10～50 ℃）。

八、变形杆菌

变形杆菌属（*Proteus*）又称变形菌属，为革兰氏阴性杆菌，属寄生于人和动物肠道中的肠杆菌科。食品中致病的变形杆菌主要是普通变形杆菌（*P. vulgaris*）、奇异变形杆菌（*P. mirabilis*）和摩根变形杆菌（*P. morganii*）三种。现已发现，普通变形杆菌、奇异变形杆菌分别有 100 多个血清型，摩根变形杆菌有 75 个血清型。

(一) 变形杆菌的生物学特性

变形杆菌属包括五个群：普通变形杆菌（P. vulgaris）、奇异变形杆菌（P. mirabilis）、摩根变形杆菌（P. morganii）、雷氏变形杆菌（P. rettgeri）、和无恒变形杆菌（P. inconstans）。变形杆菌为革兰氏阴性、两端钝圆的小杆菌，有鞭毛，其大小为 (1~3) μm×(0.4~0.6) μm。细胞形状有明显的多边形，有周身鞭毛，能活泼运动，常变形态有线形和弯曲状。在培养基中菌落有迅速扩展蔓延生长的特点，因此，有变形杆菌之称。

需氧或兼性厌氧，营养要求不高。在液体培养基中呈均匀混浊生长，表面有菌膜。在固体培养基上常呈扩散生长，形成一层波纹薄膜。变形杆菌适宜生长温度为 30~37 ℃，变形杆菌对热抵抗力亦不强，加热 55 ℃持续 1 h 即可将其杀灭。

现已证实，变形杆菌可产生肠毒素。肠毒素是蛋白质和糖类的复合物，具抗原性。

(二) 食品中变形杆菌的来源

变形杆菌属为腐败菌，在自然界中分布极广。土壤、污水和动植物中都有出现；在人和动物的肠道中，也常有存在。健康人变形杆菌属带菌率为 1.3%~10.4%；腹泻病人带菌率为 13.3%~62.7%。

由于变形杆菌属分布广泛，所以食物中的变形杆菌主要来自外界的污染。污染源主要是带菌动物、带菌人和接触过生肉的容器、切肉刀板等。此外，苍蝇和老鼠也有传播作用。食品行业和集体食堂内如果卫生状况不佳，则很容易造成变形杆菌属的污染传播；如果生熟食品不分开或食用剩余食品前未加热，也容易传播变形杆菌属，使其生长、繁殖、引起食物中毒。

引起变形杆菌属食物中毒的食品主要是煮熟的肉类、动物内脏和蛋类等动物性食品。此外，凉拌菜、剩饭菜以及某些豆制品也可引起中毒。变形杆菌一般脱羧酶较丰富，容易使鱼腐败产生组胺而引起中毒，尤其是海产鱼。

受变形杆菌污染的熟肉或内脏制品在夏、秋季节的较高温度下存放，致使变形杆菌在食品中大量生长繁殖，食前未回锅加热或加热不彻底，食后即引起食物中毒。另外，变形杆菌在 4~7 ℃下即可繁殖，属于低温菌，因而可在低温贮存的食品上繁殖，应予注意。变形杆菌和其他细菌共同污染食品后，可使食品发生感官形态的明显变化。

九、单核细胞增生李斯特菌

(一) 单核细胞增生李斯特菌生物学特性

单核细胞增生李斯特菌（Listeria monocytogenes），简称单增李斯特菌，为较小的球杆菌，大小为 (1~3) μm×0.5 μm；无芽孢，无荚膜，周生鞭毛，能运动。在涂片中细菌单个分散或呈 V 形、Y 形，有时也呈丝状或短链状。幼龄培养物活泼，呈革兰氏阳性，48 h 后呈革兰氏阴性。

单增李斯特菌兼性厌氧，营养要求不高，在含有肝浸汁、腹水、血液或葡萄糖中生长更好。菌落初期极小，37 ℃培养数天后，直径可达 2 mm。初期光滑、透明，后期变成灰暗。生长温度范围为 2~45 ℃，但在冷冻条件下生长缓慢，厌氧或微好氧（在体积分数为 5% O_2 和 5%~10% CO_2 中生长良好）。

单增李斯特菌不耐酸，生长 pH 范围为 5.0~9.0，在 pH 为 9.6 的食盐（10%）溶液中，仍能生长，但在 pH 为 5.6 时，仅可生长 2～3 d。它在 4 ℃温度条件下也能缓慢生长。

单增李斯特菌能发酵多种糖类，使葡萄糖、麦芽糖、七叶苷、果糖、海藻糖和水杨苷等迅速产酸不产气，使乳糖、蔗糖、阿拉伯糖、鼠李糖、糊精、山梨醇、甘油等在 3～10 d 内发酵；过氧化氢酶阳性，不液化明胶，MR 试验和 VP 试验阳性；吲哚、尿素阴性，不还原硝酸盐；在血平板上菌落有溶血圈；不利用甘露醇和木糖。

(二) 食品中单增李斯特菌的来源

单增李斯特菌广泛存在于自然界，从动物的粪便、牛奶、发酵不好的青贮饲料中及土壤中都均可分离到。在自然情况下，它可侵染多种动物和人类。它在污水、污泥、土壤、饲料和粪便中的存活率比其他的食物中毒病原菌长得多。此外，在 1% 正常人的粪便中也能检出该菌。

目前一般认为，动物可能是本菌的重要贮存宿主，人可能是主要的污染源。粪便污染食品经口传播可能是该菌的主要传播途径。胎儿或婴儿的感染多半来自母体中的细菌或带菌的乳制品。

十、结肠炎耶尔森菌

结肠炎耶尔森菌（*Yersinia enterocolitica*）又称小肠结肠炎耶尔森菌，为肠杆菌科耶尔森菌属中的一种，是引起食物中毒和结肠炎的重要病原菌之一。

(一) 结肠炎耶尔森菌的生物学特性

结肠炎耶尔森菌为革兰氏阴性杆菌或球杆菌，其大小为（1～3.5）μm×（0.5～1）μm，单个分散，有时排列成短链或成堆，有明显的多形态性。无芽孢、无荚膜，在 25 ℃可形成周生鞭毛。需氧或兼性厌氧，耐低温，4～40 ℃均可生长，最适生长温度为 32～34 ℃，生长 pH 范围 4.6～9.0，对热（50 ℃）和盐（>7%）敏感。

结肠炎耶尔森菌的生物型共有 5 型，1 型和 5 型多为非致病株，2、3、4 型为致病株。中国分离到 O:3 和 O:9 血清型菌株均为生物 3 型，而国外分别为生物 4 型和 2 型，构成国内外致病性的差异。

结肠炎耶尔森菌生长温度一般为 30～37 ℃，但在 22～29 ℃才能使某些特性出现，在 4 ℃时也能缓慢生长。在 SS 培养基或麦康凯琼脂培养基上，25 ℃ 24 h，菌落微小，至 48 h 后直径可达 0.5～3 mm。菌落圆整、光滑、湿润、扁平或稍隆起、透明或半透明。在麦康凯琼脂培养基上菌落呈淡黄色，在肉汤中生长呈混浊均匀，形成菌膜，或者肉汤上面澄清，下面仍有少量沉淀物。

结肠炎耶尔森菌血清型很多，根据其毒力，可分为两大类，一类对人有致病力；另一类对人类无致病力，大部分血清型属于后者。但研究证明，属于致病性血清型的菌株中，也有丧失致病力的。中国耶尔森菌病最主要的病原菌是 O:3 和 O:9 血清型，这与欧洲和日本等国家是相同的，但其生物型则完全不同，即中国 O:3 和 O:9 两种血清型均以生物 3 型为主，而国外 O:3 血清型以生物 4 型为主，O:9 血清型以生物 2 型为主。致病力也有差异，中国 O:3 型菌株致病力强，国外报告的菌株致病力弱。

(二) 食品中结肠炎耶尔森菌的来源

结肠炎耶尔森菌广泛存在于周围环境中。在自然情况下，它可侵染多种动物和人类，因而能从许多动物、食品和水源中分离到。据调查检测，曾从乳及其制品、蛋制品、肉制品、水产品等分离到该菌。我国有关地区也从肉制品中检出了该菌。许多动物如猪、牛、羊、狗、鼠、鸡、鸭、鹅等带菌率很高,特别是猪,是最重要的动物污染源。丹麦的检测结果表明,有 10%~17% 的猪污染有该菌。由此可见,猪是该菌的重要贮存宿主。

引起中毒的食物主要是动物性食物,如猪肉、牛肉、羊肉等,其次为生牛奶,尤其是因为结肠炎耶尔森菌可在低温中生长繁殖并产生毒素,故其所致食物中毒的发生多在秋冬、冬春季节。

从结肠炎耶尔森菌的特性可知,加工后的污染是造成该菌流行的主要原因,由于冷冻不能防止耶尔森菌的生长,所以重点应放在食品加工中的卫生操作及预防措施上。

十一、志贺氏菌

志贺氏菌属（*Shigella*）是一种常见的食品致病菌。

(一) 志贺氏菌属的生物学特性

该菌是革兰氏阴性杆菌,菌体大小均为 $(0.5～0.7)\ \mu m \times (2～3)\ \mu m$;无芽孢,无荚膜,无鞭毛;需氧或兼性厌氧,营养要求不高;最适生长温度为 37 ℃;在液体培养基中呈均匀混浊生长;在肉汤固体培养基上形成无色、半透明、边缘整齐的菌落。

志贺氏菌都能分解葡萄糖,产酸不产气,大多不发酵乳糖。抗原结构由菌体（O）抗原和表面（K）抗原组成。

(二) 志贺氏菌属的来源和传播途径

志贺氏菌属包括许多致病菌,其中引起食物中毒的主要是弗氏志贺氏菌（*S. flexneri*）和索氏志贺氏菌（*S. sonnei*）。

志贺氏菌在潮湿土壤中能存活一个月,在粪便中存活 10 d 左右,在水果、蔬菜或咸菜上能存活 10 d 左右。对外界环境的抵抗力,以索氏志贺氏菌为最强。

病人和带菌者的粪便中含有许多志贺氏菌,向外排出,容易造成污染。沾染污水的食品容易污染志贺氏菌,污染有志贺氏菌的手、苍蝇、用具等接触食品,也易造成食品污染。污染的食品经口侵入消化道,就容易引起食物中毒。

十二、病　毒

(一) 贝类与病毒

病毒性疾病暴发的食物载体是以双壳软体动物为主。据 Kilgen 和 Cole（1991）报道,所有与水产品有关的病毒感染事件中,除极少数外都是由于食用了生的或未经充分烹调的贝类引起的。特别是滤食性贝类过滤大量的水,如牡蛎过滤水量达 1 500 L/(d·只),其体内富集的病毒远远高于周围水域。我国上海市 1988 年发生的甲型肝炎大暴发,其传播源和传播方式就是食用了被甲肝病毒污染的、未经充分烹调的毛蚶。甲型肝炎病毒是一种耐热性很高的病毒,60 ℃时 10 min 后才失去活性,因而用简单的烹调方法处理,病毒仍能存活一部分。

据报道,已证实的少数种类病毒会引起与水产品有关的疾病,包括:甲型肝炎病毒（hepatitis-type A virus,HAV）;诺瓦克病毒（Norwalk virus）;雪山力（Snow Mountain agent）病毒;状杯病毒（calicivirus）;星形病毒（astrovirus）;非甲非乙肝炎病毒。水产品上出现病毒是由带病毒食品加工者或污染的水域造成的。

水中的病毒能够存活数月，尤其在较低温度下存活很好。一旦病毒进入贝类体内，能存活数月。

在清洁的水域中，已污染的软体贝类通过正常饮食、消化和排泄将病原体从消化道中自然清除。净化过程严格控制，一般需要2~3 d，而暂养过程则需要2周以上。一般来说，清除病毒的时间比清除细菌要长，所以清除完细菌不一定表明已清除完病毒。

（二）病毒的控制

甲型肝炎病毒和诺瓦克病毒对极端pH有抵抗力，在冷冻和冷却温度下极稳定，并且对热和辐射处理也有抵抗力。很多控制方法都被用于贝类并经过评估。一个有趣的记录是：贝类的组织极具保护性，因此存在于贝类体内的病原性病毒是极抗热的。

流行病学资料已表明，通过食用已蒸煮过的贝类能传播病毒性疾病。贝类经过56 ℃下30 min的处理后，甲型肝炎病毒还具有传染性。烹调条件诸如干热、蒸汽加热、烘烤和炖、焖等只能消灭1%的病毒。贝类经完全灭活病毒的热处理，一般将导致产品在感官上不可接受。

最有效控制病毒的方法是在第一地点防止病毒污染食物。必须从未被污染的水域中捕获贝类。不要用被粪便污染的水灌溉庄稼。饮用水必须来自安全地方或被正确处理过。员工必须遵从正确卫生习惯。

第三节　水产品的微生物检验

微生物检验主要是检测食品中被污染的细菌数量以及是否含有致病菌，以便对食品进行安全学评价，确保消费者的安全。水产品的微生物检验，从鲜度及品质管理方面一般进行菌落总数和大肠菌群、粪大肠菌群及大肠杆菌的测定。水产品的致病微生物检验项目要根据样品的来源、加工状态，食用方式及受检季节加以选择。鲜活海产品，在夏秋季节要加强副溶血性弧菌的试验；水产制品则应重点进行沙门氏菌、金色葡萄球菌及产气荚膜梭菌等的检验，有时还需检验单增李斯特菌；淡水鱼贝类要注意沙门氏菌的检验；鱼糜制品除了沙门氏菌和金黄色葡萄球菌的检验外，对原料来源的蜡样芽孢杆菌也应予检验；对鱼肉香肠制品尚应考虑进行肉毒梭菌检验。

目前，国外对我国出口冷冻水产品除要求测定菌落总数、大肠菌群等外，主要检验沙门氏菌、金黄色葡萄球菌、副溶血性弧菌等。严格进行微生物检验，对提高食品或水产品的质量安全，保证人体健康、维护我国的政治信誉和经济利益，促进对外贸易的发展都有重要意义。

水产品微生物检验采用的方法主要是食品安全国家标准中的食品微生物学检验标准（GB 4789系列标准），水产品出口企业也常用中华人民共和国出入境检验检疫行业标准（SN相关标准）。本节主要根据国家标准学习食品微生物学检验总则中样品的采集与处理，菌落总数检验，大肠菌群、粪大肠菌群和大肠杆菌的检验，副溶血性弧菌检验，沙门氏菌和金黄色葡萄球菌的检验。

一、样品的采集与处理

《食品安全国家标准》中的《食品微生物学检验　总则》（GB 4789.1—2016）规定了食品微生物学检验基本原则和要求，食品微生物学检验需要遵循该总则。在这里根据该检验总则整理出相关样品的采集与处理的内容。

(一) 样品的采集

1. 采样原则 ①样品的采集应遵循随机性、代表性的原则。②采样过程遵循无菌操作程序,防止一切可能的外来污染。

2. 采样方案

(1) 根据检验目的、食品特点、批量、检验方法、微生物的危害程度等确定采样方案。

(2) 采样方案分为二级和三级采样方案。二级采样方案设有 n、c 和 m 值,三级采样方案设有 n、c、m 和 M 值。

(3) 各类食品的采样方案按食品安全相关标准的规定执行。

(4) 食品安全事故中食品样品的采集:①由批量生产加工的食品污染导致的食品安全事故,食品样品的采集和判定原则按(2) 和(3) 执行,重点采集同批次食品样品;②由餐饮单位或家庭烹调加工的食品导致的食品安全事故,重点采集现场剩余食品样品,以满足食品安全事故病因判定和病原确证的要求。

3. 采样方法

(1) 预包装食品。①应采集相同批次、独立包装、适量件数的食品样品,每件样品的采样量应满足微生物指标检验的要求。②独立包装小于、等于 1 000 g 的固态食品或小于、等于 1 000 mL 的液态食品,取相同批次的包装。③独立包装大于 1 000 mL 的液态食品,应在采样前摇动或用无菌棒搅拌液体,使其达到均质后采集适量样品,放入同一个无菌采样容器内作为一件食品样品;大于 1 000 g 的固态食品,应用无菌采样器从同一包装的不同部位分别采取适量样品,放入同一个无菌采样容器内作为一件食品样品。

(2) 散装食品或现场制作食品。用无菌采样工具从 n 个不同部位现场采集样品,放入 n 个无菌采样容器内作为 n 件食品样品。每件样品的采样量应满足微生物指标检验单位的要求。

4. 采集样品的标记 应对采集的样品进行及时、准确的记录和标记,内容包括采样人、采样地点、时间、样品名称、来源、批号、数量、保存条件等信息。

(二) 采集样品的贮存和运输

应尽快将样品送往实验室检验;应在运输过程中保持样品完整;应在接近原有贮存温度条件下贮存样品,或采取必要措施防止样品中微生物数量的变化。

(三) 检验

实验室接到送检样品后应认真核对登记,确保样品的相关信息完整并符合检验要求。实验室应按要求尽快检验。若不能及时检验,应采取必要的措施,防止样品中原有微生物因客观条件的干扰而发生变化。各类食品样品处理应按相关食品安全标准检验方法的规定执行。按食品安全相关标准的规定进行检验。

(四) 记录与报告

记录:检验过程中应即时、客观地记录观察到的现象、结果和数据等信息。

报告:实验室应按照检验方法中规定的要求,准确、客观地报告检验结果。

实验室应按照检验方法中规定的要求,准确、客观地报告检验结果。

(五) 检验后样品的处理

检验结果报告后,被检样品方能处理。检出致病菌的样品要经过无害化处理。检验结果报告后，剩余样品和同批产品不进行微生物项目的复检。

二、菌落总数测定

（一）概述及检测意义

菌落总数，又称细菌总数，在食品安全中的意义为：①作为食品被污染程度的指标；②预测食品的存放期限。

需氧平板计数（aerobic plate count）：食品检样经过处理，在一定条件下（如培养基、培养温度和培养时间等）培养后，所得每克（毫升）检样中形成的微生物菌落总数。

细菌总数的测定方法很多，当前对食品中细菌总数的测定一般多以菌落总数表示，用现行的平板计数法测定的结果会比实际偏低，由于琼脂平板上的菌落数不是所有的被检食品中的嗜中温性需氧菌都能生长，待测样品也不能完全分散成单个微生物。尽管存在一些不足，但并不影响该指标作为食品安全指标的有效性，而且该指标为食品安全的控制提供有力的依据。

鱼贝类的腐败是由微生物作用引起的，测定菌落总数可判断鱼贝类的鲜度。表13-9所示是我国常见淡、海水鱼类的鲜度等级标准。

表 13-9 鱼类鲜度等级标准

（引自《水产品标准与法规汇编》，1996）

品　种	总挥发性盐基氮（mg/g）		细菌总数（个/g）	
	一级	二级	一级	二级
黄鱼	≤0.13	≤0.30	≤10^4	≤10^5
带鱼	≤0.18	≤0.25	≤10^4	≤10^6
乌贼	≤0.18	≤0.30		
蓝圆鲹	≤0.13	≤0.25	≤3×10^4	≤10^6
鲱	≤0.15	≤0.30	≤5×10^3	≤5×10^4
鳇	≤0.10	≤0.15	≤10^3	≤10^4
青鱼、草鱼、鲢、鲤、鳙	≤0.13	≤0.20	≤10^4	≤10^6
鲐	≤0.15	≤0.30	≤3×10^4	≤10^6
鲳	≤0.18	≤0.30	≤10^4	≤10^7
鲚	≤0.15	≤0.30	≤5×10^5	≤2×10^7

（二）菌落总数的检验程序

菌落总数的检验程序见图13-1。

（三）菌落总数检验的操作步骤

1. 样品稀释及培养

（1）以无菌操作将样品剪碎，称取25 g样品置盛有225 mL磷酸盐缓冲液或生理盐水的无菌均质杯内，8 000～10 000 r/min均质1～2 min，或放入盛有225 mL稀释液的无菌均质袋中，用拍击式均质器拍打1～2 min，制成1∶10的样品匀液。

（2）用1 mL无菌吸管或微量移液器吸取1∶10样品匀液1 mL，沿管壁缓慢注于盛有9 mL稀释液的无菌试管中（注意吸管或吸头尖端不要触及稀释液面），振摇试管或换用1支无菌吸管反复吹打使其混合均匀，制成1∶100的样品匀液。

（3）制备 10 倍系列稀释样品匀液，每递增稀释一次，换用一次 1 mL 无菌吸管或吸头。

（4）根据对样品污染状况的估计，选择 2~3 个适宜稀释度的样品匀液（液体样品可包括原液），在进行 10 倍递增稀释时，每个稀释度分别吸取 1 mL 样品匀液加入两个无菌平皿内。同时，分别取 1 mL 稀释液加入两个无菌平皿作空白对照。

（5）及时将 15~20 mL 冷却至 46 ℃平板计数琼脂培养基（可放置于 46 ℃±1 ℃恒温水浴箱中保温）倾注入平皿，并转动平皿使混合均匀。

（6）培养。待琼脂凝固后，将平板翻转，置 30 ℃±1 ℃温箱内培养 72 h±3 h（其他非水产食品为 36 ℃±1 ℃培养 48 h±2 h）。

如果样品中可能含有在琼脂培养基表面弥漫生长的菌落时，可在凝固后的琼脂表面覆盖一薄层琼脂培养基（约 4 mL），凝固后翻转平板（贝类容易出现弥漫生长菌落）。

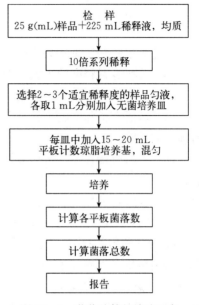

图 13-1 菌落总数的检验程序

2. 菌落计数 可用肉眼观查，必要时用放大镜或菌落计数器，记录稀释倍数和相应的菌落数量。菌落计数以菌落形成单位（colony-forming units，CFU）表示。

（1）选取菌落数在 30~300 CFU、无蔓延菌落生长的平板统计菌落总数。低于 30 CFU 的平板记录具体的菌落数，大于 300 CFU 的可记录为多不可计。每个稀释度的菌落数应采用两个平板的平均数。

（2）其中一个平板有较大片状菌落生长时，则不宜采用，而应以无片状菌落生长的平板为该稀释度的菌落数；若片状菌落不到平板的一半，而其余一半中菌落分布又很均匀，即可计算半个平板后乘以 2，代表一个平板菌落数。

（3）当平板上出现菌落间无明显界线的链状生长时，则将每条单链作为一个菌落计数。

3. 菌落总数的计算方法

（1）若只有一个稀释度平板上的菌落数在适宜计数范围内，计算两个平板菌落数的平均值，再将平均值乘以相应稀释倍数，作为每克（毫升）样品中菌落总数结果。

（2）若有两个连续稀释度的平板菌落数在适宜计数范围内时，按下式计算：

$$N = \sum C/[(n_1 + 0.1 n_2)d]$$

式中：N 为样品中菌落数；$\sum C$ 为平板（含适宜范围菌落数的平板）菌落数之和；n_1 为第一稀释度（低稀释倍数）平板个数；n_2 为第二稀释度（高稀释倍数）平板个数；d 为稀释因子（第一稀释度）。

示例：

稀 释 度	1∶100（第一稀释度）	1∶1000（第二稀释度）
菌落数（CFU）	232，244	33，35

本例中：
$$N = \sum C/[(n_1 + 0.1 n_2)d] = \frac{232+244+33+35}{(2+0.1\times2)\times10^{-2}} = \frac{544}{0.022} = 24\,727$$

上述数据修约后表示为 25 000 或 2.5×10^4。

（3）若所有稀释度的平板上菌落数均大于 300 CFU，则对稀释度最高的平板进行计数，其他平板可记录为多不可计，结果按平均菌落数乘以最高稀释倍数计算。

（4）若所有稀释度的平板菌落数均小于 30 CFU，则应按稀释度最低的平均菌落数乘以稀释倍数计算。

（5）若所有稀释度（包括液体样品原液）平板均无菌落生长，则以小于 1 乘以最低稀释倍数计算。

（6）若所有稀释度的平板菌落数均不在 30~300 CFU，其中一部分小于 30 CFU 或大于 300 CFU 时，则以最接近 30 CFU 或 300 CFU 的平均菌落数乘以稀释倍数计算。

4. 菌落总数的报告　①菌落数小于 100 CFU 时，按"四舍五入"原则修约，以整数报告。②菌落数大于或等于 100 CFU 时，第 3 位数字采用"四舍五入"原则修约后，取前 2 位数字，后面用 0 代替位数；也可用 10 的指数形式来表示，按"四舍五入"原则修约后，采用两位有效数字。③若所有平板上为蔓延菌落而无法计数，则报告菌落蔓延。④若空白对照上有菌落生长，则此次检测结果无效。⑤称重取样以 CFU/g 为单位报告，体积取样以 CFU/mL 为单位报告。

三、大肠菌群、粪大肠菌群和大肠杆菌

（一）生物学性状和食品安全学意义

1. 大肠菌群　大肠菌群（coliforms）是在一定培养条件下能发酵乳糖、产酸产气的需氧和兼性厌氧革兰氏阴性无芽孢杆菌。主要包括大肠杆菌（*E. coli*）、产气杆菌和一些中间类型的杆菌。

大肠菌群是肠道普遍存在且数量多的一群细菌，常将其作为人畜粪便污染的标志和病原菌的指示菌。水和食品被大肠菌群污染，就有可能存在病原菌污染，故以此作为粪便污染指标来评价水和食品的安全，为许多国家重要的食品微生物安全指标。大肠菌群数高，表示食品已间接受粪便污染，有可能也被肠道致病菌污染。检验各类食品中大肠菌群数的方法有：MPN 计数法、平板计数法等方法。

2. 粪大肠菌群　粪大肠菌群（faecal coliforms）是一群在 44.5 ℃培养 24~48 h 能发酵乳糖、产酸产气的需氧和兼性厌氧革兰氏阴性无芽孢杆菌。该菌群来自人和温血动物粪便，作为粪便污染指标评价食品的卫生状况，推断食品中肠道致病菌污染的可能性。

作为一种安全指标，粪大肠菌群中很可能含有粪源微生物，因此粪大肠菌群的存在表明可能受到了粪便污染，可能存在大肠杆菌。由于其比较耐热，也称为耐热大肠菌群。粪大肠菌群的存在并不代表对人有直接的危害，通常情况下与大肠菌群相比，在人和动物粪便中所占的比例较大，而且由于在自然界容易死亡等原因，粪大肠菌群的存在可认为食品直接或间接的受到了比较近期的粪便污染。因而，粪大肠菌群在食品中的检出，与大肠菌群相比，说明食品受到了更为不清洁的加工，肠道致病菌和食物中毒菌的可能性更大。粪大肠菌群比大肠菌群能更贴切地反映食品受人和动物粪便污染的程度，且检测方法比大肠杆菌简单得多，

而受到重视。

常用的检验方法为 MPN 法。

3. 大肠杆菌 大肠杆菌（*Escherichia coli*）广泛存在于人和温血动物的肠道中，能够在 44.5 ℃发酵乳糖产酸产气，IMViC（吲哚、甲基红、VP 试验、柠檬酸盐）生化试验为＋＋－－或－＋－－的革兰氏阴性杆菌。以此作为粪便污染指标来评价食品的卫生状况，推断食品中肠道致病菌污染的可能性。

大肠杆菌属于埃希氏菌属，是无芽孢、有鞭毛能运动、两端钝圆的短杆菌，约 0.5 μm×3 μm，有的近似球杆状。大肠杆菌在一般情况下，对人无害，但当人体抵抗力降低或侵入人体非此菌寄居的部位，也可引起发病，为小儿腹泻的主要病原菌之一，有时可使人得肾盂炎、胆囊炎、阑尾炎等疾病。

在食品中检出大肠杆菌一般可表示受粪便的近期污染。如果大肠菌群和大肠杆菌数均高，或大肠杆菌数高而大肠菌群数低或未检出，一般多考虑为近期粪便污染；如果大肠菌群数高而大肠杆菌数低或未检出，则应着重考虑粪便的远期污染。

大肠杆菌检验方法有：MPN 计数法、平板计数法。

（二）检验方法

1. 大肠菌群检验的 MPN 法 大肠菌群检验的 MPN 法的程序见图 13-2。

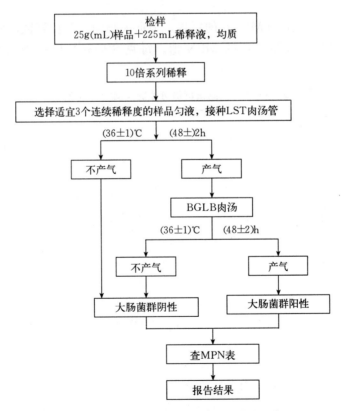

图 13-2 大肠菌群 MPN 计数法检验程序

（1）样品的稀释。

① 称取 25 g 样品置盛有 225 mL 磷酸盐缓冲液或生理盐水的无菌均质杯内，8 000～

10 000 r/min 均质 1~2 min，或放入盛有 225 mL 稀释液或生理盐水的无菌均质袋中，用拍击式均质器拍打 1~2 min，制成 1∶10 的样品匀液。样品匀液的 pH 应在 6.5~7.5，必要时分别用 1 mol/L 氢氧化钠或 1 mol/L 盐酸调节。

② 用 1 mL 无菌吸管或微量移液器吸取 1∶10 样品匀液 1 mL，沿管壁缓缓注入 9 mL 磷酸盐缓冲液或生理盐水的无菌试管中，振摇试管使其混合均匀，制成 1∶100 的样品匀液。

③ 根据对样品污染状况的估计，按上述操作，依次制成 10 倍递增系列稀释样品匀液。每递增稀释 1 次，换用 1 支 1 mL 无菌吸管或吸头。从制备样品匀液至样品接种完毕，全过程不得超过 15 min。

（2）初发酵试验。每个样品，选择 3 个适宜的连续稀释度的样品匀液（液体样品可以选择原液），每个稀释度接种 3 管月桂基硫酸盐胰蛋白胨（LST）肉汤，每管接种 1 mL（如接种量超过 1 mL，则用双料 LST 肉汤），（36±1）℃培养（24±2）h，观察倒管内是否有气泡产生，（24±2）h 产气者进行复发酵试验，如未产气则继续培养至（48±2）h，产气者则进行复发酵试验，未产气者为大肠菌群阴性。

（3）复发酵试验。用接种环从产气的 LST 肉汤管中分别取培养物 1 环，移种于煌绿乳糖胆盐（BGLB）肉汤管中，（36±1）℃培养（48±2）h，观察产气情况。产气者，记为大肠菌群阳性管。

（4）大肠菌群最可能数（MPN）的报告。根据大肠菌群阳性管数，检索 MPN 表，报告每克（毫升）样品中大肠菌群的 MPN 值。每克（毫升）检样中大肠菌群最可能数（MPN）的检索见表 13-10。

表 13-10 大肠菌群最可能数（MPN）检索表

阳性管数			MPN	95%可信限	
0.10	0.01	0.001		下限	上限
0	0	0	<3.0	—	9.5
0	0	1	3.0	0.15	9.6
0	1	0	3.0	0.15	11
0	1	1	6.1	1.2	18
0	2	0	6.2	1.2	18
0	3	0	9.4	3.6	38
1	0	0	3.6	0.17	18
1	0	1	7.2	1.3	18
1	0	2	11	3.6	38
1	1	0	7.4	1.3	20
1	1	1	11	3.6	38
1	2	0	11	3.6	42
1	2	1	15	4.5	42
1	3	0	16	4.5	42
2	0	0	9.2	1.4	38
2	0	1	14	3.6	42
2	0	2	20	4.5	42
2	1	0	15	3.7	42

(续)

阳性管数			MPN	95%可信限	
0.10	0.01	0.001		下限	上限
2	1	1	20	4.5	42
2	1	2	27	8.7	94
2	2	0	21	4.5	42
2	2	1	28	8.7	94
2	2	2	35	8.7	94
2	3	0	29	8.7	94
2	3	1	36	8.7	94
3	0	0	23	4.6	94
3	0	1	38	8.7	110
3	0	2	64	17	180
3	1	0	43	9	180
3	1	1	75	17	200
3	1	2	120	37	420
3	1	3	160	40	420
3	2	0	93	18	420
3	2	1	150	37	420
3	2	2	210	40	430
3	2	3	290	90	1 000
3	3	0	240	42	1 000
3	3	1	460	90	2 000
3	3	2	1 100	180	4 100
3	3	3	>1 100	420	—

注：①本表采用3个稀释度[0.1 g（或0.1 mL）、0.01 g（或0.01 mL）和0.001 g（或0.001 mL）]，每个稀释度接种3管。②表内所列检样量如改用1 g（或1 mL）、0.1 g（或0.1 mL）和0.01 g（或0.01 mL）时，表内数字应相应缩小10倍；如改用0.01 g（或0.01 mL）、0.001 g（或0.001 mL）和0.0001 g（或0.0001 mL）时，则表内数字应相应增大10倍，其余类推。

2. 大肠菌群的平板计数法

(1) 选取2~3个适宜的连续稀释度，每个稀释度接种两个无菌平皿，每皿1 mL。同时分别取1 mL生理盐水加入两个无菌平皿作空白对照。

(2) 及时将15~20 mL冷至46 ℃的结晶紫中性红胆盐琼脂（VRBA）倾注于每个平皿中。小心旋转平皿，将培养基与样液充分混匀，待琼脂凝固后，再加3~4 mL VRBA覆盖平板表层。翻转平板，置于(36±1)℃培养(18~24) h。

(3) 选取菌落数在15~150 CFU的平板，分别计数平板上出现的典型和可疑大肠菌群菌落。典型菌落为紫红色，菌落周围有红色的胆盐沉淀环，菌落直径为0.5 mm或更大。

(4) 证实试验。从VRBA平板上挑取10个不同类型的典型和可疑菌落，分别移种于BGLB肉汤管内，(36±1)℃培养24~48 h，观察产气情况。凡BGLB肉汤管产气，即可报告为大肠菌群阳性。

(5) 大肠菌群平板计数的报告。经最后证实为大肠菌群阳性的试管比例乘以计数的平板菌落数，再乘以稀释倍数，即为每克（毫升）样品中大肠菌群数。例：10^{-4} 样品稀释液 1 mL，在 VRBA 平板上有 100 个典型和可疑菌落，挑取其中 10 个接种 BGLB 肉汤管，证实有 6 个阳性管，则该样品的大肠菌群数为：100 CFU×（6/10）×10^4/g（mL）= 6.0×10^5 CFU/g（CFU/mL）。

3. 粪大肠菌群的检验 粪大肠菌群的检验程序见图 13-3。

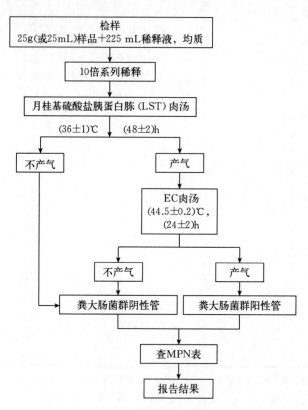

图 13-3 粪大肠菌群 MPN 计数法检验程序

（1）样品的稀释及初发酵。同大肠菌群 MPN 法检验。

（2）复发酵试验。用接种环从产气的 LST 肉汤管中分别取培养物 1 环，移种于预先升温至 44.5 ℃的 EC 肉汤管中。将所有接种的 EC 肉汤管放入带盖的（44.5±0.2）℃恒温水浴箱内，培养（24±2）h，水浴箱的水面应高于肉汤培养基液面，记录 EC 肉汤管的产气情况。产气管为粪大肠菌群阳性，不产气为粪大肠菌群阴性。

定期以已知为 44.5 ℃产气阳性的大肠杆菌和 44.5 ℃不产气的产气肠杆菌或其他大肠菌群细菌作阳性和阴性对照。

（3）粪大肠菌群 MPN 计数的报告。根据证实为粪大肠菌群的阳性管数，查粪大肠菌群最可能数（MPN）检索表，报告每克（毫升）粪大肠菌群的 MPN 值。

4. 大肠杆菌计数

（1）大肠杆菌 MPN 计数的检验程序。见图 13-4。

① 样品的稀释及初发酵。同大肠菌群 MPN 法检验。初发酵产气者进行复发酵试验。如所有 LST 肉汤管均未产气，即可报告大肠杆菌 MPN 结果。

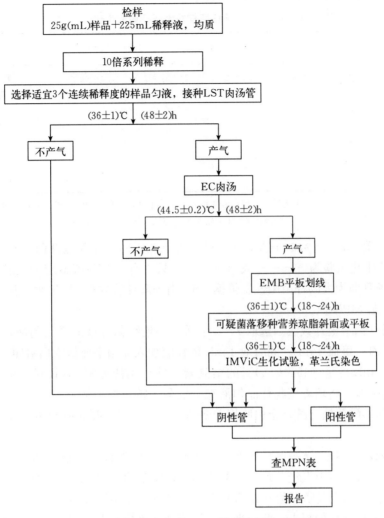

图 13-4 大肠杆菌 MPN 计数法检验程序

② 复发酵试验。用接种环从产气的 LST 肉汤管中分别取培养物 1 环，移种于已提前预温至 45 ℃的 EC 肉汤管中，放入带盖的 (44.5±0.2)℃水浴箱内。水浴的水面应高于肉汤培养基液面，培养 (24±2) h，检查小倒管内是否有气泡产生，如未有产气则继续培养至 (48±2) h。记录在 24 h 和 48 h 内产气的 EC 肉汤管数。如所有 EC 肉汤管均未产气，即可报告大肠杆菌 MPN 结果；如有产气者，则进行伊红-亚甲蓝平板分离培养。

③ 伊红-亚甲蓝平板分离培养。轻轻振摇各产气管，用接种环取培养物分别划线接种于伊红-亚甲蓝平板，(36±1)℃培养 18～24 h。观察平板上有无具黑色中心有光泽或无光泽的典型菌落。

④ 营养琼脂斜面或平板培养。从每个平板上挑 5 个典型菌落，如无典型菌落则挑取可疑菌落。用接种针接触菌落中心部位，移种到营养琼脂斜面或平板上，(36±1)℃，培养 18～24 h。取培养物进行革兰氏染色和生化试验。

⑤ 鉴定。取培养物进行吲哚试验、MR 试验、VP 试验和柠檬酸盐利用试验。大肠杆菌

与非大肠杆菌的生化鉴别见表 13-11。

表 13-11 大肠杆菌与非大肠杆菌的生化鉴别

吲 哚	MR 试验	VP 试验	柠檬酸盐	鉴定（型别）
+	+	−	−	典型大肠杆菌
−	+	−	−	非典型大肠杆菌
+	+	−	+	典型中间型
−	+	−	+	非典型中间型
−	−	+	+	典型产气肠杆菌
+	−	+	+	非典型产气肠杆菌

注：①如出现表 13-11 以外的生化反应类型，表明培养物可能不纯，应重新划线分离，必要时做重复试验。②生化试验也可以选用生化鉴定试剂盒或全自动微生物生化鉴定系统等方法，按照产品说明书进行操作。

⑥ 大肠杆菌 MPN 计数的报告。大肠杆菌为革兰氏阴性无芽孢杆菌，发酵乳糖、产酸、产气，IMViC 生化试验为＋＋－－或－＋－－。只要有 1 个菌落鉴定为大肠杆菌，其所代表的 LST 肉汤管即为大肠杆菌阳性。依据 LST 肉汤阳性管数查 MPN 表，报告每克（毫升）样品中大肠杆菌 MPN 值。

（2）大肠杆菌平板计数法。选取 2～3 个适宜的连续稀释度的样品匀液，每个稀释度接种 2 个无菌平皿，每皿 1 mL。同时取 1 mL 稀释液加入无菌平皿做空白对照。

将 10～15 mL 冷至（45±0.5）℃的结晶紫中性红胆盐琼脂（VRBA）倾注于每个平皿中。小心旋转平皿，将培养基与样品匀液充分混匀。待琼脂凝固后，再加 3～4 mL VRBA-MUG（甲基伞形酮葡糖苷酸）蛋白胨培养基覆盖平板表层。凝固后翻转平板，（36±1）℃培养 18～24 h。

平板菌落数的选择：选择菌落数在 10～100 CFU 的平板，暗室中 360～366 nm 波长紫外灯照射下，计数平板上发浅蓝色荧光的菌落；检验时用已知 MUG 阳性菌株（如大肠杆菌 ATCC 25922 株）和产气肠杆菌（如 ATCC 13048 株）做阳性和阴性对照。

大肠杆菌平板计数的报告：两个平板上发荧光菌落数的平均数乘以稀释倍数，报告每克（毫升）样品中大肠杆菌数，以 CFU/g（mL）表示。若所有稀释度（包括液体样品原液）平板均无菌落生长，则以小于 1 乘以最低稀释倍数报告。

四、副溶血性弧菌检验

副溶血性弧菌是分布极广的海洋细菌，为引起水产品食物中毒的重要病原细菌之一，尤其是在夏秋季节的沿海地区，经常由于食用带有大量副溶血性弧菌的海产食品，引起食物中毒。在非沿海地区，食用受此菌污染的食品亦常有中毒发生。

（一）检验程序
副溶血性弧菌的检验程序见图 13-5。

（二）检验方法
1. 样品制备　非冷冻样品采集后应立即置 7～10 ℃冰箱保存，尽可能及早检验；冷冻样品应在 45 ℃以下不超过 15 min 或在 2～5 ℃不超过 18 h 解冻。

鱼类和头足类动物取表面组织、肠或鳃。贝类取全部内容物，包括贝肉和体液；甲壳类

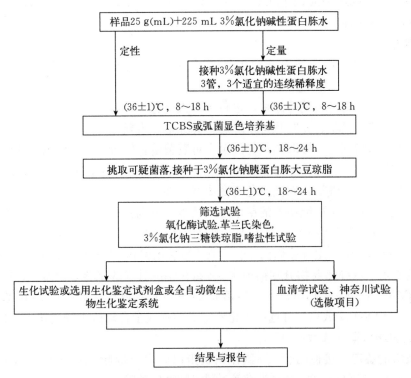

图 13-5 副溶血性弧菌检验程序

取整个动物,或者动物的中心部分,包括肠和鳃。如为带壳贝类或甲壳类,则应先在自来水中洗刷外壳并甩干表面水分,然后以无菌操作打开外壳,按上述要求取相应部分。

以无菌操作取样品 25 g(25 mL),加入 3%氯化钠碱性蛋白胨水 225 mL,用旋转刀片式均质器以 8 000 r/min 均质 1 min,或拍击式均质器拍击 2 min,制备成 1∶10 的样品匀液(如无均质器,可用符合微生物检验要求的其他替代方法处理)。

2. 增菌

(1) 定性检测。将前面制备好的 1∶10 样品匀液于 (36±1)℃培养 8~18 h。

(2) 定量检测。用无菌吸管吸取 1∶10 样品匀液 1 mL,注入含有 9 mL 3%氯化钠碱性蛋白胨水的试管内,振摇试管混匀,制备 1∶100 的样品匀液。另取 1 mL 无菌吸管,依次制备 10 倍系列稀释样品匀液,每递增稀释一次,换用一支 1 mL 无菌吸管。

根据对检样污染情况的估计,选择 3 个适宜的连续稀释度,每个稀释度接种 3 支含有 9 mL 3%氯化钠碱性蛋白胨水的试管,每管接种 1 mL。置 (36±1)℃恒温箱内,培养 8~18 h。

3. 分离 对所有显示生长的增菌液,用接种环在距离液面以下 1 cm 内沾取一环增菌液,于 TCBS 平板或弧菌显色培养基平板上划线分离。一支试管划线一块平板。于 (36±1)℃培养 18~24 h。

典型的副溶血性弧菌在 TCBS 上呈圆形、半透明、表面光滑的绿色菌落,用接种环轻触,有类似口香糖的质感,直径 2~3 mm。从培养箱取出 TCBS 平板后,应尽快(不超过 1 h)挑取菌落或标记要挑取的菌落。按产品说明书上典型的副溶血性弧菌在弧菌显色培养基上的特征进行判定。

4. 纯培养 挑取3个或以上可疑菌落,划线接种3‰氯化钠胰蛋白胨大豆琼脂平板,(36±1)℃培养18~24 h。

5. 初步鉴定

(1) 氧化酶试验。挑选纯培养的单个菌落进行氧化酶试验,副溶血性弧菌为氧化酶阳性。

(2) 涂片镜检。将可疑菌落涂片,进行革兰氏染色,镜检观察形态。副溶血性弧菌为革兰氏阴性,呈棒状、弧状、卵圆状等多形态,无芽孢,有鞭毛。

(3) 三糖铁琼脂试验。挑取纯培养的单个可疑菌落,转种3‰氯化钠三糖铁琼脂斜面并穿刺底层,(36±1)℃培养24 h观察结果。副溶血性弧菌在3‰氯化钠三糖铁琼脂中的反应为底层变黄不变黑,无气泡,斜面颜色不变或红色加深,有动力。

(4) 嗜盐性试验。挑取纯培养的单个可疑菌落,分别接种0%、6%、8%和10%不同氯化钠浓度的胰胨水,(36±1)℃培养24 h,观察液体混浊情况。副溶血性弧菌在无氯化钠和10%氯化钠的胰胨水中不生长或微弱生长,在6%氯化钠和8%氯化钠的胰胨水中生长旺盛。

6. 确定鉴定 取纯培养物分别接种含3‰氯化钠的甘露醇试验培养基、赖氨酸脱羧酶试验培养基、MR-VP培养基,(36±1)℃培养24~48 h后观察结果;3‰氯化钠三糖铁琼脂隔夜培养物进行ONPG试验。可选择生化鉴定试剂盒或全自动微生物生化鉴定系统。

(三) 血清学分型(选做项目)

1. K抗原的鉴定 接种两管3‰氯化钠胰蛋白胨大豆琼脂试管斜面,(36±1)℃培养18~24 h。用含3‰氯化钠的5%甘油溶液冲洗3‰氯化钠胰蛋白胨大豆琼脂斜面培养物,获得浓厚的菌悬液。在玻片上加菌悬液,再加多价K抗血清,观察是否出现凝集现象,判断是否有K抗原。

2. O抗原的鉴定 先将菌悬液高压灭菌,再离心,并用生理盐水洗,离心并再制成菌悬液,同样在玻片上加菌悬液和O群血清,根据是否出现凝集反应,判断是否有O抗原。

(四) 神奈川试验(选做项目)

神奈川试验是在我妻氏琼脂上测试是否存在特定溶血素。神奈川试验阳性结果与副溶血性弧菌分离株的致病性显著相关。

(五) 结果与报告

根据检出的可疑菌落生化性状,报告25 g(25 mL)样品中检出副溶血性弧菌。如果进行定量检测,根据证实为副溶血性弧菌阳性的试管管数,查最可能数(MPN)检索表,报告每克(毫升)副溶血性弧菌的MPN值。副溶血性弧菌菌落生化性状和与其他弧菌的鉴别情况分别见表13-12和表13-13。

表13-12 副溶血性弧菌的生化性状

试验项目	结 果
革兰氏染色镜检	阴性,无芽孢
氧化酶	+
动力	+
蔗糖	−
葡萄糖	+

(续)

试验项目	结果
甘露醇	+
分解葡萄糖产气	−
乳糖	−
硫化氢	−
赖氨酸脱羧酶	+
VP	−
ONPG	−

注：+表示阳性；−表示阴性。

表 13 - 13 副溶血性弧菌主要性状与其他弧菌的鉴别

名称	氧化酶	赖氨酸	精氨酸	鸟氨酸	明胶	脲酶	VP	42℃生长	蔗糖	D-纤维二糖	乳糖	阿拉伯糖	D-甘露糖	D-甘露醇	ONPG	嗜盐性试验 氯化钠含量（%）				
																0	3	6	8	10
副溶血性弧菌 V. parahaemolyticus	+	+	−	+	+	V	−	+	−	V	−	+	+	+	−	−	+	+	+	−
创伤弧菌 V. vulnificus	+	+	−	+	+	−	−	−	−	+	+	−	+	V	+	−	+	+	−	−
溶藻弧菌 V. alginolyticus	+	+	−	+	+	V	+	+	+	−	−	−	+	+	−	−	+	+	+	+
霍乱弧菌 V. cholerae	+	+	−	+	+	−	V	+	+	−	−	−	+	+	+	+	+	−	−	−
拟态弧菌 V. mimicus	+	+	−	+	+	−	−	+	−	−	−	−	+	+	+	+	+	−	−	−
河流弧菌 V. fluvialis	+	−	+	−	+	−	V	+	+	+	−	+	+	+	+	−	+	+	V	−
弗氏弧菌 V. furnissii	+	−	+	−	+	−	−	+	+	−	−	+	+	+	+	−	+	+	+	−
梅氏弧菌 V. metschnikovii	−	+	−	+	+	−	+	+	+	−	−	−	+	+	+	−	+	+	+	−
霍氏弧菌 V. hollisae	+	−	−	−	−	−	−	nd	−	−	−	+	+	−	−	−	+	+	−	−

注：+表示阳性；−表示阴性；nd 表示未试验；V 表示可变。

五、沙门氏菌检验

在世界各地的食物中毒中，沙门氏菌食物中毒常占首位或第二位。目前用食品中沙门氏菌的检验方法，包括五个基本步骤：①前增菌，用无选择性的培养基使处于濒死状态的沙门氏菌恢复其活力；②选择性增菌，使沙门氏菌得以增殖，而大多数的其他细菌受到抑制；③选择性平板分离沙门氏菌；④生化试验，鉴定到属；⑤血清学分型鉴定。

食品中沙门氏菌的检验程序如图 13 - 6 所示。

1. 前增菌 称取 25 g（mL）样品放入盛有 225 mL BPW 的无菌均质杯中，以 8 000～10 000 r/min 均质 1～2 min，或置于盛有 225 mL BPW 的无菌均质袋中，用拍击式均质器拍打 1～2 min。若样品为液态，不需要均质，振荡混匀。如需要，测定 pH，用 1 mol/L 无菌

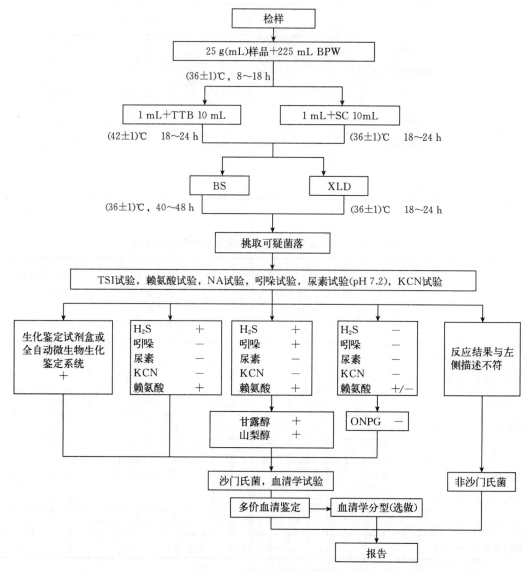

图 13-6 沙门氏菌的检验程序
(BPW 为缓冲蛋白胨水，TTB 为四硫磺酸钠煌绿增菌液，SC 为亚硒酸盐胱氨酸增菌液，BS 为亚硫酸铋琼脂，
XLD 为木糖赖氨酸脱氧胆盐琼脂，TSI 为三糖铁琼脂，ONPG 为邻硝基酚 β-D 半乳糖苷培养基)

氢氧化钠或盐酸调 pH 至 6.8±0.2。无菌操作将样品转至 500 mL 锥形瓶中，如使用均质袋，可直接进行培养，于 (36±1)℃培养 8~18 h。

2. 选择性增菌 轻轻摇动培养过的样品混合物，移取 1 mL，转种于 10 mL TTB 内，于 (42±1)℃培养 18~24 h。同时，另取 1 mL，转种于 10 mL SC 内，于 (36±1)℃培养 18~24 h。

3. 分离 分别用接种环取增菌液 1 环，划线接种于一个 BS 琼脂平板和一个 XLD 琼脂平板（或 HE 琼脂平板，或沙门氏菌属显色培养基平板）。于 (36±1)℃分别培养 18~24 h (XLD 琼脂平板、HE 琼脂平板，沙门氏菌属显色培养基平板）或 40~48 h (BS 琼脂平板），观察各个平板上生长的菌落，各个平板上的菌落特征见表 13-14。

表 13-14 沙门氏菌属在不同选择性琼脂平板上的菌落特征

选择性琼脂平板	沙门氏菌
BS 琼脂	菌落为黑色有金属光泽、棕褐色或灰色，菌落周围培养基可呈黑色或棕色；有些菌株形成灰绿色的菌落，周围培养基不变
HE 琼脂	蓝绿色或蓝色，多数菌落中心黑色或几乎全黑色；有些菌株为黄色，中心黑色或几乎全黑色
XLD 琼脂	菌落呈粉红色，带或不带黑色中心，有些菌株可呈现大的带光泽的黑色中心，或呈现全部黑色的菌落；有些菌株为黄色菌落，带或不带黑色中心
沙门氏菌属显色培养基	按照显色培养基的说明书进行判定

4. 生化试验 自选择性琼脂平板上分别挑取 2 个以上典型或可疑菌落，接种三糖铁琼脂，先在斜面划线，再于底层穿刺；接种针不要灭菌，直接接种赖氨酸脱羧酶试验培养基和营养琼脂平板，于（36±1）℃培养 18~24 h，必要时可延长至 48 h。在三糖铁琼脂和赖氨酸脱羧酶培养基内，沙门氏菌属的反应结果见表 13-15。

表 13-15 沙门氏菌属在三糖铁琼脂和赖氨酸脱羧酶试验培养基内的反应结果

三糖铁琼脂				赖氨酸脱羧酶试验培养基	初步判断
斜面	底层	产气	硫化氢		
K	A	+（−）	+（−）	+	可疑沙门氏菌属
K	A	+（−）	+（−）	−	可疑沙门氏菌属
A	A	+（−）	+（−）	+	可疑沙门氏菌属
A	A	+/−	+/−	−	非沙门氏菌
K	K	+/−	+/−	+/−	非沙门氏菌

注：K 为产碱；A 为产酸；+为阳性；−为阴性；+（−）为多数阳性，少数阴性；+/−为阳性或阴性。

接种三糖铁琼脂和赖氨酸脱羧酶试验培养基的同时，可直接接种蛋白胨水（吲哚试验）、尿素琼脂（pH 7.2）、氰化钾培养基，也可在初步判断结果后从营养琼脂平板上挑取可疑菌落接种。于（36±1）℃培养 18~24 h，必要时可延长至 48 h，按表 13-16 判定结果。将已挑菌落的平板储存于 2~5 ℃或室温至少保留 24 h，以备必要时复查。

表 13-16 沙门氏菌属生化反应初步鉴别

反应序号	硫化氢	靛基质	pH 7.2 尿素	氰化钾	赖氨酸脱羧酶
A1	+	−	−	−	+
A2	+	+	−	−	+
A3	−	−	−	−	+/−

注：+为阳性；−为阴性；+/−为阳性或阴性。

反应序号 A1：典型反应判定为沙门氏菌属。如果尿素、氰化钾和赖氨酸脱羧酶 3 项中有 1 项异常，按表 13-17 可判定为沙门氏菌。如果有 2 项异常则为非沙门氏菌。

反应序号 A2：补做甘露醇和山梨醇试验，沙门氏菌靛基质阳性变体两项试验结果均为阳性，但需要结合血清学鉴定结果进行判定。

反应序号 A3：补做 ONPG。ONPG 阴性为沙门氏菌。同时赖氨酸脱羧酶阳性，甲型副伤寒沙门氏菌为赖氨酸脱羧酶阴性。

表 13-17 沙门氏菌属生化反应初步鉴别

pH 7.2尿素	氰化钾	赖氨酸脱羧酶	判定结果
－	－	－	甲型副伤寒沙门氏菌（要求血清学鉴定结果）
－	＋	＋	沙门氏菌Ⅳ或Ⅴ（要求符合本群生化特性）
＋	－	＋	沙门氏菌个别变体（要求血清学鉴定结果）

注：＋表示阳性；－表示阴性。

如选择生化鉴定试剂盒或全自动微生物生化鉴定系统，可根据初步判断结果，从营养琼脂平板上挑取可疑菌落，用生理盐水制备成浊度适当的菌悬液，使用生化鉴定试剂盒或全自动系统进行鉴定。

5. 血清学鉴定

（1）检查培养物有无自凝性。一般采用 1.2%～1.5% 琼脂培养物作为玻片凝集试验用的抗原。首先排除自凝集反应，在洁净的玻片上滴加一滴生理盐水，将待试培养物混合于生理盐水滴内，使其成为均一的混浊悬液，将玻片轻轻摇动 30～60 s，在黑色背景下观察反应（必要时用放大镜观察），若出现可见的菌体凝集，即认为有自凝性，反之无自凝性。对无自凝的培养物参照下面方法进行血清学鉴定。

（2）多价菌体抗原（O）的鉴定。在玻片上划出两个约 1 cm×2 cm 的区域，挑取 1 环待测菌，各放 1/2 环于载玻片上的每一区域上部，在其中一个区域下部加 1 滴多价菌体（O）抗血清，在另一区域下部加入 1 滴生理盐水，作为对照。再用无菌的接种环或针分别将两个区域内的菌落研成乳状液。将玻片倾斜摇动混合 1 min，并对着黑暗背景观察，任何程度的凝集现象皆为阳性反应。O 血清不凝集时，将菌株接种在琼脂量较高的（如 2%～3%）培养基上再检查；如果由于 Vi 抗原的存在而阻止了 O 凝集反应时，可挑取菌苔于 1 mL 生理盐水中做成浓菌液，于酒精灯火焰上煮沸后再检查。

（3）多价鞭毛抗原（H）的鉴定。操作同 O 抗原鉴定。H 抗原发育不良时，将菌株接种在 0.55%～0.65% 琼脂的半固体平板中央，待菌落蔓延生长时，在其边缘部分取菌检查；或将菌株接种于装有 0.3%～0.4% 半固体琼脂的小玻管 1～2 次，自远端取菌培养后再检查。

（4）血清学分型（选做项目）。包括 O 抗原的分群鉴定、H 抗原的分相鉴定、Vi 抗原的鉴定等，这里不作介绍，需要时查阅沙门氏菌检验标准。

6. 结果与报告 综合以上生化试验和血清学鉴定的结果，报告 25 g 样品中检出或未检出沙门氏菌属。

六、葡萄球菌检验

食品中金黄色葡萄球菌的检验方法，分为三种方法：第一法适用于食品中金黄色葡萄球菌的定性检验；第二法适用于金黄色葡萄球菌含量较高的食品中金黄色葡萄球菌的计数；第三法适用于金黄色葡萄球菌含量较低而杂菌含量较高的食品中金黄色葡萄球菌的计数。

（一）第一法——金黄色葡萄球菌定性检测

金黄色葡萄球菌定性检验程序如图 13-7 所示。

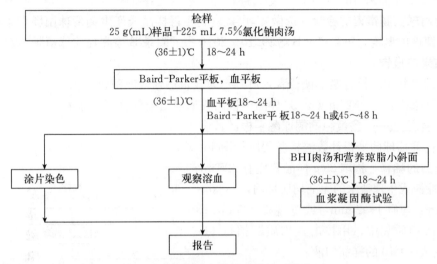

图 13-7　金黄色葡萄球菌检验程序

1. 样品的处理　称取 25 g 样品至盛有 225 mL 7.5％氯化钠肉汤的无菌均质杯内，8 000～10 000 r/min 均质 1～2 min，或放入盛有 225 mL 7.5％氯化钠肉汤的无菌均质袋中，用拍击式均质器拍打 1～2 min。若样品为液态，吸取 25 mL 样品至盛有 225 mL 7.5％氯化钠肉汤的无菌锥形瓶（瓶内可预置适当数量的无菌玻璃珠）中，振荡混匀。

2. 增菌　将上述样品匀液于（36±1）℃培养 18～24 h。金黄色葡萄球菌在 7.5％氯化钠肉汤中呈混浊生长。

3. 分离　将增菌后的培养物，分别划线接种到 Baird-Parker 平板和血平板，血平板（36±1）℃培养 18～24 h。Baird-Parker 平板（36±1）℃培养 24～48 h。

4. 初步鉴定　金黄色葡萄球菌在 Baird-Parker 平板上呈圆形，表面光滑、凸起、湿润、菌落直径为 2～3 mm，颜色呈灰黑色至黑色，有光泽，常有浅色（非白色）的边缘，周围绕以不透明圈（沉淀），其外常有一清晰带。当用接种针触及菌落时具有黄油样黏稠感。有时可见到不分解脂肪的菌株，除没有不透明圈和清晰带外，其他外观基本相同。从长期贮存的冷冻或脱水食品中分离的菌落，其黑色常较典型菌落浅些，且外观可能较粗糙，质地较干燥。在血平板上，形成菌落较大，圆形、光滑凸起、湿润、金黄色（有时为白色），菌落周围可见完全透明溶血圈。挑取上述可疑菌落进行革兰氏染色镜检及血浆凝固酶试验。

5. 鉴定

（1）染色镜检。金黄色葡萄球菌为革兰氏阳性球菌，排列呈葡萄球状，无芽孢，无荚膜，直径为 0.5～1 μm。

（2）血浆凝固酶试验。在 Baird-Parker 平板或血平板上挑取至少 5 个可疑菌落 1 个（小于 5 个全选），分别接种到 5 mL BHI 培养液和营养琼脂小斜面，（36±1）℃培养 18～24 h。

取新鲜配制的兔血浆 0.5 mL，放入小试管中，再加入 BHI 培养物 0.2～0.3 mL，振荡摇匀，置（36±1）℃温箱或水浴箱内，每 0.5 h 观察一次，观察 6 h，如呈现凝固（即将试管倾斜或倒置时，呈现凝块）或凝固体积大于原体积的一半，被判定为阳性结果。同时以血浆凝固酶试验阳性和阴性葡萄球菌菌株的肉汤培养物作为对照。也可用商品化的试剂，按说明书操作，进行血浆凝固酶试验。结果如可疑，挑取营养琼脂小斜面的菌落到 5 mL BHI 培养液，（36±1）℃培养 18～48 h，重复试验。

6. 葡萄球菌肠毒素的检验（选做） 可疑食物中毒样品或产生葡萄球菌肠毒素的金黄色葡萄球菌菌株的鉴定，可参考 GB 4789.10—2016 中的附录 B 检测葡萄球菌肠毒素。

7. 结果与报告

（1）结果判定。符合鉴定项目者，可判定为金黄色葡萄球菌。

（2）结果报告。在 25 g（mL）样品中检出或未检出金黄色葡萄球菌。

（二）第二法——金黄色葡萄球菌平板计数法

金黄色葡萄球菌平板计数法检验程序见图 13-8。

1. 样品的稀释 称取 25 g 样品置盛有 225 mL 磷酸盐缓冲液或生理盐水的无菌均质杯内，8 000～10 000 r/min 均质 1～2 min，或置盛有 225 mL 稀释液的无菌均质袋中，用拍击式均质器拍打 1～2 min，制成 1∶10 的样品匀液。

用 1 mL 无菌吸管或微量移液器吸取 1∶10 样品匀液 1 mL，沿管壁缓慢注于盛有 9 mL 稀释液的无菌试管中（注意吸管或吸头尖端不要触及稀释液面），振摇试管或换用 1 支 1 mL 无菌吸管反复吹打使其混合均匀，制成 1∶100 的样品匀液。制备 10 倍系列稀释样品匀液。每递增稀释一次，换用 1 次 1 mL 无菌吸管或吸头。

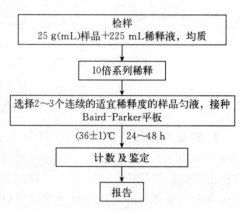

图 13-8 金黄色葡萄球菌 Baird-Parker 平板法检验程序

2. 样品的接种 根据对样品污染状况的估计，选择 2～3 个适宜稀释度的样品匀液（液体样品可包括原液），在进行 10 倍递增稀释的同时，每个稀释度分别吸取 1 mL 样品匀液以 0.3 mL、0.3 mL、0.4 mL 接种量分别加入三块 Baird-Parker 平板，然后用无菌 L 棒涂布整个平板，注意不要触及平板边缘。使用前，如 Baird-Parker 平板表面有水珠，可放在 25～50 ℃的培养箱里干燥，直到平板表面的水珠消失。

3. 培养 在通常情况下，涂布后，将平板静置 10 min，如样液不易吸收，可将平板放在培养箱（36±1）℃培养 1 h；等样品匀液吸收后翻转平皿，倒置于培养箱，（36±1）℃培养 45～48 h。

4. 典型菌落计数和确认

（1）金黄色葡萄球菌在 Baird-Parker 平板上菌落特征与第一法相同，参照第一法中的"4. 初步鉴定"。

（2）选择有典型的金黄色葡萄球菌菌落且同一稀释度 3 个平板所有菌落数合计在 20～200 CFU 的平板，记录典型菌落数。

(3) 从典型菌落中至少选 5 个可疑菌落（小于 5 个全选）进行鉴定试验。分别做染色镜检，血浆凝固酶试验（见第一法中"5. 鉴定"）；同时划线接种到血平板（36±1）℃培养 18~24 h 后观察菌落形态，金黄色葡萄球菌菌落较大，圆形、光滑凸起、湿润、金黄色（有时为白色），菌落周围可见完全透明溶血圈。

5. 结果计算

(1) 只有一个稀释度平板的菌落数在 20~200 CFU 之间且有典型菌落，计数该稀释度平板上的典型菌落。

(2) 最低稀释度平板的菌落数小于 20 CFU 且有典型菌落，计数该稀释度平板上的典型菌落。

(3) 某一稀释度平板的菌落数大于 200 CFU 且有典型菌落，但下一稀释度平板上没有典型菌落，应计数该稀释度平板上的典型菌落。

(4) 某一稀释度平板的菌落数大于 200 CFU 且有典型菌落，下一稀释度平板上有典型菌落，但其平板上的菌落数不在 20~200 CFU 之间，应计数该稀释度平板上的典型菌落。

以上按公式（13-1）计算。

(5) 2 个连续稀释度的平板菌落数均在 20~200 CFU 之间，按公式（13-2）计算。

$$T=\frac{AB}{Cd} \qquad (13-1)$$

式中：T 为样品中金黄色葡萄球菌菌落数；A 为某一稀释度典型菌落的总数；B 为某一稀释度血浆凝固酶阳性的菌落数；C 为某一稀释度用于血浆凝固酶试验的菌落数；d 为稀释因子。

$$T=\frac{\dfrac{A_1B_1}{C_1}+\dfrac{A_2B_2}{C_2}}{1.1\,d} \qquad (13-2)$$

式中：T 为样品中金黄色葡萄球菌菌落数；A_1 为第一稀释度（低稀释倍数）典型菌落的总数；A_2 为第二稀释度（高稀释倍数）典型菌落的总数；B_1 为第一稀释度（低稀释倍数）血浆凝固酶阳性的菌落数；B_2 为第二稀释度（高稀释倍数）血浆凝固酶阳性的菌落数；C_1 为第一稀释度（低稀释倍数）用于血浆凝固酶试验的菌落数；C_2 为第二稀释度（高稀释倍数）用于血浆凝固酶试验的菌落数；1.1 为计算系数；d 为稀释因子（第一稀释度）。

6. 结果与报告 根据计算结果，报告每克（毫升）样品中金黄色葡萄球菌数，以 CFU/g（CFU/mL）表示；如 T 值为 0，则以小于 1 乘以最低稀释倍数报告。

（三）第三法——金黄色葡萄球菌 MPN 计数

金黄色葡萄球菌 MPN 计数程序见图 13-9。

1. 样品的处理和稀释 同第二法。

2. 接种和培养

(1) 根据对样品污染状况的估计，选择 3 个适宜稀释度的样品匀液，在进行 10 倍递增稀释的时，每个稀释度分别吸取 1 mL 样品匀液接种到 10%氯化钠胰酪胨大豆肉汤管，每个稀释度接种 3 管，将上述接种物于（36±1）℃培养 18~24 h。

(2) 用接种环从有细菌生长的各管中取 1 环，分别接种于 Baird-Parker 平板，（36±1）℃培养 24~48 h。

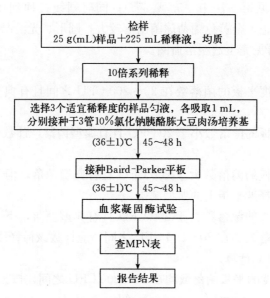

图 13-9 金黄色葡萄球菌 MPN 法检验程序

3. 典型菌落确认 同第一法。

4. 结果与报告 计算血浆凝固酶试验阳性菌落对应的管数，查 MPN 检索表，报告每克（毫升）样品中金黄色葡萄球菌的最可能数，以 MPN/g（MPN/mL）表示。

本 章 小 结

本章阐述了水产品与微生物的关系，三节内容分别为水产品中的微生物，水产品安全与微生物，以及水产品的微生物检验三个部分。

第一节阐述了水产品中微生物的主要类群，一般水产品含有的微生物数量；水产品在渔获前与捕获后的微生物污染；新鲜水产品、水产制品的微生物腐败引起的品质变化过程及现象，导致水产品腐败变质的微生物种类等；水产品的微生物主要通过低温保鲜贮藏、降低水分活度、降低氧浓度等措施控制。

水产品安全与微生物关系密切，监测数据显示近年由海产品致病菌副溶血性弧菌引起的食物中毒高居沿海沿江省份微生物食源性疾病首位。来源于水产品中的致病菌通常分为自身原有的细菌和非自身原有细菌。主要种类有弧菌、沙门氏菌、大肠杆菌、葡萄球菌、肉毒梭状芽孢杆菌、蜡状芽孢杆菌等。第二节主要介绍这些致病菌的生物学特性、引起致病的特点以及污染源和控制措施，此外还介绍了与水产品安全相关的几种病毒。

水产品中的微生物检验可以评价水产品的质量以及食品安全性，是保证水产品质量的重要手段。水产品微生物检验指标会根据具体产品或季节的不同而有差异。第三节介绍了微生物检验中水产品样品的采集与处理方法，以及水产品中最常用于水产品质量安全控制的菌落总数、大肠菌群或粪大肠菌群及大肠杆菌指标的检验方法，以及在水产品安全控制中最常用的副溶血性弧菌、沙门氏菌、金色葡萄球菌指标的检验方法。

思 考 题

1. 试述水产品中微生物的来源。
2. 水产品中微生物的控制主要有哪些方法?
3. 来源于水产品自身的致病菌有哪些?
4. 如何控制沙门氏菌对水产品的污染?
5. 副溶血性弧菌有何特点?由于什么原因引起此类细菌中毒?
6. 菌落总数的测定有何意义?跟水产品质量有何联系?

第十四章 水产微生物学基础实验

第一节 微生物实验规则与安全

微生物实验是微生物学的重要组成部分，通过实验操作可加深和巩固对理论知识的理解，训练学生掌握基本的操作技能，培养学生发现和解决实际问题的能力，树立勤俭节约、爱护公物、互相协作的良好作风。

为上好微生物实验课，保证实验的质量和安全，特制定以下规则和措施：

(1) 每次实验前必须对实验内容充分预习，了解实验目的、原理和方法，熟悉实验主要步骤和操作规范。

(2) 实验过程中必须穿白色实验服，非必要物品不得带入实验室，实验室内保持整洁，勿高声谈话和随便走动，严禁吸烟和吃东西。

(3) 严格进行无菌操作。注意以下几点：关闭门窗，防止空气对流；接种时勿走动和讲话，以避免空气尘埃和唾液引起的污染；用过的带菌器具要立即浸入消毒液中浸泡 20 min，然后再进行清洗；带菌的培养皿、三角瓶或试管等要灭菌（煮沸 10 min 或高压蒸汽灭菌）后再进行清洗。

(4) 冷静处理意外事故。皮肤污染时，对于非致病菌用 70％乙醇擦拭后，再用肥皂水洗净，对于致病菌则浸泡于 2％来苏儿溶液（或 0.1％新洁尔灭溶液）中，10～20 min 后洗净；含菌器皿破碎时，用 5％石炭酸溶液（或 0.1％新洁尔灭溶液）覆盖污染菌液的位置，30 min 后擦净；易燃品着火时，先断绝火源，再用湿布或沙土掩盖灭火。必要时用灭火器。

(5) 操作细致，爱护贵重仪器，节约耗材和药品，用毕后放回原处，严禁将药匙交叉使用，实验室中的菌种和物品等，未经教师许可不得带出室外。

(6) 认真做好实验记录，每次实验的结果，应实事求是地填入报告表中，简明准确，及时提交教师批阅。

(7) 实验完毕，关闭门窗、灯、火、煤气，整理并擦净桌面，离开实验室前将手洗净。值日生负责打扫卫生和安全检查。

第二节 微生物学一般实验技术

实验一 微生物学实验基本知识与准备

（一）目的要求
(1) 了解微生物实验基本概念和材料。
(2) 熟悉微生物实验常用器皿。
(3) 掌握清洗玻璃器皿和包扎的方法。

(二) 基本原理

为保证微生物实验顺利进行，所有实验用器皿均需清洗干净、灭菌并保持无菌状态，同时需对培养皿、吸管等进行包扎，试管和三角瓶等要用棉塞塞紧管口。清洗方法根据实验目的、器皿种类、所盛物品、洗净剂类别和污染程度等特点而有所不同，不同的器皿包扎方法也有所不同。

(三) 实验器材

(1) 常用玻璃器皿（试管、移液管、吸管、三角瓶、培养皿、载玻片和盖玻片等）。

(2) 洗涤工具、去污粉、肥皂、洗涤液等。

(3) 接种工具、棉花、纱布、棉线等。

(四) 操作步骤

1. 常用器皿和工具

(1) 试管。根据大小和用途不同，微生物实验所用玻璃试管可分为三种型号。大试管约 18 mm×180 mm，多用于盛装倒平板用的培养基、制备斜面（需要大量菌体时用）和盛装液体培养基用于振荡培养。中试管为 (13~15) mm×(100~150) mm，多用于盛装液体培养基培养细菌、微生物样品的稀释和血清学试验。小试管为 (10~12) mm×100 mm，多用于糖发酵试验、血清学试验和其他需要节省材料的试验。

(2) 小塑料离心管。常用的有 1.5 mL 和 2.0 mL 两种型号，主要用于小量菌体的离心、DNA（或 RNA）分子的检测、提取等。

(3) 玻璃吸管。常用的有 1 mL、2 mL、5 mL、10 mL 四种型号。有时需要使用无计量的毛细吸管吸取动物的体液、离心上清液和滴加微量试剂等。

(4) 培养皿。又称平皿，由一底一盖组成一套，常用的培养皿底部直径 90 mm，高 15 mm，皿底均为玻璃材质。在培养皿内倒入适量固体培养基即制成固体平板，多用于分离、纯化、鉴定菌种、活菌计数和测定抗生素效价等。

(5) 三角瓶与烧杯。常用的三角瓶有 100 mL、250 mL、500 mL 和 1 000 mL 四种型号，多用于盛装无菌水、培养基和振荡培养微生物等。常用的烧杯有 50 mL、100 mL、250 mL、500 mL 和 1 000 mL 等，多用于配制培养基与溶液等。

(6) 载玻片与盖玻片。常用的载玻片大小为 75 mm×25 mm，用于微生物涂片、染色、形态观察等。常用的盖玻片为 18 mm×18 mm。如果在较厚的玻片中央制一圆形的凹窝，就形成了凹玻片，可做悬滴观察活细菌以及微室培养用。

(7) 滴瓶。多用于盛装各种实验试剂等。

(8) 接种工具。常用的有接种针、接种环、接种钩、接种圈、接种铲、接种锄、玻璃涂布棒等。其中玻璃涂布棒多用于涂布固体琼脂平板，进而分离单个菌落，是将玻璃棒弯曲或将玻璃棒一端烧红后压制而成。

2. 玻璃器皿的洗涤 根据实验目的、器皿种类、所装物品、洗涤剂种类和污染程度等特点，各种玻璃器皿的洗涤方法有所不同。

(1) 洗涤液的配制。

① 浓配方。重铬酸钾（工业用）50 g，浓硫酸（工业用）1 000 mL。将 1 000 mL 浓硫酸在文火上加热，然后加入 50 g 重铬酸钾溶解即成。

② 稀配方。重铬酸钾（工业用）50 g，蒸馏水 850 mL，浓硫酸（工业用）100 mL。将

重铬酸钾溶解于水中，缓慢加入浓硫酸并不断搅拌，配好后贮存于广口玻璃瓶内备用，洗涤液可用多次，当溶液变为绿色时即失效。

（2）新购置玻璃器皿的洗涤。新购置的玻璃器皿常含有游离碱，因此应在2%的盐酸或洗涤液内浸泡数小时，再用自来水冲洗干净。洗净后玻璃器皿要晾干，一般情况试管倒置于试管筐内，三角瓶倒置于洗涤架上，培养皿的皿底和皿盖分开依次压着皿边排列倒扣。也可在70～80℃干燥箱内烘干备用。

（3）使用过的玻璃器皿的洗涤方法。

① 试管、培养皿、三角瓶、烧杯的洗涤。可用瓶刷或海绵沾上肥皂、洗衣粉、去污粉等洗涤剂刷洗，再用自来水冲洗干净。洗涤后，若内壁的水均匀分布成一薄层，表示油垢已完全洗净，若还挂有水珠，则需用洗涤液浸泡数小时，再用自来水冲洗干净。含有凡士林或石蜡等的玻璃器皿，必须先除去油污，可在5%苏打液内煮2次，再用热肥皂水洗刷。装有固体培养基的器皿应先将固体培养基刮去，然后再用上述方法洗涤。带菌的器皿在洗涤前先浸泡在消毒液［如84消毒液（有效成分为次氯酸钠）、新洁尔灭消毒液等］内24 h或煮沸0.5 h，再用上述方法洗涤。带致病菌的培养物应先高压灭菌，倒去培养物，再进行洗涤。若需精确配制化学药品，或做精确实验用，自来水冲洗干净后，必须用蒸馏水淋洗3次，烘干备用。

② 玻璃吸管的洗涤。吸过菌液的吸管应立即浸泡在消毒液（如84消毒液、新洁尔灭消毒液等）中24 h后方可取出洗涤。吸过血液、血清、糖溶液或染料溶液的吸管应立即浸泡在自来水中，以免干燥后难以洗涤。洗净后晾干或烘箱内烘干。

③ 载玻片的洗涤。载玻片上如滴有香柏油，则要先用纸擦去或浸在二甲苯内摇晃几次以溶解油垢，然后在肥皂水中煮沸5～10 min，用软布擦拭后，立即用自来水冲洗，然后在稀洗涤液中浸泡0.5～2 h，再用自来水冲去洗涤液，最后用蒸馏水淋洗数次，干燥后浸泡于95%乙醇溶液中保存备用，使用时在火焰上使乙醇挥发。实验后附着有微生物的载玻片，应先在消毒液（如84消毒液、新洁尔灭消毒液等）中浸泡24 h，然后再按上述方法洗涤并保存。

3. 棉塞的制备

（1）作用。防止杂菌污染；保证通气良好。

（2）制作方法（图14-1）。

①取小块衣棉叠成方形；②对角部分折叠；③卷紧定形；④包扎纱布；⑤剪去多余纱布；⑥合格判定。

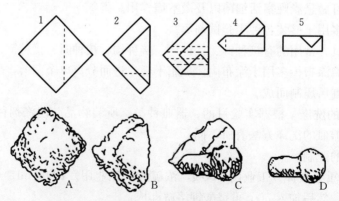

图14-1 棉塞的制备

4. 玻璃器皿的包扎

(1) 培养皿的包扎。培养皿常用牛皮纸或旧报纸包扎，一般5~8套培养皿包成1包，包好后干热或湿热灭菌后备用，也可直接放入特制的金属（不锈钢或铁皮）筒内，加盖干热灭菌后备用。

(2) 吸管的包扎。在吸管的上端约0.5 cm处，塞入一段1~1.5 cm长的棉花（勿用脱脂棉），以避免将外界杂菌吹入吸管或将菌液吸出管外。棉花松紧要合适，若过紧，吹吸液体太费力，若过松，吹气时棉花容易滑落。裁剪4~5 cm宽的长纸条，将吸管尖端斜放在纸条一端，与纸呈约30°角，折叠纸条包住尖端，左手握住吸管身，右手将吸管压紧，在桌面上向前搓转，以螺旋式包扎。将上端多余的纸条打成一小结。包好的多支吸管可再用一张大报纸包成一捆后灭菌备用。

(3) 试管和三角瓶的包扎。为提供通气条件和防止杂菌污染，试管和三角瓶均需塞上棉花塞或"通气式"纱布塞（用8层纱布代替棉花制成的塞子），然后用牛皮纸或2层旧报纸包裹棉塞（或纱布塞），并用细线扎好，灭菌后备用。

(五) 实验报告
(1) 写出洗涤和包扎器皿的种类和数量。
(2) 总结此次实验的收获和注意事项。

(六) 思考题
(1) 能否用橡皮塞、木塞来代替棉塞？为什么？
(2) 新购置的玻璃器皿为什么要在盐酸或洗涤液内浸泡后洗涤？

实验二 普通光学显微镜的使用和微生物形态观察

微生物的显著特点是个体微小，一般必须借助显微镜才能观察到其个体形态及内部结构。因此，显微镜是微生物学研究必不可少的工具，显微镜的发明使人类揭开了微生物世界的奥秘。随着科学技术的进步及微生物研究的需要，显微镜从使用可见光源的普通光学显微镜发展到使用紫外线光源的荧光显微镜，进一步发展到用电子流代替照明光源的电子显微镜，使放大率和分辨率大大提高，为微生物学的发展提供了保障。

(一) 目的要求
(1) 熟悉普通光学显微镜的构造与功能，学习并掌握油镜的原理和使用方法。
(2) 了解微生物在光学显微镜下的基本形态与结构特征。

(二) 基本原理

普通光学显微镜利用目镜和物镜两组透镜系统放大成像，又常被称为复式显微镜。由机械装置和光学系统两大部分构成。机械装置包括镜座、镜筒、物镜转换器、载物台、推动器、粗动螺旋、微动螺旋等部件。

显微镜的放大是通过透镜完成的，单透镜成像具有像差，影响像质。由单透镜组合而成的透镜组相当于一个凸透镜，放大作用更好。在显微镜的光学系统中，物镜的性能最为关键，它直接影响着显微镜的分辨率。而在普通光学显微镜通常配置的几种物镜中，油镜的放大倍数最大，对微生物学研究也最为重要。与其他物镜相比，油镜的使用比较特殊，需要在载玻片与镜头之间滴加镜油，主要有以下两方面的原因。

1. 增加照明亮度 油镜的放大倍数可达 100 倍，焦距短，直径小，但所需要的光照度却最大。从承载标本的载玻片透过的光线，因介质密度不同（从载玻片进入空气，再进入镜头），有些光线会因折射或全反射，不能进入镜头，致使在使用油镜时会因射入的光线较少，物像显现不清。所以为了不使通过的光线有所损失，在使用油镜时须在油镜与载玻片之间加入与玻璃的折射率（$n=1.55$）相仿的镜油（通常用香柏油，其折射率 $n=1.52$）。

2. 增加显微镜的分辨率 显微镜的分辨率（resolution）或分辨力（resolving power）是指显微镜能辨别两点之间的最小距离的能力。它与物镜的数值孔径成正比，与光波长度成反比。因此，物镜的数值孔径愈大，光波波长越短，则显微镜的分辨率愈大，被检物体的细微结构也愈能明晰地区别出来。因此，更高的高分辨率意味着更小的可分辨距离，二者是反比关系。

$$能辨别两点之间的最小距离 = \lambda/2N_A$$

式中：λ 为光波波长；N_A 为物镜的数值孔径值。

肉眼能感受的光波平均长度为 $0.55\ \mu m$，假如数值孔径为 0.65 的高倍物镜，它能辨别两点之间的距离为 $0.42\ \mu m$。而在 $0.42\ \mu m$ 以下的两点之间的距离就无法分辨，即使使用倍数更大的目镜，虽然总放大率增加，但仍然无法分辨。只有使用数值孔径更大的物镜，才能增加分辨率，如使用数值孔径为 1.25 的油镜，能辨别两点之间的最小距离可提高至 $0.22\ \mu m$。

（三）实验器材

1. 标本片 大肠杆菌（*Escherichia coli*），金黄色葡萄球菌（*Staphylococcus aureus*），嗜水气单胞菌（*Aeromonas hydrophilia*），荧光假单胞菌（*Pseudomonas fluorescens*），枯草芽孢杆菌（*Bacillus subtilis*）等。

2. 器材和其他用具 普通光学生物显微镜，香柏油，擦镜纸，二甲苯等。

（四）操作步骤

1. 观察前的准备

（1）将显微镜从镜柜（或镜箱）内拿出时，右手紧握镜臂，左手托住镜座，平稳地搬运至实验台上。

（2）将显微镜放置在身体左前方，离桌子边缘约 10 cm，右侧可放记录本或绘图纸等。

（3）调节光照。不带光源的显微镜，可利用灯光或自然光通过反光镜调节光照。光线较强的天然光源适合用平面镜；光线较弱的天然光源或人工光源适合用凹面镜，但不能用直射阳光（直射阳光会影响物像的清晰度并刺激眼睛）。将 10× 物镜转入光孔，将聚光器上的虹彩光圈开至最大，用左眼观察目镜中视野亮度，转动反光镜至视野的光照达到最明亮和最均匀状态。自带光源的显微镜，可通过旋钮自由调节光照强弱。在检查染色标本时，光线应强；而检查未染色标本时，光线不宜过强。可通过扩大或缩小光圈、升降聚光器、旋转反光镜等方式调节光线。

2. 低倍镜观察 使用显微镜观察标本时，必须先用低倍镜观察，再用高倍镜观察。因为低倍镜下视野较大，更易于发现目标和确定位置。

将标本片置于载物台上，用标本夹夹住，移动推动器，使被观察的标本处于物镜的正下方，转动粗调节旋钮，使物镜调至接近标本处，用目镜观察并同时用粗调节旋钮缓慢下降载物台，直至物像出现，再用细调节旋钮调至物像清晰。用推动器移动标本片，找到合适的观察对象并将其移至视野中央。

3. 高倍镜观察 在低倍镜观察的基础上转换至高倍镜。较好的显微镜低倍、高倍镜头是同焦的,在转换时要从侧面观察,避免镜头与载玻片相撞。然后使用目镜观察,调节光照使亮度适中,缓慢调节粗调节旋钮下降载物台直至物像出现,再用细调节旋钮调至物像清晰,找到合适的观察对象并移至视野中央进行观察。

4. 油镜观察

(1) 用粗调节器将镜筒提起约 2 cm,然后将油镜转至正下方。

(2) 在载玻片标本的镜检部位滴一滴香柏油。

(3) 从侧面观察,用粗调节器将镜筒小心降下,使油镜浸在香柏油中,此时油镜镜头几乎与标本相接,应特别注意的是,不能将镜头压在标本上,更不可用力过猛,否则不仅会压碎载玻片,也会损坏镜头。

(4) 从目镜内观察,调节光线,使光线明亮,再用粗调节器将镜筒缓慢上升直至视野出现物像,然后用细调节器校正焦距。如油镜已离开油面而仍未看见物像,则必须再从侧面观察,将油镜降下,重复上述操作直至物像出现。

5. 观察完后复原 下降载物台,将油镜镜头转出,先用擦镜纸擦去镜头上的油,再用擦镜纸蘸取少许二甲苯擦去镜头上残留油迹,最后再用擦镜纸擦拭 2~3 下即可(注意向一个方向擦拭)。

将显微镜各部分还原,转动物镜转换器,使物镜镜头不与载物台通光孔相对,而成"八"字形位置,将载物台下降至最低,降下聚光器,反光镜与聚光器垂直,最后用软布清洁载物台等其他机械部分,最后将显微镜放回镜柜(或镜箱)。观察后的染色玻片用废纸将香柏油擦净,放入回收容器内。

6. 注意事项

(1) 镜面只能用擦镜纸擦,不能用手指或粗布,以保证光洁度。

(2) 观察标本时,必须依次用低、高倍镜,最后用油镜。使用油镜时,切不可使用粗调节器,以免压碎玻片或损伤镜面。

(五) 实验报告

(1) 按照显微镜油镜的使用方法,观察细菌的染色涂片。

(2) 绘制油镜下所观察到的细菌形态图,注明菌名和放大倍数。

(六) 思考题

(1) 油镜与普通物镜在使用方法上有何不同?有哪些注意事项?

(2) 使用油镜时,为什么必须用香柏油?

(3) 镜检标本时,为什么先用低倍镜观察,而不是直接用高倍镜或油镜观察?

实验三 微生物大小的测定

微生物细胞的大小是其重要的形态特征,也是微生物分类鉴定的重要依据,因此对于微生物大小的测定具有重要意义。但由于微生物极其微小,只能在显微镜下进行测量,常用于测量微生物细胞大小的工具有目镜测微尺和镜台测微尺。目镜中观测到的是放大后的物象,又因放大倍数不同时,目镜测微尺每格实际代表的长度随之变化,因此目镜测微尺在使用前必须用镜台测微尺进行校正。

（一）目的要求

（1）了解目镜测微尺和镜台测微尺的构造和使用原理。
（2）掌握微生物细胞大小的测定方法。

（二）基本原理

目镜测微尺是一块圆形玻片，在玻片中央把 5 mm 长度分割为 50 等份（或 10 mm 分割为 100 等份）。进行测量时，将其放至在目镜中的隔板上（此处与物镜放大的中间像重叠）来测量经显微镜放大后的细胞物像。由于不同目镜、物镜组合的放大倍数不同，目镜测微尺每小格表示的实际长度也不同，因此目镜测微尺测量时须先用镜台测微尺校正，以推算出一定放大倍数下，目镜测微尺每小格代表的相对长度。

镜台测微尺是中部刻有精确等分线的载玻片，一般将 1 mm 等分为 100 小格，即每格长度为 10 μm，用于目镜测微尺的校正。进行校正时，将镜台测微尺放在载物台上，由于镜台测微尺与待测样本片处于同一位置，因此从镜台测微尺上得到的读数就是微生物的真实大小。所以用镜台测微尺的已知长度在一定放大倍数下校正目镜测微尺，即可求出目镜测微尺每格代表的长度，然后移除镜台测微尺，更换待测样本片，用校正好的目镜测微尺在同样的放大倍数下测量微生物的大小。

（三）实验器材

1. 菌种　枯草芽孢杆菌（*Bacillus subtilis*）。

2. 器材和其他用具　显微镜，目镜测微尺，镜台测微尺，盖玻片，载玻片，滴管，双层瓶，擦镜纸。

（四）操作步骤

1. 目镜测微尺的校正

（1）将目镜的上透镜旋下，把目镜测微尺（刻度朝下）装入目镜隔板上，把镜台测微尺（刻度朝上）置于载物台上。

（2）先用低倍镜观察，调节至清晰看到镜台测微尺，视野中看清镜台测微尺的刻度后，移动镜台测微尺和旋转目镜测微尺，使两者的刻度平行，再使两尺的"0"刻度完全重合，定位后，仔细寻找两尺第二个完全重合的刻度，计数两重合刻度之间目镜测微尺和镜台测微尺的格数。

（3）由于镜台测微尺每格的长度是已知的（每格 10 μm），所以从镜台测微尺的格数就可求出目镜测微尺每小格的长度。

例如：目镜测微尺 5 小格正好与镜台测微尺 5 小格重叠，已知镜台测微尺每小格为 10 μm，则目镜测微尺上每小格长度为 =5×10 $\mu m/5$=10 μm。

（4）用同法分别校正在高倍镜下和油镜下目镜测微尺每小格所代表的长度。

注意：目镜测微尺和物镜测微尺的安装方向一定要正确，否则影响测定。由于不同显微镜及其附件的放大倍数不同，因此校正目镜测微尺必须针对特定的显微镜和附件进行，且只能在特定的情况下重复使用，当更换不同放大倍数的目镜或物镜时，必须重新校正目镜测微尺每格代表的长度。

2. 细胞大小的测定

（1）取一滴枯草芽孢杆菌菌悬液制成水浸片。
（2）移去镜台测微尺，更换为枯草芽孢杆菌水浸片。
（3）先在低倍镜下找到目的物，然后在油镜下用目镜测微尺来测量菌体的长度和宽度各占几格（不足一格的部分估计到小数点后一位数）。测出的格数乘以目镜测微尺每格的校正值，即等于菌体的长度和宽度。

注意：对细菌等原核微生物大小的测定需要使用油镜。一般测量菌体的大小要在同一标本片上测量10～20个菌体，求出平均值。测量时一般使用对数生长期的菌体。

（五）实验报告
(1) 计算出目镜测微尺校正后每格的长度。
(2) 测算出枯草芽孢杆菌的长度和宽度。

（六）思考题
(1) 为什么更换不同放大倍数的目镜和物镜时必须重新对目镜微尺校正？
(2) 若目镜不变，目镜测微尺也不变，只改变物镜，那么目镜测微尺每格所测量的镜台上的菌体细胞的实际长度（或宽度）是否相同？为什么？

实验四　培养基的制备、分装与灭菌

培养基是按照微生物生长繁殖的需要，用不同组分的营养物质调制而成的营养基质。把一定的培养基放入一定的器皿中，就提供了人工繁殖微生物的环境与场所。自然界中的微生物种类繁多，营养类型各异，对营养物质的要求也各不相同，加之实验和研究上的目的不同，因此培养基在组成原料也各有差异。但不同种类和组成的培养基均应含有满足微生物生长繁殖的水分、碳源、氮源、无机盐和生长素以及某些特需的微量元素，同时还应具有适宜的酸碱度（pH）、缓冲能力、氧化还原电位和合适的渗透压。

根据微生物种类和实验目的不同，培养基可分为不同类型，例如：按照培养基的营养物质来源，可分为天然培养基、半合成培养基和合成培养基；按照培养基的物理性质不同，可分为液体培养基、固体培养基和半固体培养基；按照培养基的用途不同，可分为基础培养基、加富培养基、选择培养基和鉴别培养基等。

（一）目的要求
(1) 学习并掌握培养基配制的基本原理和操作技术。
(2) 学习并掌握高压蒸汽灭菌的基本原理、应用范围和操作方法。

（二）基本原理
培养基是人工配制的适合微生物生长繁殖或积累代谢产物的营养基质，其中含有碳源、氮源、无机盐、生长因子和水分等，以提供微生物生命活动所必需的能量、合成菌体和代谢产物的原料。由于不同种类的微生物所需营养成分不尽相同，所以培养基种类很多。但即使是同一种微生物，由于实验目的的不同，采用的培养基成分也不完全相同。本实验通过几种常用培养基的配制，掌握其一般配制方法。

为保证培养微生物的纯净，必须对培养基进行灭菌。在微生物实验室中常用的灭菌方法有：干热灭菌（如火焰灭菌）、湿热灭菌（如巴氏消毒、煮沸消毒、高压蒸汽灭菌等）、过滤除菌、放射线灭菌等。除特殊情况外，培养基的灭菌一般均采用高压蒸汽灭菌法。此法是将待灭菌物品放在高压蒸汽灭菌锅内，利用高压时水的沸点上升，从而造成蒸汽温度升高，由此产生高温达到杀灭杂菌的目的。

（三）实验器材

1. 溶液和试剂　牛肉膏，蛋白胨，琼脂，1 mol/L 氢氧化钠，1 mol/L 盐酸，氯化钠等。

2. 仪器和其他用具　试管、三角瓶、烧杯、量筒、玻璃棒、天平、电炉、药匙、高压蒸汽灭菌锅、pH 试纸、牛皮纸、记号笔、麻绳、吸管、培养皿、电烘箱、镊子等。

（四）操作步骤

1. 培养基的配制

培养基的种类很多，配制方法也不完全相同，但基本程序和要求大体相同。一般配制程序如下：计算→称量→溶解→调节 pH→加琼脂并融化→过滤→分装→加塞→包扎→灭菌→制作斜面或平板培养基→无菌检查。

（1）计算。一般培养基配方用百分比或加入各种物质的质量或体积表示，配制前应先估计需要培养基的数量，然后按比例计算各种物质的用量，本书附录中提供了常用培养基的配方。

（2）称量。用天平称取所需药品。若药品用量很小，不便称量（如某些培养基中使用的微量元素成分），可先配成较浓的溶液，然后按比例换算，再从中取出所需要的量，加入培养基中。

对牛肉膏、酵母膏等比较黏稠、非粉末状的原料，可先将玻棒和烧杯称重，再连同玻棒和烧杯一起称量，或者在称量纸上称量后，连同称量纸一起投入蒸馏水中，待原料完全溶解后再将称量纸取出。

（3）溶解。先在容器内加入少于需要量的蒸馏水，然后按配方顺序依次加入各成分并溶解。为避免生成沉淀造成营养损失，营养物质加入顺序应先加缓冲化合物，然后加主要元素，再加微量元素，最后加维生素和生长因素等。最好一种成分溶解后再加下一成分。若各成分均不生成沉淀则可一起加入。如有难溶物质可加热促使溶解。待全部成分完全溶解后，加蒸馏水定容至需要量。

（4）调节 pH。先用精密 pH 试纸测定培养基原始 pH，然后根据配方要求用滴管逐滴加入 1 mol/L 氢氧化钠或 1 mol/L 盐酸进行调节，边搅动边用精密 pH 试纸测 pH，直至符合要求为止。在调节过程中，尽量不要调至过酸或过碱，以免破坏营养成分，同时可防止因反复调整而影响培养基的容量。培养基经高压灭菌后，其 pH 可降低 0.1~0.2，故调节 pH 时，应比实际需要的 pH 高 0.1~0.2，也有个别培养基在灭菌后 pH 反而升高。如果所培养的微生物对酸度要求比较严格，可用酸度计测定 pH。

（5）融化琼脂。配制固体培养基时，需加入凝固剂琼脂。琼脂在水中融化较慢且易沉淀于容器底部而烧焦。最好用夹层锅融化琼脂，如采用直接在火源上加热的方法，则应将液体培养基放在有石棉网的电炉上，待液体培养基煮沸后再加入琼脂，并不断搅拌以防琼脂沉淀、糊底烧焦。琼脂完全融化后，要加蒸馏水补足蒸发的水分。

（6）过滤。用滤纸、纱布或棉花趁热将配制好的培养基过滤。使用纱布过滤时，最好折叠成六层；使用滤纸过滤时，可将滤纸折叠成瓦棱形，铺在漏斗上过滤。

（7）分装。根据需要将培养基分装于三角瓶或试管内。分装量视具体情况而定。分装入试管中的固体培养基以管高的 1/5 为宜，灭菌后趁热摆斜面，斜面长度为试管高度的 1/2~1/3；分装入试管中的半固体培养基，一般以管高的 1/3 为宜，灭菌后直立冷却，凝固后即为半固体培养基；分装入试管中的液体培养基，以试管高度的 1/4 为宜；分装入三角瓶的培养基，以不超过三角瓶容积的 1/2 为限。分装过程中，应注意勿使培养基沾到管口或瓶口上，以免沾污棉塞而导致杂菌污染。

（8）加塞。分装完毕后，需要在试管口或三角瓶口上加上棉塞，以过滤空气防止外界杂菌污染培养基，并保证容器内培养的需氧菌能够获得无菌空气。棉塞松紧应适宜，如果太松，通气好，但过滤作用差，容易污染；如果太紧，过滤作用好，但影响通气。检查松紧的方法是：将棉塞提起，试管跟着被提起而不下滑，表明棉塞不松；将棉塞拔出，可听到有轻微的声音而不明显，表明棉塞不紧。

加塞时棉塞总长度的 3/5 应在管口或瓶口内，管口或瓶口外面的部分不要短于 1 cm，以便于无菌操作时用手拔取。做棉塞的棉花应采用纤维较长的普通棉花，医用脱脂棉易吸水变湿造成污染，一般不宜采用。若需通气培养，如用摇床振荡培养，可用通气塞（即用 6~8 层纱布，或在两层纱布间均匀的铺一层棉花代替棉塞）供给菌体更多的氧气。

（9）包扎。加塞后，再在棉塞外包一层防潮纸，以避免灭菌时棉塞被冷凝水沾湿，并防止接种前培养基水分散失或污染杂菌。然后用线绳捆扎并注明培养基名称、配制日期和组别。

（10）灭菌。

（11）制作斜面培养基和平板培养基。培养基灭菌后，如制作斜面培养基和平板培养基，须在培养基未凝固时进行。

① 制作斜面培养基。在实验台上放 1 支厚度 1 cm 左右的木条，将试管头部放在木条上，使管内培养基自然倾斜，凝固后即成斜面培养基。

② 制作平板培养基。将灭过菌的盛有培养基的三角瓶放在实验台上，点燃酒精灯，右手托起三角瓶瓶底，左手拔下棉塞，将瓶口在酒精灯上稍加灼烧，左手打开培养皿盖，右手迅速将培养基倒入培养皿中，每皿约倒入 10 mL，以铺满皿底为度。倒好的培养基后放置 15 min 左右，待完全凝固后进行无菌检查。

（12）无菌检查。将灭过菌的培养基放入 37 ℃恒温箱培养过夜，无菌生长即为合格培养基。

（13）保存。暂不使用的无菌培养基，可在冰箱内或冷暗处保存，但不宜保存过长时间。

2. 干热灭菌法 不能在火焰上灼烧灭菌的器皿，可以放在干热灭菌器中加热到 160~170 ℃维持 2 h 进行灭菌。大的物品或难于传热的物品则需更长时间。棉花和纸在 180 ℃以上会烘焦，因此有棉塞和有纸包扎的物品进行干热灭菌时，温度不能超过 180 ℃。干热灭菌只适用于玻璃、金属和木质的空器皿，如器皿内含有水分或培养基则不能用此法灭菌，带有橡皮管或橡皮塞的玻璃器皿不能用干热灭菌。干热灭菌的步骤为：

（1）洗涤清洁准备灭菌的玻璃器皿，并充分干燥（可置 45~60 ℃烘箱内烘干）。

（2）将包扎好的玻璃器皿放入灭菌器内，注意不要放得过满而阻碍气流流通，关闭器门，打开通气孔，接通电源，当灭菌器内温度达到 100~105 ℃时，关闭通气孔，继续加热至温度达到 160~170 ℃，控制温度不变，维持 2 h，关闭电源。

（3）灭菌后切记不可立即打开器门，必须等器内温度下降到 60 ℃以下，才能打开器门，在灭菌过程中，温度上升或下降都不能过急，否则玻璃器皿容易炸裂。灭过菌的器皿，在使用前不应打开铁盒或包装纸，以免受空气中杂菌的污染。

3. 高压蒸汽灭菌 高压蒸汽灭菌法是在密闭的加压灭菌器内进行。加热使灭菌器内的水产生蒸汽,蒸汽不能逸出,从而增加了灭菌器内的压力。水的沸点随之提高,最终可以获得比 100 ℃ 更高的蒸汽温度。一般培养基采用 1 kg/cm² 的压力(即蒸汽温度 121 ℃),30 min,可以一次达到完全灭菌的目的,但压力的大小,时间之长短,视培养基的性质、容积和导热性不同而延长或缩短。有些培养基(如明胶和牛乳等)会因受热而变质,最好采用 0.7 kg/cm² 的压力(蒸汽温度 115 ℃),15~20 min,用这样的温度和时间灭菌,为保证效果,装培养基的器皿、配培养基用的水等应先经过 121 ℃、30 min 灭菌。如果灭菌对象体积大,蒸汽穿透困难,如砂、泥土等,应提高压力到 1.4 kg/cm²(即 126 ℃),灭菌 1 h。盛培养基的试管和三角瓶必须塞好棉塞并包上牛皮纸。高压灭菌器的主要构成部分为:灭菌锅、盖、压力表、温度计、出汽孔和安全活塞等。使用高压灭菌器的程序和注意事项有:

(1) 使用前,在灭菌器中加入适量水。水过多会延长沸腾时间,降低灭菌功效;水过少,则有将灭菌器煮干而引起炸裂的危险。

(2) 放入准备灭菌的培养基及器具。

(3) 将灭菌器盖盖好,注意平稳端正,扭紧螺丝,保证紧密封闭。

(4) 启动灭菌器,打开排气阀,将锅中水煮沸。

(5) 沸腾后,蒸汽会将灭菌器内的冷空气由排气阀排出,冷气排完后将排气阀关闭。注意,一定要将锅内冷空气全部排出,否则压力和温度的关系发生了变化,如压力达到了 1 kg/cm²,而温度达不到 121 ℃,从而影响灭菌效果。

(6) 继续加热使温度升至 121 ℃,压力达到 1 kg/cm² 时,控制热源,使其维持 30 min,停止加热。

(7) 温度降至 100 ℃,压力降至 0 时,锅内压力与外界一致时,打开排气阀,使外界冷空气徐徐进入锅内补充由于蒸汽继续冷却而造成的真空。注意,排气阀如放开过早(即锅内温度在 100 ℃ 以上时),压力骤然降低,会引起培养基突然猛烈沸腾,冲到管口或三角瓶口,污染棉塞,进而容易引起培养基的污染。

(8) 当灭菌器皿温度降到 50 ℃ 左右时,开盖取出物品。

(五) 实验报告

(1) 简述本实验配制培养基的名称和数量。

(2) 检查制作的棉塞和包装是否符合实验要求。

(六) 思考题

(1) 配制培养基有哪几个步骤?在操作过程中应注意些什么问题?为什么?

(2) 培养基配制完成后,为什么必须立即灭菌?若不能及时灭菌应如何处理?已灭菌的培养基如何进行无菌检查?

(3) 高压蒸汽灭菌之前,为什么要将锅内冷空气排尽?灭菌完毕后,为什么待压力降至 0 才能打开排气阀,开盖取物?

实验五 微生物的分离、纯化与培养

在自然条件下,微生物通常以群落状态存在,是多种微生物的混合体。为了研究某种特定微生物的特性,或者要大量培养和使用某一种特定微生物,则必须从混杂的微生物群落中获得纯培养,即从自然界或混有杂菌的培养体中将某种特定微生物提纯出来。这种获得纯培养的方法称为微生物的分离与纯化。

分离微生物时,一般是根据该微生物对营养、pH、氧气等要求的不同,而供给它们适宜的生活条件,或加入某种抑制剂造成只利于某种菌生长、不利于其他菌生长的环境,从而淘汰不需要的菌。分离微生物常用的方法有涂布平板法和划线分离法,根据不同的材料,可采用不同方法,但最终目的都是要在培养基上出现微生物的单个菌落,必要时还需对单菌落进一步分离纯化。

(一) 目的要求
(1) 学习微生物分离和纯化的原理。
(2) 掌握常用的分离纯化微生物的方法。

(二) 实验器材
1. 培养基　普通肉汤、普通琼脂斜面和普通琼脂平板。
2. 菌种　大肠杆菌与金黄色葡萄球菌混合培养肉汤。
3. 接种的场所或设施
①超净工作台(多种型号:单人式、多人式、封闭式等)。②无菌室。③接种箱。
4. 接种工具
① 接种环:由铂金丝(传热、散热快)、金属螺母、铝杆和塑料胶柄组成。
② 接种针:用于半固体穿刺接种。
③ 接种钩:用于取真菌菌丝。
④ 接种锄:用于取真菌孢子。
⑤ 接种圈:用于取真菌菌种。
⑥ 玻璃刮棒:用于涂布细菌,使之均匀分布。
⑦ 移液管:用于移取菌液。
5. 其他用具　无菌培养皿、酒精灯等。

(三) 基本原理
从混杂微生物群落中获得只含有某一种特定微生物的过程称为微生物的分离与纯化。选择适合待分离微生物的生长条件,如营养成分、酸碱度、温度和氧等要求,或加入某种抑制剂造成只利于该微生物生长,而抑制其他微生物生长的环境,从而淘汰一些不需要的微生物。微生物在固体培养基生长形成的单个菌落可以是一个细胞繁殖而成的集合体,因此可通过挑取单菌落而获得一种纯培养。获得单个菌落的方法可通过稀释涂布平板或平板划线等技术来完成的。值得指出的是,从微生物群体中经分离生长在平板上的单个菌落并不一定保证是纯培养。因此,纯培养的确定除观察其菌落特征外,还要结合显微镜检测个体形态特征后才能确定,有些微生物的纯培养要经过一系列分离与纯化过程和多种特征鉴定才能得到。

(四) 操作步骤
在开始实验前需做以下准备工作:将桌面充分擦洗干净,并用酒精消毒;在水浴锅中融化所需数量的培养基,保持在 50 ℃左右待用;将装有无菌水的三角瓶,试管及无菌培养皿等做好标记,如 10^{-1}、10^{-2}、10^{-3} 等(培养皿上还要写上姓名、日期)及所要分离的菌名。

主要流程:倒平板→制备梯度稀释液→平板涂布(或划线分离)→培养→挑单菌落→保存。

1. 倒平板

2. 制备梯度稀释液

（1）取出一定量的分析样品（如菌液、土壤样品等），将该样品用无菌水稀释 10 倍，并标记为 10^{-1}，充分振荡 10 min。

（2）用无菌吸管吸取 10^{-1} 溶液 1 mL 至 9 mL 无菌水中，反复吹吸调匀，此时原样品被稀释了 100 倍，标记为 10^{-2}。

（3）吸取 10^{-2} 溶液 1 mL 至 9 mL 无菌水中，此时原样品被稀释了 1 000 倍，标记为 10^{-3}，如此稀释至 10^{-4}、10^{-5}、10^{-6}、10^{-7}，可根据样品菌量的多少决定稀释度的大小。

3. 平板涂布（或划线分离）

（1）平板涂布。将上述梯度稀释液由稀到浓，分别取 0.1 mL 或 0.2 mL 轻柔的滴在对应的平板培养基表面中央位置。右手拿无菌玻璃涂棒平放在平板培养基表面上，将菌悬液沿同心圆方向轻轻地向外扩展，使之分布均匀。室温下静置 5~10 min，使菌液浸入培养基，培养皿倒置于适温的培养箱内培养。

（2）划线分离。用于划线分离的培养基必须事先倾倒好，需充分冷凝待平板稍干后方可使用；同时一般培养基不宜太薄，每皿约倾倒 20 mL 培养基，培养基应厚薄均匀，表面光滑。划线的基本操作如下：在近火焰处，左手拿皿底，右手拿已灭菌的接种环，挑取上述梯度稀释液在平板上划线。划线分离主要有连续划线法和分区划线法两种。连续划线法是从平板边缘一点开始，连续作波浪式划线直到平板的另一端为止，当中不需灼烧接种针上的菌；分区划线法是将平板分 4 区，划线时每次将平板转动 60°~70°划线，每换一次角度，应将接种针上的菌烧死后再通过上次划线处划线。

接种环的灼烧灭菌：先将接种环置于酒精灯内焰附近进行加热，或将接种环置于离外焰一定距离处烘烤，此处温度相对较低，不会引起接种环上的菌体快速受热而形成气溶胶喷溅；待接种环上的菌体受热完全干燥以后，再将接种环移至外焰，利用高温彻底消灭菌体；最后再对接种环和手柄之间部位进行灼烧灭菌，即可用于取菌，见图 14-2。

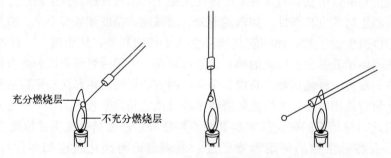

图 14-2 接种环的灼烧灭菌步骤

① 连续划线法。将菌种点种在平板边缘一处，取出接种环，烧去多余菌体。将接种环再次通过稍打开皿盖的缝隙伸入平板，在平板边缘空白处接触一下使接种环冷凉，然后从接种有菌的部位在平板上自左向右轻轻划线，划线时平板面与接种环面 30°~40°，以手腕力量在平板表面轻巧滑动划线，接种环不要嵌入培养基内划破培养基，线条要平行密集，充分利用平板表面积，注意勿使前后两条线重叠。划线完毕，关上皿盖。灼烧接种环，待冷凉后放置接种架上，培养皿倒置于适温的培养箱内培养。

② 分区划线法。分区划线法划线分离时平板分 4 个区，故又称四分区划线法。其中第 4 区是单菌落的主要分布区，故其划线面积应最大。为防止第 4 区内划线与 1、2、3 线条相接触，应使 4 区线条与 1 区线条相平行，这样区与区间线条夹角最好保持 120°左右。先将接种环沾取少量菌在平板 1 区划 3～5 条平行线，取出接种环，左手关上皿盖，将平板转动 60°～70°，右手把接种环上多余菌体烧死，将烧红的接种环在平板边缘冷却，再按以上方法以 1 区划线的菌体为菌源，由 1 区向 2 区做第 2 次平行划线。第 2 次划线完毕，同时再把平皿转动 60°～70°，同样依次在第 3、第 4 区划线。划线完毕，灼烧接种环，关上皿盖，培养皿倒置于适温的培养箱内培养。

4. 培养 将平板涂布（或划线分离）后的培养基平板倒置于适温的培养箱内培养。

5. 挑单菌落 菌落长出后，将培养后长出的单个菌落接种至新鲜的培养基平板上，倒置于适温的培养箱内培养，若发现有杂菌，需再一次进行分离、纯化，直到获得纯培养为止。

6. 保存 将纯培养的菌种移到斜面培养基上，必须用无菌接环沾取纯菌落少许，在斜面上划线（直线或波浪曲线均可）。置适温的培养箱内培养，长出菌落后即为可供研究用的纯菌。将试管贴上标签，注明菌号及接种日期并保存。

（五）实验报告
（1）记录涂布平板法和划线法的培养结果，如果未得到单菌落，应分析原因。
（2）统计涂布平板法培养后得到的菌落数量。

（六）思考题
（1）如果平板上长处的菌落不是均匀分散的，而是集中在一起，你认为问题在哪儿？
（2）如何确定平板上长出的菌落是否为纯培养？写出主要步骤。

实验六　微生物的计数方法

测定微生物数量方法很多，常用的有显微镜直接计数法、平板计数法和光电比浊计数法，下面将分别对这三种方法做详细介绍。

Ⅰ. 显微镜直接计数法

（一）目的要求
（1）了解血细胞计数板计数的原理。
（2）掌握使用血细胞计数板计数的方法。

（二）基本原理

显微镜直接计数法是将待测样品悬浮液置于计菌器上（一种特制的具有确定面积和容积的载玻片），并在显微镜下直接观察计数，是一种简便、快速、直观的计数方法。目前国内外常用的计菌器有：血细胞计数板、Petroff-Hauser 计菌器和 Hawksley 计菌器等，可用于酵母、细菌、霉菌孢子等悬液的计数。Petroff-Hauser 和 Hawksley 计菌器由于容积为 0.02 mm^3，且盖玻片和载玻片间距只有 0.02 mm，因此可用于油镜下对细菌等较小的细胞进行观察和计数。除了使用以上计菌器外，还有可使用在显微镜下直接观察涂片面积与视野面积之比的估算法，该方法多用于牛乳的细菌学检查。

血细胞计数板是一块特制的载玻片，其上由四条槽构成三个平台；中间较宽的平台又被一短横槽隔成两半,每一边的平台上各有一个方格网,每个方格网分为九个大方格,中间的大方格即为计数室。计数室的刻度一般有两种规格,一种是一个大方格分成 25 个中方格,而每个中方格又分成 16 个小方格;另一种是一个大方格分成 16 个中方格,而每个中方格又分成 25 个小方格,但无论是哪一种规格,每一个大方格中的小方格都是 400 个。大方格边长为 1 mm,面积为 1 mm^2,盖上盖玻片后,盖玻片与载玻片之间的高度为 0.1 mm,所以计数室的容积为 0.1 mm^3(0.1 μL)。

计数时,通常数 5 个中方格的总菌数,计算其平均值,再乘上 25 或 16,就得出 1 个大方格中的总菌数,再换算成 1 mL 菌液中的总菌数。

例如,设 5 个中方格中的总菌数为 A,菌液稀释倍数为 B,如果是 25 个中方格的计数板,则 1 mL 菌液中的总菌数 $=(A/5)\times 25\times 10^4\times B=50\,000A\cdot B$(个);同理,如果是 16 个中方格的计数板,1 mL 菌液中的总菌数 $=(A/5)\times 16\times 10^4\times B=32\,000A\cdot B$(个)

(三)实验器材

1. 菌种 酿酒酵母(*Saccharomyces cerevisiae*)。

2. 器材和其他用具 血细胞计数板,显微镜,盖玻片,无菌毛细滴管等。

(四)操作步骤

1. 菌悬液制备 用无菌生理盐水将酿酒酵母制成适宜浓度菌悬液。

2. 镜检计数室 加样前先对计数板的计数室进行镜检。若有污物,则清洗吹干后再进行计数。

3. 加样品 将清洁干燥的血细胞计数板盖上盖玻片,用无菌毛细滴管将摇匀的菌悬液由盖玻片边缘滴一小滴,让菌液沿缝隙靠毛细渗透作用自动流入计数室。取样时必须摇匀菌液,加样时计数室不能有气泡产生,加样后菌体静止后方可计数。

4. 显微镜计数 加样后静止 5 min,然后将血细胞计数板置于显微镜载物台上,先用低倍镜找到计数室为止,然后换为高倍镜进行计数。在计数前若发现菌液太浓或太稀,则需重新调整稀释度后再计数。一般样品稀释度要求每小格有 5~10 个菌体为宜。位于格线上的菌体一般只数上方和右边线上的。

5. 清洗血细胞计数板 计数完毕后,将血细胞计数板用水洗净,切勿用硬物洗刷,洗净后自然干燥或用吹风机吹干。

(五)实验报告

使用血细胞计数板对酿酒酵母进行计数。

(六)思考题

根据你的体会,说明用血细胞计数板计数的误差主要有哪些方面?如何尽量减少误差?

Ⅱ. 平板菌落计数法

(一)目的要求

掌握平板菌落计数法的基本原理和方法。

(二)基本原理

平板菌落计数法是将待测样品经适当比例稀释后,其中的微生物充分分散成单个细胞,取一定量的稀释液接种到固体平板上培养,由每个单细胞生长繁殖而形成肉眼可见的菌落,理论上一个单菌落应代表样品中的一个单细胞。统计菌落数,同时根据其稀释倍数和接种量即可推算出样品中的微生物数量。然而由于样品很难完全分散为单个细胞,因此一个单菌落也可能来自 2~3 个或更多个细胞,所以平板菌落计数的结果往往偏低。为了清楚地阐述平板菌落计数的结果,现在已倾向于使用菌落形成单位(colony forming units,CFU),而不是以绝对菌落数来表示样品的活菌数量。

平板菌落计数法虽然操作比较烦琐,结果需要培养一段时间才能获得,测定结果容易受多种因素的影响,但其最大优点是可以获得活菌的信息,所以被广泛用于生物制品检验,以及食品和水等的含菌指数或污染程度的检测。

(三)实验器材

1. 菌种　大肠杆菌(*Escherichia coli*)。

2. 器材和其他用具　牛肉膏蛋白胨培养基,无菌吸管,无菌培养皿,无菌水,试管,试管架,恒温培养箱等。

(四)操作步骤

1. 编号　取无菌培养皿 9 个,分别标记为稀释度 10^{-4}、10^{-5}、10^{-6} 各 3 套。另取 6 支盛有 4.5 mL 无菌水的试管,依次标记为 10^{-1}、10^{-2}、10^{-3}、10^{-4}、10^{-5}、10^{-6}。

2. 稀释　用无菌吸管吸取 0.5 mL 已充分混匀的大肠杆菌菌悬液,滴加至 10^{-1} 的试管中,此时为 10 倍稀释。将 10^{-1} 试管中的菌悬液充分混匀,用无菌吸管吸取 0.5 mL 滴加至 10^{-2} 的试管中,此时为 100 倍稀释。以此类推,直至稀释至 10^{-6}。

3. 取样　用无菌吸管分别取 10^{-4}、10^{-5} 和 10^{-6} 的稀释菌悬液各 0.2 mL 至无菌培养皿中。

4. 倒平板　迅速向上述盛有不同稀释度菌液的培养皿中倒入牛肉膏蛋白胨培养基(45 ℃左右),置水平位置迅速旋动平皿,使培养基与菌液混合均匀,待培养基凝固后,将平板置于 37 ℃恒温培养箱中培养。

5. 计数　培养 48 h 后,算出同一稀释度下三个平板上的菌落平均数,并按下列公式进行计算:

每毫升中菌落形成单位(CFU)=同一稀释度三次重复的平均菌落数×稀释倍数×5

平板菌落计数法的操作除上述倾注倒平板的方式外,还可以用涂布平板的方式进行。二者操作基本相同,不同的是后者先将牛肉膏蛋白胨培养基倒平板,待凝固后并于 37 ℃左右的温箱中烘烤 30 min,或在超静工作台上适当吹干,然后用无菌吸管吸取稀释好的菌液接种于不同稀释度编号的平板上,并迅速用无菌玻璃涂棒将菌液在平板上涂布均匀,平放于实验台上 20~30 min,以使菌液渗入培养基表层内,然后倒置于 37 ℃的恒温箱中培养 24~48 h。涂布平板用的菌悬液一般以 0.1 mL 为宜,若过少则菌液不易涂布开,而过多则在涂布后或培养时菌液仍会在平板表面流动,不易形成单菌落。

一般选择每个平板上长有 30~200 个菌落的稀释度计算含菌量较为合适。同一稀释度的重复对照之间的菌落数不能相差过大。实际工作中同一稀释度重复对照不能少于 3 个,以便数据统计,减少误差。所选择倒平板的稀释度很重要,一般以 3 个连续稀释度中的第二个稀释度出现的平均菌落数在 50 个左右为宜,否则需要适当增加或减少稀释度加以调整。

(五)实验报告

(1)使用倾注倒平板的方法对大肠杆菌进行计数。

(2)使用涂布平板的方法对大肠杆菌进行计数。

(3)比较两种方法之间的结果有无差异。

（六）思考题

（1）为什么融化后的培养基要冷却至 45 ℃左右才能倒平板？

（2）试比较平板菌落计数法和显微镜下直接计数法的优缺点及应用。

Ⅲ．光电比浊计数法

（一）目的要求

（1）了解光电比浊计数法的原理。

（2）学习并掌握光电比浊计数法的操作方法。

（二）基本原理

当光线通过微生物菌悬液时，由于菌体的散射和吸收作用使光线的透过度降低。在一定的范围内，微生物细胞的浓度与透光度成反比，与光密度成正比，而光密度或透光度可以由光电池精确测出。因此，可用一系列已知含菌量的菌悬液测定光密度，进而绘制光密度-菌数的标准曲线。然后，通过测量样品液的光密度，根据标准曲线即可推算出对应的菌数。制作标准曲线时，菌体计数可采用血细胞计数板计数、平板菌落计数等方法。

光电比浊计数法的优点是简便、迅速，可连续测定。但由于光密度（或透光度）除了受菌体浓度影响之外，还受如细胞大小、形态、培养液成分以及所采用光波波长等因素的影响。因此，对于不同微生物的菌悬液进行光电比浊计数时，应采用相同的菌株和培养条件制作标准曲线。光波的选择通常在 400~700 nm，具体数值需要经过最大吸收波长以及稳定性试验来确定。另外，对于颜色太深的样品或在样品中还含有其他干扰性物质的菌悬液不适合用此法进行测定。

（三）实验器材

1. 菌种 酿酒酵母（*Saccharomyces cerevisiae*）。

2. 器材和其他用具 分光光度计，血细胞计数板，显微镜，试管，吸水纸，无菌吸管，无菌生理盐水等。

（四）操作步骤

1. 标准曲线制作

（1）编号。取无菌试管7支，分别用记号笔将试管编号为1、2、3、4、5、6、7。

（2）调整菌液浓度。用血细胞计数板计数培养 24 h 的酿酒酵母菌悬液，并用无菌生理盐水分别稀释至含菌数为 1×10^6、2×10^6、4×10^6、6×10^6、8×10^6、10×10^6、12×10^6 个/mL 的细胞悬液。再分别装入已编号的1至7号无菌试管中。

（3）测 OD 值。将 1~7 号不同浓度的菌悬液摇匀后，置于 560 nm 波长、1 cm 的比色皿中测定 OD 值。用无菌生理盐水作空白对照，并将 OD 值填入下表。

表 14-1 光电比浊计数法中标准浓度菌液的 OD 值测量

编号	1	2	3	4	5	6	7	空白对照
细胞数（10^6/mL）								
光密度（OD）								

（4）绘制标准曲线。以光密度（OD）值为纵坐标，以每毫升细胞数为横坐标，绘制标准曲线。

2. 样品测定　将待测样品用无菌生理盐水做适当稀释，摇匀后置于比色皿中测量 OD 值，测量时用无菌生理盐水作空白对照。

3. 计算含菌数　根据所测得的 OD 值和绘制的标准曲线推算出对应的每毫升的含菌数。

注意：待测样品测定时的各种操作条件必须与制作标准曲线时的相同。此法虽简便快捷，但只能检测含有大量细菌的悬浮液，同时对于颜色太深的样品，也不能用此法测定。

（五）实验报告
使用光电比浊计数法对酿酒酵母进行计数。

（六）思考题
（1）光电比浊计数的原理是什么？这种计数法有何优缺点？

（2）本实验为何采用 560 nm 波长测定酵母菌悬液的 OD 值？如果你在实验中需要测定大肠杆菌生长的 OD 值，你将如何选择波长？

实验七　细菌的涂片和染色技术

由于微生物细胞体积小且透明，含有大量水分，对光线的吸收和反射与水溶液差别不大，与周围背景没有显著的明暗差，因此当把微生物悬浮在水滴内观察时，很难看清其形状和结构。通过染色后，即可借助颜色的反衬作用比较清晰地观察微生物的形状和结构，因此，微生物染色技术是观察微生物形态结构的重要手段。然而任何技术都不是完美无缺的，染色后的微生物标本是死的，在染色过程中微生物的形态和结构均会发生变化，不能完全代表其生活细胞的真实状态，这一点在染色观察时必须注意。

（一）目的要求
（1）学习并掌握细菌涂片的制备方法。

（2）学习并掌握细菌的简单染色和革兰氏染色方法。

（二）实验器材
1. 菌种　大肠杆菌和金黄色葡萄球菌的斜面培养物和肉汤培养物。

2. 染色液　亚甲蓝染色液，草酸铵结晶紫染液，革兰氏碘液，95％乙醇，沙黄染色液。

3. 器材和其他用具　显微镜，载玻片，接种环，酒精灯，无菌水，吸水纸，玻璃缸，玻片搁架，香柏油，二甲苯等。

（三）基本原理
1. 染色的基本原理　微生物染色的基本原理是借助物理因素和化学因素的作用进行的。物理因素如细胞及细胞物质对染料的毛细现象、渗透、吸附作用等。化学因素则是根据细胞物质和染料的不同性质而发生各种化学反应。细菌的等电点较低，pH 在 2～5，故在中性、碱性或弱酸性溶液中，菌体蛋白质电离后带负电；而碱性染料电离时染料离子带正电。因此，带负电的细菌常和带正电的碱性染料进行结合。所以在微生物实验中常用碱性染料进行染色。

2. 染料的种类和选择　染料分为天然染料和人工染料两种。天然染料有胭脂虫红、地衣红、石蕊和苏木素等。目前主要采用人工染料，多从煤焦油中提取获得，是苯的衍生物。

染料可按其电离后染料离子所带电荷的性质，分为酸性染料、碱性染料、中性（复合）染料和单纯染料四大类。常用的酸性染料有伊红、刚果红、藻红、苯胺黑、苦味酸和酸性品红等；常用的碱性染料有亚甲蓝、甲基紫、结晶紫、碱性品红、中性红、孔雀绿和番红等；常用的中性染料有瑞特（Wright）染料和吉姆萨染料等；常用的单纯染料多为紫丹类（Sudanb）染料。

3. 染色方法 微生物染色方法一般分为简单染色法和复染色法两种。简单染色法是利用单一染料对细菌进行染色的一种方法，此法操作简便，适用于菌体一般形态的观察，但不能鉴别微生物。复染色法是用两种或两种以上染料，有协助鉴别微生物的作用，故亦称鉴别染色法。常用的复染色法有革兰氏染色法和抗酸性染色法，此外还有鉴别细胞各部分结构的（如芽孢、鞭毛、细胞核等）特殊染色法。水产微生物检验中常用的是简单染色法和革兰氏染色法。

（1）简单染色法。简单染色中常用的碱性染料有亚甲蓝、孔雀绿、碱性品红、结晶紫和中性红等，常用的酸性染料有刚果红、伊红、藻红和酸性品红等。单染色一般要经过涂片、固定、染色、水洗和干燥五个步骤。染色结果依染料不同而不同，石炭酸品红染色液着色快，时间短，菌体呈红色；亚甲蓝染色液着色慢，时间长，效果清晰，菌体呈蓝色；草酸铵结晶染色液染色迅速，着色深，菌体呈紫色。

（2）革兰氏染色法。革兰氏染色法是 1884 年由丹麦病理学家 C. Gram 所创立的。革兰氏染色法可将所有的细菌区分为革兰氏阳性菌（G^+）和革兰氏阴性菌（G^-）两大类，是微生物实验中最常用的鉴别染色法。该染色法之所以能将细菌分为 G^+ 菌和 G^- 菌，是由这两类菌的细胞壁结构和成分的不同所决定的。G^+ 菌细胞壁中肽聚糖层厚且交联度高，类脂质含量少，经脱色剂处理后反而使肽聚糖层的孔径缩小，通透性降低，因此细菌仍保留初染时的颜色。G^- 菌的细胞壁中含有较多易被乙醇溶解的类脂质，而且肽聚糖层较薄、交联度低，故用乙醇脱色时溶解了类脂质，增加了细胞壁的通透性，使初染的结晶紫和碘的复合物易于渗出，结果细菌就被脱色，再经品红复染后就成红色。

革兰氏染色需用四种不同的溶液：碱性染料（basic dye）初染液，媒染剂（mordant），脱色剂（decolorising agent）和复染液（counterstain）。革兰氏染色的初染液一般是结晶紫（crystal violet）。媒染剂的作用是增加染料和细胞之间的亲和性或附着力，以某种方式帮助染料固定在细胞上，不易脱落，碘是常用的媒染剂。脱色剂是将被染色的细胞进行脱色，不同类型的细胞脱色反应不同，有的能被脱色，有的则不能，脱色剂常用 95% 的乙醇。复染液也是一种碱性染料，其颜色不同于初染液，复染的目的是使被脱色的细胞染上不同于初染液的颜色，而未被脱色的细胞仍然保持初染的颜色，从而将细胞区分成 G^+ 和 G^- 两大类群，常用的复染液是番红和沙黄染液。

（四）操作步骤

1. 涂片

（1）玻片准备。载玻片应清晰透明，洁净而无油渍，滴上水后，能均匀展开，附着性好。如有残余油渍，可按下列方法处理：滴 95% 酒精 2~3 滴，用洁净纱布擦擦，然后在酒精灯外焰上轻轻拖过几次。也可提前将玻片浸泡在 95% 的乙醇中备用。

（2）涂片。针对所用材料不同，涂片方法也有差异。

① 液体材料。如液体培养物、血液、渗出液、乳汁等，可直接用灭菌的接种环取一环材料，在载玻片的中央均匀地涂布成适当大小的薄层。

② 非液体材料。如菌落、脓、粪便等，先用灭菌的接种环取少量生理盐水或蒸馏水，

置于载玻片中央,然后再用灭菌接种环取少量材料,在液滴中混合,均匀涂布成适当大小的薄层。

③ 组织脏器材料。可先用镊子夹持中部,然后以灭菌或洁净剪刀取一小块,夹出后将其新鲜切面在玻片上压印(触片)或涂抹成一薄层。

(3) 干燥。涂片最好在室温下使其自然干燥,有时为了使之干得更快些,可将标本面向上,手持载玻片一端的两侧,小心地在酒精灯上高处微微加热,使水分蒸发,但切勿紧靠火焰或加热时间过长,以防标本烤枯而变形。

(4) 固定。涂片固定的目的是除去水分使微生物很好地贴附在载玻片上,以免水洗时被冲掉;使易于着色或更好地着色(因变性的蛋白质比非变性的蛋白质着色力更强);杀死抹片中的微生物。有火焰固定和化学固定两种方法。

① 火焰固定(物理固定)。手执载玻片的一端(涂有标本的远端),标本向上,在酒精灯火焰外层尽快地来回通过3~4次,共2~3 s,并不时以载玻片背面加热触及皮肤,不觉过烫为宜(不超过60 ℃),放置待冷后,进行染色。

② 化学固定。在研究微生物细胞结构时一般使用采用化学固定法。化学固定法最常用的固定剂有酒精、甲醇、丙酮、饿酸和戊二醛等。

2. 染色

(1) 简单染色。

① 染色。将固定好的涂片放在废液缸上的搁架上,加染料染色1~2 min。

② 水洗。用水洗去涂片上的染色液,直至冲下的水无色为止。

③ 干燥。将洗过的涂片放在空气中晾干或用吸水纸吸干。

(2) 革兰氏染色。

① 初染。将玻片置于废液缸玻片搁架上,加适量(盖满细菌涂面即可)的草酸铵结晶紫染液染色1~2 min;倾去染色液,微水冲洗。

② 媒染。加革兰氏碘液,媒染1~2 min;倾去碘液,微水冲洗。

③ 脱色。倾斜玻片并衬以白色背景,加95%乙醇冲洗涂片,将玻片轻摇几下即倾去乙醇,如此重复几次,直至乙醇液不呈现紫色时停止,保持20~60 s,立即微水冲净乙醇。这一步是染色成败的关键,必须严格掌握酒精脱色的程度。脱色过度,则阳性菌会被误认为阴性菌;脱色不足,阴性菌也可被误认为阳性菌。

④ 复染。滴加沙黄染液复染1~2 min;倾去染色液,微水冲洗。

⑤ 干燥。将染好的涂片用吸水纸吸干。

3. 镜检 将染色好的玻片夹入滤纸本中,吸去水分。镜检时先用低倍镜,再用高倍镜,最后用油镜观察微生物的形态与结构,并判断其革兰氏染色反应性,以分散存在的细胞的革兰氏染色反应为准,过于密集的细胞常呈假阳性。

实验完毕后,将浸过油的镜头按下述方法擦拭干净,先用擦镜纸将油镜头上的油擦去,用擦镜纸沾取少量二甲苯将镜头擦2~3次,再用干净的擦镜纸将镜头擦2~3次,注意擦镜头时向一个方向擦拭。观察后的染色玻片用废纸将香柏油擦干净,放入回收容器内。

4. 注意事项

(1) 革兰氏染色成败的关键是酒精脱色。脱色时间的长短还受涂片厚薄及乙醇用量多少等因素的影响,难以严格规定。

(2) 染色过程中勿使染色液干涸。用水冲洗后，应吸去玻片上的残水，以免染色液被稀释而影响染色效果。

(3) 选用幼龄的细菌。菌龄太老，会由于菌体死亡或自溶而使革兰氏阳性菌转呈阴性反应。

（五）实验报告

(1) 绘出大肠杆菌和金黄色葡萄球菌的形态图。

(2) 分析大肠杆菌和金黄色葡萄球菌的革兰氏染色的反应性，判断是否存在假阳性。

（六）思考题

(1) 根据你的实验体会，你认为制备染色标本时应注意哪些事项？

(2) 染色之前为什么要对菌体进行固定？

(3) 做革兰氏染色涂片为什么不能过于浓厚？

实验八 细菌芽孢、荚膜和鞭毛染色法

芽孢、荚膜和鞭毛都是细菌的特殊结构。芽孢对于不良环境具有很强的抗性，生产上或实验室都以能否杀灭芽孢作为评定灭菌效果的指标。荚膜的有无是鉴别细菌的重要特征，有荚膜的病原菌一般致病力较强。鞭毛是细菌的重要运动器官。因此对于芽孢、荚膜和鞭毛的观察具有重要的理论和实际意义。

（一）目的要求

(1) 学习并掌握芽孢、荚膜和鞭毛染色法。

(2) 了解芽孢、荚膜和鞭毛的形态特征。

（二）实验器材

1. 菌种　枯草芽孢杆菌（*Bacillus subtilis*）、胶质芽孢杆菌（*Bacillus mucilaginosus*）和荧光假单胞菌（*Pseudomonas fluoroscens*）。

2. 染色液和试剂

(1) 芽孢染色液。5％孔雀绿染液，0.5％沙黄染色液。

(2) 荚膜染色液。绘图墨水（用滤纸过滤后贮藏于瓶中备用），6％葡萄糖水溶液，1％甲基紫水溶液，甲醇，Tyler法染色液（结晶紫0.1 g、冰醋酸0.25 mL、蒸馏水100 mL）、20％硫酸铜水溶液。

(3) 鞭毛染色液。媒染剂、硝酸银溶液、亚甲蓝染色液。

3. 器材和其他用具　试管、烧杯、载玻片、接种环、擦镜纸、香柏油、二甲苯、显微镜等。

（三）基本原理

1. 芽孢染色法　利用细菌的芽孢和菌体对染料亲和力不同的原理，用不同染料进行着色，使芽孢和菌体呈不同的颜色而便于区分。芽孢壁厚，透性低、着色、脱色均较困难，因此，当先用一弱碱性染料，如孔雀绿或碱性品红在加热条件下进行染色时，染料不仅可以进入菌体，而且也可以进入芽孢，进入菌体的染料经水洗脱，而进入芽孢的染料则难以透出，若再用复染液（如沙黄、番红等）处理，使菌体和芽孢呈现出不同的颜色。

2. 荚膜染色法　由于荚膜与染料的亲和力弱，不容易着色；而且可溶于水，易在用水

冲洗时被除去，所以通常用衬托染色法（负染色法）染色，使菌体和背景着色，而荚膜不着色，从而在菌体周围形成一透明圈。由于荚膜富含水分，制片时应自然干燥，不可以加热固定，避免加热蒸发，影响观察。

3. 鞭毛染色法 细菌鞭毛直径在 0.1 μm 以下，在普通光学显微镜无法观测到，必须利用特殊的染色方法，其原理是采用不稳定的胶体溶液作为媒染剂，在鞭毛上生成沉淀，进而增加鞭毛直径，之后再进行染色。

（四）操作步骤

1. 芽孢染色法

（1）将培养 24 h 左右的枯草芽孢杆菌涂片、干燥、固定。

（2）滴加 3～5 滴 5% 孔雀绿染液于已固定的涂片上。

（3）用木夹夹住载玻片在火焰上加热，使染液冒蒸汽但勿沸腾，切忌使染液蒸干，必要时可添加少许染液。加热时间为从染液冒蒸汽时开始 4～5 min。

（4）倾去染液，待玻片冷却后水洗至孔雀绿不再褪色为止。

（5）用沙黄染色液复染 1～2 min，倾去染液，水洗。

（6）待干燥后，置油镜观察。

结果：芽孢呈绿色，菌体呈红色。

2. 荚膜染色法

（1）湿墨水负染法。

① 加一滴墨水于洁净的载玻片上，然后挑取少量菌体与其混合均匀。

② 将一洁净盖玻片盖在混合液上，然后在盖玻片上放一张滤纸，轻轻按压以吸去多余的混合液。加盖玻片时勿产生气泡，以免影响观察。

③ 高倍镜或油镜观察。

结果：背景灰色，菌体较暗，在菌体周围呈现明亮的透明圈。

（2）干墨水负染法。

① 加一滴葡萄糖液于洁净载玻片的一端，然后挑取少量菌体与其混合，再加一环墨水，充分混匀。

② 另取一端边缘光滑的载玻片作推片，将推片一端的边缘置于混合液前方，然后稍向后拉，当推片与混合液接触后，轻轻左右移动，使之沿推片接触的后缘散开，以大约 30°角迅速将混合液推向玻片另一端，使混合液铺成薄层。

③ 空气中自然干燥。

④ 用甲醇浸没涂片固定 1 min，弃去甲醇。

⑤ 在酒精灯上方火焰干燥。

⑥ 用甲基紫染 1～2 min。

⑦ 用自来水轻轻冲洗，自然干燥。

⑧ 高倍镜或油镜观察。

结果：背景灰色，菌体紫色，菌体周围为清晰透明的荚膜。

（3）Tyler 法。

① 将荚膜菌涂片，自然干燥。

② 用 Tyler 染色液染色 5～7 min。

③ 用20％硫酸铜水溶液洗去结晶紫，脱色要适度（约冲洗2遍）。用吸水纸吸干，并立即加1～2滴香柏油与涂片处，防治硫酸铜结晶的形成。

④ 高倍镜或油镜观察。

结果：菌体呈紫色，荚膜呈淡紫色或无色。

3. 鞭毛染色法

（1）硝酸银染色。

① 从已转接3～5代、带有冷凝水的斜面菌种的冷凝水处，用接种环取一环菌液。

② 将载玻片倾斜，在带有菌液的接种环上滴一滴无菌水，让水从载玻片上端自然流至下端（切勿用接种环涂抹，以免损伤鞭毛），自然干燥。

③ 用媒染剂染3～5 min，之后用蒸馏水冲洗净媒染剂（必须充分洗净媒染剂后再加硝酸银溶液，否则二者反应后将使背景呈棕褐色，难以分辨鞭毛）。

④ 用硝酸银溶液冲洗残留水分，并使其充满载玻片，将载玻片在火焰加热至冒气后，维持30～60 s，然后用蒸馏水冲洗，滤纸吸干。可采用不加热的方法，但染色时间要长一些，一般媒染剂染6～7 min，硝酸银溶液染5 min。

⑤ 高倍镜或油镜观察。

结果：菌体为黑褐色，鞭毛为深褐色。

（2）亚甲蓝染色。

① 制片方法同硝酸银染色。

② 用媒染液染色8 min，蒸馏水冲洗30 s左右（要充分，以免背景不洁净影响观察），滤纸吸干残留水分，亚甲蓝染色液染色6 min，蒸馏水冲洗20 s左右。

③ 用pH 2.0的盐酸冲洗载玻片，直至冲洗液变蓝色为止（冲洗过度会导致鞭毛脱落），蒸馏水冲洗20 s，滤纸吸干残留水分。

④ 高倍镜或油镜观察。

结果：菌体和鞭毛均呈蓝色。

（五）实验报告

（1）绘图表示观察到的芽孢的形态和结构。

（2）绘图表示观察到的荚膜的形态、结构和颜色。

（3）绘图表示观察到的鞭毛的形态、结构和着生位置。

（六）思考题

（1）芽孢染色时，如一时疏忽玻片上的染液被烘干，此时能否立即添加染液？为什么？

（2）组成荚膜的成分是什么？涂片是否可以加热固定？为什么？

（3）鞭毛染色与芽孢（荚膜）染色有何不同？为什么？

实验九　真菌形态观察和培养方法

真菌在自然界中分布广、数量大、种类多。酵母菌是单细胞微生物，细胞核和细胞质有明显的分化，个体直径比细菌大10倍左右，多为圆形或卵圆形，无性繁殖为出芽生殖，可以形成假菌丝，有性繁殖是通过结合产生子囊孢子。用亚甲蓝染色液制成水浸片可以观察期外形和区分细菌的死活。霉菌的营养体是分支的丝状体，较大，分为基内菌丝和气生菌丝，不同的霉菌的繁殖菌丝可以形成不同的孢子，细胞易收缩变形，孢子容易分散。利用培养在玻璃纸上的霉菌作为观察材料，可以得到清晰、完整、保持自然状态的霉菌形态。

（一）目的要求
掌握观察和培养真菌的基本方法。

（二）基本原理
真菌由菌丝构成菌丝体，无性繁殖是由营养菌丝分化形成产孢菌丝，然后产生无性孢子，在固体培养基表面形成由菌丝体和孢子构成的菌落。真菌的菌丝宽度在 $2\sim 10\ \mu m$，需要在显微镜下才能观测。按细菌的常规制片法，挑取真菌的菌丝，往往会破坏其自然生长状态，小室培养是观察具菌丝微生物适宜的技术。带有培养基的小空间可以造成放线菌和真菌适宜的生长环境，这样培养的微生物可以保持菌体完整的形态和结构，便于观察和研究。

（三）实验器材
1. 菌种　黑曲霉（*Aspergillus* sp.），酿酒酵母（*Saccharomyces cerevisiae*）。

2. 培养基　马铃薯葡萄糖琼脂培养基（PDA 培养基，培养霉菌用），麦芽糖蛋白胨培养（培养酵母菌）。

3. 器材和其他用具　无菌 20% 甘油水溶液，无菌 0.85% 氯化钠溶液（生理盐水），培养皿，U 形玻璃棒，接种环，酒精灯，盖玻片，滤纸等。

（四）操作步骤
1. 真菌培养性状观察

（1）真菌在固体培养基上的生长表现。

① 酵母菌菌落。酵母菌在固体培养基上多呈油脂状或蜡脂状，表面光滑、湿润、黏稠，有的表面呈粉粒状、粗糙或皱褶。菌落边缘有整齐、缺损或带丝状。菌落颜色有乳白色、黄色或红色等。

② 霉菌菌落。将霉菌在固体培养基上培养 $2\sim 5\ d$，可见其菌落呈绒毛状、絮状、蜘蛛网状等。菌落大小依种而异，有的能扩展到整个固体培养基，有的有一定的局限性。很多霉菌的孢子能产生色素，致使菌落表面、背面甚至培养基呈现不同的颜色，如黄色、绿色、青色、黑色、橙色等。

（2）真菌在液体培养基中的生长表现。

① 酵母菌。注意观察其混浊度、沉淀物及表面生长性状等。

② 霉菌。霉菌在液体培养基中生长，一般都在表面形成菌层，且不同的霉菌有不同的形态和颜色。

2. 真菌的形态观察

（1）真菌水浸片的制备及观察。常用亚甲蓝染色液制备真菌水浸片来观察真菌的菌体形态，并且活细胞能还原亚甲蓝为无色，故可区别死细胞与活细胞。

① 酵母菌水浸片的制备。取亚甲蓝染色液一滴加在载玻片中央（如不染色则加蒸馏水一滴），用接种环以无菌操作取培养 48 h 左右的酵母菌体少许，在液滴中轻轻涂抹均匀（液体培养物可直接取一接种环培养液于载玻片上）并加盖盖玻片。为避免产生气泡，应先将其一边接触液滴，再慢慢放下盖玻片。制片完毕后进行显微观察，注意酵母菌的形态、大小和芽体，同时可以根据是否染上颜色来区别死、活细胞。

② 霉菌水浸片的制备。在载玻片中央滴加蒸馏水或亚甲蓝染色液一滴。取培养 $2\sim 5\ d$

霉菌（一般根霉和毛霉培养2~5 d，曲霉、青霉和木霉培养3~5 d），其他操作同上法进行制片。霉菌要选择有无性孢子的菌体，用解剖针挑取少量菌丝体放在载玻片的液滴中，将玻片置于解剖镜下，细心地用解剖针将菌丝体分散成自然状态，然后加盖玻片，盖后不要再移动玻片，以免弄乱菌丝。制片完毕后进行显微观察，观察时注意菌丝有无隔膜、孢子囊柄与分生孢子柄的形状、分生孢子小梗的着生方式、孢子囊的形态、足细胞与假根的有无、孢子囊孢子和分生孢子的形状和颜色、节孢子的形状和特点等。

（2）霉菌封闭标本的制备。霉菌的封闭标本，常用乳酸石炭酸液封片，其中含有的甘油可使标本不宜干燥，同时石炭酸又具有防腐作用。在封片液中，还可加入棉蓝或其他酸性染料，以便观察菌体。在洁净载玻片上滴一滴乳酸石炭酸棉蓝染色液，用解剖针从霉菌菌落的边缘取少许带有孢子的菌丝于染液中，再细心地用解剖针将菌丝挑成自然状态，然后加盖玻片。在温暖干燥室内放数日，让水分蒸发一部分，使盖玻片与载玻片紧贴，即可封片。封片时，先用清洁的纱布或脱脂棉将盖玻片四周擦净，并在盖玻片周围涂一圈树胶，风干后即成封闭标本。

（3）真菌的载片培养。

① 准备好清洁无菌的器皿，包括培养皿、U形玻璃棒、载玻片、盖玻片、滤纸。皿底铺圆形滤纸，上架U形玻璃棒，其上放一张载玻片，载玻片上放置两张盖玻片，盖好平皿盖进行灭菌。

② 在无菌培养皿内倒入已灭菌的固体培养基（培养基组分视培养的微生物而定，但浓度比原配方稀1%），制成一厚度为3~4 mm的薄层，待冷凝后，用无菌小刀切成10 mm×10 mm的小块。

③ 用无菌镊子取一小块固体培养基，无菌操作放置在已灭菌培养皿内的载玻片上，用接种环在培养基四周接种黑曲霉菌孢子，盖上盖玻片，并轻轻压贴以下，形成一个小室，孢子萌发后菌丝将沿培养基小块四周生长。

④ 为防止培养过程中培养基干燥，可在培养皿内的滤纸上滴加无菌的20%甘油3~4 mL。

⑤ 28 ℃培养箱中培养，定期取出在低倍镜下观察，可以看到孢子萌发、发芽管的长出、菌丝的生长、无隔菌丝中孢子囊柄与孢子囊孢子形成的过程、有隔菌丝上足细胞生长、锁状联合的发生、孢子着生状态等。

（五）实验报告

（1）制作酿酒酵母的水浸片，根据观察结果绘制其形态，并注明各结构的名称。

（2）制作黑曲霉的水浸片和载片，根据观察结果绘制其形态，并注明各结构的名称。

（3）绘图表示黑根霉的接合孢子和啤酒酵母的子囊和子囊孢子。

（六）思考题

能否用载片培养方法进行细菌形态的观察？为什么？

实验十　化学和物理因素对微生物生长的影响

除营养条件因素外，影响微生物生长的环境因素（包括物理、化学和生物因素）很多，如许多物理因子（如温度、渗透压、紫外线、酸碱度、氧气等）和化学因子（如各类药品和抗生素等）对微生物的生长繁殖、生理生化过程均能产生很大的影响，一切不良的环境条件均能使微生物的生长受到抑制，甚至导致菌体死亡。因此，可通过控制环境条件，使有害微生物的生长繁殖受到抑制，甚至将其彻底杀死；而对有益微生物的利用则可促使其更快地生长繁殖。

（一）目的要求

（1）学习并掌握常用化学药品对微生物生长的影响。

（2）学习并掌握若干物理因素对微生物生长的影响。

（二）实验器材

1. 菌种　大肠杆菌和金黄色葡萄球菌。

2. 培养基　普通肉汤和普通琼脂平板。

3. 试剂　酒精（40%、77%、95%），石炭酸（0.5%、4%），2.5%碘酒，0.25%新洁尔灭，青霉素，链霉素，庆大霉素，卡那霉素等。

4. 仪器和其他物品　恒温培养箱，接种环，酒精灯，高压锅，水浴锅，圆滤纸片，镊子，药敏纸片等。

（三）基本原理

常用的化学消毒剂主要有重金属及其盐类，酚、醇、醛等有机化合物，以及表面活性剂等。其杀菌或抑菌作用主要是使菌体蛋白质变性，或者与酶的巯基结合而使酶失去活性所致。然而不同的微生物对不同的化学消毒剂或抑菌剂的反应不同，浓度、作用时间、环境条件等因素均会影响抑菌效果，因此需要通过试验确定最佳的杀菌剂浓度及作用时间。

紫外线对微生物有明显的致死作用，紫外线对细胞的有害作用是由于细胞中很多物质（如核酸、嘌呤、嘧啶等）对紫外线的吸收能力很强，而吸收的能量能破坏DNA的结构。最明显的是诱导胸腺嘧啶二聚体的生成，进而抑制DNA的复制，轻则诱使细胞发生变异，重则导致死亡。紫外线虽有较强的杀菌力，但穿透力弱，即使一薄层玻璃或水层就能将大部分紫外线滤除，因此紫外线适用于表面灭菌和空气灭菌。

（四）操作步骤

1. 化学因素对微生物生长的影响（抑菌试验）

（1）用生理盐水配制各种不同浓度的化学试剂，将灭过菌的圆滤纸片放在化学试剂中浸泡1 min，制成药敏纸片。

（2）用无菌吸管吸取培养18 h的菌液0.1 mL至普通琼脂平板培养基，并用玻璃涂棒涂布均匀。

（3）将上述已涂布好的平板用记号笔在平皿底划成4（或6）等份，每一等份内标明一种药物的名称。

（4）将相应的药敏纸片对号贴在平板上，各纸片间距离应相等，且不能太靠近培养皿的边缘，一次性贴好，不要在培养基上拖动，适宜温度培养后观察菌体的生长情况。

（5）实验结果可用尺子测量抑菌圈直径，根据其直径大小可初步确定化学试剂的抑菌效能。

2. 物理因素对微生物生长的影响

（1）用无菌吸管吸取菌液0.1 mL至牛肉膏蛋白胨琼脂培养基，并用玻璃涂棒涂布均匀。

(2) 打开培养皿盖，用无菌黑纸遮盖部分平板，置于预热 10～15 min 的紫外灯下，紫外线照射 20 min 左右，取去黑纸，盖上皿盖。
(3) 置适温培养箱中培养。
(4) 观察菌落分布状况，记录细菌对紫外线的抵抗能力。

（五）实验报告

(1) 观察实验结果，测量抑菌圈大小，比较各种化学试剂的抑菌效果。
(2) 观察紫外照射处理后菌落分布状况，比较不同种类的细菌对紫外线的抵抗能力。

（六）思考题

(1) 化学试剂对微生物所形成的抑菌圈未长菌部分是否说明微生物细胞已被杀死？
(2) 影响抑菌圈大小的因素有哪些？抑菌圈的大小能否准确反映消毒剂抑菌能力的强弱？

实验十一　微生物鉴定中的常规生理生化实验

各种微生物在代谢类型上表现了很大的差异。由于细菌特有的单细胞原核生物的特性，这种差异就表现得更加明显。不同细菌分解和利用糖类、脂肪和蛋白质的能力不同，所以其发酵的类型和产物也不相同。即使在分子生物学技术和手段不断发展的今天，细菌的生理生化反应在菌株的分类鉴定中仍有很大作用。

（一）目的要求

(1) 学习并掌握微生物鉴定中常用生理生化试验的原理和方法。
(2) 了解生理生化试验在微生物鉴定及诊断中的重要意义。

（二）实验器材

1. 菌种　大肠杆菌和沙门氏菌等。
2. 培养基　糖发酵培养基（葡萄糖、乳糖、麦芽糖、甘露醇、蔗糖），葡萄糖蛋白胨水培养基，蛋白胨水培养基，尿素培养基，柠檬酸盐培养基，硝酸钾蛋白胨水培养基，半固体培养基，三糖铁培养基等。
3. 试剂　甲基红试剂，吲哚试剂，乙醚，硝酸钾试剂甲、乙液，VP 试剂甲、乙液等。
4. 器具　超净工作台、恒温培养箱、高压灭菌锅、试管、移液管、杜氏小套管等。

（三）基本原理

不同种类的细菌，由于其细胞内新陈代谢的酶系统不同，对营养物质的吸收利用、分解排泄及合成产物的产生等都有很大的差别，细菌的生理生化试验原理就是检测细菌能否利用某种物质和细菌对某种物质的代谢或合成能力，借此来鉴定细菌的种类。

（四）操作步骤

常用的生理生化实验包括：糖发酵试验，甲基红试验（methyl red test，MR 试验），乙酰甲基甲醇试验（Voges-Proskauer test，VP 试验），吲哚试验（靛基质试验），柠檬酸盐利用试验，脲酶试验，硝酸盐还原试验。

吲哚（indol）试验、甲基红试验（MR test）、乙酰甲基甲醇试验（VP test）和柠檬酸盐利用试验（citrate test）常缩写为"IMViC"，主要用于鉴别大肠杆菌和产气肠杆菌。

1. 糖发酵试验
(1) 原理。不同细菌对不同的糖、醇分解能力不同，并且产生的代谢产物也不同，这与细菌是否含有分解某种糖、醇的酶密切相关，是细菌的重要表型特征，可用于细菌的鉴定。向含糖培养基中加入溴甲酚紫指示剂（pH 7.0 时为紫色，pH 5.4 时为黄色），若细菌分解糖则产酸，则培养液由蓝色变为黄色。有无气体产生，可从培养液中杜氏小套管的闭口端上是否有气泡来判断。

（2）培养基。糖培养基。

（3）实验方法。将菌种接种于液体糖发酵培养基（或半固体糖发酵培养基），置适温恒温箱培养后观察结果。

（4）结果判定。

① 糖不分解，培养基仍为紫色，记录为"－"

② 糖分解（产酸不产气），培养基变黄，杜氏小套管中无气泡，记录为："＋"

③ 糖分解（产酸且产气），培养基变黄，杜氏小套管中有气泡，记录为："⊕"

2. 甲基红试验（MR 试验）/**乙酰甲基甲醇试验**（VP 试验）

（1）原理。某些细菌分解培养基中的葡萄糖产酸，可使培养基的 pH 降至 4.5 以下，此时在培养基中加入甲基红指示剂（pH 4.4 时为红色，pH 6.2 时为黄色），即可根据颜色变化判断试验的阳性或阴性，此为 MR 试验。某些细菌可分解葡萄糖产生丙酮酸，丙酮酸在羧化酶催化下形成活性乙醛，乙醛与丙酮酸经缩合和脱羧后形成乙酰甲基甲醇，乙酰甲基甲醇在碱性条件下被氧化成二乙酰，二乙酰和培养基中含胍基的化合物（如精氨酸）起作用生成红色的化合物，此为 VP 试验。VP 试验中如果培养基中胍基太少，可人为加入少量肌酸或肌酸酐等含胍基化合物，使反应更加明显。

（2）培养基。葡萄糖蛋白胨水溶液。

（3）实验方法。取细菌的 24 h 培养物，接种于葡萄糖蛋白胨水培养基中，37 ℃培养 24～48 h 后观察结果。

（4）结果判定。

① MR 试验。取出后在培养液中加甲基红试剂 3～5 滴，凡培养液呈红色者为阳性，以"＋"表示；橙色者为可疑，以"±"表示；黄色者为阴性，以"－"表示。

② VP 试验。取出后在培养液中先加 VP 试剂甲液 0.6 mL，再加乙液 0.2 mL，充分混匀。静置在试管架上，15 min 后培养液呈红色者为阳性，以"＋"表示；不变色为阴性，以"－"表示。1 h 后可出现假阳性。或者可以用等量的硫酸铜试剂于培养液中混合，静置，强阳性者约 5 min 后就可产生红色反应。

3. 吲哚试验

（1）原理。某些细菌（如大肠杆菌、变形杆菌等）具有色氨酸分解酶，可分解蛋白胨中的色氨酸生成无色的吲哚（靛基质），当加入吲哚试剂（对二甲基氨基苯甲醛）时，可形成玫瑰色吲哚。

（2）培养基。蛋白胨水溶液。

（3）实验方法。取细菌的 24 h 培养物接种于蛋白胨水溶液中，置 37 ℃培养 24～48 h 后观察结果。

（4）结果判定。取出培养物后，加入 0.5～1 mL（约 10 滴）乙醚，混匀后静置分层（乙醚起到抽提吲哚的作用，抽提出的无色吲哚和乙醚一并上升至液体表面），再沿管壁加入 2～3 滴靛基质试剂于培养物表面（勿振荡，以免破坏分层），在两者接触面上呈玫瑰红色为阳性，以"+"表示；不变色（黄色）为阴性，以"-"表示。

4. 柠檬酸盐利用试验

(1) 原理。某些细菌能利用柠檬酸盐作为唯一碳源，而有些细菌不能，此特点可作为细菌鉴定的指标。细菌利用柠檬酸钠产生碳酸盐，使培养基 pH 由中性变为碱性，指示剂溴麝香草酚蓝（pH<6 时为黄色，pH 6～7.6 时为绿色，pH>7.6 时为蓝色）由草绿色变为深蓝色。

(2) 培养基。柠檬酸钠琼脂斜面培养基。

(3) 实验方法。将细菌培养物划线接种于柠檬酸钠琼脂斜面，置 37 ℃培养 24～48 h 后观察结果。

(4) 结果判定。培养基为深蓝色为阳性，以"+"表示；不变色（草绿色）为阴性，以"-"表示。

5. 脲酶试验

(1) 原理。某些细菌能分解尿素产生氨，使培养基 pH 升高，指示剂酚红呈现红色，即证明细菌有脲酶。

(2) 培养基。尿素琼脂斜面培养基。

(3) 实验方法。将细菌培养物划线接种于尿素琼脂斜面，置 37 ℃培养 24～48 h 后观察结果。

(4) 结果判定。培养基为深红色为阳性，以"+"表示；不变色（粉红色）为阴性，以"-"表示。

6. 硝酸盐还原试验

(1) 原理。有些细菌能将硝酸盐还原为亚硝酸盐，向培养基中加入对氨基苯磺酸和 α-萘胺，则会形成红色的重氮染料对磺胺苯偶氮-α-萘胺（锌也可还原硝酸盐为亚硝酸盐，而且可用于区别假阴性反应和真阴性反应）。

(2) 培养基。硝酸盐蛋白胨水。

(3) 实验方法。把细菌培养物接种于硝酸盐培养基中，37 ℃培养 24～48 h 后观察结果。

(4) 结果判定。取出后在培养液中加硝酸钾试剂甲、乙液各 3～5 滴，培养基变红为阳性，以"+"表示；不变色（淡黄色）为阴性，以"-"表示。

（五）实验报告

设计表格展示细菌生理生化试验结果，并观测是否有假阳性产生。

（六）思考题

(1) 以上生理生化反应能用于鉴别细菌，其原理是什么？

(2) 细菌生理生化反应试验中为什么要设对照？

(3) 试设计一试验方案，鉴别一株肠道细菌。

实验十二　水体、饲料和水产品中活菌总数的检测

水体是水产动物生活所必需的环境，饲料的投喂是集约养殖的重要因素，水产品作为产业链的终端，为人类提供了丰富的蛋白质资源。因此对于水体、饲料和水产品中微生物的检测尤为重要。

（一）目的要求

学习并掌握水样的采取和水样中细菌总数测定的方法。

（二）实验原理

水体、饲料和水产品中细菌总数可反映其被有机物污染的程度，细菌总数越多，说明有机物的含量越高。本实验应用平板菌落计数技术来测定水体、饲料和水产品中的细菌总数。由于水体、饲料和水产品中细菌的种属不一，它们对营养成分和生长条件的要求差别很大，不可能设计出一种培养基在同一固定的条件下满足水中所有细菌的营养要求，使其都能生长繁殖，形成菌落。然而，绝大多数腐生性和致病性的细菌，可在营养丰富的牛肉膏蛋白胨培养基上进行生长，出现肉眼可见的菌落，因此细菌总数是指：在牛肉膏蛋白胨琼脂培养基上，1 mL 或 1 g 样品，37 ℃条件下培养后所长出的总菌数。

（三）实验器材

1. 培养基　牛肉膏蛋白胨琼脂培养基。

2. 器材和其他用具　恒温箱，水浴锅，三角烧瓶，具玻塞的试剂瓶，培养皿，吸管，无菌水，酒精灯，剪刀，镊子等。

（四）操作步骤

1. 样品的采取

（1）水样的采取。应取距水面 10~15 cm 的深层水样。先将已灭菌的具玻塞的试剂瓶瓶口向下浸入水中，在水中翻转使瓶口向上，开启瓶塞，待水盛满后，在水中将瓶塞盖好，再取出水面。取样后立即进行实验，否则应于 4 ℃冰箱保存。

（2）饲料样品的采取。根据样品的种类，如袋、瓶和罐装者，取完整的未开封的。如果样品很大，则需用无菌采样器取样；样品是固体粉末，应边取边混合；是流体的，通过振摇即可混匀；采样应不少于 500 g，从中称取 10 g，加入带玻璃珠的盛有 90 mL 无菌水的三角瓶中，置 80 ℃水浴中 30 min，然后在旋转式摇床上 200 r/min 充分振荡 30 min。

（3）水产品样品的采取。根据样品的种类，如袋、瓶和罐装者，取完整的未开封的。如果样品很大，则需用无菌采样器取样；样品是冷冻品，应保持在冷冻状态（可放在冰内、冰箱的冰河内或低温冰箱保存），非冷冻品需保持在 0~5 ℃保存。采样数量：鱼，1 条；虾，200 g；蟹，2 只。用无菌棉拭子对采集的样品进行取样，用无菌生理盐水充分洗涤棉拭子，制成原液后备用。

2. 细菌总数测定

（1）用 1 mL 灭菌吸管吸取样品溶液 1 mL，沿管壁徐徐注入含有 9 mL 无菌水的试管内（注意吸管尖端不要触及管内稀释液）。

（2）另取 1 mL 灭菌吸管，按上述操作顺序，做 10 倍递增稀释液，如此每递增一次，即换用 1 支 1 mL 灭菌吸管。

（3）向每个不同稀释度样品的平皿内，倾注 15~20 mL 培养基，混匀，每个稀释度做 2 皿，计数时取 2 个平板菌落数的平均值，作为该稀释度的菌落数。另做不加样品平板为空白对照。

（4）37 ℃培养箱箱，倒置培养 24 h，进行菌落计数（一般选择平均菌落数在 30~300 的平板）。

3. 菌落计数　记录各平板上的菌落数后，按下表所述方法进行计数并报告。

（1）先计算同一稀释度的平均菌落数。若其中一个平板有大片状菌苔生长则不应采用，用另一菌落平板作为该稀释度的平均菌落数。若片状菌苔大小不到平板的一半，其余一半菌落分布均匀时,可将此一半的菌落数乘2,然后再计算稀释度的平均菌落数。

(2) 计数时应选择菌落数在30~300的平板。当只有一个稀释度的平均菌落数符合此范围时,则以该平均菌落数乘以稀释倍数即为该样的细菌总数。

(3) 若有2个稀释度的平均菌落数都在30~300,则按两者菌落总数的比值来决定。若比值小于2,应取两者的平均数;若大于2,则取其较小的菌落数。

(4) 若所有稀释度的平均菌落数均大于300,则应按稀释倍数最高的平均菌落数乘以稀释倍数。

(5) 若所有稀释度的平均菌落数均小于30,则应按稀释倍数最低的平均菌落数乘以稀释倍数。

(6) 若所有稀释度的平均菌落数均不在30~300,则以最接近300或30的平均菌落数乘以稀释倍数。

(五)实验报告

按照表14-2,分别统计水体、饲料和水产品中的细菌总数。

表14-2 细菌总数的统计

稀释倍数平均菌落数例次	不同稀释度的平均菌落数			两个稀释度菌落比值	菌落总数	报告方式	备 注
1							
2							
3							
4							
5							
6							

实验十三 水产动物病原菌的人工感染试验

(一)目的要求

掌握对水产动物人工感染的操作方法。

(二)基本原理

将从水产动物病灶部位分离的纯培养细菌接种于新鲜的琼脂斜面上,28 ℃恒温培养16~20 h后,用无菌生理盐水制成菌悬液,对菌悬液浓度(显微镜下用血细胞计数板直接计数,或光比浊计数法计数)进行测算,调整菌悬液的浓度为1×10^8~9×10^8 CFU/mL。之后接种到健康水产动物中,进行感染试验。在试验期间(一般为1~2周)观察被感染的水产动物的发病情况是否与自然发病症状一致,旨在进一步确定所分离的细菌是否为目的病原菌。人工感染试验的接种方法有浸泡、口服、注射、涂抹等。究竟选用哪一种方法最合适,需要根据不同疾病类型和可能的侵入途径而定。如体表的病,可采用浸泡法;是体内的病,可采用口服、注射等。本实验着重介绍注射法。

(三)实验器材

1. 实验动物 健康的水产动物,如鱼、虾、贝类等。

2. 仪器或其他用具 显微镜、解剖镜、灭菌生理盐水、注射器、针头、镊子、碘酒棉花或酒精棉花、解剖盘、纱布、玻璃器皿、分光光度计等。

(四) 操作步骤

1. 注射器的准备与消毒

(1) 选择适宜大小的注射器,先吸入清水测试是否漏水,若漏水则不能使用,因其注射量不准确,同时可能会造成环境污染。

(2) 根据实验动物具体情况和注射途径,选用不同长短和大小的针头,先试验是否通气或漏水。

(3) 消毒时将筒心从针筒中拔出,用一块纱布先包针筒,后包筒心,并使两者在纱布内的方向一致,包好后置煮沸消毒器中。选好的针头包以纱布,煮沸消毒 10 min。

(4) 消毒完毕后,用无菌镊子取出注射器,置筒心于针筒中,并将针头牢固地装于注射器的针嘴上。

(5) 吸入注射菌液,并将注射器内的空气排尽,若注射材料具有传染性,则排气时应以消毒棉花包扎住针头,以免菌液外溢而污染环境。目前,一般使用一次性注射器,上述操作可以不进行。

2. 菌悬液制备

(1) 吸取灭菌的生理盐水 5 mL,注入预先培养的菌斜面培养物上,将菌苔洗下。

(2) 用无菌吸管吸取洗下的菌液,注入无菌的试管中。

(3) 用生理盐水作为稀释剂,将原始菌液调整至含菌为 $1 \times 10^8 \sim 9 \times 10^8$ CFU/mL,备用。

3. 注射

(1) 在注射一般需要两人进行,一人将的水产动物(预先暂养 1 周左右)抓住放入解剖盘内的纱布上,一手抓住头部,一手抓住尾部,将鱼体背部向上。注意不能让鱼进行挣扎,以免在注射时将鱼体皮肤划伤。

(2) 另一人用用灭菌的注射器吸取稀释好的菌液,并赶出注射器内的气泡,准备注射。

(3) 注射前先用碘酒棉花或酒精棉花消毒背部皮肤,将注射器针头刺入已消毒处的肌肉,每尾缓慢注射 0.2 mL 的菌悬液,拔出注射器,再次用碘酒棉花或酒精棉花消毒鱼体被注射处。

(4) 同时,应用生理盐水注射相同数量的水产动物,设为对照组。

4. 观察 注射完毕后将水产动物放入水体,对其进行常规管理(一般应进行 1~2 周),随时观察,是否有病症出现,并与自然发病症状比较,如果症状一致,说明注射菌具有致病性(在条件允许的情况下,应对其进行细菌的重分离,以便进一步的研究);否则,说明注射菌可能不具有致病性。

(五) 实验报告

完成草鱼的人工感染试验,并记录有无病症的出现,若有请描述细节。

第三节 水产动物常见细菌性和病毒性疾病的检测

实验一 嗜水气单胞菌的分离与鉴定

(一) 目的要求

学习并掌握嗜水气单胞菌的主要特性及分离鉴定方法。

（二）内容与方法

1. 病原体与流行情况

（1）病原体。嗜水气单胞菌（Aeromonas hydrophila）在自然界中广泛分布，为条件致病菌，是典型的人-兽-鱼共患病病原菌，有致病性菌株和非致病性菌株之分。致病性菌株可感染鱼类、两栖类、爬行类、鸟类和哺乳类等动物。临床上以急性出血性败血症为主要特征。慢性感染则主要表现为皮肤溃疡或肠炎。

（2）流行情况。嗜水气单胞菌可引起鲢、鳙的打印病、青鱼和草鱼的细菌性肠炎、青鱼的疖疮病、鲤和金鱼的竖鳞病、鳗鲡的赤鳍病、香鱼的红口病、甲鱼的"红脖子病"、蛙的红腿病、蛇的败血病和口炎。此外，还可导致鲑鳟（硬头鳟、虹鳟、银大麻哈鱼、大鳞大麻哈鱼）等鱼类的败血症。主要通过肠道感染，在鱼体受伤或寄生虫感染的条件下，还可经皮肤和鳃感染，并与水温、水中有机物质的含量，饲养密度等有密切关系。水温为18 ℃以上开始流行，25～30 ℃时为流行高峰，全国各地均有发生，常和细菌性烂鳃病、赤皮病并发。

2. 诊断

（1）临床诊断。

① 活动情况。病鱼离群独游，活动缓慢，徘徊于岸边，食欲减退，严重时完全不吃食。

② 外部检查。病鱼鱼体发黑，腹部肿大，两侧常有红斑；肛门红肿突出，呈紫红色；轻压腹部，肛门处有黄色黏液和带血的浓汁流出。

（2）实验室诊断。

① 病原菌的分离。剖开鱼腹，可见腹腔积水，肠壁充血、发炎，轻者仅前肠或后肠出现红色，严重时则全肠呈紫红色，肠内一般无食物，含有许多淡黄色的肠黏液或浓汁。

将纱布浸70%酒精后，覆盖于鱼体表面，或用70%酒精棉球擦拭。在无菌条件下，取新鲜病鱼的肝脏（或脾脏、肾脏、血液等）划线于普通营养琼脂培养基，经细菌分离培养后，将分离的菌种接种于Rimler-Shotts培养基，28 ℃培养20～24 h，嗜水气单胞菌形成黄色菌落。

② 病原菌的检验。

a. 菌落形态。嗜水气单胞菌在普通琼脂平板上。28 ℃培养24 h后的菌落为光滑、微凸、圆整、无色或淡黄色，有特殊芳香气味。

b. 氧化酶试验。用接种环挑取普通琼脂平板上单个菌落少许。涂布于浸有1%盐酸四甲基对苯胺的滤纸片上。10 s内观察细菌涂布处的颜色。若细菌涂布处出现红色，判为阳性。嗜水气单胞菌为阳性。

c. AHM鉴别培养。用接种环挑取普通琼脂平板上氧化酶试验阳性的单个菌落少许。穿刺接种于AHM鉴别培养基，37 ℃培养24 h，嗜水气单胞菌的表现为：顶部仍为紫色，底部为淡黄色；细菌沿穿刺线呈刷状生长，即运动力阳性；部分菌株顶部呈黑色。

d. 吲哚试验。在长有细菌的AHM鉴别培养基顶部，滴加3～4滴Kovacs试剂，若沿试管内壁出现红色环者，表明产生吲哚，判为阳性。嗜水气单胞菌为阳性。

e. 革兰氏染色。在一干净载玻片上滴加一滴蒸馏水。用接种环取AHM鉴别培养基表面菌落少许。在载玻片上与蒸馏水混合并均匀涂布。自然干燥，火焰固定。加草酸铵结晶紫染液染1～2 min，流水冲洗。加革兰氏碘液作用1～2 min，流水冲洗。加复红酒精染液染

1~2 min，流水冲洗。干燥，镜检。嗜水气单胞菌为革兰氏阴性短杆菌。

f. 糖发酵试验。用接种环取 AHM 鉴别培养基表面菌落少许。分别接种葡萄糖、蔗糖、阿拉伯糖、七叶苷及水杨苷等 5 种糖发酵试验管，28 ℃培养 24 h，若试验管颜色从紫色变为黄色，表明细菌可发酵该种糖类，判为阳性。嗜水气单胞菌可发酵以上 5 种糖类。

g. 致病性鉴定。嗜水气单胞菌的致病性鉴定一般有三种方法：脱脂奶平板试验、斑点酶联免疫试验和人工感染试验。

脱脂奶平板试验：用接种环取 AHM 鉴别培养基表面菌落少许接种划线于 1%脱脂奶蔗糖胰蛋白胨培养基，28 ℃培养 24 h，若菌落周围出现清晰、透明的溶蛋白圈，判为阳性。

斑点酶联免疫试验：用接种环取 AHM 鉴别培养基表面菌落少许，接种于蔗糖胰蛋白胨肉汤培养基，28 ℃摇床培养 48 h，10 000 r/min 离心 10 min，取上清。用微量加样器取 5 μL 点样于硝酸纤维素膜光面。37 ℃烘干。置 20%脱脂奶中，37 ℃封闭 1 h，用含吐温 20 的磷酸盐缓冲液洗 5 次，每次 2 min；置 1∶50 兔抗嗜水气单胞菌蛋白酶抗血清中，37 ℃作用 1 h，用含吐温 20 的磷酸盐缓冲液洗 5 次，每次 2 min；置 1∶10 酶标羊抗兔抗血清中，37 ℃作用 1 h，用含吐温 20 的磷酸盐缓冲液洗 5 次，每次 2 min；加 3,3-二氨基联苯胺-过氧化氢显色。待斑点明显后，用去离子水终止显色。设无菌肉汤作阴性对照。以出现明显棕色斑点者判为阳性。

人工感染试验：将待测菌接种于普通营养肉汤培养基，28 ℃培养 22~24 h，制成浓度为 $1 \times 10^8 \sim 9 \times 10^8$ CFU/mL 的菌悬液。通过浸泡、口服、注射、涂抹等方式接种到健康水产动物中，进行感染试验。在试验期间（一般为 1~2 周）观察被感染的水产动物发病情况是否与自然发病症状一致，经过多次反复试验（包括再分离再感染）后，若能够引起与自然发病相似的症状，则表明待测菌具有致病性。

③ 病原菌的鉴定。根据以上试验 a~g 的结果，符合以下特性者应判为嗜水气单胞菌：

a. 在普通琼脂平板上，28 ℃培养 24 h 后的菌落为光滑、微凸、圆整、无色或淡黄色，有特殊芳香气味。

b. 在 AHM 鉴别培养基中，顶部仍为紫色，底部为淡黄色；细菌沿穿刺线呈刷状生长，即运动力阳性；部分菌株顶部呈黑色。

c. 氧化酶试验阳性，革兰氏染色为阴性短杆菌。

d. 吲哚试验阳性，发酵葡萄糖、蔗糖、阿拉伯糖、七叶苷及水杨苷等 5 种糖类。

e. 脱脂奶平板试验阳性或斑点酶联免疫试验阳性。

f. 人工感染试验出现与自然发病类似的病症。

（三）实验报告

撰写详细的嗜水气单胞菌的分离与鉴定过程和结果。

（四）参照标准

（1）SCT 7201.3—2006《鱼类细菌病检疫技术规程 第 3 部分：嗜水气单胞菌及豚鼠气单胞菌肠炎病诊断方法》。

（2）GB/T 18652—2002《致病性嗜水气单胞菌检验方法》。

（3）SCT 7201.1—2006《鱼类细菌病检疫技术规程 第 1 部分：通用技术》。

实验二　荧光假单胞菌的分离与鉴定

(一) 目的要求
学习并掌握荧光假单孢菌的主要特性及分离鉴定方法。

(二) 内容与方法

1. 病原体与流行情况　荧光假单胞菌（*Pseudomonas fluorescens*）分类学上属于细菌域、变形菌门、γ变形菌纲、假单胞菌目、假单胞菌科的假单胞菌属，主要感染草鱼和青鱼，引起赤皮病。也可感染鲷、虹鳟、红点鲑等其他鱼类。细菌经伤口侵入皮肤组织，引起体表皮肤出血发炎、糜烂和溃疡。受害部位多在躯干两侧和腹部，以及鳍和鳃，鳍条间组织腐烂后形成蛀鳍，有时鱼的肠道亦充血发炎。全国各地一年四季都有流行，尤其在捕捞、运输和北方越冬后，造成鱼体受伤，最易暴发流行。

2. 诊断

(1) 临床诊断。

① 活动情况。病鱼行动迟缓，离群独游。

② 外部检查。病鱼体表发炎，鳞片脱落，尤其是鱼体两侧及腹部最为明显；鳍条的基部或整个鳍条充血，鳍的末梢端腐烂，鳍条间的软组织常被破坏，鳍条呈扫帚状，在体表病灶处常继发水霉感染；部分鱼的上、下颌及鳃盖也充血发炎，鳃盖内表面的皮肤常被腐蚀成一圆形或不规则形的透明小窗，显示与细菌性烂鳃病的复合感染。

(2) 实验室诊断。

① 病原菌的分离。在无菌条件下用刀片刮除病灶腐烂部分后，用接种环取病料划线于普通营养琼脂培养基，25～30 ℃培养 24 h。

② 病原菌的检验。

a. 菌落形态。在普通琼脂平板上菌落为圆形，边缘整齐，灰白色，半透明，20 h 时开始产生绿色或黄绿色的色素，弥漫培养基。

b. 革兰氏染色。在一干净载玻片上滴加一滴蒸馏水。用接种环挑取菌落少许。在载玻片上与蒸馏水混合并均匀涂布。自然干燥，火焰固定。加草酸铵结晶紫染液染 1～2 min，流水冲洗。加革兰氏碘液作用 1～2 min，流水冲洗。加复红酒精染液染 1～2 min，流水冲洗。干燥，镜检。荧光假单胞菌为革兰氏阴性菌。

c. MR 和 VP 试验。用接种环挑取菌落少许，接种于蛋白胨葡萄糖磷酸盐培养液，37 ℃培养 24 h，分别取 2 mL 培养液至两试管中。一试管中加入甲基红试剂 2 滴，轻摇后观察，出现红色为阳性。另一试管中加入 6% α萘酚酒精溶液 1 mL，再加入 40%氢氧化钾溶液 0.4 mL，充分振荡，室温下静置 5～30 min 后观察，出现红色反应为阳性。荧光假单胞菌 MR 和 VP 试验均为阴性。

d. 糖发酵试验。用接种环挑取菌落少许。分别接种甘露糖、山梨醇、右旋阿拉伯糖、葡萄糖、海藻糖和肌醇 6 种糖发酵试验管，28 ℃培养 24 h，若试验管颜色从紫色变为黄色，表明细菌可发酵该种糖类，判为阳性。荧光假单胞菌可发酵以上 5 种糖类。

e. 氧化酶试验。用接种环挑取菌落少许。涂布于浸有 1%盐酸四甲基对苯胺的滤纸片上。10 s 内观察细菌涂布处的颜色。若细菌涂布处出现红色，判为阳性。荧光假单胞菌为阳性。

f. 吲哚试验。在长有细菌的培养基顶部，滴加 3~4 滴 Kovacs 试剂，若沿试管内壁出现红色环者，表明产生吲哚，判为阳性。荧光假单胞菌为阴性。

g. 硫化氢试验。用接种环挑取菌落少许，在氯化铁试管培养基中穿刺接种，30 ℃培养 24 h 观察，若培养基变黑则为阳性。荧光假单胞菌为阴性。

h. 硝酸盐试验。用接种环挑取菌落少许接种于硝酸盐液体培养基中，30 ℃培养 24 h 后，加入 1~2 滴格里斯试剂的 A 液和 B 液，溶液若出现红色则为硝酸盐还原阳性。荧光假单胞菌为阴性。

i. 致病性鉴定。人工感染试验：将待测菌接种于普通营养肉汤培养基，30 ℃培养 24 h，制成浓度为 1×10^8~9×10^8 CFU/mL 的菌悬液。通过浸泡、口服、注射、涂抹等方式接种到健康水产动物（如草鱼、青鱼等）中，进行感染试验。在试验期间（一般为 1~2 周）观察被感染的水产动物发病情况是否与自然发病症状一致，经过多次反复试验（包括再分离再感染）后，若能够引起与自然发病相似的症状，则表明待测菌具有致病性。

③ 病原菌的鉴定。根据以上试验 a~i 的结果，符合以下特性者应判为荧光假单胞菌：

a. 菌落形态：在普通琼脂平板上菌落为圆形，边缘整齐，灰白色，半透明，20 h 时开始产生绿色或黄绿色的色素，弥漫培养基。

b. 糖发酵试验、氧化酶试验为阳性。

c. MR 试验、VP 试验、革兰氏染色试验、吲哚试验、硫化氢试验和硝酸盐试验为阴性。

d. 人工感染试验出现与自然发病类似的病症。

(三) 实验报告

撰写详细的荧光假单胞菌的分离与鉴定过程和结果。

(四) 参照标准

(1) SCT 7201.4—2006《鱼类细菌病检疫技术规程 第 4 部分：荧光假单胞菌赤皮病诊断方法》。

(2) SCT 7201.1—2006《鱼类细菌病检疫技术规程 第 1 部分：通用技术》。

实验三 草鱼呼肠孤病毒的分离与鉴定

(一) 目的要求

学习并掌握草草鱼呼肠孤病毒的主要特性及分离鉴定方法。

(二) 内容与方法

1. 病原体与流行情况 草鱼呼肠孤病毒（grass carp reovirus，GCRV）隶属呼肠孤病毒科、水生呼肠孤病毒属，是草鱼出血病的病原。主要感染草鱼种和青鱼，死亡率 80% 以上，鳙、鲢、鲤、鳊等感染后无临床症状，但可成为病毒的携带者。该病在水温 20 ℃以上开始流行，25~28 ℃为流行高峰。

2. 诊断

(1) 临床诊断。主要表现为全身各组织器官出血。根据出血部位不同可分为红肌型（肌肉严重充血和出血）、红鳍红鳃盖型（鳃盖、鳃基、头顶、口腔、眼眶明显出血）和肠炎型

（肠道全部和部分严重出血）。

（2）实验室诊断。

① 病毒的分离。病料应尽可能新鲜，体长≤4 cm 的鱼苗取整鱼，体长 4～6 cm 的鱼苗取包括肾脏和脑的所有内脏，体长≥6 cm 的与取肝、脑、脾和肾。

用组织匀浆器将样品匀浆成糊状，用培养液按 1∶10 的比例重悬于含有青霉素（1 000 IU/mL）和链霉素（1 000 IU/mL）的培养液中。25 ℃孵育 2～4 h 或 4 ℃孵育过夜以释放病毒，8 000 g 离心 20 min 收集上清液。将收集的上清液接种到生长约 24 h 的单层 CIK 或 CO 细胞的 96 孔板中，每孔 100 μL，吸附 1 h 后加入细胞培养液，置于 25 ℃培养，同时设置阳性（GCRV 标准株）和空白对照（未接种病毒的细胞）。培养 7 d 内每天用倒置显微镜检查，如果待测样品和阳性对照出现细胞病变效应（CPE），空白对照未出现 CPE，则立即进行鉴定。若待测样品和阳性对照未出现 CPE，则需再培养 7 d 后盲传一次，然后再进行鉴定。

② 病毒的检测与鉴定。主要方法有 RT-PCR 检测，直接电泳检测病毒核酸，免疫学检测（如 ELISA、荧光抗体法等）。详细步骤参见 SN 3584—2013《草鱼出血病检疫技术规范》。

对于有临床症状的鱼，无论是否出现 CPE，只要 RT-PCR、ELISA 或直接电泳检测病毒核酸三种方法中任何一项结果为阳性，即可确认患有草鱼出血病，病原为草鱼呼肠孤病毒。

（三）实验报告

撰写详细的草鱼呼肠孤病毒的分离与鉴定过程和结果。

（四）参照标准

SN 3584—2013《草鱼出血病检疫技术规范》。

附　　录

附录1　菌种保藏原理与方法

在生产实践和科学研究中获得的优良菌种是国家重要资源，为了能长期的保持原种的特性，防止菌种衰退和死亡，人们创造了多种菌种保藏的方法。许多国家都设有专门的菌种保藏机构，任务就是收集菌种，通过最佳的保藏方法使得菌种不死、不衰、不乱，进而达到有利于使用和交换的目的。

菌种的变异是在微生物的生长繁殖中发生的，为防止菌种的衰退，在保藏菌种时首先选用其休眠体（如分生孢子、芽孢等），同时要创造低温、干燥、缺氧、避光和缺乏营养等环境条件，以利于休眠体能够较长期的维持休眠状态。对于不产孢子的微生物，要使其在不死亡的状态下新陈代谢处于最低水平，从而达到长期保藏的目的。

常用的菌种保藏方法有：斜面或半固体穿刺菌种的冰箱保藏法，石蜡油封藏法，沙土保藏法，冷冻干燥保藏法和液氮保藏法等。

一、现有菌种保藏方法

（一）传代保存法

有些微生物当遇到冷冻或干燥等处理时，会很快死亡，因此在这种情况下，只能求助于传代培养保存法。传代培养就是要定期地进行菌种转接、培养后再保存，它是最基本的微生物保存法。一般地，大多数菌种的保藏温度以 5 ℃为好。传代培养保存法虽然简便，但其缺点也很明显，如：菌种管的棉塞经常容易发霉；菌株的遗传性状容易发生变异；反复传代时，菌株的病原性、形成生理活性物质的能力以及形成孢子的能力等均有降低；需要定期转种，工作量大；杂菌的污染机会较多。

（二）液体石蜡覆盖保存法

该法较前一种方法保存菌种的时间更长，适用于霉菌、酵母菌、放线菌及需氧细菌等的保存。此法可防止干燥，并通过限制氧的供给而达到削弱微生物代谢作用的目的。其具有方法简便的优点，同时也适用于不宜冷冻干燥的微生物（如产孢能力低的丝状菌）的保存。

（三）载体保存法

该法是将微生物吸附在适当载体上进行干燥保存的方法，常用的载体有土壤、沙土、硅胶、明胶、麸皮、磁珠和滤纸片等。

（四）悬液保存法

该法是使微生物混悬于适当溶液中进行保存的方法。常用的溶液有蒸馏水和糖液等。

1. 蒸馏水保存法　适用于霉菌、酵母菌及绝大部分放线菌，将其菌体悬浮于蒸馏水中即可在室温下保存数年。本法应注意避免水分的蒸发。

2. 糖液保存法 适用于酵母菌，如将其菌体悬浮于 10% 的蔗糖溶液中，然后于冷暗处保存，可长达 10 年。

（五）冷冻保存法

水约占微生物细胞总量的 90% 左右，在 0 ℃ 或以下时会结冰。样品降温速度过慢，胞外溶液中水分大量结冰，溶液的浓度提高，胞内的水分便大量向外渗透，导致细胞剧烈收缩，造成细胞损伤，此为溶液损伤。另一方面，如果冷却速度过快，胞内的水分来不及通过细胞膜渗出，胞内的溶液过冷而结冰，细胞体积膨大，最终导致细胞破裂，此为胞内冰损伤。现在一般通过保护剂和玻璃化两种途径降低细胞的冷冻损伤。

保护剂：适当的保护剂的加入可使细胞经低温冻存时减少冰晶的形成。常用的保护剂有甘油、二甲基亚砜、谷氨酸钠、糖类、可溶性淀粉、脱脂奶等。二甲基亚砜对微生物有一定的毒害，故一般不采用。甘油适宜低温保藏，脱脂奶和海藻糖在冻存真空干燥中普遍使用。

玻璃化：固体在自然界中有晶体和玻璃化两种形式。物质的质点（如分子、原子和离子等）呈有序排列或具有格子构造排列的称为晶态，即晶体。反之，质点不规则排列的则为玻璃态，即玻璃化。玻璃化不会使生物细胞内外的水在低温下形成晶体，从而使细胞不受损伤。实现玻璃化可通过降温速率和提高溶液浓度等途径实现。

常用的冷冻保存法有低温冰箱保存法、干冰保存法和液氮保存法。

1. 低温冰箱保存法（−20 ℃、−50 ℃ 或 −80 ℃） 低温冷冻保存时使用螺旋口试管较为方便，也可在棉塞试管外包裹塑料薄膜。保存时菌液加量不宜过多，有些可添加保护剂。此外，也可用玻璃珠吸附菌液，然后把玻璃珠置于塑料容器内，再放入低温冰箱内进行保存的。

2. 干冰保存法（−70 ℃ 左右） 即将菌种管插入干冰内，再置于冰箱内进行冷冻保存。

3. 液氮保存法（−196 ℃） 是适用范围最广的微生物保存法。

4. 注意事项 采用冷冻法保藏菌株时，应注意以下几点：

（1）要选择适于冷冻干燥的菌龄细胞。

（2）要选择适宜的培养基，因为某些微生物对冷冻的抵抗力，常随培养基成分的变化而显示出巨大差异。

（3）要选择合适的菌液浓度，通常菌液浓度越高，生存率越高，保存期也越长。

（4）最好在菌液内不添加电解质（如食盐等）。

（5）可在菌液内添加甘油等保护剂，以防止在冷冻过程中出现菌体大量死亡的现象。同样，也可添加各种糖类、去纤维血液和脱脂牛乳等具有良好保护效果的溶剂，但对有些微生物而言，不加保护剂时更有效。

（6）原则上应尽快进行冷冻处理，但当加入保护剂时，可静置一段时间后再进行处理。

（7）若进行长期保存，则贮藏温度越低越好。

（8）取用冷冻保存的菌种时，应采取速融措施，即在 35～40 ℃ 温水中轻轻振荡使之迅速融解。当冷冻菌融化后，应尽量避免再次冷冻，否则菌体的存活率将显著下降。

（六）冷冻干燥保存法

首先将微生物冷冻，然后在减压下利用升华现象除去水分。事实上，从菌体中除去大部分水分后，细胞的生理活动就会停止，因此可达到长期维持生命状态的目的。该方法适用于绝大多数微生物菌种（包括噬菌体和立克次氏体等）的保存。

二、常用微生物保藏方法

(一) 斜面传代保藏法

将菌种接种在适宜的固体斜面培养基上,待菌充分生长后,棉塞部分用油纸包扎好,移至 2~8 ℃的冰箱中保藏。保藏时间依微生物的种类而有不同,霉菌、放线菌及有芽孢的细菌保存每 2~4 个月移种一次;酵母菌每 2 个月、细菌最好每月移种一次。

(二) 液体石蜡封藏法

此法实用而效果好。霉菌、放线菌、芽孢细菌可保藏 2 年以上不死,酵母菌可保藏 1~2 年,一般无芽孢细菌也可保藏 1 年左右。

(1) 将液体石蜡分装于三角烧瓶内,塞上棉塞,并用牛皮纸包扎,1.05 kg/cm^2,121 ℃灭菌 30 min,然后放在 40 ℃温箱中,使水汽蒸发掉备用。

(2) 将需要保藏的菌种,在最适宜的斜面培养基中培养,以得到健壮的菌体或孢子。

(3) 用灭菌吸管吸取灭菌的液体石蜡,注入已长好菌的斜面上,其用量以高出斜面顶端 1 cm 为准,使菌种与空气隔绝。

(4) 将试管直立,置低温或室温下保存(有的微生物在室温下比冰箱中保存的时间还要长)。

(三) 半固体穿刺保藏法

该法操作简单,是短期保藏菌种的有效方法。

(1) 接种培养。用接种针沾取少量待接菌种,然后从穿刺管培养基的中心穿入其底部(但不要穿透),然后沿原刺入路线抽出接种针,注意接种针不要移动。

(2) 接种后置于 37 ℃培养箱培养 18~24 h。

(3) 将培养好的穿刺管盖紧,外面用封口膜封严,置 4 ℃存放。

(4) 取用时将接种环(直径尽量小)伸入菌种生长出挑取少许细胞,接入适当的培养基中。将穿刺管封严后可保存后再用。

(四) 滤纸保藏法

细菌、酵母菌、丝状真菌均可用此法保藏,前两者可保藏 2 年左右,有些丝状真菌甚至可保藏 14~17 年之久。

(1) 将滤纸剪成 0.5 cm×1.2 cm 的小条,装入 0.6 cm×8 cm 的安瓿管中,每管 1~2 张,塞以棉塞,1.05 kg/cm^2,121 ℃灭菌 30 min。

(2) 将需要保存的菌种,在适宜的斜面培养基上培养,使充分生长。

(3) 取灭菌脱脂牛乳 1~2 mL 滴加在灭菌培养皿或试管内,取数环菌苔在牛乳内混匀,制成浓悬液。

(4) 用灭菌镊子自安瓿管取滤纸条浸入菌悬液内,使其吸饱,再放回至安瓿管中,塞上棉塞。

(5) 将安瓿管放入内有五氧化二磷作吸水剂的干燥器中,用真空泵抽气至干。

(6) 将棉花塞入管内,用火焰熔封管口,保存于低温下。

(7) 需要使用菌种,复活培养时,可将安瓿管口在火焰上烧热,滴一滴冷水在烧热的部位,使玻璃破裂,再用镊子敲掉口端的玻璃,待安瓿管开启后,取出滤纸,放入液体培养基内,置温箱中培养。

(五)沙土保藏法

此法多用于能产生孢子的微生物如霉菌、放线菌,因此在抗生素工业生产中应用最广,效果亦好,可保存 2 年左右,但应用于营养细胞效果不佳。

(1) 取河沙加入 10% 稀盐酸,加热煮沸 30 min,以去除其中的有机质。

(2) 倒去酸水,用自来水冲洗至中性。

(3) 烘干,用 40 目筛子过筛,以去掉粗颗粒备用。

(4) 另取非耕作层的不含腐殖质的瘦黄土或红土,加自来水浸泡洗涤数次,直至中性。

(5) 烘干、碾碎,通过 100 目筛子过筛,以去除粗颗粒。

(6) 按 1 份黄土、3 份沙的比例(或根据需要而用其他比例,甚至可全部用沙或全部用土)混合均匀,装入 10 mm×100 mm 的小试管或安瓿管中,每管装 1 g 左右,塞上棉塞,进行灭菌,烘干。

(7) 抽样进行无菌检查,每 10 支沙土管抽一支,将沙土倒入肉汤培养基中,37 ℃ 培养 48 h,若仍有杂菌,则需全部重新灭菌,再做无菌试验,直至证明无菌,方可备用。

(8) 选择培养成熟的(一般指孢子层生长丰满的,营养细胞用此法效果不好)优良菌种,以无菌水洗下,制成孢子悬液。

(9) 于每支沙土管中加入约 0.5 mL 孢子悬液(一般以刚刚使沙土润湿为宜),以接种针拌匀。

(10) 放入真空干燥器内,用真空泵抽干水分,抽干时间越短越好,务使在 12 h 内抽干。

(11) 每 10 支抽取一支,用接种环取出少数沙粒,接种于斜面培养基上,进行培养,观察生长情况和有无杂菌生长,如出现杂菌或菌落数很少或根本不长,则说明制作的沙土管有问题,尚须进一步抽样检查。

(12) 若经检查没有问题,用火焰熔封管口,放冰箱或室内干燥处保存。每半年检查一次活力和杂菌情况。

(13) 需要使用菌种,复活培养时,取沙土少许移入液体培养基内,置温箱中培养。

(六)甘油保藏法

该法适用于一般细菌的保存,同时也适用于链球菌、弧菌、真菌等需特殊方法保存的菌种,适用范围广,操作简便,效果好,无变异现象发生。

1. 保藏培养物的制备 将待保藏的菌种传代活化,一般使用菌龄为对数期末期的细菌,此时细胞形态整齐,含菌量最高,适合菌种保藏。

2. 保藏菌悬液的制备

(1) 液体法。将菌种培养液离心后去上清,并用相应的新鲜培养基制成一定浓度的菌悬液。然后用无菌移液管取 1.5 mL 置于带有螺口密封圈盖的无菌试管中(或取 300~400 μL 置于灭菌的 1.5 mL 离心管中)。再加入 1.5 mL 灭菌的 80% 甘油(或加入 300~400 μL 灭菌的 80% 甘油至 1.5 mL 离心管中),使甘油浓度为 40% 左右为宜,旋紧试管盖或离心管盖。振荡使培养液与甘油充分混匀。

(2) 菌苔法。培养适龄的斜面或平板菌苔,用生理盐水洗下菌苔细胞制成一定浓度的菌悬液,滴加等量 80% 甘油混匀,制备成 40% 左右的甘油菌悬液。

3. 保藏

(1) 低温保藏。将制备好的甘油菌悬液置于 −20 ℃ 低温保藏。

(2)超低温保藏。将制备好的甘油菌悬液置于-70 ℃以下保藏，一般可保存3~5年。

（七）冷冻真空干燥法

此法为菌种保藏方法中最有效的方法之一，对一般生命力强的微生物及其孢子以及无芽孢菌都适用。适用于菌种长期保存，一般可保存数年至十余年，但设备和操作都比较复杂。

1. 准备安瓿管 用于冷冻干燥菌种保藏的安瓿管宜采用中性玻璃制造，形状可用长颈球形底的，亦称泪滴型安瓿管，大小要求外径6~7.5 mm，长105 mm，球部直径9~11 mm，壁厚0.6~1.2 mm。也可用没有球部的管状安瓿管。塞好棉塞，1.05 kg/cm^2，121 ℃灭菌30 min，备用。

2. 准备菌种 用冷冻干燥法保藏的菌种，其保藏期可达数年至十数年，为了在许多年后不出差错，故所用菌种要特别注意其纯度，即不能有杂菌污染，然后在最适培养基中用最适温度培养，使培养出良好的培养物。细菌和酵母的菌龄要求超过对数生长期，若对数生长期的菌种进行保藏，其存活率反而降低。一般，细菌要求24~48 h的培养物；酵母需培养3 d；形成孢子的微生物则宜保存孢子；放线菌与丝状真菌则培养7~10 d。

3. 制备菌悬液与分装 以细菌斜面为例，用脱脂牛乳2 mL左右加入斜面试管中，制成浓菌液，每支安瓿管分装0.2 mL。

4. 冷冻 冷冻干燥器有成套的装置出售，价值昂贵，此处介绍的是简易方法与装置，可达到同样的目的。将分装好的安瓿管放低温冰箱中冷冻，无低温冰箱可用冷冻剂如干冰酒精液或干冰丙酮液，温度可达-70 ℃。将安瓿管插入冷冻剂，只需冷冻4~5 min，即可使悬液结冰。

5. 真空干燥 为在真空干燥时使样品保持冻结状态，需准备冷冻槽，槽内放碎冰块与食盐，混合均匀，可冷至-15 ℃。抽气一般若在30 min内能达到93.3 Pa真空度时，则干燥物不致融化，以后再继续抽气，几小时内肉眼可观察到被干燥物已趋干燥，一般抽到真空度26.7 Pa，保持压力6~8 h即可。

6. 封口 抽真空干燥后，取出安瓿管，接在封口用的玻璃管上，可用L形五通管继续抽气，约10 min即可达到26.7 Pa。于真空状态下，以煤气喷灯的细火焰在安瓿管颈中央进行封口。封口以后，保存于冰箱或室温暗处。

（八）液氮超低温保藏法

此法除适宜于一般微生物的保藏外，对一些用冷冻干燥法都难以保存的微生物如支原体、衣原体、难以形成孢子的霉菌、噬菌体及动物细胞均可长期保藏，而且性状不变异。

1. 准备安瓿管 用于液氮保藏的安瓿管，要求能耐受温度突然变化而不致破裂，因此，需要采用硼硅酸盐玻璃制造的安瓿管，安瓿管的大小通常使用75 mm×10 mm的，或能容1.2 mL液体的。

2. 加保护剂与灭菌 保存细菌、酵母菌或霉菌孢子等容易分散的细胞时，则将空安瓿管塞上棉塞，1.05 kg/cm^2，121 ℃灭菌15 min。若作保存霉菌菌丝体用则需在安瓿管内预先加入保护剂如10%的甘油蒸馏水溶液或10%二甲亚砜蒸馏水溶液，加入量以能浸没以后加入的菌落圆块为限，而后再用1.05 kg/cm^2，121 ℃灭菌15 min。

3. 接入菌种 将菌种用10%的甘油蒸馏水溶液制成菌悬液，装入已灭菌的安瓿管；霉菌菌丝体则可用灭菌打孔器，从平板内切取菌落圆块，放入含有保护剂的安瓿管内，然后用火焰熔封。浸入水中检查有无漏洞。

4. 冻结 再将已封口的安瓿管以每分钟下降 1 ℃ 的慢速冻结至 −30 ℃。若细胞急剧冷冻，则在细胞内会形成冰的结晶，因而降低存活率。

5. 保藏 经冻结至 −30 ℃ 的安瓿管立即放入液氮冷冻保藏器的小圆筒内，然后再将小圆筒放入液氮保藏器内。液氮保藏器内的气相为 −150 ℃，液态氮内为 −196 ℃。

6. 恢复培养 保藏的菌种需要用时，将安瓿管取出，立即放入 38~40 ℃ 的水浴中进行急剧解冻，直到全部融化为止。再打开安瓿管，将内容物移入适宜的培养基上培养。

附录 2 常用培养基的配制

1. 营养肉汤（又称牛肉膏蛋白胨液体培养基，培养一般细菌用）

成分：蛋白胨 10 g，牛肉膏 3 g，氯化钠 5 g，蒸馏水 1 000 mL。

制法：按上述成分混合，溶解后调节 pH 至 7.2~7.4，121 ℃灭菌 20 min。

2. 营养琼脂培养基（又称牛肉膏蛋白胨固体培养基，培养一般细菌用）

成分：蛋白胨 10 g，牛肉膏 3 g，氯化钠 5 g，琼脂 15~20 g，蒸馏水 1 000 mL。

制法：将除琼脂外的各成分溶解于蒸馏水中，调节 pH 至 7.2~7.4，加入琼脂，分装于烧瓶内，121 ℃灭菌 20 min。

3. 营养琼脂半固体培养基（又称牛肉膏蛋白胨半固体培养基，细菌动力观察或测定噬菌体效价用）

成分与制法：营养肉汤培养液 1 000 mL，琼脂 4~6 g，pH 7.2~7.4。

注意事项：此培养基最好先用两层纱布中间夹一薄层脱脂棉花过滤后再分装，以使培养基澄清和透明。

4. 察氏（Czapek 培养基，培养霉菌用）

成分：蔗糖（或葡萄糖）30 g，$NaNO_3$ 2 g，$K_2HPO_4 \cdot 3H_2O$ 1 g，KCl 0.5 g，$MgSO_4 \cdot 7H_2O$ 0.5 g，$FeSO_4 \cdot 7H_2O$ 0.01 g，琼脂 15~20 g，蒸馏水 1 000 mL。

制法：按上述成分混合溶解，pH 自然，121 ℃灭菌 20 min。

5. 马铃薯葡萄糖琼脂培养基（PDA 培养基，培养真菌用）

成分：马铃薯 200 g，葡萄糖 20 g，琼脂 15~20 g，蒸馏水 1 000 mL。

制法：马铃薯去皮，切成小块，加水煮软，用纱布过滤后加入葡萄糖和琼脂，溶解后补足水分至 1 000 mL，自然 pH，121 ℃灭菌 15 min。

6. 高氏 1 号（淀粉琼脂）**培养基**（培养各种放线菌用）

成分：可溶性淀粉 20 g，KNO_3 1 g，NaCl 0.5 g，K_2HPO_4 0.5 g，$MgSO_4 \cdot 7H_2O$ 0.5 g，$FeSO_4 \cdot 7H_2O$ 0.01 g，琼脂 20 g，蒸馏水 1 000 mL。

制法：先用少量冷水把可溶性淀粉调成糊状，用文火加热，然后再加水及其他药品，待各成分溶解后再补足水至 1 000 mL，调节 pH 至 7.2~7.4，121 ℃灭菌 20 min。

7. 麦芽汁琼脂培养基（培养酵母菌和丝状真菌用）

成分：优质大麦或小麦，蒸馏水，碘液。

制法：

① 取优质大麦或小麦若干，浸泡 6~12 h，置于深约 2 cm 的木盘上摊平，上盖纱布，每日早、中、晚各淋水一次，麦根伸长至麦粒两倍时，停止发芽晾干或烘干，贮存备用。

② 称取 300 g 麦芽磨碎，加 1 000 mL 水，置于 65 ℃水浴锅中糖化 6~12 h，糖化程度用碘液滴定之，如不为蓝色，说明糖化完毕。

③ 将糖化液用文火煮 0.5 h，四层纱布过滤。如滤液不清，可用一个鸡蛋清充分打匀后倒入糖化液中，搅拌煮沸再过滤，即可得澄清麦芽汁。

④ 用波美度计检测糖化液浓度，加水稀释至 5~6 波美度，调节 pH 至 6.4，加入 2%的琼脂，经 121 ℃灭菌 20 min 即成。

8. 糖发酵培养基（细菌糖发酵试验用）

成分：蛋白胨 2 g，NaCl 5 g，K_2HPO_4 0.2 g，1%溴麝香草酚蓝水溶液 3 mL。蒸馏水 1 000 mL；另配制待试 20%糖溶液（葡萄糖、乳糖、蔗糖等）各 10 mL。

制法：

① 溴麝香草酚蓝先用少量 95%乙醇溶解，再加水配制成 1%水溶液。

② 按上述配方配制液体培养基，调节 pH 至 7.0~7.4，分装于干净试管中（分装量一般达 4~5 cm 高度），然后在每管内放一倒置的杜氏小管，使之充满培养液。

③ 将已分装好的液体培养基和 20%的各种待试糖溶液分别灭菌，液体培养基 121 ℃灭菌 20 min；糖溶液 112 ℃灭菌 30 min。

④ 灭菌后，每管以无菌操作分别加入 20%无菌糖溶液 0.5 mL（按每 10 mL 培养基中加入 20%的糖液 0.5 mL，则成 1%的浓度）。

9. 蛋白胨液体培养基（又称蛋白胨水，吲哚试验用）

成分：蛋白胨 10 g，NaCl 5 g，蒸馏水 1 000 mL。

制法：按上述成分混合溶解，调节 pH 至 7.2~7.4，121 ℃灭菌 20 min。

10. 葡萄糖蛋白胨培养基（VP 和 MR 试验用）

成分：蛋白胨 5 g，葡糖糖 5 g，NaCl 5 g，蒸馏水 1 000 mL。

制法：按上述成分混合溶解，调节 pH 至 7.2~7.4，121 ℃灭菌 20 min。

11. 西蒙斯（Simons）柠檬酸盐培养基（柠檬酸盐利用试验用）

成分：柠檬酸钠 2 g，K_2HPO_4 1 g，$NH_3H_2PO_4$ 1 g，NaCl 5 g，$MgSO_4$ 0.2 g，1%溴麝香草酚蓝水溶液 10 mL，琼脂 15~20 g，蒸馏水 1 000 mL。

制法：将上述各成分加热溶解后，调节 pH 至 6.8~7.0，加入指示剂，摇匀，用脱脂棉过滤后分装试管，制成后为黄绿色，121 ℃灭菌 20 min 后制成斜面。

12. 柠檬酸铁铵培养基（细菌产硫化氢试验用）

成分：柠檬酸铁铵 0.5 g，硫代硫酸钠 0.5 g，牛肉膏蛋白胨琼脂（1.5%）培养基，蒸馏水 1 000 mL。

制法：按上述成分混合溶解，调节 pH 至 7.4，121 ℃灭菌 20 min 后制成斜面。

13. 苯丙氨酸脱氨酶培养基（测细菌苯丙氨酸脱氨酶用）

成分：酵母膏 3 g，NaCl 5 g，L-苯丙氨酸 1 g，Na_2HPO_4 1 g，琼脂 15~20 g，蒸馏水 1 000 mL。

制法：按上述成分混合溶解，调节 pH 至 7.2~7.4，分装试管，121 ℃灭菌 20 min 后制成斜面。

14. 葡萄糖铵盐培养基（即 Davis 培养基，培养大肠杆菌等部分细菌用的组合培养基）

成分：葡萄糖 2 g，$(NH_4)_2SO_4$ 2 g，二水合柠檬酸钠 0.5 g，K_2HPO_4 7 g，KH_2PO_4

2 g，$MgSO_4 \cdot 7H_2O$ 0.1 g，蒸馏水 1 000 mL。

制法：按上述成分混合溶解，调节 pH 至 7.2，121 ℃灭菌 20 min。

15. LB 培养基（Luria-Bertani 培养基，培养大肠杆菌等细菌用）

成分：胰蛋白胨 10 g，NaCl 5 g，酵母膏 10 g，蒸馏水 1 000 mL。

制法：按上述成分混合溶解，调节 pH 至 7.2，121 ℃灭菌 20 min。

16. LAB 培养基（乳酸菌活菌计数用）

成分：牛肉膏 10 g，酵母膏 10 g，乳糖 20 g，吐温 80 1 mL，$CaCO_3$ 10 g，K_2HPO_4 10 g，琼脂 10 g，蒸馏水 1 000 mL。

制法：按上述成分混合溶解，调节 pH 至 6.6，121 ℃灭菌 20 min。

17. MRS 培养基（乳酸菌分离、培养、计数用）

成分：蛋白胨 10 g，牛肉膏 10 g，酵母膏 5 g，K_2HPO_4 2 g，柠檬酸二铵 2 g，乙酸钠 5 g，葡萄糖 20 g，吐温 80 1 mL，$MgSO_4 \cdot 7H_2O$ 0.58 g，$MnSO_4 \cdot 4H_2O$ 0.25 g，琼脂 15～20 g，蒸馏水 1 000 mL。

制法：将以上成分加入到蒸馏水中，加热使完全溶解，调节 pH 至 6.2～6.6（灭菌后 6.0～6.5），121 ℃灭菌 20 min。

18. 马铃薯牛乳培养基（分离乳酸菌用）

成分：马铃薯（去皮）200 g，脱脂鲜乳 100 mL，酵母膏 5 g，琼脂 15～20 g。

制法：马铃薯切碎后加入 500 mL 蒸馏水煮沸，用 4 层纱布过滤，取滤液，加入以上成分除鲜乳外的其他成分，加入蒸馏水至 1 000 mL，调节 pH 至 7.0，121 ℃灭菌 20 min；制成平板培养基时，应先将牛乳单独灭菌，倒平板前再混合。

19. TYA 培养基（胰蛋白胨酵母膏醋酸盐琼脂培养基，培养厌氧梭菌用）

成分：葡萄糖 40 g，胰蛋白胨 6 g，酵母膏 2 g，牛肉膏 2 g，醋酸钠 3 g，KH_2PO_4 0.5 g，$MgSO_4 \cdot 7H_2O$ 0.2 g，$FeSO_4 \cdot 7H_2O$ 0.01 g，琼脂 15～20 g，蒸馏水 1 000 mL。

制法：按上述成分混合溶解，调节 pH 至 6.2，115 ℃灭菌 15 min。

20. 玉米醪培养基（分离丙酮丁醇梭菌用）

成分：玉米粉 6.5 g，蒸馏水 100 mL。

制法：将玉米粉过筛后，加入蒸馏水混匀，煮沸呈糊状后分装试管（每管 10 mL），自然 pH，121 ℃灭菌 20 min。

21. 伊红亚甲蓝培养基（EMB 培养基，鉴别大肠菌群用）

成分：蛋白胨 10 g，乳糖 10 g，K_2HPO_4 2 g，2%伊红水溶液 2 mL，0.5%亚甲蓝水溶液 1 mL，琼脂 15～20 g，蒸馏水 1 000 mL。

制法：按上述成分混合溶解，调节 pH 至 7.2，115 ℃灭菌 15 min。

22. 酵母富集培养基（培养酵母菌用）

成分：葡萄糖 50 g，尿素 1 g，$(NH_4)_2SO_4 \cdot 7H_2O$ 1 g，KH_2PO_4 2.5 g，Na_2HPO_4 0.5 g，$MgSO_4 \cdot 7H_2O$ 1 g，$FeSO_4 \cdot 7H_2O$ 0.1 g，酵母膏 0.5 g，孟加拉红 0.03 g。

制法：按上述成分混合溶解，调节 pH 至 4.5，121 ℃灭菌 20 min。

23. 马丁（Martin）培养基（分离真菌用）

成分：葡萄糖 10 g，蛋白胨 5 g，KH_2PO_4 1 g，$MgSO_4 \cdot 7H_2O$ 0.5 g，0.1%孟加拉红溶液 3.3 mL，琼脂 15～20 g，蒸馏水 1 000 mL。

制法：按上述成分混合溶解，pH 自然，121 ℃灭菌 20 min；临用前加入已灭菌的 2%去氧胆酸钠溶液 20 mL 和用无菌水配制的 10 000 U/mL 链霉素溶液 3.3 mL。

24. 血琼脂平板培养基（链球菌分离、培养和溶血活性检测）

成分：营养琼脂 100 mL，脱纤维羊血（或兔血）5～10 mL。

制法：取营养琼脂（pH 7.6），加热使其溶解待冷至 45～50 ℃，以无菌操作于每 100 mL 营养琼脂加灭菌脱纤维羊血或兔血 5～10 mL，轻轻摇匀，立即倾注于平板或分装试管，制成斜面备用。

25. 胰蛋白胨大豆琼脂培养基（TSA 培养基，用于普通的或营养要求较高的细菌培养）

成分：胰蛋白胨 15 g，大豆蛋白胨 5 g，氯化钠 5 g，琼脂 15 g，蒸馏水 1 000 mL。

制法：按上述成分混合溶解，调节 pH 至 7.0～7.5，121 ℃灭菌 20 min。

26. RCM 培养基（强化梭菌培养基，培养厌氧梭菌用）

成分：蛋白胨 10 g，牛肉膏 10 g，酵母膏 3 g，葡萄糖 5 g，无水乙酸钠 3 g，可溶性淀粉 1 g，盐酸半胱氨酸 0.5 g，氯化钠 5 g，琼脂 15～20 g，蒸馏水 1 000 mL。

制法：按上述成分混合溶解，调节 pH 至 7.4，121 ℃灭菌 20 min。

附录3　常用染色液与试剂的配制

一、常用染色液的配制

1. 碱性亚甲蓝染色液

成分：

A 液：亚甲蓝 0.6 g，95%乙醇 30 mL。

B 液：KOH 0.01 g，蒸馏水 100 mL。

制法：分别配制 A 液和 B 液，配好后混合即可。

2. 石炭酸品红染色液

成分：

A 液：碱性品红 0.3 g，95%乙醇 10 mL。

B 液：石炭酸 5 g，蒸馏水 95 mL。

制法：

① 将碱性复红在研钵中研磨后，逐渐加入 95%乙醇，继续研磨使其溶解，即为 A 液。

② 将石炭酸溶于水即为 B 液。

③ 将 A 液与 B 液混合即成。

④ 通常可将此混合液稀释 5～10 倍使用。

注意事项：稀释液易变质失效，一次不宜多配。

3. 革兰氏（Gram）染色液

（1）草酸铵结晶紫染液。

成分：

A 液：结晶紫 2 g，95%乙醇 20 mL。

B 液：草酸铵 0.8 g，蒸馏水 80 mL。

制法：混合 A 液和 B 液，静置 48 h 后使用。

(2) 卢戈氏（Lugol）碘液。

成分：碘片 1 g，碘化钾 2 g，蒸馏水 300 mL。

制法：先将碘化钾溶解在少量水中，再将碘片溶解在碘化钾溶液中，待碘完全溶解后加足水分即可。

(3) 95％乙醇溶液。

(4) 番红染色液。

成分：番红 2.5 g，95％乙醇 100 mL。

制法：取上述配好的番红酒精溶液 10 mL 与 80 mL 蒸馏水混匀即可。

4. 芽孢染色液

(1) 孔雀绿染液。

成分：孔雀绿 5 g，蒸馏水 100 mL。

制法：将孔雀绿溶于蒸馏水中。

(2) 番红水溶液。

成分：番红 0.5 g，蒸馏水 100 mL。

制法：将番红溶于蒸馏水中。

5. 荚膜染色液

(1) 黑色素水溶液。

成分：黑色素 5 g，蒸馏水 100 mL，福尔马林（40％甲醛）0.5 mL。

制法：将黑色素在蒸馏水中煮沸 5 min，然后加入福尔马林作为防腐剂。

(2) 番红染液。同革兰氏染色液中番红复染液。

6. 鞭毛染色液

(1) 硝酸银鞭毛染色液。

成分：

A 液：单宁酸 5 g，$FeCl_3$ 1.5 g，蒸馏水 100 mL，福尔马林（15％甲醛）2 mL，NaOH（1.0％）1.0 mL。

B 液：$AgNO_3$ 2 g，蒸馏水 100 mL。

制法：

① 将 $AgNO_3$ 溶解后，取出 10 mL 备用。向其余的 90 mL $AgNO_3$ 溶液中滴入浓氨水，使之成为很浓厚的悬浮液，继续滴加浓氨水，直到形成的沉淀又重新刚刚溶解为止。

② 将备用的 10 mL $AgNO_3$ 溶液慢慢滴入，出现薄雾状沉淀，但轻轻摇动后，薄雾状沉淀消失，再滴入 $AgNO_3$ 溶液，直到摇动后仍呈现轻微而稳定的薄雾状沉淀为止。

③ 冰箱内保存通常 10 d 仍可使用；如雾重，则银盐沉淀，不宜使用。

注意事项：A 液配好后应置于冰箱内保存，保存期为 3～7 d，若延长保存期会产生沉淀，但用滤纸过滤沉淀后仍可使用。

(2) 利夫森（Leifson）鞭毛染色液。

成分：

A 液：NaCl 1.5 g，蒸馏水 100 mL。

B 液：单宁酸 3 g，蒸馏水 100 mL。

C 液：碱性品红 1.2 g，95％乙醇 200 mL。

制法：临用前将 A、B、C 三种染液等量混合均匀后使用。

注意事项：3 种溶液分别于室温可保存几周，若分别置于冰箱保存可保存数月；混合液装于密封瓶内置于冰箱保存几周后仍可使用。

7. 乳酸石炭酸棉蓝染色液

成分：石炭酸 10 g，乳酸（相对密度 1.21）10 mL，甘油 20 mL，棉蓝 0.02 g，蒸馏水 10 mL。

制法：将石炭酸加在蒸馏水中加热溶解，然后加入乳酸和甘油，最后加入棉蓝，使其溶解即成。

8. 吉姆萨（Giemsa）染液

成分：吉姆萨染料 0.5 g，甘油 33 mL，甲醇 33 mL。

制法：将吉姆萨染料研细，然后边加入甘油边继续研磨，最好加入甲醇混匀，于 56 ℃放置 1~24 h 后即为吉姆萨贮存液；临用前在 1 mL 吉姆萨贮存液中加入 pH 7.2 的磷酸缓冲液 20 mL，配成使用液。

二、常用试剂的配制

1. 甲基红试剂（MR 试剂）

成分：甲基红 0.2 g，95% 乙醇 360 mL，蒸馏水 200 mL。

制法：先将甲基红溶于 95% 乙醇中然后再加入蒸馏水。

2. 乙酰甲基甲醇试剂（VP 试剂）

成分：

A 液（40% KOH 溶液）：氢氧化钾 40 g，肌酸 0.3 g（或 0.2 mL）、蒸馏水 100 mL。

B 液（5% α 萘酚无水乙醇溶液）：α 萘酚 5 g，蒸馏水 100 mL。

3. 吲哚试剂（柯氏试剂，Kovacs 试剂）

成分：对二甲基氨基苯甲醛 10 g，95% 乙醇 150 mL，浓盐酸（分析纯）50 mL。

制法：将二甲基氨基苯甲醛加入 95% 乙醇，最后加入浓盐酸。

4. 格里斯氏（Griess）试剂

A 液：

成分：对氨基苯磺酸 0.5 g，稀醋酸（10% 左右）150 mL。

制法：将氨基苯磺酸溶于稀醋酸。

B 液：

成分：α 萘胺 0.1 g，蒸馏水 20 mL，稀醋酸（10% 左右）150 mL。

制法：将上述成分溶解、混匀。

5. 硝酸盐试剂

成分：二苯胺 0.5 g，浓硫酸 100 mL，蒸馏水 20 mL。

制法：将二苯胺溶于浓硫酸后，缓缓注入蒸馏水中。

6. 氧化酶试剂

A 液（1% 盐酸二甲基对苯二胺溶液）：盐酸二甲基对苯二胺 1 g，蒸馏水 100 mL，少量新鲜配制，冰箱避光保存。

B 液（1% α-萘酚乙醇溶液）：α-萘酚 1 g，蒸馏水 100 mL。

7. 生理盐水

成分：NaCl 0.85 g，蒸馏水 100 mL。

8. 1 mol/L 氢氧化钠溶液

成分：NaOH 40 g，蒸馏水 1 000 mL。

9. 1 mol/L 盐酸

成分：浓盐酸（含量为38%）83.3 mL，蒸馏水 916.7 mL。

10. 常用消毒剂和杀菌剂

(1) 升汞水溶液。常用浓度为0.1%。升汞1 g，盐酸2.5 mL，混合后加水997.5 mL。

(2) 漂白粉。常用浓度为10%。10 g 漂白粉加水100 mL。

(3) 甲醛溶液。常用浓度为1:250。10 mL 甲醛加水240 mL。

(4) 过氧化氢溶液。常用浓度为1:1。5 mL 过氧化氢加5 mL 水。

(5) 消毒乙醇。常用浓度为70%。95%乙醇70 mL 加水25 mL。

(6) 来苏儿。常用浓度为2%。50%来苏儿40 mL 加水960 mL。

(7) 新洁尔灭。常用浓度为0.25%。5%新洁尔灭5 mL 加水95 mL。

(8) 高锰酸钾。常用浓度为1:1 000。1 g 高锰酸钾溶于1 000 mL 水中。

参 考 文 献

敖礼林,2010. 淡水鱼水霉病及其综合防控 [J]. 特种经济动植物,12 (12): 17.
曾庆孝,许喜林,2000. 食品生产的危害分析与关键控制点（HACCP）原理与应用 [M]. 广州: 华南理工大学出版社.
陈炳卿,刘志诚,王茂起,2001. 现代食品卫生学 [M]. 北京: 人民卫生出版社.
陈灿煌,赵霞,2013. 细菌对噬菌体的抵抗机制研究进展 [J]. 重庆医学,42 (6): 697-700.
陈昌福,1997. 柱状嗜纤维菌的血清型与其菌苗抗原性的关系 [J]. 华中农业大学学报,16 (6): 585.
陈昌福,1997. 多种接种途径对草鱼细菌性烂鳃和肠炎病的免疫预防效果 [J]. 华中农业大学学报,16 (5): 311-315.
陈昌福,陈超然,2002. 鱼类三种致病菌的粗脂多糖对同腹异育银鲫的免疫原性 [J]. 水生生物学报,26 (5): 483-488.
陈昌福,楠田理一,1999. 三种鳜对柱状嗜纤维菌脂多糖免疫应答的比较研究 [J]. 华中农业大学学报,18 (3): 252-255.
陈红莲,王永杰,蒋业林,2012. 传染性造血器官坏死病研究进展 [J]. 安徽农业科学,40 (21): 130-131.
陈奖励,何昭阳,赵文,1993. 水产微生物学 [M]. 北京: 农业出版社.
陈金春,陈国强,2005. 微生物学实验指导 [M]. 北京: 清华大学出版社.
陈声明,林海萍,张立欣,2007. 微生物生态学导论 [M]. 北京: 高等教育出版社.
陈声明,张立钦,2006. 微生物学研究技术 [M]. 北京: 科学出版社.
陈中元,朱蓉,张奇亚. 水生动物病毒的电镜和荧光显微镜观察 [J]. 电子显微学报.2012,31 (2): 190-193.
池振明,2005. 现代微生物生态学 [M]. 北京: 科学出版社.
丁冰洁,绳秀珍,唐小千,2013. 大菱鲆多聚免疫球蛋白受体基因的克隆及表达分析 [J]. 中国水产科学,20 (4): 7928-8001.
方敏,金卫中,宋林生,等,2003. 中华绒螯蟹颤抖病组织病理学研究 [J]. 海洋与湖沼,34 (3): 322-328.
方勤,肖调义,李旅,等,2002. 四株草鱼呼肠孤病毒毒株的细胞感染特性比较研究 [J]. 中国病毒学 (2): 1821-1884.
房海,陈翠珍,张晓军,2010. 水产养殖动物病原细菌学 [M]. 北京: 中国农业出版社.
付保荣,曹向宇,冷阳,等,2008. 光合细菌对水产养殖水质和水生生物的影响 [J]. 生态科学,27 (2): 102-106.
耿英慧,2010. 影响水产微生物制剂使用效果的原因 [J]. 水产养殖 (4): 36-38.
贡成良,薛仁宇,曹广力,等,2000. 中华绒螯蟹呼肠孤病毒样病毒病研究 [J]. 中国病毒学,15: 395-399.
谷鸿喜,陈锦英,2003. 医学微生物学 [M]. 北京: 北京大学医学出版社.
洪健,周雪平,2006.ICTV 第八次报告的最新病毒分类系统 [J]. 中国病毒学,21 (1): 84-96.
胡桂学,2006. 兽医微生物学实验教程 [M]. 北京: 中国农业出版社.
黄汉菊,严杰,2005. Medical Microbiology [M]. 长春: 吉林科学技术出版社.

黄秀梨, 2002. 微生物学实验指导 [M]. 北京: 高等教育出版社.
黄秀梨, 辛明秀, 2009. 微生物学 [M]. 3 版. 北京: 高等教育出版社.
贾文祥, 2010. 医学微生物学. [M]. 2 版. 北京: 人民卫生出版社.
江育林, 陈爱平, 2012. 水生动物疾病诊断图鉴 [M]. 北京: 中国农业出版社.
劳海华, 叶星, 等, 2009. 巢式 PCR 检测鳜传染性脾肾坏死病毒（ISKNV）[J]. 南方水产, 5 (4): 70-72.
李登峰, 吴信忠, 2002. 栉孔扇贝体内类支原体样生物的分离纯化 [J]. 海洋学报, 24 (4): 141-144.
李凡, 刘晶星, 2008. 医学微生物学 [M]. 7 版. 北京: 人民卫生出版社.
李明远, 2010. 微生物学与免疫 [M]. 5 版. 北京: 高等教育出版社.
李一经, 2011. 兽医微生物学 [M]. 北京: 高等教育出版社.
林煜, 2003. 二株益生菌对水质指标影响的研究 [J]. 黑龙江水产 (9): 36-40.
刘超, 李学如, 柳乐, 等, 2006. 固态发酵生产新型蛋白饲料工艺研究 [J]. 粮食与饲料工业 (9): 29-31.
刘红英, 齐凤生, 2012. 水产品加工与贮藏 [M]. 北京: 化学工业出版社.
刘晓英, 陶星辰, 罗宗龙, 2015. 淡水真菌多样性及研究进展概述 [J]. 楚雄师范学院学报, 3 (3): 48-53.
刘英杰, 吴信忠, 王崇明, 2003. 海湾扇贝衣原体样生物超微结构观察 [J]. 水生生物学报, 27 (5): 492-495.
陆承平, 2005. 最新动物病毒分类简介 [J]. 中国病毒学, 20 (6): 682-688.
陆承平, 2013. 兽医微生物学 [M]. 5 版. 北京: 中国农业出版社.
陆宏达, 范丽萍, 薛美, 1999. 中华绒螯蟹小核糖核酸病毒病及其组织病理学 [J]. 水产学报, 23: 61-68.
罗晓春, 谢明权, 黄玮, 2005. 鱼类粘膜免疫研究进展 [J]. 水产学报, 29 (3): 411-417.
马牲, 于明超, 李卓佳, 2007. 虾类消化道菌群研究进展 [J]. 中国海洋大学学报, 26 (8): 889-893.
潘连德, 1999. 河蟹"抖脚"症的病理分析及防治方法初探 [J]. 中国水产 (1): 30-31.
彭丽萍, 伍桂兰, 1997. 水生动物病毒感染——亚洲水产养殖特论 [J] 植物检疫 (1): 36-41.
齐欣, 魏雪生, 陈颖, 等, 2007. 益生菌对彭泽鲫生长性能及水体环境的影响 [J]. 中国塑料 (17): 27-29.
屈建航, 李宝珍, 袁红莉, 2007. 沉积物中微生物资源的研究方法及其进展 [J]. 生态学报, 27 (6): 2637-2640.
邵丕红, 2006. 城市污水高效厌氧处理技术研究 [D]. 北京: 中国地质大学（北京）.
沈平, 陈向东, 2007. 微生物学实验 [M]. 4 版. 北京: 高等教育出版社.
沈萍, 陈向东, 2006. 微生物学 [M]. 2 版. 北京: 高等教育出版社.
沈月新, 2001. 水产食品学 [M]. 北京: 中国农业出版社.
世界动物卫生组织鱼病专家委员会, 2003. 水生动物疾病诊断手册 [M]. 4 版. 北京: 中国农业出版社.
宋增福, 吴天星, 2007. 鱼类肠道正常菌群研究进展 [J]. 水产科学, 28 (8): 471-474.
孙云章, 杨红玲, 2008. 浅谈鱼类消化道微生物的分布及调控 [J]. 水产科学, 27 (5): 257-261.
陶天申, 杨瑞馥, 东秀珠, 2007. 原核生物系统学 [M]. 北京: 化学工业出版社.
汪建国, 2013. 鱼病学 [M]. 北京: 中国农业出版社.
王风平, 周悦恒, 张新旭, 2013. 深海微生物多样性 [J]. 生物多样性, 21 (4): 445-455.
王庆国, 刘天明, 2007. 酵母菌分类学方法研究进展 [J]. 微生物学杂志, 27 (3): 96-101.
王卫卫, 吴谡琦, 孙修勤, 2010. 硬骨鱼免疫系统的组成与免疫应答机制研究进展 [J]. 海洋科学进展, 28 (2): 257-265.

王新,周艳艳,郑天凌,2010. 海洋细菌生态学的若干前沿课题及其研究新进展 [J]. 微生物学报, 50 (3): 291-297.

王颖群,严共华. 1995. 寡营养细菌 [J]. 微生物学通报, 22 (5): 302-304.

韦信贤,黎小正,童桂香. 2010. 实时荧光定量 PCR 技术及其在水生动物病毒病定量检测中的应用 [J]. 水产科学, 29 (11): 681-687.

魏育红,朱越雄,薛仁宇,等,2001. 细菌性河蟹颤抖病的鉴定与药敏试验 [J]. 水利渔业, 21 (5): 48-50.

吴霆,毕可然,王文,2007. 套式 PCR 在中华绒螯蟹颤抖病病原螺原体检测中的应用 [J]. 水产科学, 26 (10): 551-553.

武洪庆,2012. 不同养殖海藻表面附着细菌多样性分析 [D]. 青岛: 中国科学院海洋研究所.

夏春,2011. 兽医全攻略——水产动物疾病 [M]. 北京: 中国农业出版社.

夏露,汪成竹,陈昌福,2007. 斑点叉尾鮰对3种致病菌外膜蛋白(OMP)的免疫应答 [J]. 华中农业大学学报, 26 (3): 155-159.

肖凡书,聂品,2000. 鱼类免疫球蛋白重链基因与基因座的研究进展 [J]. 水产学报, 24 (4): 376-381.

肖克宇,陈昌福,2004. 水产微生物学 [M]. 北京: 中国农业出版社.

谢平,陈宜瑜,1999. 中国内陆水体生物多样性面临的威胁 [J]. Ambio-人类环境杂志, 28 (8): 674-681.

谢天恩,胡志红,2002. 普通病毒学 [M].. 北京: 科学出版社.

徐永健,焦念志,钱鲁闽,2004. 水体及沉积物中微生物的分离、检测与鉴定 [J]. 微生物学通报, 31 (3): 151-155.

许国晶,王春生,2015. 三硬骨鱼类多聚免疫球蛋白受体(pIgR)结构与功能研究进展 [J]. 海洋湖沼通报 (2): 23-28.

杨冰,宋晓玲,等,2005. 对虾传染性皮下及造血组织坏死病毒(IHHNV)的流行病学与检测技术研究进展 [J]. 中国水产科学, 12 (4): 520-521.

杨家新,2004. 微生物生态学 [M]. 北京: 环境科学与工程出版中心.

杨洁,王红英,吴薇,等,2011. 安全酵母饲料的生产工艺参数 [J]. 饲料工业, 32 (5): 322-327.

杨汝德,2001. 现代工业微生物学 [M]. 广州: 华南理工大学出版社.

杨生玉,王刚,沈永红,2013. 微生物生理学 [M]. 北京: 化学工业出版社.

姚东瑞,赵凌宇,王玉花,等,2010. 微生态制剂对河蟹池塘养殖水体的原位净化效果研究 [J]. 安徽农业科学, 38 (34): 43, 45.

于汉寿,刘淑园,阮康勤,等,2009. 螺原体的分类及其生物多样性研究进展 [J]. 微生物学报, 49 (5): 567-572.

战文斌,2004. 水产动物病害学 [M]. 北京: 中国农业出版社.

张崇邦,黄立南,栾天罡,等,2005. 寡营养细菌及其在环境科学中的应用 [J]. 应用生态学报, 16 (4): 7737-7777.

张楚,张俊环,艾鑫,等,2013. 微生物清淤剂的制备及对水中氨氮的去除率研究 [J]. 广东化工, 40 (252): 1081-1109.

张凤英,王进科,朱清顺,等,2002. 患"颤抖病"中华绒螯蟹病原的电镜观察 [J]. 大连水产学院学报, 17 (4): 336-340.

张楠. 王浩. 吕利群,2012. 中国致病性水霉菌属(*Saprolegnia*)分类研究 [C]. 全国微生物学青年学者学术研讨会.

张奇亚,2002. 我国水生动物病毒病研究概况 [J]. 水生生物学报, 26 (1): 89-101.

张奇亚,桂建芳,2008. 水生病毒学 [M]. 北京: 高等教育出版社.

张奇亚, 桂建芳, 2012. 水生病毒及病毒病图鉴 [M]. 北京: 科学出版社.
张永安, 聂品, 2000. 鱼类体液免疫因子研究进展 [J]. 水产学报, 24 (4): 376-381.
张忠信, 2012. ICTV 第九次报告对病毒分类系统的一些修改 [J]. 病毒学报 (28) 5: 596-597.
赵斌, 何绍江, 2005. 微生物学实验 [M]. 北京: 科学出版社.
赵智颖, 谭志远, 朱红惠, 2013. 几株粘细菌显微形态特征比较 [J]. 华南农业大学学报, 34 (4): 504-510.
中国农业科学院研究生院, 2008. 水产品质量安全与 HACCP [M]. 北京: 中国农业科学技术出版社.
中国兽医协会, 2011. 2011 年执业兽医资格考试应试指南. 水生动物类 [M.] 北京: 中国农业出版社.
钟复坤, 谢海波, 王玉群, 2011. 水产动物常见真菌病的防治 [J]. 科学养鱼 (12): 79.
周德庆, 2006. 微生物学实验教程 [M]. 2 版. 北京: 高等教育出版社.
周德庆, 2011. 微生物学教程 [M]. 3 版. 北京: 高等教育出版社.
周正任, 2005. 医学微生物学 [M]. 6 版. 北京: 人民卫生出版社.
左然涛, 麦康森, 徐玮, 等, 2015. 脂肪酸对鱼类免疫系统的影响及调控机制研究进展 [J]. 水产学报, 39 (7): 79-87.
Austin B, Austin D A, 1999. Bacterial Fish Pathogens: Disease of Farmed of Wild Fish [M]. 3rd ed. Chichester: Praxis Publishing Ltd.
Blair K M, Turner L, Winkelman J T, et al, 2008. A molecular clutch disables flagella in the bacillus subtilis biofilm [J]. Science, 320 (5883): 1636-1638.
Chen Changfu, Chen Xiaohui, Kusuda Riichi, 2000. Adjuvant effect of glycyrrhizine in vaccines against bacterial septicemia in mandarinfish, *Siniperca chuatsi* Basilewsky []. Journal of Huazhong Agricultural University, 19 (3): 6225-6260.
Costantini S, Buonocore F, Facchiano A M, 2008. Molecular modelling of co-recept or CD8aa and its complex with MHC class I and T-cell receptor in sea bream (*Sparus aurata*) []. Fish & Shellfish Immunol (25): 782-790.
Dr T K Goh, K D Hyde, 1996. Biodiversity of freshwater fungi [J]. Journal of Industrial Microbiology & Biotechnology (5-6): 328-345.
EBG Jones, KL Pang, 2012. Tropical aquatic fungi [J]. Biodiversity & Conservation, 21 (9): 2403-2423.
Fische R U, Utke K, Soamoto T, 2006. Cytotoxic activities of fish leucocytes. Fish & Shellfish Immunol (20): 209-226.
Gandar F, Wilkie G S, Gatherer D, et al, 2015. The genome of a tortoise herpesvirus (testudinid herpesvirus 3) has a novel structure and contains a large region that is not required for replication in vitro or virulence in vivo [J]. Journal of Virology, 89 (22): 11438-11456.
Hannah M Wexler, 2007. Bacteroides: the good, the bad, and the nitty-gritty [J]. Clinical Microbiology Reviews, 20 (4): 593-621.
Harper D R, 1999. Molecular Virology [M]. 2nd ed. Oxford: Bios Scientific Publishers.
Herman O Sintim, Jacqueline A Smith, Jingxin Wang, et al, 2010. Paradigm shift in discovering next generation anti-infective agents: targeting quorum sensing, c-di-GMP signaling and biofilm formation in bacteria with small molecules [J]. Future Medicinal Chemistry, 2 (6): 1005-1035.
Holt J G, Krieg N R, Sneath P H A, et al, 1994. Bergey's Manual of Determinative Bacteriology [M]. 9th ed. Baltimore: Williams & Wilkins.
James M. Jay, 2008. 现代食品微生物学 [M]. 7 版. 何国庆, 等译. 北京: 中国农业大学出版社.
Janet S Butel, Stephen A Morse, 2001. 医学微生物学 (英文影印版) [M]. 22 版. 北京: 人民卫生出版社.

John P A Klei, Harley Donald, Lomsing M Prescott, 2002. Microbiology. (英文影印版) [M]. 北京: 高等教育出版社.

King A M Q, Adams M J, Lefkowitz E J, 2011. Virus Taxonomy: Classification and Nomenclature of Viruses: Ninth Report of the International Committee on Taxonomy of Viruses [M]. Elsevier.

Li Jing, Chen Changfu, 1997. The intracelluler bactericidal activity of peripheral blood phagocytes of grass carp, Ctenopharyngodon idellus C. et V., against Edwardsiella fujianesis [C]//第四届亚洲渔业论坛. 北京: 海洋出版社.

Liang X, Zheng L, Landwehr C, et al, 2005. Global regulation of gene expression by a two-component signal transduction regulatory system of *Staphylococcus aureus* [J]. J Bacteriol, 187 (15): 5486-5492.

Lightner D V, 1996. A handbook of pathology and diagnostic procedures for diseases of cultured penaeid shrimp [C]//BatonRouge, Los Angeles: World Aquat Society: 119-131.

Livny J, Waldor M K, 2007. Identification of small RNAs in diverse bacterial species [J]. Curr Opin Microbiol (10): 96-101.

M Leaver, P Dominguez-Cuevas, J M Coxhead, et al, 2009. Life without a wall or division machine in Bacillus subtilis [J]. Nature, 457: 849-853.

MacLachlan N J, Dubovi E J, 2011. Veterinary Virology [M]. 4 th ed. Amsterdam: Academic Press.

Madigan M T, Martinko J M, Parker J Brock, 2012. Biology of Microorganisms [M]. 13 th ed. New Jersey: Prentic Hall International Inc.

Mavian C, López-Bueno A, Somalo M P F, et al, 2012. Complete genome sequence of the European sheatfish virus [J]. Journal of Virology, 86 (11): 6365-6366.

Phromjai J, Sukhumsirichart W, Pantoja C, et al, 2001. Different reactions obtained using the same DNA detection reagents for Thai and Korean hepatopancreatic parvovirus of penaeid shrimp [J]. Dis Aquat Org, 46: 153-158.

Richard A Harvey, Pamela C Champe, Bruce D Fisher, 2007. Lippincott's Illustrated Reviews: Microbiology [M]. 2nd ed. Lippincott Williams & Wilkins/Wolters Kluwer Health, Inc.

Richard Slack, John Peutherer, David Greenwood, 1999. Medical Microbiology (英文影印版). [M]. 北京: 科学出版社.

Shearer, E Descals, B Kohlmeyer, et al, 2007. Fungal biodiversity in aquatic habitats [J]. Biodiversity & Conservation, 16 (1): 49-67.

Toledo-Arana A, Repolia F, Cossart P, 2007. Small non-coding RNAs controlling pathogenesis [J]. Curr Opin Microbiol (10): 182-188.

Zhen Xu, Chang-Fu Chen, Zhi-Juan Mao, 2009. Detection of serum and mucosal antibody production and antibody secreting cells (ASCs) in large yellow croaker (*Pseudosciaena crocea*) following vaccination with *Vibrio harveyi* via different routes [J]. Aquaculture, 287: 243-247.

图书在版编目（CIP）数据

水产微生物学／肖克宇，陈昌福主编．—2 版．—北京：中国农业出版社，2019.1（2024.12重印）
普通高等教育农业部"十二五"规划教材　全国高等农林院校"十二五"规划教材
ISBN 978-7-109-23360-7

Ⅰ.①水… Ⅱ.①肖… ②陈… Ⅲ.①渔业-微生物学-高等学校-教材 Ⅳ.①S917.1

中国版本图书馆 CIP 数据核字（2017）第 225343 号

中国农业出版社出版
（北京市朝阳区麦子店街 18 号楼）
（邮政编码 100125）
责任编辑　曾丹霞
文字编辑　陈睿赜

中农印务有限公司印刷　新华书店北京发行所发行
2004 年 12 月第 1 版　2019 年 1 月第 2 版
2024 年 12 月第 2 版北京第 4 次印刷

开本：787mm×1092mm　1/16　印张：30.75
字数：700 千字
定价：69.50 元

（凡本版图书出现印刷、装订错误，请向出版社发行部调换）